時空の大域的構造
The Large Scale Structure of Space-Time

スティーヴン・W・ホーキング
Stephen W. Hawking

ジョージ・F・R・エリス
George F. R. Ellis

【訳】

富岡 竜太
Tomioka Ryuta

鵜沼 豊
Unuma Yutaka

クストディオ・D・ヤンカルロス・J
Custodio De La Cruz Yancarlos Josue

プレアデス出版

時空の大域的構造

$D.\ W.\ \overset{シアマ}{Sciama}$ へ

Copyright © Cambridge University Press 1973
This translation of The Large Scale Structure of Space-Time
is published by arrangement with Cambridge University Press
through Japan UNI Agency, Inc., Tokyo

まえがき

　本書の主題は時空の構造である．長さのスケールにして，素粒子の半径 10^{-13} cm から，宇宙の半径 10^{28} cm までに渡る話である．第1章から第3章で説明する理由により，本書はEinsteinの一般相対性理論を基礎に置く．この理論は宇宙について2つの顕著な予言をもたらす．第1は，大質量星の最終的な運命が特異点を含む『ブラックホール』を形成するために，事象の地平面の背後に潰れてしまうことである．そして第2は我々の過去に特異点が存在し，それがある意味では宇宙の始まりになっているということである．本書での議論は主としてこれら2つの結果を詳しく説明することに向けられている．それらは主として2つの領域の研究の成果である．1つ目は時空内の時間的な曲線とnull的な曲線の族の振る舞いについての理論であり，2つ目は任意の時空内の様々な因果関係の性質についての研究である．本書ではこれらの主題について詳細に検討する．これに加え，与えられた初期データからの Einstein 方程式の解の時間発展の理論も詳しく説明する．議論の補足として，Einstein の場の方程式のいろいろな厳密解の大域的性質を検討する．それらの多くは思いのほか予想外の振る舞いを見せることになる．

　本書の一部は筆者のうちの一人 (S. W. Hawking) によるAdams Prize受賞の小論に基づく．ここで紹介するアイデアの多くは，R. Penroseと R. P. Geroch によるものであり，我々は彼らの助けに感謝している．我々は，*Battelle Rencontres* (Penrose (1968))，Midwest Relativity Conference Report (Geroch (1970*c*))，Varenna Summer School Proceedings (Geroch (1971)) 及び Pittsburgh Conference Report (Penrose (1972*b*)) などの書評論文を参照するだろう．我々は多くの方々，特に B. Carterや D. W. Sciamaからの議論と提案の恩恵を受けている．我々は彼ら全てに感謝している．

Cambridge
1973年1月

S. W. Hawking
G. F. A. Ellis

花文字表

花文字	ラテン文字	花文字	ラテン文字
$\mathscr{A}$	A	$\mathscr{N}$	N
$\mathscr{B}$	B	$\mathscr{O}$	O
$\mathscr{C}$	C	$\mathscr{P}$	P
$\mathscr{D}$	D	$\mathscr{Q}$	Q
$\mathscr{E}$	E	$\mathscr{R}$	R
$\mathscr{F}$	F	$\mathscr{S}$	S
$\mathscr{G}$	G	$\mathscr{T}$	T
$\mathscr{H}$	H	$\mathscr{U}$	U
$\mathscr{I}$	I	$\mathscr{V}$	V
$\mathscr{J}$	J	$\mathscr{W}$	W
$\mathscr{K}$	K	$\mathscr{X}$	X
$\mathscr{L}$	L	$\mathscr{Y}$	Y
$\mathscr{M}$	M	$\mathscr{Z}$	Z

目次

まえがき		i
花文字表		ii
第1章	重力の役割	1
第2章	微分幾何	9
2.1	多様体	9
2.2	ベクトルとテンソル	14
2.3	多様体間の写像	21
2.4	外微分とLie微分	24
2.5	共変微分と曲率テンソル	29
2.6	計量	36
2.7	超曲面	43
2.8	体積要素とGaussの定理	47
2.9	ファイバーバンドル	49
第3章	一般相対論	55
3.1	時空多様体	55
3.2	物質場	57
3.3	Lagrangianを用いた定式化	62
3.4	場の方程式	69
第4章	曲率の物理的意義	75
4.1	時間的曲線	75
4.2	null曲線	82
4.3	エネルギー条件	84
4.4	共役点	92
4.5	弧長の変分	97
第5章	厳密解	113

5.1	Minkowski時空	114
5.2	de Sitter時空と反de Sitter時空	119
5.3	Robertson-Walker時空	128
5.4	空間的に一様な宇宙モデル	135
5.5	Schwarzschild解とReissner-Nordström解	141
5.6	Kerr解	152
5.7	Gödel宇宙	159
5.8	Taub-NUT空間	161
5.9	さらなる厳密解	168

第6章 因果構造 169

6.1	向き付け可能性	169
6.2	因果曲線	170
6.3	非時間順序的境界 (achronal boundaries)	174
6.4	因果条件	176
6.5	Cauchy発展	187
6.6	大域的双曲性	192
6.7	測地線の存在	198
6.8	時空の因果的境界	202
6.9	漸近的に単純な空間	205

第7章 一般相対論におけるCauchy問題 211

7.1	問題の性質	212
7.2	簡約化されたEinstein方程式	212
7.3	初期データ	214
7.4	2階の双曲型方程式	217
7.5	真空中のEinstein方程式の発展の存在と一意性	227
7.6	極大発展と安定性	231
7.7	物質を含むEinstein方程式	235

第8章 時空特異点 237

8.1	特異点の定義	237
8.2	特異点定理	241
8.3	特異点の記述	253
8.4	特異点の特徴	261
8.5	閉じ込められた不完備性	265

第9章 重力崩壊とブラックホール 275

9.1	星の崩壊	275

9.2	ブラックホール	283
9.3	ブラックホールの最終的な状態	295

第 10 章	宇宙の初期特異点	**317**
10.1	宇宙の膨張	317
10.2	特異点の性質と意義	328

付録 A	Peter Simon Laplace の論文の翻訳	**333**
付録 B	球対称解とBirkhoff(バーコフ)の定理	**337**

参考文献	**341**
記法	**351**
訳者あとがき	**355**
索引	**357**

第1章
重力の役割

　現在もっとも一般的に受け入れられている物理学の考え方は，宇宙についての議論が次の2つの部分に分けられるとするものである．1つ目は，様々な物理的な場によって満足される局所的な法則についての問題に関するものである．これは大抵微分方程式の形で表現される．2つ目は，これらの微分方程式の境界条件の問題とそれらの微分方程式の大域的性質についての問題である．この問題はある意味時空の edge(縁) について考えることを伴う．上に述べた2つの部分は互いに独立ではありえない．実際，局所的な法則は宇宙の大域的構造によって決定されると思われる．この見方は一般的にはMach(マッハ)の名に結びつけられている．また，もっと最近では，Dirac (1938)(ディラック)，Sciama (1953)(シアマ)，Dicke (1964)(ディッケ)，Hoyle(ホイル) and Narlikar(ナーリカー) (1964)，などの他多数の研究がある．本書では余り大がかりなアプローチを取るのは止そう．すなわち，本書では，実験的に決定された局所的な物理法則を採用し，これらの法則が宇宙の宇宙の大域的構造について示唆するものを確認しよう．

　もちろん，実験室で決定される物理法則が，条件が非常に異なる可能性がある時空の別の点で当てはまらなければならないというのは大掛かりな仮定である．もしそれらが保たれないなら，局所的物理法則に何らかの他の物理的場が混入しているという見解をとるべきである．しかしそのようなものの存在は実験ではまだ検出されていない．何故なら，太陽系のような領域の上ではそのような物理的場はごくわずかにしか変化しないからである．実は我々の結果のほとんどは物理法則の細かい性質とは無関係であり，ただ次のような一般的な性質のみを立脚点としている．その一般的な性質とは，時空が擬Riemann(リーマン)幾何学で表せるということと，エネルギーが正定値であるということである．

　現在，物理学において知られている基本的な相互作用は4つの種類に分けられる．強い相互作用と弱い相互作用，電磁気力，そして重力である．これらのうち，重力は最も弱い(2つの電子の間に働く電気力への重力の比率 Gm^2/e^2 [*1]は，およそ 10^{-40} である．)．それにもかかわらず，重力は宇宙の大規模構造を形成する上で支配的な役割を果たす．これは強い相互作用と弱い相互作用は非常に短い範囲($\sim 10^{-13}$cm 以下)にしか働かず，電磁気力が長距離相互作用であっても巨視的な次元の物体に対しては，逆の電荷の引力によって，同符号の反発力は非常に近くでつり合いがとれているからである．一方重力は常に引力として現れる．それ故物体を構成するすべての粒子の作る重力場は，十分大きな物体に対しては場を作るために加算され，他の全ての力を支配する．

　重力は巨視的なスケールで支配的な力であるだけでなく，それは同じように全ての粒子に影響を及ぼす力である．この普遍性はGalileo(ガリレオ)によって最初に認識された．Galileo はどんな2つの物体も同じ速度で落下することに気付いた．これはEötvös(エトヴェシュ)，及び，Dicke と彼

[*1] 訳注：ここで採用しているのは CGS 静電単位系である．SI 単位系では $4\pi\varepsilon_0$ が付く．

の共同研究者 (Dicke (1964)) によるより最近の実験において非常に高い精度で検証されている．また，重力場によって光が湾曲することも観測されている．いかなる信号も光より速くは伝わらないと考えられることから，これは重力が宇宙の因果関係の構造を決定することを意味する．すなわち，重力は時空の事象がお互いに因果的に関係することができるかどうかを決定するのである．重力のこれらの性質は，もし十分大きな量の物質が，ある領域に集中すると，その物質はその領域から出射する光を内側に引きずりこむほど湾曲させることができるという厳しい問題を導きだす．これはLaplace（ラプラス）によって1798年に認識された．Laplaceは太陽とほぼ同じ密度で250倍の半径を持つ物体は，いかなる光もその表面から逃れることができないほど強い重力場を及ぼすと指摘した．このことがこんなに昔に予言されたということは，あまりにも驚異的なので，本書の巻末にLaplaceの小論を翻訳したものを付けることにする．

Penrose（ペンローズ）の捕捉閉曲面の考え方を用いてもっと正確に，大質量の物体が光を引きずり戻すということを，説明することができる．物体を取り巻く球面 $\mathcal{T}$ を考えよう．ある瞬間 $\mathcal{T}$ が，閃光を発したとする．ある時間後の t で，$\mathcal{T}$ から出て内側へ向かう波の先端と外側へ向かう波の先端は，それぞれ球面 $\mathcal{T}_1$ と $\mathcal{T}_2$ を，形成するだろう．普通の状況では，$\mathcal{T}_1$ の面積は，$\mathcal{T}$ の面積よりも小さいだろう (なぜなら，内側へ向かう光を表しているから)．また，$\mathcal{T}_2$ の面積は，$\mathcal{T}$ の面積よりも大きいだろう (なぜなら，外側へ向かう光を表しているから．図1参照)．しかしながら，十分に多くの量の物質が $\mathcal{T}$ の中に閉じ込められたとすると，$\mathcal{T}_1$ の面積も $\mathcal{T}_2$ の面積も**両方とも**，$\mathcal{T}$ の面積より小さくなるだろう．このとき，面 $\mathcal{T}$ は，捕捉閉曲面と呼ばれる．t が増加するにつれて，重力が引力であり続ける限り，つまり物質のエネルギー密度が負にならない限り，$\mathcal{T}_2$ の面積はますます小さくなる．$\mathcal{T}$ の中の物質は，光よりも速く運動できないために，有限の時間のうちにその境界がゼロになってしまう領域の中に，捕捉されている．このことは，具合の悪いことに，何かが間違っていることを，提示している．実は私達は，そのような状況では時空の特異点が，必然的に現れるということを，ある扱いやすい条件が成り立つことを前提として，証明することとなる[*2]．

特異点とは，現在の我々の物理法則が，破綻する場所だと考えることもできる．さもなくば，特異点とは時空の edge(縁) の部分を表していて，ただし無限遠ではなく有限の距離にあるものだと考えることもできる．この見方では，特異点はそれほど悪いものではない．ただし，まだ境界条件の問題は残されている．言い換えれば，特異点から何が出てくるかはわからないのである．

[*2] 訳注：原書で用いられている英単語の 'singularity' は通常 '特異点' と訳されるが，この英単語はもともと点のみに限定されず，空間的に広がった特異な領域にも用いられる．本書でも慣例に従い，特異点と言ったらこの意味で使用する．

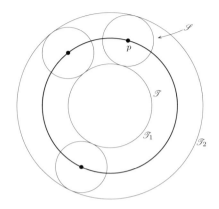

図 1. ある瞬間，球面 $\mathscr{T}$ は光の閃光を放出する．そののち，点 p からくる光は p の周りに球面 $\mathscr{S}$ を形成し，包絡面 $\mathscr{T}_1$ 及び $\mathscr{T}_2$ はそれぞれ内側に進む波面と外側に進む波面を形成する．もし $\mathscr{T}_1$ 及び $\mathscr{T}_2$ の両方の面積が $\mathscr{T}$ より小さいならば，$\mathscr{T}$ は捕捉閉曲面である．

捕捉閉曲面を生じさせるのに十分な物質の集中があると期待される 2 つの状況がある．第 1 の状況は太陽の 2 倍を超える質量の星の重力崩壊である．それはそれらの星が核燃料を使い果たした時に起こると予想される．この状況では，外部の観測者から見ることのできない特異点に星が潰れることが期待される．第 2 の状況は宇宙全体それ自体の物質の集中である．マイクロ波背景放射の近年の観測は，宇宙が時間反転捕捉閉曲面を引き起こすのに十分な物質を含んでいることを示している．これはかつて，現在の宇宙の膨張の始まりに特異点が存在していたことを意味する．この特異点は原理的には我々が見ることができる．それは宇宙の始まりと解釈できる．

　本書ではEinstein（アインシュタイン）の一般相対性理論に基づいて時空の大域的構造を学ぶ．この理論の予言はこれまで行われたすべての実験と一致している．しかしながら，ここでの処置はBrans-Dicke（ブランス・ディッケ）理論のようなEinsteinの理論を修正した理論をも含むほど十分一般的な取り扱いをすることとする．

　本書は読者のほとんどに一般相対論に対する何らかの知識を持っていることを想定しているけれども，単純な微積分学，代数学，点集合論的位相空間論についての知識を除いて自己完結な本になるように書こうと筆者たちは努力した．そこで本書では第 2 章を微分幾何学に充てた．明白に座標系に依存しない流儀で定義を定式化したという点で本書の処置は十分現代的である．しかしながら，計算上の利便性のため，本書では時々添字を使い，大部分でファイバーバンドルの使用を避けた．ある程度微分幾何学の知識のある読者はこの章を飛ばしてもよい．

　第 3 章では一般相対性理論の定式化が，時空の数理モデルについての 3 つの仮定に関して与えられる．このモデルはLorentz（ローレンツ）符号を持つ計量 $\mathbf{g}$（メトリック）のある多様体 $\mathscr{M}$ である．計量の

物理的意義は最初の2つの仮定によって与えられる．局所因果律及び局所エネルギー-運動量保存則である．これらの仮定は一般及び特殊相対性理論の両方で共通で，後者に対する実験的な証拠によって支持される．第3の仮定，計量 g に対する場の方程式は，あまりよく実験的に確立されていない．しかしながら，大部分の結果は，正の物質密度に対して重力が引力的であるような場の方程式の性質のみに依存する．この性質は，一般相対論や，Brans-Dicke 理論のような修正理論において共通である．

第4章では，時間的（タイムライク）及びnull（ヌル）測地線の族に対する曲率の影響を考察することによって，曲率の重要性を議論する．これらはそれぞれ，小さな粒子や光線の経路を表す．曲率は，隣接する測地線との間の相対加速度を誘導する偏差または潮汐力と解釈することができる．エネルギー-運動量テンソルが，ある正定値条件を満たすなら，この偏差力は測地線の非回転族上に正味の収束効果を常に持つ．Raychaudhuri（レイチャウドリ）の方程式 (4.26) の使用によって，これがその後，隣接する測地線が交差するところで，焦点または共役点をもたらすことを示すことができる．

これらの焦点の重要性を確認するために，2次元Euclid（ユークリッド）空間内の1次元面 $\mathscr{S}$ を考えよう (図2).

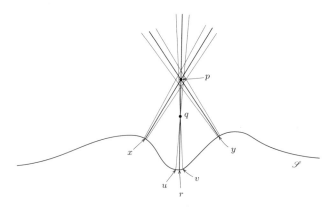

図 2. 線分 pr は p から $\mathscr{S}$ への最短曲線ではない．何故なら p と r の間に焦点 q が存在するからである．実際線分 px と py のいずれかが p から $\mathscr{S}$ への最短曲線である．

p を $\mathscr{S}$ 上でない点としよう．すると，どんな他の $\mathscr{S}$ から p への曲線よりも短いか，同じぐらい短い $\mathscr{S}$ から p へのある曲線が存在する．明らかにこの曲線は測地線である．すなわち，直線であり，$\mathscr{S}$ と直交的に交わる．図2に示した状況では，実際，p を通り $\mathscr{S}$ と直交する3つの測地線が存在する．点 r を通過する測地線は明らかに $\mathscr{S}$ から p への最短曲線ではない．これを認識する1つの方法 (Milnor (1963)（ミルナー）) は，u と v を介して $\mathscr{S}$ に対して直交する隣り合う測地線は $\mathscr{S}$ と p の間の焦点 q で r を介する測地線と交わるという

ことに注意することである．すると，線分 uq を線分 qp とつなげると，$\mathscr{S}$ から p への，直線 rp と同じ長さの曲線を得ることができる．たとえ uqp が直線でなくても，q で角を丸めることによって rp より短い $\mathscr{S}$ から p への曲線を得ることができる．これは rp が $\mathscr{S}$ から p への最短曲線ではないことを示している．実際，最短曲線は xp または yp である．

この考えは Lorentz 計量 $\mathbf{g}$ を持つ 4 次元時空多様体 $\mathscr{M}$ 上に持ち越すことができる．直線の代わりに，測地線を考察し，最短曲線を考える代わりに，点 p と空間的曲面 $\mathscr{S}$ の間の最長な時間的曲線を考える (何故なら計量の Lorentz 符号より，最短な時間的曲線は存在しないが，最長のそのような曲線は存在しうるから)．この最長曲線は測地線でなければならない．それは $\mathscr{S}$ と直交的に交わり，$\mathscr{S}$ と p の間には $\mathscr{S}$ と直交するいかなる測地線の焦点も存在できない．同様の結果が null 測地線に対しても証明できる．これらの結果は第 8 章で，ある条件の下での特異点の存在性を確立するために使われる．

第 5 章では多くの Einstein 方程式の厳密解を解説する．これらの解は全て正確な対称性を有するという点では現実的ではない．しかしながら，それらは後続の章のための有益な例を提供し，様々な可能な挙動を説明する．その中でも，高度に対称的な宇宙論的モデルはほぼすべて時空特異点を有する．長い間，これらの特異点は単に高度な対称性の結果である可能性があり，より現実的なモデルには存在しないと考えられていた．これが正しくないことを示すのが本書の主要な目的の 1 つである．

第 6 章では，時空の因果構造を学ぶ．特殊相対論では，与えられた事象はそれぞれ過去方向の光円錐の内部から因果的に影響を受けられるし，未来方向の光円錐の内部に影響を与えることができる (図 3 参照)．しかしながら，一般相対論では，光円錐を決定する計量 $\mathbf{g}$ は，一般的に点から点へ移るにつれて変化する．そして，時空多様体 $\mathscr{M}$ の位相は Euclid 空間 R^4 のものである必要がない．これはより多くの可能性を許す．例えば，図 3 の面 $\mathscr{S}_1$ 及び $\mathscr{S}_2$ 上の対応する点を同一視して位相 $R^3 \times S^1$ を持つ時空を生成することができる．これは閉じた時間的曲線を含む．そのような曲線の存在は自分自身の過去に旅行することができ，因果関係の崩壊を引き起こす．本書の大部分ではそのような因果律の破れを許さない時空を考察しよう．そのような時空では，任意に空間的曲面が与えられたとき，($\mathscr{S}$ の Cauchy 発展と呼ばれる) 時空の極大の区画が存在し，その区画のことは，$\mathscr{S}$ 上のデータについての知識から予言できる．Cauchy 発展の持つ性質 (『大域的双曲性』) により，Cauchy 発展の中の 2 点が時間的曲線で結べたら，その 2 点を結ぶ最長の時間的曲線が存在することになる．この曲線は，測地線となることだろう．

時空の因果関係の構造は時空の境界，または縁(edge) を定義するために使うことができる．この境界は無限遠，及び有限の距離にある時空の縁の部分 (すなわち特異点) のいずれにも対応する．

第 7 章では，一般相対論における Cauchy 問題を議論する．時空面上の初期データはその面の Cauchy 発展の上の唯一解を決定する．そして，ある意味この解は初期データに連続的に依存する．この章は完全を期すためのものであり，そのためにまた，前の方の章の数多くの結果を使っている．ただし，この章は後続の章を理解するためには，必ずしも読む必要があるわけではない．

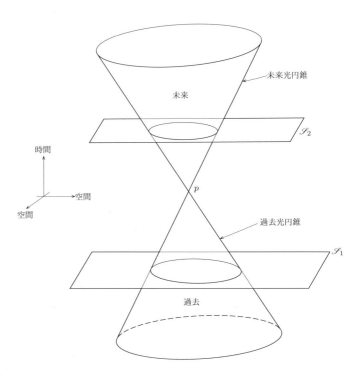

図 3. 特殊相対論では，事象 p の光円錐は p を通る全ての光線の集合である．p の過去は過去方向の光円錐の内部であり，p の未来は未来方向の光円錐の内部である．

第 8 章では時空の特異点の定義を議論する．これは，特異点を時空多様体 $\mathcal{M}$ の一部として見なせないため，ある種の困難をもたらす．

本書では次に，ある特定の条件の下で発生する時空の特異点を確立する 4 つの定理を証明する．これらの条件は 3 つのカテゴリに分類される．第 1 に，重力が引力であるべきであるという要請がある．これはエネルギー-運動量テンソルに関する不等式として表すことができる．第 2 に，ある領域に，そこからいかなるものも逃げ出すことができなくなるほど，十分な物質が存在するという要請がある．これは捕捉閉曲面が存在する場合，あるいは宇宙全体それ自体が空間的に閉じている場合に発生する．第 3 の要請は，因果関係の破れが存在してはならないというものである．しかしながら，この要請は定理のうちの 1 つでは必要ない．証明の基本的な考え方は，第 6 章の結果を使って特定の 2 点の間に最長な時間的曲線が存在しなければならないことを証明することである．すると，特異点が存在しなかったら，焦点があるであろうから，それはその 2 点の間に最長の曲線が存在しな

いということを意味することを示している.

次に，時空の特異点を表す時空の境界を構築するためのSchmidt(シュミット)によって提案された手順を解説する．この境界は特異点を表す (第 6 章で定義した) 因果的境界の一部とは異なる場合がある．

第 9 章では，第 8 章の定理 2 の 2 番目の条件が太陽質量の $1\frac{1}{2}$ 倍より大きい星の近くで，星の進化の最終段階で満たされなければならないことを示す．発生する特異点は，恐らく事象の地平面の背後に隠れて，外部からは見えない．外部の観測者には，星がかつてあった場所に『ブラックホール』があるように見える．そこではそのようなブラックホールの性質を議論し，それらが恐らくKerr(カー)解の 1 つに最終的に落ち着くことを示す．これが事実であると仮定すると，ブラックホールから取り出すことができるエネルギーの量に一定の上限を置くことができることになる．第 10 章では，定理 2 と 3 の 2 番目の条件が，時間反転の意味で，宇宙全体で満たされるべきであることが示される．この場合，特異点は我々の過去にあり，観測された宇宙の全てまたは一部を構成する．

入門的題材の本質的な部分は §3.1，§3.2 及び §3.4 である．宇宙の特異点の存在を予言する定理を理解したいと望んでいる読者は，さらに第 4 章，§6.2〜§6.7 及び §8.1 と §8.2 のみ読む必要がある．崩壊する星へのこれらの定理の応用に §9.1 が役立つ (これは付録 B の結果を使う)．宇宙全体への応用が §10.1 で与えられ，Robertson-Walker(ロバートソン・ウォーカー)宇宙モデル (§5.3) の理解が必要である．特異点の性質に関する本書での議論は §8.1，§8.3〜§8.5 及び §10.2 に含まれる．Taub-NUT(タウブ-ナット)空間 (§5.8) の例はこの議論で重要な役割をはたしている．そして，Bianchi(ビアンキ) I 型宇宙モデル (§5.4) もまた興味深いものである．

本書のブラックホールの議論を理解したいと望む読者は，第 4 章，§6.2〜§6.6，§6.9，及び §9.1，§9.2，及び §9.3 のみ読む必要がある．この議論はSchwarzschild(シュワルツシルト)解 (§5.5) と Kerr 解 (§5.6) の理解を前提としている．

最後に，主な関心が Einstein 方程式の時間発展である読者は，§6.2〜§6.6 及び第 7 章のみ読む必要がある．読者は §5.1，§5.2 及び §5.5 で興味深い例を見つけることだろう．

筆者らは，本書で導入したすべての定義に対して便利な案内となるように索引を作成するために努力をしてきた．

第2章
微分幾何

次章で時空の構造が議論され,それは本書の以後の部分での前提となる.その時空構造は多様体で,Lorentz 計量とそれに結びついたアフィン接続を伴っている.

本章では,§2.1 で多様体の概念を導入し,§2.2 でベクトルとテンソルという多様体上で定義される自然な幾何学的対象を導入する.§2.3 の多様体間の写像の議論により,テンソルの誘導写像や,部分多様体の定義を導く.ベクトル場によって定義された誘導写像の微分により,§2.4 ではLie微分が定義される.また,多様体のそのものの構造によって決まる別の微分演算である外微分もその節で定義される.この演算は一般化されたStokesの定理において現れる.

§2.5 では時空構造に接続が上乗せされる.これにより共変微分と曲率テンソルが定義される.この接続は §2.6 における多様体上の計量と関係している.曲率テンソルはWeylテンソルとRicciテンソルに分けられる.これらは互いにBianchi恒等式によって関連し合うものである.

本章の残りの節では,微分幾何におけるいくつかの別の話題が議論される.§2.7 では,超曲面上に誘導された計量および接続について論じ,Gauss-Codacciの関係式が導かれる.§2.8 では,計量によって定義される体積要素が導入され,それを用いて Gauss の定理が証明される.最後に §2.9 でファイバーバンドルについて,接バンドル,線形正規直交枠バンドルに特に重点を置きながら簡単に論ずる.これらは,それまでの節で導入された数多くの概念を洗練された幾何学的手法によって再定式化することを可能にする.§2.7 および §2.9 はのちにほんの 1,2 箇所で使用されるだけで,本書の主要な部分では不可欠ではない.

2.1 多様体

多様体は本質的に空間である.それは座標の張り合わせで被覆されることができるという点で,局所的には Euclid 空間とよく似た空間である.この構造は微分を定義することを可能にするが,異なる座標系を本質的に区別しない.そのため,多様体の構造によって定義される概念は座標系の選び方に依存しないものだけである.ここではいくつかの予備的な定義ののち,多様体の概念を正確に定式化する.

R^n で n 次元 **Euclid 空間**を表すことにしよう.すなわち n 個の実数 $(x^1, x^2, \ldots, x^n)$ $(-\infty < x^i < \infty)$ 全体からなる集合で,通常の位相 (開集合と閉集合が通常の方法で定義される) を持つものとしよう.また,$\frac{1}{2}R^n$ で R^n の"下半分"を表すものとしよう.す

わち，R^n の $x^1 \leqslant 0$ の領域を表すものとする*1．開集合 $\mathscr{O} \subset R^n$(または $\frac{1}{2}R^n$) から開集合 $\mathscr{O}' \subset R^m$(または $\frac{1}{2}R^m$) への写像 ϕ は，$\mathscr{O}'$ 内の写像点 $\phi(p)$ の座標 $(x'^1, x'^2, \ldots, x'^m)$ が $\mathscr{O}$ の点 p の座標 $(x^1, x^2, \ldots, x^n)$ の r 回連続微分可能関数 (r 階微分が存在し連続) であるとき C^r 級であると呼ばれる．もし写像が任意の $r \geqslant 0$ に対して C^r 級であるとき，その写像は C^∞ 級であると呼ばれる．C^0 級写像は連続写像を意味するものとする．

R^n の開集合 $\mathscr{O}$ 上の関数 f は，コンパクトな閉包を持つ開集合 $\mathscr{U} \subset \mathscr{O}$ それぞれに対して，ある定数 K があって，各点 $p, q \in \mathscr{U}$ に対して，$|f(p) - f(q)| \leqslant K|p-q|$ であるとき局所Lipschitzと呼ばれる．ここで $|p|$ は

$$\{(x^1(p))^2 + (x^2(p))^2 + \cdots + (x^n(p))^2\}^{\frac{1}{2}}$$

を意味するものとする．写像 ϕ は $\phi(p)$ の座標が p の座標の局所 Lipschitz 関数であるとき局所 Lipschitz と呼ばれる．局所 Lipschitz 写像は C^{1-} 級と表す．同様に写像 ϕ が C^{r-1} 級であり，$\phi(p)$ の座標の $(r-1)$ 階導関数が p の座標の局所 Lipschitz 関数であるとき C^{r-} 級であると定義しよう．以下では，通常 C^r 級についてのみ述べるが，同様の定義と結果は C^{r-} 級についても成り立つ．

$\mathscr{P}$ を R^n (あるいは $\frac{1}{2}R^n$) 内の任意の集合，$\mathscr{P}'$ を R^m (あるいは $\frac{1}{2}R^m$) 内の任意の集合，$\mathscr{O}$ は $\mathscr{P}$ を含む開集合，$\mathscr{O}'$ は $\mathscr{P}'$ を含む開集合，ϕ を $\mathscr{P}$ から $\mathscr{P}'$ への写像とするとき，ϕ が $\mathscr{O}$ から $\mathscr{O}'$ への C^r 級写像の $\mathscr{P}$ への制限となっているとき，ϕ は C^r 級写像であると呼ばれる．

n 次元 C^r 級多様体 $\mathscr{M}$ は，集合 $\mathscr{M}$ が C^r 級アトラス*2$\{\mathscr{U}_\alpha, \phi_\alpha\}$ と一緒になったものである．これはすなわち，$\mathscr{U}_\alpha$ が $\mathscr{M}$ の部分集合で，ϕ_α が，対応する $\mathscr{U}_\alpha$ から R^n の開集合への 1 対 1 写像であるようなチャート*3$(\mathscr{U}_\alpha, \phi_\alpha)$ の集まりとして，次を満たすものである．

(1) $\mathscr{U}_\alpha$ 全体は $\mathscr{M}$ を被覆する．すなわち，$\mathscr{M} = \bigcup_\alpha \mathscr{U}_\alpha$．

(2) $\mathscr{U}_\alpha \cap \mathscr{U}_\beta$ が空でないなら，写像

$$\phi_\alpha \circ \phi_\beta^{-1} : \phi_\beta(\mathscr{U}_\alpha \cap \mathscr{U}_\beta) \to \phi_\alpha(\mathscr{U}_\alpha \cap \mathscr{U}_\beta)$$

は R^n の開部分集合から R^n の開部分集合への C^r 級写像である (図 4 を見よ)．

---

*1 訳注：当然，$\frac{1}{2}R$ の位相は R に対する相対位相で考える．
*2 訳注：アトラス (atlas) は座標近傍系とも呼び，地図であるチャート (chart) を収めた地図帳と解釈できる．
*3 訳注：チャート (chart) は座標近傍ともいう．

2.1 多様体

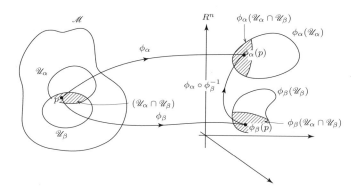

図 4. 座標近傍 $\mathscr{U}_\alpha$ と $\mathscr{U}_\beta$ の共通部分において，座標は C^r 級写像 $\phi_\alpha \circ \phi_\beta^{-1}$ で関係づけられる．

各 $\mathscr{U}_\alpha$ は写像 ϕ_α によって定義された局所座標 $x^a(a=1,\ldots,n)$ に関する**局所座標近傍**である (つまり，$p \in \mathscr{U}_\alpha$ ならば，p の座標は R^n における $\phi_\alpha(p)$ の座標である．)．条件 (2) は 2 つの局所座標近傍の重なり合う部分では，片方の近傍の座標はもう片方の近傍の座標の C^r 級関数であり，かつその逆も成り立つという要求である．

与えられた C^r 級アトラスに対して，別のアトラスがあって，それらの合併が $\mathscr{M}$ 全体に対する C^r 級アトラスであるとき，このアトラスは与えられたアトラスに対して**同値**であるという．与えられたアトラスに対して同値の全てのアトラスからなるアトラスをその多様体の**極大アトラス**[*4]と呼ぶ．したがって，極大アトラスは $\mathscr{M}$ を覆う全ての可能な座標系の集合である．

$\mathscr{M}$ の開集合はすべてその極大アトラスに属す "$\mathscr{U}_\alpha$ の形の集合の合併" によって定義される．これは $\mathscr{M}$ の位相を定義する．この位相は各写像 ϕ_α を同相写像にする．

境界のある C^r **級可微分多様体**は上の定義での R^n を $\frac{1}{2}R^n$ で置き換えたものである．すると，$\mathscr{M}$ の**境界** $\partial\mathscr{M}$ は，$\mathscr{M}$ の写像 ϕ_α による像が R^n 内の $\frac{1}{2}R^n$ の境界に移されるような全ての点からなる集合として定義される．$\partial\mathscr{M}$ は境界を持たない $(n-1)$ 次元 C^r 級多様体である．

これらの定義は必要以上に複雑に見えるかもしれない．しかしながら，簡単な例が一般には 2 つ以上の座標近傍が空間を記述するために必要であることを示す．**2 次元 Euclid 平面** R^2 は明らかに多様体である．長方形状の座標 $(x,y; -\infty < x < \infty, -\infty < y < \infty)$ は 1 つの座標近傍で平面全体を覆う．このとき ϕ は恒等写像である．極座標 (r,θ) は座標近傍 $(r > 0, 0 < \theta < 2\pi)$ を覆う．この場合，R^2 を覆うには少なくとも 2 つのそのような

[*4] 訳注：極大アトラスは極大座標近傍系ともいう．これは直観的には無限に小さいチャートを全部含んだアトラスである．

座標近傍が必要である．**2次元円筒** C^2 は点 (x,y) と $(x+2\pi, y)$ とを同一視することによって R^2 から得られる多様体である．すると，(x,y) は近傍 $(0 < x < 2\pi, -\infty < y < \infty)$ の座標であり，C^2 を覆うには少なくとも 2 つのそのような座標近傍が必要である．**Möbius**の帯は似たような方法で点 (x,y) と $(x+2\pi, -y)$ とを同一視することによって得られる多様体である．**単位 2 次元球面** S^2 は式 $(x^1)^2 + (x^2)^2 + (x^3)^2 = 1$ によって R^3 の曲面として特徴付けることができる．すると，

$$(x^2, x^3; -1 < x^2 < 1, -1 < x^3 < 1)$$

は各領域 $x^1 > 0$, $x^1 < 0$ の座標であり，この曲面を覆うには 6 つのそのような座標近傍が必要である[*5]．実際，S^2 を単一の座標近傍で覆うことはできない．n **次元球面** S^n は R^{n+1} の点集合

$$(x^1)^2 + (x^2)^2 + \cdots + (x^{n+1})^2 = 1$$

によって同様に定義することができる．

多様体はその極大アトラスの中に，あるアトラスがあって，全ての空でない共通部分 $\mathscr{U}_\alpha \cap \mathscr{U}_\beta$ に対して $\mathscr{U}_\alpha$ と $\mathscr{U}_\beta$ の座標 $(x^1, \ldots, x^n)$ および $(x'^1, \ldots, x'^n)$ に関するヤコビアン $|\partial x^i / \partial x'^j|$ が常に正であるとき，**向き付け可能**であると呼ばれる．メビウスの帯は向き付け可能でない多様体の例である．

ここまでで与えた多様体の定義はとても一般的なものである．大抵の目的のために次の 2 つの条件が課される．すなわち，$\mathscr{M}$ がHausdorffであること，および $\mathscr{M}$ がパラコンパクトであることであり，これらは適正な局所的振る舞いを保証するものである．

位相空間 $\mathscr{M}$ は次の Hausdorff 分離公理を満たすとき **Hausdorff 空間**と呼ばれる．これは p, q を $\mathscr{M}$ 内の 2 つの異なる点とするとき $\mathscr{M}$ 内に互いに交わらない開集合 $\mathscr{U}$, $\mathscr{V}$ があって，$p \in \mathscr{U}$, $q \in \mathscr{V}$ とできるとするものである．読者は多様体は常に Hausdorff である必要があると思うかもしれない，しかしこれは事実ではない．たとえば，図 5 の状況を考えてみよう．2 つの直線上の点 b, b' は $x_b = y_{b'} < 0$ であるときに限り同一視するものとする．すると，各点は R^1 の開部分集合に同相な（座標）近傍に含まれる．しかし，a が点 $x = 0$, a' が点 $y = 0$ であるとき，$a \in \mathscr{U}$, $a' \in \mathscr{V}$ かつ $\mathscr{U}$ と $\mathscr{V}$ の共通部分がないような開近傍 $\mathscr{U}$, $\mathscr{V}$ は存在しない．

[*5] 訳注：これは言うまでもなく，条件 $-1 < x^2 < 1$, $-1 < x^3 < 1$ を満たす実数の組 (x^2, x^3) を表す表記法である．

2.1 多様体

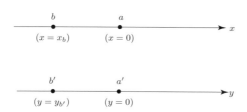

図 5. 非 Hausdorff 多様体の例. 上の 2 つの線は $x = y < 0$ に関して同一視される. しかし, 2 点 $a(x = 0)$ と $a'(y = 0)$ は同一視されない.

アトラス $\{\mathscr{U}_\alpha, \phi_\alpha\}$ は, 全ての点 $p \in \mathscr{M}$ がそれぞれ有限個数の集合 $\mathscr{U}_\alpha$ としか共通部分を持たないような開近傍を持つとき**局所有限**であると呼ばれる. $\mathscr{M}$ は, あらゆるアトラス $\{\mathscr{U}_\alpha, \phi_\alpha\}$ に対して, それぞれ局所有限なアトラス $\{\mathscr{V}_\beta, \psi_\beta\}$ があって, 各 $\mathscr{V}_\beta$ はある $\mathscr{U}_\alpha$ に含まれるとき**パラコンパクト**であるという. 連結された Hausdorff 多様体は可算個の基底 (すなわち開集合からなる可算個の集合が存在し, どんな開集合もこの集合の要素の合併で表すことができる) を持つときに限りパラコンパクトである (Kobayashi and Nomizu (1963),p.271) [*6].

明記されないとき, 全ての扱っている多様体は境界を持たないパラコンパクトな連結 C^∞ 級 **Hausdorff** 多様体であるものとする. のちに明らかになるように, $\mathscr{M}$ に, ある付加的構造を課すとき (アフィン接続の存在, §2.4 参照), パラコンパクト性の条件はそれ以外の制約より自動的に満たされる.

C^k 級多様体 $\mathscr{M}$ 上の関数 f とは $\mathscr{M}$ から R^1 への写像である. それは任意の局所座標近傍 $\mathscr{U}_\alpha$ 上の f に関する表式 $f \circ \phi_\alpha^{-1}$ が点 p での局所座標の C^r 級関数であるとき, 点 p で C^r 級 ($r \leqslant k$) であると呼ばれる. そして f は $\mathscr{M}$ の集合 $\mathscr{V}$ 内の各点 $p \in \mathscr{V}$ で C^r 級関数であるとき, 集合 $\mathscr{V}$ 上の C^r **級関数**であると呼ばれる.

本書でのちに使うパラコンパクト多様体の性質は以下の通りである. パラコンパクト C^k 級多様体上の与えられた任意の局所有限なアトラス $\{\mathscr{U}_\alpha, \phi_\alpha\}$ に対して, C^k 級関数 g_α の集合が常に存在し (例えば, Kobayashi and Nomizu (1963),p.272 参照), 次を満たす.

(1) 各 α に対し, $\mathscr{M}$ 上で $0 \leqslant g_\alpha \leqslant 1$;
(2) g_α の台[*7], すなわち, 集合 $\{p \in \mathscr{M} : g_\alpha(p) \neq 0\}$ の閉包は対応する $\mathscr{U}_\alpha$ に含ま

[*6] 訳注:例えば R^1 のパラコンパクト性は, $\mathscr{B} = \{(r,s)|r,s \in \mathbb{Q}, r \leq s\}$ の元の和によって全ての開区間が表せるので, $\mathscr{B}$ の元の和で R^1 の全ての開集合が表せるが, $\mathscr{B}$ が有理数全体が可算であることより, 可算個の元からなるので, パラコンパクトである.

[*7] 訳注:青本和彦ほか編著『数学入門辞典』(岩波書店) の台 (support) を引くと,「関数 f の台とは, f が 0 にならない点の集合 $\{x|f(x) \neq 0\}$ の閉包である. 言い換えると, 点 x が関数 f の台に含まれないことは, x のある近傍 U で f が恒等的に 0 であることと同値である.」
とあり, この概念は一般化された 1 階導関数を定義するのに用いられる (§3.1 p.56 参照).

れる；

(3) 全ての $p \in \mathcal{M}$ に対して，$\sum_\alpha g_\alpha(p) = 1$.

そのような関数の集まりは1の**分割**と呼ばれる．この結果は，特に C^∞ 級関数について正しい．しかし，解析関数については明らかに正しくない (解析関数は各点 $p \in \mathcal{M}$ のある近傍で収束冪級数で表すことができるので，どこかの開近傍でゼロならどこでもゼロである．)

最後に多様体 $\mathcal{A}, \mathcal{B}$ の**直積** $\mathcal{A} \times \mathcal{B}$ は多様体 $\mathcal{A}, \mathcal{B}$ の構造によって自然に構造が定まる多様体である．任意の点 $p \in \mathcal{A}, q \in \mathcal{B}$ に対して，p, q それぞれを含む座標近傍 $\mathcal{U}, \mathcal{V}$ が存在して，点 $(p, q) \in \mathcal{A} \times \mathcal{B}$ は $\mathcal{A} \times \mathcal{B}$ の座標近傍 $\mathcal{U} \times \mathcal{V}$ に含まれる．ここで，その座標 (x^i, y^j) に対して，x^i は $\mathcal{U}$ における p の座標で y^j は $\mathcal{V}$ における q の座標である．

2.2 ベクトルとテンソル

テンソル場は多様体の構造によって自然に定義される幾何学的対象の集合である．テンソル場は多様体の各点で定義されるテンソルと同値であるので，まずある点でのベクトルに関する基礎概念から始めて，この多様体の，ある点でのテンソルを定義しよう．

$\mathcal{M}$ の C^k **級曲線** $\lambda(t)$ とは，実数直線 R^1 の区間から $\mathcal{M}$ への C^k 級写像である．$\lambda(t_0)$ で C^1 級曲線 $\lambda(t)$ に接する**ベクトル** (反変ベクトル) $(\partial/\partial t)_\lambda|_{t_0}$ とは，$\lambda(t_0)$ において任意の C^1 級関数 f に，数 $(\partial f/\partial t)_\lambda|_{t_0}$ を対応させる作用素である[*8]．すなわち，$(\partial f/\partial t)_\lambda$ はパラメータ t に関する $\lambda(t)$ の方向の f の導関数である．具体的に書けば，

$$\left(\frac{\partial f}{\partial t}\right)_\lambda\bigg|_t = \lim_{s \to 0} \frac{1}{s}\{f(\lambda(t+s)) - f(\lambda(t))\} \tag{2.1}$$

である．この曲線のパラメータ t は明らかに $(\partial/\partial t)_\lambda t = 1$ に従う．

$(x^1, \ldots, x^n)$ が p の近傍の局所座標なら，

$$\left(\frac{\partial f}{\partial t}\right)_\lambda\bigg|_{t_0} = \sum_{j=1}^n \frac{\mathrm{d}x^j(\lambda(t))}{\mathrm{d}t}\bigg|_{t=t_0} \cdot \frac{\partial f}{\partial x^j}\bigg|_{\lambda(t_0)} = \frac{\mathrm{d}x^j}{\mathrm{d}t}\frac{\partial f}{\partial x^j}\bigg|_{\lambda(t_0)}$$

である．(ここと本書全体を通して，繰り返される添字はその添字の全ての値に渡る和を意味する和の規約を採用するものとする[*9]．) したがって点 p におけるすべての接ベクトルは座標微分

$$(\partial/\partial x^1)|_p, \ldots, (\partial/\partial x^n)|_p$$

の線形結合によって表すことができる．逆に，V^j を任意の数とするとき，ある区間 $[-\epsilon, \epsilon]$ における t に対して $x^j(\lambda(t)) = x^j(p) + tV^j$ によって定義される曲線 $\lambda(t)$ を考えると，p

---

[*8] 訳注：一般に英単語 "operator" は関数を関数に写像する関数を表し，数学では作用素，量子物理学では演算子と日本語では呼ぶが，ここでの意味は量子論的な意味は持たないので作用素と訳出しておく．
[*9] 訳注：アインシュタインの縮約記法

2.2 ベクトルとテンソル

におけるこの曲線の接ベクトルはこれらの作用素の与えられた線形結合 $V^j(\partial/\partial x^j)|_p$ である．したがって p における接ベクトルは座標微分 $(\partial/\partial x^j)|_p$ によって張られる R^1 上のベクトル空間を形成する．ここでベクトル空間の構造は関係

$$(\alpha X + \beta Y)f = \alpha(Xf) + \beta(Yf)$$

によって定義され，これは全てのベクトル X, Y，数 α, β および関数 f について成り立つ必要がある．ベクトル $(\partial/\partial x^j)|_p$ は独立である (もしそうでないなら，少なくとも1つの 0 でない V^j があって $V^j(\partial/\partial x^j)|_p = 0$ が成り立つが，この関係を各座標 x^k に対して適用すると，

$$V^j(\partial x^k/\partial x^j)|_p = V^k = 0$$

となり矛盾する) ため，$\mathscr{M}$ に対する p での全ての接ベクトルからなる空間は n 次元ベクトル空間である．これを $T_p(\mathscr{M})$ または単に T_p で表す．p における全ての方向の集合を表すこの空間は，p における $\mathscr{M}$ の**接空間**と呼ばれる．読者は，ベクトル $\mathbf{V} \in T_p$ を，p での接ベクトルで，曲線のパラメータ t で決まる $\mathbf{V}$ の "長さ" が常に関係式 $V(t) = 1$ を満たす，曲線 $\lambda(t)$ の方向を指した p での矢印と考えてもよいだろう[*10]．($\mathbf{V}$ が作用素であることより，本書では太字で表し，その成分 V^j や関数 f に作用した $\mathbf{V}$ によって得られる数 $V(f)$ は数なので斜体で表した．)

$\{\mathbf{E}_a\}(a = 1, \ldots, n)$ が p での線形独立な n 個のベクトルからなる任意の集合であるとき，$\mathbf{V} \in T_p$ なるあらゆるベクトル $\mathbf{V}$ は $\mathbf{V} = V^a \mathbf{E}_a$ の形で書くことができる．ここで，数 $\{V^a\}$ たちは p でのベクトル基底 $\{\mathbf{E}_a\}$ に関する $\mathbf{V}$ の成分である．特に $\mathbf{E}_a$ として座標基底 $(\partial/\partial x^i)|_p$ を選ぶこともできる．このとき成分 $V^i = V(x^i) = (\mathrm{d}x^i/\mathrm{d}t)|_p$ は方向 $\mathbf{V}$ の座標関数 x^i の導関数である．

p での **1-形式** (共変ベクトル) $\boldsymbol{\omega}$ は p におけるベクトル空間 T_p 上の実数値線形関数である．$\mathbf{X}$ が p でのベクトルであるとき，$\boldsymbol{\omega}$ が写像する $\mathbf{X}$ の数は $\langle \boldsymbol{\omega}, \mathbf{X} \rangle$ と書かれる．すると，線形性は全ての $\alpha, \beta \in R^1$ および $\mathbf{X}, \mathbf{Y} \in T_p$ に対して

$$\langle \boldsymbol{\omega}, \alpha \mathbf{X} + \beta \mathbf{Y} \rangle = \alpha \langle \boldsymbol{\omega}, \mathbf{X} \rangle + \beta \langle \boldsymbol{\omega}, \mathbf{Y} \rangle$$

が成り立つことを意味する．与えられた 1-形式 $\boldsymbol{\omega}$ に対して $\langle \boldsymbol{\omega}, \mathbf{X} \rangle = $ (定数) によって定義される T_p の部分空間は線形である[*11]．したがって読者は p での 1-形式を，$\langle \boldsymbol{\omega}, \mathbf{X} \rangle = 0$ なら矢印 $\mathbf{X}$ は最初の平面に横たわり，$\langle \boldsymbol{\omega}, \mathbf{X} \rangle = 1$ ならそれが第 2 の平面に先端が接する T_p の平面対であると考えてもよい．

[*10] 訳注：ベクトル $\mathbf{V}$ が作用する関数として曲線のパラメータ t 自体を持ってきたとき，つまり $V(t) = 1$ となるように $\mathbf{V}$ を選ぶと $\mathbf{V}$ は曲線 $\lambda(t)$ の接ベクトルになるということ．

[*11] 訳注：$\{\mathbf{X} | \mathbf{X} \in T_p, \langle \boldsymbol{\omega}, \mathbf{X} \rangle = 0\}$ は T_p の線形部分空間なので，それを $\langle \boldsymbol{\omega}, \mathbf{Y} \rangle = C$(定数) なる $\mathbf{Y} \in T_p$ によって平行移動することによって作られる空間 $\{\mathbf{Z} = \mathbf{X} + \mathbf{Y} | \mathbf{X}, \mathbf{Y} \in T_p, \langle \boldsymbol{\omega}, \mathbf{X} \rangle = 0, \langle \boldsymbol{\omega}, \mathbf{Y} \rangle = C\}$ も T_p の部分空間で形が線形である．

p で与えられたベクトルの基底 $\{\mathbf{E}_a\}$ に対して, $\mathbf{E}^i$ が任意のベクトルを数 X^i(基底 $\{\mathbf{E}_a\}$ に関する $\mathbf{X}$ の i 番目の成分) に写像するという条件で n 個の 1-形式からなる一意に定まる集合 $\{\mathbf{E}^a\}$ を定義することができる. すると特に $\langle \mathbf{E}^a, \mathbf{E}_b \rangle = \delta^a{}_b$ である. 任意の 1-形式 $\boldsymbol{\omega}, \boldsymbol{\eta}$ および任意の $\alpha, \beta \in R^1, \mathbf{X} \in T_p$ に対して, 規則

$$\langle \alpha\boldsymbol{\omega} + \beta\boldsymbol{\eta}, \mathbf{X} \rangle = \alpha\langle\boldsymbol{\omega}, \mathbf{X}\rangle + \beta\langle\boldsymbol{\eta}, \mathbf{X}\rangle$$

によって 1-形式の線形結合を定義すると, $\{\mathbf{E}^a\}$ を 1-形式の基底と見なすことができる. というのも p でのいかなる 1-形式 $\boldsymbol{\omega}$ も $\omega_i = \langle\boldsymbol{\omega}, \mathbf{E}_i\rangle$ によって定義される ω_i によって $\boldsymbol{\omega} = \omega_i \mathbf{E}^i$ と表すことができるからである. これより p においての 1-形式全体は, p においての n 次元のベクトル空間を構成する. それは, 接空間 T_p の双対空間 T_p^* であり, 1-形式の基底 $\{\mathbf{E}^a\}$ はベクトル基底 $\{\mathbf{E}_a\}$ の双対基底である.

1-形式の基底 $\{\mathbf{E}^a\}$ はベクトルの基底 $\{\mathbf{E}_a\}$ の**双対基底**である. 任意の $\boldsymbol{\omega} \in T^*{}_p, \mathbf{X} \in T_p$ に対して, 双対をなす基底たち $\{\mathbf{E}^a\}, \{\mathbf{E}_a\}$ に関する $\boldsymbol{\omega}, \mathbf{X}$ の成分 ω_i, X^i に対して, 関係式

$$\langle \boldsymbol{\omega}, \mathbf{X} \rangle = \langle \omega_i \mathbf{E}^i, X^j \mathbf{E}_j \rangle = \omega_i X^i$$

によって数 $\langle \boldsymbol{\omega}, \mathbf{X} \rangle$ を表すことができる.

$\mathscr{M}$ 上の各関数 f は p で, 各ベクトル $\mathbf{X}$ に対して,

$$\langle \mathrm{d}f, \mathbf{X} \rangle = Xf$$

となる規則によって 1-形式 $\mathrm{d}f$ を定義する. $\mathrm{d}f$ は f の**微分**と呼ばれる. $(x^1, \ldots, x^n)$ が局所座標であるとき, p での微分 $(\mathrm{d}x^1, \mathrm{d}x^2, \ldots, \mathrm{d}x^n)$ は p でのベクトル基底 $(\partial/\partial x^1, \partial/\partial x^2, \ldots, \partial/\partial x^n)$ に対して双対な 1-形式の基底を形成する. というのも

$$\langle \mathrm{d}x^i, \partial/\partial x^j \rangle = \partial x^i/\partial x^j = \delta^i{}_j$$

だからである. この基底に関して, 任意の関数 f の微分 $\mathrm{d}f$ は

$$\mathrm{d}f = (\partial f/\partial x^i)\mathrm{d}x^i$$

によって与えられる. $\mathrm{d}f$ がゼロでないとき, $\{f = 定数\}$ 面は $(n-1)$ 次元多様体である[*12]. $\langle \mathrm{d}f, \mathbf{X} \rangle = 0$ であるような全てのベクトル $\mathbf{X}$ からなる T_p の部分空間は, p を通って $\{f = 定数\}$ 面に含まれる曲線に接する. よって, $\mathrm{d}f$ を p での $\{f = 定数\}$ 面に対する法線と考えることができる. $\alpha \neq 0$ ならば, $\alpha \mathrm{d}f$ もまたこの面に対する法線である.

p でのベクトルの空間 T_p と p での 1-形式の空間 $T^*{}_p$ より, 直積

$$\Pi^s_r = \underbrace{T^*{}_p \times T^*{}_p \times \cdots \times T^*{}_p}_{r\ 個} \times \underbrace{T_p \times T_p \times \cdots \times T_p}_{s\ 個}$$

[*12] 訳注: $\mathrm{d}f$ がゼロでないのだから, Jacobian(ヤコビアン) がゼロでないので, 陰関数定理より座標が張れるから, $n-1$ 次元多様体となる.

2.2 ベクトルとテンソル

を形成することができる．言い換えると，その直積は1-形式とベクトルからなる順序組 $(\boldsymbol{\eta}^1,\ldots,\boldsymbol{\eta}^r,\mathbf{Y}_1,\ldots,\mathbf{Y}_s)$ である．ここで，$\boldsymbol{\eta}$ と $\mathbf{Y}$ は任意の 1-形式とベクトルである．p での (r,s) 型テンソルとは，Π_r^s 上の関数で，それぞれの定義域に関して線形であるものである．$\mathbf{T}$ が p での (r,s) 型テンソルであるとき，Π_r^s の元 $(\boldsymbol{\eta}^1,\ldots,\boldsymbol{\eta}^r,\mathbf{Y}_1,\ldots,\mathbf{Y}_s)$ を $\mathbf{T}$ が写像した先の数は

$$T(\boldsymbol{\eta}^1,\ldots,\boldsymbol{\eta}^r,\mathbf{Y}_1,\ldots,\mathbf{Y}_s)$$

として書く．すると，線形性は例えば，

$$\begin{aligned}T(\boldsymbol{\eta}^1,\ldots,\boldsymbol{\eta}^r,\alpha\mathbf{X}+\beta\mathbf{Y},\mathbf{Y}_2,\ldots,\mathbf{Y}_s)=&\alpha\cdot T(\boldsymbol{\eta}^1,\ldots,\boldsymbol{\eta}^r,\mathbf{X},\mathbf{Y}_2,\ldots,\mathbf{Y}_s)\\&+\beta\cdot T(\boldsymbol{\eta}^1,\ldots,\boldsymbol{\eta}^r,\mathbf{Y},\mathbf{Y}_2,\ldots,\mathbf{Y}_s)\end{aligned}$$

が全ての $\alpha,\beta\in R^1$ および $\mathbf{X},\mathbf{Y}\in T_p$ に対して成り立つことを意味する．

そのような全てのテンソルからなる空間は**テンソル積**と呼ばれ，以下のように表現される：

$$T_s^r(p)=\underbrace{T_p\otimes\cdots\otimes T_p}_{r\text{ 個}}\otimes\underbrace{T^*{}_p\otimes\cdots\otimes T^*{}_p}_{s\text{ 個}}.$$

特に，$T_0^1(p)=T_p$ かつ $T_1^0(p)=T^*{}_p$ である[*13]．

(r,s) 型テンソルの和は，全ての $\mathbf{Y}_i\in T_p, \boldsymbol{\eta}^j\in T^*{}_p$ に対して，

$$\begin{aligned}(T+T')(\boldsymbol{\eta}^1,\ldots,\boldsymbol{\eta}^r,\mathbf{Y}_1,\ldots,\mathbf{Y}_s)=&T(\boldsymbol{\eta}^1,\ldots,\boldsymbol{\eta}^r,\mathbf{Y}_1,\ldots,\mathbf{Y}_s)\\&+T'(\boldsymbol{\eta}^1,\ldots,\boldsymbol{\eta}^r,\mathbf{Y}_1,\ldots,\mathbf{Y}_s)\end{aligned}$$

として定義される $T+T'$ によって定義される．同様にテンソルのスカラー $\alpha\in R^1$ 倍は，全ての $\mathbf{Y}_i\in T_p,\boldsymbol{\eta}^i\in T^*{}_p$ に対して，

$$(\alpha T)(\boldsymbol{\eta}^1,\ldots,\boldsymbol{\eta}^r,\mathbf{Y}_1,\ldots,\mathbf{Y}_s)=\alpha\cdot T(\boldsymbol{\eta}^1,\ldots,\boldsymbol{\eta}^r,\mathbf{Y}_1,\ldots,\mathbf{Y}_s)$$

によって定義される．和とスカラー倍のこれらの規則によって，これから述べるようにテンソル積 $T_s^r(p)$ は R^1 上の n^{r+s} 次元ベクトル空間となる．

$\mathbf{X}_i\in T_p(i=1,\ldots,r)$ かつ $\boldsymbol{\omega}^j\in T^*{}_p(j=1,\ldots,s)$ と置こう．すると $\mathbf{X}_1\otimes\cdots\otimes\mathbf{X}_r\otimes\boldsymbol{\omega}^1\otimes\cdots\otimes\boldsymbol{\omega}^s$ によって表す $T_s^r(p)$ の元は，Π_r^s の元 $(\boldsymbol{\eta}^1,\ldots,\boldsymbol{\eta}^r,\mathbf{Y}_1,\ldots,\mathbf{Y}_s)$ を

$$\langle\boldsymbol{\eta}^1,\mathbf{X}_1\rangle\langle\boldsymbol{\eta}^2,\mathbf{X}_2\rangle\cdots\langle\boldsymbol{\eta}^r,\mathbf{X}_r\rangle\langle\boldsymbol{\omega}^1,\mathbf{Y}_1\rangle\cdots\langle\boldsymbol{\omega}^s,\mathbf{Y}_s\rangle$$

に写像する．同様に，$\mathbf{R}\in T_s^r(p)$ かつ $\mathbf{S}\in T_q^p(p)$ であるとき，$\mathbf{R}\otimes\mathbf{S}$ で表す $T_{s+q}^{r+p}(p)$ の元は，Π_{r+p}^{s+q} の元 $(\boldsymbol{\eta}^1,\ldots,\boldsymbol{\eta}^{r+p},\mathbf{Y}_1,\ldots,\mathbf{Y}_{s+q})$ を数

$$R(\boldsymbol{\eta}^1,\ldots,\boldsymbol{\eta}^r,\mathbf{Y}_1,\ldots,\mathbf{Y}_s)S(\boldsymbol{\eta}^{r+1},\ldots,\boldsymbol{\eta}^{r+p},\mathbf{Y}_{s+1},\ldots,\mathbf{Y}_{s+q})$$

[*13] 訳注：例として，任意の 1-形式 η の線形関数 T（テンソル）は，ベクトル $\mathbf{Y}$ との内積として $\langle\eta,\mathbf{Y}\rangle$ のように表されるから，この関数 T を集めた空間 $T_0^1(p)$ は，$\mathbf{Y}$ を集めたベクトル空間 T_p に一致する．

に写像する. 積 $\otimes$ によって, p でのテンソル空間は R 上の代数 (訳注 : = 多元環) を形成する.

$\{\mathbf{E}_a\}, \{\mathbf{E}^a\}$ をそれぞれ $T_p, T^*{}_p$ の双対をなす基底とするとき,

$$\{\mathbf{E}_{a_1} \otimes \cdots \otimes \mathbf{E}_{a_r} \otimes \mathbf{E}^{b_1} \otimes \cdots \otimes \mathbf{E}^{b_s}\}, \quad (a_i, b_j は 1 から n までを走る),$$

は $T^r_s(p)$ の基底となる. すると任意のテンソル $\mathbf{T} \in T^r_s(p)$ はこの基底に関して

$$\mathbf{T} = T^{a_1 \cdots a_r}{}_{b_1 \cdots b_s} \mathbf{E}_{a_1} \otimes \cdots \otimes \mathbf{E}_{a_r} \otimes \mathbf{E}^{b_1} \otimes \cdots \otimes \mathbf{E}^{b_s}$$

と表すことができる. ここで, $\{T^{a_1 \cdots a_r}{}_{b_1 \cdots b_s}\}$ は双対をなす基底 $\{\mathbf{E}_a\}, \{\mathbf{E}^a\}$ に関する $\mathbf{T}$ の, **成分**であり,

$$T^{a_1 \cdots a_r}{}_{b_1 \cdots b_s} = T(\mathbf{E}^{a_1}, \ldots, \mathbf{E}^{a_r}, \mathbf{E}_{b_1}, \ldots, \mathbf{E}_{b_s})$$

によって与えられる. p でのテンソル代数の関係はテンソルの成分に関して表すことができる. すなわち,

$$\begin{aligned} (T + T')^{a_1 \cdots a_r}{}_{b_1 \cdots b_s} &= T^{a_1 \cdots a_r}{}_{b_1 \cdots b_s} + T'^{a_1 \cdots a_r}{}_{b_1 \cdots b_s}, \\ (\alpha T)^{a_1 \cdots a_r}{}_{b_1 \cdots b_s} &= \alpha \cdot T^{a_1 \cdots a_r}{}_{b_1 \cdots b_s}, \\ (T \otimes T')^{a_1 \cdots a_{r+p}}{}_{b_1 \cdots b_{s+q}} &= T^{a_1 \cdots a_r}{}_{b_1 \cdots b_s} T'^{a_{r+1} \cdots a_{r+p}}{}_{b_{s+1} \cdots b_{s+q}} \end{aligned}$$

が成り立つ. この書き方は便利であるので, 通常はテンソルの関係をこの流儀で表すことにする.

$\{\mathbf{E}_{a'}\}$ と $\{\mathbf{E}^{a'}\}$ を T_p と $T^*{}_p$ の別の双対をなす基底の対とするとき, それらは $\{\mathbf{E}_a\}$ と $\{\mathbf{E}^a\}$ に関して

$$\mathbf{E}_{a'} = \Phi_{a'}{}^a \mathbf{E}_a \tag{2.2}$$

のように表すことができる. ここで $\Phi_{a'}{}^a$ は $n \times n$ 正則行列である. 同様に,

$$\mathbf{E}^{a'} = \Phi^{a'}{}_a \mathbf{E}^a \tag{2.3}$$

はもう 1 つの $n \times n$ 正則行列である. $\{\mathbf{E}_{a'}\}, \{\mathbf{E}^{a'}\}$ が双対をなす基底であることより,

$$\delta^{b'}{}_{a'} = \langle \mathbf{E}^{b'}, \mathbf{E}_{a'} \rangle = \langle \Phi^{b'}{}_b \mathbf{E}^b, \Phi_{a'}{}^a \mathbf{E}_a \rangle = \Phi_{a'}{}^a \Phi^{b'}{}_b \delta^b{}_a = \Phi_{a'}{}^a \Phi^{b'}{}_a,$$

つまり, $\Phi_{a'}{}^a, \Phi^a{}_{a'}$ は互いに他方の逆行列であり, $\delta^a{}_b = \Phi_b{}^{a'} \Phi^a{}_{a'}$ が成り立つ. 双対をなす基底 $\{\mathbf{E}_{a'}\}, \{\mathbf{E}^{a'}\}$ に関するテンソル $\mathbf{T}$ の成分 $T^{a'_1 \cdots a'_r}{}_{b'_1 \cdots b'_s}$ は

$$T^{a'_1 \cdots a'_r}{}_{b'_1 \cdots b'_s} = T(\mathbf{E}^{a'_1}, \ldots, \mathbf{E}^{a'_r}, \mathbf{E}_{b'_1}, \ldots, \mathbf{E}_{b'_s})$$

によって与えられる. それらは双対をなす基底 $\{\mathbf{E}_a\}, \{\mathbf{E}^a\}$ に関しての $\mathbf{T}$ の成分 $T^{a_1 \cdots a_r}{}_{b_1 \cdots b_s}$ と

$$T^{a'_1 \cdots a'_r}{}_{b'_1 \cdots b'_s} = T^{a_1 \cdots a_r}{}_{b_1 \cdots b_s} \Phi^{a'_1}{}_{a_1} \cdots \Phi^{a'_r}{}_{a_r} \Phi_{b'_1}{}^{b_1} \cdots \Phi_{b'_s}{}^{b_s} \tag{2.4}$$

2.2 ベクトルとテンソル

のような関係にある．

(r,s) 型テンソル $\mathbf{T}$ の基底 $\{\mathbf{E}_a\}, \{\mathbf{E}^a\}$ に関する成分を $T^{ab\cdots d}{}_{ef\cdots g}$ とするとき，$\mathbf{T}$ の最初の反変添字と最初の共変添字に関する縮約は，同じ基底に関する成分が $T^{ab\cdots d}{}_{af\cdots g}$ となる $(r-1,s-1)$ 型のテンソル $C_1^1(\mathbf{T})$，すなわち，

$$C_1^1(\mathbf{T}) = T^{ab\cdots d}{}_{af\cdots g}\mathbf{E}_b \otimes \cdots \otimes \mathbf{E}_d \otimes \mathbf{E}^f \otimes \cdots \otimes \mathbf{E}^g$$

として定義される．$\{\mathbf{E}_{a'}\}, \{\mathbf{E}^{a'}\}$ が別の双対をなす基底の対であるとき，それらによって定義される縮約 $C_1^1(\mathbf{T})$ は

$$\begin{aligned}
C_1^1(\mathbf{T}) &= T^{a'b'\cdots d'}{}_{a'f'\cdots g'}\mathbf{E}_{b'} \otimes \cdots \otimes \mathbf{E}_{d'} \otimes \mathbf{E}^{f'} \otimes \cdots \otimes \mathbf{E}^{g'} \\
&= \Phi^{a'}{}_a \Phi^a{}_{h'} T^{h'b'\cdots d'}{}_{a'f'\cdots g'} \Phi_{b'}{}^b \cdots \Phi_{d'}{}^d \Phi^{f'}{}_f \cdots \Phi^{g'}{}_g \\
&\qquad \cdot \mathbf{E}_b \otimes \cdots \otimes \mathbf{E}_d \otimes \mathbf{E}^f \otimes \cdots \otimes \mathbf{E}^g \\
&= T^{ab\cdots d}{}_{af\cdots g}\mathbf{E}_b \otimes \cdots \otimes \mathbf{E}_d \otimes \mathbf{E}^f \otimes \cdots \otimes \mathbf{E}^g = C_1^1(\mathbf{T})
\end{aligned}$$

であるので，テンソルの縮約 C_1^1 はその定義にどのような基底を使用するのかと無関係である．同様に $\mathbf{T}$ は任意の反変添字と共変添字の対で縮約をとることができる．(もし，2つの反変添字または2つの共変添字で縮約をとるなら，結果として得られるテンソルはそこで使用されている基底に依存する．)

$(2,0)$ 型テンソル $\mathbf{T}$ の対称部分は，全ての $\boldsymbol{\eta}_1, \boldsymbol{\eta}_2$ に対して

$$S(\mathbf{T})(\boldsymbol{\eta}_1, \boldsymbol{\eta}_2) = \frac{1}{2!}\{T(\boldsymbol{\eta}_1, \boldsymbol{\eta}_2) + T(\boldsymbol{\eta}_2, \boldsymbol{\eta}_1)\}$$

によって定義されるテンソル $S(\mathbf{T})$ である．$S(\mathbf{T})$ の成分 $S(\mathbf{T})^{ab}$ を $T^{(ab)}$ によって表そう．すると，

$$T^{(ab)} = \frac{1}{2!}\{T^{ab} + T^{ba}\}$$

である．同様に $\mathbf{T}$ の反対称部分の成分は

$$T^{[ab]} = \frac{1}{2!}\{T^{ab} - T^{ba}\}$$

によって表される．一般に，与えられた共変または反変添字のテンソルの対称または反対称部分の成分は，丸括弧または角括弧で対象とする添字を挟むことによって表す．よって，

$$T_{(a_1\cdots a_r)}{}^{b\cdots f} = \frac{1}{r!}\{T_{a_1\cdots a_r}{}^{b\cdots f}\text{の添字}\ a_1\ \text{から}\ a_r\ \text{の全ての順列に関する和}\}$$

および

$$T_{[a_1\cdots a_r]}{}^{b\cdots f} = \frac{1}{r!}\{T_{a_1\cdots a_r}{}^{b\cdots f}\text{の添字}\ a_1\ \text{から}\ a_r\ \text{の全ての順列に関する交代和}\}$$

である．例えば，
$$K^a{}_{[bcd]} = \tfrac{1}{6}\{K^a{}_{bcd} + K^a{}_{dbc} + K^a{}_{cdb} - K^a{}_{bdc} - K^a{}_{cbd} - K^a{}_{dcb}\}$$
である．

テンソルは与えられた反変あるいは共変添字の組に関する対称部分とそのテンソル自体が一致するとき，それらの添字に関して**対称**であるといい，反対称部分と一致するとき**反対称**であるという．したがって例えば $(0,2)$ 型テンソル $\mathbf{T}$ は，$T_{ab} = \tfrac{1}{2}(T_{ab} + T_{ba})$ であるときに限り対称である (これはまた $T_{[ab]} = 0$ と表すことができる)．

とりわけ重要なテンソルの部分集合が，全ての位置 q 上で反対称な $(0,q)$ 型テンソルの集合 (したがって $q \leqslant n$) であり，そのようなテンソルは q-**形式**と呼ばれる．$\mathbf{A}$ と $\mathbf{B}$ がそれぞれ p および q-形式であるとき，テンソル積 $\otimes$ の反対称化である $\wedge$ により，$(p+q)$-形式 $\mathbf{A} \wedge \mathbf{B}$ を定義することができる．すなわち，$\mathbf{A} \wedge \mathbf{B}$ は成分
$$(A \wedge B)_{a\cdots bc\cdots f} = A_{[a\cdots b} B_{c\cdots f]}$$
によって定まる $(0, p+q)$ 型テンソルである．この規則は $(\mathbf{A} \wedge \mathbf{B}) = (-)^{pq}(\mathbf{B} \wedge \mathbf{A})$ [*14] を意味する．この積によって形式の空間 (つまり，1-形式と，スカラーを 0-形式と定義したものを含む全ての p-形式からなる空間) は形式に関する Grassmann 代数を構成する．$\{\mathbf{E}^a\}$ が 1-形式の基底であるとき，$\mathbf{E}^{a_1} \wedge \cdots \wedge \mathbf{E}^{a_p} (a_i \text{ は } 1 \text{ から } n \text{ を走る})$ は p-形式の基底であり，いかなる p-形式 $\mathbf{A}$ も $A_{a\cdots b} \mathbf{E}^a \wedge \cdots \wedge \mathbf{E}^b$ と書き表すことができる[*15]．このとき，$A_{a\cdots b} = A_{[a\cdots b]}$ である．

これまで本書では多様体上のある点で定義されるテンソルの集合を考えてきた．$\mathscr{M}$ の開集合 $\mathscr{U}$ 上の局所座標の組 $\{x^i\}$ は $\mathscr{U}$ の各点 p でベクトル基底 $\{(\partial/\partial x^i)|_p\}$ および 1-形式基底 $\{(\mathrm{d}x^i)|_p\}$ を定義するので，$\mathscr{U}$ の各点で (r,s) 型のテンソル基底を定義する．そのようなテンソル基底は座標基底と呼ばれる．

集合 $\mathscr{V} \subset \mathscr{M}$ 上の (r,s) 型 C^k 級テンソル場 $\mathbf{T}$ とは，$\mathscr{V}$ の各点 p に，$T^r_s(p)$ の元を 1 つずつ割り当てたものである．そして，そのテンソル場 $\mathbf{T}$ の成分が，$\mathscr{V}$ のある開部分集合上で，任意の座標基底で表したとき，C^k 級関数となっているとするのである．

一般的にはテンソルの座標基底を使用する必要はない．なぜなら $\mathscr{V}$ 上の，与えられた任意のベクトル基底 $\{\mathbf{E}_a\}$ と，それと双対をなす形式基底 $\{\mathbf{E}^a\}$ に対して，$\mathscr{V}$ 内のいかなる開集合においても，その局所座標 $\{x^a\}$ によって $\mathbf{E}_a = \partial/\partial x^a$ かつ $\mathbf{E}^a = \mathrm{d}x^a$ と表せると表せるとは限らないからである．ただし，座標基底を敢えて使用する場合，ある種の特殊な状況が結果として起こる．特に任意の関数 f に対して，関係 $E_a(E_b f) = E_b(E_a f)$ が満たされ，これは関係式 $\partial^2 f/\partial x^a \partial x^b = \partial^2 f/\partial x^b \partial x^a$ と等価である．座標基底 $\mathbf{E}_a$ から座標基底 $\mathbf{E}_{a'}$ へ変更するには，(2.2),(2.3) を $x^a, x^{a'}$ に適用すると，
$$\Phi_{a'}{}^a = \frac{\partial x^a}{\partial x^{a'}}, \qquad \Phi^{a'}{}_a = \frac{\partial x^{a'}}{\partial x^a}$$

[*14] 訳注：原著の $(-)^{pq}$ は $(-1)^{pq}$ を表す記号法である．

[*15] 訳注：したがって一般に p-形式は $T_{a\cdots b}\mathbf{E}^a \wedge \cdots \wedge \mathbf{E}^b = T_{[a\cdots b]}\mathbf{E}^a \otimes \cdots \otimes \mathbf{E}^b$ と書ける．

2.3 多様体間の写像

となることが示される．明らかに一般基底 $\{\mathbf{E}_a\}$ は，基底 $\{\partial/\partial x^i\}$ に関する $\mathbf{E}_a$ の成分である関数 $E_a{}^i$ を与えることによって座標基底 $\{\partial/\partial x^i\}$ から得ることができる．すると，(2.2) は形 $\mathbf{E}_a = E_a{}^i \partial/\partial x^i$ をとり，(2.3) は形 $\mathbf{E}^a = E^a{}_i dx^i$ をとる．ここで行列 $E^a{}_i$ は行列 $E_a{}^i$ の双対逆行列である．

2.3 多様体間の写像

本節では，C^k 級多様体写像の一般概念を経由して，"埋め込み"，"はめ込み"，および同伴テンソル写像を定義する．最初の2つはのちに部分多様体の学習で有益であり，最後のものは，多様体の対称性の性質を学ぶ際のみならず曲線族のふるまいを学ぶ上で重要な役割を果たす．

C^k 級 n 次元多様体 $\mathscr{M}$ から，$C^{k'}$ 級 n' 次元多様体 $\mathscr{M}'$ への写像 ϕ は，$\mathscr{M}$ と $\mathscr{M}'$ の任意の局所座標系に対して $\mathscr{M}'$ 内の写像点 $\phi(p)$ が $\mathscr{M}$ 内の点 p の座標の C^r 級関数になっているとき，C^r 級写像 ($r \leqslant k, r \leqslant k'$) であるといわれる．そのような写像が一般に1対1ではなく多対1であることより（例えば $n > n'$ の場合，1対1は不可能），それは一般に逆写像を持たない．そして C^r 級写像が逆写像を持つ場合でもこの逆写像は一般に C^r 級ではない（例えば ϕ が $x \to x^3$ によって与えられる写像 $R^1 \to R^1$ である場合，ϕ^{-1} は点 $x = 0$ で微分可能ではない）．

f が $\mathscr{M}'$ 上の関数であるとき，写像 ϕ は，$\mathscr{M}$ の点 p での値が，$\phi(p)$ での f の値

$$\phi^* f(p) = f(\phi(p)) \tag{2.5}$$

であるような $\mathscr{M}$ 上の関数 $\phi^* f$ を定義する．それゆえ ϕ が各点を $\mathscr{M}$ から $\mathscr{M}'$ へ写像するとき，ϕ^* は関数を $\mathscr{M}'$ から $\mathscr{M}$ へ線形に写像する．

$\lambda(t)$ が点 $p \in \mathscr{M}$ を通過する曲線であるとき，$\mathscr{M}'$ 内の像曲線 $\phi(\lambda(t))$ は点 $\phi(p)$ を通る．$r \geqslant 1$ なら，$\phi(p)$ でのこの曲線に対する接ベクトルは $\phi_*(\partial/\partial t)_\lambda|_{\phi(p)}$ によって表される．これは写像 ϕ の下で，ベクトル $(\partial/\partial t)_\lambda|_p$ の像と見なすことができる[*16]．明らかに ϕ_* は $T_p(\mathscr{M})$ を $T_{\phi(p)}(\mathscr{M}')$ に移す線形写像である．(2.5) と方向微分としてのベクトルの定義 (2.1) より，ベクトルの写像 ϕ_* は，$\phi(p)$ での各 C^r 級関数 f と p でのベクトル $\mathbf{X}$ に対して，

$$X(\phi^* f)|_p = \phi_* X(f)|_{\phi(p)} \tag{2.6}$$

であるという関係式によって特徴付けることができる．

$\mathscr{M}$ から $\mathscr{M}'$ へのベクトルの写像 ϕ_* を用いると，$r \geqslant 1$ の場合，$T^*_{\phi(p)}(\mathscr{M}')$ から $T^*_p(\mathscr{M})$ への線形 1-形式写像 ϕ^* を，ベクトルと 1-形式の縮約がこの写像の下で保存され

[*16] 訳注：具体的には，

$$\phi_* : \left(\frac{\partial}{\partial t}\right)_\lambda\bigg|_{t=t_0} \mapsto \phi_*\left(\frac{\partial}{\partial t}\right)_\lambda\bigg|_{t=t_0} := \left(\frac{\partial}{\partial t}\right)_{\phi \circ \lambda}\bigg|_{t=t_0}$$

である．

る，という条件で定義することができる．すると 1-形式 $\mathbf{A} \in T^*{}_{\phi(p)}$ は，任意のベクトル $\mathbf{X} \in T_p$ に対して，

$$\langle \phi^* \mathbf{A}, \mathbf{X} \rangle|_p = \langle \mathbf{A}, \phi_* \mathbf{X} \rangle|_{\phi(p)}$$

が成り立つような 1-形式 $\phi^* \mathbf{A} \in T^*{}_p$ に写像される．するとこのことの帰結として

$$\phi^*(\mathrm{d}f) = \mathrm{d}(\phi^* f) \tag{2.7}$$

が成り立つ．

写像 ϕ_* および ϕ^* はそれぞれ，$\phi_* : \mathbf{T} \in T_0^r(p) \to \phi_* \mathbf{T} \in T_0^r(\phi(p))$ が，任意の $\boldsymbol{\eta}^i \in T^*{}_{\phi(p)}$ に対して，

$$T(\phi^* \boldsymbol{\eta}^1, \ldots, \phi^* \boldsymbol{\eta}^r)|_p = \phi_* T(\boldsymbol{\eta}^1, \ldots, \boldsymbol{\eta}^r)|_{\phi(p)},$$

となること，および $\phi^* : \mathbf{T} \in T_s^0(\phi(p)) \to \phi^* \mathbf{T} \in T_s^0(p)$ が，任意の $\mathbf{X}_i \in T_p$ に対して，

$$\phi^* T(\mathbf{X}_1, \ldots, \mathbf{X}_s)|_p = T(\phi_* \mathbf{X}_1, \ldots, \phi_* \mathbf{X}_s)|_{\phi(p)}$$

となるという規則によって $\mathscr{M}$ から $\mathscr{M}'$ への反変テンソルおよび $\mathscr{M}'$ から $\mathscr{M}$ への共変テンソルの写像に拡張することができる[*17]．

$r \geqslant 1$ のとき，$\mathscr{M}$ から $\mathscr{M}'$ への C^r 級写像 ϕ は，$\phi_*(T_p(\mathscr{M}))$ の次元が s であるとき p でランク s であるといわれる．これは $s = n$ (よって $n \leqslant n'$) であるとき，p で**単射**であるといわれる．すると，ϕ_* によって写像される T_p の (訳注：ゼロでない) いかなるベクトルもゼロに写像されることはない．一方，$s = n'$ (よって $n \geqslant n'$) のとき，**全射**であるといわれる．

C^r 級写像 $\phi(r \geqslant 0)$ はそれ自体とその逆写像が C^r 級であるとき，**はめ込み**であるといわれる．これはつまり，各点 $p \in \mathscr{M}$ に対して，$\mathscr{M}$ の点 p の近傍 $\mathscr{U}$ が存在して，$\phi(\mathscr{U})$ に制限した逆写像 ϕ^{-1} もまた C^r 級写像となることである．これは $n \leqslant n'$ を意味する．陰関数定理 (Spivak(1965),p.41) によれば，$r \geqslant 1$ のとき，ϕ は全ての点 $p \in \mathscr{M}$ で単射であるときに限りはめ込みになる．すると ϕ_* は T_p から像 $\phi_*(T_p) \subset T_{\phi(p)}$ への同型写像である．このとき，像 $\phi(\mathscr{M})$ は $\mathscr{M}'$ の n 次元のはめ込まれた部分多様体と呼ばれる．この部分多様体は自身と交わりを持ってもよい．つまり，ϕ は，たとえ $\mathscr{M}$ の十分小さな近傍に制限したとき 1 対 1 であっても，$\mathscr{M}$ から $\phi(\mathscr{M})$ への 1 対 1 写像である必要はない．はめ込みは，誘導された位相[*18]でのその像の上への同相写像であるとき**埋め込み**であるといわれる．したがって，埋め込みは 1 対 1 のはめ込みである．ただし，全ての 1 対 1 はめ

[*17] 訳注：$r = 1$ のとき，$\mathbf{T} \in T_0^1(p) = T_p, \boldsymbol{\eta} \in T^*{}_{\phi(p)}$ に対して，

$$T(\phi^* \boldsymbol{\eta})|_p = \langle \phi^* \boldsymbol{\eta}, \mathbf{T} \rangle|_p = \langle \boldsymbol{\eta}, \phi_* \mathbf{T} \rangle|_{\phi(p)} = \phi_* T(\boldsymbol{\eta})|_{\phi(p)}$$

となるので，これを一般の $\mathbf{T} \in T_0^r(p)$ に対して ϕ_* を拡張しただけである．

[*18] 訳注：$\mathscr{M}'$ の元々の位相に対する $\phi(\mathscr{M}) \subset \mathscr{M}'$ に関する相対位相のこと．

2.3 多様体間の写像

込みが埋め込みであるわけではない．図6を参照せよ[*19]．写像 ϕ は，いかなるコンパクト集合 $\mathscr{K} \subset \mathscr{M}'$ もその逆像 $\phi^{-1}(\mathscr{K})$ がコンパクトであるとき，固有写像であるといわれる．固有1対1はめ込みが埋め込みであることを示すことができる．埋め込み ϕ の下での $\mathscr{M}$ の像 $\phi(\mathscr{M})$ は $\mathscr{M}'$ の n 次元の**埋め込まれた部分多様体**といわれる．

$\mathscr{M}$ から $\mathscr{M}'$ への写像 ϕ は，それが1対1 C^r 級写像であり，逆写像 ϕ^{-1} が $\mathscr{M}'$ から $\mathscr{M}$ への C^r 級写像であるとき，C^r **級微分同相**であるといわれる．この場合，$n = n'$ であり，ϕ は $r \geqslant 1$ のとき，全単射である．逆に，陰関数定理は ϕ_* が p で全単射なら，p の開近傍 $\mathscr{U}$ があって，$\phi: \mathscr{U} \to \phi(\mathscr{U})$ は微分同相であることを示す．したがって，ϕ は，ϕ_* が T_p から $T_{\phi(p)}$ への同型写像のとき，p 付近で局所微分同相である．

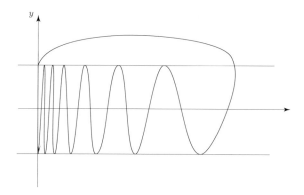

図 6. R^2 内の R^1 の1対1はめ込みで埋め込みでないもの．これは曲線 $y = \sin(1/x)$ の一部を曲線 $\{(0, y); -\infty < y < 1\}$ に滑らかにつなげることによって得られる．

写像 ϕ が $C^r(r \geqslant 1)$ 級微分同相写像であるとき，ϕ_* は $T_p(\mathscr{M})$ から $T_{\phi(p)}(\mathscr{M}')$ へ写像し，$(\phi^{-1})^*$ は $T^*_p(\mathscr{M})$ から $T^*_{\phi(p)}(\mathscr{M}')$ へ写像する．よって $T^r_s(p)$ から $T^r_s(\phi(p))$ への写像 ϕ_* を，r, s を任意とするとき，全ての $\mathbf{X}_i \in T_p, \boldsymbol{\eta}^i \in T^*_p$ について

$$T(\boldsymbol{\eta}^1, \ldots, \boldsymbol{\eta}^r, \mathbf{X}_1, \ldots, \mathbf{X}_s)|_p$$
$$= \phi_* T((\phi^{-1})^* \boldsymbol{\eta}^1, \ldots, (\phi^{-1})^* \boldsymbol{\eta}^r, \phi_* \mathbf{X}_1, \ldots, \phi_* \mathbf{X}_s)|_{\phi(p)}$$

[*19] 訳注：埋め込みでない理由は，$A = \{(x,y) | y = \sin(1/x)$ かつ $0 < x < 1\}$ という集合と，$B = \{(x,y) | x = 0$ かつ $-1 < y < 1\}$ という集合は，解析学で学ぶように連結である (空でない2つの開集合の直和にできない)．よって，これが埋め込みだったら，同相写像は定義により連続なのだから，$A \cup B$ の埋め込み写像による逆像は，連結なはずである．ところが，図6で分かるように，A の部分と，B の部分の間にぐるっと回ってくる曲線の部分があるので，埋め込み写像を f とすると，$f^{-1}(A \cup B) = f^{-1}(A) \cup f^{-1}(B)$ は，R^1 の中で連結でない．したがって f は同相写像でなく，埋め込みではないことが証明された．

であるとすることによって定義できる．$\mathscr{M}$ 上の (r,s) 型テンソルから $\mathscr{M}'$ 上の (r,s) 型テンソルへのこの写像は対称性とテンソル代数における関係を保存する．例えば，$\phi_*\mathbf{T}$ の縮約は ϕ_*(先に $\mathbf{T}$ の縮約をとったもの) に一致する．

2.4　外微分とLie微分

これから，多様体上の 3 つの微分作用素を学ぶ．最初の 2 つは多様体の構造によって純粋に定義されるが，3 つ目は多様体上に付加構造を課すことによって定義される (§2.5 参照)．

外微分作用素 d は r-形式場を線形に $(r+1)$-形式場に写像する．0-形式場 (つまり関数)f に作用させると，

$$\text{全てのベクトル場 }\mathbf{X}\text{ に対して，}\langle \mathrm{d}f, \mathbf{X}\rangle = Xf \tag{2.8}$$

によって定義される 1-形式場 $\mathrm{d}f$ を与え，r-形式場

$$\mathbf{A} = A_{ab\cdots d}\mathrm{d}x^a \wedge \mathrm{d}x^b \wedge \cdots \wedge \mathrm{d}x^d$$

に作用させると，

$$\mathrm{d}\mathbf{A} = \mathrm{d}A_{ab\cdots d} \wedge \mathrm{d}x^a \wedge \mathrm{d}x^b \wedge \cdots \wedge \mathrm{d}x^d \tag{2.9}$$

によって定義される $(r+1)$-形式場を与える．この $(r+1)$-形式場がその定義に用いられる座標 $\{x^a\}$ によらないことを示すために，別の座標の組 $\{x^{a'}\}$ を考えてみよう．すると

$$\mathbf{A} = A_{a'b'\cdots d'}\mathrm{d}x^{a'} \wedge \mathrm{d}x^{b'} \wedge \cdots \wedge \mathrm{d}x^{d'}$$

である．ここで，成分 $A_{a'b'\cdots d'}$ は

$$A_{a'b'\cdots d'} = \frac{\partial x^a}{\partial x^{a'}}\frac{\partial x^b}{\partial x^{b'}}\cdots \frac{\partial x^d}{\partial x^{d'}}A_{ab\cdots d}$$

によって与えられる．するとこの座標によって定義される $(r+1)$-形式場 $\mathrm{d}\mathbf{A}$ は $\partial^2 x^a/\partial x^{a'}\partial x^{e'}$ が a' と e' について対称だが，$\mathrm{d}x^{e'} \wedge \mathrm{d}x^{a'}$ について反対称であることより，

$$\begin{aligned}\mathrm{d}\mathbf{A} =& \mathrm{d}A_{a'b'\cdots d'} \wedge \mathrm{d}x^{a'} \wedge \mathrm{d}x^{b'} \wedge \cdots \wedge \mathrm{d}x^{d'}\\ =& \mathrm{d}\left(\frac{\partial x^a}{\partial x^{a'}}\frac{\partial x^b}{\partial x^{b'}}\cdots \frac{\partial x^d}{\partial x^{d'}}A_{ab\cdots d}\right) \wedge \mathrm{d}x^{a'} \wedge \mathrm{d}x^{b'} \wedge \cdots \wedge \mathrm{d}x^{d'}\\ =& \frac{\partial x^a}{\partial x^{a'}}\frac{\partial x^b}{\partial x^{b'}}\cdots \frac{\partial x^d}{\partial x^{d'}}\mathrm{d}A_{ab\cdots d} \wedge \mathrm{d}x^{a'} \wedge \mathrm{d}x^{b'} \wedge \cdots \wedge \mathrm{d}x^{d'}\\ &+ \frac{\partial^2 x^a}{\partial x^{a'}\partial x^{e'}}\frac{\partial x^b}{\partial x^{b'}}\cdots \frac{\partial x^d}{\partial x^{d'}}A_{ab\cdots d}\mathrm{d}x^{e'} \wedge \mathrm{d}x^{a'} \wedge \mathrm{d}x^{b'} \wedge \cdots \wedge \mathrm{d}x^{d'} + \cdots + \cdots\\ =& \mathrm{d}A_{ab\cdots d} \wedge \mathrm{d}x^a \wedge \mathrm{d}x^b \wedge \cdots \wedge \mathrm{d}x^d\end{aligned}$$

2.4 外微分とLie微分

より，d**A** の定義に用いられる座標によらない．この定義は形式についてのみうまく機能することに注意しよう．この定義は $\wedge$ 積をテンソル積によって置き換えると使用される座標に独立ではなくなってしまう．任意の関数 f,g について関係式 $\mathrm{d}(fg) = g\mathrm{d}f + f\mathrm{d}g$ を用いると，任意の r-形式 **A** と形式 **B** に対して，$\mathrm{d}(\mathbf{A} \wedge \mathbf{B}) = \mathrm{d}\mathbf{A} \wedge \mathbf{B} + (-)^r \mathbf{A} \wedge \mathrm{d}\mathbf{B}$ が成り立つ．(2.8) が $\mathrm{d}f$ に対する局所座標表示が $\mathrm{d}f = (\partial f/\partial x^i)\mathrm{d}x^i$ であることを意味することより，$\mathrm{d}(\mathrm{d}f) = (\partial^2 f/\partial x^i \partial x^j)\mathrm{d}x^i \wedge \mathrm{d}x^j = 0$ が従う．というのもこの式の右辺の初項は対称的であり，2 番目の項は反対称だからである．同様にして (2.9) より，任意の r-形式場 **A** に対して

$$\mathrm{d}(\mathrm{d}\mathbf{A}) = 0$$

が成り立つ．

作用素 d は次の意味で多様体間の写像と可換である：$\phi : \mathscr{M} \to \mathscr{M}'$ が $C^r(r \geqslant 2)$ 級写像で，**A** が $\mathscr{M}'$ 上の $C^k(k \geqslant 2)$ 級形式場とすると，((2.7) より)

$$\mathrm{d}(\phi^*\mathbf{A}) = \phi^*(\mathrm{d}\mathbf{A})$$

が成り立つ (これは偏微分の連鎖律と等価である)．作用素 d によって，一般化された形での多様体上のStokesの定理が，自然に導かれる．ここではまず最初に n-形式の積分を定義しよう．$\mathscr{M}$ を，境界 $\partial \mathscr{M}$ を持つコンパクトで向き付け可能な n 次元多様体とし，$\{f_\alpha\}$ を有限で向き付けされたアトラス $\{\mathscr{U}_\alpha, \phi_\alpha\}$ に対する 1 の分割とする．すると，**A** が $\mathscr{M}$ 上の n-形式場とすると，$\mathscr{M}$ での **A** の積分は

$$\int_{\mathscr{M}} \mathbf{A} = (n!)^{-1} \sum_\alpha \int_{\phi_\alpha(\mathscr{U}_\alpha)} f_\alpha A_{12\cdots n} \mathrm{d}x^1 \mathrm{d}x^2 \cdots \mathrm{d}x^n \tag{2.10}$$

として定義される．ここで $A_{12\cdots n}$ は，座標近傍 $\mathscr{U}$ の局所座標に関する **A** の成分であり，右辺の積分は，R^n の開集合 $\phi_\alpha(\mathscr{U}_\alpha)$ 上の通常の多重積分である．これより，$\mathscr{M}$ 上の形式の積分は，局所座標によって，形式を R^n に写像して，そこで通常の多重積分を実行することによって定義される．また，1 の分割の存在によってこの演算の大域的有効性は保証される．

積分 (2.10) は well-defined [20] である．というのも，もし別のアトラス $\{\mathscr{V}_\beta, \psi_\beta\}$ とこのアトラスに対する 1 の分割 $\{g_\beta\}$ を選ぶと，積分

$$(n!)^{-1} \sum_\beta \int_{\psi_\beta(\mathscr{V}_\beta)} g_\beta A_{1'2'\cdots n'} \mathrm{d}x^{1'} \mathrm{d}x^{2'} \ldots \mathrm{d}x^{n'}$$

---

[20] 訳注：青本和彦ほか編著『数学入門辞典』(岩波書店) の "ウェル・ディファインド (well-defined)" を引くと，「直訳すれば「うまく定義される」ということであり，正確な意味は「矛盾なく定義される」ということである．日本語の適切な訳がないため，英語のまま使われることが多い．(以下略)」とあり，本訳書でも，あえてそのまま英語表記を残した．

が得られる．ここで $x^{i'}$ は対応する局所座標である．これら 2 つの量を，2 つのアトラスに含まれる座標近傍の重なった部分 ($\mathscr{U}_\alpha \cap \mathscr{V}_\beta$) で比較すると，最初の表式は

$$(n!)^{-1} \sum_\alpha \sum_\beta \int_{\phi_\alpha(\mathscr{U}_\alpha \cap \mathscr{V}_\beta)} f_\alpha g_\beta A_{12\cdots n} \mathrm{d}x^1 \mathrm{d}x^2 \cdots \mathrm{d}x^n$$

のように書くことができ，2 つ目の表式は

$$(n!)^{-1} \sum_\alpha \sum_\beta \int_{\psi_\beta(\mathscr{U}_\alpha \cap \mathscr{V}_\beta)} f_\alpha g_\beta A_{1'2'\cdots n'} \mathrm{d}x^{1'} \mathrm{d}x^{2'} \cdots \mathrm{d}x^{n'}$$

のように書くことができる．形式 $\mathbf{A}$ と R^n の多重積分に対する変換規則を比較すると，これらの表式が各点で等しいので，$\int_{\mathscr{M}} \mathbf{A}$ はアトラスと 1 の分割の選び方にはよらないことが分かる．

同様に，ϕ が $\mathscr{M}$ から $\mathscr{M}'$ への C^r 級微分同相写像のとき，この積分が ϕ の下で不変であることが示せる：

$$\int_{\mathscr{M}'} \phi_* \mathbf{A} = \int_{\mathscr{M}} \mathbf{A}.$$

作用素 d を用いて，**一般化された Stokes の定理**がいま次の形で書くことができる：$\mathbf{B}$ が $\mathscr{M}$ 上の $(n-1)$-形式場であるとき，

$$\int_{\partial \mathscr{M}} \mathbf{B} = \int_{\mathscr{M}} \mathrm{d}\mathbf{B}$$

であり，これは上の定義より確かめることができる (例えば Spivak (1965) 参照)．これは本質的に微分積分学の基本定理の一般形である．左辺の積分を実行するためには，$\mathscr{M}$ の境界 $\partial \mathscr{M}$ の向きを定義しなければならない．これは次のようにして行われる：$\mathscr{U}_\alpha$ が $\partial \mathscr{M}$ と共通部分を持つ $\mathscr{M}$ の向き付けされた座標近傍とすると，$\partial \mathscr{M}$ の定義より，$\phi_\alpha(\mathscr{U}_\alpha \cap \partial \mathscr{M})$ は R^n 内の平面 $x^1 = 0$ に含まれ，$\phi_\alpha(\mathscr{U}_\alpha \cap \mathscr{M})$ は下半分 $x^1 \leqslant 0$ に含まれる．座標 $(x^2, x^3, \ldots, x^n)$ はすると $\partial \mathscr{M}$ の近傍 $\mathscr{U}_\alpha \cap \partial \mathscr{M}$ 内の向き付けされた座標になる．これが $\partial \mathscr{M}$ の向き付けされたアトラスを与えることが確かめられるだろう．

多様体の構造によって自然に定義されるもう 1 つの型の微分が **Lie 微分**である．$\mathscr{M}$ 上の任意の $C^r (r \geqslant 1)$ 級ベクトル場 $\mathbf{X}$ を考えよう．常微分方程式の系に対する基本定理 (Burkill(1956)) によって，$\mathscr{M}$ の曲線 $\lambda(t)$ で，$\mathscr{M}$ の各々の点 p に対して，$\lambda(0) = p$ かつ点 $\lambda(t)$ におけるその接ベクトルがベクトル $\mathbf{X}|_{\lambda(t)}$ であるような点 p を通る最長曲線 $\lambda(t)$ が一意に定まる．$\{x^i\}$ が局所座標であるとする．このとき，曲線 $\lambda(t)$ は座標 $x^i(t)$ であり，ベクトル $\mathbf{X}$ は成分 X^i を持つ．すると，この曲線は局所的には微分方程式の組

$$\mathrm{d}x^i/\mathrm{d}t = X^i(x^1(t), \ldots, x^n(t))$$

の解である．この曲線は始点 p を持つ $\mathbf{X}$ の**積分曲線**と呼ばれる．$\mathscr{M}$ の各々の点 q に対して，以下のような q の開近傍 $\mathscr{U}$ と，実数 $\epsilon > 0$ が存在して $\mathbf{X}$ について次のようなこ

2.4 外微分とLie微分(リー)

とができる．$\mathbf{X}$ によって定義される微分同相写像の族 $\phi_t : \mathscr{U} \to \mathscr{M}$ で，$|t| < \epsilon$ について定義され，$\mathbf{X}$ の積分曲線に沿ってパラメータで t だけ $\mathscr{U}$ 内の任意の点 p を動かす写像が存在するのである (実は ϕ_t は $\phi_{t+s} = \phi_t \circ \phi_s = \phi_s \circ \phi_t$ によって演算が定義され，$\phi_{-t} = (\phi_t)^{-1}$ を逆元とし，ϕ_0 を単位元とする $|t|, |s|, |t+s| < \epsilon$ での 1 パラメータ微分同相写像の局所群となっている)．$\mathbf{X}$ に関するテンソル場 $\mathbf{T}$ の **Lie** 微分 $L_{\mathbf{X}}\mathbf{T}$ は，この微分同相写像の族 ϕ_t で，テンソル場 $\mathbf{T}$ を動かしたものの $t = 0$ での微分にマイナスを付けたものとして定義される．つまり，

$$L_{\mathbf{X}}\mathbf{T}|_p = \lim_{t \to 0} \frac{1}{t}\{\mathbf{T}|_p - \phi_{t*}\mathbf{T}|_p\}$$

である．ϕ_* の特性より，次が従う：

(1) $L_{\mathbf{X}}$ はテンソルの型を保存する．つまり，$\mathbf{T}$ が (r, s) 型のテンソル場なら $L_{\mathbf{X}}\mathbf{T}$ も (r, s) 型のテンソル場である．

(2) $L_{\mathbf{X}}$ はテンソルを線形に写像し，縮約を保存する．

通常の微分積分学のように，Leibniz 則を証明することができる：

(3) 任意のテンソル $\mathbf{S}, \mathbf{T}$ に対して，$L_{\mathbf{X}}(\mathbf{S} \otimes \mathbf{T}) = L_{\mathbf{X}}\mathbf{S} \otimes \mathbf{T} + \mathbf{S} \otimes L_{\mathbf{X}}\mathbf{T}$ である．

定義より直ちに，

(4) $L_{\mathbf{X}}f = Xf$ が任意の関数 f について成り立つ．

写像 ϕ_t の下で，点 $q = \phi_{-t}(p)$ は p に写像される．それゆえ ϕ_{t*} は T_q から T_p への写像である．よって (2.6) より，

$$(\phi_{t*}Y)f|_p = Y(\phi_t^* f)|_q$$

である．$\{x^i\}$ が p の近傍の局所座標のとき，p での $\phi_{t*}\mathbf{Y}$ の座標成分は

$$(\phi_{t*}Y)^i|_p = \phi_{t*}Y|_p x^i = Y^j|_q \frac{\partial}{\partial x^j(q)}(x^i(p))$$
$$= \frac{\partial x^i(\phi_t(q))}{\partial x^j(q)} Y^j|_q$$

である．いま，

$$\frac{\mathrm{d} x^i(\phi_t(q))}{\mathrm{d} t} = X^i|_{\phi_t(q)}$$

であるので，

$$\frac{\mathrm{d}}{\mathrm{d} t}\left(\frac{\partial x^i(\phi_t(q))}{\partial x^j(q)}\right)\bigg|_{t=0} = \frac{\partial X^i}{\partial x^j}\bigg|_p$$

である.したがって

$$(L_{\mathbf{X}}Y)^i = -\frac{\mathrm{d}}{\mathrm{d}t}(\phi_{t*}Y)^i|_{t=0} = \frac{\partial Y^i}{\partial x^j}X^j - \frac{\partial X^i}{\partial x^j}Y^j \qquad (2.11)$$

が得られる.この表式は全ての C^2 級関数 f に対して

$$(L_{\mathbf{X}}Y)f = X(Yf) - Y(Xf)$$

の形に書き換えることができる.本書では状況に応じて $L_{\mathbf{X}}\mathbf{Y}$ を $[\mathbf{X},\mathbf{Y}]$ で表すことにする.つまり,

$$L_{\mathbf{X}}\mathbf{Y} = -L_{\mathbf{Y}}\mathbf{X} = [\mathbf{X},\mathbf{Y}] = -[\mathbf{Y},\mathbf{X}]$$

である.

もし2つのベクトル場 $\mathbf{X},\mathbf{Y}$ の Lie 微分が消滅するなら,この2つのベクトル場は可換であるといわれる.この場合,点 p から始めて $\mathbf{X}$ の積分曲線に沿ってパラメータ距離 t 進み,それから $\mathbf{Y}$ の積分曲線に沿ってパラメータ距離 s 進むと,それは,まず最初に $\mathbf{Y}$ の積分曲線に沿ってパラメータ距離 s 進み,次に $\mathbf{X}$ の積分曲線に沿ってパラメータ距離 t 進んだ場合と同じ点に到達する(図7).よって与えられた点 p から始まる,積分曲線 $\mathbf{X}$ と $\mathbf{Y}$ に沿って到達することができる全ての点からなる集合は p を通るはめ込まれた2次元部分空間を形成する.

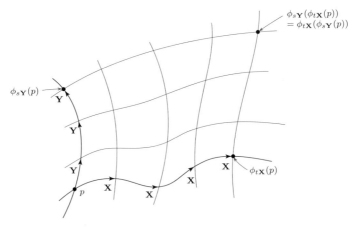

図7. 可換なベクトル場 $\mathbf{X},\mathbf{Y}$ を点 p からそれぞれ点 $\phi_{t\mathbf{X}}(p), \phi_{s\mathbf{Y}}(p)$ へ移動することによって生成される変換.これらの変換の連続的適用によって p は2次元面内の点を移動する.

1-形式 $\boldsymbol{\omega}$ の Lie 微分の成分は関係式

$$L_{\mathbf{X}}(\boldsymbol{\omega} \otimes \mathbf{Y}) = L_{\mathbf{X}}\boldsymbol{\omega} \otimes \mathbf{Y} + \boldsymbol{\omega} \otimes L_{\mathbf{X}}\mathbf{Y} \qquad \text{(Lie 微分の特性 (3))}$$

を縮約して

$$L_{\mathbf{X}}\langle \boldsymbol{\omega}, \mathbf{Y}\rangle = \langle L_{\mathbf{X}}\boldsymbol{\omega}, \mathbf{Y}\rangle + \langle \boldsymbol{\omega}, L_{\mathbf{X}}\mathbf{Y}\rangle \qquad (\because \text{Lie 微分の特性 (2))}$$

を得ることによって求められる．ここで $\mathbf{X}, \mathbf{Y}$ は任意の C^1 級ベクトル場であり，$\mathbf{Y}$ を基底ベクトル $\mathbf{E}_i$ に選ぼう．すると，座標成分 ($\mathbf{E}_i = \partial/\partial x^i$ と選んだ下で) は

$$(L_{\mathbf{X}}\boldsymbol{\omega})_i = (\partial \omega_i/\partial x^j)X^j + \omega_j(\partial X^j/\partial x^i)$$

と求められる．何故なら (2.11) は

$$(L_{\mathbf{X}}(\partial/\partial x^i))^j = -\partial X^j/\partial x^i$$

を意味するからである．同様に，任意の $C^r (r \geqslant 1)$ 級 (r, s) 型テンソル場 $\mathbf{T}$ の Lie 微分の成分を，

$$L_{\mathbf{X}}(\mathbf{T} \otimes \mathbf{E}^a \otimes \cdots \otimes \mathbf{E}^d \otimes \mathbf{E}_e \otimes \cdots \otimes \mathbf{E}_g)$$

上の Leibniz 則を用いたのち，全ての位置について縮約をとることによって求めることができる．これより，座標成分は

$$\begin{aligned}(L_{\mathbf{X}}T)^{ab\cdots d}{}_{ef\cdots g} &= (\partial T^{ab\cdots d}{}_{ef\cdots g}/\partial x^i)X^i - T^{ib\cdots d}{}_{ef\cdots g}\partial X^a/\partial x^i \\ &\quad - (\text{全ての上付き添字}) + T^{ab\cdots d}{}_{if\cdots g}\partial X^i/\partial x^e + (\text{全ての下付き添字}) \end{aligned} \qquad (2.12)$$

と求められる．

(2.7) のため，いかなる Lie 微分も d と可換である．つまり，任意の p-形式場 $\boldsymbol{\omega}$ に対して，

$$\mathrm{d}(L_{\mathbf{X}}\boldsymbol{\omega}) = L_{\mathbf{X}}(\mathrm{d}\boldsymbol{\omega})$$

である．

これらの公式より，幾何学的解釈と同様に，(r,s) 型テンソル場 $\mathbf{T}$ の Lie 微分 $L_{\mathbf{X}}\mathbf{T}|_p$ は点 p でのベクトル場 $\mathbf{X}$ の方向のみに依存するのではなく，その近傍の点たちでの $\mathbf{X}$ の方向にも依存するということが分かる．したがって，多様体の構造によって定義される 2 つの微分作用素は，多様体上の物理量に対する場の方程式を設定するために必要となる偏微分の概念を一般化として機能するにはあまりにも限定されているということになる．d は形式のみに作用するが，通常の偏微分は Lie 微分とは異なり，問題となっている点の方向のみに依存する方向微分である．そのような一般化された微分は，多様体上に付加構造を導入することによって得られる共変微分である．これは次節で行う．

2.5 共変微分と曲率テンソル

ここで導入する付加構造は $\mathscr{M}$ 上の (アフィン) 接続である．$\mathscr{M}$ の点 p での接続 ∇ は p での各ベクトル場 $\mathbf{X}$ に微分作用素 $\nabla_{\mathbf{X}}$ を割り当てる規則である．$\nabla_{\mathbf{X}}$ は，任意の

$C^r(r \geqslant 1)$ 級ベクトル場 $\mathbf{Y}$ をベクトル場 $\nabla_\mathbf{X}\mathbf{Y}$ に写像する微分作用素である．ここで $\nabla_\mathbf{X}\mathbf{Y}$ は次を満たす：

(1) $\nabla_\mathbf{X}\mathbf{Y}$ は定義域内の $\mathbf{X}$ についてテンソルである．すなわち，任意の関数 f, g および C^1 級ベクトル場 $\mathbf{X}, \mathbf{Y}, \mathbf{Z}$ に対して，
$$\nabla_{f\mathbf{X}+g\mathbf{Y}}\mathbf{Z} = f\nabla_\mathbf{X}\mathbf{Z} + g\nabla_\mathbf{Y}\mathbf{Z}$$
である (これは p での微分 $\nabla_\mathbf{X}$ が p での $\mathbf{X}$ の方向のみに依存するという要請と等価である).

(2) $\nabla_\mathbf{X}\mathbf{Y}$ は $\mathbf{Y}$ について線形である．つまり，任意の C^1 級ベクトル場 $\mathbf{Y}, \mathbf{Z}$ と $\alpha, \beta \in R^1$ に対して，
$$\nabla_\mathbf{X}(\alpha\mathbf{Y} + \beta\mathbf{Z}) = \alpha\nabla_\mathbf{X}\mathbf{Y} + \beta\nabla_\mathbf{X}\mathbf{Z}$$
である．

(3) 任意の C^1 級関数 f と C^1 級ベクトル場 $\mathbf{Y}$ に対して
$$\nabla_\mathbf{X}(f\mathbf{Y}) = X(f)\mathbf{Y} + f\nabla_\mathbf{X}\mathbf{Y}$$
である．

このとき，$\nabla_\mathbf{X}\mathbf{Y}$ は p での方向 $\mathbf{X}$ についての $\mathbf{Y}$ の (∇ に関する) 共変微分である．(1) により，$\mathbf{Y}$ の共変微分 $\nabla\mathbf{Y}$ を，(1,1) 型テンソル場として定義することができる．これは $\mathbf{X}$ で縮約を取られたとき，ベクトル $\nabla_\mathbf{X}\mathbf{Y}$ を生成する．すると，
$$(3) \Leftrightarrow \nabla(f\mathbf{Y}) = \mathrm{d}f \otimes \mathbf{Y} + f\nabla\mathbf{Y}$$
が成り立つ．

C^k 級多様体 $\mathscr{M}(k \geqslant r+2)$ 上の C^r 級接続 ∇ とは，$\mathbf{Y}$ が $\mathscr{M}$ 上の C^{r+1} 級ベクトル場であるとき，$\nabla\mathbf{Y}$ が C^r 級テンソル場であるような接続 ∇ を各点に割り当てる規則である．

近傍 $\mathscr{U}$ 上の任意の C^{r+1} 級ベクトル基底 $\{\mathbf{E}_a\}$ および双対 1-形式基底 $\{\mathbf{E}^a\}$ が与えられたとき，$\nabla\mathbf{Y}$ の成分を $Y^a{}_{;b}$ と書く．つまり
$$\nabla\mathbf{Y} = Y^a{}_{;b}\mathbf{E}^b \otimes \mathbf{E}_a$$
である．接続は，
$$\Gamma^a{}_{bc} = \langle\mathbf{E}^a, \nabla_{\mathbf{E}_b}\mathbf{E}_c\rangle \Leftrightarrow \nabla\mathbf{E}_c = \Gamma^a{}_{bc}\mathbf{E}^b \otimes \mathbf{E}_a$$
によって定義される n^3 個の C^r 級関数 $\Gamma^a{}_{bc}$ によって $\mathscr{U}$ 上に与えられる．任意の C^1 級ベクトル場 $\mathbf{Y}$ に対して，
$$\nabla\mathbf{Y} = \nabla(Y^c\mathbf{E}_c) = \mathrm{d}Y^c \otimes \mathbf{E}_c + Y^c\Gamma^a{}_{bc}\mathbf{E}^b \otimes \mathbf{E}_a$$

2.5 共変微分と曲率テンソル

である．よって座標基底 $\{\partial/\partial x^a\}, \{dx^b\}$ に関する $\nabla\mathbf{Y}$ の成分は

$$Y^a{}_{;b} = \partial Y^a/\partial x^b + \Gamma^a{}_{bc}Y^c$$

である．関数 $\Gamma^a{}_{bc}$ の変換特性は，$\mathbf{E}_{a'} = \Phi_{a'}{}^a \mathbf{E}_a, \mathbf{E}^{a'} = \Phi^{a'}{}_a \mathbf{E}^a$ であるとき，

$$\Gamma^{a'}{}_{b'c'} = \langle \mathbf{E}^{a'}, \nabla_{\mathbf{E}_{b'}} \mathbf{E}_{c'}\rangle = \langle \Phi^{a'}{}_a \mathbf{E}^a, \nabla_{\Phi_{b'}{}^b \mathbf{E}_b}(\Phi_{c'}{}^c \mathbf{E}_c)\rangle$$
$$= \Phi^{a'}{}_a \Phi_{b'}{}^b(E_b(\Phi_{c'}{}^a) + \Phi_{c'}{}^c \Gamma^a{}_{bc})$$

というように接続の特性 (1),(2),(3) によって決定される．これは

$$\Gamma^{a'}{}_{b'c'} = \Phi^{a'}{}_a(E_{b'}(\Phi_{c'}{}^a) + \Phi_{b'}{}^b \Phi_{c'}{}^c \Gamma^a{}_{bc})$$

のように書き換えることができる．特に，基底が，座標 $\{x^a\}, \{x^{a'}\}$ によって定義される座標基底の場合，変換法則は

$$\Gamma^{a'}{}_{b'c'} = \frac{\partial x^{a'}}{\partial x^a}\left(\frac{\partial^2 x^a}{\partial x^{b'} \partial x^{c'}} + \frac{\partial x^b}{\partial x^{b'}} \frac{\partial x^c}{\partial x^{c'}} \Gamma^a{}_{bc}\right)$$

となる．項 $E_{b'}(\Phi_{c'}{}^a)$ により，$\Gamma^a{}_{bc}$ はテンソルの成分としては変換しない．しかしながら，$\nabla\mathbf{Y}$ と $\hat{\nabla}\mathbf{Y}$ が 2 つの異なる接続から得られる共変微分なら，

$$\nabla\mathbf{Y} - \hat{\nabla}\mathbf{Y} = (\Gamma^a{}_{bc} - \hat{\Gamma}^a{}_{bc})Y^c \mathbf{E}^b \otimes \mathbf{E}_a$$

はテンソルになる．したがって差分項 $(\Gamma^a{}_{bc} - \hat{\Gamma}^a{}_{bc})$ はテンソルの成分になる．

共変微分の定義は次の規則によって $r \geqslant 1$ の場合，任意の C^r 級テンソル場に拡張することができる (Lie 微分の規則参照)：

(1) $\mathbf{T}$ が (q,s) 型の C^r 級テンソル場なら，$\nabla\mathbf{T}$ は $(q,s+1)$ 型 C^{r-1} 級テンソル場である．
(2) ∇ は線形であり，かつ縮約をとる操作と可換である．
(3) 任意のテンソル場 $\mathbf{S}, \mathbf{T}$ に対して，Leibniz 則が成り立つ．すなわち，

$$\nabla(\mathbf{S} \otimes \mathbf{T}) = \nabla\mathbf{S} \otimes \mathbf{T} + \mathbf{S} \otimes \nabla\mathbf{T}$$

である．
(4) 任意の関数 f に対して $\nabla f = df$ である．

$\nabla\mathbf{T}$ の成分を $(\nabla_{\mathbf{E}_h})^{a \cdots d}{}_{e \cdots g} = T^{a \cdots d}{}_{e \cdots g;h}$ と書く．(2) および (3) の結果として，

$$\nabla_{\mathbf{E}_b}\mathbf{E}^c = -\Gamma^c{}_{ba}\mathbf{E}^a$$

が成り立つ．ここで $\{\mathbf{E}^a\}$ は $\{\mathbf{E}_a\}$ に対する双対基底であり，(2.12) を導く中で用いられた方法と類似の方法で $\nabla\mathbf{T}$ の座標成分が

$$T^{ab \cdots d}{}_{ef \cdots g;h} = \partial T^{ab \cdots d}{}_{ef \cdots g}/\partial x^h + \Gamma^a{}_{hj} T^{jb \cdots d}{}_{ef \cdots g}$$
$$+ (\text{全ての上付添字}) - \Gamma^j{}_{he} T^{ab \cdots d}{}_{jf \cdots g} - (\text{全ての下付添字}) \qquad (2.13)$$

となることが示される．特別な例として，成分 $\delta^a{}_b$ を持つ単位テンソル $\mathbf{E}_a \otimes \mathbf{E}^b$ は消滅する共変微分を持つので成分 $\delta^{(a_1}{}_{b_1}\delta^{a_2}{}_{b_2}\cdots\delta^{a_s)}{}_{b_s}, \delta^{[a_1}{}_{b_1}\delta^{a_2}{}_{b_2}\cdots\delta^{a_p]}{}_{b_p}(p \leqslant n)$ を持つ一般化された単位テンソルもまた共変微分で消滅する．

$\mathbf{T}$ が C^r 級 $(r \geqslant 1)$ 曲線 $\lambda(t)$ に沿って定義される C^r 級テンソル場のとき，$\lambda(t)$ に沿った $\mathbf{T}$ の共変微分 $\mathrm{D}\mathbf{T}/\partial t$ を $\nabla_{\partial/\partial t}\overline{\mathbf{T}}$ として定義することができる．ここで，$\overline{\mathbf{T}}$ は λ の開近傍の上へ $\mathbf{T}$ を拡張した任意の C^r 級テンソル場である．$\mathrm{D}\mathbf{T}/\partial t$ は $\lambda(t)$ に沿って定義された C^{r-1} 級テンソル場であり，拡張 $\overline{\mathbf{T}}$ に依存しない．成分に関して，$\mathbf{X}$ が $\lambda(t)$ の接ベクトルであるとするとき，$\mathrm{D}T^{a\cdots d}{}_{e\cdots g}/\partial t = T^{a\cdots d}{}_{e\cdots g;h}X^h$ が成り立つ．特に $\lambda(t)$ が座標 $x^a(t)$ を持つように局所座標で展開できるので，$X^a = \mathrm{d}x^a/\mathrm{d}t$ より，ベクトル場 $\mathbf{Y}$ に対して

$$\mathrm{D}Y^a/\partial t = \partial Y^a/\partial t + \Gamma^a{}_{bc}Y^c\mathrm{d}x^b/\mathrm{d}t \tag{2.14}$$

が成り立つ．

テンソル $\mathbf{T}$ は，$\mathrm{D}\mathbf{T}/\partial t = 0$ であるとき λ に沿って**平行移動される**と言われる．端点 p, q を持つ曲線 $\lambda(t)$ が与えられると，常微分方程式の解の理論により，接続 ∇ が少なくとも C^{1-} 級であるとき，λ に沿って p での任意に与えられたテンソルを平行移動することによって q での一意に定まるテンソルを得る．それゆえ λ に沿った平行移動は，全てのテンソル積とテンソルの縮約を保存する $T^r_s(p)$ から $T^r_s(q)$ への線形写像であるので，特に p から q への与えられた曲線に沿って基底ベクトルを平行移動させると，これは T_p から T_q への同型写像を決定する．(この曲線が自分自身と交わるとき，p と q は同じ点になる可能性がある．)

特別な場合が，λ に沿った接ベクトル自体の共変微分を考えることによって得られる．曲線 $\lambda(t)$ は

$$\nabla_\mathbf{X}\mathbf{X} = \frac{\mathrm{D}}{\partial t}\left(\frac{\partial}{\partial t}\right)_\lambda$$

が $(\partial/\partial t)_\lambda$ に平行であるとき，つまり，$X^a{}_{;b}X^b = fX^a$ であるような関数 f(恐らくゼロ) が存在するとき**測地的曲線**であるといわれる．そのような曲線に対しては，

$$\frac{\mathrm{D}}{\partial v}\left(\frac{\partial}{\partial v}\right)_\lambda = 0$$

であるようなその曲線に沿った新しいパラメータ $v(t)$ を求めることができる．そのようなパラメータは**アフィンパラメータ**と呼ばれる．同伴する接ベクトル $\mathbf{V} = (\partial/\partial v)_\lambda$ は $\mathbf{X}$ に平行であるが，それは $V(v) = 1$ によって決定されるスケールを持つ．それは方程式

$$V^a{}_{;b}V^b = 0 \Leftrightarrow \frac{\mathrm{d}^2 x^a}{\mathrm{d}v^2} + \Gamma^a{}_{bc}\frac{\mathrm{d}x^b}{\mathrm{d}v}\frac{\mathrm{d}x^c}{\mathrm{d}v} = 0 \tag{2.15}$$

に従う．第 2 の表式は，ベクトル場 $\mathbf{V}$ に (2.14) を適用したものから得ることができる局所座標表示である．測地的曲線のアフィンパラメータは定数倍と定数の和の自由度を除い

2.5 共変微分と曲率テンソル

て決定される．つまり，a, b を定数とするとき，変換 $v' = av + b$ を許す．b の選び方の自由度は，新しい始点 $\lambda(0)$ の選び方の自由度に対応し，a の選び方の自由度は，定数スケール因子によるベクトル $\mathbf{V}$ の再規格化 (renormalize)$\mathbf{V}' = (1/a)\mathbf{V}$ の自由度に対応 (一致) する．これら任意のアフィンパラメータによってパラメータ化された曲線は**測地線**と言われる．

$C^r(r \geqslant 0)$ 級接続が与えられると，(2.15) に適用された常微分方程式に対する標準的な存在定理により，$\mathscr{M}$ の任意の点 p と p の任意のベクトル $\mathbf{X}_p$ に対して，$\mathscr{M}$ 内に点 p から始まり初期方向 $\mathbf{X}_p$ を持つ，つまり，$\lambda_{\mathbf{X}}(0) = p$ かつ $(\partial/\partial v)_\lambda|_{v=0} = \mathbf{X}_p$ であるような最長測地線 $\lambda_{\mathbf{X}}(v)$ が存在することを示せる．$r \geqslant 1-$ の場合，この測地線は一意に定まり，p および $\mathbf{X}_p$ に連続的に依存する．$r \geqslant 1$ の場合，それは p および $\mathbf{X}_p$ に微分可能的に依存する．これは $r \geqslant 1$ の場合，各 $\mathbf{X} \in T_p$ に対して，$\exp(\mathbf{X})$ が，p から測地線 $\lambda_{\mathbf{X}}$ に沿って単位パラメータ距離離れた $\mathscr{M}$ 内の点となる C^r 級写像 $\exp : T_p \to \mathscr{M}$ を定義できることを意味する．この写像は全ての $\mathbf{X} \in T_p$ に対して定義されないかも知れない．というのも，測地線 $\lambda_{\mathbf{X}}(v)$ は全ての v に対して定義されるとは限らないからである．v がすべての値を取る場合，測地線 $\lambda(v)$ は**完備な測地線**であると言われる．多様体 $\mathscr{M}$ は，全ての $\mathscr{M}$ 上の測地線が完備な測地線であるとき**測地的完備**であると言われる．これはつまり，$\mathscr{M}$ の全ての点 p に対する T_p 全体上で，$\exp$ が定義される場合である．

$\mathscr{M}$ が完備であるかないかによらず，写像 $\exp_p$ は p でランク n を持つ．したがって陰関数定理 (Spivak (1965)) により，T_p の原点の開近傍 $\mathscr{N}_0$ および $\mathscr{M}$ 内の p の開近傍 $\mathscr{N}_p$ が存在して，写像 $\exp$ が $\mathscr{N}_0$ から $\mathscr{N}_p$ の上への C^r 級微分同相写像であるようにできる．そのような近傍 $\mathscr{N}_p$ は p の**正規近傍** (normal neighborhood) と呼ばれる．さらに，$\mathscr{N}_p$ は凸状に選ぶことができる．すなわち，$\mathscr{N}_p$ のいかなる点 q も $\mathscr{N}_p$ の任意の別の点 r と，q から始まり $\mathscr{N}_p$ に完全に含まれる一意に定まる測地線によってつなげられるようにできる．凸正規近傍 $\mathscr{N}$ の中では，任意に選んだ点 $q \in \mathscr{N}$ に対して，T_q の基底 $\{\mathbf{E}_a\}$ を選んで，$\mathscr{N}$ 内の点 r の座標を，関係式 $r = \exp(x^a \mathbf{E}_a)$ によって定義すると，座標 $(x^1, \ldots, x^n)$ を定義することができる (つまり，r に，T_q 内の点 $\exp^{-1}(r)$ の基底 $\{\mathbf{E}_a\}$ に関する座標を割り当てるのである．)．すると，$(\partial/\partial x^i)|_q = \mathbf{E}_i$ かつ ((2.15) により)$\Gamma^i{}_{(jk)}|_q = 0$ が成り立つ．そのような座標は q を基点とする**正規座標** (normal coordinates) と呼ばれる．正規近傍の存在はGeroch(1968c)〔ゲロック〕によって，C^1 級接続を持つ連結な C^3 級 Hausdorff 多様体 $\mathscr{M}$ が可算基底を持つことを証明するために用いられた．したがって C^3 級多様体のパラコンパクト性の特性がその多様体上の C^1 級接続の存在から推測される．これらの近傍内の測地線の "正規という" 局所的な挙動は，一般の空間内の大域的な測地線の挙動と対照的であるが，その一方で 2 つの任意の点は一般的にはいかなる測地線でも繋げることができず，それにも関わらずある点を通る測地線のあるものは別のある点で収束して "焦点" を結ぶこともある．本書ではのちにこれら両方の型の挙動の例に遭遇するだろう．

与えられた C^r 級接続 ∇ に対して，関係式

$$\mathbf{T}(\mathbf{X}, \mathbf{Y}) = \nabla_{\mathbf{X}} \mathbf{Y} - \nabla_{\mathbf{Y}} \mathbf{X} - [\mathbf{X}, \mathbf{Y}]$$

によって $(1,2)$ 型 C^{r-1} 級テンソル場 $\mathbf{T}$ を定義することができる．ここで $\mathbf{X}, \mathbf{Y}$ は任意の C^r 級ベクトル場である．このテンソルは**ねじれテンソル**と呼ばれる．座標基底を用いると，その成分は

$$T^i{}_{jk} = \Gamma^i{}_{jk} - \Gamma^i{}_{kj}$$

となる．本書ではねじれなし接続しか扱わないことにする．つまり，$\mathbf{T} = 0$ と仮定する．この場合，接続の座標成分は $\Gamma^i{}_{jk} = \Gamma^i{}_{kj}$ に従うので，しばしば対称接続と呼ばれる．接続は任意の関数 f に対して $f_{;ij} = f_{;ji}$ であるときに限りねじれなしである．測地線方程式 (2.15) より，ねじれなし接続は $\mathscr{M}$ 上の測地線の知識によって完全に決定される．

ねじれが消滅するとき，任意の C^1 級ベクトル場 $\mathbf{X}, \mathbf{Y}$ の共変微分は

$$[\mathbf{X}, \mathbf{Y}] = \nabla_{\mathbf{X}}\mathbf{Y} - \nabla_{\mathbf{Y}}\mathbf{X} \Leftrightarrow (L_{\mathbf{X}}\mathbf{Y})^a = Y^a{}_{;b}X^b - X^a{}_{;b}Y^b \tag{2.16}$$

によってそれらの Lie 微分と関係している．また任意の (r,s) 型 C^1 級テンソル場 $\mathbf{T}$ に対して

$$(L_{\mathbf{X}}T)^{ab\cdots d}{}_{ef\cdots g} = T^{ab\cdots d}{}_{ef\cdots g;h}X^h - T^{jb\cdots d}{}_{ef\cdots g}X^a{}_{;j}$$
$$- (\text{全ての上付き添字}) + T^{ab\cdots d}{}_{jf\cdots g}X^j{}_{;e} + (\text{全ての下付き添字}) \tag{2.17}$$

が求められることが分かる．また $\mathbf{A}$ が任意の p-形式のとき，外微分が

$$d\mathbf{A} = A_{a\cdots c;d}dx^d \wedge dx^a \wedge \cdots \wedge dx^c \Leftrightarrow (d A)_{a\cdots cd} = (-)^p A_{[a\cdots c;d]}$$

によって共変微分と関係することも簡単に確かめることができる．したがって外微分ないしは Lie 微分を含む方程式はいつでも共変微分に関して表すことができる．しかしながらそれらの定義のため，Lie 微分と外微分は接続とは独立である．

与えられた点 p から始まり，ベクトル $\mathbf{X}_p$ を p で再び終わる曲線 γ に沿って平行移動すると，ベクトル $\mathbf{X}'_p$ を得るが，これは一般的に $\mathbf{X}_p$ とは異なる．別の曲線 γ' を選ぶと，p で得られる新しいベクトルは一般的に $\mathbf{X}_p$ とも $\mathbf{X}'_p$ とも異なる．この平行移動の一意的可積分性のなさは，共変微分が一般的に可換ではないという事実に対応する．**Riemann**(曲率) テンソルはこの非可換の度合を与える．与えられた C^{r+1} 級ベクトル場 $\mathbf{X}, \mathbf{Y}, \mathbf{Z}$ に対して，C^{r-1} 級ベクトル場 $\mathbf{R}(\mathbf{X},\mathbf{Y})\mathbf{Z}$ は C^r 級接続 ∇ によって

$$\mathbf{R}(\mathbf{X},\mathbf{Y})\mathbf{Z} = \nabla_{\mathbf{X}}(\nabla_{\mathbf{Y}}\mathbf{Z}) - \nabla_{\mathbf{Y}}(\nabla_{\mathbf{X}}\mathbf{Z}) - \nabla_{[\mathbf{X},\mathbf{Y}]}\mathbf{Z} \tag{2.18}$$

によって定義される．すると，$\mathbf{R}(\mathbf{X},\mathbf{Y})\mathbf{Z}$ は $\mathbf{X}, \mathbf{Y}, \mathbf{Z}$ に関して線形であり，p での $\mathbf{R}(\mathbf{X},\mathbf{Y})\mathbf{Z}$ の値はその点での $\mathbf{X}, \mathbf{Y}, \mathbf{Z}$ の値のみに依存することが確かめられるだろう．つまり，それは $(3,1)$ 型の C^{r-1} 級テンソル場である．(2.18) を成分の形で書くために，ベクトル $\mathbf{Z}$ の 2 階の共変微分 $\nabla\nabla\mathbf{Z}$ を $\nabla\mathbf{Z}$ の共変微分 $\nabla(\nabla\mathbf{Z})$ として定義する．これは成分

$$Z^a{}_{;bc} = (Z^a{}_{;b})_{;c}$$

2.5 共変微分と曲率テンソル

を持つ. すると (2.18) は

$$R^a{}_{bcd}X^cY^dZ^b = (Z^a{}_{;d}Y^d){}_{;c}X^c - (Z^a{}_{;d}X^d){}_{;c}Y^c - Z^a{}_{;d}(Y^d{}_{;c}X^c - X^d{}_{;c}Y^c)$$
$$= (Z^a{}_{;dc} - Z^a{}_{;cd})X^cY^d$$

のように書くことができる. ここで双対をなす基底 $\{\mathbf{E}_a\}, \{\mathbf{E}^a\}$ に関する Riemann テンソル成分は $R^a{}_{bcd} = \langle \mathbf{E}^a, \mathbf{R}(\mathbf{E}_c, \mathbf{E}_d)\mathbf{E}_b \rangle$ によって定義される. $\mathbf{X}, \mathbf{Y}$ が任意のベクトルであることより,

$$Z^a{}_{;dc} - Z^a{}_{;cd} = R^a{}_{bcd}Z^b \tag{2.19}$$

は Riemann テンソルに関する $\mathbf{Z}$ の 2 階の共変微分の非可換性を表す.

$$\nabla_{\mathbf{X}}(\boldsymbol{\eta} \otimes \nabla_{\mathbf{Y}}\mathbf{Z}) = \nabla_{\mathbf{X}}\boldsymbol{\eta} \otimes \nabla_{\mathbf{Y}}\mathbf{Z} + \boldsymbol{\eta} \otimes \nabla_{\mathbf{X}}\nabla_{\mathbf{Y}}\mathbf{Z}$$
$$\Rightarrow \langle \boldsymbol{\eta}, \nabla_{\mathbf{X}}\nabla_{\mathbf{Y}}\mathbf{Z} \rangle = X(\langle \boldsymbol{\eta}, \nabla_{\mathbf{Y}}\mathbf{Z} \rangle) - \langle \nabla_{\mathbf{X}}\boldsymbol{\eta}, \nabla_{\mathbf{Y}}\mathbf{Z} \rangle$$

が任意の C^2 級 1-形式場 $\boldsymbol{\eta}$ およびベクトル場 $\mathbf{X}, \mathbf{Y}, \mathbf{Z}$ で成り立つことより, (2.18) は

$$\langle \mathbf{E}^a, \mathbf{R}(\mathbf{E}_c, \mathbf{E}_d)\mathbf{E}_b \rangle = E_c(\langle \mathbf{E}^a, \nabla_{\mathbf{E}_d}\mathbf{E}_b \rangle) - E_d(\langle \mathbf{E}^a, \nabla_{\mathbf{E}_c}\mathbf{E}_b \rangle)$$
$$- \langle \nabla_{\mathbf{E}_c}\mathbf{E}^a, \nabla_{\mathbf{E}_d}\mathbf{E}_b \rangle + \langle \nabla_{\mathbf{E}_d}\mathbf{E}^a, \nabla_{\mathbf{E}_c}\mathbf{E}_b \rangle - \langle \mathbf{E}^a, \nabla_{[\mathbf{E}_c, \mathbf{E}_d]}\mathbf{E}_b \rangle$$

を意味する. 基底として座標基底を選ぶと, 接続の座標成分に関する Riemann テンソルの座標成分の表式

$$R^a{}_{bcd} = \partial\Gamma^a{}_{db}/\partial x^c - \partial\Gamma^a{}_{cb}/\partial x^d + \Gamma^a{}_{cf}\Gamma^f{}_{db} - \Gamma^a{}_{df}\Gamma^f{}_{cb} \tag{2.20}$$

が求められる.

これらの定義から, 対称性

$$R^a{}_{bcd} = -R^a{}_{bdc} \Leftrightarrow R^a{}_{b(cd)} = 0 \tag{2.21a}$$

に加えて曲率テンソルは対称性

$$R^a{}_{[bcd]} = 0 \Leftrightarrow R^a{}_{bcd} + R^a{}_{dbc} + R^a{}_{cdb} = 0 \tag{2.21b}$$

を持つことを確かめることができる. 同様にして Riemann テンソルの 1 階の共変微分は**Bianchi**の恒等式

$$R^a{}_{b[cd;e]} = 0 \Leftrightarrow R^a{}_{bcd;e} + R^a{}_{bec;d} + R^a{}_{bde;c} = 0 \tag{2.22}$$

を満たす.

任意の閉じた曲線に沿った任意のベクトルの平行移動は, $\mathcal{M}$ の全ての点で $R^a{}_{bcd} = 0$ の場合に限り局所的に可積分 (つまり, 各 $p \in \mathcal{M}$ に対して $\mathbf{X}'_p$ が $\mathbf{X}_p$ と同じであることが必要) であることが分かった. この場合, その接続は平坦である.

曲率テンソルを縮約することによって $(0, 2)$ 型テンソルとして**Ricci**テンソルを定義できる. その成分は

$$R_{bd} = R^a{}_{bad}$$

である.

2.6 計量(メトリック)

点 $p \in \mathscr{M}$ での計量テンソル $\mathbf{g}$ は p での $(0,2)$ 型対称テンソルである．それゆえ $\mathscr{M}$ 上の C^r 級計量は C^r 級対称テンソル場 $\mathbf{g}$ である．p での計量 $\mathbf{g}$ は，各ベクトル $\mathbf{X} \in T_p$ に "大きさ"$(|g(\mathbf{X},\mathbf{X})|)^{\frac{1}{2}}$ を割り当て，$g(\mathbf{X},\mathbf{X}) \cdot g(\mathbf{Y},\mathbf{Y}) \neq 0$ であるような任意のベクトル $\mathbf{X}, \mathbf{Y} \in T_p$ の間に "余弦 (cos) 角"

$$\frac{g(\mathbf{X},\mathbf{Y})}{(|g(\mathbf{X},\mathbf{X}) \cdot g(\mathbf{Y},\mathbf{Y})|)^{\frac{1}{2}}}$$

を定義する．またベクトル $\mathbf{X}, \mathbf{Y}$ は $g(\mathbf{X},\mathbf{Y}) = 0$ であるとき，**直交**すると言われる．

基底 $\{\mathbf{E}_a\}$ に関する $\mathbf{g}$ の成分は

$$g_{ab} = g(\mathbf{E}_a, \mathbf{E}_b) = g(\mathbf{E}_b, \mathbf{E}_a)$$

である．つまり，その成分は単に基底ベクトル $\mathbf{E}_a$ のスカラー積である．座標基底 $\{\partial/\partial x^a\}$ が使用されているときは

$$\mathbf{g} = g_{ab}\mathrm{d}x^a \otimes \mathrm{d}x^b \tag{2.23}$$

である．

計量によって定義される接空間における大きさは定義により多様体上の大きさに関係している．その曲線に沿った全ての点で $g(\partial/\partial t, \partial/\partial t)$ が同じ符号であるような接ベクトル $\partial/\partial t$ を持つ区分的に C^1 級な C^0 級曲線 $\gamma(t)$ に沿った点 $p = \gamma(a)$ および $q = \gamma(b)$ の間の**経路長**は量

$$L = \int_a^b (|g(\partial/\partial t, \partial/\partial t)|)^{\frac{1}{2}} \mathrm{d}t \tag{2.24}$$

である．関係式 (2.23),(2.24) を，古典的な教科書で使用される形式

$$\mathrm{d}s^2 = g_{ij}\mathrm{d}x^i\mathrm{d}x^j$$

と書き，座標変位 $x^i \to x^i + \mathrm{d}x^i$ による "無限小" の弧の弧長として象徴的に表そう．

計量は点 p で，全てのベクトル $\mathbf{Y} \in T_p$ に対して $g(\mathbf{X},\mathbf{Y}) = 0$ となるゼロでないベクトル $\mathbf{X} \in T_p$ が存在しないとき，p で**非退化**であると言われる．[*21]．成分に関して，計量は，$\mathbf{g}$ の成分行列 (g_{ab}) が非特異であるとき非退化である．本書ではいまから計量テンソルが常に非退化であると仮定する．すると，基底 $\{\mathbf{E}^a\}$ に双対な基底 $\{\mathbf{E}_a\}$ に関する成分 g^{ab} を持つ一意に定まる $(2,0)$ 型対称テンソルを

$$g^{ab}g_{bc} = \delta^a{}_c$$

[*21] 訳注：なお，線形作用素の固有値が退化していることを量子物理学では「線形演算子の固有値が '縮退' している」と表現する．

2.6 計量 (メトリック)

によって定義することができる．つまり，成分の行列 (g^{ab}) は行列 (g_{ab}) の逆行列である．行列 (g^{ab}) もまた非特異であるから，テンソル g^{ab}, g_{ab} は任意の共変テンソルの定義域と任意の反変テンソルの定義域の間の同型写像を与えるために用いることができる．あるいは添字を"上げ"たり"下げ"たりすることに用いることができる．よって，X^a が，ある反変ベクトルの成分であるとき，X_a は一意に定まる関連する共変ベクトルである．ここで，$X_a = g_{ab}X^b, X^a = g^{ab}X_b$ である．同様にして $(0,2)$ 型テンソル T_{ab} に対しては，関連する（訳注：それぞれの型に関して）一意に定まるテンソル $T^a{}_b = g^{ac}T_{cb}, T_a{}^b = g^{bc}T_{ac}, T^{ab} = g^{ac}g^{bd}T_{cd}$ を関連付けることができる．1 つより多い計量があって添字の上げ下げにどちらの計量が使われたかを慎重に区別しなければならない場合もあるが，我々はそのように関連される共変および反変テンソルを同じ幾何学的対象として一般に扱う（それゆえ特に $g_{ab}, \delta_a{}^b$ および g^{ab} は，同じ幾何学的対象 $\mathbf{g}$ の（双対基底に関する）表現として考えることができる．）．

p での $\mathbf{g}$ の**計量符号 (signature)** は，p での行列 (g_{ab}) の正の固有値の個数から負のものの個数を引いたものである．$\mathbf{g}$ が非退化かつ連続であるとき，計量符号は $\mathscr{M}$ 上で一定になる．基底 $\{\mathbf{E}_a\}$ を適切に選ぶと，計量の成分は任意の点 p で

$$g_{ab} = \mathrm{diag}(\underbrace{+1,+1,\ldots,+1}_{\frac{1}{2}(n+s)\,\text{項}}, \underbrace{-1,\ldots,-1}_{\frac{1}{2}(n-s)\,\text{項}})$$

という形にすることができる．ここで s は $\mathbf{g}$ の計量符号であり，n は $\mathscr{M}$ の次元である．この場合，基底ベクトル $\{\mathbf{E}_a\}$ は p で正規直交集合を形成する．すなわち，各々が単位ベクトルで，かつ全ての他の基底ベクトルと直交する．

計量符号が n であるような計量は**正定値計量 (positive definite)** と呼ばれる．そのような計量は $g(\mathbf{X},\mathbf{X}) = 0 \Rightarrow \mathbf{X} = 0$ であり，標準形 (canonical form) は

$$g_{ab} = \mathrm{diag}(\underbrace{+1,\ldots,+1}_{n\,\text{項}})$$

である．正定値計量はトポロジー的な意味で，空間上の"計量"である．

計量符号が $(n-2)$ であるような計量は **Lorentz 計量**と呼ばれる．標準形は

$$g_{ab} = \mathrm{diag}(\underbrace{+1,\ldots,+1}_{(n-1)\,\text{項}}, -1)$$

である．$\mathscr{M}$ 上の Lorentz 計量の下で，p でのゼロ以外のベクトルは 3 つのクラスに分類できる．ベクトル $\mathbf{X} \in T_p$ は $g(\mathbf{X},\mathbf{X})$ が負，0，正のときそれぞれ，**時間的 (タイムライク)**，**ヌル**，**空間的 (スペースライク)** と呼ばれる．ヌルベクトルは T_p 内で 2 つの円錐を形成し，それは時間的ベクトルを空間的ベクトルと分離する（図 8 参照）．$\mathbf{X},\mathbf{Y}$ を任意の非空間的（つまり，時間的またはヌル）ベクトルで p の同じ片方の光円錐に含まれるとすると，$g(\mathbf{X},\mathbf{Y}) \leqslant 0$ であり，等号は $\mathbf{X}$ と $\mathbf{Y}$ が互いに平行なヌルベクトルであるときに限り成立する（つまり，$\mathbf{X} = \alpha\mathbf{Y}, g(\mathbf{X},\mathbf{X}) = 0$ の場合）．

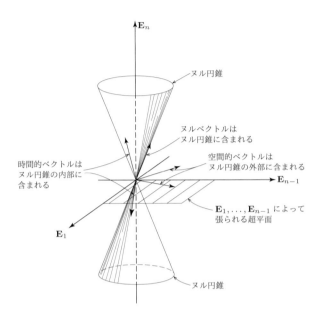

図 8. Lorentz 計量によって定義されるヌル円錐

 任意のパラコンパクト C^r 級多様体は C^{r-1} 級正定値計量を持つ (すなわち, $\mathscr{M}$ 全体上で定義されるものがある). これを確認するために, $\{f_\alpha\}$ を局所有限なアトラス $\{\mathscr{U}_\alpha, \phi_\alpha\}$ に対する 1 の分割としよう. すると, g は

$$g(\mathbf{X}, \mathbf{Y}) = \sum_\alpha f_\alpha \langle (\phi_\alpha)_* \mathbf{X}, (\phi_\alpha)_* \mathbf{Y} \rangle$$

によって定義することができる. ここで, $\langle \ , \ \rangle$ は Euclid 空間 R^n における自然なスカラー積である. よってアトラスを用いて Euclid 計量を $\mathscr{M}$ に写像することによって計量を決定することができる. これは明らかにアトラスの変更の下で不変ではないので, $\mathscr{M}$ 上には多くのそのような正定値計量が存在する.

 これとは対照的に, C^r 級パラコンパクト多様体は, それが消滅する C^{r-1} 級線素場を許すときに限り C^{r-1} 級 Lorentz 計量を許す. 線素場は, $\mathscr{M}$ の各点 p での同じものとそれと逆のベクトルからなる対 $(\mathbf{X}, -\mathbf{X})$ の割り当てを意味する. つまり, 線素場はベクトル場とよく似ているが, 符号が定まらないものである. これを確認するために, $\hat{\mathbf{g}}$ を多様体上で定義された C^{r-1} 級正定値計量としよう. すると, Lorentz 計量 $\mathbf{g}$ は各点 p で

$$g(\mathbf{Y}, \mathbf{Z}) = \hat{g}(\mathbf{Y}, \mathbf{Z}) - 2 \frac{\hat{g}(\mathbf{X}, \mathbf{Y}) \hat{g}(\mathbf{X}, \mathbf{Z})}{\hat{g}(\mathbf{X}, \mathbf{X})}$$

2.6 計量(メトリック)

によって定義することができる．ここで **X** は p での対 (**X**, −**X**) の片方である．(**X** が偶数回現れることより，**X** と −**X** のうちのいずれが選ばれるかには依らない．) すると，$g(\mathbf{X},\mathbf{X}) = -\hat{g}(\mathbf{X},\mathbf{X})$ であり，**Y**, **Z** が $\hat{g}$ に関して **X** に直交する場合，それらは **g** に関して **X** とも直交し，$g(\mathbf{Y},\mathbf{Z}) = \hat{g}(\mathbf{Y},\mathbf{Z})$ である．したがって $\hat{g}$ に対する正規直交基底は **g** に対する正規直交基底でもある．$\hat{g}$ が一意に定まらないことより，1つでも $\mathscr{M}$ 上に Lorentz 計量が存在すれば，$\mathscr{M}$ 上には実際沢山の Lorentz 計量が存在する．逆に，**g** が与えられた Lorentz 計量であるとき，方程式 $g_{ab}X^b = \lambda \hat{g}_{ab}X^b$ を考えよう．ここで $\hat{g}$ は任意の正定値計量とする．これは1つの負と $(n-1)$ 個の正の固有値を持つことになる．よって負の固有値に対応する固有ベクトル場 **X** は局所的には符号と規格化因子次第で決定されるベクトル場である．それは $g_{ab}X^aX^b = -1$ によって規格化できるので，$\mathscr{M}$ 上の線素を定義する．

実際，いかなる非コンパクト多様体も線素場を許すが，コンパクト多様体はEuler(オイラー)不変量[*22]がゼロであるときに限り線素場を許す（例えば，トーラス T^2 は線素場を許すが，球面 S^2 は許さない）．のちに，多様体が非コンパクトであるときに限り時空の合理的なモデルとなりえるということが明らかとなる．よって $\mathscr{M}$ 上には沢山の Lorentz 計量が存在する．

これまで，計量テンソルと接続は $\mathscr{M}$ 上の別々の構造として導入してきた．しかしながら，$\mathscr{M}$ 上に計量 **g** を与えると，**g** の共変微分がゼロ，すなわち

$$g_{ab;c} = 0 \tag{2.25}$$

であるという条件の下に定義できる $\mathscr{M}$ 上の一意に定まるねじれなし接続が存在する．この条件の下で，ベクトルの平行移動は **g** によって定義されるスカラー積を保存するので，特にベクトルの大きさが不変である．例えば，$\partial/\partial t$ が測地線に対する接ベクトルであるとき，$g(\partial/\partial t, \partial/\partial t)$ は測地線に沿って一定である．

(2.25) より，

$$X(g(\mathbf{Y},\mathbf{Z})) = \nabla_{\mathbf{X}}(g(\mathbf{Y},\mathbf{Z})) = \nabla_{\mathbf{X}}g(\mathbf{Y},\mathbf{Z}) + g(\nabla_{\mathbf{X}}\mathbf{Y},\mathbf{Z}) + g(\mathbf{Y},\nabla_{\mathbf{X}}\mathbf{Z})$$
$$= g(\nabla_{\mathbf{X}}\mathbf{Y},\mathbf{Z}) + g(\mathbf{Y},\nabla_{\mathbf{X}}\mathbf{Z})$$

が任意の C^1 級ベクトル場 **X**, **Y**, **Z** に対して成り立つ．$Y(g(\mathbf{Z},\mathbf{X}))$ に対する同様の表式を加えて $Z(g(\mathbf{X},\mathbf{Y}))$ に対するものを引くと，

$$g(\mathbf{Z},\nabla_{\mathbf{X}}\mathbf{Y}) = \tfrac{1}{2}\{-Z(g(\mathbf{X},\mathbf{Y})) + Y(g(\mathbf{Z},\mathbf{X})) + X(g(\mathbf{Y},\mathbf{Y}))$$
$$+ g(\mathbf{Z},[\mathbf{X},\mathbf{Y}]) + g(\mathbf{Y},[\mathbf{Z},\mathbf{X}]) - g(\mathbf{X},[\mathbf{Y},\mathbf{Z}])\}$$

が示せる．**X**, **Y**, **Z** を基底ベクトルに選ぶと，計量成分 $g_{ab} = g(\mathbf{E}_a, \mathbf{E}_b)$ の微分と基底ベクトルの Lie 微分に関する接続成分

$$\Gamma_{abc} = g(\mathbf{E}_a, \nabla_{\mathbf{E}_b}\mathbf{E}_c) = g_{ad}\Gamma^d{}_{bc}$$

[*22] 訳注：オイラー数 (Euler number) またはオイラー標数 (Euler's characteristic) ともいう．

が得られる．特に座標基底を用いる下では Lie 微分は消滅するので，接続の座標成分に対する通常のChristoffel関係式

$$\Gamma_{abc} = \tfrac{1}{2}\{\partial g_{ab}/\partial x^c + \partial g_{ac}/\partial x^b - \partial g_{bc}/\partial x^a\} \tag{2.26}$$

が得られる．

ここからは $\mathscr{M}$ 上の接続は C^r 級計量 $\mathbf{g}$ によって一意に定まる C^{r-1} 級ねじれなし接続であるものとする．この接続を用いると，q でのベクトルの正規直交基底を用いて，点 q の近傍内に正規座標 (§2.5) を定義することができる．これらの座標内では，q での $\mathbf{g}$ の成分 g_{ab} は $\pm\delta_{ab}$ であり，q での接続の成分 $\Gamma^a{}_{bc}$ は消滅する．これからは "正規座標"(訳注: という用語) によって正規直交基底を用いて定義された直交座標を意味することにする．

計量によって定義された接続の Riemann テンソルは対称性 (2.21) に加えて，対称性

$$R_{(ab)cd} = 0 \Leftrightarrow R_{abcd} = -R_{bacd} \tag{2.27a}$$

を持った C^{r-2} 級テンソルである．(2.21) と (2.27a) の結果として，Riemann テンソルは添字の対 $\{ab\}, \{cd\}$ についても対称である．つまり，

$$R_{abcd} = R_{cdab} \tag{2.27b}$$

である．これは Ricci テンソルが対称

$$R_{ab} = R_{ba} \tag{2.27c}$$

であることを意味する．曲率スカラー R は Ricci テンソルの縮約

$$R = R^a{}_a = R^a{}_{bad} g^{bd}$$

である．

これらの対称性によって R_{abcd} の $\tfrac{1}{12}n^2(n^2-1)$ 個の代数的に独立な成分が存在する．ここで，n は $\mathscr{M}$ の次元である．それらのうちの $\tfrac{1}{2}n(n+1)$ 個は Ricci テンソルの成分によって表すことができる．$n=1$ の場合，$R_{abcd} = 0$ である．$n=2$ の場合，R_{abcd} の 1 つの独立成分が存在し，それは基本的に関数 R である．$n=3$ の場合，Ricci テンソルは完全に曲率テンソルを決定する．$n>3$ の場合，曲率テンソルの残りの成分は

$$C_{abcd} = R_{abcd} + \frac{2}{n-2}\{g_{a[d}R_{c]b} + g_{b[c}R_{d]a}\} + \frac{2}{(n-1)(n-2)}R g_{a[c}g_{d]b}$$

によって定義される **Weyl**テンソル C_{abcd} によって表すことができる．右辺の最後の 2 つの項が曲率テンソルの対称性 (2.21),(2.27) を持つことより，C_{abcd} もこれらの対称性を持つ．それに加えて

$$C^a{}_{bad} = 0$$

も簡単に確かめることができる．つまり，Weyl テンソルは全ての縮約が消滅する曲率テンソルの一部と考えることができる．

2.6 計量(メトリック)

Weyl テンソルのもう一つの特徴付けが，それが共形不変量であるという事実から得られる．計量 $\mathbf{g}$ と $\hat{\mathbf{g}}$ はある，ゼロでない適切に微分可能である関数 Ω に対して

$$\hat{\mathbf{g}} = \Omega^2 \mathbf{g} \tag{2.28}$$

となる場合，共形的であると言われる．すると，点 p での任意のベクトル $\mathbf{X}, \mathbf{Y}, \mathbf{V}, \mathbf{W}$ に対して，

$$\frac{g(\mathbf{X}, \mathbf{Y})}{g(\mathbf{V}, \mathbf{W})} = \frac{\hat{g}(\mathbf{X}, \mathbf{Y})}{\hat{g}(\mathbf{V}, \mathbf{W})}$$

が成り立つので，角度と大きさの比が共形的変換の下で保存される．特に，T_p 内のヌル円錐の構造が共形的変換によって不変になる．というのも，それぞれ

$$g(\mathbf{X}, \mathbf{X}) > 0, = 0, < 0 \Rightarrow \hat{g}(\mathbf{X}, \mathbf{X}) > 0, = 0, < 0$$

が成り立つからである．計量の成分が

$$\hat{g}_{ab} = \Omega^2 g_{ab}, \quad \hat{g}^{ab} = \Omega^{-2} g^{ab}$$

によって関係していることより，計量 (2.28) によって定義される接続の座標成分は

$$\hat{\Gamma}^a{}_{bc} = \Gamma^a{}_{bc} + \Omega^{-1} \left(\delta^a{}_b \frac{\partial \Omega}{\partial x^c} + \delta^a{}_c \frac{\partial \Omega}{\partial x^b} - g_{bc} g^{ad} \frac{\partial \Omega}{\partial x^d} \right) \tag{2.29}$$

によって関係付けられる．$\hat{g}$ の Riemann テンソルを計算すると

$$\hat{R}^{ab}{}_{cd} = \Omega^{-2} R^{ab}{}_{cd} + \delta^{[a}{}_{[c} \Omega^{b]}{}_{d]}$$

が得られる．ここで，

$$\Omega^a{}_b := 4\Omega^{-1}(\Omega^{-1})_{;be} g^{ae} - 2(\Omega^{-1})_{;c}(\Omega^{-1})_{;d} g^{cd} \delta^a{}_b$$

であり，この方程式に現れる共変微分は計量 $\mathbf{g}$ によって決定されるものである．すると，($n > 2$ を仮定すると)

$$\hat{R}^b{}_d = \Omega^{-2} R^b{}_d + (n-2)\Omega^{-1}(\Omega^{-1})_{;dc} g^{bc} - (n-2)^{-1} \Omega^{-n}(\Omega^{n-2})_{;ac} g^{ac} \delta^b{}_d$$

および

$$\hat{C}^a{}_{bcd} = C^a{}_{bcd}$$

であり，最後の方程式は Weyl テンソルが共形的に不変であるという事実を表している．これらの関係式は

$$\hat{R} = \Omega^{-2} R - 2(n-1)\Omega^{-3} \Omega_{;cd} g^{cd} - (n-1)(n-4)\Omega^{-4} \Omega_{;c} \Omega_{;d} g^{cd} \tag{2.30}$$

を意味する．

Riemann テンソルを Ricci テンソルの部分と Weyl テンソルの部分に分割すると，Ricci テンソルと Weyl テンソルの間の微分的関係式を得るために Bianchi 恒等式を用いることができる．(2.22) を縮約すると

$$R^a{}_{bcd;a} = R_{bd;c} - R_{bc;d} \tag{2.31}$$

が得られ，さらに縮約すると

$$R^a{}_{c;a} = \tfrac{1}{2} R_{;c}$$

が得られる．Weyl テンソルの定義より，$(n>3$ の場合$)(2.31)$ を

$$C^a{}_{bcd;a} = 2\frac{n-3}{n-2}\left(R_{b[d;c]} - \frac{1}{2(n-1)}g_{b[d}R_{;c]}\right) \tag{2.32}$$

の形に書き換えることができる．$n \leq 4$ の場合，(2.31) は Bianchi の恒等式 (2.22) に含まれるすべての情報を含むので，$n=4$ ならば (2.32) はこれらの恒等式と等価である．

微分同相写像 $\phi : \mathcal{M} \to \mathcal{M}$ は，それが計量をそれ自体に移すとき，**等長写像**であると言われる．すなわち，写像された計量 $\phi_* \mathbf{g}$ がすべての点で $\mathbf{g}$ と等しい場合である．すると，写像 $\phi_* : T_p \to T_{\phi(p)}$ はスカラー積を

$$g(\mathbf{X}, \mathbf{Y})|_p = \phi_* g(\phi_* \mathbf{X}, \phi_* \mathbf{Y})|_{\phi(p)} = g(\phi_* \mathbf{X}, \phi_* \mathbf{Y})|_{\phi(p)}$$

のように保存する．

ベクトル場 $\mathbf{K}$ によって生成される微分同相写像 ϕ_t の局所 1 パラメータ群が等長写像の群 (つまり，各 t に対して変換 ϕ_t が等長写像である) であるとき，ベクトル場 $\mathbf{K}$ は **Killing ベクトル場**と呼ばれる．$\mathbf{K}$ に関する計量の Lie 微分は，各 t に対して $\mathbf{g} = \phi_{t*}\mathbf{g}$ であることより，

$$L_\mathbf{K} \mathbf{g} = \lim_{t\to 0} \frac{1}{t}(\mathbf{g} - \phi_{t*}\mathbf{g}) = 0$$

である．しかし，(2.17) より，$L_\mathbf{K} g_{ab} = 2\mathbf{K}_{(a;b)}$ であるので Killing ベクトル場 $\mathbf{K}$ は Killing 方程式

$$K_{a;b} + K_{b;a} = 0 \tag{2.33}$$

を満たす．逆に，$\mathbf{K}$ が Killing 方程式を満たすベクトル場であるとすると，$L_\mathbf{K} = 0$ であるので，

$$\begin{aligned}
\phi_{t*}\mathbf{g}|_p &= \mathbf{g}|_p + \int_0^t \frac{\mathrm{d}}{\mathrm{d}t'}(\phi_{t'*}\mathbf{g})|_p \mathrm{d}t' \\
&= \mathbf{g}|_p + \int_0^t \frac{\mathrm{d}}{\mathrm{d}s}(\phi_{t'*}\phi_{s*}\mathbf{g})_{s=0}|_p \mathrm{d}t' \\
&= \mathbf{g}|_p + \int_0^t \left(\phi_{t'*}\frac{\mathrm{d}}{\mathrm{d}s}\phi_{s*}\mathbf{g}\right)_{s=0}\bigg|_p \mathrm{d}t' \\
&= \mathbf{g}|_p - \int_0^t \phi_{t'*}(L_\mathbf{K}\mathbf{g}|_{\phi_{-t'}(p)})\mathrm{d}t' = \mathbf{g}|_p
\end{aligned}$$

となる．よって **K** は，それが Killing 方程式を満たす場合に限り Killing ベクトル場となる．すると，局所的には $K^a = \partial x^a / \partial t = \delta^a{}_n$ であるような座標 $x^a = (x^\nu, t)(\nu = 1, \ldots, n-1)$ を選ぶことができる．これらの座標内において，Killing 方程式は

$$\partial g_{ab}/\partial t = 0 \Leftrightarrow g_{ab} = g_{ab}(x^\nu)$$

という形をとる．

一般的な空間はいかなる形の対称性も持たない．そしてそれゆえいかなる Killing ベクトル場も許さない．しかしながら特殊な空間は r 個の線形独立な Killing ベクトル場 $\mathbf{K}_a(a = 1, \ldots, r)$ を許す場合がある．そのような空間上の全ての Killing ベクトル場の組は Lie 括弧 [,]((2.16) 参照) によって与えられる代数積を持つ R 上の r 次元の Lie 代数を形成することが示せる．ここで $0 \leqslant r \leqslant \frac{1}{2}n(n+1)$ である．(上限は計量が退化する場合減らすことができる．) これらのベクトル場によって生成される微分同相写像の局所群は多様体 $\mathscr{M}$ の等長写像の r 次元 Lie 群である．$\mathscr{M}$ の等長写像の完全な群は Killing ベクトル場によって生成されないいくつかの離散な等長写像 (平面内の反射など) を含んでもよい．そのような空間の対称性は，等長写像のこの完全な群によって完全に特徴付けられる．

2.7 超曲面

$\mathscr{S}$ が $(n-1)$ 次元多様体であり，$\theta : \mathscr{S} \to \mathscr{M}$ が埋め込みであるなら，$\mathscr{S}$ の像 $\theta(\mathscr{S})$ は $\mathscr{M}$ 内の **超曲面** であると言われる．$p \in \mathscr{S}$ のとき，写像 θ_* の下で $T_{\theta(p)}$ 内の T_p の像は原点を通る $(n-1)$ 次元平面となる．したがって，任意のベクトル $\mathbf{X} \in T_p$ に対して $\langle \mathbf{n}, \theta_* \mathbf{X} \rangle = 0$ であるようなあるゼロでない形式 $\mathbf{n} \in T^*{}_{\theta(p)}$ が存在する．形式 $\mathbf{n}$ は，符号と規格化因子次第で一意に定まり，$\theta(\mathscr{S})$ が $df \neq 0$ なる f で方程式 $f = 0$ によって局所的に与えられるとき，$\mathbf{n}$ は局所的に df としてとることができる．$\theta(\mathscr{S})$ が $\mathscr{M}$ 内で表裏のある曲面であるとき，$\mathbf{n}$ をいたるところゼロでない $\theta(\mathscr{S})$ 上の 1-形式場に選ぶことができる．これは $\mathscr{S}$ と $\mathscr{M}$ が両方とも向き付け可能な状況になる．この場合，$\mathbf{n}$ の方向の選択は $\theta(\mathscr{S})$ と $\mathscr{M}$ の向き付けに関係する．実際，$\{x^i\}$ が $\mathscr{M}$ の向き付けされたアトラスの局所座標で，局所的に $\theta(\mathscr{S})$ が方程式 $x^1 = 0$ かつ $\alpha > 0$ に対して $\mathbf{n} = \alpha dx^1$ であるとき，$(x^2, \ldots, x^n)$ は $\theta(\mathscr{S})$ に対する向き付けされた局所座標である．

$\mathbf{g}$ が $\mathscr{M}$ 上の計量であるとき，埋め込みは $\mathscr{S}$ 上に計量 $\theta^* \mathbf{g}$ を誘導する．ここで，$\mathbf{X}, \mathbf{Y} \in T_p$ ならば $\theta^* g(\mathbf{X}, \mathbf{Y})|_p = g(\theta_* \mathbf{X}, \theta_* \mathbf{Y})|_{\theta(p)}$ である．この計量は $\mathscr{S}$ の第 1 基本形式と呼ばれることがある．$\mathbf{g}$ が正定値であるとき，計量 $\theta^* \mathbf{g}$ は正定値になるが，$\mathbf{g}$ が Lorentz 的であるとき，$\theta^* \mathbf{g}$ は

(a) $g^{ab} n_a n_b > 0$ であるとき Lorentz 的である．(この場合, $\theta(\mathscr{S})$ は **時間的超曲面** であると言われる．)

(b) $g^{ab} n_a n_b = 0$ であるとき，退化する．(この場合, $\theta(\mathscr{S})$ は **ヌル超曲面** であると言われる．)

(c) $g^{ab}n_a n_b < 0$ であるとき，正定値である．(この場合, $\theta(\mathscr{S})$ は**空間的超曲面**であると言われる．)

このことを確認するために，ベクトル $N^b = n_a g^{ab}$ を考える．これは $\theta(\mathscr{S})$ に接する全てのベクトル，すなわち，$T_{\theta(p)}$ の部分空間 $H = \theta_*(T_p)$ に含まれる全てのベクトルに対して直交する．まず最初に仮に $\mathbf{N}$ がそれ自体がこの部分空間に含まれないものとしよう．すると，$(\mathbf{E}_2, \ldots, \mathbf{E}_n)$ が T_p の基底であるとき，$(\mathbf{N}, \theta_*(\mathbf{E}_2), \ldots, \theta_*(\mathbf{E}_n))$ は線形独立になり，それゆえ $T_{\theta(p)}$ の基底になる．この基底に関する $\mathbf{g}$ の成分は

$$g_{ab} = \begin{pmatrix} g(\mathbf{N}, \mathbf{N}) & 0 \\ 0 & g(\theta_*(\mathbf{E}_i), \theta_*(\mathbf{E}_j)) \end{pmatrix} = \begin{pmatrix} g(\mathbf{N}, \mathbf{N}) & 0 \\ 0 & \theta^* g(\mathbf{E}_i, \mathbf{E}_j) \end{pmatrix}$$

となる．計量 $\mathbf{g}$ が非退化であると仮定されていることより，これは $g(\mathbf{N}, \mathbf{N}) \neq 0$ を示す．$\mathbf{g}$ が正定値であるとき，$g(\mathbf{N}, \mathbf{N})$ は正でなくてはならず，それゆえ誘導された計量 $\theta^* \mathbf{g}$ もまた正定値でなくてはならない．$\mathbf{g}$ が Lorentz 的であり，$g(\mathbf{N}, \mathbf{N}) = g^{ab}n_a n_b < 0$ ならば，$\mathbf{g}$ の成分の行列が 1 つしか負の固有値を持たないことより $\theta^* \mathbf{g}$ は正定値でなければならない．同様に，$g(\mathbf{N}, \mathbf{N}) = g^{ab}n_a n_b > 0$ とすると，$\theta^* \mathbf{g}$ は Lorentz 計量になる．さていま，$\mathbf{N}$ が $\theta(\mathscr{S})$ に接するものと仮定しよう．すると，あるゼロでないベクトル $\mathbf{X} \in T_p$ が存在して $\theta_*(\mathbf{X}) = \mathbf{N}$ となる．しかし，全ての $\mathbf{Y} \in T_p$ に対して $g(\mathbf{N}, \theta_*\mathbf{Y}) = 0$ が成り立つのであるから，これは $\theta^* g(\mathbf{X}, \mathbf{Y}) = 0$ を意味する．よって $\theta^* \mathbf{g}$ は退化している．さらにまた $\mathbf{Y}$ を $\mathbf{X}$ にとれば，$g(\mathbf{N}, \mathbf{N}) = g^{ab}n_a n_b = 0$ が成り立つ．

$g^{ab}n_a n_b \neq 0$ のとき，(normal) 正規形式 $\mathbf{n}$ を単位長さを持つように，つまり，$g^{ab}n_a n_b = \pm 1$ を持つように規格化できる．この場合，写像 $\theta^* : T^*_{\theta(p)} \to T^*_p$ は，$g^{ab}n_a \omega_b = 0$ であるような $\theta(p)$ での全ての形式 $\boldsymbol{\omega}$ からなる $T^*_{\theta(p)}$ の $(n-1)$ 次元部分空間 $H^*_{\theta(p)}$ 上の 1 対 1 写像になる．なぜなら $\theta^* \mathbf{n} = 0$ かつ $\mathbf{n}$ は H^* に含まれないからである．したがって逆写像 $(\theta^*)^{-1}$ は T^*_p から $H^*_{\theta(p)}$ の上への写像 $\tilde{\theta}_*$ である．そしてそれは，$T^*_{\theta(p)}$ の中への写像である．

この写像は通常の方法で $\mathscr{S}$ 上の共変テンソルから $\mathscr{M}$ に含まれる $\mathscr{S}$ 上の共変テンソルへの写像へ拡張することができる．同じようにして $\mathscr{S}$ 上の反変テンソルから $\theta(\mathscr{S})$ への写像 θ_* が存在しているため，θ_* を $\mathscr{S}$ 上から $\theta(\mathscr{S})$ への任意のテンソルの写像 $\tilde{\theta}_*$ へ拡張することができる．この写像は全ての添字上で $\mathbf{n}$ によって $\tilde{\theta}_* \mathbf{T}$ が縮約ゼロになるという特性を有する．すなわち任意のテンソル $\mathbf{T} \in T^r_s(\mathscr{S})$ に対して，

$$(\tilde{\theta}_* T)^{a \cdots b}{}_{c \cdots d} n_a = 0 \quad \text{かつ} \quad (\tilde{\theta}_* T)^{a \cdots b}{}_{c \cdots d} g^{ce} n_e = 0$$

が成り立つ．

$\theta(\mathscr{S})$ 上のテンソル $\mathbf{h}$ は $\mathbf{h} = \tilde{\theta}_*(\theta^* \mathbf{g})$ によって定義される．規格化した形式 $\mathbf{n}$ ($g^{ab}n_a n_b = \pm 1$ を思い出そう) に関して

$$h_{ab} = g_{ab} \mp n_a n_b$$

が成り立つ．というのもこれは $\theta^* \mathbf{h} = \theta^* \mathbf{g}$ および $h_{ab} g^{bc} n_c = 0$ を意味するからである．

2.7 超曲面

テンソル $h^a{}_b = g^{ac}h_{cb}$ は射影作用素,つまり,$h^a{}_b h^b{}_c = h^a{}_c$ である.それはベクトル $\mathbf{X} \in T_{\theta(p)}$ をその一部が部分的に含まれる,$\theta(\mathscr{S})$ に接する $T_{\theta(p)}$ の部分空間 $H = \theta_*(T_p)$ に

$$X^a = h^a{}_b X^b \pm n^a n_b X^b$$

のように射影する.ここで第 2 項は $\theta(\mathscr{S})$ に直交する $\mathbf{X}$ の一部を表す.また,$h^a{}_b$ は形式 $\boldsymbol{\omega} \in T^*{}_{\theta(p)}$ をその一部が部分的に含まれる部分空間 $H^*{}_{\theta(p)}$ に射影する:

$$\omega_a = h^b{}_a \omega_b \pm n_a n^b \omega_b.$$

同様に任意のテンソル $\mathbf{T} \in T^r_s(\theta(p))$ はその一部を

$$H^r_s(\theta(p)) = \underbrace{H_{\theta(p)} \otimes \cdots \otimes H_{\theta(p)}}_{r \text{ 個}} \otimes \underbrace{H^*{}_{\theta(p)} \otimes \cdots \otimes H^*{}_{\theta(p)}}_{s \text{ 個}}$$

に射影することができる.すなわち,全ての添字上で $\mathbf{n}$ に直交する一部にである.

写像 θ_* は T_p から $H_{\theta(p)}$ への 1 対 1 写像である.したがって $T_{\theta(p)}$ から T_p への写像を,まず $h^a{}_b$ を用いて $H_{\theta(p)}$ に射影し,それから逆写像 $(\theta_*)^{-1}$ を用いることによって定義することができる.$\theta(\mathscr{S})$ 上の形式から $\mathscr{S}$ 上の形式への写像 θ^* が既に用意されていることより,θ^* の定義を,$\theta(\mathscr{S})$ 上の任意の型のテンソルから $\mathscr{S}$ 上のテンソルへの写像 $\tilde{\theta}^*$ へ拡張することができる.この写像は任意のテンソル $\mathbf{T} \in T^r_s(p)$ に対して $\tilde{\theta}^*(\tilde{\theta}_*\mathbf{T}) = \mathbf{T}$ および任意のテンソル $\mathbf{T} \in H^r_s(\theta(p))$ に対して $\tilde{\theta}_*(\tilde{\theta}^*\mathbf{T}) = \mathbf{T}$ という特性を持つ.$\mathscr{S}$ 上のテンソルは $\theta(\mathscr{S})$ 上の H^r_s に含まれるテンソルと,写像 $\tilde{\theta}_*, \tilde{\theta}^*$ の下で対応するとき同一視される.特に,$\mathbf{h}$ は $\theta(\mathscr{S})$ 上の誘導された計量と見なすことができる.

$\overline{\mathbf{n}}$ が $\theta(\mathscr{S})$ の開近傍の上への単位法線 $\mathbf{n}$ の任意の拡張であるとき,

$$\chi_{ab} = h^c{}_a h^d{}_b \overline{n}_{c;d}$$

によって $\theta(\mathscr{S})$ 上に定義されるテンソル χ は,$\mathscr{S}$ の**第 2 基本形式**と呼ばれる.この量はその拡張とは独立である.というのも $h^a{}_b$ による射影は共変微分を $\theta(\mathscr{S})$ に対して接する方向に制限するからである.局所的には場 $\overline{\mathbf{n}}$ は $\overline{\mathbf{n}} = \alpha d f$ の形で表すことができる.ここで f と α は $\mathscr{M}$ 上の関数であり,$\theta(\mathscr{S})$ 上で $f = 0$ である.したがって χ_{ab} は,$f_{;ab} = f_{;ba}$ および $f_{;a} h^a{}_b = 0$ より,対称でなければならない.

$\mathscr{S}$ 上に誘導された計量 $\mathbf{h} = \theta^*\mathbf{g}$ は $\mathscr{S}$ 上の接続を定義する.この接続に関する共変微分をダブルストローク $\|$ によって示すことにする.すると任意のテンソル $\mathbf{T} \in H^r_s$ に対して,

$$T^{a \cdots b}{}_{c \cdots d \| e} = \overline{T}^{i \cdots j}{}_{k \cdots l; m} h^a{}_i \cdots h^b{}_j h^k{}_c \cdots h^l{}_d h^m{}_e$$

となる.ここで $\overline{\mathbf{T}}$ は $\theta(\mathscr{S})$ の近傍に対する $\mathbf{T}$ の任意の拡張である.この定義は,一連の h が共変微分を $\theta(\mathscr{S})$ に対して接する方向に制限することよりその拡張と独立である.こ

れが正しい公式であることを確認するために，誘導された計量の共変微分がゼロでありねじれが消滅することのみを証明すればよい．これは

$$h_{ab\|c} = (g_{ef} \mp \overline{n}_e\overline{n}_f)_{;g}h^e{}_a h^f{}_b h^g{}_c = 0$$

および

$$f_{\|ab} = h^e{}_a h^g{}_b f_{;eg} = h^e{}_a h^g{}_b f_{;ge} = f_{\|ba}$$

より分かる．

誘導された計量 $\mathbf{h}$ の曲率テンソル $R'^a{}_{bcd}$ は $\theta(\mathscr{S})$ 上の曲率テンソル $R^a{}_{bcd}$ と第 2 基本形式 χ に次のように関係づけることができる．$\mathbf{Y} \in H$ が $\theta(\mathscr{S})$ 上のベクトル場であるとすると，

$$R'^a{}_{bcd} Y^b = Y^a{}_{\|dc} - Y^a{}_{\|cd}$$

が成り立つ．いま，$\theta(\mathscr{S})$ 上で $\overline{Y}^e \overline{n}_e = 0$ であることより，

$$Y^a{}_{\|dc} = (Y^a{}_{\|d})_{\|c} = (\overline{Y}^e{}_{;f}h^g{}_e h^f{}_i)_{;k} h^a{}_g h^i{}_d h^k{}_c$$
$$= \overline{Y}^e{}_{;fk} h^a{}_e h^f{}_d h^k{}_c \mp \overline{Y}^e{}_{;f}\overline{n}_e \overline{n}^g{}_{;k} h^f{}_d h^a{}_g h^k{}_c \mp \overline{Y}^e{}_{;f}\overline{n}^f \overline{n}_{i;k} h^a{}_e h^i{}_d h^k{}_c$$

および

$$\overline{Y}^e{}_{;f}\overline{n}_e h^f{}_d = (\overline{Y}^e \overline{n}_e)_{;f} h^f{}_d - \overline{Y}^e \overline{n}_{e;f} h^f{}_d = \overline{Y}^e \overline{n}_{e;f} h^f{}_d$$

である．よって

$$R'^a{}_{bcd} Y^b = (R^e{}_{bkf} h^a{}_e h^k{}_c h^f{}_d \pm \chi_{bd}\chi^a{}_c \mp \chi_{bc}\chi^a{}_d) Y^b$$

である．これが全ての $\mathbf{Y} \in H$ に対して成り立つことより，

$$R'^a{}_{bcd} = R^e{}_{fgh} h^a{}_e h^f{}_b h^g{}_c h^h{}_d \pm \chi^a{}_c \chi_{bd} \mp \chi^a{}_d \chi_{bc} \tag{2.34}$$

が成り立つ．これは Gauss の方程式として知られる．

この方程式を a と c で縮約して，h^{bd} を掛けると，誘導された計量の曲率スカラー R' が得られる：

$$R' = R \mp 2R_{ab}n^a n^b \pm (\chi^a{}_a)^2 \mp \chi^{ab}\chi_{ab} \tag{2.35}$$

表式

$$(\chi^a{}_b)_{\|a} = (\overline{n}^c{}_{;d} h^a{}_c h^d{}_e)_{;f} h^f{}_a h^e{}_b$$

から

$$(\chi^a{}_a)_{\|b} = (\overline{n}^a{}_{;d} h^d{}_a)_{;e} h^e{}_b$$

を引くことによって $\theta(\mathscr{S})$ 上の第 2 基本形式と曲率テンソル $R^a{}_{bcd}$ から別の関係式

$$\chi^a{}_{b\|a} - \chi^a{}_{a\|b} = R_{ef} n^f h^e{}_b \tag{2.36}$$

を導くことができる．これは Codacci(コダッチ)の方程式として知られる．

2.8 体積要素とGauss(ガウス)の定理

$\{\mathbf{E}^a\}$ が1-形式の基底であるとき，それから n-形式

$$\epsilon = n!\mathbf{E}^1 \wedge \mathbf{E}^2 \wedge \cdots \wedge \mathbf{E}^n$$

を形成することができる．$\{\mathbf{E}^{a'}\}$ が $\mathbf{E}^{a'} = \Phi^{a'}{}_a \mathbf{E}^a$ によって関係づけられている別の基底であるとすると，この基底によって定義される n-形式 ϵ' は ϵ と

$$\epsilon' = \det(\Phi^{a'}{}_a)\epsilon$$

のように関係づけられるので，この形式は一意には定まらない．しかしながら，計量の存在を用いることによって，$g \equiv \det(g_{ab})$ と置くとき，(与えられた基底の下で) 形式

$$\boldsymbol{\eta} = |g|^{\frac{1}{2}}\epsilon$$

を定義することができる．この形式は成分

$$\eta_{ab\cdots d} = n!|g|^{\frac{1}{2}}\delta^1{}_{[a}\delta^2{}_b \cdots \delta^n{}_{d]}$$

を持つ．g に対する変換規則は，$\det(\Phi^{a'}{}_a) > 0$ であれば，この行列式 $\det(\Phi^{a'}{}_a)$ を丁度打ち消す．したがって $\mathscr{M}$ が向き付け可能なら，向き付けされたアトラスの座標基底によって定義される n-形式場 $\boldsymbol{\eta}$ は全く同じになる．つまり，$\mathscr{M}$ の与えられた向き付けに対して，$\mathscr{M}$ 上で一意に定まる n-形式場 $\boldsymbol{\eta}$，**標準 n-形式** (canonical n-form) を定義することができる．

反変反対称テンソル

$$\eta^{ab\cdots d} = g^{ae}g^{bf}\cdots g^{dh}\eta_{ef\cdots h}$$

は成分

$$\eta^{ab\cdots d} = (-)^{\frac{1}{2}(n-s)}n!|g|^{\frac{1}{2}}\delta^{[a}{}_1\delta^b{}_2 \cdots \delta^{d]}{}_n$$

を持つ．ここで s は $\mathbf{g}$ の計量符号である (それゆえ $\frac{1}{2}(n-s)$ は計量成分の行列 (g_{ab}) の負の固有値の個数である)．これよりこれらのテンソルは関係式

$$\eta^{ab\cdots d}\eta_{ef\cdots h} = (-)^{\frac{1}{2}(n-s)}n!\delta^a{}_{[e}\delta^b{}_f \cdots \delta^d{}_{h]} \tag{2.37}$$

を満足する．

Christoffel 関係は計量によって定義される接続に関する $\eta_{ab\cdots d}$ および $\eta^{ab\cdots d}$ の共変微分が消滅することを意味する．つまり，

$$\eta^{ab\cdots d}{}_{;e} = 0 = \eta_{ab\cdots d;e}$$

である．

標準 n-形式を用いると，n 次元部分多様体 $\mathscr{U}$ の (計量 $\mathbf{g}$ に関する) 体積を $\dfrac{1}{n!}\displaystyle\int_{\mathscr{U}}\boldsymbol{\eta}$ として定義することができる．よって $\boldsymbol{\eta}$ は $\mathscr{M}$ 上の正定値な体積測度とみなすことができる．本書ではしばしば $\boldsymbol{\eta}$ をこの意味で用い，それを $\mathrm{d}v$ で表すことにする．なお，ここでの d は外微分の作用素を表す訳ではないことに注意しよう．$\mathrm{d}v$ は単に $\mathscr{M}$ 上の測度である．f が $\mathscr{M}$ 上の関数であるとき，この体積測度に関する f の $\mathscr{U}$ 上の積分を

$$\int_{\mathscr{U}} f\mathrm{d}v = \frac{1}{n!}\int_{\mathscr{U}} f\boldsymbol{\eta}$$

として定義することができる．向き付けされた局所座標 $\{x^a\}$ によってこの表式は多重積分

$$\int_{\mathscr{U}} f|g|^{\frac{1}{2}}\mathrm{d}x^1 \mathrm{d}x^2 \cdots \mathrm{d}x^n$$

として表すことができる．これは座標系の変更の下で不変である．

$\mathbf{X}$ が $\mathscr{M}$ 上のベクトル場であるとき，$\boldsymbol{\eta}$ との縮約は $(n-1)$-形式場 $\mathbf{X}\cdot\boldsymbol{\eta}$ になる．ここで

$$(\mathbf{X}\cdot\boldsymbol{\eta})_{b\cdots d} = X^a \eta_{ab\cdots d}$$

である．この $(n-1)$-形式は任意の向き付け可能な $(n-1)$ 次元コンパクト部分多様体 $\mathscr{V}$ 上で積分することができる．この積分は

$$\int_{\mathscr{V}} X^a \mathrm{d}\sigma_a = \frac{1}{(n-1)!}\int_{\mathscr{V}} \mathbf{X}\cdot\boldsymbol{\eta}$$

と書くことにしよう．ここで，標準形式 $\boldsymbol{\eta}$ は部分多様体 $\mathscr{V}$ 上の (measure-valued form) 測度空間に値をとる形式 $\mathrm{d}\sigma_a$ を定義するものとみなされる．$\mathscr{V}$ の向きが法線形式 n_a の方向によって与えられるとき，$\mathrm{d}\sigma_a$ は $n_a\mathrm{d}\sigma$ で表すことができる．ここで，$\mathrm{d}\sigma$ は部分多様体 $\mathscr{V}$ 上の正定値体積測度である．体積測度 $\mathrm{d}\sigma$ は法線 n_a が規格化されない限り一意には定まらない．n_a が $\mathscr{M}$ 上の計量 $\mathbf{g}$ で単位の大きさに規格化されている，つまり，$n_a n_b g^{ab} = \pm 1$ であるとき，$\mathrm{d}\sigma$ は，$\mathscr{V}$ 上に誘導された計量によって定義された $\mathscr{V}$ 上の体積測度に等しくなる (これを確かめるには，単に $n_a g^{ab}$ が基底ベクトルの 1 つになるように正規直交基底を選べばよい)．

標準形式を用いると，次のように Stokes の定理から Gauss の公式を導くことができる：$\mathscr{M}$ の任意のコンパクト n 次元部分多様体に対して，

$$\int_{\partial\mathscr{U}} X^a \mathrm{d}\sigma_a = \frac{1}{(n-1)!}\int_{\partial\mathscr{U}} \mathbf{X}\cdot\boldsymbol{\eta} = \frac{1}{(n-1)!}\int_{\mathscr{U}} \mathrm{d}(\mathbf{X}\cdot\boldsymbol{\eta})$$

である．しかし，関係式 (2.37) を 2 回使うと

$$\begin{aligned}(\mathrm{d}(\mathbf{X}\cdot\boldsymbol{\eta}))_{a\cdots de} &= (-)^{n-1}(X^g\eta_{g[a\cdots d];e]}\\ &= (-)^{n-1}\delta^s{}_{[a}\cdots\delta^t{}_d\delta^u{}_{e]}\eta_{gs\cdots t}X^g{}_{;u}\\ &= (-)^{(n-1)-\frac{1}{2}(n-s)}\frac{1}{n!}\eta^{s\cdots tu}\eta_{a\cdots de}\eta_{gs\cdots t}X^g{}_{;u}\\ &= \eta_{a\cdots de}\delta^s{}_{[s}\cdots\delta^t{}_t\delta^u{}_{g]}X^g{}_{;u}\\ &= n^{-1}\eta_{a\cdots de}X^g{}_{;g}\end{aligned}$$

が得られる．よって任意のベクトル場 $\mathbf{X}$ に対して

$$\int_{\partial\mathscr{U}}X^a\mathrm{d}\sigma_a = \int_{\mathscr{U}}X^g{}_{;g}\mathrm{d}v$$

が成り立つ．これが Gauss の定理である．この定理が有効であるような $\mathscr{U}$ の向き付けは，$\mathbf{X}$ が $\mathscr{U}$ の外側を指すベクトルであるとき，$\langle\mathbf{n},\mathbf{X}\rangle$ が正であるような法線形式 $\boldsymbol{\eta}$ によって与えられる．計量 $\mathbf{g}$ が $g^{ab}n_an_b$ が負であるような計量であるとき，ベクトル $g^{ab}n_b$ は $\mathscr{U}$ の内側を指す．

2.9 ファイバーバンドル

多様体 $\mathscr{M}$ のいくつかの幾何学的特性はファイバーバンドルと呼ばれる多様体を構成することによって簡単に確かめることができる．これは局所的には $\mathscr{M}$ と適切な空間の直積である．この節では，ファイバーバンドルの定義を与え，のちに使用される 4 つの例を考察する．それらは，接バンドル $T(\mathscr{M})$，テンソルバンドル $T^r_s(\mathscr{M})$，線形系または基底のバンドル $L(\mathscr{M})$，および正規直交系のバンドル $O(\mathscr{M})$ である．

C^s 級多様体 $\mathscr{M}$ 上の $C^k(k\leqslant s)$ 級バンドルは C^k 級多様体 $\mathscr{E}$ と C^k 級全射 $\pi:\mathscr{E}\to\mathscr{M}$ である．多様体 $\mathscr{E}$ は全空間と呼ばれ，$\mathscr{M}$ は底空間，π は射影と呼ばれる．混乱がない限り，バンドルは単に $\mathscr{E}$ によって表すことにする．一般に，点 $p\in\mathscr{M}$ の逆像 $\pi^{-1}(p)$ は別の点 $q\in\mathscr{M}$ に対する $\pi^{-1}(q)$ に対して同相である必要はない．バンドルのもっとも単純な例が積バンドル $(\mathscr{M}\times\mathscr{A},\mathscr{M},\pi)$ である．ここで $\mathscr{A}$ はある適当な多様体であり，射影 π は，全ての $p\in\mathscr{M},v\in\mathscr{A}$ に対して $\pi(p,v)=p$ とすることによって定義される．例えば $\mathscr{M}$ として円 S^1，$\mathscr{A}$ として実数直線 R^1 を選ぶと，S^1 上の積バンドルとして円筒 C^2 を構成したことになる．

局所的に積バンドルになるバンドルをファイバーバンドルと呼ぶ．よってバンドルは $\pi^{-1}(\mathscr{U})$ が $\mathscr{U}\times\mathscr{F}$ と同型であるような $\mathscr{M}$ の各点 q の近傍 $\mathscr{U}$ が存在するとき，各点 $p\in\mathscr{U}$ に対して，$\psi(u)=(\pi(u),\phi_{\pi(u)})$ が微分同相写像 $\psi:\pi^{-1}(\mathscr{U})\to\mathscr{U}\times\mathscr{F}$ となることによって定義される写像 ψ であるような $\pi^{-1}(p)$ から $\mathscr{F}$ の上への微分同相写像 ϕ_p が存在するという意味でファイバー $\mathscr{F}$ を伴うファイバーバンドルとなる．$\mathscr{M}$ がパラコンパクトであることより，そのような開集合 $\mathscr{U}_\alpha$ によって $\mathscr{M}$ の局所有限な被覆を選ぶこと

ができる．$\mathscr{U}_\alpha$ と $\mathscr{U}_\beta$ がそのような被覆の 2 つの元であるとき，写像

$$(\phi_{\alpha,p}) \circ (\phi_{\beta,p}{}^{-1})$$

は，各 $p \in (\mathscr{U}_\alpha \cap \mathscr{U}_\beta)$ に対する $\mathscr{F}$ それ自体の上への $\mathscr{F}$ の微分同相写像である．点 $p \in \mathscr{M}$ の逆像 $\pi^{-1}(p)$ はそれゆえ $\mathscr{F}$ に対して全ての微分同相となることが必要である（したがって互いに微分同相になる）．例えば，Möbius の帯はファイバー R^1 を伴う S^1 上のファイバーバンドルである．2 つの開集合 $\mathscr{U}_1, \mathscr{U}_2$ が，$\mathscr{U}_i \times R^1$ の形の対によって被覆するために必要である．この例は，局所的には 2 つの多様体の直積であるにも関わらず，一般的には積多様体にはならない多様体が存在することを示している．この理由により，ファイバーバンドルの概念は大変有益である．

接バンドル $T(\mathscr{M})$ は，集合 $\mathscr{E} = \bigcup_{p \in \mathscr{M}} T_p$ にその自然な多様体構造と $\mathscr{M}$ の中へのその自然な射影を与えることによって得られる C^k 級多様体 $\mathscr{M}$ 上のファイバーバンドルである．したがって，射影 π は T_p の各点を p に写像する．$\mathscr{E}$ の中の多様体構造は次のようにして局所座標 $\{z^A\}$ によって定義される．$\{x^i\}$ を $\mathscr{M}$ の開集合 $\mathscr{U}$ の局所座標としよう．すると，（任意の $p \in \mathscr{U}$ に対する）任意のベクトル $\mathbf{V} \in T_p$ は，$\mathbf{V} = V^i \partial/\partial x^i|_p$ と表すことができる．座標 $\{z^A\}$ は $\{z^A\} = \{x^i, V^a\}$ によって $\pi^{-1}(\mathscr{U})$ 内で定義される．座標近傍 $\mathscr{U}_\alpha$ によって $\mathscr{M}$ の被覆を選ぶと，対応するチャートは $\mathscr{E}$ 上の C^{k-1} 級アトラスを定義し，それは（次元 n^2 の）C^{k-1} 級多様体であることが判明する．このことを確認するには，いかなる共通部分 $(\mathscr{U}_\alpha \cap \mathscr{U}_\beta)$ に対しても，点の座標 $\{x^i{}_\alpha\}$ がその点の座標 $\{x^i{}_\beta\}$ の C^k 級関数になること，およびベクトル場の成分 $\{V^a{}_\alpha\}$ がそのベクトル場の成分 $\{V^a{}_\beta\}$ の C^{k-1} 級関数であることのみを証明する必要がある．したがって，$\pi^{-1}(\mathscr{U}_\alpha \cap \mathscr{U}_\beta)$ 内では，座標 $\{z^A{}_\alpha\}$ はその座標 $\{z^A{}_\beta\}$ の C^{k-1} 級関数である．

ファイバー $\pi^{-1}(p)$ は T_p であるので次元 n のベクトル空間である．このベクトル空間の構造は，$\phi_{\alpha,p}(u) = V^a(u)$ によって与えられる写像 $\phi_{\alpha,p} : T_p \to R^n$ によって保存される．つまり，$\phi_{\alpha,p}$ は p でのベクトルをその座標 $\{x^a{}_\alpha\}$ に関するその成分に写像する．$\{x^a{}_\beta\}$ が局所座標の別の組とすると，写像 $(\phi_{\alpha,p}) \circ (\phi_{\beta,p}{}^{-1})$ は R^n からそれ自体の上への線形写像になる．よってそれは一般線形群 $GL(n, R)$（全ての非特異 $n \times n$ 行列からなる群）の元である．

$T^r_s(\mathscr{M})$ によって表される $\mathscr{M}$ 上の (r, s) 型テンソルのバンドルは，大変良く似た方法で定義される．集合 $\mathscr{E} = \bigcup_{p \in \mathscr{M}} T^r_s(p)$ を形成すると，$T^r_s(p)$ 内の各点を p に写像する射影 π が定義され，$\mathscr{M}$ のいかなる座標近傍 $\mathscr{U}$ に対しても，$\pi^{-1}(\mathscr{U})$ に局所座標 $\{z^A\}$ を，$\{z^A\} = \{x^i, T^{a \cdots b}{}_{c \cdots d}\}$ によって割り当てる．ここで $\{x^i\}$ は，点 p の座標であり，$\{T^{a \cdots b}{}_{c \cdots d}\}$ は $\mathbf{T}$ の座標成分（つまり，$\mathbf{T} = T^{a \cdots b}{}_{c \cdots d} \partial/\partial x^a \otimes \cdots \otimes \mathrm{d}x^d|_p$）である．これは $\mathscr{E}$ を次元 n^{r+s+1} の C^{k-1} 級多様体に変える．$T^r_s(\mathscr{M})$ 内の任意の点 u は点 $\pi(u)$ での (r, s) 型テンソル $\mathbf{T}$ に一意に対応する．

線形系（ないしは基底）のバンドル $L(\mathscr{M})$ は次のようにして定義される C^{k-1} 級ファイバーバンドルである：$\mathscr{M}$ の全ての点での全ての基底からなる全空間 $\mathscr{E}$，つまりゼロ

2.9 ファイバーバンドル

でない線形独立な n 組のベクトル $\{\mathbf{E}_a\}$ の全ての集合に対して, 各 $p \in \mathscr{M}$ に対して, $\mathbf{E}_a \in T_p$ (a は 1 から n を走る) である. 射影 π は, 点 p での基底を点 p に写像する自然なものである. $\{x^i\}$ が開集合 $\mathscr{U} \subset \mathscr{M}$ の局所座標とすると,

$$\{z^A\} = \{x^a, E_1{}^j, E_2{}^k, \ldots, E_n{}^m\}$$

は π^{-1} の局所座標である. ここで, $E_a{}^j$ は座標基底 $\partial/\partial x^i$ に関するベクトル $\mathbf{E}_a$ の j 番目の成分である. 一般線形群 $GL(n, R)$ は次のようにして $L(\mathscr{M})$ 上に作用する: $\{\mathbf{E}_a\}$ が $p \in \mathscr{M}$ での基底とすると, $\mathbf{A} \in GL(n, R)$ は $u = \{p, \mathbf{E}_a\}$ を

$$A(u) = \{p, A_{ab}\mathbf{E}_b\}$$

に写像する.

$\mathscr{M}$ 上の計量符号 s の計量 $\mathbf{g}$ が存在するとき, $L(\mathscr{M})$ の部分バンドル**正規直交系のバンドル** $O(\mathscr{M})$ を定義することができる. それは $\mathscr{M}$ の全ての点での ($\mathbf{g}$ に関する) 正規直交基底からなる. $O(\mathscr{M})$ は, $GL(n, R)$ の部分群 $O(\frac{1}{2}(n+s), \frac{1}{2}(n-s))$ によって作用される. これは, G_{bc} が行列

$$\text{diag}\,(\underbrace{+1, +1, \ldots, +1}_{\frac{1}{2}(n+s) \text{ 項}}, \underbrace{-1, -1, \ldots, -1}_{\frac{1}{2}(n-s) \text{ 項}})$$

であるとき,

$$A_{ab}G_{bc}A_{dc} = G_{ad}$$

であるような非特異実行列 A_{ab} からなる. これは $(p, \mathbf{E}_a) \in O(\mathscr{M})$ を $(p, A_{ab}\mathbf{E}_b) \in O(\mathscr{M})$ に写像する. Lorentz 計量 (つまり, $s = n-2$) の下では, 群 $O(n-1, 1)$ は n 次元 Lorentz 群と呼ばれる.

C^r 級のバンドルの**切断**は, $\pi \circ \Phi$ が $\mathscr{M}$ 上の恒等写像であるような C^r 級写像 $\Phi : \mathscr{M} \to \mathscr{E}$ である. したがってこれより, 切断は, ファイバー $\pi^{-1}(p)$ の元 $\Phi(p)$ の $\mathscr{M}$ の各点 p に対する C^r 級割り当てである. 接バンドル $T(\mathscr{M})$ の切断は, $\mathscr{M}$ 上のベクトル場である. $T_s^r(\mathscr{M})$ の切断は $\mathscr{M}$ 上の (r, s) 型テンソル場である. $L(\mathscr{M})$ の切断は, 各点で線形独立な n 個のゼロでないベクトル場の組 $\{\mathbf{E}_a\}$ であり, $O(\mathscr{M})$ の切断は $\mathscr{M}$ 上の正規直交ベクトル場の組である.

ゼロベクトルと (ゼロ) テンソルが $T(\mathscr{M})$ および $T_s^r(\mathscr{M})$ 内の切断を定義することより, これらのファイバーバンドルはいつでも切断を許すようになる. $\mathscr{M}$ が向き付け可能で非コンパクトであるか, コンパクトかつ Euler 標数が消滅するなら, どこでもゼロでないベクトル場が存在し, それゆえ $T(\mathscr{M})$ の切断がどこでもゼロではなくなる. バンドル $L(\mathscr{M})$ および $O(\mathscr{M})$ は切断を許容しても許容しなくてもよい. 例えば, $L(S^2)$ は許容しないが, $L(R^n)$ は許容する. $L(\mathscr{M})$ が切断を許容するなら, $\mathscr{M}$ は**平行化可能**であるといわれる. R.P.Geroch は, 非コンパクト 4 次元 Lorentz 多様体 $\mathscr{M}$ が平行化可能であるときに限りスピノル構造を許すことを示した (1968c).

$\mathscr{M}$ 上の接続は，ファイバーバンドル $L(\mathscr{M})$ に関するエレガントな幾何学的手法により記述することができる．$\mathscr{M}$ 上の接続は，$\mathscr{M}$ 内の任意の曲線 $\gamma(t)$ に沿ってベクトルを平行に移動する規則とみなしてもよい．したがって，$\{\mathbf{E}_a\}$ が点 $p = \gamma(t_0)$ での基底，つまり，$\{p, \mathbf{E}_a\}$ が $L(\mathscr{M})$ 内の点 u であるとすると，他の任意の点 $\gamma(t)$ での一意に定まる基底を得ることができる．つまり，$\{\mathbf{E}_a\}$ を $\gamma(t)$ に沿って平行移動することによってファイバー $\pi^{-1}(\gamma(t))$ 内の一意に定まる点 $\overline{\gamma}(t)$ を得ることができる．したがって $L(\mathscr{M})$ 内の一意に定まる曲線 $\overline{\gamma}(t)$ が存在する．この曲線のことを $\gamma(t)$ のリフト(あるいは持ち上げ) と呼ぶ．$\gamma(t)$ のリフトは

(1) $\overline{\gamma}(t_0) = u$,
(2) $\pi(\overline{\gamma}(t)) = \gamma(t)$,
(3) 点 $\overline{\gamma}(t)$ によって表された基底は $\mathscr{M}$ 内の曲線 $\gamma(t)$ に沿って平行に移動される．

を満たす．

局所座標 $\{z^A\}$ に関して，曲線 $\overline{\gamma}(t)$ は $\{x^a(\gamma(t)), E_m{}^i(t)\}$ によって与えられる．ここで

$$\frac{dE_m{}^i(t)}{dt} + E_m{}^j \Gamma^i{}_{aj} \frac{dx^a(\gamma(t))}{dt} = 0$$

である．

点 u でのファイバーバンドル $L(\mathscr{M})$ に対する接空間 $T_u(L(\mathscr{M}))$ を考えよう．これは座標基底 $\{\partial/\partial z^A|_u\}$ を持つ．接ベクトル $\{(\partial/\partial t)_{\overline{\gamma}(t)}|_u\}$ から全ての p を通る曲線 $\gamma(t)$ へのリフトによって張られる n 次元部分空間は，$T_u(L(\mathscr{M}))$ の水平部分空間 H_u と呼ばれる．局所座標に関して，

$$\left(\frac{\partial}{\partial t}\right)_{\overline{\gamma}} = \frac{dx^a(\gamma(t))}{dt}\frac{\partial}{\partial x^a} + \frac{dE_m{}^i}{dt}\frac{\partial}{\partial E_m{}^i}$$
$$= \frac{dx^a(\gamma(t))}{dt}\left(\frac{\partial}{\partial x^a} - E_m{}^j \Gamma^i{}_{aj}\frac{\partial}{\partial E_m{}^i}\right)$$

が成り立つ．ゆえに H_u の座標基底は $\{\partial/\partial x^a - E_m{}^j \Gamma^i{}_{aj} \partial/\partial E_m{}^i\}$ である．これより，$\mathscr{M}$ 内の接続は，$L(\mathscr{M})$ の各点での接空間の水平部分空間を決定する．逆に，$\mathscr{M}$ 内の接続は，$u \in L(\mathscr{M})$ に対して次の特性を有する各 $T_u(L(\mathscr{M}))$ の n 次元部分空間を与えることによって定義してもよい：

(1) $\mathbf{A} \in GL(n, R^1)$ のとき，写像 $A_* : T_u(L(\mathscr{M})) \to T_{\mathbf{A}(u)}(L(\mathscr{M}))$ は水平部分空間 H_u を $H_{\mathbf{A}(u)}$ の中に写像する．
(2) H_u は垂直部分空間 V_u に属するゼロでないベクトルを含まない．

ここで，垂直部分空間 V_u は，ファイバー $\pi^{-1}(\pi(u))$ 内の曲線に接するベクトルによって張られる $T_u(L(\mathscr{M}))$ の n^2 次元部分空間として定義される．局所座標に関して，V_u は，ベクトル $\{\partial/\partial E_m{}^i\}$ によって張られる．特性 (2) は T_u が H_u と V_u の直和であることを意味する．

2.9 ファイバーバンドル

射影写像 $\pi : L(\mathscr{M}) \to \mathscr{M}$ は，$\pi_*(V_u) = 0$ かつ π_* を H_u に制限したものが，1対1 かつ $T_{\pi(u)}$ の上への写像となるような全射線形写像 $\pi_* : T_u(L(\mathscr{M})) \to T_{\pi(u)}(\mathscr{M})$ を誘導する．したがって，逆写像 π_*^{-1} は $T_{\pi(u)}(\mathscr{M})$ から H_u の上への線形写像である．よって，任意のベクトル $\mathbf{X} \in T_p(\mathscr{M})$ と点 $u \in \pi^{-1}(p)$ に対して，一意に定まるベクトル $\overline{\mathbf{X}} \in H_u$ が存在する．このベクトルは $\pi_*(\overline{\mathbf{X}}) = \mathbf{X}$ を満たし，$\mathbf{X}$ の水平リフトと呼ぶ．$\mathscr{M}$ 内の曲線 $\gamma(t)$ と $\pi^{-1}(p)$ 内の初期点 u を与えると，$L(\mathscr{M})$ 内で一意に定まる曲線 $\overline{\gamma}(t)$ を構成することができる．ここで，$\overline{\gamma}(t)$ はその接ベクトルが，$\mathscr{M}$ 内で $\gamma(t)$ の接ベクトルの水平リフトであるような u を通る曲線である．よって $L(\mathscr{M})$ 内の各点での水平部分空間を知ることによって，$\mathscr{M}$ 内の任意の曲線 $\gamma(t)$ に沿った基底の平行伝播 (parallel propagation) を定義することができる．すると任意のテンソル場 $\mathbf{T}$ の $\gamma(t)$ に沿った共変微分を，平行に伝播された基底に対して $\mathbf{T}$ の成分の t に関する通常の微分をとることによって定義することができる．

$\mathscr{M}$ 上に共変微分がゼロとなる計量 $\mathbf{g}$ が存在するなら，正規直交系は正規直交系の中へ平行に伝播される．したがって，水平部分空間は $L(\mathscr{M})$ 内で $O(\mathscr{M})$ に接し，$O(\mathscr{M})$ 内で接続を定義する．

同様に $\mathscr{M}$ 上の接続は，ベクトルやテンソルの平行移動によってバンドル $T(\mathscr{M})$ および $T^r_s(\mathscr{M})$ に対する接空間内で n 次元水平部分空間を定義する．これらの水平部分空間はそれぞれ，座標基底

$$\left\{ \frac{\partial}{\partial x^a} - V^e \Gamma^f{}_{ae} \frac{\partial}{\partial V^f} \right\}$$

および

$$\left\{ \frac{\partial}{\partial x^a} - \left(T^{f \cdots b}{}_{c \cdots d} \Gamma^a{}_{ef} + (\text{全ての上付き添字}) \right.\right.$$
$$\left.\left. - T^{a \cdots b}{}_{f \cdots d} \Gamma^f{}_{ec} - (\text{全ての下付き添字}) \right) \frac{\partial}{\partial T^{a \cdots b}{}_{c \cdots d}} \right\}$$

を持つ．$L(\mathscr{M})$ と同様に，π_* はこれらの水平部分空間を $T_{\pi(u)}(\mathscr{M})$ の上へ1対1に写像する．よって再び π_* を逆向きにすれば，任意のベクトル $\mathbf{X} \in T_{\pi(u)}$ の一意に定まる水平リフト $\overline{\mathbf{X}} \in T_u$ を与えることができる．$T(\mathscr{M})$ の特別な場合として，u それ自体は一意に定まるベクトル $\mathbf{W} \in T_{\pi(u)}(\mathscr{M})$ に対応し，それゆえ接続によって $T(\mathscr{M})$ 上に定義される本来の水平ベクトル場 $\overline{\mathbf{W}}$ が存在する．局所座標 $\{x^a, V^b\}$ に関しては

$$\overline{\mathbf{W}} = V^a \left(\frac{\partial}{\partial x^a} - V^e \Gamma^f{}_{ae} \frac{\partial}{\partial V^f} \right)$$

である．このベクトル場は次のように解釈してもよい：$u = (p, \mathbf{X}) \in T(\mathscr{M})$ を通る $\overline{\mathbf{W}}$ の積分曲線は，p での接ベクトル $\mathbf{X}$ による $\mathscr{M}$ 内の測地線の水平リフトである．よってベクトル場 $\overline{\mathbf{W}}$ は $\mathscr{M}$ 上の全ての測地線を表す．特に，$p \in \mathscr{M}$ を通る全ての測地線の族は，ファイバー $\pi^{-1}(p) \subset T(\mathscr{M})$ を通る $\overline{\mathbf{W}}$ の積分曲線の族である．$\mathscr{M}$ 内のそれらの曲

線は，少なくとも p でその曲線自体と交わるが，$T(\mathscr{M})$ 内のそれらの曲線はどこでも交わらない．

第3章
一般相対論

特異点の発生と起こり得る一般相対論の破綻を論ずるため，この理論の精確な記述とそれがどの程度特殊であるかを示すことが重要である．それゆえ，ここでは時空に対する数理モデルについてのいくつかの仮定として一般相対論を提示しなければならない．

§3.1 では，数理モデルを導入し，§3.2 では最初の 2 つの仮定，局所因果律および局所エネルギー保存則を導入する．これらの仮定は特殊および一般相対論の両方で共通であり，したがって，前者を確認するために実施された数々の実験によって検証されていると考えられる．§3.3 では，物質場[*1]の方程式を導き，Lagrangian からエネルギー運動量テンソルを得る．

第 3 の仮説，場の方程式 (Einstein 方程式) は §3.4 で与えられる．この方程式は最初の 2 つの仮定と比べてあまり良く実験的に確立されていないが，のちに見るように，いかなる代案となる方程式も 1 つ以上の望ましくない特性を持っているように見えるか，そうでなければ実験的にまだ検出されていない追加の場の存在が必要である．

3.1 時空多様体

時空に対して用いる数理モデル，つまり全ての事象の集まりは，連結な 4 次元 Hausdorff C^∞ 級多様体 $\mathcal{M}$ とその上の Lorentz 計量 (つまり，計量符号 +2 を持つ計量)$\mathbf{g}$ からなる対 $(\mathcal{M}, \mathbf{g})$ である．

2 つのモデル $(\mathcal{M}, \mathbf{g})$ と $(\mathcal{M}', \mathbf{g}')$ は等長 (isometric) であるとき，同値と解釈される．すなわち，微分同相写像 $\theta: \mathcal{M} \to \mathcal{M}'$ が計量 $\mathbf{g}$ を計量 $\mathbf{g}'$ に運ぶ，つまり，$\theta_* \mathbf{g} = \mathbf{g}'$ であるとき，同値と解釈される．厳密にいえばこれより，時空のモデルは単に 1 対のみではなく，全ての $(\mathcal{M}, \mathbf{g})$ に同値な対 $(\mathcal{M}', \mathbf{g}')$ からなる同値類全体である．本書では通常，同値類の 1 つの代表元 $(\mathcal{M}, \mathbf{g})$ を扱うが，この対が同値性に限って定義されているという事実は，いくつかの状況，特に第 7 章での Cauchy 問題の議論では重要である．

この多様体 $\mathcal{M}$ は連結にとられる．というのも我々はいかなる非連結成分に対する知識も持っていないと考えられるからである．それは Hausdorff にとられる．なぜならそれが通常の経験に反しないように見えるからである．しかしながら第 5 章ではこの条件を満たさない例を考えることにしよう．Lorentz 計量の存在によって，Hausdorff 条件は $\mathcal{M}$ がパラコンパクトであるということを意味する (Geroch (1968c))．

多様体は時間と空間の連続性という我々の直感的感覚に自然に対応する．これまでのと

[*1] 訳注：ここでいう物質場は英語の "matter field" の訳語であるが，物質といっても電磁場なども含むより広義のものである．以後本章で物質場と言ったらこの広義の意味のものを指す．

ころ，この連続性は 10^{-15}cm 程度の短さの距離までは，π 粒子の散乱実験によって確立されている (Foley 他 (1967))。フォーリー これを，この実験を行う程度よりはるかに短い長さまで拡張するには，高いエネルギーの粒子を必要とするが，それはさまざまな別の粒子を生成し実験を攪乱するため難しいだろう．よって時空に対する多様体モデルは 10^{-15}cm より短い距離では不適切であり，そのスケール上では時空は別の構造を持つような理論を用いなければならない．しかしながら多様体描像のそのような崩壊は，そのオーダーからくる典型的な重力的長さのスケールまでは一般相対論に影響を与えないと考えられる．これは密度が大体 10^{58}gm cm^{-3} になると発生し，それは現在の我々の知識を完全に超えてしまうほど非常に極端な条件である．それにも関わらず，時空に対する多様体モデルの導入と適切なその他の合理的仮定を課しても，一般相対論のある種の破綻が必ず発生してしまうことを第 8 章から第 10 章において示そう．それは恐らく，場の方程式 (アインシュタイン方程式) が間違っているか，計量の量子化が必要か，あるいは多様体構造それ自体の崩壊が発生すると考えられる．

計量 **g** は $p \in \mathscr{M}$ でのゼロでないベクトルを 3 種類に分ける：ゼロでないベクトル $\mathbf{X} \in T_p$ は，$g(\mathbf{X},\mathbf{X})$ が負，正，ゼロであるとき，それぞれ時間的 (timelike)，空間的 (spacelike)，ヌル (null) であると言われる (図 8 参照).

計量の微分可能性の次数 r は場の方程式が定義されるのに十分である必要がある．それらは，計量の座標成分 g_{ab} および g^{ab} が連続であり，局所的に自乗可積分な局所座標に関する一般化された 1 階微分を持つとき，超関数の意味で定義することができる．(R^n 上の関数 $f_{;a}$ の集合は，R^n 上のコンパクトな台*2 の上の任意の C^∞ 級関数 ψ に対して

$$\int f_{;a} \psi \mathrm{d}^n x = -\int f(\partial \psi / \partial x^a) \mathrm{d}^n x$$

であるとき，R^n 上の関数 f の弱微分であると言われる*3.) しかしながら，この条件は弱すぎる．というのも，それは要求される C^{2-} 級計量に対する測地線の存在も，一意性も保証しないからである．(C^{2-} 級計量は計量の座標成分の 1 階座標微分が局所 Lipschitz 条件を満たすものである．§2.1 参照．) 本書の大半では実際，計量が少なくとも C^2 級であると仮定する．これは場の方程式 (計量の 2 階微分を含む) が全ての点で定義されることを許す．§8.4 では計量上のこの条件を C^{2-} 級まで弱め，これが特異点の発生に何ら影響を与えないことを示す．

第 7 章では，場の方程式の時間発展が適切な初期条件によって決定されるということを示すために異なる種類の微分可能性条件を用いる．そこでは計量成分およびそれらの $m(m \geqslant 4)$ 次までの一般化された 1 階微分が局所自乗可積分であることを要求する．これは計量が C^4 級であった場合，確かに成立する．

---

*2 訳注：§2.1 p.13 参照．
*3 訳注：台を考えているので台の端でゼロとなる任意の C^∞ 級関数に対して，その値が通常の微分可能関数の場合には部分積分の値と一致するようにした定義である．積分で定義されているため，f は一般に超関数 (distribution) である．

実際計量の微分可能性の次数は，恐らく物理的に重要ではない．計量を正確に測定することが絶対に不可能であり，どうしてもある程度の誤差が伴うことより，任意の次数のその導関数に実際に不連続性が存在するということは決して確定できない．よっていつでも測定値を C^∞ 級計量によって表すことができる．

計量が C^r 級と仮定された場合，その多様体のアトラスは C^{r+1} 級でなければならない．しかしながら，任意の C^s 級アトラス ($s \geq 1$) 内にいつでも解析的な部分アトラスを見つけることができる (Whitney(1936),Munkres(1954) 参照)．したがって，計量が C^r 級であり C^r 級アトラスしか物理的に決定できなくても，アトラスが解析的であるという前提を仮定するのは何の制約ももたらさない．ここでのモデル $(\mathcal{M}, \mathbf{g})$ が時空の全ての非特異点を含むようにするために，いくつかの条件を課さなければならない．C^r 級の対 $(\mathcal{M}', \mathbf{g}')$ は，等長 (isometric) な C^r 級埋め込み $\mu : \mathcal{M} \to \mathcal{M}'$ が存在するとき $(\mathcal{M}, \mathbf{g})$ の C^r 級拡張と呼ばれる．そのような拡張 $(\mathcal{M}', \mathbf{g}')$ が存在するとき，$\mathcal{M}'$ の点も時空の点であると見なす必要がある．そこで，(訳注：時空の) モデル $(\mathcal{M}, \mathbf{g})$ が C^r 級拡張不可能であることを要求する．つまり，$\mu(\mathcal{M})$ が $\mathcal{M}'$ に等しくないような $(\mathcal{M}, \mathbf{g})$ のいかなる C^r 級拡張 $(\mathcal{M}', \mathbf{g}')$ も存在しないとする．

拡張不可能でない対 $(\mathcal{M}_1, \mathbf{g}_1)$ の例として，$x_1 = -1$ と $x_1 = +1$ の間の x 軸を除いた 2 次元 Euclid 空間を考えよう．これを拡張する自明な方法は単に取り去った部分を元に戻すことである．しかしこの空間の別の複製 $(\mathcal{M}_2, \mathbf{g}_2)$ をとって，$|x_1| < 1$ に対する x_1 軸の下側を $|x_2| < 1$ に対する x_2 軸の上側と同一視し，さらに $|x_1| < 1$ に対する x_1 軸の上側を $|x_2| < 1$ に対する x_2 軸の下側と同一視することによって拡張することもできる．こうして得られた空間 $(\mathcal{M}_3, \mathbf{g}_3)$ は拡張不可能である．しかし，点 $x_1 = \pm 1, y_1 = 0$ を抜かしているので完備ではない．これらの点は元に戻すことはできない．なぜなら，x 軸の上側と下側を異なるシート上に拡張するために十分にゆがめたからである．ただし，$1 < x_1 < 2, -1 < y_1 < 1$ によって定義された $\mathcal{M}_3$ の部分集合 $\mathcal{U}$ をとれば，対 $(\mathcal{U}, \mathbf{g}_3|_{\mathcal{U}})$ を拡張でき，点 $x_1 = 1, y_1 = 0$ を戻せる．これは次のように拡張不可能性のより強い定義の動機となる：対 $(\mathcal{M}, \mathbf{g})$ は，対 $(\mathcal{U}, \mathbf{g}|_{\mathcal{U}})$ が $\mathcal{U}$ の像の閉包がコンパクトであるような拡張 $(\mathcal{U}', \mathbf{g}')$ を持つような $\mathcal{M}$ 内の非コンパクトな閉包を持つ開集合 $\mathcal{U} \subset \mathcal{M}$ が存在しないとき，C^r 級局所拡張不可能であると言われる．

3.2 物質場

$\mathcal{M}$ 上にはさまざまな場が存在するであろう．例えば，電磁場，ニュートリノ場など．それらは時空の中身の物質を記述する．これらの場は，位置に関する全ての微分が，計量 $\mathbf{g}$ によって定義される対称接続に関する共変微分であるような $\mathcal{M}$ 上のテンソルの間の関係として表すことができる方程式に従うことになる．これはなぜなら多様体構造によって定義される唯一の関係がテンソルの関係であり，これまで定義してきた接続のみが計量によって与えられるものだからである．$\mathcal{M}$ 上に別の接続があるとすると，2 つの接続の差はテンソルであり，別の物理的場であると見なされる．同様に $\mathcal{M}$ 上の別の計量はさら

なる物理的場と見なされる．(物質場の方程式はときどき，$\mathscr{M}$ 上のスピノルの間の関係として表される．本書では，扱う問題において必要でないため，そのような関係は扱わない．実際，全てのスピノル方程式はより複雑なテンソル方程式によって置き換えることができる．例えばRuse (1937) 参照．)

得られる理論は，その理論にどのような物質場を組み込むかに依存する．当然，実験的に観測されている全てのそのような場を含める必要があるが，観測されていない場の存在を仮定してもよい．このため，例えばBransとDicke (Dicke (1964),appendix 7) は，エネルギー運動量テンソルのトレースに弱く結合した長距離スカラー場の存在を仮定した．Dicke (1964) appendix 2 で与えられた形式，Brans-Dicke理論は，単純に一般相対論に余分なスカラー場を追加したものとみなすことができる．このスカラー場が実験的に観測されたかどうかについては現在論争中である[*4]．

理論に含まれる物質場を $\Psi_{(i)}{}^{a\cdots b}{}_{c\cdots d}$ によって表そう．ここで，下付き添字 (i) は考えている場を表す数である．$\Psi_{(i)}{}^{a\cdots b}{}_{c\cdots d}$ の従う方程式の性質に関する次の2つの仮定は，特殊および一般相対性理論の両方で共通である．

仮定 (a):局所因果律

物質場を支配する方程式は，$\mathscr{U}$ が凸正規近傍であり，p と q が $\mathscr{U}$ 内の点であるとき，信号は $\mathscr{U}$ 内で，$\mathscr{U}$ 内全体に横たわる C^1 級曲線で，その接ベクトルがどこでもゼロでなく，かつ時間的かヌルであるような曲線によって p と q がつなげることができるときに限り $\mathscr{U}$ 内で p と q の間に送られる．このような曲線を非空間的であると呼ぶ．(本書での相対論の定式化はタキオンのような空間的曲線上を運動する粒子の可能性を排除する．) 信号が p から q に送られたか q から p に送られたかは $\mathscr{U}$ 内の時間の方向に依存する．時空の全ての点での無矛盾な時間の方向を割り当てる問題は §6.2 で考察する．

この仮定のより正確な言明は物質場の Cauchy 問題の面で与えることができる．$p \in \mathscr{U}$ を，p を通る全ての非空間的曲線が $\mathscr{U}$ 内で空間的曲面 $x^4 = 0$ と交わるものとしよう．$\mathscr{F}$ を曲面 $x^4 = 0$ 内の点の集合で，$\mathscr{U}$ 内で p から非空間的曲線によって到達できる点の集合としよう．すると p での物質場の値は，場の値と $\mathscr{F}$ 上の有限次数までのそれらの微分によって一意に定まらなければならず，かつそれらは $\mathscr{F}$ から連続的に収縮した真部分集合からは一意に定まらないことが要求される．(Cauchy 問題の完全な議論は第7章を参照．)

計量 $\mathbf{g}$ を $\mathscr{M}$ 上の別の場の他に設定し，その幾何学的特徴を与えるのはこの仮定である．$\{x^a\}$ が p についての $\mathscr{U}$ 内の正規座標であるとき，$\mathscr{U}$ 内で非空間的曲線によって p から到達できる点が

$$(x^1)^2 + (x^2)^2 + (x^3)^2 - (x^4)^2 \leqslant 0$$

[*4] 訳注：検証に関する最近の進展としては，以下の論文にまとめられている．C. M. Will, 'The Confrontation between General Relativity and Experiment', Living Rev. Relativ. (2014) 17: 4.

3.2 物質場

を満たすような座標であるということは直感的にかなり明らかである．これらの点の境界は，指数写像の下で p のヌル円錐，つまり，p を通る全てのヌル測地線の像によって形成される．よってそのような点が p と通信することができることによって T_p 内のヌル円錐 N_p を決定することができる．ひとたび N_p が分かれば，p での計量は共形因子次第で決定できる．これは次のようにして確かめられる：$\mathbf{X}, \mathbf{Y} \in T_p$ をそれぞれ時間的および空間的ベクトルとする．方程式

$$g(\mathbf{X}+\lambda\mathbf{Y}, \mathbf{X}+\lambda\mathbf{Y}) = g(\mathbf{X},\mathbf{X}) + 2\lambda g(\mathbf{X},\mathbf{Y}) + \lambda^2 g(\mathbf{Y},\mathbf{Y})$$
$$=0$$

は $g(\mathbf{X},\mathbf{X}) < 0$ かつ $g(\mathbf{Y},\mathbf{Y}) > 0$ より，2 つの実数解 λ_1, λ_2 を持つ．N_p が分かっているとき，λ_1 と λ_2 は決定することができる*5．しかし，

$$\lambda_1\lambda_2 = g(\mathbf{X},\mathbf{X})/g(\mathbf{Y},\mathbf{Y})$$

である*6．よって時間的ベクトルと空間的ベクトルの大きさの比はヌル円錐から求めることができる．すると，$\mathbf{W}$ と $\mathbf{Z}$ が p での任意の 2 つのヌルでないベクトルとすると，

$$g(\mathbf{W},\mathbf{Z}) = \tfrac{1}{2}(g(\mathbf{W}+\mathbf{Z},\mathbf{W}+\mathbf{Z}) - g(\mathbf{W},\mathbf{W}) - g(\mathbf{Z},\mathbf{Z}))$$

が成り立つ．右辺の各々の大きさは $\mathbf{X}$ または $\mathbf{Y}$ のいずれかの大きさと比較できるので，$g(\mathbf{W},\mathbf{Z})/g(\mathbf{X},\mathbf{X})$ は求められる*7．($\mathbf{W}+\mathbf{Z}$ がヌルなら，$\mathbf{W}+2\mathbf{Z}$ を含む対応する表式が用いられる*8．）よって局所因果律の観測は共形因子まで計量を測定することを可能にする．実際にはこの測定はいかなる信号も電磁放射より速く伝わることはないという実験事実を用いて最も便利に実行される．これは光がヌル測地線上を伝わらなければならないことを意味する．これはただし，電磁場が従う特定の方程式の結果であり，相対論自体の結果ではない．因果律は第 6 章でさらに考察される．とりわけ因果関係は $\mathscr{M}$ のトポロジー構造を決定するために用いられることが示される．計量における共形因子は，下の仮

---

*5 訳注：N_p が分かっているというのは，与えられた任意の $\mathbf{V} \in T_p$ に対して，それがヌルベクトル $\mathbf{V} \in N_p$ であるか，ヌルベクトルでない，つまり $\mathbf{V} \in T_p - N_p$ であるかが分かるということなので，任意の実数 λ に対して $\mathbf{X} + \lambda\mathbf{Y} \in N_p$ か，$\mathbf{X} + \lambda\mathbf{Y} \notin N_p$ かが分かるということ．

*6 訳注：これは 2 次方程式の解と係数の関係であるが，2 つのヌルベクトル $\mathbf{X} + \lambda_1\mathbf{Y}$ および $\mathbf{X} + \lambda_2\mathbf{Y}$ が求まればこの式の左辺が決まるので，今のところ $\mathbf{X}$ が時間的で $\mathbf{Y}$ が空間的な場合に限り，$g(\mathbf{Y},\mathbf{Y})/g(\mathbf{X},\mathbf{X}) = 1/\lambda_1\lambda_2$ が求まるということ．

*7 訳注：例えば，$g(\mathbf{W},\mathbf{W}) > 0$ なら，$g(\mathbf{X},\mathbf{X}) < 0$ より，先ほどの議論を $\mathbf{Y} \equiv \mathbf{W}$ と置くことによって，別の 2 つの実数解 ν_1, ν_2 によって $\nu_1\nu_2 = g(\mathbf{X},\mathbf{X})/g(\mathbf{W},\mathbf{W})$ が求められるので，$g(\mathbf{W},\mathbf{W})/g(\mathbf{X},\mathbf{X}) = 1/\nu_1\nu_2$ は決定できる．一方 $g(\mathbf{W},\mathbf{W}) < 0$ なら，$\mathbf{X} \equiv \mathbf{W}$ と置けば，さらに別の 2 つの実数解 κ_1, κ_2 によって $\kappa_1\kappa_2 = g(\mathbf{W},\mathbf{W})/g(\mathbf{Y},\mathbf{Y})$ が求まるので，$g(\mathbf{W},\mathbf{W})/g(\mathbf{X},\mathbf{X}) = g(\mathbf{W},\mathbf{W})/g(\mathbf{Y},\mathbf{Y}) \cdot g(\mathbf{Y},\mathbf{Y})/g(\mathbf{X},\mathbf{X}) = \kappa_1\kappa_2/\lambda_1\lambda_2$ として求められる．同様の手順で $\mathbf{Z}$ に対しても，$g(\mathbf{Z},\mathbf{Z})/g(\mathbf{X},\mathbf{X})$ が求められる．

*8 訳注：恐らく，$\mathbf{W} + \mathbf{Z}$ がヌルのとき，$\mathbf{W} + 2\mathbf{Z}$ を考えることにより，$g(\mathbf{W}, 2\mathbf{Z})/g(\mathbf{X},\mathbf{X}) = 2g(\mathbf{W},\mathbf{Z})/g(\mathbf{X},\mathbf{X})$ が求められるので，$g(\mathbf{W},\mathbf{Z})/g(\mathbf{X},\mathbf{X})$ も求まると言いたいのであろうが，$\mathbf{X} + \mathbf{Z}$ がヌルならば，単に $g(\mathbf{X}+\mathbf{Y}, \mathbf{X}+\mathbf{Y}) = 0$ より，$g(\mathbf{X}+\mathbf{Y}, \mathbf{X}+\mathbf{Y})/g(\mathbf{X},\mathbf{X}) = 0$ なので，上の議論はそのまま使用できるので，わざわざ和がヌルじゃないように選ぶ必要はないと思われる．

定 (b) を用いて決定することができる．よって理論の全ての要素が物理的に観測可能である．

仮定 (b):局所エネルギー運動量保存則

物質場を支配する方程式は，エネルギー運動量テンソルと呼ばれる対称テンソル T^{ab} であり，それは場，場の共変微分および計量に依存し，次の特性を持つ:

(i) T^{ab} は，開集合 $\mathscr{U}$ 上で物質場が消滅する場合に限り $\mathscr{U}$ 上で消滅する．
(ii) T^{ab} は方程式

$$T^{ab}{}_{;b} = 0 \tag{3.1}$$

に従う．

条件 (i) は全ての場がエネルギーを持つという原理を表している．読者は，2 つのゼロでない場が存在し，それらのうちの片方のエネルギー運動量テンソルが他方のエネルギー運動量テンソルを正確に相殺してもよいはずだという考えに基づいて "に限り" という文言に反対するかもしれない．この可能性は負のエネルギーの存在に関連し，§3.3 で議論する．

計量が Killing ベクトル場 $\mathbf{K}$ を許すとき，方程式 (3.1) は保存則を与えるために積分することができる．これを確かめるため，P^a を $P^a = T^{ab}K_b$ を成分に持つベクトルとして定義する．すると，

$$P^a{}_{;a} = T^{ab}{}_{;a}K_b + T^{ab}K_{b;a}$$

が成り立つ．保存方程式より，最初の項はゼロになる．また第 2 項は T^{ab} が対称であり，$\mathbf{K}$ が Killing ベクトルであることより $2\mathbf{K}_{(a;b)} = L_{\mathbf{K}}g_{ab} = 0$ が成り立つので消滅する．よって $\mathscr{D}$ が境界 $\partial\mathscr{D}$ を持つコンパクトな向き付け可能領域とすると，Gauss の定理より

$$\int_{\partial\mathscr{D}} P^b d\sigma_b = \int_{\mathscr{D}} P^b{}_{;b} dv = 0 \tag{3.2}$$

が示される．これはエネルギー運動量の $\mathbf{K}$ 成分の閉曲面に渡る全流束がゼロであるということとして解釈される．

特殊相対論のように計量が平坦であるとき，計量の成分が $g_{ab} = e_a\delta_{ab}$ (和を取らない) であるような座標 $\{x^a\}$ を選ぶことができる．ここで，δ_{ab} は Kronecker のデルタであり，e_a は $a = 4$ のとき -1 であり，$a = 1, 2, 3$ のとき $+1$ である．するとこのとき，次のものが Killing ベクトルである:

$$\underset{\alpha}{\mathbf{L}} = \partial/\partial x^\alpha \qquad (\alpha = 1, 2, 3, 4)$$

(これらは 4 つの並進を生成する) および

$$\underset{\alpha\beta}{\mathbf{M}} = e_\alpha x^\alpha \frac{\partial}{\partial x^\beta} - e_\beta x^\beta \frac{\partial}{\partial x^\alpha}$$

3.2 物質場

である (これらは時空内で 6 つの "回転" を生成する.). これらの等長変換は, 非同次 Lorentz 群として知られる平坦時空の等長変換の 10 パラメータ Lie 群を形成する. これらを用いて (3.2) に従う 10 個のベクトル P^a_α および $P^a_{\alpha\beta}$ を定義することができる. $\mathbf{P}_4$ がエネルギーの流れを表し, $\mathbf{P}_1, \mathbf{P}_2, \mathbf{P}_3$ が線形運動量の 3 つの成分を表すものとして考えることができる. また $\mathbf{P}_{\alpha\beta}$ は角運動量の流れとして解釈することができる.

計量が平坦でないとき, 一般的には, Killing ベクトルが存在せず, そのため上の積分形の保存則は成り立たない. しかしながら, 点 q の適切な近傍では, 正規座標 (normal coordinates)$\{x^a\}$ を導入することができる. すると, q では計量の成分 g_{ab} は $e_a\delta_{ab}$(和を取らない) となり, 接続の成分 $\Gamma^a{}_{bc}$ は 0 になる. g_{ab} と $\Gamma^a{}_{bc}$ が任意の微小量だけ q での値から異なるような q の近傍 $\mathscr{D}$ をとることができる. すると, $L_{\alpha}(a;b)$ と $M_{\alpha\beta}(a;b)$ は $\mathscr{D}$ 内で完全には消滅しないが, この近傍では任意の微小量だけゼロではない. よって

$$\int_{\partial\mathscr{D}} P^b_\alpha d\sigma_b \quad \text{および} \quad \int_{\partial\mathscr{D}} P^b_{\alpha\beta} d\sigma_b$$

は 1 次近似で依然としてゼロである[*9]. すなわち, エネルギー, 運動量, 角運動量の近似的保存が時空の小さな領域で依然として成り立つという言える. これを用いて小さな孤立した物体が, 物体のエネルギー密度が非負であることより内部の素材とは独立に近似的にほぼ時間的測地曲線上を運動することが示せる (小さな物体の運動の相対論的説明はDixon (1970) 参照.). これは全ての物体が同じ速さで落下するという Galileo の原理として考えることができる. Newton 的用語では, 慣性質量 ($\mathbf{F} = m\mathbf{a}$ となる m) と受動的重力質量 (重力場によって働かされる質量) は全ての物体に対して等しい. これはEötvosと Dicke (1964) によって高い精度で実験的に確かめられている.

仮定 (a) は, 各点での共形因子までの計量の測定を可能にする. 仮定 (b) を用いると, 計量 $\hat{\mathbf{g}} = \Omega^2 \mathbf{g}$ から導かれた接続に対して保存方程式 $T^{ab}{}_{;b} = 0$ が一般に成り立たないことより, これらの因子を異なる点で関連付けられる. これを行う 1 つの方法が, 小さな "試験" 質点の経路を観測して, 時間的測地曲線を決定することである. すると, $\gamma(t)$ が接ベクトル $\mathbf{K} = (\partial/\partial t)_\gamma$ を持つそのような曲線ならば, (2.29) より,

$$\frac{\hat{D}}{\partial t} K^a = \frac{D}{\partial t} K^a + 2\Omega^{-1}\Omega_{;b}K^b K^a - \Omega^{-1}(K^b K^c \hat{g}_{bc})\hat{g}^{ad}\Omega_{;d}$$

が成り立つ. $\gamma(t)$ が時空計量 $\mathbf{g}$ に関する測地線であることより, $K^{[b}(D/\partial t)K^{a]} = 0$ が成り立つ. したがって

$$K^{[b}\frac{\hat{D}}{\partial t}K^{a]} = -(K^c K^d \hat{g}_{cd})K^{[b}\hat{g}^{a]e}(\log\Omega)_{;e} \tag{3.3}$$

[*9] 訳注: 例えば, $M_{\alpha\beta}(a;b) = \frac{1}{2} L_{M_{\alpha\beta}} g_{ab} \approx 0$ なので,

$$\int_{\partial\mathscr{D}} P^b_{\alpha\beta} d\sigma_b = \int_{\mathscr{D}} P^b_{\alpha\beta;b} dv = \int_{\mathscr{D}} T^{ba} M_{\alpha\beta}{}_{a;b} dv = \int_{\mathscr{D}} T^{ab} M_{\alpha\beta}(a;b) dv \approx 0$$

が成り立つ.

である．共形構造を知ることにより，計量の共形同値類を表す計量 $\hat{g}$ を選ぶことができ，任意の試験質点に対して (3.3) の左辺を評価することができる．すると，(3.3) の右辺は $K^a \hat{g}_{ab}$ の積の和についてまで $(\log \Omega)_{;b}$ を決定する．別の曲線 $\gamma'(t)$ で，その接ベクトル K'^a が K^a に平行でないものを考えると，$(\log \Omega)_{;b}$ を求めることができ，それゆえ定数の積因子についてまでなら Ω どこでも決定することができる．この定数因子は採用している測定の単位を指定し，それゆえ任意にとれる．

これは，もちろん，実際に共形因子を測定する方法ではない．内部運動が，時空内の位置を表す時間的曲線に沿ったいくつかの事象を定義する多数の同様な系（原子の電子状態など）が存在するという事実を利用する．これらの事象の間の間隔は，2 つの近くの系の対応によって測定される間隔という意味でそれらの過去の歴史と独立であるように見える．もし効果的にそれらを外部の物質場から隔離でき（それゆえそれらは測地線上を運動しなければならない），それらの内部運動が時空の曲率と独立であると仮定するなら，依存できる唯一のものは計量である．したがって，曲線上の 2 つの連続的な事象の間の弧長は，任意のそのような曲線上の連続した事象の各対に対して同じでなければならない．この弧長を測定の単位として採用するならば，時空の任意の点での共形因子を決定することができる．

実際には外部の物質場から隔離することは可能ではない．したがって例えば Brans-Dicke 理論では，いたるところゼロでないスカラー場が存在する．しかしながら，共形因子は依然として保存方程式 $T^{ab}{}_{;b} = 0$ が成り立つべきであるという要求によって決定される．これより，エネルギー運動量テンソル T_{ab} の知識が共形因子を決定する．

3.3 Lagrangian を用いた定式化

仮定 (b) の条件 (i) と (ii) からは，与えられた場の組からどのようにエネルギー運動量テンソルを構成するかも，またそれが一意であるのかどうかも分からない．実際には我々はエネルギーや運動量がどんなものであるのかという直観に深く頼っている．しかしながら，Lagrangian から導くことができる場の方程式の場合，エネルギー運動量テンソルに対する限定された一意に定まる公式が存在する．

L を場 $\boldsymbol{\Psi}_{(i)}{}^{a\cdots b}{}_{c\cdots d}$，それらの 1 階共変微分，および計量についての，あるスカラー関数となっている Lagrangian としよう．場の方程式は作用

$$I = \int_{\mathscr{D}} L \mathrm{d}v$$

がコンパクトな 4 次元領域 $\mathscr{D}$ の内部で，場の変分の下で定常的であることを要求することによって得られる．$\mathscr{D}$ 内の場 $\boldsymbol{\Psi}_{(i)}{}^{a\cdot b}{}_{c\cdots d}$ の変分という表現によって，$u \in (-\epsilon, \epsilon)$ および $r \in \mathscr{M}$ に対して，場 $\boldsymbol{\Psi}_{(i)}(u, r)$ の 1 パラメータ族で

(i) $\boldsymbol{\Psi}_{(i)}(0, r) = \boldsymbol{\Psi}_{(i)}(r)$,
(ii) $r \in \mathscr{M} - \mathscr{D}$ のとき，$\boldsymbol{\Psi}_{(i)}(u, r) = \boldsymbol{\Psi}_{(i)}(r)$

3.3 Lagrangian を用いた定式化

を満たすものを意味するものとする．ここでは

$$\partial \Psi_{(i)}(u,r)/\partial u|_{u=0} \quad \text{を} \quad \Delta\Psi_{(i)}$$

によって表すことにする．すると，

$$\left.\frac{\partial I}{\partial u}\right|_{u=0} = \underset{(i)}{\Sigma} \int_{\mathscr{D}} \left(\frac{\partial L}{\partial \Psi_{(i)}{}^{a\cdot b}{}_{c\cdots d}} \Delta\Psi_{(i)}{}^{a\cdot b}{}_{c\cdots d} \right.$$
$$\left. + \frac{\partial L}{\partial \Psi_{(i)}{}^{a\cdot b}{}_{c\cdots d;e}} \Delta(\Psi_{(i)}{}^{a\cdot b}{}_{c\cdots d;e}) \right) \mathrm{d}v$$

となる．ここで $\Psi_{(i)}{}^{a\cdot b}{}_{c\cdots d;e}$ は $\Psi_{(i)}$ の共変微分の成分である．しかし，ここで，$\Delta(\Psi_{(i)}{}^{a\cdot b}{}_{c\cdots d;e}) = (\Psi_{(i)}{}^{a\cdot b}{}_{c\cdots d})_{;e}$ である，よって第2項は

$$\underset{(i)}{\Sigma} \int_{\mathscr{D}} \left[\left(\frac{\partial L}{\partial \Psi_{(i)}{}^{a\cdots b}{}_{c\cdots d;e}} \Delta\Psi_{(i)}{}^{a\cdots b}{}_{c\cdots d} \right)_{;e} - \left(\frac{\partial L}{\partial \Psi_{(i)}{}^{a\cdots b}{}_{c\cdots d;e}} \right)_{;e} \Delta\Psi_{(i)}{}^{a\cdots b}{}_{c\cdots d} \right] \mathrm{d}v$$

と表すことができる．この表式の最初の項は

$$\int_{\mathscr{D}} Q^a{}_{;a} \mathrm{d}v = \int_{\partial\mathscr{D}} Q^a \mathrm{d}\sigma_a$$

として書くことができる．ここで $\mathbf{Q}$ は

$$Q^e = \underset{(i)}{\Sigma} \frac{\partial L}{\partial \Psi_{(i)}{}^{a\cdots b}{}_{c\cdots d;e}} \Delta\Psi_{(i)}{}^{a\cdots b}{}_{c\cdots d}$$

を成分に持つベクトルである．この積分は条件 (ii) が，$\Delta\Psi_{(i)}$ が境界 $\partial\mathscr{D}$ で消滅するという記述であるので，ゼロとなる．よって $\partial I/\partial u|_{u=0}$ が全ての体積 $\mathscr{D}$ 上の変分に対して消滅するためには，**Euler-Lagrange 方程式**

$$\frac{\partial L}{\partial \Psi_{(i)}{}^{a\cdots b}{}_{c\cdots d}} - \left(\frac{\partial L}{\partial \Psi_{(i)}{}^{a\cdots b}{}_{c\cdots d;e}} \right)_{;e} = 0 \tag{3.4}$$

が全ての i で成り立つことが必要十分である．これらが場の方程式である．

計量の変化によって引き起こされる作用の変化を考えることによって Lagrangian からエネルギー運動量テンソルが得られる．変分 $g_{ab}(u,r)$ が場 $\Psi_{(i)}{}^{a\cdots b}{}_{c\cdots d}$ を不変に保つ代わりに計量の成分 g_{ab} を変えると仮定しよう．すると，

$$\left.\frac{\partial I}{\partial u}\right|_{u=0} = \int_{\mathscr{D}} \left(\underset{(i)}{\Sigma} \frac{\partial L}{\partial \Psi_{(i)}{}^{a\cdots b}{}_{c\cdots d;e}} \Delta(\Psi_{(i)}{}^{a\cdots b}{}_{c\cdots d;e}) + \frac{\partial L}{\partial g_{ab}} \Delta g_{ab} \right) \mathrm{d}v$$
$$+ \int_{\mathscr{D}} L \frac{\partial(\mathrm{d}v)}{\partial g_{ab}} \Delta g_{ab} \tag{3.5}$$

が得られる．最後の項は，体積要素 $\mathrm{d}v$ が計量に依存するため計量が変化したとき一緒に変化するために現れる．この項を評価するために，$\mathrm{d}v$ が実際には 4-形式 $(4!)^{-1}\boldsymbol{\eta}$

であり，その成分が $\eta_{abcd} = (-g)^{\frac{1}{2}} 4! \delta_{[a}{}^1 \delta_b{}^2 \delta_c{}^3 \delta_{d]}{}^4$ であることを思い出そう．ただし，$g \equiv \det(g_{ab})$ である．これより，

$$\frac{\partial \eta_{abcd}}{\partial g_{ef}} = -\tfrac{1}{2}(g)^{-\frac{1}{2}} \frac{\partial g}{\partial g_{ef}} 4! \delta_{[a}{}^1 \delta_b{}^2 \delta_c{}^3 \delta_{d]}{}^4$$
$$= -\tfrac{1}{2}(g)^{-\frac{1}{2}} g^{ef} g \, 4! \delta_{[a}{}^1 \delta_b{}^2 \delta_c{}^3 \delta_{d]}{}^4$$
$$= \tfrac{1}{2} g^{ef} \eta_{abcd}$$

である．よって

$$\frac{\partial(\mathrm{d}v)}{\partial g_{ab}} = \tfrac{1}{2} g^{ab} \mathrm{d}v$$

が成り立つ．

(3.5) の最初の項は，たとえ $\Delta\Psi_{(i)}{}^{a\cdots b}{}_{c\cdots d}$ が 0 であっても，計量の変分が，接続の成分 $\Gamma^a{}_{bc}$ の変分を引き起こすことより，$\Delta(\Psi_{(i)}{}^{a\cdots b}{}_{c\cdots d;e})$ が 0 である必要がないということから発生する．2 つの接続の間の差がテンソルとして変換するように，$\Delta\Gamma^a{}_{bc}$ はテンソルの成分とみなせる．それらは計量の成分の変分と

$$\Delta\Gamma^a{}_{bc} = \tfrac{1}{2} g^{ad}\{(\Delta g_{db})_{;c} + (\Delta_{dc})_{;b} - (\Delta g_{bc})_{;d}\}$$

の関係式によって関連する．(この公式を導くもっとも簡単な方法は，これがテンソルの関係であることより，いかなる座標系でも有効でなければならないことに注意することである．特に，点 p の正規座標を選ぶことができる．これらの座標系に対して成分 $\Gamma^a{}_{bc}$ と成分 g_{ab} の座標微分が p で消滅する．すると与えられた公式が p で成り立つことが確かめられる．)

これらの関係を用いて，$\Delta\Psi_{(i)}{}^{a\cdots b}{}_{c\cdots d;e}$ は $(\Delta g_{bc})_{;d}$ と Δg_{ab} のみを含む被積分関数を与えるために採用された通常の部分積分に関して表すことができる．よって $\partial I/\partial u$ を

$$\tfrac{1}{2} \int_{\mathscr{D}} (T^{ab} \Delta g_{ab}) \mathrm{d}v$$

として書くことができる．ここで T^{ab} は，場のエネルギー運動量テンソルとして採用される対称テンソルの成分である．(このテンソルと正準エネルギー運動量テンソルと呼ばれるテンソルの間の関係に対しては Rosenfeld (1940) 参照．)

このエネルギー運動量テンソルは $\Psi_{(i)}{}^{a\cdots b}{}_{c\cdots d}$ が従う場の方程式の結果として保存方程式を満たす．$\mathscr{D}$ の内部を除いてどこでも恒等的になっている微分同相写像 $\phi: \mathscr{M} \to \mathscr{M}$ が存在すると仮定しよう．すると，微分写像の下での積分の不変性により，

$$I = \int_{\mathscr{D}} L \mathrm{d}v = \tfrac{1}{4!} \int_{\mathscr{D}} L\boldsymbol{\eta} = \tfrac{1}{4!} \int_{\phi(\mathscr{D})} L\boldsymbol{\eta} = \tfrac{1}{4!} \int_{\mathscr{D}} \phi^*(L\boldsymbol{\eta})$$

が成り立つ．よって

$$\tfrac{1}{4!} \int_{\mathscr{D}} (L\boldsymbol{\eta} - \phi^*(L\boldsymbol{\eta})) = 0$$

3.3 Lagrangian を用いた定式化

である．微分同相写像 ϕ がベクトル場 $\mathbf{X}(\mathscr{D}$ の内部のみゼロでない) によって生成されるなら，

$$\frac{1}{4!}\int_{\mathscr{D}} L_{\mathbf{X}}(L\boldsymbol{\eta}) = 0$$

が従う．しかし，

$$\frac{1}{4!}\int_{\mathscr{D}} L_{\mathbf{X}}(L\boldsymbol{\eta}) = \sum_{(i)} \int_{\mathscr{D}} \left(\frac{\partial L}{\partial \Psi_{(i)}{}^{a\cdots b}{}_{c\cdots d}} - \left(\frac{\partial L}{\partial \Psi_{(i)}{}^{a\cdots b}{}_{c\cdots d;e}} \right)_{;e} \right)$$
$$\times L_{\mathbf{X}} \Psi_{(i)}{}^{a\cdots b}{}_{c\cdots d} \mathrm{d}v + \frac{1}{2}\int_{\mathscr{D}} T^{ab} L_{\mathbf{X}} g_{ab} \mathrm{d}v$$

である．最初の項は場の方程式の結果として消滅する．第 2 項に対して $L_{\mathbf{X}} g_{ab} = 2X_{(a;b)}$ である．よって

$$\int_{\mathscr{D}}(T^{ab} L_{\mathbf{X}} g_{ab})\mathrm{d}v = 2\int_{\mathscr{D}}((T^{ab} X_a)_{;b} - T^{ab}{}_{;b} X_a)\mathrm{d}v$$

が成り立つ．最初の項の寄与は $\mathscr{D}$ の境界上の積分に変換されるので，そこで $\mathbf{X}$ がゼロであることより消滅する．第 2 項はこれより任意の $\mathbf{X}$ に対してゼロでなくてはならないので，$T^{ab}{}_{;b} = 0$ となる．

さてこれより，のちに興味のあるいくつかの場の Lagrangian の例を挙げよう．

例 1：スカラー場 ψ

これは例えば π^0 粒子[*10]を表すことができる．Lagrangian は

$$L = -\tfrac{1}{2}\psi_{;a}\psi_{;b}g^{ab} - \frac{1}{2}\frac{m^2}{\hbar^2}\psi^2$$

である．ここで，$m, \hbar$ は定数である．Euler-Lagrange 方程式 (3.4) は

$$\psi_{;ab} g^{ab} - \frac{m^2}{\hbar^2}\psi = 0$$

である．エネルギー運動量テンソルは

$$T_{ab} = \psi_{;a}\psi_{;b} - \tfrac{1}{2}g_{ab}\left(\psi_{;c}\psi_{;d}g^{cd} + \frac{m^2}{\hbar^2}\psi^2 \right) \tag{3.6}$$

である．

[*10] 訳注：π^0 中間子とも呼ぶ．

例2：電磁場

これはポテンシャルと呼ばれる1-形式 **A** によって記述される．これはスカラー関数の勾配まで定義される．Lagrangian は

$$L = -\frac{1}{16\pi} F_{ab} F_{cd} g^{ac} g^{bd}$$

である．ここで，電磁場テンソル F は $2\mathrm{d}\mathbf{A}$ として定義される．すなわち，$F_{ab} = 2A_{[b;a]}$ である．A_a の変分をとると，Euler-Lagrange 方程式 (3.4) は

$$F_{ab;c} g^{bc} = 0$$

となる．これと $F_{[ab;c]} = 0$（これは $\mathrm{d}\mathbf{F} = \mathrm{d}(\mathrm{d}\mathbf{A})$ である）は源なしの電磁場に対する Maxwell 方程式である．エネルギー運動量テンソルは

$$T_{ab} = \frac{1}{4\pi}(F_{ac} F_{bd} g^{cd} - \tfrac{1}{4} g_{ab} F_{ij} F_{kl} g^{ik} g^{jl}) \tag{3.7}$$

である．

例3：電荷を帯びたスカラー場

これは本当は2つの実スカラー場 ψ_1 と ψ_2 の組み合わせである．これらは複素スカラー場 $\psi = \psi_1 + i\psi_2$ に結合され，これは例えば，π^+ および π^- 粒子を表すことができる．スカラー場と電磁場の全 Lagrangian は

$$L = -\tfrac{1}{2}(\psi_{;a} + ieA_a\psi) g^{ab}(\overline{\psi}_{;b} - ieA_b\overline{\psi}) - \frac{1}{2}\frac{m^2}{\hbar^2}\psi\overline{\psi} - \frac{1}{16\pi} F_{ab} F_{cd} g^{ac} g^{bd}$$

である．ここで，e は定数であり，$\overline{\psi}$ は複素共役である．$\psi, \overline{\psi}$ および A_a の変分を独立にとると，

$$\psi_{;ab} g^{ab} - \frac{m^2}{\hbar^2}\psi + ieA_a g^{ab}(2\psi_{;b} + ieA_b\psi) + ieA_{a;b} g^{ab}\psi = 0$$

とその複素共役および

$$\frac{1}{4\pi} F_{ab;c} g^{bc} - ie\psi(\overline{\psi}_{;a} - ieA_a\overline{\psi}) + ie\overline{\psi}(\psi_{;a} + ieA_a\psi) = 0$$

が得られる．エネルギー運動量テンソルは

$$\begin{aligned}T_{ab} =& \tfrac{1}{2}(\psi_{;a}\overline{\psi}_{;b} + \overline{\psi}_{;a}\psi_{;b}) + \tfrac{1}{2}(-\psi_{;a} ieA_b\overline{\psi} + \overline{\psi}_{;b} ieA_a\psi + \overline{\psi}_{;a} ieA_b\psi - \psi_{;b} ieA_a\overline{\psi}) \\&+ \frac{1}{4\pi} F_{ac} F_{bd} g^{cd} + e^2 A_a A_b \psi\overline{\psi} + L g_{ab}\end{aligned}$$

である．

3.3 Lagrangian(ラグランジアン)を用いた定式化

例4：等エントロピー完全流体

ここで用いられる技術はかなり難解である．流体は密度と呼ばれる関数 ρ と流線と呼ばれる時間的曲線束によって記述される．曲線束という用語によって，$\mathscr{M}$ の各点を通る曲線の族を意味する．束は，$\mathscr{D}$ を十分小さなコンパクトな領域とするとき，$[a,b]$ が R^1 のある閉区間であり，$\mathscr{N}$ が境界を持つある3次元多様体であるとき，微分同相写像 $\gamma:[a,b]\times\mathscr{N}\to\mathscr{D}$ によって表すことができる．この曲線たちはそれらの接ベクトル $\mathbf{W}=(\partial/\partial t)_\gamma, t\in[a,b]$ がどこでも時間的であるとき，時間的であると呼ばれる．この接ベクトル $\mathbf{V}$ は，$\mathbf{V}=(-g(\mathbf{W},\mathbf{W}))^{-\frac{1}{2}}$ によって定義されるので，$g(\mathbf{V},\mathbf{V})=-1$ が成り立ち，流体のカレント(流れ)ベクトルは $\mathbf{j}=\rho\mathbf{V}$ によって定義される．これは保存することが要求される．つまり，$j^a{}_{;a}=0$ である．流体の挙動は，弾性ポテンシャル(あるいは内部エネルギー)ϵ を ρ の関数として指定することによって決定される．Lagrangian は

$$L = -\rho(1+\epsilon)$$

として採られ，作用 I は流線の変分がとられたとき，定常的であることが要求され，ρ は j^a が保存するように調整される．流線の変分は微分可能写像 $\gamma:(-\delta,\delta)\times[a,b]\times\mathscr{N}\to\mathscr{D}$ で，

$$\gamma(0,[a,b],\mathscr{N}) = \gamma([a,b],\mathscr{N})$$

かつ $\mathscr{M}-\mathscr{D}$ 上で $\gamma(u,[a,b],\mathscr{N})=\gamma([a,b],\mathscr{N})$, $(u\in(-\delta,\delta))$ を満たすようなものある．すると，ベクトル $\mathbf{K}$ が $\mathbf{K}=(\partial/\partial u)_\gamma$ とするとき，$\Delta\mathbf{W}=L_\mathbf{K}\mathbf{W}$ となる．このベクトルは，変分の下で，流線の点の変位を表すものと考えられる．

$$\Delta V^a = V^a{}_{;b}K^b - K^a{}_{;b}V^b - V^a V^b K_{b;c}V^c$$

となる．$\Delta(j^a{}_{;a})=0=(\Delta j^a)_{;a}$ という事実を使うと，

$$(\Delta\rho)_{;a}V^a + \Delta\rho V^a{}_{;a} + \rho_{;a}\Delta V^a + \rho(\Delta V^a)_{;a} = 0$$

が得られる．ΔV^a を代入して，流線に沿って積分すると，

$$\Delta\rho = (\rho K^b)_{;b} + \rho K_{b;c}V^b V^c$$

が求まる．したがって作用積分の変分は

$$\left.\frac{\partial I}{\partial u}\right|_{u=0} = \int_\mathscr{D}\left\{\left(\rho\left(1+\frac{d(\epsilon\rho)}{d\rho}\right)\dot{V}^a + \rho\left(\frac{d(\epsilon\rho)}{d\rho}\right)_{;c}(g^{ca}+V^c V^a)\right)K_a\right\}dv$$

となる．ここで $\dot{V}^a \equiv V^a{}_{;b}V^b$ である．これが全ての $\mathbf{K}$ に対してゼロであるなら，

$$(\mu+p)\dot{V}^a = -p_{;b}(g^{ba}+V^b V^a)$$

が成り立つ．ここで，$\mu = \rho(1+\epsilon)$ はエネルギー密度であり，$p = \rho^2(\mathrm{d}\epsilon/\mathrm{d}\rho)$ は圧力である．よって $\dot{V}^a$，流線の加速度は，流線に対して直交する圧力の勾配によって与えられる．

エネルギー運動量テンソルを得るためには計量の変分をとる．この計算はカレントの保存が

$$(j^a)_{;a} = \frac{1}{(\sqrt{-g})}\frac{\partial}{\partial x^a}((\sqrt{-g})j^a) = 0$$

と表せることに留意することによって単純化することができる．流線を与えることによって，保存方程式は，流線上のある与えられた点での初期値に関して，流線上の同じ各点で j^a を一意に決定する．そのため $(\sqrt{-g})j^a$ は計量の変分で不変である．しかし，

$$\rho^2 = g^{-1}((\sqrt{-g})j^a(\sqrt{-g})j^b)g_{ab}$$

であるので，

$$2\rho\Delta\rho = (j^a j^b - j^c j_c g^{ab})\Delta g_{ab}$$

より，

$$T^{ab} = \left\{\rho(1+\epsilon) + \rho^2\frac{\mathrm{d}\epsilon}{\mathrm{d}\rho}\right\}V^a V^b + \rho^2\frac{\mathrm{d}\epsilon}{\mathrm{d}\rho}g^{ab}$$
$$= (\mu + p)V^a V^b + p g^{ab} \tag{3.8}$$

である．エネルギー-運動量テンソルが上記の形をした物質（それが Lagrangian から導かれるかどうかに依らず）を**完全流体**と呼ぶ．エネルギーと運動量の保存方程式 (3.1) を (3.8) に適用すると，

$$\mu_{;a}V^a + (\mu + p)V^a{}_{;a} = 0, \tag{3.9}$$

$$(\mu + p)\dot{V}^a + (g^{ab} + V^a V^b)p_{;b} = 0 \tag{3.10}$$

が得られる．これらは Lagrangian から導かれる方程式と同じである．完全流体は圧力 p がエネルギー密度 μ の関数であるとき，**等エントロピー**であると呼ばれる．この場合，保存密度 ρ と内部エネルギー ϵ を導入することができ，Lagrangian から方程式とエネルギー運動量テンソルを導くことができる．

流体には保存電荷 e を与えることもできる（つまり，$\mathbf{J} = e\mathbf{V}$ を電流とするとき，$J^a{}_{;a} = 0$）．荷電流体と電磁場に対する Lagrangian は

$$L = -\frac{1}{16\pi}F_{ab}F_{cd}g^{ac}g^{bd} - \rho(1+\epsilon) - \tfrac{1}{2}J^a A_a$$

である．最後の項は流体と電磁場の相互作用である．このとき，**A**，流線および計量の変分をそれぞれとると，

$$F^{ab}{}_{;b} = 4\pi J^a,$$
$$(\mu + p)\dot{V}^a = -p_{;b}(g^{ab} + V^a V^b) + F^a{}_b J^b,$$
$$T^{ab} = (\mu + p)V^a V^b + p g^{ab} + \frac{1}{4\pi}(F^a{}_c F^{bc} - \tfrac{1}{4}g^{ab}F_{cd}F^{cd})$$

が求まる.

3.4 場の方程式

これまで,計量 **g** は指定されていなかった.重力を含まない特殊相対論では,それは平坦にとられる.読者は計量を平坦にとった上で時空上に新しい場を導入することによって重力を取り込むことができると思うかもしれない.しかしながら,実験は太陽の付近を伝わる光が曲がるということを示している.光線がヌル測地線であることより,これは時空の計量が平坦または共形的に平坦であることすらも出来ないということを示している.それゆえ時空の湾曲に対する何らかの対処法が必要となる.この対処法は,ゆっくり変化する小さな湾曲の極限において Newton 的重力理論の結果を再現するように選ぶことができることが分かっている.そのため重力を記述するためには新しい場を導入する必要はない.これは別に重力効果の一部を担う追加の場が存在できないということを言っているわけではない.そのようなスカラー場は,Jordan (1955) および Brans と Dicke (Dicke (1964) 参照) によって提案されている.しかしながら,既に触れたように,そのような追加の場は単に別の物質場とみなすことができ,全エネルギー運動量テンソルに含めることができる.したがって本書では重力場が時空の計量それ自体によって表されているという描像を採用する.問題はすると物質の分布と計量を関連付ける場の方程式を見つけることとなる.

これらの方程式は,物質のエネルギー運動量テンソルのみを通して物質を含むべきである.つまり,それは同じエネルギー運動量を持つ 2 つの物質場を区別すべきではない.これは物体の能動的重力質量 (重力場を生成する質量) が受動的重力質量 (重力場によって作用を受ける質量) と等価であるという Newton 的原理の一般化と見なすことができる.これは Kreuzer (1968) によって実験的に確かめられた.

場の方程式が何であるかを決定するために,Newton 的極限を考える.Newton 的重力場の方程式が時間を含まないことより,Newton 理論との一致は計量を静的であるべきであると規定する.静的計量という用語で,空間的曲面の族に直交する時間的 Killing ベクトル場 **K** を許容する計量を意味する.これらの曲面は時刻一定面とみなせ,パラメータ t によってラベルすることができる.$f^2 = -K^a K_a$ なる f を用いて単位時間的ベクトル **V** を $f^{-1}\mathbf{K}$ として定義する.すると,$V^a{}_{;b} = -\dot{V}^a V_b$ が成り立つ.ここで,$\dot{V}^a = V^a{}_{;b}V^b = f^{-1}f_{;b}g^{ab}$ は,**V** の積分曲線の測地線 (geodesity) からの出発を表す (もちろんこれらもまた **K** の積分曲線である).$V^a V_a = 0$ に注意しよう.

これらの積分曲線は静止基準系を定義する.これは言わば時空の計量がこれらの曲線の 1 つを歴史[*11]に持つ質点に対して時間と独立であるように見える系である.静止状態から離され,測地線に従う質点は,静止系に関して初期加速度 $-\dot{V}$ を持つように見える.もし,f が 1 からほんのわずかしか違わないとすると,静止状態から離された自由運動をす

[*11] 訳注:質点の世界線

る質点の初期加速度は大体 f の勾配に負号を付けたものとなる．これは $f-1$ が Newton 的重力ポテンシャルに類似の量であると見なす必要があることを示唆する．

$\dot{V}^a$ の発散を考えることによってこのポテンシャルに対する方程式を導くことができる：

$$\dot{V}^a{}_{;a} = (V^a{}_{;b}V^b)_{;a} = V^a{}_{;b;a}V^b + V^a{}_{;b}V^b{}_{;a}$$
$$= R_{ab}V^aV^b + (V^a{}_{;a})_{;b}V^b + (V_b\dot{V}^b)^2 = R_{ab}V^aV^b$$

しかし，

$$\dot{V}^a{}_{;a} = (f^{-1}f_{;b}g^{ab})_{;a} = -f^{-2}f_{;a}f_{;b}g^{ab} + f^{-1}f_{;ba}g^{ab}$$

および

$$f_{;ab}V^aV^b = -f_{;a}V^a{}_{;b}V^b = -f^{-1}f_{;a}f_{;b}g^{ab}$$

なので

$$f_{;ab}(g^{ab} + V^aV^b) = fR_{ab}V^aV^b$$

が求められる．この左辺の項は 3 次元面 $\{t = $ 定数 $\}$ 内の誘導計量に関する f のLaplacian（ラプラシアン）である．計量がほとんど平坦の場合，これはポテンシャルの Newton 的 Laplacian に一致する．したがって，右辺の項が $4\pi G\times($(物質密度)$+$(弱場極限で小さくなる項)$)$ のとき，弱い場の極限 (つまり，$f \simeq 1$ のとき)，Newton 理論と一致する．

これは K_{ab} がエネルギー運動量テンソルと計量のテンソル関数であり，かつ，$(4\pi G)^{-1}K_{ab}V^aV^b$ が ((物質密度)$+$(Newton 的極限で小さくなるもの)) に等しいとするとき

$$R_{ab} = K_{ab} \tag{3.11}$$

の形をした関係式が存在する場合である．本書ではさしあたり，この形の関係を仮定する．

R^{ab} が縮約された Bianchi 恒等式 $R_a{}^b{}_{;b} = \frac{1}{2}R_{;a}$ を満たすことより，(3.11) は

$$K_a{}^b{}_{;b} = \frac{1}{2}K_{;b} \tag{3.12}$$

を意味する．これは一見自然な方程式 $K_{ab} = 4\pi GT_{ab}$ が正しくないことを示している．というのも，(3.12) と保存方程式 $T_a{}^b{}_{;b} = 0$ は $T_{;a} = 0$ を意味するからである．完全流体に対して，例えば，これは $\mu - 3p$ が時空を通して一定であるということを意味するが，これは明らかに一般の (訳注：完全) 流体に対して満たされない．

事実，一般に，エネルギー運動量テンソルによって満たされる唯一の 1 階恒等式が保存方程式である．これより，全てのエネルギー運動量テンソルに対して恒等式 (3.12) に従う，エネルギー運動量テンソルと計量のテンソル関数 K_{ab} は

$$K_{ab} = \kappa(T_{ab} - \frac{1}{2}Tg_{ab}) + \Lambda g_{ab} \tag{3.13}$$

3.4 場の方程式

のみである.ここで κ と Λ は定数である.これらの定数の値は Newton 的極限から決定することができる.エネルギー密度 μ および圧力 p を持ち,その流線が Killing ベクトルの積分曲線であるような (つまり,静止系で流体が静止している) 完全流体を考えよう.エネルギー運動量テンソルは (3.8) によって与えられる.これを (3.13) と (3.11) に代入すると,

$$f_{;ab}(g^{ab} + V^a V^b) = f(\tfrac{1}{2}\kappa(\mu + 3p) - \Lambda) \tag{3.14}$$

が求まる.Newton 的極限において,圧力 p は通常エネルギー密度 μ と比べて非常に小さい.(ここでは光速を 1 とする単位を使用している.光速が c である単位では,表式 $\mu + 3p$ は $\mu + 3p/c^2$ で置き換えなければならない.) よって $\kappa = 8\pi G$ かつ $|\Lambda|$ が非常に小さい場合 Newton 理論の近似を得る.本書では $G = 1$ となる単位質量を採用する.この単位系では,10^{28}gm が長さ 1cm に一致する.Sandage (1961,1968) による離れた銀河の位置の観測は,$|\Lambda|$ のオーダーを 10^{-56}cm^{-2} に制限する.本書では通常 Λ を 0 にとるが,他の値を取りうることを心に留めておかねばならない[*12].

すると,3 次元面 $\{t = $ 定数$\}$ のコンパクトな領域 $\mathscr{F}$ に渡って (3.14) を積分し,左辺を 2 次元境界面 $\partial \mathscr{F}$ 上で f の勾配の積分に変換することができる:

$$\int_{\mathscr{F}} f(4\pi(\mu + 3p)) \mathrm{d}\sigma = \int_{\mathscr{F}} f_{;ab}(g^{ab} + V^a V^b) \mathrm{d}\sigma$$
$$= \int_{\partial \mathscr{F}} f_{;a}(g^{ab} + V^a V^b) \mathrm{d}\tau_b.$$

ここで dσ は誘導計量での 3 次元面 $\{t = $ 定数$\}$ の体積素片であり,dτ_b は 3 次元面内の 2 次元面 $\partial \mathscr{F}$ の面素である.これは 2 次元面内に含まれる全質量に対する Newton 的公式に類似のものを与える.しかしながら 2 つの重要な点が Newton 的な場合と異なる:

(i) 因子 f は右辺の積分に現れる.これは f が 1 よりかなり小さい領域 (大きな負の Newton 的ポテンシャル) にある物質は,f がほぼ 1 である領域 (小さな負の Newton 的ポテンシャル) にある同じ物質と比較して全質量に対してより小さな寄与しか与えないことを意味する.

(ii) 圧力は全質量に対して寄与する.これはある状況下で,実際に重力崩壊を妨げる代わりに助長することができることを意味する.

方程式

$$R_{ab} = 8\pi(T_{ab} - \tfrac{1}{2}Tg_{ab}) + \Lambda g_{ab}$$

[*12] 訳注:本書を手に取るような読者ならご存じであろうが,現在宇宙の膨張が加速しているという観測結果が 20 世紀末に観測されており,宇宙定数がゼロでない可能性がある.また,宇宙誕生直後のインフレーションの時期もほぼ正の宇宙定数を持つ de-Sitter 宇宙モデルで表せるので,宇宙論的なスケールでは宇宙定数の議論は無視すべきでないだろう.

は Einstein 方程式と呼ばれしばしば上の式と等価な形である

$$(R_{ab} - \tfrac{1}{2}Rg_{ab}) + \Lambda g_{ab} = 8\pi T_{ab} \tag{3.15}$$

として書かれる．これらの式の両辺が等しいことより，これらは計量とその2階までの微分による10組の非線形偏微分方程式を形成する．ただし，これらの両辺の共変的発散はそれぞれ恒等的に消滅する．すなわち，

$$(R^{ab} - \tfrac{1}{2}Rg^{ab} + \Lambda g^{ab})_{;b} = 0$$

および

$$T^{ab}{}_{;b} = 0$$

が場の方程式の具体的な形に依らず成り立つ．したがって場の方程式は実際には計量に対する6つの独立な微分方程式のみからなる．これは実際，時空を決定する正しい方程式の本数である．というのも，計量の10個の成分のうち4つは座標変換を作るために使われる4つの自由度として任意の値を取ることができるからである．このことを確認する別の方法として，多様体 $\mathscr{M}$ 上の2つの計量 $\mathbf{g}_1$ と $\mathbf{g}_2$ に対して $\mathbf{g}_1$ から $\mathbf{g}_2$ に写像する微分同相写像 θ が存在するとき，同じ時空を定義するというものがある．これより，場の方程式は微分同相写像の下での同値類までしか定義できず，微分同相を作るための自由度は4つ存在する．

第7章では Einstein 方程式に対する Cauchy 問題を考察し，物質場に対する方程式とともに，それらが与えられた適切な初期条件の下で時空の発展を決定するのに十分であり，それらが因果律仮定 (a) を満たすことを示す．

Einstein 方程式は，作用

$$I = \int_{\mathscr{D}} (A(R - 2\Lambda) + L)\mathrm{d}v \tag{3.16}$$

が g_{ab} の変分の下で定常的であると要求することによって導くことができる．ここで L は物質の Lagrangian であり，A は適切な定数である．

$$\Delta((R - 2\Lambda)\mathrm{d}v) = ((R - 2\Lambda)\tfrac{1}{2}g^{ab}\Delta g_{ab} + R_{ab}\Delta g^{ab} + g^{ab}\Delta R_{ab})\mathrm{d}v$$

に対して，最後の項は

$$g^{ab}\Delta R_{ab}\mathrm{d}v = g^{ab}((\Delta \Gamma^c{}_{ab})_{;c} - (\Delta \Gamma^c{}_{ac})_{;b})\mathrm{d}v$$
$$= (\Delta \Gamma^c{}_{ab}g^{ab} - \Delta \Gamma^d{}_{ad}g^{ac})_{;c}\mathrm{d}v$$

と書ける．よってこれは境界 $\partial\mathscr{D}$ 上の積分に変換することができ，それはこの境界上で $\Delta\Gamma^a{}_{bc}$ が消滅することより消える．したがって

$$\left.\frac{\partial I}{\partial u}\right|_{u=0} = \int_{\mathscr{D}} \{A((\tfrac{1}{2}R - \Lambda)g^{ab} - R^{ab}) + \tfrac{1}{2}T^{ab}\}\Delta g_{ab}\mathrm{d}v \tag{3.17}$$

3.4 場の方程式

が成り立つので,全ての Δg_{ab} に対して $\partial I/\partial u$ が消滅するとすると, $A=(16\pi)^{-1}$ と置いたとき, Einstein 方程式が得られる.

読者は,計量と曲率テンソル組み合わせから構成される別のスカラーから導かれた作用が妥当な代替となる方程式の組を与えないかどうか疑問に思うことだろう.しかしながら曲率スカラーは唯一のそのような計量テンソルの 2 階微分について線形なスカラーである.このため,この場合にのみ,表面積分を変形し,計量の 2 階微分のみを含む方程式を残すことができる.もし, $R_{ab}R^{ab}$ または $R_{abcd}R^{abcd}$ のようないかなる別のスカラーを試しても,計量テンソルの 4 階微分を含む方程式を得る.これは好ましくないように思われる.というのも物理学における他の全ての方程式は 1 階か 2 階だからである.もし場の方程式が 4 階だったら,計量の発展を決定するために,計量の初期値とその一階微分だけでなく,2 階も 3 階も指定する必要がある.

本書では場の方程式が 2 階より上の計量の微分を含まないものとする.これらの場の方程式が Lagrangian から導かれたとすると,作用は形 (3.16) を持っていなければならない.しかしながら変分 Δg_{ab} の形を,作用が定常的になる様に要求するように制限すると, Einstein 方程式以外の方程式の系を得ることができる.

例えば,計量を共形的に平坦であるように制限することができる.すなわち, η_{ab} を特殊相対論の平坦計量とするとき,

$$g_{ab} = \Omega^2 \eta_{ab}$$

と仮定する.すると,

$$\Delta g_{ab} = 2\Omega^{-1} \Delta\Omega g_{ab}$$

であり,作用は

$$\{(A(\tfrac{1}{2}R-\Lambda)g^{ab} - R^{ab}) + T^{ab}\}\Delta\Omega g_{ab} = 0$$

がすべての $\Delta\Omega$ に対して成り立つとき定常的である.これはつまり,

$$R + A^{-1}T = 4\Lambda$$

の場合である. (2.30) より,

$$R = -6\Omega^{-3}\Omega_{|bc}\eta^{bc} = -6\Omega^{-1}\Omega_{;bc}g^{bc} + 12\Omega^{-2}\Omega_{;c}\Omega_{;d}g^{cd}$$

である.ここで | は平坦計量 η_{ab} に関する共変微分を表す.計量が静的な場合, Ω は Killing ベクトル **K** の積分曲線に沿って定数となる (それは時間 t と独立になる). **K** の大きさは Ω に比例するようになる.したがって

$$\begin{aligned}f_{;ab}(g^{ab}+V^aV^b)f^{-1} &= \Omega_{;ab}(g^{ab}+V^aV^b)\Omega^{-1} \\ &= -\tfrac{1}{6}R + 2\Omega^{-2}\Omega_{;a}\Omega_{;b}g^{ab} - \Omega^{-1}\Omega_{;a}V^a{}_{;b}V^b \\ &= -\tfrac{1}{6}R + f^{-2}f_{;a}f_{;b}g^{ab}\end{aligned}$$

が成り立つ．これより，f の Laplacian は $-\frac{1}{6}R + (f$ の勾配の 2 乗に比例する項) に一致する．この最後の項は弱い場では無視することができる．場の方程式より，$-\frac{1}{6}R$ は $\frac{1}{6}A^{-1}T - \frac{2}{3}\Lambda$ に一致する．完全流体の場合，$T = -\mu + 3p$ である．したがって，Λ が小さいか 0 であり，$A^{-1} = -24\pi$ であるとき，Newton 理論と一致するものを得る．

計量が共形的に平坦であるようにとられたこの理論はNordström理論（ノルドシュトルム）として知られている．それは計量が平坦計量 η かつ重力相互作用が追加のスカラー場 ϕ によって表られるような理論として再定式化できる．既に述べたように，この種の理論は観測された重い物体による光の屈折と矛盾し，観測された水星の近日点の前進を説明できない．

実際，観測された光の湾曲と水星の近日点の前進は計量が形

$$g_{ab} = \Omega^2(\eta_{ab} + W_a W_b)$$

に制限されたときに得られる．ここで W_a は任意の 1-形式場である．これは W_a が時間的 Killing ベクトルに平行であるような静的計量における Newton 的極限を与える．しかしながら，W_a が Killing ベクトルに平行でないような別の静的計量も存在でき，それらは Newton 的極限を与えない．さらなる計量のこの形の制限はかなり作為的に見える．計量が Lorentz 的であることを必要とすることは別として，計量を制限しないほうがより自然に見える．

それゆえ第 3 の仮定

仮定 (c)：場の方程式

Einstein 方程式 (3.15) が $\mathscr{M}$ 上で成り立つ．
を採用する．

これらの場の方程式の予言は，エネルギー運動量テンソルに含まれるべき長距離スカラー場が存在するかどうかは現時点でまだ分かっていないものの，実験誤差の範囲内で，光の湾曲，水星の近日点の前進に関してこれまでになされた観測と一致している．

第4章
曲率の物理的意義

本章では時間的およびヌル的曲線の族に対して時空の曲率が及ぼす効果を考察する．これらは流体の流線あるいは光子の歴史 (訳注：世界線) を表すことができる．§4.1 および §4.2 では，それらの曲線の渦度，剪断および膨張の変化率に対する公式を導く．膨張の変化率に対する方程式 (Raychaudhuri方程式) は第 8 章の特異点定理の証明において中心的役割を果たす．§4.3 ではエネルギー運動量テンソルに関する一般的な不等式を議論する．それは物質の重力効果が常に時間的およびヌル的曲線の収束を引き起こす傾向があることを示唆する．これらのエネルギー条件の結果は，§4.4 で見られる通り，一般的な時空において，共役点あるいは焦点が，回転しない時間的またはヌル測地線の族に発生するというものである．§4.5 では共役点の存在が，2 つの点の間の曲線の変分が，ヌル測地線を時間的測地線に変えたり，あるいは時間的測地線をより長い時間的曲線に変換することを意味することが示される．

4.1 時間的曲線

第 3 章では計量が静的な場合，時間的 Killing ベクトルの大きさと Newton 的ポテンシャルの間にある関係が存在することを見てきた．物体が，静止状態から離された場合，Killing ベクトルによって定義された静止系に関して加速するかどうかによって重力場にその物体があるかどうかを知ることができる．しかしながら一般には，時空はいかなる Killing ベクトルも持たない[*1]．したがって，加速度を測定するためのいかなる特別な系も存在しない．行うことのできる最良のことは，2 つの物体を一緒に近づけて，それらの相対加速度を測定することである．これは重力場の勾配を測定することを可能にする．計量を Newton 的ポテンシャルと類似のものと考えるなら，Newton 的場の勾配は計量の 2 階微分と対応する．これらは Riemann テンソルによって記述される．したがって 2 つの隣接する物体の相対加速度は Riemann テンソルの適当な成分と関係することが期待できる．

この関係をより正確に調べるために，時間的単位接ベクトル $\mathbf{V}$ ($g(\mathbf{V},\mathbf{V})=-1$)) を持つ時間的曲線束の挙動を検討する．これらの曲線は小さな試験質点の歴史を表し，その場合それらは測地線であるか，流体の流線を表すことができる．これが完全流体の場合，

[*1] 訳注：Killing 方程式を満たす線形独立な解の数は時空の対称性に依存する．対称性が仮定されない一般の時空は Killing ベクトルを持たない．

(3.10) より，

$$(\mu + p)\dot{V}^a = -p_{;b}h^{ab} \tag{4.1}$$

が成り立つ．ここで，$\dot{V}^a = V^a{}_{;b}V^b$ は流線の加速度であり，$h^a{}_b = \delta^a{}_b + V^aV_b$ はベクトル $\mathbf{X} \in T_q$ を V に直交する T_q の部分空間 H_q 内のその成分に射影するテンソルである．h_{ab} を H_q 内の計量と考えてもよい（§2.7 参照）．

$\lambda(t)$ を接ベクトル $\mathbf{Z} = (\partial/\partial t)_\lambda$ を持つ曲線と仮定しよう．すると曲線 $\lambda(t)$ の各点を V の積分曲線に沿って距離 s 移動することによって曲線の族 $\lambda(t,s)$ を構成することができる．さていま $\mathbf{Z}$ を $(\partial/\partial t)_{\lambda(t,s)}$ として定義すると，Lie 微分の定義（§2.4 参照）より，$L_\mathbf{V}\mathbf{Z} = 0$ あるいは別の書き方をすれば，

$$\frac{\mathrm{D}}{\partial s}Z^a = V^a{}_{;b}Z^b \tag{4.2}$$

が成り立つ．$\mathbf{Z}$ は2つの隣接する曲線に沿って，ある任意の初期点から等距離離れた点の間隔を表すものと解釈できる．$\mathbf{Z}$ に対して V の倍数を加えると，このベクトルは同じ2つの曲線上の点の間隔を表すがこの曲線に沿って異なる距離にある．これは実際，注目している隣接する曲線の間隔でしかなく，これらの曲線の特定の点の間隔ではない．したがって，我々は今，V に平行な成分を法とする剰余 $\mathbf{Z}$，つまり各点 q を V の倍数の和のみ異なるベクトルの同値類から構成される空間 Q_q の $\mathbf{Z}$ の射影にしか関心がない．この空間は V に直交するベクトルからなる T_q の部分空間 H_q として表すことができる．$\mathbf{Z}$ の H_q への射影は $\perp Z^a = h^a{}_b Z^b$ によって表される．流体の場合，$\perp Z$ は流体を構成する2つの隣接する粒子の，それらの静止系で測定した2点間の距離とみなすことができる．

(4.2) より，

$$\perp \frac{\mathrm{D}}{\partial s}(\perp Z^a) = V^a{}_{;b}\perp Z^b \tag{4.3}$$

が成り立つ．これは H_q で測定された2つの無限小だけ離れた隣接する曲線の間隔の変化率を与える．$\mathrm{D}/\partial s$ を再度作用させ，H_q 内に射影すると，

$$h^a{}_b \frac{\mathrm{D}}{\partial s}\left(h^b{}_c \frac{\mathrm{D}}{\partial s}\perp Z^c\right) = h^a{}_b(V^b{}_{;cd}\perp Z^c V^d + V^b{}_{;c}V^c{}_{;d}V_e Z^e V^d \\ + V^b{}_{;c}V^c V^e{}_{;d}Z_e V^d + V^b{}_{;c}h^c{}_e Z^e{}_{;d}V^d)$$

が求まる．最初の項の微分の順序を変更し，(4.2) を用いると，

$$h^a{}_b \frac{\mathrm{D}}{\partial s}\left(h^b{}_c \frac{\mathrm{D}}{\partial s}\perp Z^c\right) = -R^a{}_{bcd}\perp Z^c V^b V^d + h^a{}_b \dot{V}^b{}_{;c}\perp Z^c + \dot{V}^a \dot{V}_b \perp Z^b \tag{4.4}$$

のように簡約化される．偏差または Jacobi 方程式として知られるこの方程式は，相対加速度を与える．つまり，H_q で測定される2つの無限小だけ離れて隣接する曲線の間隔の2階時間微分である．曲線が測地線のとき，これは Riemann テンソルのみに依存することが分かる．

4.1 時間的曲線(タイムライク)

Newton 的理論では，各々の質点の加速度はポテンシャル Φ の勾配によって与えられ，それゆえ間隔 Z^a を持つ 2 つの質点の相対加速度は $\Phi_{;ab}Z^b$ である．したがって Riemann テンソル項 $R_{abcd}V^bV^d$ は Newton 的 $\Phi_{;ac}$ に類似の量である．この "潮汐力" の項の効果は，例えば，地球に向かって自由落下する球面状に配置された複数の質点を考察することによって確かめることができる．各々の質点は地球の中心を通る直線上を運動するが，地球により近い質点はより遠い質点よりも速く落下する．これは球面がもはや球面ではなく，同じ体積を持つ楕円面にゆがめられることを意味する．

偏差方程式をさらに詳しく調べるために，$\mathbf{V}$ の積分曲線 $\gamma(s)$ 上の，ある点 q での T_q および T^*_q の双対をなす正規直交基底 $\mathbf{E}_1, \mathbf{E}_2, \mathbf{E}_3, \mathbf{E}_4$ および $\mathbf{E}^1, \mathbf{E}^2, \mathbf{E}^3, \mathbf{E}^4$ で，$\mathbf{E}^4 = \mathbf{V}$ となるものを導入する．読者は，それらを $\gamma(s)$ に沿って伝播することによって $\gamma(s)$ の各点でのそのような基底に類似のものを得たいと考えるかもしれない．しかしながら，$\gamma(s)$ に沿って平行に (つまり $D/\partial s$ がゼロとなるように) それらを伝播すると，$\gamma(s)$ が測地線でない限り，$\mathbf{E}_4$ が $\mathbf{V}$ に等しく，$\mathbf{E}_1, \mathbf{E}_2, \mathbf{E}_3$ が $\mathbf{V}$ に直交する状態を保てなくなる．これより，**Fermi 微分**と呼ばれる $\gamma(s)$ に沿った新しい微分 $D_F/\partial s$ を導入する．これは $\gamma(s)$ に沿ったベクトル場 $\mathbf{X}$ に対して

$$\frac{D_F \mathbf{X}}{\partial s} = \frac{D\mathbf{X}}{\partial s} - g\left(\mathbf{X}, \frac{D\mathbf{V}}{\partial s}\right)\mathbf{V} + g(\mathbf{X}, \mathbf{V})\frac{D\mathbf{V}}{\partial s}$$

によって定義される．これは次の特性を有する：

(i) $\gamma(s)$ が測地線のとき $\dfrac{D_F}{\partial s} = \dfrac{D}{\partial s}$;

(ii) $\dfrac{D_F \mathbf{V}}{\partial s} = 0$;

(iii) $\mathbf{X}$ と $\mathbf{Y}$ が $\gamma(s)$ に沿ったベクトル場で，

$$\frac{D_F \mathbf{X}}{\partial s} = 0 = \frac{D_F \mathbf{Y}}{\partial s}$$

を満たすなら，$g(\mathbf{X}, \mathbf{Y})$ は $\gamma(s)$ に沿って一定 (定数) である；

(iv) $\mathbf{X}$ が $\mathbf{V}$ に直交する，$\gamma(s)$ に沿ったベクトル場なら，

$$\frac{D_F \mathbf{X}}{\partial s} = \left(\frac{D\mathbf{X}}{\partial s}\right)_\perp$$

が成り立つ．(この最後の特性は Fermi 微分が微分 $D/\partial s$ の自然な一般化であることを示している．)

これより，各基底ベクトルの Fermi 微分がゼロになるように $\gamma(s)$ に沿って T_q の正規直交基底を伝播すると，$\mathbf{E}_4 = \mathbf{V}$ なる $\gamma(s)$ の各点での正規直交基底を得る．ベクトル $\mathbf{E}_1, \mathbf{E}_2, \mathbf{E}_3$ は $\gamma(s)$ に沿った非回転の座標軸の組を与えるものと解釈することができる．

これらは各ベクトルの方向を指す小さなジャイロスコープによって物理的に実現することができる.

$\gamma(s)$ に沿った Fermi 微分の定義は通常の規則によってベクトル場から任意のテンソル場に拡張することができる:

(i) $\mathrm{D}_F/\partial s$ は $\gamma(s)$ に沿った (r,s) 型テンソル場から (r,s) 型テンソル場への線形写像であり,それは縮約と可換である;

(ii) $\dfrac{\mathrm{D}_F}{\partial s}(\mathbf{K}\otimes\mathbf{L}) = \dfrac{\mathrm{D}_F\mathbf{K}}{\partial s}\otimes\mathbf{L} + \mathbf{K}\otimes\dfrac{\mathrm{D}_F\mathbf{L}}{\partial s};$

(iii) f が関数なら,$\dfrac{\mathrm{D}_F f}{\partial s} = \dfrac{\mathrm{d}f}{\mathrm{d}s}.$

これらの規則より,$T^*{}_q$ の双対基底 $\mathbf{E}^1, \mathbf{E}^2, \mathbf{E}^3, \mathbf{E}^4$ もまた $\gamma(s)$ に沿って Fermi 伝播されることが分かる.Fermi 微分を用いると,(4.3) と (4.4) は

$$\frac{\mathrm{D}_F}{\partial s}{}_\perp Z^a = V^a{}_{;b\perp}Z^b \tag{4.5}$$

$$\frac{\mathrm{D}^2_F}{\partial s^2}{}_\perp Z^a = -R^a{}_{bcd\perp}Z^c V^b V^d + h^a{}_b \dot{V}^b{}_{;c\perp}Z^c + \dot{V}^a \dot{V}_{b\perp}Z^b \tag{4.6}$$

と書くことができる.Fermi 伝播された双対基底に関してこれらの方程式を表してもよい.$_\perp Z$ が $\mathbf{V}$ に直交することより,$_\perp Z$ は $\mathbf{E}_1, \mathbf{E}_2, \mathbf{E}_3$ に関する成分しか持たない.よってそれはギリシャ文字の添字が $1,2,3$ のみの値を取ることとするとき,$Z^\alpha \mathbf{E}_\alpha$ と表すことができる.すると (4.5) と (4.6) は通常の微分に関して書くことができる:

$$\frac{\mathrm{d}}{\mathrm{d}s}Z^\alpha = V^\alpha{}_{;\beta}Z^\beta, \tag{4.7}$$

$$\frac{\mathrm{d}^2}{\mathrm{d}s^2}Z^\alpha = (-R^\alpha{}_{4\beta 4} + \dot{V}^\alpha{}_{;\beta} + \dot{V}^\alpha \dot{V}_\beta)Z^\beta \tag{4.8}$$

ここで $V^\alpha{}_{;\beta}$ は $V^a{}_{;b}$ の $a=\alpha$ および $b=\beta$ の成分である.成分 Z^α が一階線形常微分方程式 (4.7) に従うことより,それらはある点 q でのそれらの値に関して

$$Z^\alpha(s) = A_{\alpha\beta}(s)Z^\beta|_q \tag{4.9}$$

によって表すことができる.ここで $A_{\alpha\beta}(s)$ は q で単位行列となる 3×3 行列で,

$$\frac{\mathrm{d}}{\mathrm{d}s}A_{\alpha\beta}(s) = V_{\alpha;\gamma}A_{\gamma\beta}(s) \tag{4.10}$$

を満たすものである.流体の場合,行列 $A_{\alpha\beta}$ は q で球面状な流体の微小要素の方向と形状を表しているものとみなすことができる.この行列は

$$A_{\alpha\beta} = O_{\alpha\delta}S_{\delta\beta} \tag{4.11}$$

と書くことができる.ここで $O_{\alpha\beta}$ は正の行列式を持つ直交行列で,$S_{\alpha\beta}$ は対称行列である.これらはともに q で単位行列になるように選ばれる.行列 $O_{\alpha\beta}$ は,隣接する曲線が

4.1 時間的曲線(タイムライク)

Fermi 伝播された基底に関して受けた回転を表しているものと考えることができる．一方，$S_{\alpha\beta}$ はこれらの曲線の $\gamma(s)$ からの間隔を表す．$S_{\alpha\beta}$ の行列式 (これは $A_{\alpha\beta}$ の行列式に等しい) は，隣接する曲線によってマークされた (選び出された)$\gamma(s)$ に直交する 3 次元体積要素を表しているものと見なすことができる．

$A_{\alpha\beta}$ が単位行列となる q では，$dO_{\alpha\beta}/ds$ は反対称であり，$dS_{\alpha\beta}/ds$ は対称である．よって q での隣接する曲線の回転率は $V_{\alpha;\beta}$ の反対称部分によって与えられ，$\gamma(s)$ からのそれらの間隔の変化率は $V_{\alpha;\beta}$ の対称部分によって与えられ，体積変化率は $V_{\alpha;\beta}$ のトレースによって与えられる．それゆえ渦度テンソルは

$$\omega_{ab} = h_a{}^c h_b{}^d V_{[c;d]} \tag{4.12}$$

として定義され，膨張テンソルは

$$\theta_{ab} = h_a{}^c h_b{}^d V_{(c;d)} \tag{4.13}$$

として定義され，体積膨張は

$$\theta = \theta_{ab} h^{ab} = V_{a;b} h^{ab} = V^a{}_{;a} \tag{4.14}$$

として定義される．さらに，剪断応力テンソルは θ_{ab} のトレースゼロ部分，

$$\sigma_{ab} = \theta_{ab} - \tfrac{1}{3} h_{ab}\theta \tag{4.15}$$

として定義され，渦度ベクトルは

$$\omega^a = \tfrac{1}{2}\eta^{abcd} V_b \omega_{cd} = \tfrac{1}{2}\eta^{abcd} V_b V_{c;d} \tag{4.16}$$

として定義される．ベクトル **V** の共変微分はそれらの量に関して表すことができる：

$$V_{a;b} = \omega_{ab} + \sigma_{ab} + \tfrac{1}{3}\theta h_{ab} - \dot{V}_a V_b. \tag{4.17}$$

流体速度ベクトルの勾配のこの分解は Newton 力学的流体力学のそれと直接の類似がある．

Fermi 伝播された直交基底において，渦度と膨張は行列 $A_{\alpha\beta}$ とその逆行列 $A^{-1}{}_{\alpha\beta}$ に関して表すことができる：

$$\omega_{\alpha\beta} = - A^{-1}{}_{\gamma[\alpha} \frac{d}{ds} A_{\beta]\gamma}, \tag{4.18}$$

$$\theta_{\alpha\beta} = A^{-1}{}_{\gamma(\alpha} \frac{d}{ds} A_{\beta)\gamma}, \tag{4.19}$$

$$\theta = (\det \mathbf{A})^{-1} \frac{d}{ds}(\det \mathbf{A}) \tag{4.20}$$

偏差方程式 (4.8) より，

$$\frac{d^2}{ds^2} A_{\alpha\beta} = (-R_{\alpha 4 \gamma 4} + \dot{V}_{\alpha;\gamma} + \dot{V}_\alpha \dot{V}_\gamma) A_{\gamma\beta} \tag{4.21}$$

が成り立つ．この方程式は Riemann テンソルが分かるとき，**V** の積分曲線に沿って渦度，剪断，膨張の伝播を計算することを可能にする．

$A^{-1}{}_{\beta\gamma}$ を掛けて，反対称部分をとると，

$$\frac{\mathrm{d}}{\mathrm{d}s}\omega_{\alpha\beta} = 2\omega_{\gamma[\alpha}\theta_{\beta]\gamma} + \dot{V}_{[\alpha;\beta]} \tag{4.22}$$

が得られる．

これより，渦度の伝播は加速度の勾配の反対称部分に依存するが，"潮汐力"には依存しないことが分かる．上の式の別の形として

$$\frac{\mathrm{d}}{\mathrm{d}s}(A_{\gamma\alpha}\omega_{\gamma\delta}A_{\delta\beta}) = A_{\gamma\alpha}\dot{V}_{[\gamma;\delta]}A_{\delta\beta} \tag{4.23}$$

がある．したがって $A_{\gamma\alpha}\omega_{\gamma\delta}A_{\delta\beta}$ はこの曲線が測地線のとき定行列である．特に，この曲線が測地線で曲線上の 1 つの点で渦度が消滅するとき，それは曲線上の全ての点で消滅する．この曲線が完全流体の流線のとき，(4.1) から

$$\dot{V}_{[\alpha;\beta]} = -\frac{1}{\mu+p}\omega_{\alpha\beta}\frac{\mathrm{d}p}{\mathrm{d}s}$$

が成り立つ．流体が等エントロピー流体の場合，これは保存則を意味する：

$$WA_{\gamma\alpha}\omega_{\gamma\delta}A_{\delta\beta} = 定数 \tag{4.24}$$

である．ここで

$$\log W = \int \frac{\mathrm{d}p}{\mu+p}$$

である．この保存則は Newton 力学的渦度保存則の相対論的形である．測地線あるいは圧力ゼロの場合，これは渦度ベクトルの大きさが，流体の要素の渦度ベクトルに直交する断面積に反比例するという普通の形をとる．圧力がゼロでないとき，流体の圧縮がこの流体に働き，そのため質量の増加によって流体の要素の慣性が増加するという追加の相対論的効果が発生する ((3.9) 参照)．これは流体の渦度は圧力の下では，そうでない場合より弱く増加するということを意味する．

$A^{-1}{}_{\beta\gamma}$ を (4.21) に掛けて，対称部分をとると，

$$\frac{\mathrm{d}}{\mathrm{d}s}\theta_{\alpha\beta} = -R_{\alpha 4\beta 4} - \omega_{\alpha\gamma}\omega_{\gamma\beta} - \theta_{\alpha\gamma}\theta_{\gamma\beta} + \dot{V}_{(\alpha;\beta)} + \dot{V}_{\alpha}\dot{V}_{\beta} \tag{4.25}$$

が求まる．(この方程式と (4.23) は，通常の微分を Fermi 微分に置き換え，全てを **V** に直交する部分空間に射影することによって，一般の非正規直交な非 Fermi 伝播された基底に関して表すことができる．)

(4.25) のトレースは

$$\frac{\mathrm{d}}{\mathrm{d}s}\theta = -R_{ab}V^a V^b + 2\omega^2 - 2\sigma^2 - \tfrac{1}{3}\theta^2 + \dot{V}^a{}_{;a} \tag{4.26}$$

4.1 時間的曲線(タイムライク)

である。ここで，

$$2\omega^2 = \omega_{ab}\omega^{ab} \geqslant 0,$$
$$2\sigma^2 = \sigma_{ab}\sigma^{ab} \geqslant 0$$

である．Landau(ランダウ)および彼とは別に Raychaudhuri によって発見されたこの方程式は，のちに大変重要になる．そこから渦度が，中心力の類似によって期待される膨張を引き起こし，剪断が収縮を引き起こすことが分かる．場の方程式より，流線が接ベクトル V^a を持つような完全流体に対しては，項 $R_{ab}V^aV^b$ は $4\pi(\mu + 3p)$ に等しい．よってこの項も収縮を引き起こすことが期待される．この項の符号についての一般的な議論は §4.3 で与える．

(4.25) のトレースゼロ部分は

$$\frac{\mathrm{D}_F}{\partial s}\sigma_{ab} = -C_{acbd}V^cV^d + \tfrac{1}{2}h_a{}^c h_b{}^d R_{cd} - \omega_{ac}\omega^c{}_b - \sigma_{ac}\sigma^c{}_b$$
$$- \tfrac{2}{3}\theta\sigma_{ab} + h_a{}^c h_b{}^d \dot{V}_{(c;d)} - \tfrac{1}{3}h_{ab}(2\omega^2 - 2\sigma^2 + \dot{V}^a{}_{;a} + \tfrac{1}{2}R_{cd}h^{cd}) \quad (4.27)$$

である．ここで C_{abcd} は Weyl テンソルである．このテンソルはトレースゼロであるため膨張方程式 (4.26) には直接入らない．しかしながら項 $-2\sigma^2$ が膨張方程式の右辺に発生することより，Weyl テンソルは剪断を誘導することによって間接的に収束を生成する．Riemann テンソルは Weyl テンソルと Ricci テンソルで表すことができる：

$$R_{abcd} = C_{abcd} - g_{\sigma[d}R_{c]}b - g_{b[c}R_{d]a} - \tfrac{1}{3}R g_{a[c}g_{d]b}.$$

Ricci テンソルは Einstein 方程式によって与えられる：

$$R_{ab} - \tfrac{1}{2}g_{ab}R + \Lambda g_{ab} = 8\pi T_{ab}.$$

したがって Weyl テンソルは曲率の一部であり，物質の分布によっては局所的に決定されない．しかしながらそれは Riemann テンソルが Bianchi 恒等式

$$R_{ab[cd;e]} = 0$$

を満たさなければならないことより，完全に任意にはとれない．これらは

$$C^{abcd}{}_{;d} = J^{abc} \quad (4.28)$$

と書き換えることができる．ここで

$$J^{abc} = R^{c[a;b]} + \tfrac{1}{6}g^{c[b}R^{;a]} \quad (4.29)$$

である．これらの方程式はかなり電磁気学の Maxwell 方程式

$$F^{ab}{}_{;b} = J^a$$

に似ている．ここで F^{ab} は電磁場テンソルであり，J^a は源となるカレント (訳注：源電流) である．したがってある意味 Bianchi 恒等式 (4.28) は Weyl テンソルに対する場の方程式とみなすことができ，曲率の一部を他の点での物質分布に依存する点に与える．(このアプローチは重力放射の挙動を解析するために Newman and Penrse (1962),Newman and Unti (1962) および Hawking (1966a) による論文で使用された．)

4.2 null曲線

Riemann テンソルは時間的曲線と同様，ヌル曲線の間隔の変化率に影響を及ぼす．簡単のため，ここではヌル測地線のみを考える．これらは光子の歴史を表すことができる．Riemann テンソルの影響は光線の小さな束をゆがませるか焦点を結ばせる．

このことを調べるために，接ベクトル $\mathbf{K}$ を伴うヌル測地線 ($g(\mathbf{K}, \mathbf{K}) = 0$) 束に対する偏差方程式を考える．2 つの大きな違いがこの場合と前節で考えた時間的曲線の間に存在する．まず，$g(\mathbf{V}, \mathbf{V}) = -1$ を要請することによって時間的曲線に対する接ベクトル $\mathbf{V}$ を規格化することができた．効果としては，これは弧長 s によって曲線をパラメータ化したことを意味する．しかしながらヌル曲線に対してはそれが弧長 0 であることよりこれは明らかに不可能である．実行しうる最良のことはアフィンパラメータ v を選ぶことである．すると接ベクトル $\mathbf{K}$ は

$$\frac{\mathrm{D}}{\mathrm{d}v} K^a = K^a{}_{;b} K^b = 0$$

に従う．ただし，v に各々の曲線に沿って一定な関数 f を乗じることができる．このとき，fv は別のアフィンパラメータであり，対応する接ベクトルは $f^{-1}\mathbf{K}$ となる．よって，多様体の点集合として曲線を与えると，接ベクトルは各々の曲線に沿った定数因子を除けば本当に一意に定まる．2 つ目の違いは，Q_q，つまり $\mathbf{K}$ による T_q の商が今度は H_q，つまり $\mathbf{K}$ に直交する T_q の部分空間に同型ではない．というのも $g(\mathbf{K}, \mathbf{K}) = 0$ より，ベクトル $\mathbf{K}$ それ自体が H_q に含まれるからである．実際，下に示すように，本当に関心があるのは Q_q の全体ではなく，$\mathbf{K}$ の積のみ異なる H_q の同値類からなる部分空間 S_q だけだからである．光線の場合，S_q の元を，源から同時刻に放出された 2 つの隣接する光線の間の間隔を表しているものと見なすことができる．

前述の通り，曲線 $\gamma(v)$ 上のある点 q での T_q および $T^*{}_q$ の双対をなす基底 $\mathbf{E}_1, \mathbf{E}_2, \mathbf{E}_3, \mathbf{E}_4$ および $\mathbf{E}^1, \mathbf{E}^2, \mathbf{E}^3, \mathbf{E}^4$ を導入する．しかしながらここではそれらを正規直交には選ばない．ここでは $\mathbf{E}_4$ を $\mathbf{K}$ に等しくとり，$\mathbf{E}_3$ をある他のヌルベクトル $\mathbf{L}$ で，$\mathbf{E}_4$ との単位負スカラー積を持つ ($g(\mathbf{E}_3, \mathbf{E}_3) = 0, g(\mathbf{E}_3, \mathbf{E}_4) = -1$) ものとする．また，$\mathbf{E}_1$ と $\mathbf{E}_2$ を単位空間的ベクトルで互いに直交し，$\mathbf{E}_3$ と $\mathbf{E}_4$ とも直交するものとする

$$(g(\mathbf{E}_1, \mathbf{E}_1) = g(\mathbf{E}_2, \mathbf{E}_2) = 1, g(\mathbf{E}_1, \mathbf{E}_2) = g(\mathbf{E}_1, \mathbf{E}_3) = g(\mathbf{E}_1, \mathbf{E}_4) = 0, 等).$$

この基底の非正規直交的特徴により，形式 $\mathbf{E}^3$ は実際には形式 $-K^a g_{ab}$ に等しく，$\mathbf{E}^4$ は $-L^a g_{ab}$ に等しい．$\mathbf{E}_1, \mathbf{E}_2$ および $\mathbf{E}_4$ は H_q に対する基底を構成し，$\mathbf{E}_1$ と $\mathbf{E}_2$ および

4.2 null曲線(ヌル)

$\mathbf{E}_3$ の Q_q の中への射影は Q_q の基底を形成し,$\mathbf{E}_1$ と $\mathbf{E}_2$ の射影は S_q の基底を形成する.本書では通常,ベクトル $\mathbf{Z}$ とその Q_q あるいは S_q への射影を区別しない.基底が上の $\mathbf{E}_1, \mathbf{E}_2, \mathbf{E}_3, \mathbf{E}_4$ の特性を有するとき,擬正規直交 (*pseudo-orthonormal*) であると呼ぶ.測地線 $\gamma(v)$ に沿ってそれらを平行移動させると,$\gamma(v)$ の各点での擬正規直交基底が得られる.

この基底はヌル測地線に対する偏差方程式を解析するために用いられる.$\mathbf{Z}$ が隣接する曲線上の対応する点の間隔を表すベクトルであるとき,前述の通り,

$$L_{\mathbf{K}}\mathbf{Z} = 0$$

であるので,

$$\frac{\mathrm{D}}{\mathrm{d}v}Z^a = K^a{}_{;b}Z^b \tag{4.30}$$

であり,

$$\frac{\mathrm{D}^2}{\mathrm{d}v^2}Z^a = -R^a{}_{bcd}Z^c K^b K^d \tag{4.31}$$

が成り立つ.擬正規直交基底では,$K^a{}_{;4}$ は $\mathbf{K}$ が測地線であることよりゼロである.したがって (4.30) の 1, 2 および 3 成分は常微分方程式の系

$$\frac{\mathrm{d}}{\mathrm{d}v}Z^\alpha = K^\alpha{}_{;\beta}Z^\beta$$

によって表すことができる.ここですでに述べた通りギリシャ文字の添字は値 $1, 2, 3$ をとるのであった.これは $\mathbf{Z}$ の空間 Q_q の中への射影がこの射影のみを含み,$\mathbf{K}$ に平行な $\mathbf{Z}$ の成分を含まない伝播方程式に従うことを示している.さらに $(K^a g_{ab} K^b)_{;c} = 0$ より,$K^3{}_{;c} = 0$ が成り立つ.これは $Z^3 = -Z^a K_a$ が測地線 $\gamma(v)$ に沿って一定であることを意味する.このことは,異なる時刻に同じ源から放出された光線が時刻によらず同じ時間間隔を保持すると主張することによって解釈することができる.このように,純粋に空間的な間隔を持つ隣接するヌル測地線,つまり $Z^3 = 0$ であるようなベクトル $\mathbf{Z}$ の挙動の方がより興味深い.そのようなベクトルの射影はすると部分空間 S_q に含まれ,方程式

$$\frac{\mathrm{d}}{\mathrm{d}v}Z^m = K^m{}_{;n}Z^n$$

に従う.ここで m, n は値 $1, 2$ しかとらない.これは,今回が接続ベクトル $\mathbf{Z}$ の 2 次元部分空間しか扱わない点を除けば,時間的な場合である (4.7) と同様である.

前節のように,Z^m はある点 q でのそれらの値によって表すことができる:

$$Z^m(v) = \hat{A}_{mn}(v)Z^n|_q.$$

ここで $\hat{A}_{mn}(v)$ は 2×2 行列で

$$\frac{d}{dv}\hat{A}_{mn}(v) = K_{m;p}\hat{A}_{pn}(v), \tag{4.32}$$

$$\frac{d^2}{dv^2}\hat{A}_{mn}(v) = -R_{m4p4}\hat{A}_{pn}(v) \tag{4.33}$$

を満たすものである．前述の通り，$K_{m;n}$ の反対称部分を渦度 $\hat{\omega}_{mn}$，対称部分を分離率 $\hat{\theta}_{mn}$ およびトレースを膨張 $\hat{\theta}$ と呼ぶ．さらにトレースゼロ部分を剪断 $\hat{\sigma}_{mn}$ と定義する．それらは前節の類似の量に対する同様の方程式に従う：

$$\frac{d}{dv}\hat{\omega}_{mn} = -\hat{\theta}\hat{\omega}_{mn} + 2\hat{\omega}_{p[m}\hat{\sigma}_{n]p}, \tag{4.34}$$

$$\frac{d}{dv}\hat{\theta} = -R_{ab}K^a K^b + 2\hat{\omega}^2 - 2\hat{\sigma}^2 - \tfrac{1}{2}\hat{\theta}^2, \tag{4.35}$$

$$\frac{d}{dv}\hat{\sigma}_{mn} = -C_{m4n4} - \hat{\theta}\hat{\sigma}_{mn} - \hat{\sigma}_{mp}\hat{\sigma}_{pn} - \hat{\omega}_{mp}\hat{\omega}_{pn} + \delta_{mn}(\hat{\sigma}^2 - \hat{\omega}^2). \tag{4.36}$$

方程式 (4.35) は時間的測地線に対する Raychaudhuri 方程式に類似する．ここでもまた渦度が膨張を引き起こし，剪断が収縮を引き起こすことが見てとれる．次節では Ricci テンソル項 $-R_{ab}K^a K^b$ が通常負であり，それゆえ焦点を結ぶことを引き起こすことを示す．前述の通り，Weyl テンソルは膨張に直接影響を与えないが，ねじれを引き起こし，それが今度は収縮を引き起こす (Penrose (1966) 参照)．

4.3 エネルギー条件

実際の宇宙ではエネルギー運動量テンソルは莫大な数の異なる物質場の寄与から作られている．そのため各々の場の寄与とそれを支配する運動方程式の精確な形が分かっていても厳密なエネルギー運動量テンソルを記述することが不可能なほど複雑である．事実，密度と圧力の極限条件の下での物質の挙動については僅かなことしか分かっていない．よって Einstein 方程式の右辺がはっきり分からないことより，Einstein 方程式から宇宙の特異点の発生を予測するのはわずかな望みしかないように思われるかもしれない．しかしながらエネルギー運動量テンソルに対する物理的に合理的な仮定として，ある不等式が存在する．これらは本節で論ずる．多くの状況でこれらは，エネルギー運動量テンソルの厳密な形に関わらず特異点の発生を証明するのに十分であることが判明する．

これらの不等式の最初のものは次である：

弱いエネルギー条件

各 $p \in \mathscr{M}$ でのエネルギー-運動量テンソルは，任意の時間的ベクトル $\mathbf{W} \in T_p$ に対して不等式 $T_{ab}W^a W^b \geqslant 0$ に従う．すると連続性により，これは任意のヌルベクトル $\mathbf{W} \in T_p$ に対しても成立する．

4.3 エネルギー条件

p での世界線が単位接ベクトル $\mathbf{V}$ を持つような観測者に対しては，局所エネルギー密度は $T_{ab}V^aV^b$ のように見える．よってこの仮定はいかなる観測者によって測定されるエネルギー密度も非負であると主張することと等価である．これは物理的に大変合理的に思われる．この仮定の意義をさらに詳しく調べるために，正規直交基底 $\mathbf{E}_1, \mathbf{E}_2, \mathbf{E}_3, \mathbf{E}_4$, ($\mathbf{E}_4$ は時間的) に関する p でのエネルギー運動量テンソルの成分 T^{ab} を4つの中の1つの正準形で表すことができるという事実を用いる．

I 型

$$T^{ab} = \begin{pmatrix} p_1 & & & \\ & p_2 & & 0 \\ & & p_3 & \\ & 0 & & \mu \end{pmatrix}.$$

これはエネルギー運動量テンソルが時間的固有ベクトル $\mathbf{E}_4$ を持つ一般的な場合である．この固有ベクトルは $\mu = -p_\alpha$ ($\alpha = 1, 2, 3$) でない限り一意である．この固有値 μ は p での世界線が単位接ベクトル $\mathbf{E}_4$ を有するような観測者によって測定されたエネルギー密度を表し，固有値 $p_\alpha (\alpha = 1, 2, 3)$ は3つの空間的方向の主要な圧力を表す．これは0でない静止質量を持つ全ての観測された場および特殊な場合である II 型を除いた全てのゼロ静止質量場に対するエネルギー運動量の形である．

II 型

$$T^{ab} = \begin{pmatrix} p_1 & 0 & & \\ 0 & p_2 & & 0 \\ & & \nu - \kappa & \nu \\ & 0 & \nu & \nu + \kappa \end{pmatrix}, \quad \nu = \pm 1.$$

これはエネルギー運動量テンソルが2重のヌル固有ベクトル ($\mathbf{E}_3 + \mathbf{E}_4$) を持つ特別な場合である．この形の唯一の発生の観測は，方向 ($\mathbf{E}_3 + \mathbf{E}_4$) に伝わる放射を表すときのゼロ静止質量場である．この場合，p_1, p_2 および κ は0である．

III 型

$$T^{ab} = \begin{pmatrix} p & 0 & 0 & 0 \\ 0 & -\nu & 1 & 1 \\ 0 & 1 & -\nu & 0 \\ 0 & 1 & 0 & \nu \end{pmatrix}.$$

3重のヌル固有ベクトル ($\mathbf{E}_3 + \mathbf{E}_4$) を持つ特殊な場合である．この形のエネルギー運動量テンソルを持つ場はまだ観測されていない．

IV 型

$$T^{ab} = \begin{pmatrix} p_1 & 0 & & \\ 0 & p_2 & \mathbf{0} & \\ & & -\kappa & \nu \\ & \mathbf{0} & \nu & 0 \end{pmatrix}, \quad \kappa^2 < 4\nu^2.$$

これはエネルギー運動量テンソルが時間的あるいはヌル的固有ベクトルを持たない一般的な場合である．この形のエネルギー運動量テンソルを持つ場はまだ観測されていない．

I 型に対しては，$\mu \geqslant 0, \mu + p_\alpha \geqslant 0$ ($\alpha = 1, 2, 3$) のとき弱いエネルギー条件が成立する．II 型に対しては，それは $p_1 \geqslant 0, p_2 \geqslant 0, \kappa \geqslant 0, \nu = +1$ のとき成立する．これらの不等式は非常に合理的な要請であり，全ての実験的に検出された場によって満たされる．この条件は，物理的に非現実的な III 型および IV 型では成り立たない．

この条件は Brans and Dicke および Dicke (Dicke (1964) 参照) によって仮定されたスカラー場 ϕ に対しても成り立つ．この場はどこでも正であることが要求される．それは形 (3.6) のエネルギー運動量テンソルを持ち，今の場合 $m = 0$ である．他の場のエネルギー運動量テンソルは ϕ 掛けるスカラー場が存在しない場合のそれとなる．

この条件は Hoyle and Narlikar (1963) によって提唱された "C" 場に対しては成り立たない．これはまた m が 0 のスカラー場であるが，この場合に限り，エネルギー運動量テンソルは逆符号を持つので，エネルギー密度は負になる．これは，正のエネルギー場と負のエネルギー C 場の量子の同時生成を可能にする．この過程は，Hoyle and Narlikar によって提唱された定常宇宙によって発生する．そこでは，宇宙の一般的な膨張を経て粒子たちが互いに離れるにつれて，平均密度が一定になるように新しい物質が連続的に生成される．この理論では，しかしながら，このような過程に関わる量子力学的な困難が存在する．その過程の断面積が非常に小さい場合ですら，正と負のエネルギー量子で利用可能

4.3 エネルギー条件

な無限の位相空間[*2] が，時空内の有限の領域で生成される無限の個数のそのような対という結果を想像させる．

そのような大破局は弱いエネルギー条件が成り立つときは起こらない．僅かに強い条件が成り立つ場合，時空がある時点で空っぽであるなら時空は空っぽのままであり，この無限からはどんな物質も発生しないという意味で量子の生成は不可能である．逆に，ある時点で物質が存在するなら，それは消滅することができないので，別の (訳注: 任意の) 時刻で物質は存在しなければならない．この条件は

支配的エネルギー条件

全ての時間的 W_a に対して，$T^{ab}W_aW_b \geqslant 0$ であり，$T^{ab}W_a$ は非空間的ベクトルである．

これは，任意の観測者に対して，局所エネルギー密度が非負のように見え，かつ局所エネルギー流ベクトルが非空間的であると主張することとして解釈できる．これは任意の正規直交基底に対して，エネルギーが T_{ab} の他の成分を支配する，つまり，各 a, b に対して，

$$T^{00} \geqslant |T^{ab}|$$

であることとして等価的に述べることができる．これは，$\mu \geqslant 0, -\mu \leqslant p_\alpha \leqslant \mu$ ($\alpha = 1, 2, 3$) の場合 I 型に対して成り立ち，$\nu = +1, \kappa \geqslant 0, 0 \leqslant p_i \leqslant \kappa$ ($i = 1, 2$) のとき，II 型に対して成り立つ．言い換えるならば，支配的エネルギー条件は圧力がエネルギー密度を上回ってはならないという付加的な要請を弱いエネルギー条件に課したものである．これは全ての既知の形態の物質に対して成り立ち，実際，これが全ての状況で成り立たねばならないと信じられる正当な理由がある．$\mathbf{E}_\alpha$ 方向に伝わる音波の速度に対しては，$\mathrm{d}p_\alpha/\mathrm{d}\mu$(断熱的) 掛ける光速である．よって $\mathrm{d}p_\alpha/\mathrm{d}\mu$ は，§3.2 の仮定 (a)—いかなる信号も光より速くは伝播しない—によって 1 以下となる．全ての既知の形の物質に対して，密度が小さいとき圧力が小さいことより，$p_\alpha \leqslant \mu$ が成り立つ．(Bludman and Ruderman (1968,1970) は，質量の繰り込みにより，圧力が密度より大きくなることを導くような場が存在しうることを示した．しかしながら筆者は，これがそのような状況が実際に起こることを意味するのではなく，恐らく繰り込み理論の破綻であると捉えている．)

[*2] 訳注: 文脈で分かると思うが，ここでの位相空間は topological space ではなく phase space を指す．

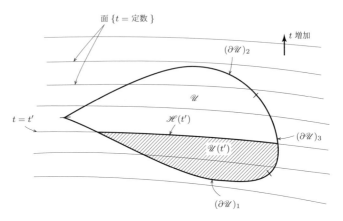

図 9. 過去および未来方向の非時間的境界 $(\partial\mathscr{U})_1, (\partial\mathscr{U})_2$ および時間的境界 $(\partial\mathscr{U})_3$ を持つ時空のコンパクト領域 $\mathscr{U}$. 面 $\mathscr{H}(t')$ ($t = t'$によって定義される) の過去に含まれる $\mathscr{U}$ の過去は $\mathscr{U}(t')$ である.

さていま，図 9 で描かれた状況を考えよう．そこでは，勾配がいたるところ時間的な C^2 級関数 t が存在する．(§6.4 ではそのような関数が，時空が因果律を破る瀬戸際ではないという条件で存在することが示される．) コンパクト領域 $\mathscr{U}$ の境界 $\partial\mathscr{U}$ は，法線 1-形式 **n** が非空間的かつ $n_a t_{;b} g^{ab}$ が正である部分 $(\partial\mathscr{U})_1$，法線 1-形式 **n** が非空間的かつ $n_a t_{;b} g^{ab}$ が負である部分 $(\partial\mathscr{U})_2$ および残りの部分 $(\partial\mathscr{U})_3$(それは空であるかもしれない) からなる．法線 1-形式 **n** の符号は，$\mathscr{U}$ の外側を指す全てのベクトル **X** に対して $\langle \mathbf{n}, \mathbf{X} \rangle$ が正であると要請することによって与えられ (§2.8 参照)，$\mathscr{H}(t')$ は面 $t = t'$ を表し，$\mathscr{U}(t')$ は $t < t'$ なる $\mathscr{U}$ の領域を表す．§7.4 でのちに使用するために，エネルギー運動量テンソル T^{ab} に対してのみ成り立つ不等式ではなく，支配的エネルギー条件を満たす任意の対称テンソル S^{ab} に対しても成り立つ不等式を確立する．エネルギー運動量テンソルに対して適用することにより，この不等式は T^{ab} が，$(\partial\mathscr{U})_3$ 上と初期面 $(\partial\mathscr{U})_1$ 上で消滅するなら $\mathscr{U}$ 上のいたるところで消滅することを示す．

補題 4.3.1

支配的エネルギー条件を満たし，$(\partial\mathscr{U})_3$ 上で消滅する任意のテンソル S^{ab} に対して，

$$\int_{\mathscr{H}(t)\cap\mathscr{U}} S^{ab} t_{;a} \mathrm{d}\sigma_b \leqslant -\int_{(\partial\mathscr{U})_1} S^{ab} t_{;a} \mathrm{d}\sigma_b$$
$$+ P \int^t \left(\int_{\mathscr{H}(t')\cap\mathscr{U}} S^{ab} t_{;a} \mathrm{d}\sigma_b \right) \mathrm{d}t' + \int^t \left(\int_{\mathscr{H}(t')\cap\mathscr{U}} S^{ab}{}_{;a} \mathrm{d}\sigma_b \right) \mathrm{d}t'$$

であるようなある正の定数 P が存在する．

4.3 エネルギー条件

体積積分

$$I(t) = \int_{\mathscr{U}(t)} (S^{ab}t_{;a})_{;b} \mathrm{d}v = \int_{\mathscr{U}(t)} S^{ab}t_{;ab} \mathrm{d}v + \int_{\mathscr{U}(t)} S^{ab}{}_{;b}t_{;a} \mathrm{d}v$$

を考えよう．Gauss の定理により，これは $\mathscr{U}(t)$ の境界上の積分に変換することができる：

$$I(t) = \int_{\partial \mathscr{U}(t)} S^{ab}t_{;a} \mathrm{d}\sigma_b.$$

$\mathscr{U}(t)$ の境界は，$\mathscr{U}(t) \cap \partial \mathscr{U}$ および $\mathscr{U} \cap \mathscr{H}(t)$ からなる．S^{ab} が $(\partial \mathscr{U})_3$ 上でゼロであることより，

$$I(t) = \int_{\mathscr{U}(t) \cap (\partial \mathscr{U})_1} + \int_{\mathscr{U}(t) \cap (\partial \mathscr{U})_2} + \int_{\mathscr{U} \cap \mathscr{H}(t)}$$

が成り立つ．支配的エネルギー条件より，$S^{ab}t_{;a}$ は $S^{ab}t_{;a}t_{;b} \geqslant 0$ なる非空間的ベクトルである．$(\partial \mathscr{U})_2$ に対する法線 1-形式が非空間的であり，$n_a t_{;b} g^{ab} < 0$ であることより，右辺の第 2 項は非負になる．よって，

$$\int_{\mathscr{U} \cap \mathscr{H}(t)} S^{ab}t_{;a} \mathrm{d}\sigma_b \leqslant -\int_{\mathscr{U}(t) \cap (\partial \mathscr{U})_1} S^{ab}t_{;a} \mathrm{d}\sigma_b + \int_{\mathscr{U}(t)} (S^{ab}t_{;ab} + S^{ab}{}_{;b}t_{;a}) \mathrm{d}v$$

である．$\mathscr{U}$ がコンパクトであることより，時間的ベクトル $t_{;a}$ の方向を向いた任意の正規直交基底の $t_{;ab}$ の成分に対するある上限が存在する．したがって $\mathscr{U}$ 上で，支配的エネルギー条件に従う任意の S^{ab} に対して

$$S^{ab}t_{;ab} \leqslant P S^{ab}t_{;a}t_{;b}$$

となるようなある $P > 0$ が存在する．$\mathscr{U}(t)$ 上のこの体積積分は t' に関する積分によって $\mathscr{H}(t') \cap \mathscr{U}$ 上の表面積分に分解することができる：

$$\int_{\mathscr{U}(t)} (PS^{ab}t_{;a}t_{;b} + S^{ab}{}_{;b}t_{;a}) \mathrm{d}v = \int^t \left\{ \int_{\mathscr{H}(t') \cap \mathscr{U}} (PS^{ab}t_{;b} + S^{ab}{}_{;b}) \mathrm{d}\sigma_a \right\} \mathrm{d}t'$$

ここで $\mathrm{d}\sigma_a$ は $\mathscr{H}(t')$ の面要素である．これより，

$$\int_{\mathscr{H}(t) \cap \mathscr{U}} S^{ab}t_{;a} \mathrm{d}\sigma_b \leqslant -\int_{\mathscr{U}(t) \cap (\partial \mathscr{U})_1} S^{ab}t_{;a} \mathrm{d}\sigma_b$$
$$+ P \int^t \left(\int_{\mathscr{H}(t') \cap \mathscr{U}} S^{ab}t_{;a} \mathrm{d}\sigma_b \right) \mathrm{d}t' + \int^t \left(\int_{\mathscr{H}(t') \cap \mathscr{U}} S^{ab}{}_{;a} \mathrm{d}\sigma_b \right) \mathrm{d}t'$$

が成り立つ． □

これより直ちに次の結果が得られる：

保存則

エネルギー運動量テンソルが支配的エネルギー条件に従い，$(\partial \mathscr{U})_3$ 上と初期面 $(\partial \mathscr{U})_1$ 上でゼロなら，このエネルギー運動量テンソルは $\mathscr{U}$ 上のいたるところでゼロである．

$$x(t) = \int_{\mathscr{U}(t)} T^{ab} t_{;a} t_{;b} \mathrm{d}v$$
$$= \int^t \left(\int_{\mathscr{H}(t') \cap \mathscr{U}} T^{ab} t_{;a} \mathrm{d}\sigma_b \right) \mathrm{d}t' \geqslant 0$$

と置く．すると上の補題は $\mathrm{d}x/\mathrm{d}t \leqslant Px$ を与える．しかし，十分早い t の値に対して，$\mathscr{H}(t)$ は $\mathscr{U}$ と共通部分を持たないので，x は消滅する．よって，x は全ての t に対して消滅し，これは T^{ab} が $\mathscr{U}$ 上ゼロであることを意味する． □

保存則より，エネルギー運動量テンソルが集合 $\mathscr{S}$ で消滅するなら，それは $\mathscr{S}$ と交わる全ての過去向きの非空間的曲線が通る全ての点からなる集合として定義される未来 Cauchy 発展 $D^+(\mathscr{S})$ 上でも消滅する (図 10)(§6.5 参照)．

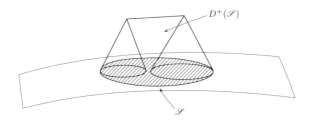

図 10. 空間的集合 $\mathscr{S}$ の未来 Cauchy 発展 $D^+(\mathscr{S})$．

q を $D^+(\mathscr{S})$ の任意の点とするとき，q の過去に対する $D^+(\mathscr{S})$ の領域はコンパクトであり (命題 6.6.6)，$\mathscr{U}$ としてとることができる．この結果は支配的エネルギー条件が物質が光より速くは伝わらないことを意味するとして述べることができる．

特異点に対する考察では，弱いエネルギー条件 の重要性は，物質がヌル測地線束上に常に収束効果 (あるいはより厳密には非発散的効果) をもたらすことを意味する．渦度が消滅するとき，膨張 $\hat{\theta}$ は次の方程式に従う：

$$\frac{\mathrm{d}}{\mathrm{d}v} \hat{\theta} = -R_{ab} K^a K^b - 2\hat{\sigma}^2 - \tfrac{1}{2} \hat{\theta}^2.$$

よってこの場合，$\hat{\theta}$ は，任意のヌルベクトル $\mathbf{W}$ に対して $R_{ab} W^a W^b \geqslant 0$ のとき，ヌル測

4.3 エネルギー条件

地線に沿って単調減少する．これは**ヌル収束条件**と呼ばれる．Einstein 方程式

$$R_{ab} - \tfrac{1}{2}g_{ab}R + \Lambda g_{ab} = 8\pi T_{ab}$$

より，弱いエネルギー条件によってこの条件は Λ の値とは無関係であることが分かる．

(4.26) より，渦度ゼロの時間的測地束の膨張 θ が，任意の時間的ベクトル $\mathbf{W}$ に対して $R_{ab}W^aW^b \geqslant 0$ のとき，測地線に沿って単調減少することが確かめられる．これは**時間的収束条件**と呼ばれる．Einstein 方程式により，この条件は，エネルギー運動量テンソルが不等式

$$T_{ab}W^aW^b \geqslant W^aW_a\left(\tfrac{1}{2}T - \frac{1}{8\pi}\Lambda\right)$$

に従うとき，満たされる．これは

$$\mu + p_\alpha \geqslant 0, \quad \mu + \Sigma p_\alpha - \frac{1}{4\pi}\Lambda \geqslant 0$$

のとき，I 型に対して成り立ち，

$$\nu = +1, \quad \kappa \geqslant 0, \quad p_1 \geqslant 0, \quad p_2 \geqslant 0 \quad \text{および} \quad p_1 + p_2 - \frac{1}{4\pi}\Lambda \geqslant 0$$

のとき，II 型に対して成り立つ．

　エネルギー運動量テンソルが，$\Lambda = 0$ に対して上の不等式に従うとき，それは**強いエネルギー条件**を満たすという．これは弱いエネルギー条件より，より厳しい要求であるが，それでもなお全エネルギー運動量テンソルに対して物理的に合理的である．一般的な場合である I 型に対して，それは負のエネルギー密度か大きな負の圧力によってのみ破られる（例えば，密度 1gm cm^{-3} を有する完全流体に対しては，$p < -10^{15}$ 気圧の場合に限り破られることができる）．それは電磁場および m がゼロのスカラー場に対して成り立つ（特に，それは Brans and Dicke のスカラー場に対して成り立つ）．m がゼロでない場合，スカラー場のエネルギー運動量テンソルは形 (§3.3) を持つ：

$$T_{ab} = \phi_{;a}\phi_{;b} - \tfrac{1}{2}g_{ab}(\phi_{;c}\phi_{;d}g^{cd} + m^2\phi^2).$$

よって W^a が単位時間的ベクトルのとき，

$$T_{ab}W^aW^b - \tfrac{1}{2}W_aW^aT = (\phi_{;a}W^a)^2 - \frac{1}{2}\frac{m^2}{\hbar^2}\phi^2 \tag{4.37}$$

は負になることができる．しかしながら，スカラー場の方程式より，

$$\frac{1}{2}\frac{m^2}{\hbar^2}\phi^2 = \tfrac{1}{2}\phi\phi_{;ab}g^{ab}$$

である．これを (4.37) に挿入し，領域 $\mathscr{U}$ 上で積分すると，

$$\frac{1}{2}\int_{\mathscr{U}}(g^{ab} + 2W^aW^b)\phi_{;a}\phi_{;b}\mathrm{d}\sigma - \frac{1}{2}\int_{\partial\mathscr{U}}\phi\phi_{;a}g^{ab}\mathrm{d}\sigma_b$$

が得られる．この最初の項は，$g^{ab} + 2W^a W^b$ が正定値計量であることより非負であり，第2項は，領域 $\mathscr{U}$ が波長 h/m と比較して大きいとき，初項と比較して小さくなる．π中間子の場合——それは $m = 6 \times 10^{-25}$gm のスカラー場によって古典的には記述することができるが——この波長は 3×10^{-13}cm である．よって π 中間子のエネルギー運動量テンソルが全ての点で強いエネルギー条件を満たさないとしても，これは 10^{-12}cm より大きい距離上での時間的測地線の収束に影響を与えないはずである．これは，時空の曲率半径が 10^{-12}cm 未満になると，第8章の特異点定理の崩壊を導く可能性があるが，しかしそのような曲率は大変極端なので，特異点として勘定に入れるべきかもしれない（§10.2）．

4.4 共役点

§4.1 では，曲線 $\gamma(s)$ と時間的測地線束で隣接する曲線の間の間隔を表すベクトルの成分が，Jacobi 方程式を満たすことを見てきた：

$$\frac{d^2}{ds^2} Z^\alpha = -R_{\alpha 4 \beta 4} Z^\beta \qquad (\alpha, \beta = 1, 2, 3). \tag{4.38}$$

この方程式の解は $\gamma(s)$ に沿った **Jacobi 場**と呼ばれる．解が，$\gamma(s)$ 上のある点での Z^α と dZ^α/ds の値を与えることによって指定できることより，$\gamma(s)$ に沿って 6 つの独立な Jacobi 場が存在する．$\gamma(s)$ のある点 q で消滅する 3 つの Jacobi 場が存在する．それらは次のように表わすことができる：

$$Z^\alpha(s) = A_{\alpha\beta}(s) \frac{d}{ds} Z^\beta |_q$$

である．ここで，

$$\frac{d^2}{ds^2} A_{\alpha\beta}(s) = -R_{\alpha 4 \gamma 4} A_{\gamma\beta}(s) \tag{4.39}$$

であり，$A_{\alpha\beta}(s)$ は q で消滅する 3×3 行列である．これらの Jacobi 場は q を通る隣接する測地線の間隔を表しているものと見なすことができる．前のように，q で消滅する $\gamma(s)$ に沿った Jacobi 場の渦度，剪断および膨張を定義することができる：

$$\omega_{\alpha\beta} = A^{-1}{}_{\gamma[\beta} \frac{d}{ds} A_{\alpha]\gamma}, \tag{4.40}$$

$$\sigma_{\alpha\beta} = A^{-1}{}_{\gamma(\beta} \frac{d}{ds} A_{\alpha)\gamma} - \tfrac{1}{3} \delta_{\alpha\beta} \theta, \tag{4.41}$$

$$\theta = (\det \mathbf{A})^{-1} \frac{d}{ds} (\det \mathbf{A}). \tag{4.42}$$

これらは §4.1 で導いた方程式の $\dot{V}_\alpha = 0$ 場合に従う．特に，

$$A_{\gamma\alpha} \omega_{\gamma\delta} A_{\delta\beta} = \frac{1}{2} \left(A_{\gamma\alpha} \frac{d}{ds} A_{\gamma\beta} - A_{\gamma\beta} \frac{d}{ds} A_{\gamma\alpha} \right)$$

4.4 共役点

は $\gamma(s)$ に沿って一定である.ただし,それは $A_{\alpha\beta}$ がゼロとなる点 q で消滅する.よって $\omega_{\alpha\beta}$ は $A_{\alpha\beta}$ が正則行列ならばいつでもゼロになる.

q と p で消滅する恒等的にゼロでない,$\gamma(s)$ に沿った Jacobi 場が存在するとき,$\gamma(s)$ 上の点 p は $\gamma(s)$ に沿って q に対して共役であると呼ぶ.p は q を通る無限小だけ離れて隣接する測地線が交わる点であると見なすことができる.(しかしながら,それは p で交わる無限小だけ離れて隣接する測地線に対してのみ成り立つことに注意しよう.q から p を通る2つの異なる測地線が存在する必要はない.)q で消滅する $\gamma(s)$ に沿った Jacobi 場は,行列 $A_{\alpha\beta}$ によって記述される.したがって,点 p はそこで $A_{\alpha\beta}$ が特異行列であるときに限り $\gamma(s)$ に沿って q に対して共役である.膨張 θ は $(\det\mathbf{A})^{-1}\mathrm{d}(\det\mathbf{A})/ds$ として定義される.$R_{\alpha 4\gamma 4}$ が有限であるとき $A_{\alpha\beta}$ が (4.39) に従うことより,$\mathrm{d}(\det\mathbf{A})/ds$ は有限になる.よって点 p は,そこで θ が無限大になるとき,$\gamma(s)$ に沿って q に対して共役になる.$\theta = \mathrm{d}\log(\det\mathbf{A})/ds$ であることより,逆もまた成立し,$A_{\alpha\beta}$ は孤立点のみ特異行列となることができるか,あるいはどこでも特異行列であるかのいずれかである.

命題 4.4.1
ある点 $\gamma(s_1)$ $(s_1 > 0)$ で,膨張 θ が負の値 $\theta_1 < 0$ をとり,いたるところで $R_{ab}V^a V^b \geqslant 0$ なら,$\gamma(s_1)$ と $\gamma(s_1 + (3/-\theta_1))$ の間に,$\gamma(s)$ がこのパラメータの値をとるように延長できるという条件の下で,$\gamma(s)$ に沿って q に対する共役な点が存在する.(これは,時空が測地的不完備の場合可能ではない.第 8 章では,このような不完全性を特異点の存在の証拠として解釈する.)

行列 $A_{\alpha\beta}$ の膨張 θ は Raychaudhuri 方程式 (4.26)

$$\frac{\mathrm{d}}{\mathrm{d}s}\theta = -R_{ab}V^a V^b - 2\sigma^2 - \tfrac{1}{3}\theta^2$$

に従う.ただしここで,渦度がゼロであるという事実を用いた.この式の右辺の全ての項が負である.よって $s > s_1$ に対して

$$\theta \leqslant \frac{3}{s - (s_1 + (3/-\theta_1))}$$

である.したがって,θ は無限大になり,s_1 と $s_1 + (3/-\theta_1)$ の間のある値の s で,q に共役な点が存在する. □

言い換えると,時間的収束条件が成り立ち,q から隣接する測地線が $\gamma(s)$ 上収束し始めるなら,$\gamma(s)$ がパラメータ s の十分大きな値まで延長できるという条件で,ある無限小だけ離れて隣接する測地線が $\gamma(s)$ と交わる.

命題 4.4.2
$R_{ab}V^a V^b \geqslant 0$ かつある点 $p = \gamma(s_1)$ で潮汐力 $R_{abcd}V^b V^d$ がゼロでないなら,$\gamma(s)$ に沿って $q = \gamma(s_0)$ と $r = \gamma(s_1)$ が共役になるような s_0 と s_2 が,$\gamma(s)$ がこれらの値に対して延長できるという条件で存在する.

$\gamma(s)$ に沿った (4.39) の解は, p での $A_{\alpha\beta}$ と $\mathrm{d}A_{\alpha\beta}/\mathrm{d}s$ の値によって一意に決定される. $A_{\alpha\beta}|_p = \delta_{\alpha\beta}$ であるような全てのそのような解からなる集合 P を考えると, $(\mathrm{d}A_{\alpha\beta}/\mathrm{d}s)|_p$ はトレース $\theta|_p \leqslant 0$ と対称である. P 内の各解に対して, $A_{\alpha\beta}(s_3)$ が特異行列であるような $s_3 > s_1$ が存在する. というのも, $\theta|_p < 0$ の場合, 前の結果よりこれが従い, $\theta|_p = 0$ の場合, $(\mathrm{d}\sigma_{\alpha\beta}/\mathrm{d}s)|_p$ がゼロでないため, σ^2 が正となり, そのため $s > s_1$ に対して θ が負となるからである. 集合 P の要素は全ての正でないトレースを持つ対称 3×3 行列 (つまり, $(\mathrm{d}A_{\alpha\beta}/\mathrm{d}s)|_p$ を値に持つ行列) の空間 S と 1 対 1 の関係にある. したがって, 各初期値 $(\mathrm{d}A_{\alpha\beta}/\mathrm{d}s)|_p$ に対して $A_{\alpha\beta}$ が最初に特異行列となる $\gamma(s)$ 上の点を割り当てる S から $\gamma(s)$ への写像 η が存在する. 写像 η は連続となる. さらに, $(\mathrm{d}A_{\alpha\beta}/\mathrm{d}s)|_p$ の任意の成分が非常に大きい場合, $\gamma(s)$ 上の対応する点は p の近くに含まれる. というのも, 極限において, (4.39) の項 $R_{\alpha 4 \gamma 4}$ は無関係になり, 解は平坦空間の場合に類似するからである. よってある $C > 0$ とある $s_4 > s_1$ が存在して, $(\mathrm{d}A_{\alpha\beta}/\mathrm{d}s)|_p$ の任意の成分が C より大きいとき, $\gamma(s)$ 上の対応する点は $\gamma(s_4)$ より手前になる. しかしながら, その成分が C 以下であるような全ての行列からなる S の部分空間はコンパクトである. これはある $s_5 > s_1$ が存在して, $\eta(S)$ が $\gamma(s_1)$ から $\gamma(s_5)$ までの弦 (訳注: 曲線の線分) に含まれることを示している. いま, $s_2 > s_5$ であるような点 $r = \gamma(s_2)$ を考えよう. r と p の間に r に対して共役であるような点が存在しないものとすると, r でゼロであるような Jacobi 場は p で正であるような膨張 θ を持たねばならない (そうでなければ, それらは p で正でない膨張を持つ渦度ゼロの全ての Jacobi 場の族を表す集合 P に含まれる). 前の結果より, すると, $\gamma(s)$ に沿って r と共役であるような点 $q = \gamma(s_0)$ ($s_0 < s_1$) が存在する. □

物理的に現実的な解において (高い対称性を持つ厳密解である必要はない), あらゆる時間的測地線が何らかの物質あるいは重力放射に遭遇し, $R_{abcd}V^bV^d$ がゼロでない点が含まれることが期待される. よってそのような解において, あらゆる時間的測地線は両方の方向に十分遠くまで延長できるという条件で, 共役点の対を含むと仮定することは合理的である.

空間的 3 次元面 $\mathscr{H}$ と垂直な時間的測地線束も考察する. $f = 0$ のとき $g^{ab}f_{;a}f_{;b} < 0$ であるような C^2 級関数 f が存在するとき, $f = 0$ によって局所的に定義された埋め込まれた 3 次元部分多様体を, **空間的 3 次元面** $\mathscr{H}$ という用語によって意味するものとする. $\mathscr{H}$ に対する単位法線ベクトル $\mathbf{N}$ を, $N^a = (-g^{bc}f_{;b}f_{;c})^{-\frac{1}{2}}g^{ad}f_{;d}$ によって定義し, $\mathscr{H}$ の第 2 基本テンソル χ を, $\chi_{ab} = h_a{}^c h_b{}^d N_{c;d}$ によって定義する. ここで, $h_{ab} = g_{ab} + N_aN_b$ は $\mathscr{H}$ の第 1 基本テンソル (あるいは誘導計量テンソル) と呼ばれる (§2.7 参照). 定義より, χ が対称であることが分かる. $\mathscr{H}$ に直交する時間的測地線束は, $\mathscr{H}$ でその単位接ベクトル $\mathbf{V}$ が単位法線ベクトル $\mathbf{N}$ と等しいような時間的測地線たちからなる. すると次が成り立つ:

$$\mathscr{H} \text{ で } \quad V_{a;b} = \chi_{ab}. \tag{4.43}$$

$\mathscr{H}$ に垂直な測地線 $\gamma(s)$ から $\mathscr{H}$ に垂直な隣接する測地線の間隔を表すベクトル $\mathbf{Z}$ は,

4.4 共役点

Jacobi 方程式 (4.38) に従う. $\mathscr{H}$ で $\gamma(s)$ 上の点である q では, これは次の初期条件を満たす:

$$\frac{\mathrm{d}}{\mathrm{d}s}Z^\alpha = \chi_{\alpha\beta}Z^\beta. \tag{4.44}$$

上の条件を満たす $\gamma(s)$ に沿った Jacobi 場を

$$Z^\alpha(s) = A_{\alpha\beta}(s)Z^\beta|_q$$

として表す. ここで,

$$\frac{\mathrm{d}^2}{\mathrm{d}s^2}A_{\alpha\beta} = -R_{\alpha 4\gamma 4}A_{\gamma\beta} \tag{4.45}$$

であり, q で $A_{\alpha\beta}$ は単位行列であり,

$$\frac{\mathrm{d}}{\mathrm{d}s}A_{\alpha\beta} = \chi_{\alpha\gamma}A_{\gamma\beta} \tag{4.46}$$

が成り立つ. $\gamma(s)$ 上の点 p は, $\gamma(s)$ に沿って, q で初期条件 (4.44) を満たし, p で消滅する恒等的にゼロでない Jacobi 場が存在するとき, $\gamma(s)$ に沿って $\mathscr{H}$ と共役であると呼ぶ. 言い換えると, p は, $A_{\alpha\beta}$ が p で特異行列であるときに限り, $\gamma(s)$ に沿って $\mathscr{H}$ と共役である. p は $\mathscr{H}$ に垂直な隣接する測地線が交わる点と見なすことができる. 前述の通り, $A_{\alpha\beta}$ は, 膨張 θ が無限大になるところのみで特異行列になる. q では, $A_{\gamma\alpha}\omega_{\gamma\delta}A_{\delta\beta}$ の初期値がゼロになるので, $\gamma(s)$ 上 $\omega_{\alpha\beta}$ はゼロになる. θ の初期値は, $\chi_{ab}g^{ab}$ になる.

命題 4.4.3
$R_{ab}V^aV^b \geqslant 0$ かつ $\chi_{ab}g^{ab} < 0$ のとき, $\gamma(s)$ がそこまで遠くまで延長できるという条件で, $\mathscr{H}$ から距離 $3/(-\chi_{ab}g^{ab})$ のところに $\gamma(s)$ に沿って $\mathscr{H}$ に対して共役な点が存在する.

これは命題 4.4.1 において Raychaudhuri 方程式 (4.26) を用いて証明することができる.
□

ヌル測地線 $\gamma(v)$ に沿った, 方程式

$$\frac{\mathrm{d}^2}{\mathrm{d}v^2}Z^m = -R_{m4n4}Z^n \quad (m, n = 1, 2)$$

の解を $\gamma(v)$ に沿った **Jacobi** 場と呼ぶ. Z^m の成分は, 各点 q での空間 S_q 内のベクトルの, 基底 $\mathbf{E}_1$ および $\mathbf{E}_2$ に関する成分と見なすことができる. ヌル測地線 $\gamma(v)$ に沿って, q と p で消滅する恒等的にゼロでない Jacobi 場が存在するとき, p は $\gamma(v)$ に沿って q と共役であるという. $\mathbf{Z}$ が, q を通過する隣接するヌル測地線と連結できるベクトルであるとき, 成分 Z^3 はいたるところゼロである. よって p は, q を通る無限小だけ離れて隣接

する測地線が交わる点であると考えることができる．2×2 行列 $\hat{A}_{mn}$ によって q で消滅する $\gamma(v)$ に沿った Jacobi 場を表すと，

$$Z^m(v) = \hat{A}_{mn} \frac{\mathrm{d}}{\mathrm{d}v} Z^n|_q$$

となる．前述の通り，$\hat{A}_{lm}\hat{\omega}_{lk}\hat{A}_{kn} = 0$ が成り立つので，p でゼロである Jacobi 場の渦度は消滅する．また，p は

$$\hat{\theta} = (\det \hat{\mathbf{A}})^{-1} \frac{\mathrm{d}}{\mathrm{d}v}(\det \hat{\mathbf{A}})$$

が p で無限大になる場合に限り $\gamma(v)$ に沿って q と共役である．命題 4.4.1 と類似して次が成り立つ：

命題 4.4.4
いたるところ $R_{ab}K^a K^b \geqslant 0$ であり，かつある点 $\gamma(v_1)$ で膨張 $\hat{\theta}$ が負の値 $\hat{\theta}_1 < 0$ をとるならば，$\gamma(v_1)$ と $\gamma(v_1 + (2/-\hat{\theta}_1))$ の間に $\gamma(v)$ がそこまで延長できる場合に限り $\gamma(v)$ に沿って q と共役な点が存在する．

行列 $\hat{A}_{mn}$ の膨張 $\hat{\theta}$ は (4.35) に従う：

$$\frac{\mathrm{d}}{\mathrm{d}v}\hat{\theta} = -R_{ab}K^a K^b - 2\hat{\sigma}^2 - \tfrac{1}{2}\hat{\theta}^2$$

となるので，前述のようにして証明を進めることができる． □

命題 4.4.5
いたるところ $R_{ab}K^a K^b \geqslant 0$ であり，かつ $p = \gamma(v_1)$ で $K^c K^d K_{[a}R_{b]cd[e}K_{f]}$ がゼロでないならば，$\gamma(v)$ に沿って $q = \gamma(v_0)$ と $r = \gamma(v_2)$ が共役であるような v_0 と v_2 が，これらの値に対してまで $\gamma(v)$ が延長できる場合に限り存在する．

$K^c K^d K_{[a}R_{b]cd[e}K_{f]}$ がゼロでないなら R_{m4n4} もゼロでない．すると証明は命題 4.4.2 と同様になる． □

時間的な場合のように，この条件は，考えている物質が純粋な放射でなく (§4.3 の II 型エネルギー運動量テンソル)，測地線の接ベクトル **K** の方向に運動している場合，何らかの物質を通過するヌル測地線に対して満たされる．それは，ヌル測地線が，Weyl テンソルがゼロでなく，$K^c K^d K_{[a}C_{b]cd[e}K_{f]} = 0$ であるような **K** がそれらの方向の 1 つ (そのような方向は最大 4 つ存在する) に含まれないある点を含むとき，空っぽの空間で満たされる．この条件を満たす時空を**一般性条件** (*generic condition*) を満たすという．

空間的 2 次元面 $\mathscr{S}$ に対して直交するヌル測地線も考察しよう．**空間的 2 次元面 $\mathscr{S}$** という用語によって，C^2 級関数 f_1 および f_2 で，$f_1 = 0, f_2 = 0$ のとき，$f_{1;a}$ および $f_{2;a}$ が消滅せず，平行でもなく，さらには

$$(f_{1;a} + \mu f_{2;a})(f_{1;b} + \mu f_{2;b})g^{ab} = 0$$

が μ の 2 つの異なる実数値 μ_1 および μ_2 に対して成り立つとき，$f_1 = 0, f_2 = 0$ によって局所的に定義された埋め込まれた 2 次元部分多様体を表そう．すると，2 次元面に横たわるいかなるベクトルも空間的でなければならない．N_1^a および N_2^a をそれぞれ，$g^{ab}(f_{1;b} + \mu_1 f_{2;b})$ および $g^{ab}(f_{1;b} + \mu_2 f_{2;b})$ に比例する $\mathscr{S}$ に垂直な 2 つのヌルベクトルとして定義し，それらを

$$N_1^a N_2^b g_{ab} = -1$$

となるように規格化する．互いに直交する 2 つの空間的単位ベクトル Y_1^a と Y_2^a と N_1^a と N_2^a を導入することによって擬正規直交基底を完成させることができる．$\mathscr{S}$ の 2 つのヌル第 2 基本テンソルを

$$_n\chi_{ab} = -N_{nc;d}(Y_1^c Y_{1a} + Y_2^c Y_{2a})(Y_1^d Y_{1b} + Y_2^d Y_{2b})$$

のように定義することができる．ただし n は値 1, 2 をとるものとする．テンソル $_1\chi_{ab}$ および $_2\chi_{ab}$ は対称である．

2 つのヌル法線 N_1^a および N_2^a に対応して $\mathscr{S}$ に垂直な 2 つのヌル測地線の族が存在する．$\mathscr{S}$ でその接ベクトル $\mathbf{K}$ が $\mathbf{N_2}$ と等しいような族を考えよう．擬正規直交基底 $\mathbf{E_1, E_2, E_3, E_4}$ を，$\mathscr{S}$ で $\mathbf{E_1 = Y_1, E_2 = Y_2, E_3 = N_1, E_4 = N_2}$ ととり，ヌル測地線に沿って平行に伝播させることによって固定することができる．ヌル測地線 $\gamma(v)$ から隣接するヌル測地線の間隔を表すベクトル $\mathbf{Z}$ の空間 S_q への射影は，(4.30) と $\mathscr{S}$ で $\gamma(v)$ 上の q で，初期条件

$$\frac{\mathrm{d}}{\mathrm{d}v} Z^m = {_2}\chi_{mn} Z^n \tag{4.47}$$

を満たす．前述の通り，これらの場の渦度はゼロになる．膨張 $\hat{\theta}$ の初期値は $_2\chi_{ab}g^{ab}$ である．命題 4.4.3 と類似して，次が成り立つ：

命題 4.4.6
いたるところ $R_{ab}K^a K^b \geqq 0$ であり，$_2\chi_{ab}g^{ab}$ が負なら，$\mathscr{S}$ からアフィン距離 $2/(-_2\chi_{ab}g^{ab})$ のところに $\gamma(v)$ に沿って $\mathscr{S}$ と共役な点が存在する． □

これらの定義より，共役点の存在は，自己交差の存在か，測地線の族のコースティクス (caustics) [*3]の存在を意味する．さらなる共役点の意義は次節で論ずる．

4.5 弧長の変分

この節では，区分的に C^3 級であるが，それらの接ベクトルが不連続であるような点を持っていてもよいような，時間的および非空間的曲線を考察する．そのような点で 2 つの

[*3] 訳注：例えば光線のコースティクス (caustics) とは光線群の軌跡の包絡線に沿って集まる明るい光の曲線を表す．集光模様などと呼ばれることもある．測地線のコースティクスについても同様である．

接ベクトル

$$\left.\frac{\partial}{\partial t}\right|_{-} \text{ および } \left.\frac{\partial}{\partial t}\right|_{+} \text{ は } g\left(\left.\frac{\partial}{\partial t}\right|_{-}, \left.\frac{\partial}{\partial t}\right|_{+}\right) = -1 \text{ を満たす.}$$

すなわち，それらはヌル円錐の同じ半分を指す．

命題 4.5.1
$\mathscr{U}$ を q についての凸正規座標近傍としよう．すると，$\mathscr{U}$ 内の時間的 (非空間的) 曲線によって q から到達できる点は，$g(\mathbf{X}, \mathbf{X}) < 0$ ($g(\mathbf{X}, \mathbf{X}) \leqslant 0$) であるとき，$\exp_q(\mathbf{X}), \mathbf{X} \in T_q$ の形のものである．(ここと，この節の残りの部分では，写像 $\exp$ は T_q の原点の近傍に制限され，それは $\exp_q$ の下で $\mathscr{U}$ に対して微分同相である．)

言い換えると，q からのヌル測地線は，$\mathscr{U}$ 内の時間的または非空間的曲線によって $\mathscr{U}$ 内の境界を形成する．これは直感的にかなり明らかであるが，これが因果律の概念の基礎であることより，ここでは厳密にそれを証明する．ここではまず最初に次の補題を確立する：

補題 4.5.2
$\mathscr{U}$ では，q を通る時間的測地線は，$p \in \mathscr{U}$ での σ の値が $g(\exp_q{}^{-1}p, \exp_q{}^{-1}p)$ として定義されるとき，定数 σ ($\sigma < 0$) の 3 次元面と直交する．

この証明は，隣接する測地線に沿って等距離離れた点の間隔を表すベクトルは，元々測地線に対して直交する場合に限り測地線に対して直交し続けるという事実を基本としている．より正確には，$\mathbf{X}(t)$ を $g(\mathbf{X}(t), \mathbf{X}(t)) = -1$ であるような T_q 内の曲線するど，$\mathscr{U}$ 内で定義される対応する曲線 $\lambda(t) = \exp_q(s_0 \mathbf{X}(t))$ (s_0 は定数) はそこで時間的測地線 $\gamma(s) = \exp_q(s\mathbf{X}(t_0))$ (t_0 は定数) と直交することを示さねばならない．よって $\mathbf{x}(s, t) = \exp_q(s\mathbf{X}(t))$ によって定義される 2 次元面 α に関して

$$g\left(\left(\frac{\partial}{\partial s}\right)_\alpha, \left(\frac{\partial}{\partial t}\right)_\alpha\right) = 0$$

を証明する必要がある (図 11 参照)．さていま，

$$\frac{\partial}{\partial s} g\left(\frac{\partial}{\partial s}, \frac{\partial}{\partial t}\right) = g\left(\frac{\mathrm{D}}{\partial s}\frac{\partial}{\partial s}, \frac{\partial}{\partial t}\right) + g\left(\frac{\partial}{\partial s}, \frac{\mathrm{D}}{\partial s}\frac{\partial}{\partial t}\right)$$

である．

4.5 弧長の変分

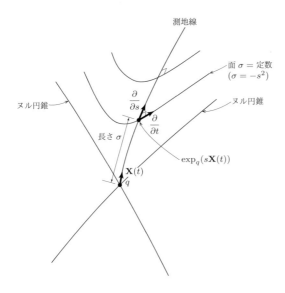

図 11. 正規近傍では，q から等距離離れた面は q を通る測地線と直交する．

この式の右辺の初項は，$\partial/\partial s$ が q から時間的測地線に対して伸びた単位接ベクトルであることより，ゼロになる．第 2 項は Lie 微分の定義より，

$$\frac{\mathrm{D}}{\partial s}\frac{\partial}{\partial t} = \frac{\mathrm{D}}{\partial t}\frac{\partial}{\partial s}$$

が成り立つので，

$$\frac{\partial}{\partial s}g\left(\frac{\partial}{\partial s},\frac{\partial}{\partial t}\right) = g\left(\frac{\partial}{\partial s},\frac{\mathrm{D}}{\partial t}\frac{\partial}{\partial s}\right) = \frac{1}{2}\frac{\partial}{\partial t}g\left(\frac{\partial}{\partial s},\frac{\partial}{\partial s}\right) = 0$$

である．したがって $g(\partial/\partial s, \partial/\partial t)$ は s と独立である．しかし，$s=0$ で $(\partial/\partial t_\alpha) = 0$ である．よってこれより，$g(\partial/\partial s, \partial/\partial t)$ は恒等的にゼロである． □

命題 4.5.1 の証明

C_q を q での全ての時間的ベクトルからなる集合としよう．これらは原点に頂点を持つ T_q の円錐体の内部を構成する．$\gamma(t)$ を $\mathscr{U}$ 内の q から p への時間的曲線とし，$\overline{\gamma}(t)$ を $\overline{\gamma}(t) = \exp_q{}^{-1}(\gamma(t))$ によって定義された T_q 内の区分的に C^2 級な曲線とする．すると，T_q に対する接空間と T_q それ自体を同一視することにより，

$$(\partial/\partial t)_\gamma|_q = (\partial/\partial t)_{\overline{\gamma}}|_q$$

が成り立つ．したがって q では，$(\partial/\partial t)_{\overline{\gamma}}$ は時間的になる．これは曲線 $\overline{\gamma}(t)$ が領域 C_q に入ってゆくことを示している．しかし，$\exp_q(C_q)$ は σ が負であり，前の補題より，σ 一定面は空間的であるような $\mathscr{U}$ の領域である．よって σ は $\gamma(t)$ に沿って単調減少しなければならない．というのも，時間的であるような $(\partial/\partial t)_\gamma$ は σ 一定面に対して決して接することはなく，$\gamma(t)$ のいかなる微分不可能な点でも，2つの接ベクトルはヌル円錐の同じ片割れに含まれる方向を指しているからである．したがって，$p \in \exp_q(C_q)$ より，これは時間的曲線に対する証明を完了させる．$\exp_q(\overline{C_q})$ に残る非空間的曲線 $\gamma(t)$ に対して証明するには，$\gamma(t)$ を時間的曲線に変える小さな変分を実行する．$\mathbf{Y}$ を，$\mathscr{U}$ 内で誘導されたベクトル場 $\exp_{q*}(\mathbf{Y})$ がいたるところ時間的で，$g(\mathbf{Y},(\partial/\partial t)_\gamma|_q) < 0$ であるような T_q 上のベクトル場とする．各 $\epsilon \geqslant 0$ に対して，$\beta(r,\epsilon)$ を T_q が原点から始まる曲線で，接ベクトル $(\partial/\partial r)_\beta$ が $(\partial/\partial t)_{\overline{\gamma}}|_{t=r} + \epsilon \mathbf{Y}|_{\beta(r,\epsilon)}$ であるようなものとする．すると $\beta(r,\epsilon)$ は r と ϵ の上の微分可能性に依存する．各 $\epsilon > 0$ に対し，$\exp_q(\beta(r,\epsilon))$ は $\mathscr{U}$ 内の時間的曲線であり，それゆえ $\exp_q(C_q)$ に含まれる．よって非空間的曲線 $\exp_q(\beta(r,0)) = \gamma(r)$ は $\overline{\exp_q(C_q)} = \exp_q(\overline{C_q})$ に含まれる． □

系

$p \in \mathscr{U}$ が非空間的曲線によって q から到達できるが，時間的な曲線によっては到達できないなら，p は q からのヌル測地線上に含まれる． □

q から p への非空間的曲線の長さは

$$L(\gamma,q,p) = \int_q^p \left[-g\left(\frac{\partial}{\partial t}, \frac{\partial}{\partial t}\right)\right]^{\frac{1}{2}} dt$$

である．ただし，この積分はこの曲線の微分可能な部分全体に渡ってとるものとする．

正定値計量では，2点間の最短の曲線を探すが，Lorentz 計量ではそのような最短の曲線は，任意の曲線がヌル曲線に変形でき，それが長さゼロを持つことより存在できない．しかしながら，そのような場合，2点間の最長の非空間的曲線か，ある点と空間的3次元曲面との間の最長の曲線が存在する．最初の場合は，2点間が近い状況のとき扱う．そしてそののち2点間が近くない一般の場合について必要な条件を導く．この場合の十分条件は §6.7 で扱う．

命題 4.5.3

q と p を凸正規近傍 $\mathscr{U}$ に含まれるものとする．すると，q と p が $\mathscr{U}$ 内の非空間的曲線によって連結できるとき，q から p へのそのような $\mathscr{U}$ 内の非空間的曲線で最も長い曲線は，一意に定まる非空間的測地曲線である．さらに言えば，$\rho(q,p)$ をこの曲線が存在するときこの曲線の長さとして定義し，存在しないときはゼロとして定義すると，$\rho(q,p)$ は $\mathscr{U} \times \mathscr{U}$ 上の連続関数である．

凸正規近傍の定義（§2.5）により，$\gamma(0) = q, \gamma(1) = p$ となる $\mathscr{U}$ 内の唯一の曲線が存在

4.5 弧長の変分

する．この曲線がその終端での微分可能性に依存することより，関数

$$\sigma(q,p) = \int_0^1 g\left(\left(\frac{\partial}{\partial t}\right)_\gamma, \left(\frac{\partial}{\partial t}\right)_\gamma\right) \mathrm{d}t$$

は $\mathscr{U} \times \mathscr{U}$ 上で微分可能である．（この関数 σ は補題 4.5.2 のものと同じである．）よって $\rho(q,p)$ は，$\sigma < 0$ のとき $[-\sigma(q,p)]^{\frac{1}{2}}$ に等しく，それ以外ではゼロであることより $\mathscr{U} \times \mathscr{U}$ 上連続である．さていま，q と p が $\mathscr{U}$ 内の時間的曲線によって連結することができるとすると，それらの間の時間的測地線 γ はそのような曲線で最も長い曲線であるということを示すことが残されている．$\alpha(s,t)$ を前述の通り，$g(\mathbf{X}(t), \mathbf{X}(t)) = -1$ としたときの $\exp_q(s\mathbf{X}(t))$ と置こう．$\lambda(t)$ が q から p への時間的曲線とすると，それは $\lambda(t) = \alpha(f(t),t)$ と表すことができる．すると，

$$\left(\frac{\partial}{\partial t}\right)_\lambda = f'(t)\left(\frac{\partial}{\partial s}\right)_\alpha + \left(\frac{\partial}{\partial t}\right)_\alpha$$

である．補題 4.5.2 より，右辺の 2 つのベクトルが互いに直交し，$g((\partial/\partial s)_\alpha, (\partial/\partial s)_\alpha) = -1$ であることより，これは

$$g\left(\left(\frac{\partial}{\partial t}\right)_\lambda, \left(\frac{\partial}{\partial t}\right)_\lambda\right) = -(f'(t))^2 + g\left(\left(\frac{\partial}{\partial t}\right)_\alpha, \left(\frac{\partial}{\partial t}\right)_\alpha\right) \geqslant -(f'(t))^2$$

を与え，等号は $(\partial/\partial t)_\alpha = 0$ が成り立つ場合に限り成立し，それゆえそれは λ が測地線の場合に限り成立する．よって

$$L(\lambda, q, p) \leqslant \int_q^p f'(t) \mathrm{d}t = \rho(q,p)$$

が成り立ち，等号は λ が $\mathscr{U}$ 内で q から p への唯一の測地曲線であるときに限り成立する． □

さていまから q と p が凸正規近傍に含まれるとは限らない場合について考えよう．小さな変分を考えることにより，q から p への時間的曲線 $\gamma(t)$ のうち，最も長いものに対して必要な条件を導く．$\gamma(t)$ の**変分** α は C^{1-} 級写像 $\alpha: (-\epsilon, \epsilon) \times [0, t_p] \to \mathscr{M}$ で次の条件を満たすものである：

(1) $\alpha(0,t) = \gamma(t)$;
(2) 各 $(-\epsilon, \epsilon) \times [t_i, t_{i+1}]$ 上で α が C^3 級であるような $[0, t_p]$ の部分分割 $0 = t_1 < t_2 \cdots < t_n = t_p$ が存在する．
(3) $\alpha(u,0) = q, \alpha(u, t_p) = p$;
(4) 各定数 u に対して $\alpha(u,t)$ は時間的曲線である．

ベクトル $(\partial/\partial u)_\alpha|_{u=0}$ は**変分ベクトル Z** と呼ばれる．逆に，与えられた $\gamma(t)$ に沿った q と p で消滅する連続で区分的に C^2 級のベクトル場 $\mathbf{Z}$ に対して，ある $\epsilon > 0$ に対して

$u \in (-\epsilon, \epsilon)$ であり，かつ $r = \gamma(t)$ であるとき，
$$\alpha(u, t) = \exp_r(u\mathbf{Z}|_r)$$
によって $\mathbf{Z}$ を変分ベクトルとする変分 α を定義することができる．

補題 4.5.4
α の下で q から p への経路長の変分は

$$\left.\frac{\partial L}{\partial u}\right|_{u=0} = \sum_{i=1}^{n-1} \int_{t_i}^{t_{i+1}} g\left(\frac{\partial}{\partial u}, \left\{f^{-1}\frac{\mathrm{D}}{\mathrm{d}t}\frac{\partial}{\partial t} - f^{-2}\left(\frac{\partial f}{\partial t}\right)\frac{\partial}{\partial t}\right\}\right)\mathrm{d}t + \sum_{i=2}^{n-1} g\left(\frac{\partial}{\partial u}, \left[f^{-1}\frac{\partial}{\partial t}\right]\right)$$

である．ここで，$f^2 = g(\partial/\partial t, \partial/\partial t)$ は接ベクトルの大きさであり，$[f^{-1}\partial/\partial t]$ は $\gamma(t)$ の特異点の 1 つでの不連続性である．

次が成り立つ：

$$\left.\frac{\partial L}{\partial u}\right|_{u=0} = \Sigma \frac{\partial}{\partial u} \int \left(-g\left(\frac{\partial}{\partial t}, \frac{\partial}{\partial t}\right)\right)^{\frac{1}{2}} \mathrm{d}t$$
$$= -\Sigma \int g\left(\frac{\mathrm{D}}{\partial u}\frac{\partial}{\partial t}, \frac{\partial}{\partial t}\right) f^{-1} \mathrm{d}t$$
$$= -\Sigma \int g\left(\frac{\mathrm{D}}{\partial t}\frac{\partial}{\partial u}, \frac{\partial}{\partial t}\right) f^{-1} \mathrm{d}t$$
$$= -\Sigma \int \left\{\frac{\partial}{\partial t}\left(g\left(\frac{\partial}{\partial u}, \frac{\partial}{\partial t}\right)\right) f^{-1} - g\left(\frac{\partial}{\partial u}, \frac{\mathrm{D}}{\partial t}\frac{\partial}{\partial t}\right) f^{-1}\right\} \mathrm{d}t$$

初項を部分積分すると，求める公式が得られる． □

パラメータ t を弧長 s に選ぶとこの公式はより簡単になる．このとき，$g(\partial/\partial t, \partial/\partial t) = -1$ である．ここでは $\mathbf{V}$ によって単位接ベクトル $\partial/\partial s$ を表す．すると，

$$\left.\frac{\partial L}{\partial u}\right|_{u=0} = \sum_{i=1}^{n-1} \int_{t_i}^{t_{i+1}} g(\mathbf{Z}, \dot{\mathbf{V}})\mathrm{d}s + \sum_{i=2}^{n-1} g(\mathbf{Z}, [\mathbf{V}])$$

が成り立つ．ここで，$\dot{\mathbf{V}} = \mathrm{D}\mathbf{V}/\partial s$ は加速度である．これより，$\gamma(t)$ が q から p への最長の曲線であるための必要条件が，それが**途切れない測地曲線**である必要があるということであることが再び確かめられる．というのも，もしそうでなければ変分をとることにより，より長い曲線を生成できるからである．

空間的 3 次元面 $\mathscr{H}$ から点 p への時間的曲線を考えることもできる．この曲線の変分 α は，以前述べた条件から条件 (3) を次の条件

(3) $\alpha(u, 0)$ は $\mathscr{H}$ に含まれ，$\alpha(u, t_p) = p$ が成り立つ．

4.5 弧長の変分

によって置き換えたものとして定義される．よって $\mathscr{H}$ では，変分ベクトル $\mathbf{Z} = \partial/\partial u$ は $\mathscr{H}$ に含まれる．

補題 4.5.5

$$\left.\frac{\partial L}{\partial u}\right|_{u=0} = \sum_{i=1}^{n-1} \int_{t_i}^{t_{i+1}} g(\dot{\mathbf{V}}, \mathbf{Z}) \mathrm{d}s + \sum_{i=2}^{n-1} g(\mathbf{Z}, [\mathbf{V}]) + g(\mathbf{Z}, \mathbf{V})|_{s=0}.$$

証明は補題 4.5.4 と同様である．

これより，$\gamma(t)$ が $\mathscr{H}$ から p への最長曲線であるための必要条件は，それが $\mathscr{H}$ に対して直交する途切れない測地曲線であるということが確かめられる．

既に見てきたように，変分 α の下では，時間的測地曲線の長さの 1 階微分はゼロである．これをさらに進めるには，2 階微分を計算する必要がある．q から p への測地曲線 $\gamma(t)$ の 2 パラメータ変分 α を C^1 級写像:

$$\alpha : (-\epsilon_1, \epsilon_1) \times (-\epsilon_2, \epsilon_2) \times [0, t_p] \to \mathscr{M}$$

で，

(1) $\alpha(0, 0, t) = \gamma(t)$;

(2) 各

$$(-\epsilon_1, \epsilon_1) \times (-\epsilon_2, \epsilon_2) \times [t_i, t_{i+1}];$$

上で α が C^3 級であるような $[0, t_p]$ の部分分割 $0 = t_1 < t_2 < \cdots < t_n = t_p$ が存在する；

(3) $\alpha(u_1, u_2, 0) = q, \quad \alpha(u_1, u_2, t_p) = p$;

(4) 全ての定数 u_1, u_2 に対して $\alpha(u_1, u_2, t)$ は時間的曲線になる．

によって定義する．ここで，

$$\mathbf{Z}_1 = \left(\frac{\partial}{\partial u_1}\right)_\alpha \bigg|_{\substack{u_1=0,\\u_2=0}}$$

$$\mathbf{Z}_2 = \left(\frac{\partial}{\partial u_2}\right)_\alpha \bigg|_{\substack{u_1=0,\\u_2=0}}$$

を 2 つの変分ベクトルとして定義する．逆に $\gamma(t)$ に沿って 2 つの連続かつ区分的に C^2 級なベクトル場 $\mathbf{Z}_1$ および $\mathbf{Z}_2$ を与えると，

$$\alpha(u_1, u_2, t) = \exp_r(u_1 \mathbf{Z}_1 + u_2 \mathbf{Z}_2),$$
$$r = \gamma(t)$$

によってそれらを変分ベクトルとして変分を定義することができる．

補題 4.5.6

測地曲線 $\gamma(t)$ の 2 パラメータ変分の下で，経路長の 2 階微分は

$$\left.\frac{\partial^2 L}{\partial u_2 \partial u_1}\right|_{\substack{u_1=0 \\ u_2=0}} = \sum_{i=1}^{n-1} \int_{t_i}^{t_{i+1}} g\left(\mathbf{Z}_1, \left\{\frac{\mathrm{D}^2}{\mathrm{d}s^2}(\mathbf{Z}_2 + g(\mathbf{V}, \mathbf{Z}_2)\mathbf{V}) - \mathbf{R}(\mathbf{V}, \mathbf{Z}_2)\mathbf{V}\right\}\right) \mathrm{d}s$$
$$+ \sum_{i=2}^{n-1} g\left(\mathbf{Z}_1, \left[\frac{\mathrm{D}}{\partial s}(\mathbf{Z}_2 + g(\mathbf{V}, \mathbf{Z}_2)\mathbf{V})\right]\right)$$

となる．

補題 4.5.4 より，次が成り立つ：

$$\left.\frac{\partial L}{\partial u_1}\right|_{\substack{u_1=0 \\ u_2=0}} = \Sigma \int g\left(\frac{\partial}{\partial u_1}, \left\{f^{-1}\frac{\mathrm{D}}{\partial t}\frac{\partial}{\partial t} - f^{-2}\left(\frac{\partial}{\partial t}\right)\frac{\partial}{\partial t}\right\}\right) \mathrm{d}t + \Sigma g\left(\frac{\partial}{\partial u_1}, \left[f^{-1}\frac{\partial}{\partial t}\right]\right).$$

よって

$$\left.\frac{\partial^2 L}{\partial u_2 \partial u_1}\right|_{\substack{u_1=0 \\ u_2=0}}$$
$$= \Sigma \int g\left(\frac{\mathrm{D}}{\partial u_2}\frac{\partial}{\partial u_1}, \left\{f^{-1}\frac{\mathrm{D}}{\partial t}\frac{\partial}{\partial t} - f^{-2}\left(\frac{\partial f}{\partial t}\right)\frac{\partial}{\partial t}\right\}\right) \mathrm{d}t$$
$$- \Sigma \int g\left(\frac{\partial}{\partial u_1}, \left\{f^{-2}\left(\frac{\partial f}{\partial u_2}\right)\frac{\mathrm{D}}{\partial t}\frac{\partial}{\partial t} - f^{-1}\frac{\mathrm{D}}{\partial u_2}\frac{\mathrm{D}}{\partial t}\frac{\partial}{\partial t}\right.\right.$$
$$\left.\left. - 2f^{-3}\left(\frac{\partial f}{\partial u_2}\right)\left(\frac{\partial f}{\partial t}\right)\frac{\partial}{\partial t} + f^{-2}\left(\frac{\partial^2 f}{\partial u_2 \partial t}\right)\frac{\partial}{\partial t} + f^{-2}\left(\frac{\partial f}{\partial t}\right)\frac{\mathrm{D}}{\partial u_2}\frac{\partial}{\partial t}\right\}\right) \mathrm{d}t$$
$$+ \Sigma g\left(\frac{\mathrm{D}}{\partial u_2}\frac{\partial}{\partial u_1}, \left[f^{-1}\frac{\partial}{\partial t}\right]\right) + \Sigma g\left(\frac{\partial}{\partial u_1}, \frac{\mathrm{D}}{\partial u_2}\left[f^{-1}\frac{\partial}{\partial t}\right]\right)$$

が成り立つ．初項と第 3 項は，$\gamma(t)$ が途切れない測地曲線であることより消滅する．第 2 項では次のように書き換えられる：

$$\frac{\mathrm{D}}{\partial u_2}\frac{\mathrm{D}}{\partial t}\frac{\partial}{\partial t} = -\mathbf{R}\left(\frac{\partial}{\partial t}, \frac{\partial}{\partial u_2}\right)\frac{\partial}{\partial t} + \frac{\mathrm{D}}{\partial t}\frac{\mathrm{D}}{\partial u_2}\frac{\partial}{\partial t}$$
$$= -\mathbf{R}\left(\frac{\partial}{\partial t}, \frac{\partial}{\partial u_2}\right)\frac{\partial}{\partial t} + \frac{\mathrm{D}^2}{\partial t^2}\frac{\partial}{\partial u_2}$$

および

$$\frac{\partial^2 f}{\partial u_2 \partial t} = -\frac{\partial}{\partial t}\left(f^{-1} g\left(\frac{\mathrm{D}}{\partial u_2}\frac{\partial}{\partial t}, \frac{\partial}{\partial t}\right)\right)$$
$$= -\frac{\partial}{\partial t}\left\{f^{-1}\frac{\partial}{\partial t}\left(g\left(\frac{\partial}{\partial u_2}, \frac{\partial}{\partial t}\right)\right) - f^{-1}g\left(\frac{\partial}{\partial u_2}, \frac{\mathrm{D}}{\partial t}\frac{\partial}{\partial t}\right)\right\}$$

となる．第 4 項では

$$\frac{\mathrm{D}}{\partial u_2}\left[f^{-1}\frac{\partial}{\partial t}\right] = \left[f^{-1}\frac{\mathrm{D}}{\partial t}\frac{\partial}{\partial u_2} + f^{-3}g\left(\frac{\mathrm{D}}{\partial t}\frac{\partial}{\partial u_2}, \frac{\partial}{\partial t}\right)\frac{\partial}{\partial t}\right]$$

4.5 弧長の変分

となる．すると，t を弧長 s にとると，求める結果が得られる． □

この表式の見かけからは直接的には明らかではないが，定義より，それは 2 つの変分ベクトル場 $\mathbf{Z}_1$ と $\mathbf{Z}_2$ について対称であることが分かる．それは $\mathbf{V}$ に直交する空間への $\mathbf{Z}_1$ と $\mathbf{Z}_2$ の射影のみに依存することが分かる．よって，$\mathbf{V}$ に直交する変分ベクトルを持つ変分 α に注意を集中することができる．そこで，T_γ を，$\mathbf{V}$ に直交する $\gamma(t)$ に沿った全ての連続かつ区分的に C^2 級なベクトル場で q と p で消滅するものからなる (無限次元) ベクトル空間として定義する．すると，$\partial^2 L/\partial u_2 \partial u_1$ は $T_\gamma \times T_\gamma$ から R^1 への対称写像になる．これは T_γ 上の対称テンソルと考えることができ，次のように書く：

$$L(\mathbf{Z}_1, \mathbf{Z}_2) = \frac{\partial^2 L}{\partial u_2 \partial u_1}\bigg|_{\substack{u_1=0 \\ u_2=0}}, \quad \mathbf{Z}_1, \mathbf{Z}_2 \in T_\gamma.$$

$\mathscr{H}$ に直交する測地曲線 $\gamma(t)$ の $\mathscr{H}$ から p の経路長の 2 階微分も計算することができる．$\gamma(t)$ の終端の片方が固定される代わりに，$\mathscr{H}$ 上で変化することが許されることを除けば前述と同様に証明を進めることができる．

補題 4.5.7
$\mathscr{H}$ から p への $\gamma(t)$ の経路長の 2 階微分は

$$\frac{\partial^2 L}{\partial u_2 \partial u_1}\bigg|_{\substack{u_1=0 \\ u_2=0}} = \sum_{i=1}^{n-1} \int_{t_i}^{t_{i+1}} g\left(\mathbf{Z}_1, \left\{\frac{D^2}{ds^2}\mathbf{Z}_2 - \mathbf{R}(\mathbf{V}, \mathbf{Z}_2)\mathbf{V}\right\}\right) ds$$
$$+ \sum_{i=2}^{n-1} g\left(\mathbf{Z}_1, \left[\frac{D}{ds}\mathbf{Z}_2\right]\right) + g\left(\mathbf{Z}_1, \frac{D}{ds}\mathbf{Z}_2\right)\bigg|_{\mathscr{H}} - \chi(\mathbf{Z}_1, \mathbf{Z}_2)\bigg|_{\mathscr{H}}$$

である．ここで，$\mathbf{Z}_1$ と $\mathbf{Z}_2$ は $\mathbf{V}$ に直交するようにとられ，$\chi(\mathbf{Z}_1, \mathbf{Z}_2)$ は $\mathscr{H}$ の第 2 基本テンソルである．

最初の 2 つの項は補題 4.5.6 に対するものと同様である．余分な項は

$$\frac{D}{\partial u_2} g\left(\frac{\partial}{\partial u_1}, f^{-1}\frac{\partial}{\partial t}\right)\bigg|_{\mathscr{H}} = f^{-1} g\left(\frac{D}{\partial u_2}\frac{\partial}{\partial u_1}, \frac{\partial}{\partial t}\right)\bigg|_{\mathscr{H}}$$
$$+ f^{-3} g\left(\frac{D}{\partial u_2}\frac{\partial}{\partial t}, \frac{\partial}{\partial t}\right) g\left(\frac{\partial}{\partial u_1}, \frac{\partial}{\partial t}\right)\bigg|_{\mathscr{H}} + f^{-1} g\left(\frac{\partial}{\partial u_1}, \frac{D}{\partial t}\frac{\partial}{\partial u_2}\right)\bigg|_{\mathscr{H}}$$

のようになる．この第 2 項は $\partial/\partial u_1$ が $\partial/\partial t$ と直交することより消滅する．t を弧長 s にとった場合，$\partial/\partial t$ は $\mathscr{H}$ で単位法線 $\mathbf{N}$ と等しくなる．$\gamma(t)$ の終端が $\mathscr{H}$ 上を変化するように制限されていることより，$\partial/\partial u_1$ は常に $\mathbf{N}$ と直交するようになる．よって

$$g\left(\frac{D}{\partial u_2}\frac{\partial}{\partial u_1}, \mathbf{N}\right) = \frac{\partial}{\partial u_2} g\left(\frac{\partial}{\partial u_1}, \mathbf{N}\right) - g\left(\frac{\partial}{\partial u_1}, \frac{D}{\partial u_2}\mathbf{N}\right) = -\chi\left(\frac{\partial}{\partial u_1}, \frac{\partial}{\partial u_2}\right)$$

である.

q から p への時間的測地曲線 $\gamma(t)$ は, $L(\mathbf{Z}_1, \mathbf{Z}_2)$ が半負定値[*4]であるとき**最長である**という. 言い換えると, $\gamma(t)$ が最長でない場合, p から q へのより長い曲線を生成するような小さな変分 α が存在する. 同様に, $\mathscr{H}$ に垂直な $\mathscr{H}$ から p までの時間的測地曲線は, $L(\mathbf{Z}_1, \mathbf{Z}_2)$ が半負定値であるとき**最長である**というので, $\gamma(t)$ が最長でない場合, $\mathscr{H}$ から p へのより長い曲線を生成する小さな変分が存在する.

命題 4.5.8
q から p への時間的測地曲線 $\gamma(t)$ は (q,p) 内で $\gamma(t)$ に沿って q と共役な点が存在しない場合に限り最長である.

仮に, (q,p) 内に共役点が存在しないと仮定しよう. そして, $\gamma(t)$ に沿って Fermi 伝播された直交基底を導入する. q で消滅する $\gamma(t)$ に沿った Jacobi 場は (q,p) 内で正則行列だが, q で特異行列であり, p で特異行列の可能性がある行列 $A_{\alpha\beta}(t)$ によって表される. 共役点が孤立していることより, $\mathrm{d}(\log \det \mathbf{A})/\mathrm{d}s$ は $A_{\alpha\beta}$ が特異行列なところで無限大になる. よって C^0 級かつ区分的に C^2 級なベクトル場 $\mathbf{Z} \in T_\gamma$ は $[q,p]$ で

$$Z^\alpha = A_{\alpha\beta} W^\beta$$

として表すことができる. ここで, W^β は $[q,p]$ 上で C^0 級かつ区分的に C^1 級とする. すると,

$$\begin{aligned}
L(\mathbf{Z},\mathbf{Z}) &= \Sigma \int_0^{s_p} A_{\alpha\beta} W^\beta \left\{ \frac{\mathrm{d}^2}{\mathrm{d}s^2}(A_{\alpha\delta} W^\delta) + R_{\alpha 4 \gamma 4} A_{\gamma\delta} W^\delta \right\} \mathrm{d}s \\
&\quad + \Sigma A_{\alpha\beta} W^\beta \left[\frac{\mathrm{d}}{\mathrm{d}s}(A_{\alpha\delta} W^\delta) \right] \\
&= \lim_{\epsilon \to 0+} \Sigma \int_\epsilon^{s_p} A_{\alpha\beta} W^\beta \left\{ 2 \frac{\mathrm{d}}{\mathrm{d}s} A_{\alpha\delta} \frac{\mathrm{d}}{\mathrm{d}s} W^\delta + A_{\alpha\delta} \frac{\mathrm{d}^2}{\mathrm{d}s^2} W^\delta \right\} \mathrm{d}s \\
&\quad + \Sigma A_{\alpha\beta} W^\beta A_{\alpha\delta} \left[\frac{\mathrm{d}}{\mathrm{d}s} W^\delta \right] \\
&= -\Sigma \int_0^{s_p} \left\{ A_{\alpha\beta} \frac{\mathrm{d}}{\mathrm{d}s} W^\beta A_{\alpha\delta} \frac{\mathrm{d}}{\mathrm{d}s} W^\delta + W^\beta \left(\frac{\mathrm{d}}{\mathrm{d}s} A_{\alpha\beta} A_{\alpha\delta} \right. \right. \\
&\qquad\qquad \left.\left. - A_{\alpha\beta} \frac{\mathrm{d}}{\mathrm{d}s} A_{\alpha\delta} \right) \frac{\mathrm{d}}{\mathrm{d}s} W^\delta \right\} \mathrm{d}s
\end{aligned}$$

が得られる. (q で W^δ の 2 階微分が定義されていないかもしれないので極限をとった.) しかし

$$\left(\frac{\mathrm{d}}{\mathrm{d}s} A_{\alpha\beta} A_{\alpha\delta} - A_{\alpha\beta} \frac{\mathrm{d}}{\mathrm{d}s} A_{\alpha\delta} \right) = -2 A_{\alpha\beta} \omega_{\alpha\gamma} A_{\gamma\delta} = 0$$

[*4] 訳注:半負定値とはゼロ以下の場合を指す.

4.5 弧長の変分

である. よって $L(\mathbf{Z}, \mathbf{Z}) \leqslant 0$ である.

逆に $\gamma(t)$ に沿って q に共役な点 $r \in (q, p)$ が存在すると仮定しよう. $\mathbf{W}$ を q と p で消滅する γ に沿った Jacobi 場とする. $\mathbf{K} \in T_\gamma$ を r で

$$K^a g_{ab} \frac{\mathrm{D}}{\partial s} W^b = -1$$

となるようなベクトルとしよう. $\mathbf{W}$ を $[r, p]$ 内でゼロと置くことによって p に拡張する. ϵ をある定数とするとき, $\mathbf{Z}$ を $\epsilon \mathbf{K} + \epsilon^{-1} \mathbf{W}$ と置く. すると

$$L(\mathbf{Z}, \mathbf{Z}) = \epsilon^2 L(\mathbf{K}, \mathbf{K}) + 2L(\mathbf{K}, \mathbf{W}) + 2\epsilon^{-2} L(\mathbf{W}, \mathbf{W}) = \epsilon^2 L(\mathbf{K}, \mathbf{K}) + 2$$

である. よって ϵ を十分小さくとることによって $L(\mathbf{Z}, \mathbf{Z})$ を正になるようにできる. □

$\mathscr{H}$ に対して直交する時間的測地曲線 $\gamma(t)$ の $\mathscr{H}$ から p の場合に対して同様の結果を得ることができる.

命題 4.5.9
$\mathscr{H}$ から p への時間的測地曲線 $\gamma(t)$ は, γ に沿って $\mathscr{H}$ に対して共役な点が $(\mathscr{H}, q)$ 内に存在しない場合に限り最長である. □

q から p への非空間的曲線 $\gamma(t)$ の変分も考えよう. $g(\partial/\partial t, \partial/\partial t)$ がいたるところ負か, あるいは言い換えると, q から p への時間的曲線を生成するような $\gamma(t)$ の変分 α を求めることが可能な状況に関心がある. 変分 α のもとで,

$$\begin{aligned}\frac{\partial}{\partial u}\left(g\left(\frac{\partial}{\partial t}, \frac{\partial}{\partial t}\right)\right) &= 2g\left(\frac{\mathrm{D}}{\partial u}\frac{\partial}{\partial t}, \frac{\partial}{\partial t}\right) = 2g\left(\frac{\mathrm{D}}{\partial t}\frac{\partial}{\partial u}, \frac{\partial}{\partial t}\right) \\ &= 2\frac{\partial}{\partial t}\left(g\left(\frac{\partial}{\partial u}, \frac{\partial}{\partial t}\right)\right) - 2g\left(\frac{\partial}{\partial u}, \frac{\mathrm{D}}{\partial t}\frac{\partial}{\partial t}\right)\end{aligned} \quad (4.48)$$

が成り立つ. q から p への時間的曲線を得るために, これが $\gamma(t)$ 上どこでもゼロ以下であると要求する.

命題 4.5.10
p と q がヌル測地線でない非空間的曲線 $\gamma(t)$ によって連結できるとき, それらは時間的曲線によっても連結できる.

$\gamma(t)$ が p から q へのヌル測地曲線でないとき, 接ベクトルが不連続であるような点が存在するか, 加速度ベクトル $(\mathrm{D}/\partial t)(\partial/\partial t)$ がゼロでなく, $\partial/\partial t$ に平行でないような開区間が存在しなければならない. 最初の場合について, 不連続性が存在しない場合を考えよう. このとき,

$$g\left(\frac{\mathrm{D}}{\partial t}\frac{\partial}{\partial t}, \frac{\partial}{\partial t}\right) = \frac{1}{2}\frac{\partial}{\partial t}\left(g\left(\frac{\partial}{\partial t}, \frac{\partial}{\partial t}\right)\right) = 0$$

が成り立つ．これは $(D/\partial t)(\partial/\partial t)$ がゼロでなく，$\partial/\partial t$ に平行でない空間的ベクトルであることを示している．$\mathbf{W}$ を $g(\mathbf{W}, \partial/\partial t) < 0$ であるような $\gamma(t)$ に沿った C^2 級時間的ベクトル場としよう．すると，

$$a^2 = g\left(\frac{\mathrm{D}}{\partial t}\frac{\partial}{\partial t}, \frac{\mathrm{D}}{\partial t}\frac{\partial}{\partial t}\right),$$

$$c = -g\left(\mathbf{W}, \frac{\partial}{\partial t}\right),$$

$$b = -\int_{t_q}^{t} c^{-1} g\left(W, \frac{\mathrm{D}}{\partial t}\frac{\partial}{\partial t}\right) \mathrm{d}t$$

かつ y が $y_p = y_q = 0$ であるような $[p, q]$ 上の非負関数であり，

$$\int_{t_q}^{t_p} e^{-b}(1 - \tfrac{1}{2} y a^2) \mathrm{d}t = 0$$

を満たすものと置くとき，

$$x = c^{-1} e^{b} \int_{t_q}^{t} e^{-b}(1 - \tfrac{1}{2} y a^2) \mathrm{d}t$$

に対して変分ベクトルを

$$\mathbf{Z} = x\mathbf{W} + y \frac{\mathrm{D}}{\partial t}\frac{\partial}{\partial t}$$

とする変分の下で p から q への時間的曲線を得ることができる．さていま，接ベクトル $\partial/\partial t$ が各区分 $[t_i, t_{i+1}]$ 上で連続となるような部分分割 $t_q < t_1 < t_2 < \cdots < t_p$ が存在するものと仮定しよう．区分 $[t_i, t_{i+1}]$ がヌル測地線でない場合，その端点間で時間的曲線を与えるために変分をとることができる．よって不連続点 $\gamma(t_i)$ でその接ベクトルが平行でないようなヌル測地線の区分からなる非空間的曲線 $\gamma(t)$ から時間的曲線が得られることのみを証明すればよい．パラメータ t は各区分 $[t_i, t_{i+1}]$ 上でアフィンパラメータとなるようにとることができる．不連続性 $[\partial/\partial t]_{t_i}$ は，それがヌル円錐の同じ側の半分に含まれる非平行な 2 つのヌルベクトルの間の差であることより，空間的ベクトルになる．よって $[t_{i-1}, t_i]$ 上 $g(\mathbf{W}, \partial/\partial t) < 0$ かつ $[t_i, t_{i+1}]$ 上 $g(\mathbf{W}, \partial/\partial t) > 0$ であるような $[t_{i-1}, t_{i+1}]$ に沿った C^2 級ベクトル場 $\mathbf{W}$ を求めることができる．すると，$\gamma(t_{i-1})$ と $\gamma(t_{i+1})$ の間の時間的曲線は，$c = -g(\mathbf{W}, \partial/\partial t)$ と置き，$t_{i-1} \leqslant t \leqslant t_i$ に対しては $x = c^{-1}(t_{i+1} - t_i)(t - t_{i-1})$ かつ $t_i \leqslant t \leqslant t_{i+1}$ に対しては $x = c^{-1}(t_i - t_{i-1})(t_{i+1} - t)$ とするとき，変分ベクトル場 $\mathbf{Z} = x\mathbf{W}$ を持つ変分から得られる． □

よって $\gamma(t)$ が測地曲線でない場合，$\gamma(t)$ は時間的曲線を得るために変化させることができる．もしそれが測地曲線なら，パラメータ t はアフィンパラメータにとることができる．すると，時間的曲線を生成するための必要だが十分でない条件が，$\gamma(t)$ 上のいたると

4.5 弧長の変分

ころで，変分ベクトル $\partial/\partial u$ が接ベクトル $\partial/\partial t$ に対して直交する必要があることが分かる．というのもそうでなければ $(\partial/\partial t)g(\partial/\partial u,\partial/\partial t)$ は $\gamma(t)$ 上のどこかで正になってしまうからである．このような変分に対しては，1階微分 $(\partial/\partial u)g(\partial/\partial t,\partial/\partial t)$ はゼロになるので，2階微分を試す必要がある．

したがって，q から p へのヌル測地線 $\gamma(t)$ の2パラメータ変分 α を考えよう．変分 α は，上に与えた理由により，変分ベクトル

$$\left.\frac{\partial}{\partial u_1}\right|_{\substack{u_1=0\\u_2=0}} \quad \text{および} \quad \left.\frac{\partial}{\partial u_2}\right|_{\substack{u_1=0\\u_2=0}}$$

が $\gamma(t)$ 上接ベクトル $\partial/\partial t$ に対して直交するように変分を制限することを除いて以前述べた通りになる．

そのような変分の下での L の挙動を研究することは，$g(\partial/\partial t,\partial/\partial t)=0$ のとき $(-g(\partial/\partial t,\partial/\partial t))^{\frac{1}{2}}$ が微分可能でないことより便利ではない．そうする代わりに，次の変分を考える：

$$\Lambda \equiv -\sum_{i=1}^{n-1}\int_{t_i}^{t_{i+1}} g\left(\frac{\partial}{\partial t},\frac{\partial}{\partial t}\right)dt.$$

明らかにこの条件は，$\gamma(t)$ の変分 α が q から p への時間的曲線を生成する必要があることより Λ が正になるはずであり，必要ではあるものの十分ではない条件である．

$$\begin{aligned}\frac{1}{2}\frac{\partial^2}{\partial u_2\partial u_1}\left(g\left(\frac{\partial}{\partial t},\frac{\partial}{\partial t}\right)\right) &= \frac{\partial^2}{\partial u_2\partial t}\left(g\left(\frac{\partial}{\partial u_1},\frac{\partial}{\partial t}\right)\right) - \frac{\partial}{\partial u_2}\left(g\left(\frac{\partial}{\partial u_1},\frac{D}{\partial t}\frac{\partial}{\partial t}\right)\right)\\ &= \frac{\partial^2}{\partial u_2\partial t}\left(g\left(\frac{\partial}{\partial u_1},\frac{\partial}{\partial t}\right)\right) - g\left(\frac{\partial}{\partial u_1},\left\{\frac{D^2}{\partial t^2}\frac{\partial}{\partial u_2}\right.\right.\\ &\quad\left.\left. -\mathbf{R}\left(\frac{\partial}{\partial t},\frac{\partial}{\partial u_2}\right)\frac{\partial}{\partial t}\right\}\right)\end{aligned}$$

が成り立つので，

$$\frac{1}{2}\left.\frac{\partial^2 \Lambda}{\partial u_2 \partial u_1}\right|_{\substack{u_1=0\\u_2=0}} = \Sigma\int g\left(\frac{\partial}{\partial u_1},\left\{\frac{D^2}{\partial t^2}\frac{\partial}{\partial u_2}-\mathbf{R}\left(\frac{\partial}{\partial t},\frac{\partial}{\partial u_2}\right)\frac{\partial}{\partial t}\right\}\right)dt$$

$$+ \Sigma g\left(\frac{\partial}{\partial u},\left[\frac{D}{\partial t}\frac{\partial}{\partial u_2}\right]\right) \quad (4.49)$$

である．この公式は，時間的曲線の経路長の変分に対するものと大変よく似ている．$\partial/\partial t$ がヌルであり，Riemann テンソルが反対称であることより，$\mathbf{R}(\partial/\partial t,\partial/\partial t)(\partial/\partial t)=0$ となることより，接ベクトル $\partial/\partial t$ に対して比例する変分ベクトルに対して Λ の変分がゼロになることが分かる．そのような変分は単に $\gamma(t)$ の再パラメータ化したものと同値である．よって時間的曲線を与える変分をとりたいなら，$\gamma(t)$ の各点 q での変分ベクトルの空間 S_q への射影のみを考慮すればよい．言い換えれば，$\gamma(t)$ に沿った擬正規直交基底

$\mathbf{E}_1, \mathbf{E}_2, \mathbf{E}_3, \mathbf{E}_4$ で $\mathbf{E}_4 = \partial/\partial t$ となるものを導入すると，Λ の変分は変分ベクトルの成分 Z^m ($m=1,2$) のみに依存するようになる．

命題 4.5.11
$\gamma(t)$ に沿って q と共役な点が $[q,p]$ 内に存在しないとすると，$d^2\Lambda/du^2|_{u=0}$ は，変分ベクトル $\partial/\partial u|_{u=0}$ が $\gamma(t)$ 上で接ベクトル $\partial/\partial t$ に対して直交し，いたるところゼロでないか，$\partial/\partial t$ に対して比例しないような $\gamma(t)$ の任意の変分 α に対して負になる．言い換えると，q と共役な点が $[q,p]$ 内に存在しないとすると，q から p への時間的曲線を与えるいかなる小さな変分も存在しない．

証明は，命題 4.5.8 に対するものと同様であるが，その代わり，§4.2 の 2×2 行列 $\hat{A}_{mn}$ を使用する． □

命題 4.5.12
$\gamma(t)$ に沿って q に対して共役な点 r が (q,p) 内に存在するなら，q から p への時間的曲線を与える $\gamma(t)$ の変分が存在する．

この証明は，接ベクトルがいたるところ時間的になることを示す必要があるため，やや難しい．W^m を，q と r で消滅する Jacobi 場の空間 S (§4.2 参照) 内の成分としよう．するとそれは，便宜上 t をアフィンパラメータにとると，

$$\frac{d^2}{dt^2}W^m = -R_{m4n4}W^n$$

に従う．

W^m が少なくとも C^3 級であり，dW^m/dt が q と r でゼロでないことより，$\hat{W}^m$ であり，f と $\hat{\mathbf{W}}$ が C^2 級とするとき，$W^m = f\hat{W}^m$ と書くことができる．すると，

$$h = \hat{W}^m \frac{d^2}{dt^2}\hat{W}^m + R_{m4n4}\hat{W}^m\hat{W}^n$$

とするとき，

$$\frac{d^2}{dt^2}f + hf = 0$$

が成り立つ．$x\in[r,p]$ を W^m が $[r,x]$ 内でゼロでないようにとる．h_1 を $[r,x]$ 内の h のうちの最小値と置こう．$a>0$ を $a^2 + h_1 > 0$ となるものとし，$b = \{-f(e^{at}-1)^{-1}\}|_x$ と置く．すると場

$$Z^m = \{b(e^{at}-1) + f\}\hat{W}^m$$

は q と x で消滅し，(q,x) 内で，

$$Z^m\left(\frac{d^2}{dt^2}Z^m + R_{m4n4}Z^n\right) > 0$$

4.5 弧長の変分

を満たすようになる.q から x への $\gamma(t)$ の変分 $\alpha(u,t)$ で, その変分ベクトル $\partial/\partial u|_{u=0}$ の S 内の成分が Z^m に等しく, かつ

$$g\left(\frac{\mathrm{D}}{\partial u}\frac{\partial}{\partial u}, \frac{\partial}{\partial t}\right)\bigg|_{u=0}$$

が

$$g\left(\frac{\mathrm{D}}{\partial u}\frac{\partial}{\partial u}, \frac{\partial}{\partial t}\right)\bigg|_{u=0} + g\left(\frac{\partial}{\partial u}, \frac{\mathrm{D}}{\partial t}\frac{\partial}{\partial u}\right)\bigg|_{u=0} = \begin{cases} -\epsilon t & (0 \leqslant t \leqslant \frac{1}{4}t_x), \\ \epsilon(t - \frac{1}{2}t_x) & (\frac{1}{4}t_x \leqslant t \leqslant \frac{3}{4}t_x), \\ \epsilon(t_x - t) & (\frac{3}{4}t_x \leqslant t \leqslant t_x), \end{cases}$$

を満たすものを選ぶ. ここで, t_x は x での t の値であり, $\epsilon > 0$ だが, 範囲 $\frac{1}{4}t_x \leqslant t \leqslant \frac{3}{4}t_x$ 内で $Z^m(\mathrm{d}^2 Z^m/\mathrm{d}t^2 + R_{m4n4}Z^n)$ の最小値より小さいものとする. すると (4.49) により, $(\partial^2/\partial u^2)g(\partial/\partial t, \partial/\partial t)$ は, $[q,x]$ 内のいたるところで負になるので, 十分小さな u に対して, α は q から x への時間曲線を与える. x から p への γ の断片にこの曲線を連結すると, q から p へのヌル測地曲線でない非空間的曲線を得る. よって q から p への時間的曲線を与えるこの曲線の変分が存在する. □

同様の方法によって次が証明できる:

命題 4.5.13
$\gamma(t)$ が空間的 2 次元面 $\mathscr{S}$ から p への $\mathscr{S}$ に対して直交するヌル測地曲線であり, γ に沿って $\mathscr{S}$ に対して共役な点が $[\mathscr{S},p]$ 内に存在しないなら, $\mathscr{S}$ から p への時間的曲線を与える γ のいかなる小さな変分も存在しない. □

命題 4.5.14
p に沿って $\mathscr{S}$ に対して共役な点が $(\mathscr{S},p)$ 内に存在するなら, $\mathscr{S}$ から p への時間的曲線を与える γ の変分が存在する. □

時間的および非空間的曲線に対するこれらの結果は, 最長測地線の非存在性を示すために第 8 章で用いられる.

第 5 章
厳密解

いかなる時空の計量も Einstein の場の方程式 (=Einstein 方程式)

$$R_{ab} - \tfrac{1}{2} R g_{ab} + \Lambda g_{ab} = 8\pi T_{ab} \tag{5.1}$$

を満たすものと見なすことができる (ここでは第 3 章の単位系を使用することにする). 時空 $(\mathcal{M}, \mathbf{g})$ の計量から (5.1) 式の左辺を決定すると, (5.1) 式の右辺として T_{ab} を**定義**することができるからである. このようにして定義された物質のテンソルは一般に不合理な物理的性質を有す. 解は記述された物質が合理的な場合にのみ合理的になる.

第 3 章の仮定 (a)('局所因果律') と §4.3 のエネルギー条件の 1 つに従う物質の一形態に対するエネルギー-運動量テンソル T_{ab} によって満たされる場の方程式を持つような時空 $(\mathcal{M}, \mathbf{g})$ が Einstein 方程式の**厳密解**を意味するものとする. 特に, 空っぽ (真空) の空間 ($T_{ab} = 0$), 電磁場 (T_{ab} が形 (3.7) を持つ), 完全流体 (T_{ab} が形 (3.8) を持つ), あるいは空間が電磁場と完全流体を含むものに対する厳密解を見ることにしよう. 場の方程式の複雑さのため, 非常に高い対称性を有する空間を除いて厳密解を求めることはできない. 厳密解は, 時空の任意の領域が様々な形態の物質を含む可能性があるにも関わらず, 非常に単純な物質に対してのみ厳密解を得ることができるという点で理想化されている. それにも関わらず, 厳密解は一般相対論で生じ得る定性的特徴, したがって場の方程式の現実的な解の可能な性質についての着想を与える. 本書で与える例は, のちの章で注目する様々な種類の挙動を示す. 本書では, それらの大域的性質に特に注意して解を議論する. 多くのこれらの大域的性質は, それらの解が当初は局所的な形でなら知られていたにも関わらず, 大域的性質についてはつい最近発見されたばかりである.

§5.1 と §5.2 では, もっとも単純な Lorentz 計量——定曲率のもの——を考察する. 空間的に一様等方な宇宙モデルは §5.3 で議論し, それらのもっとも単純な異方的一般化は §5.4 で論ずる. 全てのそのような単純なモデルは Λ が大きな正の値をとらないという条件で特異的な原点を持つ. 質量のある電荷を帯びた物体ないしは中性的な物体の外側の場を記述する球対称計量は, §5.5 で検討され, 質量のある回転する物体の外側の特殊な種類の場を記述する軸対称計量は §5.6 で記述される. いくつかの見かけ上の特異点は単に好ましくない座標系の選択によるものであることが示される. §5.7 では, Gödel 宇宙を記述し, §5.8 では Taub-NUT 解を記述する. これらは恐らく実際の宇宙を表していないが, それらが病理的大域性質を有することから興味深い. 最後に, §5.9 ではいくつかそのほかの興味深い厳密解に触れる.

5.1 Minkowski時空 (ミンコフスキー)

Minkowski 時空 $(\mathscr{M}, \boldsymbol{\eta})$ は一般相対論におけるもっとも単純な空っぽの時空であり，それは事実，特殊相対論の時空である．数学的には，それは平坦な Lorentz 計量 $\boldsymbol{\eta}$ を伴う多様体 R^4 である．R^4 の自然な座標 (x^1, x^2, x^3, x^4) に関して，計量 $\boldsymbol{\eta}$ は，

$$\mathrm{d}s^2 = -(\mathrm{d}x^4)^2 + (\mathrm{d}x^1)^2 + (\mathrm{d}x^2)^2 + (\mathrm{d}x^3)^2 \tag{5.2}$$

の形で表すことができる．球面極座標 (t, r, θ, ϕ) で表すなら，$x^4 = t$, $x^3 = r\cos\theta$, $x^2 = r\sin\theta\cos\phi$, $x^1 = r\sin\theta\sin\phi$ より，計量は

$$\mathrm{d}s^2 = -\mathrm{d}t^2 + \mathrm{d}r^2 + r^2(\mathrm{d}\theta^2 + \sin^2\theta \mathrm{d}\phi^2) \tag{5.3}$$

の形をとる．この計量は見かけ上 $r = 0$ と $\sin\theta = 0$ で特異に見える．しかしながらこれは，これらの点でこの計量が許容できない座標系を使用していることが原因である．正則な座標近傍を得るには，座標を制限する必要がある．例えば，範囲 $0 < r < \infty$, $0 < \theta < \pi$, $0 < \phi < 2\pi$ 等．2つのこのような座標近傍が，Minkowski 空間を被覆するのに必要である．

代替の座標系が $v = t + r$, $w = t - r \ (\Rightarrow v \geqslant w)$ によって定義された先進および遅延するヌル座標 v, w[*1] によって与えられる．この計量は

$$\mathrm{d}s^2 = -\mathrm{d}v\mathrm{d}w + \tfrac{1}{4}(v-w)^2(\mathrm{d}\theta^2 + \sin^2\theta \mathrm{d}\phi^2) \tag{5.4}$$

になる．ここで，$-\infty < v < \infty$, $-\infty < w < \infty$ である．計量の中で，$\mathrm{d}v^2$, $\mathrm{d}w^2$ が存在しないことは，面 $\{w = 定数\}, \{v = 定数\}$ がヌルであるという事実に対応する（つまり，$w_{;a}w_{;b}g^{ab} = 0 = v_{;a}v_{;b}g^{ab}$ である）．図 12 参照．

計量が (5.2) の形をとるような座標系において，測地線は b^a と c^a を定数とするとき，$x^a(v) = b^a v + c^a$ という形を持つ．指数写像 $\exp_p : T_p \to \mathscr{M}$ は

$$x^a(\exp_p \mathbf{X}) = X^a + x^a(p)$$

によって与えられる．ここで，X^a は T_p の座標基底 $\{\partial/\partial x^a\}$ に関する $\mathbf{X}$ の成分である．$\exp$ が1対1，上への写像であることより，それは T_p と $\mathscr{M}$ の間の微分同相写像になる．よって $\mathscr{M}$ の任意の2つの点は，唯一の測地曲線によって連結できる．$\exp$ が全ての p に対する T_p 上のいたるところで定義されるので，$(\mathscr{M}, \boldsymbol{\eta})$ は測地的完備である．

空間的 3 次元面 $\mathscr{S}$ に対して，$(\mathscr{S}$ の) 未来 (過去)Cauchy 発展 $D^+(\mathscr{S}) \ (D^-(\mathscr{S}))$ は，$\mathscr{M}$ の点 q の集合であって，q を通る各過去向き (未来向き) の延長不可能な非空間的曲線が $\mathscr{S}$ と交わるようなすべての点 $q \in \mathscr{M}$ からなるものとして定義される．§6.5 参照．

[*1] 訳注：この2つの時間座標は常に $v \geqslant w$ を満たすので先に進む時間座標として v を先進，後から遅れてくるので w を遅延と呼んでいる．物理的には先進は内向きに進む光パルスの進む経路であり，遅延は外向きに進む光パルスの経路である．

5.1 Minkowski時空

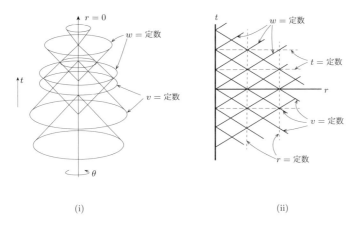

図 12. Minkowski 空間．ヌル座標 $v(w)$ は，光の速さで伝わる入射 (出射) する球面波と考えることができる．それらは先進 (遅延) 時間座標である．面 $\{v = 定数\}$ と面 $\{w = 定数\}$ の交点は 2 次元球面である．
(i) v, w 座標面 (1 つの座標面は省略されている).
(ii) (t, r) 平面．各点は半径 r の 2 次元球面を表す．

$D^+(\mathscr{S}) \cup D^-(\mathscr{S}) = \mathscr{M}$, つまり $\mathscr{M}$ 内の全ての延長不可能な非空間的曲線が $\mathscr{S}$ と交わるなら，$\mathscr{S}$ は Cauchy 面と呼ばれる．Minkowski 時空では，面 $\{x^4 = 定数\}$ は $\mathscr{M}$ 全体を被覆する Cauchy 面の族である．

しかしながら，Cauchy 面ではない延長不可能な空間的面を求めることができる．例えば，面

$$\mathscr{S}_\sigma : \{-(x^4)^2 + (x^1)^2 + (x^2)^2 + (x^3)^2 = \sigma = 定数\}$$

において $\sigma < 0, x^4 < 0$ とすると，これは原点 O の過去向きヌル円錐の内部に完全に含まれる空間的面になるので，Cauchy 面ではない (図 13 参照)．実際，$\mathscr{S}_\sigma$ の未来 Cauchy 発展は $\mathscr{S}_\sigma$ と原点の過去向き光円錐によって囲まれた領域である．補題 4.5.2 によって，原点 O を通る時間的測地線は面 $\mathscr{S}_\sigma$ と直交する．$r \in D^+(\mathscr{S}_\sigma) \cup D^-(\mathscr{S}_\sigma)$ なら，r と O を通る時間的測地線は r と $\mathscr{S}_\sigma$ の間を通る最長の時間的曲線である．しかし，r が $D^+(\mathscr{S}_\sigma) \cup D^-(\mathscr{S}_\sigma)$ に含まれないなら，r と $\mathscr{S}_\sigma$ の間を通る最長の時間的曲線は存在しない: 次のいずれかである．r が領域 $\sigma \geqslant 0$ に含まれる場合は，r を通り $\mathscr{S}_\sigma$ に対して直交する時間的測地線が存在しない．r が領域 $\sigma < 0, x^4 \geqslant 0$ に含まれる場合は，r を通り $\mathscr{S}_\sigma$ に対して直交する時間的測地線が存在するが，それが O で $\mathscr{S}_\sigma$ に対して共役な点を含むので，この測地線が r と $\mathscr{S}_\sigma$ の間を通る最長の曲線でない (図 13 参照).

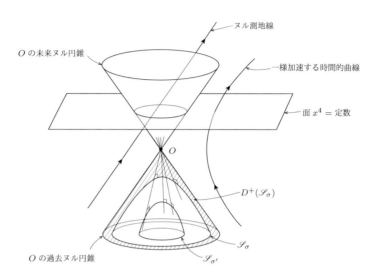

図 13. Minkowski 時空内の Cauchy 面 $\{x^4 = 定数\}$ および Cauchy 面でない空間的面 $\mathscr{S}_{\sigma'}, \mathscr{S}_\sigma$. 面 $\mathscr{S}_{\sigma'}, \mathscr{S}_\sigma$ に対して垂直な全ての測地線は O で交わる.

Minkowski 時空における無限遠の構造を研究するために，Penrose によって与えられたこの時空に対する興味深い表現を用いる．ヌル座標 v, w より，v, w の無限遠が有限の値になるように変換された新しいヌル座標を定義する．そこで，p, q を $\tan p = v, \tan q = w$ と置き，$-\frac{1}{2}\pi < p < \frac{1}{2}\pi, -\frac{1}{2}\pi < q < \frac{1}{2}\pi$ (かつ $p \geqslant q$) とする．すると，$(\mathscr{M}, \boldsymbol{\eta})$ の計量は

$$ds^2 = \sec^2 p \sec^2 q (-dpdq + \tfrac{1}{4}\sin^2(p-q)(d\theta^2 + \sin^2\theta d\phi^2))$$

の形をとる．物理的計量 $\boldsymbol{\eta}$ はしたがって

$$d\bar{s}^2 = -4dpdq + \sin^2(p-q)(d\theta^2 + \sin^2\theta d\phi^2) \tag{5.5}$$

によって与えられる計量 $\bar{\mathbf{g}}$ に対して共形的である．この計量は

$$t' = p + q, \qquad r' = p - q$$

と定義することによってより便利な形に簡約化できる．ここで

$$-\pi < t' + r' < \pi, \qquad -\pi < t' - r' < \pi, \qquad r' \geqslant 0 \tag{5.6}$$

である．

5.1 Minkowski時空

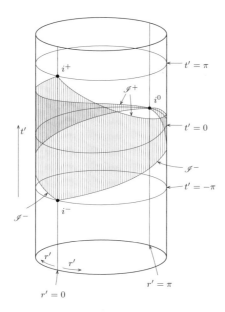

図 14. 埋め込まれた円筒によって表された Einstein の静的宇宙. 座標 θ, ϕ は省略されている. 各点は面積 $4\pi \sin^2 r'$ の 2 次元球面の片方を表す. 影を付けた領域は Minkowski 時空全体に対して共形的である. その境界 (i^+, i^0 および i^- のヌル円錐の一部である) は Minkowski 時空の共形的無限遠とみなすことができる.

(5.5) はすると,

$$d\bar{s}^2 = -(dt')^2 + (dr')^2 + \sin^2 r'(d\theta^2 + \sin^2\theta d\phi^2) \tag{5.7}$$

となる. よってこれより, Minkowski 時空全体は計量

$$ds^2 = \tfrac{1}{4}\sec^2(\tfrac{1}{2}(t'+r'))\sec^2(\tfrac{1}{2}(t'-r'))d\bar{s}^2$$

の領域 (5.6) によって与えられ, $d\bar{s}^2$ は (5.7) によって決定される. (5.3) の座標 t, r は

$$2t = \tan(\tfrac{1}{2}(t'+r')) + \tan(\tfrac{1}{2}(t'-r')),$$
$$2r = \tan(\tfrac{1}{2}(t'+r')) - \tan(\tfrac{1}{2}(t'-r'))$$

によって t', r' と関係している. さて, 計量 (5.7) は局所的に Einstein の静的宇宙 (§5.3 参照) のそれと全く同一であり, それは一様な時空である. (5.7) は Einstein の静的宇宙全体に解析的に拡張することができる. すなわち, この座標は多様体 $R^1 \times S^3$ を被覆するように拡張できる. そこでは $-\infty < t' < \infty$ であり, r', θ, ϕ は S^3 上の座

標とみなせる ((5.3) に現れる座標特異点と同様に, $r' = 0, r' = \pi, \theta = 0, \theta = \pi$ での座標特異点を伴う. これらの特異点は, (5.7) が特異であるような点の近傍の別の局所座標に変換することによって取り除くことができる). 2 つの次元を省略すると, Einstein の静的宇宙は計量 $ds^2 = -dt^2 + dx^2 + dy^2$ を伴う 3 次元 Minkowski 空間に埋め込まれた円筒 $x^2 + y^2 = 1$ として表すことができる (完全な Einstein の静的宇宙は計量 $ds^2 = -dt^2 + dx^2 + dy^2 + dz^2 + dw^2$ を伴う 5 次元 Euclid 空間内の円筒 $x^2 + y^2 + z^2 + w^2 = 1$ として埋め込める. Robertson (1933) 参照).

したがって Minkowski 時空全体は Einstein の静的宇宙の領域 (5.6) に対して共形的である, すなわち図 14 の影を付けた部分に対して共形的であるという状況が成り立つ. この領域の境界はしたがって Minkowski 時空の無限遠の共形的構造を表しているものと考えることができる. それはヌル面 $p = \frac{1}{2}\pi$ ($\mathscr{I}^+$ と記した) および $q = -\frac{1}{2}\pi$ ($\mathscr{I}^-$ と記した) が, 点 $p = \frac{1}{2}\pi, q = \frac{1}{2}\pi$ (i^+ と記した), $p = \frac{1}{2}\pi, q = -\frac{1}{2}\pi$ (i^0 と記した) および $p = -\frac{1}{2}\pi, q = -\frac{1}{2}\pi$ (i^- と記した) と一緒になったものとして構成される. Minkowski 空間のどんな未来向きの時間的測地線も, そのアフィンパラメータのいくらでも大きくとれる正 (負) の値に対して i^+ (i^-) に接近するので, どんな時間的測地線も i^- で始まり, i^+ で終わるものとみなすことができる (図 15(i) 参照).

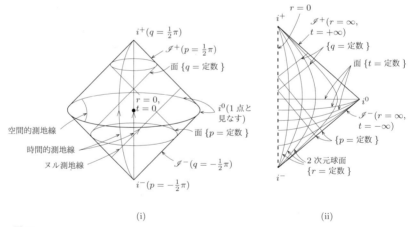

図 15.
(i)1 つの座標のみ省略した図 14 の影を付けた領域は, Minkowski 時空とその共形的無限遠を表す.
(ii)Minkowski 時空の Penrose ダイアグラム. 各点は i^+, i^0 および i^- を除くと 2 次元球面を表し, それらのおのおのは単一の点および, 線 $r = 0$ 上の点である (極座標が特異であるところ).

同様にヌル測地線は $\mathscr{I}^-$ で始まり, $\mathscr{I}^+$ で終わるが, 空間的測地線は始まりも終わりも両方 i^0 になる. よって i^+ と i^- は未来および過去の時間的無限遠を表し, $\mathscr{I}^+$ と $\mathscr{I}^-$ は未来および過去のヌル無限遠を表し, i^0 は空間的無限遠を表すものと見なすことができ

5.2 de Sitter時空と反 de Sitter 時空

る.(しかしながら,非測地的曲線はこの規則に従わない.例えば,非測地的時間的曲線は $\mathscr{I}^-$ で始まり,$\mathscr{I}^+$ で終わることができる.)いかなる Cauchy 面も全ての時間的およびヌル測地線と交わることより,それはどこでも i^0 で境界に到達する空間の断面として表れることは明らかである.

(t', r') 平面のダイアグラムを描くことによって無限遠の共形的構造を表すこともできる.図 15(ii) 参照.図 12(ii) のように,このダイアグラムの各点は球面 S^2 を表し,放射ヌル測地線は $\pm 45°$ での直線によって表される.実際,いかなる球対称時空における無限遠の構造もこの種のダイアグラムによって表すことができ,それは **Penrose ダイアグラム** と呼ばれる.このようなダイアグラム上では,無限遠は実線によって表され,極座標の原点は点線で表され,計量の除去不能特異点は 2 重線で表される.

ここまで述べてきた Minkowski 空間の共形的構造は無限遠での時空の "普通の" 挙動と見なすものである.のちの節では読者は別の種類の挙動に遭遇することになる.

最後に,固定点を除いて離散等長写像の下で等価であるような $\mathscr{M}$ の点を同一視することによって,局所的に $(\mathscr{M}, \boldsymbol{\eta})$ と同一であるが,異なる (大域的スケールでの) トポロジー的性質を持つ空間を得ることができるという点について触れる (例えば,c を定数とするとき,点 (x^1, x^2, x^3, x^4) を点 $(x^1, x^2, x^3, x^4 + c)$ と同一視すると,トポロジー的構造が R^4 から $R^3 \times S^1$ に変わり,これは時空に閉じた時間的線を導入することになる).明らかに,$(\mathscr{M}, \boldsymbol{\eta})$ は全てのそのようにして導かれた空間に対する普遍的な被覆空間である.これはAuslander and Markus (1958) によって詳しく研究された.

5.2 de Sitter時空と反 de Sitter 時空

定曲率の時空計量は条件 $R_{abcd} = \frac{1}{12} R(g_{ac} g_{bd} - g_{ad} g_{bc})$ によって局所的に特徴付けられる.この方程式は $C_{abcd} = 0 = R_{ab} - \frac{1}{4} R g_{ab}$ と等価である.よって Riemann テンソルは Ricci スカラーのみによって決定される.縮約された Bianchi 恒等式から時空全体を通して先ほどの R が定数であることはすぐに分かる.実際,これらの空間は一様である.Einstein テンソルは

$$R_{ab} - \tfrac{1}{2} R g_{ab} = -\tfrac{1}{4} R g_{ab}$$

となる.したがってこれらの空間は $\Lambda = \frac{1}{4} R$ を伴う真空の空間に対する場の方程式の解か,定密度 $R/32\pi$ と定圧力 $-R/32\pi$ を伴う完全流体に対するものと見なすことができる.しかしながら,後者の選択は不合理に見える.というのもこの場合密度と圧力の両方を正にとることができないからである.加えて,そのような流体では運動方程式 (3.10) は不確定である.

$R = 0$ の定曲率空間は Minkowski 時空である.$R > 0$ に対する空間は **de Sitter 時空** であり,$R^1 \times S^3$ のトポロジーを持つ (この空間の面白い記述は Schrödinger (1956) 参

照)．この空間は計量

$$-dv^2 + dw^2 + dx^2 + dy^2 + dz^2 = ds^2$$

を持つ平坦な 5 次元空間 R^5 に含まれる双曲面

$$-v^2 + w^2 + x^2 + y^2 + z^2 = \alpha^2$$

として最も簡単に視覚化できる (図 16 参照)．双曲面の座標 (t, χ, θ, ϕ) は関係式

$$\alpha \sinh(\alpha^{-1}t) = v, \qquad \alpha \cosh(\alpha^{-1}t) \cos\chi = w,$$
$$\alpha \cosh(\alpha^{-1}t) \sin\chi \cos\theta = x, \qquad \alpha \cosh(\alpha^{-1}t) \sin\chi \sin\theta \cos\phi = y,$$
$$\alpha \cosh(\alpha^{-1}t) \sin\chi \sin\theta \sin\phi = z$$

によって導入することができる．これらの座標では，計量は

$$ds^2 = -dt^2 + \alpha^2 \cdot \cosh^2(\alpha^{-1}t) \cdot \{d\chi^2 + \sin^2\chi(d\theta^2 + \sin^2\theta d\phi^2)\}$$

の形を持つ．$\chi = 0, \chi = \pi$ および $\theta = 0, \theta = \pi$ での計量の特異点は単に極座標に伴って発生するものである．これらの自明な特異点を除けば，この座標は $-\infty < t < \infty, 0 \leqslant \chi \leqslant \pi, 0 \leqslant \theta \leqslant \pi, 0 \leqslant \phi \leqslant 2\pi$ に対する空間全体を被覆する．一定の t による空間的断面は一定の正曲率の球面 S^3 であり，これらは Cauchy 面である．それらの測地的法線は，最小の空間的分離まで単調に収縮し，その後再び無限大まで膨張する線である (図 16(i) 参照)．

この双曲面上には別の座標

$$\hat{t} = \alpha \log \frac{w+v}{\alpha}, \quad \hat{x} = \frac{\alpha x}{w+v}, \quad \hat{y} = \frac{\alpha y}{w+v}, \quad \hat{z} = \frac{\alpha z}{w+v}$$

も導入することができる．この座標では，計量は

$$ds^2 = -d\hat{t}^2 + \exp(2\alpha^{-1}\hat{t})(d\hat{x}^2 + d\hat{y}^2 + d\hat{z}^2)$$

という形をとる．ただし，この座標は $\hat{t}$ が $w+v \leqslant 0$ に対して定義されないことより，この双曲面の半分のみしか被覆しない (図 16(ii) 参照)．

$v + w > 0$ であるような de Sitter 空間の領域は，Bondi and Gold (1948) および Hoyle (1948) によって提唱された宇宙の**定常状態**モデルをに対する時空を形成する．このモデルでは物質は面 $\{\hat{t} = $ 一定 $\}$ の法線方向の測地線に沿って運動するすることが想定される．この物質がさらに離れると，さらに物質が，密度が一定値を保つように連続的に生成されることが仮定される．Bondi と Gold はこのモデルに対する場の方程式を提供するために探すことはしなかったが，Pirani (1955) および Hoyle and Narlikar (1964) はこの計量は，通常の物質場に加えて負のエネルギー密度を持つスカラー場を導入するなら ($\Lambda = 0$ の)Einstein 方程式の解として考えることができることを指摘した．

5.2 de Sitter時空と反 de Sitter 時空

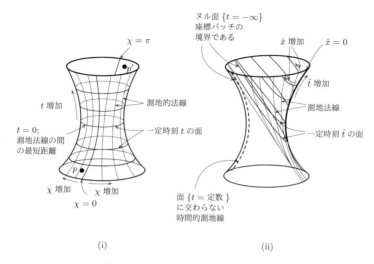

図 16. 5次元平坦空間に埋め込まれた双曲面によって表された De Sitter 時空 (図では 2 次元分省略されている).
(i) 座標 (t, χ, θ, ϕ) は双曲面全体を被覆する. 断面 $\{t = 定数\}$ は曲率 $k = +1$ の面である.
(ii) 座標 $(\hat{t}, \hat{x}, \hat{y}, \hat{z})$ は双曲面の半分を被覆する. 面 $\{\hat{t} = 定数\}$ は平坦な 3 次元空間であり, それらの測地法線は無限の過去の点から発散する.

この 'C' 場も物質の連続生成を担う必要がある.

　定常状態理論は単純ではっきりとした予言を行うという利点を持っている. しかしながら, 我々の視点では 2 つの不満足な特徴が存在する. 最初のものは§4.3 で議論した負のエネルギーの存在である. 別のものはこの時空が拡張可能であり, de Sitter 空間の半分でしかないという事実である. たとえこれらの審美的な異論があるにせよ, 定常状態理論の真の検証はその予言が観測と一致するか否かである. 現時点のところ, 観測的には依然としてはっきりとした結論はでてないが, それは一致しないように見える.

　de Sitter 空間は測地的完備である. しかしながら, いかなる測地線でもお互いに連結できないような空間内の点が存在する. これは, 測地的完備性が空間のいかなる 2 点が少なくとも 1 つの測地線で連結できると保証するとき, 正定値計量を持つ空間と対照的である. 定常状態宇宙を表す de Sitter 空間の半分は過去において完備でない (全空間で完備で, 定常状態領域の境界を横断する測地線が存在する. それゆえそれらはその領域で完備でない).

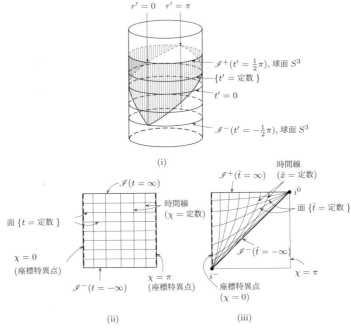

図 17. (i) de Sitter 時空は Einstein の静的宇宙の領域 $-\frac{1}{2}\pi < t' < \frac{1}{2}\pi$ と共形的である．定常状態宇宙は斜線部の領域に共形的である．
(ii) de Sitter 時空の Penrose ダイアグラム．
(iii) 定常状態宇宙の Penrose ダイアグラム．
(i),(ii) において各点は面積 $2\pi\sin^2\chi$ の 2 次元球面を表す．ヌル線は $45°$ である．$\chi = 0$ および $\chi = \pi$ は同一視される．

de Sitter 時空の無限遠を学ぶために，時間座標 t' を

$$t' = 2\arctan(\exp\alpha^{-1}t) - \frac{1}{2}\pi \tag{5.8}$$

によって定義する．ここで

$$-\frac{1}{2}\pi < t' < \frac{1}{2}\pi$$

である．すると

$$ds^2 = \alpha^2\cosh^2(\alpha^{-1}t')\cdot d\bar{s}^2$$

が成り立つ．ここで $d\bar{s}^2$ は (5.7) において $r' = \chi$ と同定することによって与えられる．よって de Sitter 空間は (5.8) によって定義される Einstein の静的宇宙の一部に共形的で

5.2 de Sitter時空と反de Sitter時空

ある (図 17(i) 参照). de Sitter 空間の Penrose ダイアグラムは図 17(ii) のようになる. この図の片割れは de Sitter 時空の半分の Penrose ダイアグラムを与え, それは定常状態宇宙を構成する (図 17(iii)).

de Sitter 空間は Minkowski 空間とは対照的に, 未来と過去の両方において時間的およびヌル的線に対する空間的無限遠を持つ. この差は, de Sitter 時空における観測者の測地線の族に対する粒子と事象の地平の両方の存在に対応する. de Sitter 空間において, その履歴が時間的測地線であるような粒子の族を考えよう. これらは空間的無限遠 $\mathscr{I}^-$ を起点とし, 空間的無限遠 $\mathscr{I}^+$ を終点としなければならない. p を, この族に含まれる粒子 O の世界線上のある事象と置こう. すなわち, その粒子の履歴のある時刻とする (O の世界線上に沿って測定した固有時).

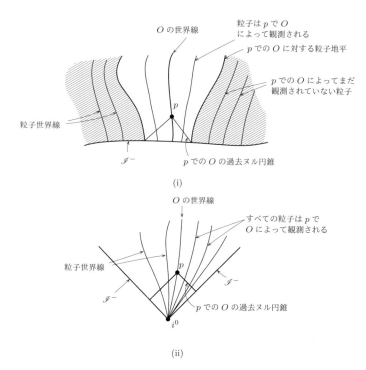

図 18.
(i) 過去ヌル的無限遠 $\mathscr{I}^-$ が空間的なとき, 測地曲線束によって定義される粒子の地平.
(ii) $\mathscr{I}^-$ がヌルのときのそのような地平の欠如.

p の過去ヌル円錐はその時刻に O によって観測することができる時空内の事象の集合で

ある．そのほかの粒子の世界線はこのヌル円錐と交わってもよい．それらの粒子は O から見ることができる．しかしながらこのヌル円錐と交わらない世界線を持つ粒子が存在可能であるので，それらは依然として O から目撃できない．

のちの時刻では，O はより多くの粒子を観測することができるが，その時点でもまだ O から観測できない粒子が存在する．この，p で O によって目撃できる粒子と目撃できない粒子の分割は，事象 p での観測者 O に対する**粒子地平**と呼ぶことにしよう．これは O の視界の限界にあるこれらの粒子の履歴を表す．これはその族に含まれるすべての粒子の世界線が分かっているときに限り決定されることに注意しよう．もし，ある粒子が地平に含まれるとき，事象 p は，その粒子が作る光円錐が O の世界線と交わる点での事象である．Minkowski 空間では一方，すべてのそのほかの粒子は，それらが時間的測地線上を運動するなら O の世界線上のあらゆる事象 p にて目撃することができる．測地線観測者の族のみを考察する限り，粒子地平の存在は過去無限遠が空間的であることの結果として考えることができる (図 18 参照)．

p の過去ヌル円錐の外側のすべての事象は，事象 p によって表される時刻まで O によって観測できない，決して観測できなかった事象である．$\mathscr{I}^+$ 上には O の世界線の限界が存在する．de Sitter 時空では，この点の過去ヌル円錐 (実際の時空における極限操作または共形時空から直接得られる) は，O によってある時刻に観測可能になる事象と O によって決して観測できない事象の間の境界である．この面を世界線の**未来事象の地平**と呼ぶ．これは世界線の過去の境界である．Minkowski 時空では一方，いかなる測地線観測者の極限ヌル円錐も時空全体を含むので，測地線観測者が目撃不可能ないかなる事象も存在しない．しかしながら観測者が一様な加速度で運動するなら，観測者の世界線は未来事象の地平を持ってもよい．測地線観測者に対する未来事象の地平の存在は $\mathscr{I}^+$ が空間的であることの結果として考えることができる (図 19 参照)．

de Sitter 時空における観測者 O に対する事象の地平を考え，この観測者の世界線上のある固有時 (事象 p) に彼の光円錐が粒子 Q の世界線と交わるものと仮定しよう．すると Q は p よりのちの時刻にて O によって常に目撃することができる．しかしながら Q の世界線上に O の未来事象の地平に含まれる事象 r が存在する．O は決して r よりのちの Q の世界線上の事象を目撃することができない．さらにいえば観測者が O の世界線上の任意の与えられた時点から r を観測するまでは無限の固有時が経過するが，Q の世界線に沿って任意の与えられた事象から r までは有限の固有時が経過する．これは彼の世界線上では完全に普通の事象である．よって O は無限の時間における Q の履歴の有限部分を観測する．より物理的に述べると，O が Q を観測すると，r に接近する Q の世界線上の点を O が観測するにつれて，彼は無限遠に接近する赤方偏移を見る．これに対応して Q は O の世界線上のある点を超えて見ることは決してできず，O の世界線上に近い点を非常に大きな赤方偏移を伴ってのみ見ることができる．

5.2 de Sitter時空と反de Sitter時空

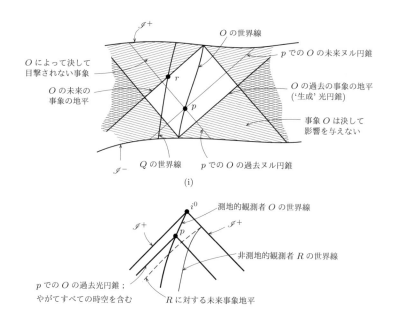

図19.
(i) 未来無限遠 $\mathscr{I}^+$ が空間的であるとき存在する粒子 O に対する未来事象の地平，および過去無限遠 $\mathscr{I}^-$ が空間的であるとき存在する過去事象の地平．
(ii) 未来無限遠がヌル $\mathscr{I}^+$ と i^0 から構成されるなら，測地線観測者 O に対する未来事象の地平は存在しない．しかしながら，加速する観測者 R は未来事象の地平を持ってもよい．

O の世界線上のいかなる点においても，未来ヌル円錐は，O がその時刻およびその後の時刻に影響を与えることができる時空における事象の集合の境界である．O がいかなる時刻においても影響を与えることができる事象の最大の集合を得るために，過去無限遠 $\mathscr{I}^-$ 上の O の世界線の限界点の未来光円錐をとる．すなわち，世界線の未来の境界をとる（それは O の生成する光円錐とみなすことができる）．これは，過去無限遠 $\mathscr{I}^-$ が空間的である場合に限り測地線観測者に対する非自明な存在性を有す（するとそれは実際 O の過去事象の地平である）．上記の議論から明らかなように，定常状態の宇宙では，時間的およびヌル測地線と空間的未来無限遠に対するヌル的過去無限遠を持つので，いかなる基本的な観測者も未来事象の地平は持つが過去の粒子地平はない．

de Sitter空間と局所的に等価な別の空間を de Sitter空間の点と同一視することによっ

て得ることができる．そのような同一視でもっとも単純なものが双曲面上の対蹠点[*2]p, p' を同一視するものである (図 16 参照)．結果として得られる空間は時間の向き付けが不可能である．仮に，時間が p での矢印の方向に増加すると，正反対の方向の同一視は時間が p' での矢印の方向に増加しなけばならないことを意味するが，この未来および過去の半分のヌル的円錐の同一視は双曲面全体に渡って連続的に拡張することはできない．Calabi and Markus (1962) はこのような同一視から得られる空間を詳しく研究した．彼らは特に，結果として得られる空間の任意の点が時間が向き付け不可能な場合に限り測地線によってあらゆる他の点と連結できることを示した．

$R<0$ の定曲率空間は反 **de Sitter 空間** (anti-de Sitter space(AdS)) である．この空間は $S^1 \times R^3$ のトポロジーを持ち，平坦な 5 次元空間の R^5 の計量

$$\mathrm{d}s^2 = -(\mathrm{d}u)^2 - (\mathrm{d}v)^2 + (\mathrm{d}x)^2 + (\mathrm{d}y)^2 + (\mathrm{d}z)^2$$

を持つ双曲面

$$-u^2 - v^2 + x^2 + y^2 + z^2 = 1$$

によって表すことができる．この空間では閉じた時間的曲線が存在する．しかしながらそれは単連結ではなく，円 S^1 を開く (その被覆空間 $\mathscr{R}^1$ を得るために) と，いかなる閉じた時間的曲線も含まない反 de Sitter 空間の一般的な被覆空間が得られる．これは R^4 のトポロジーを持つ．今後 '反 de Sitter 空間' と言ったらこの一般的な被覆空間のことを意味するものとする．

この空間は計量

$$\mathrm{d}s^2 = -\mathrm{d}t^2 + \cos^2 t\{\mathrm{d}\chi^2 + \sinh^2\chi(\mathrm{d}\theta^2 + \sin^2\theta\mathrm{d}\phi^2)\} \tag{5.9}$$

によって表すことができる．この座標系はこの空間の一部しか被覆せず，$t = \pm\frac{1}{2}\pi$ で見かけ上の特異点を持つ．全空間は計量が次の静的な形をしている座標 $\{t', r, \theta, \phi\}$ によって被覆することができる：

$$\mathrm{d}s^2 = -\cosh^2 r\mathrm{d}t'^2 + \mathrm{d}r^2 + \sinh^2 r(\mathrm{d}\theta^2 + \sin^2\theta\mathrm{d}\phi^2).$$

この形において，空間は面 $t' = $ 定数 によって被覆され，この面は非測地線的法線を持つ．

無限遠での構造を学ぶために，座標 r' を

$$r' = 2\arctan(\exp r) - \frac{1}{2}\pi, \qquad 0 \leqslant r' < \frac{1}{2}\pi$$

によって定義しよう．すると $\mathrm{d}s^2 = \cosh^2 r \mathrm{d}\bar{s}^2$ が求まる．ここで $\mathrm{d}\bar{s}^2$ は (5.7) によって与えられる．すなわち，反 de Sitter 空間全体は Einstein の静的な円筒の領域 $0 \leqslant r' < \frac{1}{2}\pi$ に共形的である．この Penrose ダイアグラムは図 20 に示した．

[*2] 訳注：原点を中心にして対称な点．対蹠点 (タイセキテン) と読む．

5.2 de Sitter時空と反de Sitter時空

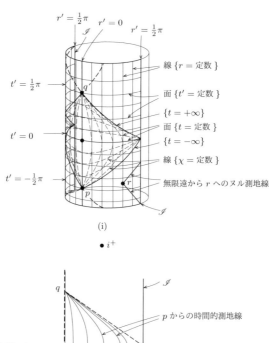

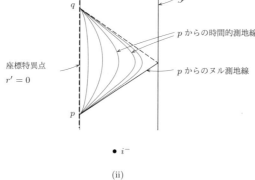

図 20.
(i) 一般的な反 de Sitter 空間は Einstein の静的宇宙の半分の 1 つに共形的である．座標 (t', r, θ, ϕ) が全空間を覆うのに対し，座標 (t, χ, θ, ϕ) は図のようにダイヤモンド型の領域しか被覆しない．面 $\{t = \text{一定}\}$ に直交する測地線は p と q ですべて収束し，それから似たようなダイアモンド型の領域に発散する．
(ii) 一般的な反 de Sitter 空間の Penrose ダイアグラム．時間的面 $\mathscr{I}$ および分離した点 i^+, i^- から構成される無限遠．いくつかの時間的およびヌル測地線の射影を示す．

ヌルおよび空間的無限遠はこの場合時間的曲面として考えることができる．この曲面はト

ポロジー $R^1 \times S^2$ を持つ．

　Einstein の静的宇宙を 1 点に納めずに時間的な無限遠を有限にする共形変換を求めることができないので (共形変換が時間座標を有限にするならそれは無限の因子によって空間部分をスケール化する)，時間的無限遠を分離した点 i^+, i^- によって表す．曲線 $\{\chi, \theta, \phi$ 定数 $\}$ たちは面 $\{t =$ 定数 $\}$ に対して測地線的に直交する．それらはすべてその面の未来 (過去) における点 $q(p)$ に収束し，この収束は元の計量の形における見かけ上の (座標) 特異点の原因になっている．これらの座標によって被覆される領域は，面 $t = 0$ とこれらの法線が退化するヌル的面の間の領域である．

　この空間は 2 つのさらなる興味深い性質を備えている．第 1 に時間的無限遠の結果として，空間内の何であれ Cauchy 面は存在しない．この空間を完全に被覆する空間的曲面の族 (面 $\{t' =$ 定数 $\}$ のような) を求めることができても，各曲面はこの時空の完全な断面であるので，この族内のいかなる与えられた曲面とも交わらないヌル測地線を求めることができる．任意のそのような曲面上の初期データが与えられると，この曲面の Cauchy 発展を超えて予測することはできない．よって面 $\{t = 0\}$ から始めると，座標 t, χ, θ, ϕ によって被覆される領域のみが予測できる．この領域を超えて予測するいかなる試みも，時間的無限遠からやってくる新鮮な情報によって妨げられる．

　第 2 に，$t = 0$ からの測地的法線がすべて p と q で収束するという事実に対応して，p からのすべての過去時間的測地線は (面 $\{t =$ 定数 $\}$ に対する法線方向に) 膨張し，再び q で収束する．実際，この空間における (過去または未来のいずれでも) 任意の点から始まるすべての時間的測地線は，ある像点に再収縮し，この像点から再び発散して第 2 の像点で再度焦点を結ぶなどなどである．よって p から始まる未来時間的測地線は決して $\mathscr{I}$ に到達しない．$\mathscr{I}$ から p に進む未来ヌル測地線とは対照的であり，p の未来の境界を形成する．この時間的およびヌル測地線の分離は，p の未来における領域の存在という結果につながる．それはいかなる測地線によっても p から到達することができない．p から始まる未来向きの時間的測地線によって到達することができる点の集合は，座標 (t, χ, θ, ϕ) によって被覆されるものと同様のダイアモンド型の領域の無限の繰り返しの内部である．面 $t = 0$ の Cauchy 発展のすべての点は，この面に対して唯一の測地線的法線によってこの曲面に到達できるが，Cauchy 発展の外側の一般的な点はこの面のいかなる測地線的法線によっても到達できないということに注意しなければならない．

5.3　Robertson-Walker時空
<small>ロバートソン-ウォーカー</small>

　これまで物理的宇宙に対する厳密解の関係は考察してこなかった．Einstein によると，我々は次のように質問できる：適切な形態の物質の厳密解であり，観測可能な宇宙の大域的な性質をよく表しているような時空を求めることはできるか？　もしそうなら，それは合理的な '宇宙モデル' あるいは物理的な宇宙であると主張することができる．

　しかしながら我々はいくらかのイデオロギーの混合物の導入なしでは宇宙モデルを構築することはできない．もっとも初期の宇宙論では人間は宇宙の中心に鎮座する指揮者の地

5.3 Robertson-Walker時空

位であった．Copernicusの時代以降，我々は平均的な銀河の外縁の中くらいの恒星の周りを回っている中くらいの惑星の存在として着実にその地位を降格された．この我々の銀河は単なる局所銀河団の一つに過ぎない．間違いなく我々は今や非常に平凡であり，空間における我々の立場が別段特別であると主張することはできない．Bondi (1960) に従い，この仮定を **Copernicus 原理**[*3]と呼ぶことにする．

　この，ある意味あいまいな原理の合理的な解釈は，適切なスケール上で眺めた場合，宇宙が近似的に空間的に一様であることを意味することとして理解することである．

　空間的一様性と言う言葉で，$\mathscr{M}$ 上で自由に作用する等長群が存在し，その推移曲面が空間的3次元曲面であることを意味する．別の言い方をすれば，これらの曲面のいかなる点も同じ曲面上の任意の点と等価であるということになる．もちろん，宇宙は厳密にいえば完全に空間的に一様ではない．銀河のような局所的に例外的な領域が存在する．それにも関わらず，宇宙は十分大きなスケールでは空間的に一様であると仮定することができると考えられる．

　この一様性の要請を満たす数学的モデルを構築することができるにも拘らず (次章参照)，観測によっては一様性を直接検証するのは困難である．というのも我々と離れた物体の間の間隔を測定する単純な方法が存在しないからである．この困難は我々が原理的には比較的簡単に銀河系の外における等方性を観測することができる (つまり，異なる方向でこれらの観測が同じかどうかを確認できる) という事実によって救済され，等方性は一様性と密接に関連する．これまで行われてきたこれらの等方性の観測的調査は宇宙が近似的に我々から見て球対称であるという結論を支持する．

　特に銀河系の外の電波源が近似的に等方的に分布していることが示されており，近年観測されたマイクロ波背景放射は非常に高い精度で等方的であることが検証されている (さらなる議論は第10章参照)．

　球対称であるようなすべての時空の計量は書き出して検討することができる．具体例としてSchwarzschild およびReissner-Nordström解がある (§5.5 参照)．しかしながらこれらは漸近的に平坦な空間である．一般的には球対称空間では空間が球対称に見えるような最大2つの点が存在できる．これらは重い物体の近くの時空のモデルとして役立つが，それらは我々が非常に特殊な位置に存在する場合に観測される等方性と整合性のある宇宙のモデルに過ぎない．ここで想定される場合は時空内の**すべての点**で等方的である場合である．したがって Copernicus 原理を「宇宙はすべての点で近似的に球対称である」と主張するものと解釈する必要がある (宇宙が我々について近似的に球対称であることより)．

　Walker (1944) によって示されたように，すべての点について厳密に球対称であるとは，宇宙が空間的に一様であり，その推移曲面が定曲率の空間的3次元曲面であるような6パラメータの等長群となっているものである．そのような空間は**Robertson-Walker** (or **Friedmann**) 空間と呼ばれる (Minkowski 空間, de Sitter 空間, 反 de Sitter 空間はすべて一般的な Robertson-Walker 空間の特殊な場合である)．するとこれらの空間は，我々

[*3] 訳注：宇宙原理ともいう．

が観測できる領域における時空の大域的なスケールの幾何学に対する良い近似であると結論付けられる.

Robertson-Walker 空間では計量が

$$ds^2 = -dt^2 + S^2(t)d\sigma^2$$

の形になるように座標を選べる. ここで $d\sigma^2$ は一定曲率の 3 次元空間の計量であり, それは時間と独立である. これらの 3 次元空間の幾何学はそれらが正, 負, ゼロに一定曲率であるかによって定性的に異なる. 関数 S をリスケーリングするとこの曲率 K を最初の 2 つの場合について $+1, -1$ に規格化できる. すると計量 $d\sigma^2$ は

$$d\sigma^2 = d\chi^2 + f^2(\chi)(d\theta^2 + \sin^2\theta d\phi^2)$$

と書くことができる. ここで

$$f(\chi) = \begin{cases} \sin\chi & (K = +1 \text{ のとき}) \\ \chi & (K = 0 \text{ のとき}) \\ \sinh\chi & (K = -1 \text{ のとき}) \end{cases}$$

である. 座標 χ は $K = 0$ または -1 のとき 0 から ∞ までを走る. しかし $K = +1$ のとき 0 から 2π までを走る. $K = 0$ または -1 のとき, その 3 次元空間は R^3 と微分同相なので '無限大' である. しかし, $K = +1$ のときそれらは 3 次元球面 S^3 と微分同相なのでコンパクト ('閉じている' あるいは '有限') である. これらの 3 次元空間の適切な点を同一視することによってその他の点での大域的トポロジーを得ることができる. 負またはゼロの曲率の場合には, 得られる 3 次元空間がコンパクトであるようにこれを行うことさえ可能である (Löbell (1931)). しかしながら, そのような一定の負曲率のコンパクトな曲面は, 連続な等長群を持たない (Yano and Bochner (1953)). 各点で Killing ベクトルが存在してもそれらはいかなる大域的 Killing ベクトル場も持たず, それらが生成する局所等長群は結合して大域的群を形成しない. ゼロ曲率の場合, コンパクト空間は 3 パラメータの等長群しか持てない. いずれの場合も, 結果として得られる時空は等方的でない. 我々がこれらの空間を考慮する当初の理由がそれらが等方的であった (そしてそのため 6 パラメータの等長群を持っていた) ということだったので, そのような同一視は行ってはならない. 実際, 異方的空間をもたらさない唯一の同一視は, 一定の正曲率の場合に S^3 上の対蹠点同士を同一視することである.

Robertson-Walker 解の対称性は, エネルギー-運動量テンソルが完全流体の形式を持つことを要求し, その密度 μ および圧力 p は時間座標 t のみの関数であり, その流束は曲線 (χ, θ, ϕ) が定数のものである (そのため座標は共動座標である). この流体は宇宙における物質の平滑化近似として考えることができる. すると関数 $S(t)$ は隣接する流束との間隔を表す. つまり, '近くの' 銀河との間隔を表す.

これらの空間のエネルギー保存の方程式 (3.9) は

$$\dot\mu = -3(\mu + p)\dot S/S \tag{5.10}$$

5.3 Robertson-Walker時空

という形をとる．Raychaudhuri 方程式 (4.26) は

$$4\pi(\mu + 3p) - \Lambda = -3S^{\cdot\cdot}/S \tag{5.11}$$

という形をとる．残りの場の方程式 (基本的には (2.35)) は

$$3S^{\cdot 2} = 8\pi(\mu S^3)/S + \Lambda S^2 - 3K \tag{5.12}$$

と書くことができる．$S^{\cdot} \neq 0$ のときはいつでも (5.10) と (5.11) の一階積分として任意の値の一定の K について (5.12) は実際導ける．このためこの場の方程式の実際上の効果は，積分定数を $\{t = 定数\}$ の 3 次元空間の計量 $d\sigma^2$ の曲率と同定することである．

μ を正，p を非負と仮定することは合理的である (エネルギー条件，§4.3 参照)．(実際，現在の見積もりでは，10^{-29}gm cm$^{-3} \geqslant \mu_0 \geqslant 10^{-31}$gm cm$^{-3}, \mu_0 \gg p_0 \geqslant 0$ である．) すると，Λ がゼロなら，(5.11) は S が定数であることが不可能であることを示す．別の言い方をすれば，すると場の方程式は宇宙は膨張しているか収縮しているかのいずれかである．別の銀河の観測により，Slipher と Hubble によって最初に発見されたように，それらは我々から遠ざかっており，そのため宇宙の物質は現在膨張していることが示されている[*4]．近年の観測により現在の $S^{\cdot}/S$ の値は 2 倍以内程度の精度で

$$H \equiv (S^{\cdot}/S)|_0 \approx 10^{-10} 年^{-1}$$

であると考えられている．ここから，もし Λ がゼロなら，S は有限の時間 t_0 以前は S がゼロでなければならないことを (5.11) は示している (つまり，時間 t_0 は我々の銀河の世界線に沿って測られたものである)．ここで

$$t_0 < H^{-1} \approx 10^{10} 年$$

である．(5.10) より，宇宙が膨張するにつれて密度は減少するので，逆にいえば過去には宇宙の密度はより高く，$S \to 0$ につれて限りなく増加することが分かる．それゆえこれは単なる座標特異点 (例として座標 (5.9) で表された反 de Sitter 宇宙など) ではない．そこでは密度が無限大であるという事実は，曲率テンソルによって定義された何らかのスカラーもまた無限大になることを示している．これは対応する Newton 的状況よりもかなり事態をまずくする．どちらの場合でもすべての粒子の世界線はある点で交わり，密度は無限大になる．しかしいまの場合では時空それ自体が点 $S = 0$ で特異的になる．したがってこの点は時空多様体から取り除かなければならない．そこではいかなる既知の物理法則も破たんする可能性があるからである．

この特異点は Robertson-Walker 解のもっとも顕著な特徴である．$\mu + 3p$ が正で Λ が負，ゼロ，あまりにも大きすぎない正の値ですべてのモデルで発生する．これは宇宙 (あるいは少なくとも物理的に知ることができるその一部) が有限の過去に始まったことを意

[*4] 訳注：21 世紀に入り，Lemaître が先行して発見していることが広く知られるようになった．2018 年の国際天文学連合の決議により，Hubble の法則は Hubble-Lemaître の法則と改称された．

味する．しかしながらこの結果は厳密な一様性と球対称性の仮定の下で推論されている．これらが現時点で十分大きなスケールでの合理的な近似であっても，それらは確かに局所的には成り立たない．宇宙の発展を時間でさかのぼると，局所的な不規則性が増大し，特異点の発生を妨げることができ，代わりに宇宙が'跳ね返る'と考えるかもしれない．これが起こりうるか，そして非一様性を伴う物理的に現実的な解が特異点を含むかどうかは，宇宙論の中心的な問題であり，本書で扱う主要な問題を構成する．実は物理的宇宙は実際，過去において特異的であったと考えられる良い証拠があることが判明する．p と μ の間の何らかの適切な関係が指定されると，(5.10) を積分して，S の関数として μ を与えることができる．実際，現在の時代は圧力は非常に小さい．もしこれを採用し，Λ をゼロに採ると，(5.10) から

$$\frac{4\pi}{3}\mu = \frac{M}{S^3}$$

が求まる．ここで M は定数であり，(5.12) は

$$3S^{\cdot 2} - 6M/S = -3K \equiv E/M \tag{5.13}$$

となる．最初の方程式は圧力がゼロのときの質量の保存を表すが，第 2(**Friedmann** 方程式) は物質の共動体積に対するエネルギー保存の式である．定数 E は運動エネルギーおよびポテンシャルエネルギーの和を表している．E が負 (つまり K が正) の場合，S はある最大値まで増加し，それからゼロに減少する．E が正またはゼロ (つまり K が負あるいはゼロ) のとき，S は無限に増加する．

(5.13) の明示的な解は

$$d\tau/dt = S^{-1}(t) \tag{5.14}$$

によって定義されるリスケールされた時間パラメータ $\tau(t)$ が与えられると，単純な形を持つ．それらは

$$S = (E/3)(\cosh\tau - 1), \quad t = (E/3)(\sinh\tau - \tau), \quad (K = -1 \text{ のとき});$$
$$S = \tau^2, \quad t = \frac{1}{3}\tau^3, \quad (K = 0 \text{ のとき});$$
$$S = (-E/3)(1 - \cos\tau), \quad t = (-E/3)(\tau - \sin\tau), \quad (K = 1 \text{ のとき})$$

という形をとる．($K = 0$ の場合は Einstein-de Sitter 宇宙である．明らかに $S \propto t^{\frac{2}{3}}$ である．)

p がゼロでなく正のとき，定性的挙動は一緒である．特に $p = (\gamma - 1)\mu$ かつ $1 \leqslant \gamma \leqslant 2$ が定数の場合，$\frac{4}{3}\pi\mu = M/S^{3\gamma}$ であり，特異点の付近の (5.12) の解は

$$S \propto t^{2/3\gamma}$$

という形をとる．

5.3 Robertson-Walker時空

Λ が負ならば，初期特異点から膨張する解は最大まで到達し，それから第 2 の特異点まで再崩壊する．Λ が正ならば $K = 0$ または $K = -1$ に対しては解は永遠に膨張し，漸近的に定常状態モデルに近づいてゆく．$K = +1$ に対してはいくつかの可能性が存在する．Λ がある値 $\Lambda_{\rm crit}$ ($p = 0$ のとき$\Lambda_{\rm crit} = (-E/3M)^3/(3M)^2$) より大きいなら，解は初期特異点から始まり，永遠に膨張し，漸近的に定常状態モデルに近づいてゆく．$\Lambda = \Lambda_{\rm crit}$ ならば静的な解，**Einstein の静的宇宙**となる．((5.7) の計量の形は，$\mu + p = (4\pi)^{-1}, \Lambda = 1 + 8\pi p$ に対する特別な Einstein の静的解のものである．) 初期特異点から始まり，漸近的に Einstein の宇宙に近づく解と，無限の過去に Einstein の宇宙から始まり永遠に膨張する解も存在する．$\Lambda < \Lambda_{\rm crit}$ ならば 2 つの解が存在する．初期特異点から膨張し，第 2 の特異点へ再崩壊するものと，無限の過去に無限の半径から収縮し，最小の半径に到達し，それから再膨張する解である．これ (後者) と無限の過去に漸近的に静的な宇宙になる宇宙のみが観測された宇宙を表しつつ特異点を持たない解である．これらのモデルでは $\ddot{S}$ は常に正であり，これは遠方の銀河の赤方偏移の観測事実と矛盾するように見える (Sandage (1961, 1968))．またこれらのモデルにおける最大密度は現在の密度よりはるかに大きくはなかったであろう．これは宇宙の歴史において非常に熱くて高密度な時期の存在を示唆するマイクロ波背景放射や宇宙の豊富なヘリウムのような現象を理解することを困難にする．

以前学んだ場合と同様に，Robertson-Walker 空間を Einstein の静的宇宙に写像する等角写像 (共形写像) を求めることができる．時間座標として (5.14) によって定義された座標 τ を用いよう．するとこの計量は

$$ds^2 = S^2(\tau)\{-d\tau^2 + d\chi^2 + f^2(\chi)(d\theta^2 + \sin^2\theta d\phi^2)\} \tag{5.15}$$

という形をとる．$K = +1$ の場合，これは既に Einstein の静的空間に共形的である ($\tau = t', \chi = r'$ と置くと (5.7) の表記と一致する)．よってこれらの空間は，τ によって取られる値によって決定される Einstein の静的宇宙の一部に正確に写像される．$p = \Lambda = 0$ のとき，τ は範囲 $0 < \tau < \pi$ に存在するので，全空間が Einstein の静的宇宙におけるこの領域に写像されるが，その境界は 3 次元球面 $\tau = 0, \tau = \pi$ に写像される．($p > 0$ ならそれはある数 a に対して τ が $0 < \tau < a < \pi$ の値をとるような領域に写像される．) $K = 0$ の場合，同じ座標が平坦な空間と共形な空間を表すので ((5.15) 参照)，§5.1 の共形変換を用いた下でこれらの空間は Einstein の静的宇宙における Minkowski 時空を表すダイアモンド型のある一部に写像される (図 14 参照)．実際の領域は τ によって取られる値によって再び決定される．$\Lambda = 0, 0 < \tau < \infty$ のとき，このためこの空間 ($p = 0$ のときの Einstein-de Sitter 空間) は，Minkowski 時空を表すこのダイアモンド型の半分の $t' > 0$ に対して共形的である．$K = -1$ の場合，

$$t' = \arctan(\tanh\tfrac{1}{2}(\tau+\chi)) + \arctan(\tanh\tfrac{1}{2}(\tau-\chi)),$$
$$r' = \arctan(\tanh\tfrac{1}{2}(\tau+\chi)) - \arctan(\tanh\tfrac{1}{2}(\tau-\chi))$$

と定義した下で，$\tfrac{1}{2}\pi \geqslant t'+r' \geqslant -\tfrac{1}{2}\pi, \tfrac{1}{2}\pi \geqslant t'-r' \geqslant -\tfrac{1}{2}\pi$ に対する Einstein の静的空

間の領域の一部に対して共形的な計量が得られる．このダイアモンド型の領域の一部は τ の範囲に依存して被覆される．$\Lambda = 0$ のとき，この空間は上半分の中に写像される．

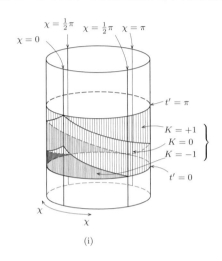

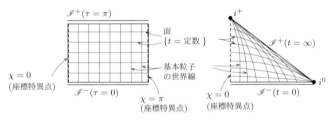

図 21.
(i) Robertson-Walker 空間 ($p = \Lambda = 0$) は $K = +1, 0$ および -1 の 3 つ場合において図に示すように Einstein の静的宇宙に共形的である．
(ii) $K = +1$ かつ $p = \Lambda = 0$ を伴う Robertson-Walker 空間の Penrose ダイアグラム．
(iii) $K = 0$ または -1 かつ $p = \Lambda = 0$ を伴う Robertson-Walker 空間の Penrose ダイアグラム．

よってこれらの空間とそれらの境界が得られ，それは Einstein の静的空間のある (一般に有界な) 領域に対して共形的である．図 21(i) 参照．しかしながら以前の場合と重要な違いが存在する．境界の一部は前の場合の意味では '無限遠' でないが，$S = 0$ のとき特異点を表す．(共形因子は，無限大の圧縮によって無限遠を有限にするものと考えることができるが，無限大の膨張によって特異点 $S = 0$ を有限にする．) 実際，これは共形的ダイ

アグラムと小さな違いを作る．以前のように Penrose ダイアグラムを与えることができる (図 21(ii) および図 21(iii) 参照)．どちらの場合も $p \geqslant 0$ のとき $t = 0$ での特異点は空間的曲面によって表される．これはこれらの空間における粒子地平 (§5.2 で正確に定義された) の存在に対応する．また $K = +1$ のとき，未来境界は空間的であり，基本的な観測者に対する事象の地平の存在を意味する．$K = 0$ ないしは $K = -1$ かつ $\Lambda = 0$ のときは未来無限遠はヌル的であり，これらの空間において基本的な観測者に対するいかなる未来事象の地平も存在しない．

この段階において，次のような質問を検討すべきである．反 de Sitter 空間は Robertson-Walker 形式 (5.9) で表すことができるので，するとそれは Einstein の静的な宇宙の一部として共形的に表される．これを行うと，Robertson-Walker 座標が全時空の小さな一部しか被覆しないことが分かる．つまり言うなれば Robertson-Walker 座標で記述される時空は拡張可能であるということである．したがって物質が存在する Robertson-Walker 宇宙は実際，拡張不可能であることが示されなければならない．これはなぜなら $\mu > 0, p \geqslant 0$ および $\mathbf{X}$ が任意の点 q での任意のベクトルとすると，$\mathbf{X}$ の方向における $q = \gamma(0)$ を通る測地線 $\gamma(v)$ は

(i) $\gamma(v)$ は v の任意の正の値まで拡張できる，あるいは
(ii) ある $v_0 > 0$ が存在して，スカラー不変量

$$(R_{ij} - \tfrac{1}{2}Rg_{ij})(R^{ij} - \tfrac{1}{2}Rg^{ij}) = (\mu + \Lambda)^2 + 3(p - \Lambda)^2$$

が $\gamma([0, v_0))$ 上有界でない．

かのいずれかであるからである．

これらの空間で面 $\{t = \text{定数}\}$ が Cauchy 面であることがいまや明らかとなった．さらに次の意味で特異点が普遍的であることが分かった．時空のあらゆる点を通過するすべての時間的およびヌル測地線は，それらのアフィンパラメータのある有限の値のためにそこに接近する．

5.4 空間的に一様な宇宙モデル

これまで $\mu > 0, p \geqslant 0$ かつ Λ が大きすぎないようないかなる Robertson-Walker 時空においても特異点が存在することを見てきた．しかしながら宇宙が一様等方でないことを許容するより現実的な世界モデルにおいて特異点が存在するということはここからは結論することができない．実際，宇宙が任意の達成可能な厳密解によって非常に正確に記述できると期待することはできない．ただし，Robertson-Walker 解より制限が緩い厳密解を求めることができ，それは宇宙の合理的なモデルとなるであろう．そしてそれらに特異点が発生するかどうかを確かめることができる．そのようなモデルで特異点が発生するという事実は，特異点の存在が，宇宙の合理的なモデルと見なせるすべての時空の一般的性質であるという示唆を与える．

そのような解の単純なクラスは等方性の要請は落とすが空間的一様性の要請が保持される (厳密な Copernicus 原理) ものである (現在の宇宙では宇宙は近似的に等方的に見えるがより早い時期では大きな異方性が存在した可能性がある). よってこれらのモデルにおいて, このモデルのある一部における軌道が空間的超曲平面であるような等長群 G_r が存在すると仮定できる. (群 G_r の下での点 p の軌道は, 群のすべての要素の作用によって p を移動した点からなる点集合である.) これらのモデルはよく知られた方法で構築することができる. $r=3$ の場合は Heckmann and Schücking (1962) および $r=4$ の場合は Kantowski and Sachs (1967) を参照せよ ($r>4$ ならばその時空は Robertoson-Walker 空間であることが必要である).

もっとも単純な空間的に一様な時空は等長群が可換であるものである. そのような群はするとBianchi (1918) によって与えられた分類においては I 型になるので, これらは **Bianchi I 型空間**と呼ばれる. ここでは Bianchi I 型空間のいくつかの詳細を議論し, それから時間的収束性条件 (§4.3) が満たされるすべての空っぽでない空間的に一様なモデルにおいて特異点が発生することを示す定理を与える.

仮に空間的に一様な時空が可換等長群を持つとする. 単純のためここでは $\Lambda=0$ とし, 物質の内容としては圧力ゼロの完全流体 ('ダスト') とする. すると, 計量が

$$ds^2 = -dt^2 + X^2(t)dx^2 + Y^2(t)dy^2 + Z^2(t)dz^2 \tag{5.16}$$

という形をとる共動座標 (t,x,y,z) が存在する. 関数 $S(t)$ を $S^3 = XYZ$ によって定義すると, 保存方程式は物質の密度が $\frac{4}{3}\pi\mu = M/S^3$ になることを示す. ただし M は適切に選ばれた定数である. 場の方程式の一般解は

$$X = S(t^{\frac{2}{3}}/S)^{2\sin\alpha}, \qquad Y = S(t^{\frac{2}{3}}/S)^{2\sin(\alpha+\frac{2}{3}\pi)}, \qquad Z = S(t^{\frac{2}{3}}/S)^{2\sin(\alpha+\frac{4}{3}\pi)}$$

と書くことができる. ここで S は

$$S^3 = \tfrac{9}{2}Mt(t+\Sigma)$$

によって与えられる. $\Sigma(>0)$ は異方性の大きさを決定する定数であり (Einstein-de Sitter 宇宙 (§5.3) である等方的場合 ($\Sigma=0$) は除く), $\alpha(-\frac{1}{6}\pi<\alpha\leqslant\frac{1}{2}\pi)$ は最も速い膨張をとる方向を決定する定数である. 平均膨張率は

$$\frac{\dot{S}}{S} = \frac{2}{3t}\frac{t+\Sigma/2}{t+\Sigma}$$

によって与えられる. x-方向の膨張は

$$\frac{\dot{X}}{X} = \frac{2}{3t}\frac{t+\Sigma(1+2\sin\alpha)/2}{t+\Sigma}$$

であり, y, z 方向の膨張 $\dot{Y}/Y, \dot{Z}/Z$ は, α をそれぞれ $\alpha+\frac{2}{3}\pi, \alpha+\frac{4}{3}\pi$ によって置き換えた同様の表式によって与えられる.

5.4 空間的に一様な宇宙モデル

この解は $t = 0$ で高い異方的特異状態から膨張し，大きな t に対しては，Einstein-de Sitter 宇宙とほぼ同様のほぼ等方的な段階に到達する．平均長さ S は，t が増加すると き単調に増加し，その初期の高い変化率 (小さな t に対しては $S \propto t^{\frac{1}{3}}$) は徐々に減少 (大 きな t に対しては $S \propto t^{\frac{2}{3}}$) する．よって宇宙は初期にはその等方的等価性より速く進化 する．

仮にこのモデルの時間反転を考え，時間が進むにつれて特異点に向かうものとしよ う．最初はほぼ等方的な収縮が後期には非常に異方的になる．α の一般的な値，すなわち $\alpha \neq \frac{1}{2}\pi$ に対して，項 $1 + 2\sin(\alpha + \frac{4}{3}\pi)$ は負になる．よって z-方向の崩壊は停止し，十 分早い時期，膨張によって置き換えられ，さらに十分早い時期には，膨張率はいくらでも 大きくなる．その一方で x-方向および y-方向においては，崩壊は引き続き単調に特異点 に向かう．よって元のモデルで時間が前進する方向を考えると '葉巻状' の特異点 ('cigar' singularity) が得られる．無限遠からの z-軸に沿った物質の崩壊は停止し，それから再膨 張を開始するが，x および y 方向では物質はすべての時間で単調に膨張する．そのような モデルにおいて十分早い時期からの信号を受信できたら，z 方向に最大の赤方偏移を観測 するだろう．この方向の物質は，徐々に小さい赤方偏移で観測され，それから無限に増加 する青方偏移で観測される．

例外的な場合である $\alpha = \frac{1}{2}\pi$ における挙動はかなり異なる．この場合，項 $1 + 2\sin(\alpha + \frac{2}{3}\pi)$ および $1 + 2\sin(\alpha + \frac{4}{3}\pi)$ は両方とも消滅する．よって軸方向の膨張は

$$\frac{\dot{X}}{X} = \frac{2}{3t}\frac{t + 3\Sigma/2}{t + \Sigma}, \qquad \frac{\dot{Y}}{Y} = \frac{\dot{Z}}{Z} = \frac{2}{3}\frac{1}{t + \Sigma}$$

となる．時間反転モデルでは，y および z 方向における崩壊率は漸近的にゼロまで減速す るが，x 方向の崩壊率はいくらでも増加する．元のモデルでは 'パンケーキ状' の特異点を 持つ．物質は x 方向のいくらでも高い膨張率，y および z 方向のゼロ膨張率から始まりす べての方向に単調に膨張する．いくらでも高い赤方偏移が x 方向に観測されるが，制限さ れた赤方偏移が y および z 方向に観測されるだろう．

さらに検討すると，一般 ('葉巻状') の場合，異方的膨張にも関わらずすべての方向に粒 子地平が存在することが分かる．しかしながら例外的な ('パンケーキ状' の) 場合，いか なる地平も x 方向に発生しない．実際，時刻 t_0 で原点にいる観測者から目撃することの できる粒子は

$$\rho = \frac{2}{3M}\left\{\left(\frac{9M}{2}(t_0 + \Sigma)\right)^{\frac{1}{3}} - \left(\frac{9M}{2}\Sigma\right)^{\frac{1}{3}}\right\}$$

とするとき，無限長の円柱

$$x^2 + y^2 < \rho^2$$

の座標の値 (x, y, z) によって特徴づけられる．

ここでは，消滅する圧力と Λ 項のみに対するこれらのモデルを考察してきたことより， より現実的な物質の内容を伴うこれらの空間の性質は簡単に得ることができる．例えば

$p = (\gamma - 1)\mu$ かつ γ を定数 $(1 < \gamma < 2)$ とするときの完全流体あるいは特異点の近くでの圧力 $p \leqslant \frac{1}{3}\mu$ を伴う光子ガスと物質の混合物の挙動はダストの場合と同じである.

例外的な ('パンケーキ状'の) 場合における x 方向の粒子地平が存在しないという興味深い結果として,解を特異点全体に渡って連続的に拡張することができるというものがある. ダスト解の場合についてこれを明示しよう.

計量は (5.16) の形をとり,いま

$$X(t) = t(\tfrac{9}{2}M(t+\Sigma))^{-\frac{1}{3}}, \qquad Y(t) = Z(t) = (\tfrac{9}{2}M(t+\Sigma))^{\frac{2}{3}} \tag{5.17}$$

である. ここで新しい座標 τ, η を方程式

$$\tanh(2x/9M\Sigma) = \eta/\tau, \qquad \exp\left(\frac{4}{9M}\int_0^t \frac{\mathrm{d}t}{X(t)}\right) = \tau^2 - \eta^2$$

を満たすように選ぼう. すると計量 (5.16),(5.17) を伴う空間は

$$\mathrm{d}s^2 = A^2(t)(-\mathrm{d}\tau^2 + \mathrm{d}\eta^2) + B^2(t)(\mathrm{d}y^2 + \mathrm{d}z^2) \tag{5.18}$$

によって新しい座標で与えられ,ここで

$$A(t) = \exp\left(-\frac{t+\Sigma}{\Sigma}\right) \cdot (\tfrac{9}{2}M(t+\Sigma))^{-\frac{1}{3}}, \qquad B(t) = (\tfrac{9}{2}M(t+\Sigma))^{\frac{2}{3}} \tag{5.19}$$

は $(t > 0$ に対する$)$ 全空間が $\tau > 0$, $\tau^2 - \eta^2 > 0$ によって定義された領域 $\mathscr{V}$ に写像されることが分かる. 関数 $t(\tau, \eta)$ はいま $t > 0$ に対する方程式

$$\tau^2 - \eta^2 = \tfrac{9}{2}Mt^2 \exp\frac{2(t+\Sigma)}{\Sigma} \tag{5.20}$$

の解として陰に定義される. (τ, η) 平面は共形的に平坦な座標によって与えられる. この平面における面 $t = 0$ によって制限される領域 $\mathscr{V}$ を図 22 に示した. このダイアグラムにおいて粒子の世界線は原点から発散する直線である.

関数 $A(t), B(t)$ は上から $t \to 0$ まで連続である. したがって解を, (5.19) がどこでも成り立ち, (5.20) が $\mathscr{V}$ の内部で成り立ち,

$$t(\tau, \eta) = 0$$

が $\mathscr{V}$ の外部で成り立つと指定することによって (τ, η) 平面全体に対して連続的に拡張することができる. すると, (5.18) は $\mathscr{V}$ の内部で (5.16),(5.17) と等価で, $\mathscr{V}$ の外部で平坦な時空となる場の方程式の解である C^0 級計量となる. しかしながら,この解は $\mathscr{V}$ の境界を超えては C^1 級ではなく,事実物質密度はこの境界上で $(S \to 0$ になるにつれて$)$ 無限大になる. 1 階導関数が自乗可積分でないことより,Einstein 方程式は境界上では超関数の意味でも解釈できない (§8.4 参照). 境界の上への拡張は一意であるが,境界を越えては決して一意ではない. 我々はダストの場合における拡張は実施した. 物質と放射の混合物があれば同様の拡張が実施できる.

5.4 空間的に一様な宇宙モデル

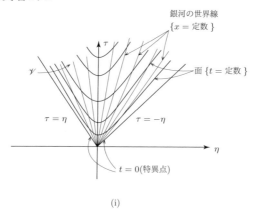

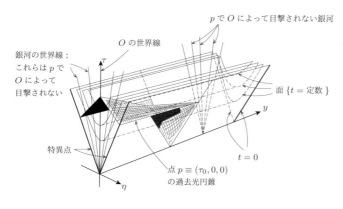

図 22. パンケーキ状の特異点を伴うダストで充填された Bianchi I 型空間.
(i) (τ, η) 平面；ヌル線は $\pm 45°$ にある.
(ii) (τ, η, y) 座標における空間の半断面 (z-軸は省略した) は点 p の過去光円錐を表している. y 方向には粒子地平が存在するが, x(つまり η) 方向には存在しない.

さていまから一般的な空っぽでない, 空間的に一様なモデルに対する考察に戻ろう. これらのモデルにおける特異点の存在は, 物体の運動が測地的であり, 回転がなく (これは例えば, 世界線が一様的な面に対して直交するとき必ず成り立つ), 時間的収縮条件が満たされるとき Raychaudhuri 方程式より直ちに得られる. しかしながら物質が加速および回転をするような空間は存在し, これらの因子のいずれかが特異点の存在を妨げる可能性がある. Hawking and Ellis (1965) の定理の改良版である次の結果は, 実際には加速も回転もいずれの場合にもこれらのモデルにおける特異点の存在を防げないことを示す.

定理

($\mathscr{M}, g$) は

(1) すべての時間的およびヌルベクトル **K** に対して $R_{ab}K^aK^b > 0$ である (これはエネルギー-運動量テンソルが I 型であり，$\mu + p_i > 0$，$\mu + \sum_i p_i - 4\pi\Lambda > 0$ であるとき真である).

(2) Cauchy 問題が唯一の解を持つような物質場に対する運動方程式が存在する (第 7 章参照).

(3) ある空間的 3 次元面 $\mathscr{H}$ 上の Cauchy データは $\mathscr{H}$ 上で推移する $\mathscr{H}$ 上の微分同相写像の群の下で不変である.

であるとき時間的に測地的完備にはできない．$\mathscr{H}$ の固有な幾何学がこの微分同相写像の推移群の下で不変であることより，これらは等長群であり，$\mathscr{H}$ は完備である．つまり，いかなる境界も持ちえない．$\mathscr{H}$ と 2 度以上交わる非空間的曲線が存在するなら，$\mathscr{H}$ の像の各連結成分がいかなる非空間的曲線とも 2 度以上交わらないような $\mathscr{M}$ の被覆多様体 $\hat{\mathscr{M}}$ が存在することが示せる (§6.5 参照)．$\hat{\mathscr{M}}$ は時間的測地的完備であると仮定し，このことが条件 (1),(2),(3) と無矛盾であることを示そう．

$\hat{\mathscr{H}}$ を $\hat{\mathscr{M}}$ における $\mathscr{H}$ の像の連結成分にとろう．(3) により，$\hat{\mathscr{H}}$ 上の Cauchy データは一様である．したがって条件 (2) より，$\hat{\mathscr{H}}$ のいかなる領域の Cauchy 発展も，$\hat{\mathscr{H}}$ の任意の他の同様な領域の Cauchy 発展と等長である．これは面 $\{s = 定数\}$ は，それらが $\hat{\mathscr{H}}$ の Cauchy 発展の中に存在するときに一様であることを意味し，s は $\hat{\mathscr{H}}$ から，$\hat{\mathscr{H}}$ に直交する測地線に沿って測定したときの距離である．これらの面は $\hat{\mathscr{H}}$ の Cauchy 発展に完全に含まれるか，完全に外部に存在するかのいずれかでなければならない．そうでなければ不等価な Cauchy 発展を持つ $\hat{\mathscr{H}}$ 内に等価な領域が存在するだろう．$\{s = 定数\}$ 面はそれらが空間的であり続ける限り $\hat{\mathscr{H}}$ の Cauchy 発展内にある．なぜなら $\hat{\mathscr{H}}$ の Cauchy 発展の境界は (もしそれが存在するなら) ヌル的でなければならないからである (§6.5)．

隣接する測地線に沿って等距離間隔が空けられた点の間隔を表すベクトルは，もともと直交しているなら測地線に対して直交し続けるので，$\hat{\mathscr{H}}$ に対して直交する測地線は，面 $\{s = 定数\}$ に対して直交する．§4.1 にある通り，$\hat{\mathscr{H}}$ に対して直交する隣接する測地線同士の空間的間隔は，$\hat{\mathscr{H}}$ 上の単位行列 **A** によって表すことができる．一様性により，この行列は $\{s = 定数\}$ 面上で一定であり，これらは $\hat{\mathscr{H}}$ の Cauchy 発展に含まれる．**A** は非退化であるが，法 (直交) 測地線によって定義される $\hat{\mathscr{H}}$ から面 $\{s = 定数\}$ への写像は，ランク 3 なのでこの面は $\hat{\mathscr{H}}$ の Cauchy 発展に含まれる空間的 3 次元面になる．これらの測地線の膨張

$$\theta = (\det \mathbf{A})^{-1} \mathrm{d}(\det \mathbf{A})/\mathrm{d}s$$

は渦度と加速度がゼロの Raychaudhuri 方程式 (4.26) に従う．条件 (1) より，$R_{ab}V^aV^b$ はすべての時間的ベクトル V^a に対して正である．よって θ は無限大になり A は s のある有限な正か負の値の s_0 に対して退化する．$\mathscr{H}$ から面 $s=s_0$ への写像は最大ランク 2 を持つことができる．それゆえ $\mathscr{H}$ 上に少なくとも 1 つのベクトル場 $\mathbf{Z}$ が存在して $\mathbf{AZ}=0$ である．このベクトル場の積分曲線は $\mathscr{H}$ における曲線であって面 $s=s_0$ 内の 1 つの点に対して直交する測地線によって写像されるものである．よってこの面は最大 2 次元的である．この測地線が $|s|<|s_0|$ に対する $\mathscr{H}$ の Cauchy 発展に含まれる測地線であるので，面 $s=s_0$ は $\mathscr{H}$ の Cauchy 発展に含まれるか Cauchy 発展の境界上に存在する．条件 (1) より，エネルギー-運動量テンソルは各点で唯一の時間的固有ベクトルを持つ．これらの固有ベクトルは C^1 級時間的ベクトル場を形成し，その積分曲線は物質の流束を表すものとして考えることができる．面 $s=s_0$ が $\mathscr{H}$ の Cauchy 発展に含まれるかその境界上に存在することより，それを通過するすべての流束は $\mathscr{H}$ と交わらなければならない．しかしすると $\mathscr{H}$ が一様であるため，$\mathscr{H}$ を通過するすべての流束は $s=s_0$ を通過せばならない．よってその流束は $\mathscr{H}$ と面 $s=s_0$ の間の微分同相写像を定義する．これは $\mathscr{H}$ が 3 次元的で $s=s_0$ が 2 次元的であることより不可能である．□

実際，もしすべての流束がある 2 次元曲面を通過するなら，物質密度は無限大になると予想される．これまで，大きなスケールでの回転や加速はそれ自体では厳密に Copernicus 原理に従う宇宙のモデルにおける特異点の発生を妨げることはできないということを見てきた．のちの定理においては不規則性も一般には世界モデルにおける特異点の発生を妨げられないということを確かめよう．

5.5 Schwarzschild解とReissner-Nordsröm解

空間的に一様な解は宇宙における物質の大きなスケールでの分布に対する良いモデルであるが，それらは記述に関して不十分である．例えば太陽系における時空の局所的幾何学など．この幾何学は良い近似で Schwarzschild 解によって記述できる．これは球対称の重い物体の外側の球対称真空時空を表す．実際，一般相対性理論と Newton 的理論の間の差を検証するこれまで行われてきたすべての実験はこの解を基礎とする予言に基づくものである．

この計量は

$$\mathrm{d}s^2 = -\left(1-\frac{2m}{r}\right)\mathrm{d}t^2 + \left(1-\frac{2m}{r}\right)^{-1}\mathrm{d}r^2 + r^2(\mathrm{d}\theta^2+\sin^2\theta\mathrm{d}\phi^2) \tag{5.21}$$

の形で与えることができる．ここで $r>2m$ である．この時空は静的であることが確かめられる．つまり，$\partial/\partial t$ は勾配であるような時間的 Killing ベクトルであり，かつ球対称である．つまりそれは空間的 2 次元球面 $\{t,r\ \text{定数}\}$ 上に作用する等長群 $SO(3)$ の下で不変である (付録 B 参照)．この形の計量の座標 r は，これらの推移面の面積が $4\pi r^2$ であるという要請によって本質的に定義される．この解は大きな r に対して計量が

$g_{ab} = \eta_{ab} + O(1/r)$ という形になることより漸近的に平坦である．Newton 的理論との比較 (§3.4 参照) により，m は無限遠から測定した物体が生成する場による重力質量と見なすべきであることが示される．この解が一意であるということは強調すべきであろう．いかなる真空場の方程式の解も球対称なら，それは Schwarzschild 解に対して局所的に等長である (もちろん他の座標系で与えられれば全く異なる見かけであろうが．付録 B および Bergmann, Cahen and Komar (1965) 参照).

通常，ある球状の物体の外部の解を，ある値 $r_0 > 2m$ より大きい値に対する Schwarzschild 計量とみなし，その物体の内部の計量 ($r < r_0$) をその物体に含まれる物質のエネルギー-運動量テンソルによって決定される異なる形の計量とみなす．しかしながら計量が r のすべての値に対して空っぽの空間の解と見なせるときになにが起こるかを確かめることは興味深い．

すると計量は $r = 0$ および $r = 2m$ のとき特異的になる (極座標の自明な特異点が $\theta = 0$ および $\theta = \pi$ のときも存在する)．したがって §3.1 で Lorentz 計量を伴う多様体によって表される時空を採用したことより，$r = 0$ および $r = 2m$ を，座標 (t, r, θ, ϕ) によって定義される多様体から切り取らなければならない．面 $r = 2m$ を切り取るとこの多様体は，$0 < r < 2m$ と $2m < r < \infty$ なる 2 つの非連結成分に分割される．時空多様体を連結に採ったことより，どちらか一方のみを考慮しなければならないが選ぶべき明らかな方は $r > 2m$ の外部場を表すものである．次に質問すべきことは Schwarzschild 計量 **g** を持つこの多様体 $\mathcal{M}$ が拡張可能かどうかである．つまり，$\mathcal{M}$ が埋め込めるより大きな多様体 $\mathcal{M}'$ と，$\mathcal{M}'$ 上に適切に十分微分可能な Lorentz 計量 **g**′ が存在して，$\mathcal{M}$ の像の上で **g** と **g**′ が一致するように採れるかどうかである．$\mathcal{M}$ が拡張できるであろう明らかな場所が r が $2m$ まで向かう場所である．計算により，この計量が Schwarzschild 座標 (t, r, θ, ϕ) において $r = 2m$ で特異であっても，いかなる曲率テンソルのスカラー多項式と計量も $r \to 2m$ で発散しないことが分かる．これは $r = 2m$ での特異点は物理的な特異点ではなく，好ましくない座標系の選択の結果であることを暗示している．

このことを確認し，$(\mathcal{M}, \mathbf{g})$ が拡張可能であることを示すために

$$r^* \equiv \int \frac{\mathrm{d}r}{1 - 2m/r} = r + 2m \log(r - 2m)$$

を定義しよう．すると，

$$v \equiv t + r^*$$

は先進ヌル座標であり，

$$w \equiv t - r^*$$

は遅延ヌル座標である．座標 (v, r, θ, ϕ) を用いると，計量は

$$\mathrm{d}s^2 = -\left(1 - \frac{2m}{r}\right)\mathrm{d}v^2 + 2\mathrm{d}v\mathrm{d}r + r^2(\mathrm{d}\theta^2 + \sin^2\theta \mathrm{d}\phi^2) \tag{5.22}$$

5.5 Schwarzschild解とReissner-Nordström解

によって与えられるEddington-Finkelstein形の計量 $\mathbf{g}'$ の形をとる．この多様体 $\mathscr{M}$ は領域 $2m < r < \infty$ である．しかし，計量 (5.22) は非特異であり，確かにより大きな多様体 $\mathscr{M}'$ 上の $0 < r < \infty$ で解析的である．$0 < r < 2m$ に対する $(\mathscr{M}', \mathbf{g}')$ の領域は実際 $0 < r < 2m$ に対する Schwarzschild 計量の領域に対して等長である．よってここでは異なる座標を使うことによって，つまり異なる多様体を採ることによってもはや $r = 2m$ で特異的でないように Schwarzschild 計量を拡張した．多様体 $\mathscr{M}'$ において，面 $r = 2m$ は Finkelstein ダイアグラムから読み取ることができるようにヌル的面である（図23）．

これは時空の断面 (θ, ϕ 定数) である．各点は面積 $4\pi r^2$ の 2 次元球面を表す．いくつかのヌル円錐および動径ヌル測地線がダイアグラム上に示されている．面 $\{t = $ 定数 $\}$ が示されている．t が面 $r = 2m$ 上で無限大になることが確かめられる．

この Schwarzschild 解の表現は時間対称でないという奇妙な特徴がある．このことは (5.22) において交差項 ($dvdr$) から予想できる．これは Finkelstein ダイアグラムから定性的に明らかである．もっとも自明な非対称性は，未来向きの時間的およびヌル的曲線が外部 ($r > 2m$) から内部 ($r < 2m$) にしか横切れないこととして面 $r = 2m$ が一方通行の膜として振る舞うことである．$r = 2m$ を含むどんな過去向きの時間的およびヌル的曲線も $r = 0$ に到達できない．しかし面 $r = 2m$ を横切るどんな未来向きの時間的およびヌル的曲線も有限のアフィン距離で $r = 0$ に到達できる．$r \to 0$ につれて，スカラー $R^{abcd}R_{abcd}$ は m^2/r^6 として発散する．よって $r = 0$ は真性特異点である．対 $(\mathscr{M}', \mathbf{g}')$ は C^2 級の意味でも実際には C^0 級の意味ですら $r = 0$ に渡って拡張できない．

座標 v の代わりに w を用いると，計量は

$$ds^2 = -\left(1 - \frac{2m}{r}\right)dw^2 - 2dwdr + r^2(d\theta^2 + \sin^2\theta d\phi^2)$$

によって与えられる $\mathbf{g}''$ という形になる．これは $0 < r < \infty$ に対する座標 (w, r, θ, ϕ) によって定義される多様体 $\mathscr{M}''$ 上で解析的である．再び，多様体 $\mathscr{M}$ は $2m < r < \infty$ の領域であり，新しい領域 $0 < r < 2m$ は Schwarzschild 計量の領域 $0 < r < 2m$ に対して等長である．ただし，この等長写像は時間方向を反転する．多様体 $\mathscr{M}''$ において，面 $r = 2m$ は再び一方通行の膜として振る舞うヌル的面である．ただし，今回それは別の時間方向に働き，過去向きの時間的ないしはヌル的曲線のみ外部 ($r > 2m$) から内部 ($r < 2m$) に横切る．

実際には $(\mathscr{M}', \mathbf{g}')$ と $(\mathscr{M}'', \mathbf{g}'')$ の両方の拡張を同時に行うことができる．つまり，$(\mathscr{M}', \mathbf{g}')$ と $(\mathscr{M}'', \mathbf{g}'')$ の両方が等長的に埋め込める，計量 $\mathbf{g}^*$ を伴うさらに大きな多様体 $\mathscr{M}^*$ が存在し，$(\mathscr{M}, \mathbf{g})$ に対して等長かつ領域 $r > 2m$ 上で一致する．このより大きな多様体はKruskal (1960) によって与えられた．これを得るために，座標 (v, w, θ, ϕ) による $(\mathscr{M}, \mathbf{g})$ を考えよう．

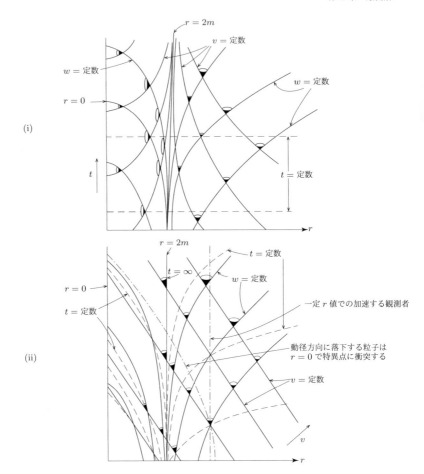

図 23. Schwarzscild 解の (θ, ϕ) 一定の断面.
(i) 座標 (t, r) が使用されたときの $r = 2m$ での見かけ上の特異点.
(ii) 座標 (v, r) によって得られる Finkelstein ダイアグラム ($45°$ の直線は一定の v の線である).
面 $r = 2m$ は $t = \infty$ 上のヌル的面である.

すると計量は

$$ds^2 = -\left(1 - \frac{2m}{r}\right) dv dw + r^2 (d\theta^2 + \sin^2\theta d\phi^2)$$

5.5 Schwarzschild解とReissner-Nordsröm解

という形をとる．ここで r は

$$\tfrac{1}{2}(v-w) = r + 2m\log(r-2m)$$

によって決定される．これは計量 $ds^2 = -dvdw$ を伴う空間が平坦であることより，ヌルな共形的に平坦な2次元空間 (θ, ϕ 定数) を表す．そのような共形的に平坦な2重のヌル的座標で表せる2次元空間を保つもっとも一般的な座標変換は $v' = v'(v)$, $w' = w'(w)$ である．ここで v' および w' は任意の C^1 級関数である．結果として得られる計量は

$$ds^2 = -\left(1 - \frac{2m}{r}\right)\frac{dv}{dv'}\frac{dw}{dw'}dv'dw' + r^2(d\theta^2 + \sin^2\theta d\phi^2)$$

である．これを以前の Minkowski 時空に対して得られたものに対応する形に単純化するために，

$$x' = \tfrac{1}{2}(v' - w'), \qquad t' = \tfrac{1}{2}(v' + w')$$

と定義する．この計量は最終形

$$ds^2 = F^2(t', x')(-dt'^2 + dx'^2) + r^2(t', x')(d\theta^2 + \sin^2\theta d\phi^2) \tag{5.23}$$

をとる．

関数 v', w' の選択はこの計量の正確な形を決定する．Kruskal の選択は

$$v' = \exp(v/4m), \qquad w' = -\exp(-w/4m)$$

であった．すると r は方程式

$$(t')^2 - (x')^2 = -(r - 2m)\exp(r/2m) \tag{5.24}$$

によって陰に決定でき，F は

$$F^2 = \exp(-r/2m) \cdot 16m^2/r \tag{5.25}$$

によって与えられる．

$(t')^2 - (x')^2 < 2m$ に対する座標 (t', x', θ, ϕ) によって定義された多様体 $\mathscr{M}^*$ 上では，((5.24),(5.25) によって定義された) 関数 r および F は正かつ解析的である．(5.23) によって計量 $\mathbf{g}^*$ を定義すると，$x' > |t'|$ によって定義された $(\mathscr{M}^*, \mathbf{g}^*)$ の領域 I は $(\mathscr{M}, \mathbf{g})$ に対して等長的であり，これは $r > 2m$ に対する Schwarzschild 解の領域である．$x' > -t'$ によって定義される領域 (図24 の領域 I および II) は先進 Finkelstein 拡張 $(\mathscr{M}', \mathbf{g}')$ に対して等長的である．同様に $x' > t'$ によって定義される領域 (図24 の領域 I および II') は遅延 Finkelstein 拡張 $(\mathscr{M}'', \mathbf{g}'')$ に対して等長的である．また領域 I' も存在し，これは $x' < -|t'|$ によって定義され，再び Schwarzschild の外部解 $(\mathscr{M}, \mathbf{g})$ と等長的であることが分かる．これは Schwarzschild の 'のど (throat)' の別の側上の別の漸近的に平坦な宇宙と見なすことができる．

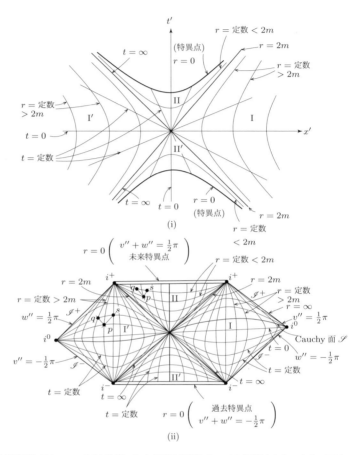

図 24. 最長解析的 Schwarzschild 拡張. θ, ϕ 座標は省略した. ヌル的線は 45° である. 面 $\{r=$ 定数$\}$ は一様である.
(i) Kruskal ダイアグラム. $r < 2m$ に対する漸近的に平坦な領域 I および I′ と領域 II および II′ を表している.
(ii) Penrose ダイアグラム. 2 つの特異点とともに共形的無限遠を表している.

(断面 $t=0$ を考えよ. 2 次元球面 $\{r=$ 定数$\}$ は大きな r に対して Euclid 的空間として振る舞う. しかしながら小さな r に対してはそれらは最小値 $16\pi m^2$ まで減少し, それから 2 次元球面が別の漸近的に平坦な 3 次元空間に膨張するにつれて再び増加する面積を持つ.) 図 24 から読み取れるように, 領域 I′ と II は領域 I′ の先進 Finkelstein 拡張と等長であり, 同様に領域 I′ と II′ は領域 I′ の遅延 Finlelstein 拡張と等長である. 領域 I から

5.5 Schwarzschild解とReissner-Nordström解

領域 I′ に進む時間的あるいはヌル的曲線は存在しない．$t' = -|x'|$ によってここで表される面 $r = 2m$ の一部を横断するすべての未来向きの時間的ないしはヌル的な曲線は $r = 0$ で $t' = (2m + (x')^2)^{\frac{1}{2}}$ に特異点に到達する．同様に $t' = -|x'|$ を横切る過去向きの時間的あるいはヌル的曲線は再び $r = 0$ で $t' = -(2m + (x')^2)^{\frac{1}{2}}$ に他の特異点に到達する．

Kruskal 拡張 ($\mathscr{M}^*, \mathbf{g}^*$) は Schwarzschild 解の，唯一の，解析的かつ局所拡張不可能な拡張となっている．Kruskal 拡張の Penrose ダイアグラムは新しい先進および遅延ヌル座標

$$v'' = \arctan(v'(2m)^{-\frac{1}{2}}), \qquad w'' = \arctan(w'(2m)^{-\frac{1}{2}})$$

を

$$-\pi < v'' + w'' < \pi \quad \text{および} \quad -\tfrac{1}{2}\pi < v'' < \tfrac{1}{2}\pi, \quad -\tfrac{1}{2}\pi < w'' < \tfrac{1}{2}\pi$$

に対して定義することによって構築することができる (図 24(ii) 参照)．これは Minkowski 空間に対する Penrose ダイアグラム (図 15(ii)) と比較できる．今の場合，各漸近的に平坦な領域 I および I′ に対する未来，過去およびヌル的無限遠が存在する．Minkowshi 空間とは異なり，共形的計量は連続だが点 i^0 で微分不能である．

$r = 2m$ の外部の任意の点の未来光円錐を考えると，動径外向き測地線は無限遠に到達するが，内向きは未来特異点に到達する．この点が $r = 2m$ の内側に存在するなら，これら両方の測地線が特異点にぶつかり，その点の全未来はこの特異点で終わりを迎える．よって $r = 2m$ の外部の任意の粒子は特異点を回避できる (したがってそれはRobertson-Walker 空間のように '普遍的' ではない)．しかしひとたび粒子が $r = 2m$ の内側 (領域 II) に落ちると，特異点から逃れることはできない．この事実は次の事実と密接に関わることが分かる：領域 II の内部の各点は捕捉閉曲面である 2 次元球面を表す．これは次のことを意味する：任意の 2 次元球面 p (図 24 の点によって表される) と p から瞬間的に動径方向外側と内側に放出される光子によって形成される 2 つの 2 次元球面 q, s を考える．p, q, s の 3 つすべてが領域 $r > 2m$ に含まれるなら，q の面積 ($4\pi r^2$ によって与えられる) は p の面積より大きいが，s の面積は p の面積より小さい．しかしながら，それらすべてが $r < 2m$ の領域 II に含まれるなら，q と s の両方の面積が p の面積より小さくなる (この図では，r は，領域 II において下から上へ移動するにつれて減少する)．その場合，p は捕捉閉曲面と呼ばれる．領域 II′ の内部の各点は時間反転捕捉閉曲面であり (捕捉曲面の存在は $r = $ 定数 の面が空間的であるという事実から必要となる結果である)，それに対応して，領域 II′ のすべての粒子が過去に特異点からやって来なければならない．第 8 章では特異点の存在が捕捉閉曲面の存在に密接に関わっていることをを見るつもりである．

Reissner-Nordström 解は電荷を帯びた球対称の物体の外側の時空を表す (ただし，スピンあるいは磁気双極子はないのでこれは電子の外側の場の良い表現ではない)．エネルギー-運動量テンソルはそれゆえこの物体上の電荷の結果である時空における電磁場である．これは Einstein-Maxwell 方程式の球対称かつ漸近的に平坦な唯一の解であり，局所

的にはかなり Schwarzschild 解と似ている．この解には次の形をした計量を持つ座標が存在する：

$$ds^2 = -\left(1 - \frac{2m}{r} + \frac{e^2}{r^2}\right)dt^2 + \left(1 - \frac{2m}{r} + \frac{e^2}{r^2}\right)^{-1}dr^2 + r^2(d\theta^2 + \sin^2\theta d\phi^2) \quad (5.26)$$

ここで m はこの物体の重力質量，e はこの物体の電荷を表す．この漸近的に平坦な解は通常，物体の外側のみの解であり，内部はなんらかの別の計量で満たされているとみなされる．しかし再び解をすべての r に対するものとみなしたときに何が起こるのかを見るのは興味深い．

$e^2 > m^2$ ならば計量は除去不能な特異点 $r = 0$ を除いていたるところ特異的でない[*5]．これは点電荷が場を生成していると考えることができる．$e^2 \leq m^2$ ならばこの計量もまた r_+ と r_- で特異点を持つ．ここで $r_\pm = m \pm (m^2 - e^2)^{\frac{1}{2}}$ である．これは $\infty > r > r_+$，$r_+ > r > r_-$ および $r_- > r > 0$ によって定義された領域で正則である（$e^2 = m^2$ ならば第 1 と第 3 の領域のみが存在する）．Schwarzschild の場合のように，これらの特異点は最大の解析的延長を得るために適切な座標を導入して多様体を拡張することによって取り除ける (Graves and Brill (1960), Carter (1966))．発生する主要な違いは Schwarzschild の場合のように dt^2 の前の因子における 1 つのゼロではなく 2 つのゼロに由来する．特にこれは第 1 および第 3 の領域はともに静的であるが，第 2 の領域（もし存在すれば）が空間的に一様だが静的でないことを意味する．

最大に拡張された多様体を得るために，Schwarzschild の場合に類似の手順で進めよう．座標 r^* を

$$r^* = \int dr \bigg/ \left(1 - \frac{2m}{r} + \frac{e^2}{r^2}\right)$$

によって定義する．すると $r > r_+$ に対して

$$r^* = r + \frac{r_+^2}{(r_+ - r_-)}\log(r - r_+) - \frac{r_-^2}{(r_+ - r_-)}\log(r - r_-) \qquad (e^2 < m^2 \text{の場合})$$

$$r^* = r + m\log((r - m)^2) - \frac{2}{r - m} \qquad (e^2 = m^2 \text{の場合})$$

$$r^* = r + m\log(r^2 - 2mr + e^2) + \frac{2}{e^2 - m^2}\arctan\left(\frac{r - m}{e^2 - m^2}\right) \quad (e^2 > m^2 \text{の場合})$$

となる．先進および遅延座標を

$$v = t + r^*, \qquad w = t - r^*$$

[*5] 訳注：この場合，裸の特異点が生じる．ペンローズの宇宙検閲仮説に従うと，このようなブラックホールは自然界に存在しないと考えられるが，コンピューターシミュレーションでは反 de-Sitter 時空で裸の特異点が生じることが分かっており，現実の宇宙で裸の特異点が存在するかどうかはまだわかっていない．

5.5 Schwarzschild解とReissner-Nordsröm解

によって定義すると計量 (5.26) は 2 重のヌルの形

$$ds^2 = -\left(1 - \frac{2m}{r} + \frac{e^2}{r^2}\right)dvdw + r^2(d\theta^2 + \sin^2\theta d\phi^2) \tag{5.27}$$

をとる.

$e^2 < m^2$ の場合, 新しい座標 v'', w'' を

$$v'' = \arctan\left(\exp\left(\frac{r_+ - r_-}{4r_+^2}v\right)\right), \qquad w'' = \arctan\left(-\exp\left(\frac{-r_+ + r_-}{4r_+^2}w\right)\right)$$

によって定義する. すると計量 (5.27) は

$$ds^2 = \left(1 - \frac{2m}{r} + \frac{e^2}{r^2}\right)64\frac{r_+^4}{(r_+ - r_-)^2}\operatorname{cosec}2v''\operatorname{cosec}2w''dv''dw''$$
$$+ r^2(d\theta^2 + \sin^2\theta d\phi^2) \tag{5.28}$$

という形をとる. ここで r は

$$\tan v'' \tan w'' = -\exp\left(\left(\frac{r_+ - r_-}{2r_+^2}\right)r\right)(r - r_+)^{\frac{1}{2}}(r - r_-)^{-\alpha/2}$$

によって陰に定義され, $\alpha = (r_+)^{-2}(r_-)^2$ である. 最大拡張は計量 $\mathbf{g}^*$ として (5.28), $\mathscr{M}^*$ としてこの計量が C^2 であるような最大の多様体を採ることによって得られる.

最大拡張の Penrose ダイアグラムは図 25 に示した. $r > r_+$ では漸近的に平坦な領域が無限の個数存在する. これらはIによって示す. これらはそれぞれ $r_+ > r > r_-$ および $r_- > r > 0$ にある中間的な領域 II および III によって接続されている. 各領域 III における $r = 0$ には依然として除去不能な特異点が存在するが, Schwarzschild 解とはことなり, それは時間的であるので, $r = r_+$ を横切る領域 I からの未来向きの時間的曲線によって回避することができる. このような曲線は領域 II,III および II を通過して別の漸近的に平坦な領域 I に再び出現できる. これは電荷によって作られた'ワームホール'を通過することによって他の宇宙に移動できるという興味深い可能性を提起する. 残念ながらこの観測者は向こう側で見てきたものを報告するために我々の宇宙にもう一度戻って来ることはできないだろう.

この計量 (5.28) はそれが退化する $r = r_-$ を除くいたるところで解析的であるが, 異なる座標 v''' と w''' を

$$v''' = \arctan\left(\exp\left(\frac{r_+ - r_-}{2nr_-^2}v\right)\right),$$
$$w''' = \arctan\left(-\exp\left(\frac{-r_+ + r_-}{2nr_-^2}w\right)\right)$$

によって定義できる. ここで n は (整数) $\geqslant 2(r_+)^2(r_-)^2$ である. これらの座標系において計量はそれが退化する $r = r_+$ を除いていたるところ解析的である. この座標 v''' およ

び w''' は $r \neq r_+$ に対して v'' と w'' の解析的関数である.よって多様体 $\mathscr{M}^*$ は,$r \neq r_-$ に対しては座標 v'' および w'',$r \neq r_+$ に対しては v''' および w''' によって定義される局所座標近傍から構成される解析的アトラスによって被覆することができる.計量はこのアトラスで解析的である.

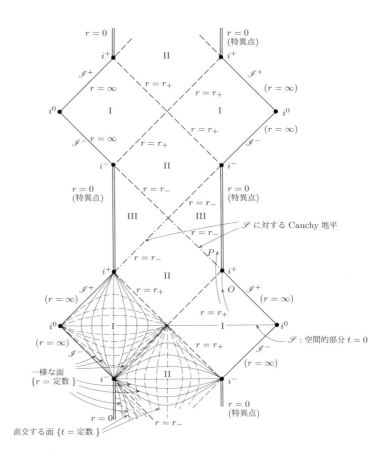

図 25. 最大拡張された Reissner-Nordström 解 $(e^2 < m^2)$ に対する Penrose ダイアグラム.漸近的に平坦な領域 I の無限連鎖 $(\infty > r > r_+)$ は領域 II$(r_+ > r > r_-)$ および領域 III$(r_- > r > 0)$ によって連結されている.各領域 III は $r = 0$ での時間的特異点によって制限されている.

5.5 Schwarzschild解とReissner-Nordström解

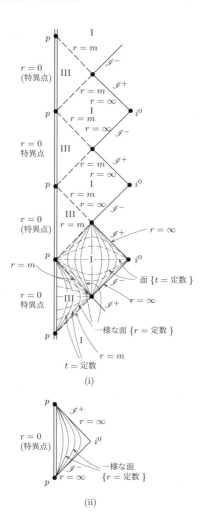

図 26. 最大拡張された Reissner-Nordström 解に対する Penrose ダイアグラム：
(i) $e^2 = m^2$, (ii) $e^2 > m^2$.
最初の場合，領域 III $(m > r > 0)$ によって連結された領域 I $(\infty > r > m)$ の無限連鎖が存在する．点 p は $r = 0$ での特異点の一部ではなく，無限遠での真に除外される点である．

$e^2 = m^2$ の場合も同様に拡張することができる．$e^2 > m^2$ の場合は既に元の座標系で拡張不可能である．これら2つの場合の Penrose ダイアグラムを図 26 に示した．

これらすべての場合において，特異点は時間的である．これは Schwarzschild 解と異なり，時間的およびヌル的曲線は常に特異点に衝突することを避けられることを意味する．実際，特異点は反発するように見える．たとえ非測地的時間的曲線および動径ヌル測地線がそれらに衝突できても，いかなる時間的測地線もそれらに衝突しない．よってこの空間は時間的 (ヌル的でないにも関わらず) 測地的完備である．この特異点の時間的性格はこれらの空間に Cauchy 面が存在しないことも意味する．任意の空間的曲面が与えられると，特異点に進みこの曲面と交わらない時間的あるいはヌル的曲線が求められる．例えば $e^2 < m^2$ の場合，2 つの漸近的に平坦な領域 I と交わる空間的曲面 $\mathscr{S}$ を求めることができる (図 25)．これは 2 つの領域 I と 2 つの隣接する領域 II に対する Cauchy 面である．しかしながら，隣接する領域 III から未来において，特異点に到達し面 $r = r_-$ に交わらない過去向きの延長不可能な時間的およびヌル的曲線が存在する．この曲面はしたがって $\mathscr{S}$ に対する未来 Cauchy 地平と呼ばれる．$r = r_-$ を超えた解の延長は $\mathscr{S}$ 上の Cauchy データによっては決定されない．ここで与えた延長は解析的な局所延長不可能なものでしかない．ただし，別の非解析的 C^∞ 級延長で Einstein-Maxwell 方程式を満たすものが存在する．

面 $r = r_+$ を横切る粒子 P は，$r = r_+$ の外側にとどまり，未来無限遠 i^+ に接近する世界線を持つ観測者 O に対して無限の赤方偏移を持つように見える (図 25)．$r = r_+$ と $r = r_-$ の間の領域 II において，r 定数面は空間的であるので図の各点は捕捉閉曲面である 2 次元球面を表す．面 $r = r_-$ を横切る観測者 P は有限の時間で漸近的に平坦な領域 I の 1 つの歴史全体を見る．それゆえこの領域の物体はそれらが i^+ に接近するにつれて無限に青方偏移するように見える．これは面 $r = r_-$ が空間的曲面 $\mathscr{S}$ 上の初期データにおける小さな摂動に対して不安定であり，そのような摂動は一般に $r = r_-$ 上の特異点を導くことを意味する．

5.6 Kerr解(カー)

一般に天体は自転しているため，その外側の解として厳密な球対称性を想定することはできない．Kerr 解は，自転する重い物体の外側の定常的な軸対称な漸近的に平坦な場を表すことができる厳密解の唯一知られている族である．それらは特定の多極モーメントの組み合わせを持つ重い自転する物体に対するもののみの外部解になる．異なるモーメントの組み合わせを持つ物体は他の外部解を持つ．Kerr 解はそれにもかかわらずブラックホールに対する唯一の可能な外部解であるように思われる (§9.2 および §9.3 参照)．

この解はBoyer-Lindquist座標(ボイヤー リンキスト) (r, θ, ϕ, t) において計量が

$$ds^2 = \rho^2 \left(\frac{dr^2}{\Delta} + d\theta^2 \right) + (r^2 + a^2)\sin^2\theta d\phi^2 - dt^2 + \frac{2mr}{\rho^2}(a\sin^2\theta d\phi - dt)^2 \quad (5.29)$$

の形をとるものとして与えることができる．ここで $\rho^2(r,\theta) \equiv r^2 + a^2\cos^2\theta$ および $\Delta(r) \equiv r^2 - 2mr + a^2$ である．m と a は定数であり，m は質量，ma は無限遠から測

5.6 Kerr解

定した角運動量を表す (Boyer and Price (1965)). $a = 0$ のとき解は Schwarzschild 解に単純化される. この計量形は t のみの反転では不変ではないものの ($a = 0$ の場合を除いて), 明らかに t と ϕ の同時反転で不変である. つまり変換 $t \to -t$, $\phi \to -\phi$ の下で不変である. これは自転する物体の時間反転が逆向きに自転する物体を生成することより, 想定されるものである.

$a^2 > m^2$ のとき, $\Delta > 0$ かつ上の計量は $r = 0$ のときに限り特異である. $r = 0$ での特異点は Kerr-Schild 座標 $(x, y, z, \bar{t})$ に変換することによって確かめることができるように実際には点でなくリングである. ここで

$$x + iy = (r + ia)\sin\theta \exp i \int (d\phi + a\Delta^{-1}dr),$$
$$z = r\cos\theta, \quad \bar{t} = \int (dt + (r^2 + a^2)\Delta^{-1}dr) - r$$

である. これらの座標において, 計量は

$$ds^2 = dx^2 + dy^2 + dz^2 - d\bar{t}^2 + \frac{2mr^3}{r^4 + a^2 z^2}\left(\frac{r(xdx + ydy) - a(xdy - ydx)}{r^2 + a^2} + \frac{zdz}{r} + d\bar{t}\right)^2 \quad (5.30)$$

という形をとる. ここで r は x, y, z に関して

$$r^4 - (x^2 + y^2 + z^2 - a^2)r^2 - a^2 z^2 = 0$$

によって符号まで陰に決定される. $r \neq 0$ に対して, 面 $\{r = \text{定数}\}$ は (x, y, z) 平面において共焦点楕円体であり, $r = 0$ に対して円板 $x^2 + y^2 \leq a^2$, $z = 0$ に退化する. この円板の境界であるリング $x^2 + y^2 = a^2$, $z = 0$ は, そこでスカラー多項式 $R_{abcd}R^{abcd}$ が発散することより真の曲率特異点である. しかしながら境界上のリングを除いてこの円板上ではいかなるスカラー多項式も発散しない. 関数 r は実際, この解の最大の解析的延長を得るために円板 $x^2 + y^2 < a^2$, $z = 0$ の内部を通して正の値から負の値へ解析的に連続にできる.

これを行うために, (x, y, z) 平面における円板 $x^2 + y^2 < a^2$, $z = 0$ の上側の点が, (x', y', z') 平面における対応する円板の下側の同じ x と y の点と同一視されるような座標 (x', y', z') によって定義される別の平面を取り付ける. 同様に (x, y, z) 平面におけるこの円板の下側の点と (x', y', z') 平面における円板の上側の点が同一視される (図 27 参照).

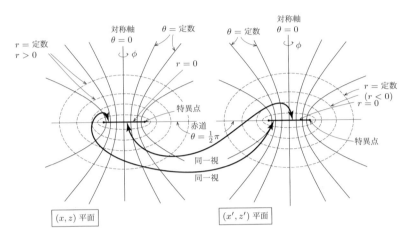

図 27. $a^2 > m^2$ に対する Kerr 解の最大拡張は (x,y,z) 平面における円板 $x^2 + y^2 < a^2$, $z = 0$ の上側と (x', y', z') 平面における対応する円板の下側を同一視することによって得られる．逆も同様．図はこれらの平面の断面 $y = 0$, $y' = 0$ を示す．$x^2 + y^2 = a^2$, $z = 0$ での特異点の周りを 2 回回ると，(x,y,z) 平面から (x',y',z')(そこでは r は負である) 平面へと通過し，(x,y,z) 平面へと戻ってくる (そこでは r は正である)．

計量 (5.30) はこのより大きな多様体に明らかな方法で拡張される．(x',y',z') 領域上でこの計量は再び (5.29) の形をしているが，r の正の値ではなく負の値を伴う．大きな負の値の r では，空間は再び漸近的に平坦になるが今回は負の質量を持つ．リング特異点の付近の小さな負の値の r に対して，ベクトル $\partial/\partial\phi$ は時間的であるので，円 ($t = $ 定数, $r = $ 定数, $\theta = $ 定数) は閉じた時間的曲線である．これらの閉じた時間的曲線は拡張された空間の任意の点を通過するように変形することができる (Carter (1968a))．この解はリング特異点で測地的不完備である．しかしながら，この特異点に到達する唯一の時間的およびヌル測地線は正の r 側の赤道面に含まれるものである (Carter (1968a))．

$a^2 < m^2$ の場合の拡張は，$\Delta(r)$ が消滅する 2 つの r の値 $r_+ = m + (m^2 - a^2)^{\frac{1}{2}}$ および $r_- = m - (m^2 - a^2)^{\frac{1}{2}}$ が存在するため，かなり複雑になる．これらの面は Reissner-Nordström 解における面 $r = r_+$, $r = r_-$ と同様である．これらの面を横切る計量に拡張するために，Kerr 座標 (r, θ, ϕ_+, u_+) に変換する．ここで

$$du_+ = dt + (r^2 + a^2)\Delta^{-1}dr, \qquad d\phi_+ = d\phi + a\Delta^{-1}dr$$

5.6 Kerr解

である．すると計量はこれらの座標によって定義された多様体上で

$$\mathrm{d}s^2 = \rho^2 \mathrm{d}\theta^2 - 2a\sin^2\theta \mathrm{d}r\mathrm{d}\phi_+ + 2\mathrm{d}r\mathrm{d}u_+$$
$$+ \rho^{-2}[(r^2+a^2)^2 - \Delta a^2 \sin^2\theta]\sin^2\theta \mathrm{d}\phi_+{}^2$$
$$- 4a\rho^{-2}mr\sin^2\theta \mathrm{d}\phi_+ \mathrm{d}u_+ - (1 - 2mr\rho^{-2})\mathrm{d}u_+{}^2 \qquad (5.31)$$

という形をとり，$r = r_+$ と $r = r_-$ で解析的である．再び $r = 0$ で特異点が得られ，これは同じリング状であり，上で述べたような測地線構造をしている．この計量は座標 (r, θ, ϕ_-, u_-) によって定義される多様体上に拡張することもできる．ここで

$$\mathrm{d}u_- = \mathrm{d}t - (r^2+a^2)\Delta^{-1}\mathrm{d}r, \qquad \mathrm{d}\phi_- = \mathrm{d}\phi - a\Delta^{-1}\mathrm{d}r$$

であり，計量は再び ϕ_+, u_+ を $-\phi_-, -u_-$ によって置き換えた (5.31) の形をとる．最大の解析的延長は Reissner-Nordström の場合のようにこれらの延長の組み合わせによって構築することができる (Boyer and Lindquist (1967), Carter (1968a))．大域的構造は今回は r の負の値まで連続的にリングを通り抜けることができる点を除いて Reissner-Nordström 解と非常によく似ている．図 28(i) は対称軸に沿った共形構造を示す．領域 I は $r > r_+$ である漸近的に平坦な領域を表す．領域 II($r_- < r < r_+$) は捕捉閉曲面を含む．領域 III($-\infty < r < r_-$) はリング特異点を含む．領域 III のすべての点を通る閉じた時間的曲線が存在するが，他の 2 つの領域においては因果律の破れはない．

$a^2 = m^2$ の場合，r_+ と r_- は一致し，領域 II は存在しない．最大延長は $e^2 = m^2$ のときの Reissner-Nordström 解と同様である．この場合の対称軸に沿った共形構造は図 28(ii) に示した．

Kerr 解，——定常的であり軸対称的である——，は 2 パラメータ等長群を持つ．この群は必然的に可換である (Carter (1970))．よって交換する 2 つの独立な Killing ベクトル場が存在する．任意に大きな正および負の値の r で時間的であるようなこれらの Killing ベクトル場の唯一の線形結合 K^a が存在する．対称軸上でゼロである Killing ベクトル場の別の唯一の線形結合 $\tilde{K}^a$ が存在する．Killing ベクトル K^a の軌道は定常系を定義する，すなわちこれらの軌道の 1 つに沿って運動する物体は無限遠に関して定常的に見える．Killing ベクトル $\tilde{K}^a$ の軌道は閉曲線であり，解の回転対称性に対応する．

Schwarzschild および Reissner-Nordström 解において，大きな値の r で時間的な Killing ベクトル K^a は領域 I のいたるところで時間的であり，面 $r = 2m$ と $r = r_+$ のそれぞれでヌル的になる．これらの面はヌル的である．これはこれらの面を未来向きに横切る粒子が再び同じ領域に戻ることができないことを意味する．

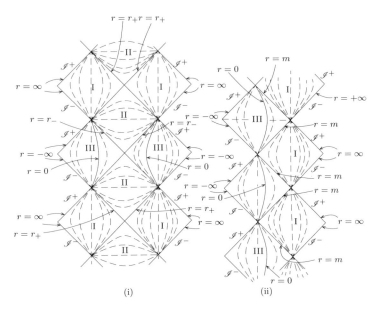

図 28. (i) $0 < a^2 < m^2$ の場合と (ii) $a^2 = m^2$ の場合の対称軸に沿った Kerr 解の共形構造. 点線は r 定数の線である. (i) の場合の領域 I,II および III は $r = r_+$ と $r = r_-$ によって分割される. (ii) の場合の領域 I および III は $r = m$ によって分割される. 両方の場合においてリング特異点付近の空間の構造は図 27 の通りである.

それらは粒子が特定の領域 I の無限遠 $\mathscr{I}^+$ に脱出することができるような解の領域の境界であり, それらはその $\mathscr{I}^+$ の**事象の地平**と呼ばれる. (それらは実際, 領域 I における Killing ベクトル K^a の任意の軌道上を運動する観測者に対する §5.2 の意味で事象の地平である.)

一方 Kerr 解において Killing ベクトル K^a は $r = r_+$ の外側の領域において空間的であり, **エルゴ球**と呼ばれる (図 29). この領域の外側の境界は K^a がヌル的であるような面 $r = m + (m^2 - a^2 \cos^2 \theta)^{\frac{1}{2}}$ である. これは**定常性限界面**と呼ばれる. というのもこの面は時間的曲線上を移動する粒子が Killing ベクトル K^a の軌道上を移動することができるため, 無限遠に関して静止し続けるような領域の境界であるからである. 定常性限界面はヌル的である軸上の 2 点を除いて時間的面である (これらの点でそれは面 $r = r_+$ と一致する). そこで時間的であることより, 粒子は内向き方向または外向き方向いずれにも横切ることができる.

5.6 Kerr解

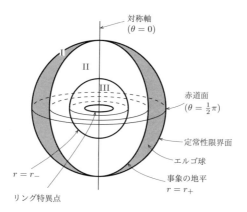

図 29. $0 < a^2 < m^2$ の場合の Kerr 解においてエルゴ球は定常性限界面と $r = r_+$ での地平面の間に存在する．粒子は領域 I(事象の地平 $r = r_+$ の外側) から無限遠に脱出できるが，領域 II($r = r_+$ と $r = r_-$ の間) と領域 III($r < r_-$; この領域はリング特異点を含む) からは脱出できない．

したがってそれは $\mathscr{I}^+$ に対する事象の地平ではない．実際，事象の地平は面 $r = r_+ = m + (m^2 - a^2)^{\frac{1}{2}}$ である．図 30 はこの理由を表す．図より，赤道面は $\theta = \frac{1}{2}\pi$ である．この図の各点は Killing ベクトル K^a の軌道を表す．つまりそれは $\mathscr{I}^+$ に対して定常的である．小さな円は濃い点によって表された点から放出された閃光の短時間のちの位置を表す．定常性限界の外側では Killing ベクトル K^a は時間的であるので光円錐に含まれる．これは放出の軌道を表す図 30 の点が光の波面内にあることを意味する．

定常性限界面上では，K^a はヌル的であるので，放出の軌道を表す点は波面上に存在する．しかしながら，波面は部分的に定常性限界面の内側に含まれ，部分的に定常性限界面の外側に含まれる．したがって時間的曲線に沿って移動する粒子はこの面から無限遠へ脱出することができる．定常性限界面と $r = r_+$ の間のエルゴ球において，Killing ベクトル K^a は空間的なので，放出の軌道を表す点は波面の外側になる．この領域では時間的あるいはヌル的曲線上を運動する粒子が Killing ベクトルの軌道に沿って移動するので無限遠に関して静止し続けることは不可能である．しかしながら波面の位置は粒子が依然として定常性限界面を横切って脱出することができるところなので，無限遠へ脱出する[*6]．面 $r = r_+$ 上では Killing ベクトル K^a は依然として空間的である．

[*6] 訳注：Kerr 解では「慣性系の引きずり」が生じる．エルゴ球の中では，たとえ光速で移動してもブラックホールの自転方向と逆向きの運動が出来ない．ブラックホールの自転方向に沿いながら無限遠に脱出することは可能である．Kerr 解についても，$a^2 > m^2$ の場合では裸の特異点が生じるので Reissner-Nordström 解と同様に自然界に存在しないと考えられる．

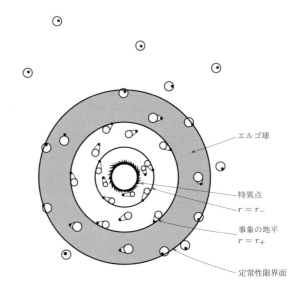

図 30. $m^2 > a^2$ の場合の Kerr 解の赤道面. 円は濃い点によって表された点から放出された閃光の短時間のちの位置を表す.

しかしながらこの面上の点に対応する波面は完全にこの面に含まれる. これはこの面の上か内側の点からやってくる時間的曲線上を移動する粒子がこの面の外側へ出ることができず, それゆえ無限遠へ出ることができないことを意味する. 面 $r = r_+$ はしたがって $\mathscr{I}^+$ に対する事象の地平でありヌル的面である.

Killing ベクトル K^a がエルゴ球内で空間的であるにも関わらず, **Killing 2-ベクトル (Killing bivector)** $K_{[a}\tilde{K}_{b]}$ の大きさ $K^a\tilde{K}^b K_{[a}\tilde{K}_{b]}$ は $r = r_+$ の外側のそれが消滅する軸 $\tilde{K}^a = 0$ 上を除くいたるところで負である. したがって K^a および $\tilde{K}^a$ は 2 次元球面に渡るので, 軸から外れた $r = r_+$ の外側の各点で時間的な K^a と $\tilde{K}^a$ の線形結合が存在する. したがってある意味エルゴ球における解はたとえそれが無限遠に関して定常的でなくても局所的に定常的である. 実際, $r = r_+$ の外側のいたるところで時間的な K^a と $\tilde{K}^a$ の線形結合は存在しない. Killing 2-ベクトルの大きさは $r = r_+$ で消滅し, この面の内側で正である. $r = r_+$ 上で, K^a と $\tilde{K}^a$ は空間的であるが, $r = r_+$ 上のいたるところでヌル的な線形結合が存在する (Carter (1969)).

これまで議論してきたエルゴ球と地平面の挙動は §9.2 および §9.3 におけるブラックホールの議論において重要な役割を果たす.

Reissner-Nordström 解がちょうど Schwarzscild 解の電荷を帯びたバージョンと考えることができるように, 同じように電荷を帯びた Kerr 解の族が存在する (Carter (1968a)).

それらの大域的性質は電荷を帯びない Kerr 解のそれと非常によく似ている．

5.7 Gödel宇宙

1949 年，Kurt Gödel はこれまで検討されたものよりも複雑な厳密解の研究に対してかなりの刺激を与えた論文 (Gödel (1949)) を発表した．彼は物質が圧力ゼロの完全流体 (ρ が物質の密度で u_a が規格化された 4 元速度ベクトルとするとき $T_{ab} = \rho u_a u_b$．) をとる場合の Einstein 方程式の厳密解を与えた．この多様体は R^4 であり，計量は

$$ds^2 = -dt^2 + dx^2 - \tfrac{1}{2}\exp(2(\sqrt{2})\omega x)dy^2 + dz^2 - 2\exp((\sqrt{2})\omega x)dtdy$$

という形で与えることができる．ここで $\omega > 0$ は定数である．場の方程式は $\mathbf{u} = \partial/\partial x^0$, (つまり $u^a = \delta^a{}_0$) かつ

$$4\pi\rho = \omega^2 = -\Lambda$$

である場合に満たされる．定数 ω は実際，流れベクトル u^a の渦度の大きさである．

この時空は推移的な 5 次元等長群を持つ．つまり，それは完全に一様な時空である．(群の作用は，それが $\mathscr{M}$ の任意の点を $\mathscr{M}$ の別の任意の点に写像することができるとき $\mathscr{M}$ 上推移的である．) この計量は座標 (t, x, y) によって定義される多様体 $\mathscr{M}_1 = R^3$ 上で

$$ds_1{}^2 = -dt^2 + dx^2 - \tfrac{1}{2}\exp(2(\sqrt{2})\omega x)dy^2 - 2\exp((\sqrt{2})\omega x)dtdy$$

によって与えられる計量 $\mathbf{g}_1$ と，座標 z によって定義される多様体 $\mathscr{M}_2 = R^1$ 上で

$$ds_2{}^2 = dz^2$$

によって与えられる計量 $\mathbf{g}_2$ の直和である．解の性質を記述するためには $(\mathscr{M}_1, \mathbf{g}_1)$ のみ考察すれば十分である．$\mathscr{M}_1$ 上で新しい座標 (t', r, ϕ) を

$$\exp((\sqrt{2})\omega x) = \cosh 2r + \cos\phi \sinh 2r,$$
$$\omega y \exp((\sqrt{2})\omega x) = \sin\phi \sinh 2r,$$
$$\tan\tfrac{1}{2}(\phi + \omega t - (\sqrt{2})t') = \exp(-2r)\tan\tfrac{1}{2}\phi$$

と定義することにより，計量 $\mathbf{g}_1$ は

$$ds_1{}^2 = 2\omega^{-2}(-dt'^2 + dr^2 - (\sinh^4 r - \sinh^2 r)d\phi^2 + 2(\sqrt{2})\sinh^2 r d\phi dt)$$

という形をとる．ここで $-\infty < t < \infty$, $0 \leqslant r < \infty$, および $0 \leqslant \phi \leqslant 2\pi$ かつ $\phi = 0$ は $\phi = 2\pi$ と同一視するものとする．これらの座標における流れベクトルは $\mathbf{u} = (\omega/(\sqrt{2}))\partial/\partial t'$ である．この形は軸 $r = 0$ についての解の回転対称性を体現している．異なる座標の選択によって，この軸は物質の任意の流線上に含まれるようにできる．

$(\mathscr{M}_1, \mathbf{g}_1)$ の挙動は図 31 に示した．軸 $r = 0$ 上の光円錐は方向 $\partial/\partial t'$ (ダイアグラムの垂直方向) を含むが，水平方向 $\partial/\partial r$ および $\partial/\partial \phi$ は含まない．この軸から遠ざかると，

半径 $r = \log(1+\sqrt{2})$ にて $\partial/\partial\phi$ がヌルベクトルになり，原点についてこの半径の円が閉じたヌル曲線となるように光円錐は開いて ϕ 方向に傾く．

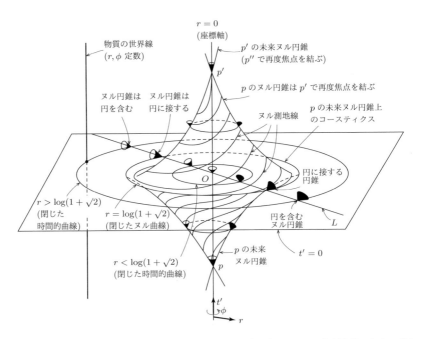

図 31. 無関係な座標 z を省略した Gödel 宇宙．空間は任意の点について回転対称的である．ダイアグラムは軸 $r = 0$ について正に回転対称的であり，時間不変である．光円錐は r が増加するにつれて開いて，ひっくり返り (直線 L 参照) 結果として閉じた時間的曲線が得られる．このダイアグラムはすべての点が実際には等価であるという事実を正しくは表していない．

より大きな値の r では，$\partial/\partial\phi$ は時間的ベクトルであり，定数 r, t' の円は閉じた時間的曲線である．$(\mathscr{M}_1, \mathbf{g}_1)$ が推移的な 4 次元等長群を持つことより，$(\mathscr{M}_1, \mathbf{g}_1)$ のすべての点を通過し，したがって Gödel 解 $(\mathscr{M}, \mathbf{g})$ のすべての点を通過する閉じた時間的曲線が存在する．

これはこの解がそれほど物理的でないことを意味する．この解における閉じた時間的曲線の存在は $\mathscr{M}$ に埋め込まれたいたるところ空間的な，境界を持たない 3 次元曲面が存在しないことを意味する．このような曲面を横切る閉じた時間的曲線はそれを奇数回横切ることになる．これはこの曲線は連続的にゼロになるように変形できないということを意味する．なぜなら連続的な変形は偶数回しか横切る回数を変更することができないからである．これは $\mathscr{M}$ が R^4 と同相で単連結であるという事実と矛盾する．閉じた時間的線の

5.8 Taub-NUT空間

存在が $\mathscr{M}$ にはすべての未来向きの時間的あるいはヌル的曲線に沿って増加する宇宙時間 (cosmic time) 座標 t が存在できないことも示している.

Gödel 解は測地的完備である. 測地線の挙動は $(\mathscr{M}_1, \mathbf{g}_1)$ と $(\mathscr{M}_2, \mathbf{g}_2)$ への分解に関して記述される. $\mathscr{M}_2$ の計量 $\mathbf{g}_2$ が平坦であることより, $\mathscr{M}_2$ における測地的接ベクトルの成分は定数である. つまり, z 座標は測地線上のアフィンパラメータと線形に変化する. したがって $(\mathscr{M}_1, \mathbf{g}_1)$ における測地線の挙動を記述するだけで十分である. 座標軸上の点 p からのヌル測地線 (図 31) は最初は軸から発散し, $r = \log(1 + (\sqrt{2}))$ でコースティクスに到達し, それから軸上の点 p' に再収束する. 時間的測地線の挙動は同様である. それらは $\log(1 + (\sqrt{2}))$ より小さいある r の最大値に到達し, それから p' に再収束する. $\log(1 + (\sqrt{2}))$ より大きい半径 r での点 q は時間的曲線で p と連結できるが, 時間的あるいはヌル測地線では連結できない.

Gödel 解のさらなる詳細は Gödel (1949), Kundt (1956) で確かめることができる.

5.8 Taub-NUT空間

1951 年, Taub は位相 $R \times S^3$ を持ち, 計量が

$$\mathrm{d}s^2 = -U^{-1}\mathrm{d}t^2 + (2l)^2 U(\mathrm{d}\psi + \cos\theta\mathrm{d}\phi)^2 + (t^2 + l^2)(\mathrm{d}\theta^2 + \sin^2\theta\mathrm{d}\phi^2) \tag{5.32}$$

によって与えられる Einstein 方程式の空間的に一様な真空解を発見した. ここで

$$U(t) \equiv -1 + \frac{2(mt + l^2)}{t^2 + l^2} \qquad (m, l \text{ は正の定数})$$

であり, θ, ϕ, ψ は S^3 上の Euler 座標なので, $0 \leqslant \psi \leqslant 4\pi$, $0 \leqslant \theta \leqslant \pi$, $0 \leqslant \phi \leqslant 2\pi$ である. この計量は $U = 0$ である $t = t_\pm = m \pm (m^2 + l^2)^{\frac{1}{2}}$ で特異的である. それは実際これらの面を横切って Newman, Tamburino and Unti (1963) によって求められた空間を与えるために拡張することができるが, この拡張を議論する前に数多くの類似の性質を持つ Misner (1967) によって与えられた 2 次元的例を考えよう.

この空間は位相が $S^1 \times R^1$ であり,

$$\mathrm{d}s^2 = -t^{-1}\mathrm{d}t^2 + t\mathrm{d}\psi^2$$

によって与えられる計量を持つ. ここで $0 \leqslant \psi \leqslant 2\pi$ である. この計量は $t = 0$ のとき特異的である. しかしながら多様体 $\mathscr{M}$ を ψ と $0 < t < \infty$ によって定義される多様体に採ると, $(\mathscr{M}, \mathbf{g})$ は $\psi' = \psi - \log t$ と定義することによって拡張することができる. 計量をすると

$$\mathrm{d}s^2 = +2\mathrm{d}\psi'\mathrm{d}t + t(\mathrm{d}\psi')^2$$

によって与えられる形 $\mathbf{g}'$ をとる. これは ψ' および $-\infty < t < \infty$ によって定義される位相 $S^1 \times R^1$ を持つ多様体 $\mathscr{M}'$ 上で解析的である. $(\mathscr{M}', \mathbf{g}')$ の領域 $t > 0$ は $(\mathscr{M}, \mathbf{g})$ と等長的である. $(\mathscr{M}', \mathbf{g}')$ の挙動は図 32 に示した.

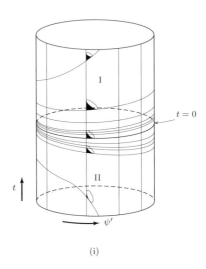

(i)

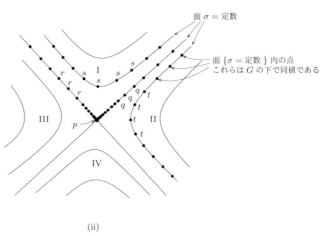

(ii)

図 32. Misner の 2 次元の例.
(i) 境界線 $t=0$ を横切る領域 I の領域 II への延長.垂直なヌル測地線は完備であるが,ねじれたヌル測地線は完備でない.
(ii) この普遍的な被覆空間は 2 次元 Minkowski 空間である.Loorentz 群の離散部分群 G の下で,点 s たちはお互いに等価である.同様に点, r,q および t たちはお互いに等価である.(i) は領域 I と領域 II の等価な点を同一視することによって得られる.

領域 $t<0$ には閉じた時間的線が存在するが, $t>0$ には存在しない.ヌル測地線の 1

5.8 Taub-NUT空間

つの族として図 32 の垂直線によって表されるものがある．これらは面 $t=0$ を横切る．別の族は $t=0$ に接近するにつれて螺旋状に巻き付くが，決して実際にこの面を横切ることはなく，これらの測地線は有限のアフィン長しか持たない．よってたとえ元の空間 $(\mathscr{M},\mathbf{g})$ でこの 2 つの測地線の族の間で対称的であっても，拡張 $(\mathscr{M}',\mathbf{g}')$ はこの 2 つのヌル測地線の族の間で対称的でない．しかしながらこの 2 つのヌル測地線の族が交換するような挙動を持つ別の拡張 $(\mathscr{M}'',\mathbf{g}'')$ を定義することができる．このようにするために，ψ'' を $\psi'' = \psi + \log t$ によって定義する．この計量は

$$ds^2 = -2d\psi'' dt + t(d\psi'')^2$$

によって与えられる形 $\mathbf{g}''$ をとる．これは ψ'' および $-\infty < t < \infty$ によって定義された位相 $S^1 \times R^1$ を持つ多様体 $\mathscr{M}''$ 上で解析的である．$(\mathscr{M}'',\mathbf{g}'')$ の領域 $t > 0$ は $(\mathscr{M},\mathbf{g})$ と等長的である．ある意味，ψ'' を定義することによってこれまで行ってきたことは，ヌル測地線の第 2 の族が垂直線になるように解き，$t=0$ を超えて連続になるようにしたことである．しかしながら，この巻き付きはヌル測地線の第 1 の族が，巻き付き，$t=0$ を超えて続かないようにそれらを巻きつける．したがって，2 つの等価でない局所的に拡張不可能な $(\mathscr{M},\mathbf{g})$ の解析的延長が存在し，それら両方が測地的不完備．これら 2 つの拡張の間の関係は $(\mathscr{M},\mathbf{g})$ の被覆空間に進むことによって明らかにすることができる．

これは実際点 p の未来ヌル的円錐に含まれる 2 次元 Minkowski 空間 $(\tilde{\mathscr{M}},\tilde{\boldsymbol{\eta}})$ の領域 I である（図 32(ii)）．p を不動点とする $(\tilde{\mathscr{M}},\tilde{\boldsymbol{\eta}})$ の等長変換は，$\tilde{t},\tilde{x}$ が通常の Minkowski 座標であり $\sigma \equiv \tilde{t}^2 - \tilde{x}^2$ とするとき，双曲線 $\{\sigma = 定数\}$ であるような軌道を持つ 1 次元群 ($\tilde{\boldsymbol{\eta}}$ の Lorentz 群) である．空間 $(\mathscr{M},\mathbf{g})$ は A^n (n : 整数) から構成される Lorentz 群の離散部分群 G による $(I,\tilde{\boldsymbol{\eta}})$ の商である．ここで A は $(\tilde{t},\tilde{x})$ を

$$(\tilde{t}\cosh\pi + \tilde{x}\sinh\pi, \tilde{x}\cosh\pi + \tilde{t}\sinh\pi)$$

に写像する．つまり，すべての整数値の n に対して点

$$(\tilde{t}\cosh n\pi + \tilde{x}\sinh n\pi, \tilde{x}\cosh n\pi + \tilde{t}\sinh n\pi)$$

を同一視し，これらは $\mathscr{M}$ の点

$$t = \tfrac{1}{4}(\tilde{t}^2 - \tilde{x}^2), \qquad \psi = 2\operatorname{arctanh}(\tilde{x}/\tilde{t})$$

に対応する．

領域 I における等長群 G の作用は固有不連続[*7] である．多様体 $\mathscr{N}$ 上の群 H の作用は

(1) 各点 $q \in \mathscr{N}$ は単位元でない各 $A \in H$ に対して $A(\mathscr{U}) \cap \mathscr{U} = \emptyset$ となる近傍 $\mathscr{U}$ を持ち，

(2) $q, r \in \mathscr{N}$ が $Aq = r$ となる $A \in H$ が存在しないとき，q および r のそれぞれの近傍 $\mathscr{U}$ および $\mathscr{U}'$ が存在して $B(\mathscr{U}) \cap \mathscr{U}' \neq \emptyset$ となる $B \in H$ は存在しない．

[*7] 訳注：真性不連続ともいう．

の場合,固有不連続であると呼ばれる.

条件 (1) は商 $\mathcal{N}/H$ が多様体であることを意味し,条件 (2) はそれが Hausdorff であることを意味する.よって商 $(I, \bar{\eta})/G$ は Hausdorff 空間 $(\mathcal{M}, \mathbf{g})$ である.G の作用もまた領域 $I+II$ $(\tilde{t} > -\tilde{x})$ で固有不連続である.よって $(I+II, \bar{\eta})/G$ もまた Hausdorff 空間である.実際,それは $(\mathcal{M}', \mathbf{g}')$ である.同様に $(I+III, \bar{\eta})/G$ は Hausdorff 空間 $(\mathcal{M}'', \mathbf{g}'')$ である.ここで $I+III$ は領域 $\tilde{t} > \tilde{x}$ である.これより,ヌル測地線の 1 つの族が拡張 $(\mathcal{M}', \mathbf{g}')$ において完備化することができ,他方の族が拡張 $(\mathcal{M}'', \mathbf{g}'')$ によって完備化できる理由が分かる.これは両方の拡張が同時に実行できることを意味する.しかしながら領域 $(I+II+III)$ (つまり,$\tilde{t} > -|\tilde{x}|$) の上への群の作用は条件 (1) を満たすが,I と II の間の境界上の点 q と I と III の間の境界上の点 r に対しては条件 (2) は満たされない.したがって商 $(I+II+III, \bar{\eta})/G$ はたとえ依然として多様体であっても Hausdorff ではない.

この種の非 Hausdorff 的挙動は §2.1 で与えた例とは異なる.その例では 1 つの枝が 1 つの領域に進み,他方の枝が他方の領域へ進む分岐する連続的曲線を持つことができた.そのような観測者の世界線の挙動は非常に不快である.しかしながら多様体 $(I+II+III)/G$ はいかなるそのような分岐する曲線も持たない.I における曲線は II または III に延長することができるが両方同時にすることはできない.したがってこの種の状況を可能にするために時空モデル上の Hausdorff 性の要求を緩和する用意はできているが分岐する曲線は得ることができない.非 Hausdorff 時空のさらなる研究は Hajicek (1971) の論文で確かめることができる.

条件 (1) は実際,$\tilde{\mathcal{M}} - \{p\}$ 上の G の作用によって満たされる.よって空間 $(\tilde{\mathcal{M}} - \{p\}, \bar{\eta})/G$ はある意味 $(\mathcal{M}, \mathbf{g})$ の最大な非 Hausdorff 拡張である.しかしながらそれは依然として測地的完備でない.なぜなら取り除かれた点 p を通る測地線が存在するからである.p が含まれるとこの群の作用は条件 (1) を満たさなくなるので商 $\tilde{\mathcal{M}}/G$ は非 Hausdorff 多様体ですらない.しかしながら,線形系のバンドル $L(\tilde{\mathcal{M}})$ を考えよう.すなわち,すべての点 $q \in \tilde{\mathcal{M}}$ での線形独立なベクトルのすべての対 $(\mathbf{X}, \mathbf{Y}), \mathbf{X}, \mathbf{Y} \in T_q$ の集まりである.$\tilde{\mathcal{M}}$ 上の等長群 G の元 A の作用は q での系 $(\mathbf{X}, \mathbf{Y})$ を $A(q)$ での系 $(A_*\mathbf{X}, A_*\mathbf{Y})$ にとる $L(\tilde{\mathcal{M}})$ 上の作用 A_* を誘導する.この作用は条件 (1) を満たす.なぜなら $A =$ 恒等写像 でない限り,$(\mathbf{X}, \mathbf{Y}) \in T_p$ ですら $A_*\mathbf{X} \neq \mathbf{X}$ かつ $A_*\mathbf{Y} \neq \mathbf{Y}$ であるからである.そしてたとえ $\mathbf{X}$ および $\mathbf{Y}$ が p のヌル的円錐に含まれても条件 (2) を満たす.よって商 $L(\tilde{\mathcal{M}})/G$ は Hausdorff 多様体である.それは非 Hausdorff 非多様体 $\tilde{\mathcal{M}}/G$ 上のファイバーバンドルである.ある意味これはこの空間に対する線形系のバンドルとみなすことができる.この空間の挙動が良い挙動を示さないにも関わらず系のバンドルがよい挙動を示すという事実は,線形系のバンドルを用いることによって特異点を検討することが有益であるということを示している.これを行う一般的な手続きは §8.3 で与える.

いまから 4 次元 Taub 空間 $(\mathcal{M}, \mathbf{g})$ に戻ろう.ここで $\mathcal{M}$ は $R^1 \times S^3$ であり,$\mathbf{g}$ は (5.32) によって与えられた.$\mathcal{M}$ が単連結であることより,2 次元の例で行ったようには被覆空間をとることはできない.ただし,ファイバー $R^1 \times S^1$ を伴う S^2 上のファイバーバンドルとして $\mathcal{M}$ を考えることにより,類似の結果が得られる.バンドルの射影 $\pi: \mathcal{M} \to S^2$ は

5.8 Taub-NUT空間

$(t, \psi, \theta, \phi) \to (\theta, \phi)$ によって定義される．これは実際ファイバー S^1 を持つHopfファイバー付けの t 軸を伴う積 $S^3 \to S^2$ である (Steenrod (1951))．空間 $(\mathcal{M}, \mathbf{g})$ は推移面が3次元球面 $\{t = \text{定数}\}$ である等長写像の4次元群を許す．この等長写像の群はバンドルのファイバー $\pi : \mathcal{M} \to S^2$ をファイバーに写像するので，$\mathcal{F}$ がファイバー ($\mathcal{F} \approx R^1 \times S^1$) であり，$\tilde{\mathbf{g}}$ が $\mathcal{M}$ 上の4次元計量 $\mathbf{g}$ によってこのファイバー上に誘導された計量であるとき，対 $(\mathcal{F}, \tilde{\mathbf{g}})$ はすべて等長的である．ファイバー $\mathcal{F}$ は (t, ψ) 平面とみなせ，$\mathcal{F}$ 上の計量 $\tilde{\mathbf{g}}$ は $d\theta$ と $d\phi$ に含まれる項を落とすことによって (5.32) から得られる．よって $\tilde{\mathbf{g}}$ は

$$ds^2 = -U^{-1}dt^2 + 4l^2 U(d\psi)^2 \tag{5.33}$$

によって与えられる．

点 $q \in \mathcal{M}$ での接空間 T_q はベクトル $\partial/\partial t$ と $\partial/\partial \psi$ にまたがる垂直な部分空間 V_q と，$\partial/\partial \theta$ と $\partial/\partial \phi - \cos\theta \partial/\partial \psi$ にまたがる水平な部分空間 H_q に分解することができる．任意のベクトル $\mathbf{X} \in T_q$ は V_q に含まれる部分 $\mathbf{X}_V$ と H_q に含まれる $\mathbf{X}_H$ に分けることができる．すると T_q 上の計量 $\mathbf{g}$ は

$$g(\mathbf{X}, \mathbf{Y}) = g_V(\mathbf{X}_V, \mathbf{Y}_V) + (t^2 + l^2) g_H(\pi_* \mathbf{X}_H, \pi_* \mathbf{Y}_H) \tag{5.34}$$

と表すことができる．ここで $g_V \equiv \tilde{\mathbf{g}}$ かつ $\mathbf{g}_H$ は $ds^2 = d\theta^2 + \sin^2\theta d\phi^2$ によって与えられた2次元球面上の標準的な計量である．よって計量 $\mathbf{g}$ が $\mathbf{g}_V$ と $(t^2 + l^2)\mathbf{g}_H$ の直和でなくても（なぜなら $R^1 \times S^3$ は $R \times S^1$ と S^2 の直積でないから），それはそれにも関わらず局所的にはそのような和とみなせる．

計量 $\mathbf{g}$ の関心のある部分は $\mathbf{g}_V$ に含まれるので対 $(\mathcal{F}, \mathbf{g}_V)$ の解析的拡張を考えよう．(5.34) のように2次元球面の計量 $\mathbf{g}_H$ と結合されたとき，これらは $(\mathcal{M}, \mathbf{g})$ の解析的拡張を与える．

(5.33) によって与えられる計量 $\mathbf{g}_V$ は $U = 0$ となる $t = t_\pm$ で特異点を持つ．しかしながら ψ と $t_- < t < t_+$ によって定義される多様体 $\mathcal{F}_0$ をとれば，$(\mathcal{F}_0, \mathbf{g}_V)$ は

$$\psi' = \psi + \frac{1}{2l}\int \frac{dt}{U(t)}$$

を定義することによって拡張することができる．するとこの計量は

$$ds^2 = 4l d\psi'(lU(t)d\psi' - dt)$$

によって与えられる形 $\mathbf{g}'_V$ をとる．これは ψ' と $-\infty < t < \infty$ によって定義される位相 $S^1 \times R$ を伴う多様体 $\mathcal{F}'$ 上で解析的である．$(\mathcal{F}', \mathbf{g}'_V)$ の領域 $t_- < t < t_+$ は $(\mathcal{F}_0, \mathbf{g}_V)$ と等長的である．領域 $t_- < t < t_+$ では閉じた時間的曲線は存在しないが，$t < t_-$ と $t > t_+$ に対しては存在する．この挙動は今回1つの地平 ($t = 0$) の代わりに2つの地平 ($t = t_-$ と $t = t_+$) が存在することを除けば以前考察した空間 $(\mathcal{M}', \mathbf{g}')$ に非常によく似ている．ヌル測地線の1つの族は $t = t_-$ と $t = t_+$ の両方の地平を横切るが，他方はこれらの面の近くを巻き付きかつ完備でない．

以前のように，座標

$$\psi'' = \psi - \frac{1}{2l}\int \frac{\mathrm{d}t}{U(t)}$$

を定義することによって別の拡張を作ることができる．この計量は

$$\mathrm{d}s^2 = 4l\mathrm{d}\psi''(lU(t)\mathrm{d}\psi'' + \mathrm{d}t)$$

によって与えられる形 $\mathbf{g}_V''$ をとり，ψ'' と $-\infty < t < \infty$ によって定義される多様体 $\mathscr{F}''$ 上で解析的である．そしてそれは再び $t_- < t < t_+$ 上で $(\mathscr{F}_0, \mathbf{g}_V)$ と等長的である．

また再び被覆空間に進むことによって異なる拡張の間の関係を示すことができる．$\mathscr{F}_0$ の被覆空間は座標 $-\infty < \psi < \infty$ および $t_- < t < t_+$ によって定義された多様体 $\tilde{\mathscr{F}}_0$ である．$\tilde{\mathscr{F}}_0$ 上で計量 $\mathbf{g}_V$ は 2 重のヌル的形式

$$\mathrm{d}s^2 = 4l^2 U(t)\mathrm{d}\psi'\mathrm{d}\psi'' \tag{5.35}$$

によって書くことができる．ここで $-\infty < \psi' < \infty$, $-\infty < \psi'' < \infty$ である．これは Reissner-Nordström 解で用いられたものと同様の流儀で拡張することができる．$\mathscr{F}_0$ 上に新しい座標 (u_+, v_+) および (u_-, v_-) を

$$u_\pm = \arctan(\exp\psi'/\alpha_\pm), \qquad v_\pm = \arctan(-(\exp-\psi''/\alpha_\pm))$$

によって定義する．ここで

$$\alpha_+ = \frac{t_+ - t_-}{4l(mt + l^2)} \quad \text{および} \quad \alpha_- = \frac{t_+ - t_-}{4nl(mt + l^2)}$$

であり，n は $(mt_+ + l^2)/(mt_- + l^2)$ より大きいある整数である．(5.35) にこの変換を適用することによって得られる計量 $\tilde{\mathbf{g}}_V$ は図 33 で示した多様体 $\tilde{\mathscr{F}}$ 上で解析的である．ここで座標 (u_+, v_+) は $t = t_-$ を除いて解析的な座標で，それらは少なくとも C^3 級であり，座標 (u_-, v_-) は $t = t_+$ を除いて解析的な座標で，それらは少なくとも C^3 級である．これは Reissner-Nordström 解の (t, r) 平面の拡張とかなり似ている．

空間 $(\tilde{\mathscr{F}}, \tilde{\mathbf{g}}_V)$ は 1 次元等長群を持ち，その軌道は図 33 に示した．点 p_+, p_- の付近ではこの群の作用は 2 次元 Minkowski 空間における Lorentz 群のそれに似ている (図 32(ii))．G をこの等長群の非自明な元 A によって生成されたこの等長群の離散部分群と置こう．空間 $(\mathscr{F}_0, \mathbf{g}_V)$ は G による領域 $(\mathrm{II}_+, \tilde{\mathbf{g}}_V)$ の 1 つの商である．空間 $(\mathscr{F}', \mathbf{g}_V')$ は商 $(\mathrm{I}_- + \mathrm{II}_+ + \mathrm{III}_+, \tilde{\mathbf{g}}_V)/G$ であり，$(\mathscr{F}'', \mathbf{g}_V'')$ は商 $(\mathrm{I}_+ + \mathrm{II}_+ + \mathrm{III}_+, \tilde{\mathbf{g}}_V)/G$ である．

5.8 Taub-NUT空間

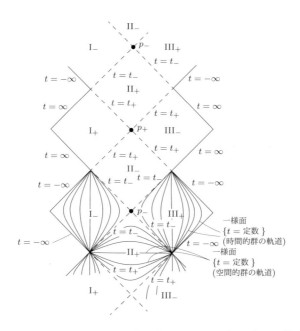

図 33. Taub-NUT 空間の 2 次元断面の最大拡張被覆空間の Penrose ダイアグラム．等長群の軌道を表している．Taub-NUT 空間とその拡張はこの等長群の離散部分群の下での点の同一視によってこの空間の一部から得られる．

$(I_+ + II_+ + I_-)$ の商をとることによって Hausdorff 多様体を得ることもできる．これは面 $t = t_+$ で $(\mathscr{F}', \mathbf{g}_V')$ のように拡張するが，面 $t = t_-$ では $(\mathscr{F}'', \mathbf{g}_V'')$ のように拡張することに対応する．全空間 $\tilde{\mathscr{F}}$ から点 p_+ と p_- を引いたものの商をとることによって非 Hausdorff 多様体を得る．そして $\tilde{\mathscr{F}}$ の商をとることによって上の例と類似の方法で非 Hausdorff 非多様体を得る．その例のように，$\mathscr{F}$ 上に線形系のバンドルの商をとって Hausdorff 多様体を得ることができる．

　(t, ψ) 平面のこれらの拡張と座標 (θ, ϕ) を結合すると対応する 4 次元空間 $(\mathscr{M}, \mathbf{g})$ の拡張を得る．具体的には，2 つの拡張 $(\mathscr{F}', \mathbf{g}_V')$ および $(\mathscr{F}'', \mathbf{g}_V'')$ は $(\mathscr{M}, \mathbf{g})$ の 2 つの異なる局所拡張不可能な解析的拡張を生み出し，その両方が測地的不完備である．これらの拡張の 1 つ，仮に $(\mathscr{M}', \mathbf{g}')$ を考えよう．等長群の推移面である 3 次元球面は領域 $t_- < t < t_+$ において空間的曲面であり，$t > t_+$ と $t < t_-$ では時間的である．2 つの推移面 $t = t_-$ と $t = t_+$ はヌル的面であり，それらは領域 $t_- < t < t_+$ に含まれた任意の空間的曲面の Cauchy 面を形成する．なぜなら $t = t_-$ と $t = t_+$ を横断しない領域 $t < t_-$ と $t > t_+$ における時間的曲線がそれぞれ存在するからである (例えば，閉じた時間的曲線

が領域 $t < t_-$ と $t > t_+$ に存在する). 時空の領域 $t_- \leqslant t \leqslant t_+$ はそれでもまだコンパクトであるが,時間的およびヌル測地線がまだその中に残っているので完備でない.この種の挙動は第 8 章でさらに考察する.

Taub-NUT 空間のさらなる詳細は Misner and Taub (1969), Misner (1963) を参考にするとよい.

5.9 さらなる厳密解

本章ではいくつかの厳密解を検討しそれらを用いてのちにより一般的に議論する様々な大域的性質の例を与えた.数多くの厳密解が局所的に知られているにもかかわらず,ごくわずかなもののみしか大域的には検討されていない.本章を完成するために,大域的性質が知られている 2 つの興味深い厳密解の族に簡単に触れたい.

これらのうちの最初のものは真空場の方程式の**平面波解**である.これらは R^4 と同相であり,$-\infty$ から $+\infty$ までを範囲とする大域的座標 (y, z, u, v) は計量が

$$ds^2 = 2dudv + dy^2 + dz^2 + H(y, z, u)du^2$$

という形をとるように選ぶことができる.ここで

$$H = (y^2 - z^2)f(u) - 2yzg(u)$$

である.$f(u)$ および $g(u)$ は波の振幅と偏波を決定する任意の C^2 関数である.これらの空間はヌル的面 $\{u = 定数\}$ の上で乗法的に推移する 5 パラメータ等長群の下で不変である.$f(u) = \cos 2u$,$g(u) = \sin 2u$ であるような特別な部分クラスは余分な Killing ベクトル場を許容し,それらは 6 パラメータ等長群の下で不変な一様時空である.これらの空間はいかなる時間的ないしはヌル的曲線も含まない.ただしそれらはどんな Cauchy 面も許容しない (Penrose (1965a)).これらの空間の局所的性質は Bondi, Pirani and Robinson (1959), 大域的性質については Penrose (1965a) によって詳しく研究されている.Oszváth and Schücking (1962) は高い対称性を持つ空間の大域的性質について研究している.お互いに散乱する 2 つのインパルス的平面波が特異点を生み出す方法は Khan and Penrose (1971) によって研究されている.

もう 1 つは Carter (1968b) によって発見された 源(ソース)のない Einstein-Maxwell 方程式の厳密解の 5 パラメータの族である (Demianski and Newman (1966) も参照).これらは特殊な場合として Schwarzschild,Reissner-Nordström,Kerr, 電荷を帯びた Kerr,Taub-NUT,de Sitter および反 de Sitter 解を含む.それらのいくつかの大域的性質の記述は Carter (1967) によって与えられている.この族と密接に関連するいくつかの場合は Ehlers and Kundt (1962) および Kinnersley and Walker (1970) によって検討されている.

第6章
因果構造

　§3.2 の仮定 (a) により，$\mathscr{M}$ の 2 点間ではそれらが非空間的な曲線で結ばれる場合にのみ信号を送ることができる．本章ではこのような因果関係の更なる性質を調べ，第 8 章で特異点の存在を証明するために使える数多くの結果を確立する．

　§3.2 の結果により因果関係を調べることは $\mathscr{M}$ の共形幾何を調べることと等価である．すなわちすべての物理計量 $\mathbf{g}$ と共形である ($\bar{\mathbf{g}} = \Omega^2 \mathbf{g}$, Ω は 0 でなく C^r 級関数) 計量 $\bar{\mathbf{g}}$ の集合について調べることである．そのような共形変換のもとでは測地線はヌルでない限り一般に測地線的曲線ではなくなり，曲線に沿ったアフィンパラメータですらアフィンパラメータでなくなる．つまりほとんどの場合，測地的完備性 (すなわちすべての測地線がそのアフィンパラメータを任意の値に延長可能かどうか) は特定の共形因子に依存することとなり，共形幾何の性質ではなくなる (§6.4 の特殊な場合を除いて)．事実，Clarke(1971) と Siefert(1968) は，物理的に合理的な因果関係が成り立つならば，いかなる Lorentz 計量もすべてのヌル測地線と未来向き測地線が完備である計量と共形であることを示した．測地的完備性については，第 8 章でさらに議論され，特異点の定義の基礎を形成する．

　§6.1 では向き付け可能性な時間的及び空間的基底に関する問題を扱う．§6.2 では基本的な因果関係を定義し非空間的曲線の定義を区分的に微分可能なものから連続なものへ拡張する．集合の未来の境界の性質を §6.3 で導く．§6.4 では因果の破れあるいは破れに近いものを除外する幾つかの条件について議論する．Cauchy 発展や大域的双曲性に近い概念について §6.5 と §6.6 で導き，ある 2 点間の非空間的な最長の測地線の存在を証明するのに §6.7 で使う．

　§6.8 では Geroch と Kronheimer と Penrose が築いた因果的境界の時空への貼り付け方について述べる．そのような境界の特別な例は §6.9 で漸近的に平坦な時空のクラスによって与えられる．

6.1 向き付け可能性

　我々の時空近傍では準孤立熱力学系におけるエントロピーの増大方向として時間の矢が明確に定義されている．この時間の矢と宇宙の膨張から定義される矢や電気力学的放射から定義される矢との関係は十分明確ではない．興味ある読者は Gold (1967), Hogarth (1962), Hoyle and Narlikar (1963) そして Ellis and Sciama(1972) にさらなる論述を見出せる．物理的にはすべての時空の点に局所的な熱力学的時間の矢が連続的に定義されていると仮定するのは合理的なように見える．しかし我々は単に任意に未来方向か過去方向

かラベル付けできる 2 つのクラスへの非空間的ベクトルの振り分けが連続的に定義できることを要求するだけである。この場合，我々は時空が**時間向き付け可能** (*time-orientable*) であるという。このような時間向き付けが可能でない時空が存在する．例えば de Sitter 空間 (§5.2) から得られる時空である．そこでは 5 次元に埋め込まれた空間の原点を通して反射した点は同一視される．この空間ではゼロにホモトピックでない閉曲線[*1]で時間の向きが反転されるように回るものが存在する．この困難さは点を再び単に不確定 (訳注：時間向き付け不確定) にすることにより解決し，事実常に，時空 ($\mathcal{M}$, **g**) が時間向き付け可能でなければ 2 重被覆空間 ($\tilde{\mathcal{M}}$, **g**) を持つ．$\tilde{\mathcal{M}}$ は $p \in \mathcal{M}$ の p と p の 2 つの時間方向の 1 つ α のすべての対 (p, α) の集合から定義されるであろう．自然な構造と射影 $\pi : (p, \alpha) \to p$ から $\tilde{\mathcal{M}}$ は $\mathcal{M}$ の 2 重被覆である．この後の章では ($\mathcal{M}$, **g**) は時間向き付け可能であり時間向きづけ可能な被覆空間として扱うと仮定しよう．もしこの時空に特異点が存在することが証明できたら ($\tilde{\mathcal{M}}$, **g**) にも特異点が存在しなければならない．

時空が**空間向き付け可能** (*space-orientable*) か問うこともできる．これは 3 つの空間的軸の基底を右手系と左手系に連続的に分けることができるかということである．素粒子の電荷やパリティが単独あるいは組み合わせで不変でないという幾つかの実験からこの空間向き付け可能性と時間向き付け可能性の間に興味深い結び付きがあることを Geroch(1967a) は指摘した．一方ですべての相互作用は電荷，パリティ，時間の反転の組み合わせで不変である (CPT 定理; Streater and Wightman(1964)) という理論が存在する．もし電荷とパリティの反転の下での電弱相互作用が不変でないことが単なる局所的な効果でなく空間のあらゆる点で現れると信じるなら，どんな閉曲線を廻っても電荷の符号と空間軸基底の方向と時間の向きがすべて反転するかすべてしないかである．(もともとの Maxwell 理論では電磁場はすべての点で確定した符号を持っており，時間方向を変えない限りゼロにホモトピックでない閉曲線を廻っても電荷の符号変化を許さない．しかしながら場が 2 価であってそのような曲線を一周して電荷符号が変化する理論は可能であろう．この理論はすべての実験的証明と合っている．) 特に，時空が時間向き付け可能であるとするなら空間向き付けも可能でなければならない．(これは実際 CPT 理論の要請でなく実験的証拠だけを用いて肯定される．) Geroch (1968c) はもしすべての点で 2 成分スピノル場が定義可能であれば時空は平行化可能であり，これはすべての点で接空間の連続な基底系を導入することが可能でなければならないことも示した．(スピノル構造のさらなる帰結は Geroch (1970a) によって得られる)

6.2 因果曲線

前節で説明したように時間向き付け可能な時空を採用すると，すべての点で非空間的ベクトルを未来向きのものと過去向きのものに分けることができる．集合 $\mathscr{S}$ と $\mathscr{U}$ に対して，$\mathscr{S}$ から $\mathscr{U}$ 内の未来向きの時間的曲線によって届くことができる $\mathscr{U}$ 内のすべての点

[*1] 訳注：閉曲線を連続的に変形しても点にすることができないということ．

6.2 因果曲線

として，$\mathscr{U}$ における $\mathscr{S}$ の**時間順序的未来** (*chronological future*) $I^+(\mathscr{S}, \mathscr{U})$ を定義することができる[*2](本書で曲線と言ったらゼロでない範囲を持ち，ただの点でないものを常に指す．このため $I^+(\mathscr{S}, \mathscr{U})$ は $\mathscr{S}$ を含まない可能性がある)．$I^+(\mathscr{S}, \mathscr{M})$ は $I^+(\mathscr{S})$ と記述し，点 $p \in \mathscr{M}$ が $\mathscr{S}$ からの未来向き時間的曲線によって到達できるなら同様に到達出来る p の近傍が存在するからこれは開集合である．

この定義は「未来」を「過去」に $+$ を $-$ で置き換えることができる 2 重性があり，2 重な定義と結果は自明である．

$\mathscr{U}$ における $\mathscr{S}$ の**因果未来** (*causal future*) は $J^+(\mathscr{S}, \mathscr{U})$ と表される．この因果未来は，$\mathscr{S}$ から $\mathscr{U}$ 内の未来向き非空間的な曲線によって到達することができる $\mathscr{U}$ 内のすべての点の集合と $\mathscr{S} \cap \mathscr{U}$ の共通集合として定義される．我々は §4.5 においてヌル測地線ではない 2 つの点の間の非空間的な曲線が 2 つの点の間の時間的曲線に変化できることを求めた．$\mathscr{U}$ が開集合で $p, q, r \in \mathscr{U}$ なら，

$$\left.\begin{array}{l} q \in J^+(p, \mathscr{U}), r \in I^+(q, \mathscr{U}) \\ \text{または} \\ q \in I^+(p, \mathscr{U}), r \in J^+(q, \mathscr{U}) \end{array}\right\}$$ のいずれかが $r \in I^+(p, \mathscr{U})$ を意味する．

これにより $\overline{I^+(p, \mathscr{U})} = \overline{J^+(p, \mathscr{U})}$ で $\dot{I}^+(p, \mathscr{U}) = \dot{J}^+(p, \mathscr{U})$ である．ここで全ての集合 $\mathscr{H}$ に対して $\overline{\mathscr{H}}$ は $\mathscr{H}$ の閉包を表し

$$\dot{\mathscr{H}} \equiv \overline{\mathscr{H}} \cap \overline{(\mathscr{M} - \mathscr{H})}$$

は $\mathscr{H}$ の境界を表す．

これまでのように，$J^+(\mathscr{S}, \mathscr{M})$ は単に $J^+(\mathscr{S})$ と書く．それは，$\mathscr{S}$ 内の事象によって因果的に影響を受ける可能性のある時空の領域である．図 34 に示すように，$\mathscr{S}$ が単一の点であっても必ずしもそれは閉集合である必要はない．この例は，偶然にも，与えられた因果関係を持つ時空を構築するための有益なテクニックを示している．何か簡単な時空 (特に明記しない限り，これは Minkowski 空間) に対して閉集合を切り取り，そして望むなら適切な方法で貼り付ける (すなわち，$\mathscr{M}$ の点の同一視を行う)．その結果は点が切り取られているところでは不完備に見えるかもしれないが，依然として Lorentz 計量を持つ多様体であり，すなわち時空である．しかし前述したようにこの不完備さは切り取り点を無限遠に送ってしまう適切な共形変換によって解決できる．

$E^+(\mathscr{S}, \mathscr{U})$ で表される $\mathscr{U}$ における $\mathscr{S}$ の**未来の因果境界** (*future horismos of* $\mathscr{S}$ *relative to* $\mathscr{U}$) は $J^+(\mathscr{S}, \mathscr{U}) - I^+(\mathscr{S}, \mathscr{U})$ として定義される．$E^+(\mathscr{S}, \mathscr{M})$ は $E^+(\mathscr{S})$ と記す．(いくつかの論文では，関係 $p \in I^+(q)$，$p \in J^+(q)$ および $p \in E^+(q)$ はそれぞれ $q \ll p$, $q < p$ および $q \to p$ と表される．)

[*2] 訳注：chronological を時間的と訳しても良いが原著では timelike と区別して使われているため，本書では敢えて別の訳語として時間順序的を採用した．timelike は方向あるいは曲線の場合に使われ，chronological は領域に対して用いられ始点事象を特定する必要がある．時間順序的の用語は Hawking の唱えた chronology protection conjecture に通用している訳語，**時間順序保護仮説**から採用した．

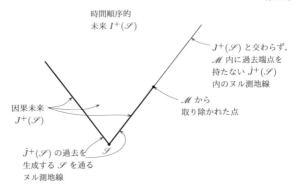

図 34. Minkowski 空間から点を取り除くと，閉集合 $\mathscr{S}$ の因果未来は閉じている必要がなくなる． $\mathscr{S}$ の未来の境界のさらなる先の部分は $\mathscr{M}$ の過去端点を持たないヌル測地線の線分から生成される．

$\mathscr{U}$ が開集合である場合，$E^+(\mathscr{S}, \mathscr{U})$ は，命題 4.5.10 によって $\mathscr{S}$ からの未来向きヌル測地線上に存在しなければならず，$\mathscr{U}$ が p についての凸状の正規近傍である場合，命題 4.5.1 から $E^+(p, \mathscr{U})$ は p から伸びる $\mathscr{U}$ 内未来向きヌル測地線からなり，$I^+(p, \mathscr{U})$ と $J^+(p, \mathscr{U})$ の両方の境界を形成する．したがって，Minkowski 空間では，p のヌル円錐は，p の因果的および時間順序的未来の境界を形成する．しかしながらより複雑な時空では，必ずしもそうではない（例えば，図 34 参照）．

以下の目的のために，時間的および非空間的曲線の定義を部分的に微分可能な曲線から連続曲線に拡張することは有意義である．このような曲線は接ベクトルを持たないかもしれないが，曲線の全ての2つの点が部分的に微分可能な非空間的な曲線によって局所的に結合されていれば非空間的であるということはできる．より正確には F を R^1 の連結な区間とするとき，連続曲線 $\gamma : F \to \mathscr{M}$ は，もしも全ての $t \in F$ に対して F に含まれる t の近傍 G があり $\mathscr{M}$ 内に $\gamma(t)$ の凸正規近傍 $\mathscr{U}$ があり，すべての $t_1 \in G$ に対してもし $t_1 < t$ なら $\gamma(t_1) \in J^-(\gamma(t), \mathscr{U}) - \gamma(t)$，もし $t < t_1$ なら $\gamma(t_1) \in J^+(\gamma(t), \mathscr{U}) - \gamma(t)$ であるなら，**未来向きで非空間的** (*future-directed and non-spacelike*) であるという．もし J を I に置き換えても同じ条件を持つなら γ は **未来向き時間的** (*future-directed and timelike*) であると言える．特に明記されていない限り今後は，時間的または非空間的な曲線は連続的な曲線とみなし，一方が他方の再パラメータ化であれば，2つの曲線は等価であるとみなす．この一般化によって，この章の残りの部分で繰り返し使用される結果を確立することができる．最初にいくつかの定義を追加する．

点 p は，もし p の全ての近傍 $\mathscr{V}$ について，$t_1 \geq t$ であるすべての $t_1 \in F$ について $\gamma(t_1) \in \mathscr{V}$ となる $t \in F$ が存在するならば，未来向き非空間曲線 $\gamma : F \to \mathscr{M}$ の **未来端点** (*future endpoint*) であると言われる．非空間的な曲線は，未来端点を持たないなら **未来向き延長不可能** (*future-inextendible*) である（集合 $\mathscr{S}$ において未来の端点をもたないな

6.2 因果曲線

ら集合 $\mathscr{S}$ において未来向き延長不可能). 点 p は, p のすべての近傍が無限個の λ_n と交差する場合, 非空間的曲線 λ_n の無限列の**極限点** (*limit point*) と呼ばれる. 非空間的曲線 λ は, すべての $p \in \lambda$, λ'_n が p に収束するように λ_n の部分列 λ'_n が存在する場合, 列 λ_n の極限曲線と言われる.

補題 6.2.1
$\mathscr{S}$ を開集合とし, λ_n を $\mathscr{S}$ 内で未来向き延長不可能な非空間的曲線の無限列とする. $p \in \mathscr{S}$ が λ_n の極限点であるなら p を通る非空間的な曲線 λ が存在し, それは $\mathscr{S}$ 内で未来延長不可能であり λ_n の極限曲線である.

$\mathscr{S}$ は Lorentz 計量を持つ多様体とみなすことができるので $\mathscr{S} = \mathscr{M}$ の場合を考えることで十分である. $\mathscr{U}_1$ を p を含む凸正規座標近傍とし $\mathscr{B}(q, a)$ を q を中心とする半径 a の開球とする. $b > 0$ を $\mathscr{B}(p, b)$ が定義できるようにし $\lambda(1, 0)_n$ を p に収束する $\lambda_n \cap \mathscr{U}_1$ の部分列とする. $\mathscr{B}(p, b)$ はコンパクトなので $\lambda(1, 0)_n$ の極限点を含むことになる. このような極限点 y は $J^-(p, \mathscr{U}_1)$ または $J^+(p, \mathscr{U}_1)$ のいずれかに含まれなければならない. 何故なら, そうでなければ, 間に $\mathscr{U}_1$ 内の非空間的曲線が存在しない y の近傍 $\mathscr{V}_1$ と p の近傍 $\mathscr{V}_2$ が存在することになるためである. これらの極限点の 1 つになるように

$$x_{11} \in J^+(p, \mathscr{U}_1) \cap \dot{\mathscr{B}}(p, b)$$

を選択し (図 35), $\lambda(1, 1)_n$ を x_{11} へ収束する $\lambda(1, 0)_n$ 部分列として選択する. 点 x_{11} は極限曲線 λ の点になる. 同様に続けて $j = 0$, $\lambda(i, j-1)_n$ の部分列 $\lambda(i-1, i-1)_n$ の極限点として

$$x_{ij} \in J^+(p, \mathscr{U}_1) \cap \dot{\mathscr{B}}(p, i^{-1}jb)$$

を $i \geqslant j \geqslant 1$ において定義し, x_{ij} に収束する上記部分列の部分列として $\lambda(i, j)_n$ を定義する. 言い換えれば区間 $[0, b]$ をより小さい区間に分け, 対応する p を中心とする球上の極限曲線の点を求める. 全ての異なる x_{ij} は非空間的に離れているので, 全ての $x_{ij} (j \geqslant i)$ の集合の閉包は $p = x_{i0}$ から $x_{11} = x_{ii}$ への非空間的曲線 λ を与える. ここで, 各 $q \in \lambda, \lambda'_n$ において λ'_n が q に収束するように λ'_n の部分列 λ_n を構築することが残っている. これは $0 \leqslant j \leqslant m$ について球 $\mathscr{B}(x_{mj}, m^{-1}b)$ のそれぞれと交差する部分列 $\lambda(m, m)_n$ の要素となるように λ'_m を選択することによって行う. したがって λ は p から x_{11} までの λ_n の極限曲線となる. 次に $\mathscr{U}_2$ を x_{11} についての凸正規近傍とし, この時 λ'_n の系列を使って構築を繰り返す. このようにして λ を無制限に広げることができる. □

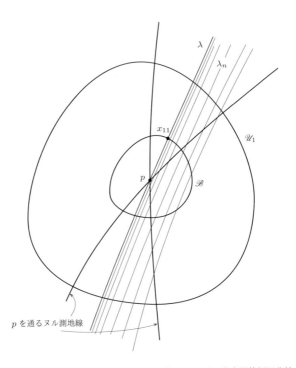

図 35. 極限点 p に対して非空間的曲線 λ_n 族の p を通る非空間的極限曲線 λ.

6.3 非時間順序的境界 (achronal boundaries)

命題 4.5.1 から，凸正規近傍 $\mathscr{U}$ では $I^+(p, \mathscr{U})$ または $J^+(p, \mathscr{U})$ の境界は p からの未来向きヌル測地線によって形成されることになる．より一般的な境界の特性を導出するために，非時間順序的[*3]集合と未来的集合の概念を導入する．

$I^+(\mathscr{S}) \cap \mathscr{S}$ が空であれば，すなわち時間的に結ばれる分離した $\mathscr{S}$ の 2 つの点が存在しない場合，集合 $\mathscr{S}$ は**非時間順序的** (*achronal*) であると言われる (文献によっては『半空間的』とも呼ばれる)．$\mathscr{S} \supset I^+(\mathscr{S})$ であれば，$\mathscr{S}$ は**未来集合** (*future set*) と言われる．$\mathscr{S}$ が未来集合である場合，$\mathscr{M} - \mathscr{S}$ は過去集合であることに留意する．未来集合の例としては $I^+(\mathscr{N})$ 及び $J^+(\mathscr{N})$ があり，ここで $\mathscr{N}$ は任意の集合である．非時間順序的集合の例は以下の基本的な結果によって与えられる．

[*3] 訳注：achronal は非時間的とも訳されるが，non-timelike と区別して集合に対して使用されているため非時間順序的と訳した．非時間順序的集合は空間的関係だけでなくヌル的関係の点も含むことに注意．

6.3 非時間順序的境界 (achronal boundaries)

命題 6.3.1

もし $\mathscr{S}$ が未来集合であるなら，$\dot{\mathscr{S}}$ ($\mathscr{S}$ の境界) は閉集合であり，埋め込まれた非時間順序的な 3 次元の C^{1-} 部分多様体である．

$q \in \dot{\mathscr{S}}$ なら q のいかなる近傍も $\mathscr{S}$ および $\mathscr{M} - \mathscr{S}$ と交わる．もし $p \in I^+(q)$ であれば $I^-(p)$ の中に q の近傍が存在する．したがって $I^+(q) \subset \mathscr{S}$ である．同様に $I^-(q) \subset (\mathscr{M} - \mathscr{S})$ である．もし $r \in I^+(q)$ ならば $\mathscr{V} \subset I^+(q) \subset \mathscr{S}$ である r の近傍 $\mathscr{V}$ が存在する．したがって r は $\dot{\mathscr{S}}$ に属することができない．$\partial/\partial x^4$ が時間的な q の近傍 $\mathscr{U}_\alpha$ の正規座標 (x^1, x^2, x^3, x^4) を導入することができ，3 曲線 $\{x^i = $ 定数 $(i = 1, 2, 3)\}$ は $I^+(q, \mathscr{U}_\alpha)$ と $I^-(q, \mathscr{U}_\alpha)$ の両方と交わる．それぞれの曲線は必ず $\dot{\mathscr{S}}$ の 1 点を含まなければならない．これらの点の x^4 座標は $\dot{\mathscr{S}}$ が時間的関係にある 2 点を持たないため $x^i (i = 1, 2, 3)$ の Lipschitz 関数でなければならない．それゆえ $p \in \mathscr{S} \subset \mathscr{U}_\alpha$ に対する $\phi_\alpha(p) = x^i(p) (i = 1, 2, 3)$ によって定義される 1 対 1 写像 $\phi_\alpha : \mathscr{S} \cap \mathscr{U}_\alpha \to R^3$ は準同型写像である．したがって $(\dot{\mathscr{S}} \cap \mathscr{U}_\alpha, \phi_\alpha)$ は $\dot{\mathscr{S}}$ の C^{1-} アトラスである． □

命題 6.3.1 に列挙された $\dot{\mathscr{S}}$ の特性によって集合を**非時間順序的境界** (achronal boundary) と名付けることができる．そのような集合は以下に示すように互いに交わらない 4 つの部分集合 $\dot{\mathscr{S}}_N$, $\dot{\mathscr{S}}_+$, $\dot{\mathscr{S}}_-$, $\dot{\mathscr{S}}_0$, に分けることができる．$q \in \dot{\mathscr{S}}$ に対して $p \in E^-(q) - q$, $r \in E^+(q) - q$ である点 p, $r \in \dot{\mathscr{S}}$ があるかもしれないしないかもしれない．この異なる可能性から $\dot{\mathscr{S}}$ の部分集合は以下の表のように定義される：

もし $q \in \dot{\mathscr{S}}_N$ なら，$r \in J^+(p)$ と命題 6.3.1 から $r \notin I^+(p)$ であることから $r \in E^+(p)$ である．これは q を通る $\dot{\mathscr{S}}$ 内のヌル測地線の線分があることを意味する．もし $q \in \dot{\mathscr{S}}_+$ なら q は $\dot{\mathscr{S}}$ におけるヌル測地線の未来端点であり，$q \in \dot{\mathscr{S}}_-$ なら過去端点である．部分集合 $\dot{\mathscr{S}}_0$ は空間的 (より厳密には非因果的) である．この分割を図 36 に示す．

点が $\dot{\mathscr{S}}_N$, $\dot{\mathscr{S}}_+$, $\dot{\mathscr{S}}_-$ のどれに存在するかのもっと分かりやすい条件は Penrose(Penrose(1968)) による以下の補題によって与えられる．

補題 6.3.2

未来集合 $\mathscr{S}$ に対して $\mathscr{W}$ を $q \in \dot{\mathscr{S}}$ の近傍とする．すると

(i) $I^+(q) \subset I^+(\mathscr{S} - \mathscr{W})$ ならば $q \in \dot{\mathscr{S}}_N \cup \dot{\mathscr{S}}_+$,

(ii) $I^-(q) \subset I^-(\mathcal{M} - \mathcal{S} - \mathcal{W})$ ならば $q \in \dot{\mathcal{S}}_N \cup \dot{\mathcal{S}}_-$.

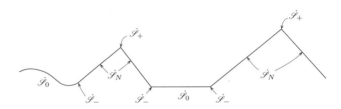

図 36. 非時間順序的境界 $\dot{\mathcal{S}}$ は 4 つの集合に分割することができる: $\dot{\mathcal{S}}$ 内のヌル測地線の $\dot{\mathcal{S}}_0$ は空間的, $\dot{\mathcal{S}}_N$ はヌル, $\dot{\mathcal{S}}_+$ は未来端点, $\dot{\mathcal{S}}_-$ は過去端点.

である. (i) は $\dot{\mathcal{S}}$ が過去集合 $(\mathcal{M} - \mathcal{S})$ の境界でもあることから十分明らかである. $\{x_n\}$ を q に収束する $I^+(q) \cap \mathcal{W}$ 内の無限点列とする. もし $I^+(q) \subset I^+(\mathcal{S} - \mathcal{W})$ とするとそれぞれの x_n から $\mathcal{S} - \mathcal{W}$ への過去向き時間的曲線 λ_n が存在する. 補題 6.2.1 により, q から $\overline{(\mathcal{S} - \mathcal{W})}$ への過去向き極限曲線 λ が存在するだろう. $I^-(q)$ は開集合で $\mathcal{M} - \mathcal{S}$ に含まれるので $I^-(q) \cap \mathcal{S}$ は空である. したがって λ はヌル測地線で $\dot{\mathcal{S}}$ 内になければならない. □

上の結果の例として閉集合 $\mathcal{H}$ の未来の境界 $\dot{J}^+(\mathcal{H}) = \dot{I}^+(\mathcal{H})$ について考える. 命題 6.3.1 によりこれは非時間順序多様体であり, 先の補題により $\dot{J}(\mathcal{H}) - \mathcal{H}$ のすべての点は $[\dot{J}^+(\mathcal{H})]_N$ か $[\dot{J}^+(\mathcal{H})]_+$ に属する. これは $\dot{J}^+(\mathcal{H}) - \mathcal{H}$ 内に未来端点を持つか, もし過去端点を持つなら $\mathcal{H}$ それ自身の上に持つはずのヌル測地線の線分によって $\dot{J}(\mathcal{H}) - \mathcal{H}$ が生成されることを意味する. 図 34 が示すように, 過去端点を全くもたず無限に伸びる線分を生成するヌル測地線が存在するかもしれない. この例は確かにいくらか作為的だが平面波解のように単純なもので起こり得ることを Penrose(1965a) は示した; 他の例として反 de Sitter(§5.2) や Reissner-Nordström(§5.5) の解がある. 我々は §6.6 でこの振る舞いが上にあげた解における Cauchy 面の欠如に結びついていることを見る.

もし全てのコンパクト集合 $\mathcal{H} \subset \mathcal{U}$ に対して

$$\dot{J}^+(\mathcal{H}) \cap \mathcal{U} = E^+(\mathcal{H}) \cap \mathcal{U} \quad \text{かつ} \quad \dot{J}^-(\mathcal{H}) \cap \mathcal{U} = E^-(\mathcal{H}) \cap \mathcal{U}$$

ならば開集合 $\mathcal{U}$ は**因果的単純** (causally simple) と言おう. これは $J^+(\mathcal{H})$ と $J^-(\mathcal{H})$ が $\mathcal{U}$ 内で閉じているということと等価である.

6.4　因果条件

§3.2 の仮定 (a) は局所的に因果律が保たれることのみを要求する. つまり我々は大域的に閉じた時間的曲線 (例えば S^1) が存在するかもしれない可能性を除外しなかった. し

6.4 因果条件

かしこのような曲線の存在は論理的パラドックスの可能性を導くように見える．つまり誰かがロケットに乗ってそのような曲線を旅し最初の場所に戻ってきて自身の出発を妨害することを想像してみよう．もちろん自由意志に関する単純な考えを仮定するなら矛盾が存在する．しかし私たちの科学哲学は全て実験は自由に行うことができるという仮定に基づいているため，これを軽く無視することはできない．閉じた時間的曲線が存在しかつ自由意志の修正された概念を持つ理論を形成することは可能かもしれない (例えばSchmidt(1966))．しかし時空が**時間順序条件** (*chronology condition*) と呼ばれるものを満たしていると信じる方がはるかに受け入りやすい．すなわち閉じた時間曲線がないということ．しかし，この条件が成り立たない時空点 (密度や曲率が非常に高い場所など) が存在する可能性を念頭に置く必要がある．そのようなすべての点の集合は**時間順序違反集合** (*chronology violating set*)$\mathscr{M}$ と呼ばれ，以下の特徴を有する：

命題 6.4.1 (Carter)
時間順序違反集合 $\mathscr{M}$ は $q \in \mathscr{M}$ に対して $I^+(q) \cap I^-(q)$ という形の交わりを持たない集合の合併である．

もし q が時間順序違反集合 $\mathscr{M}$ の点なら，q に過去端点及び未来端点を持つ未来向き時間的曲線が存在しなければならない．もし $r \in I^-(q) \cap I^+(q)$ なら q から r への未来向き時間的曲線 μ_1 と μ_2 がある．すると $(\mu_1)^{-1} \circ \lambda \circ \mu_2$ は r に過去端点と未来端点を持つ未来向き時間的曲線となる．さらにもし

$$r \in [I^-(q) \cap I^+(q)] \cap [I^-(p) \cap I^+(p)]$$

ならば

$$p \in I^-(q) \cap I^+(q) = I^-(p) \cap I^+(p)$$

である．証明を完結するには時間順序が破れている点 r は集合 $I^-(r) \cap I^+(r)$ に含まれることに留意すること． □

命題 6.4.2
もし $\mathscr{M}$ がコンパクトなら時間順序違反集合 $\mathscr{M}$ は空でない．

点 $q \in \mathscr{M}$ に対して $I^+(q)$ の形の開集合で $\mathscr{M}$ を被覆することができる．q において時間順序条件が保たれるなら，$q \notin I^+(q)$ である．したがってもし全ての点で時間順序条件が保たれるなら，$\mathscr{M}$ は有限個数の $I^+(q)$ の形の集合で被覆することはできない． □

この結果から，時空がコンパクトでないと仮定することは理にかなっているように見える．コンパクトでないとする他の論拠は，どんなコンパクトな Lorentz 計量を持つ 4 次元多様体も単連結にすることができないことである．(Lorentz 計量であることはオイラー標数 $\chi(\mathscr{M})$ がゼロであることを意味する (Steenrod(1951), p.207)．ここでオイラー

標数 χ は，$\chi = \sum_{n=0}^{4}(-1)^n B_n$ で，$B_n \geqslant 0$ は $\mathscr{M}$ の n 次ベッチ数である．双対性により $B_n = B_{4-n}$(Spanier(1966), p.297) である．$B_0 = B_4 = 1$ であるから，これは $B_1 \neq 0$ つまり $\pi_1(\mathscr{M}) \neq 0$(訳注：$\pi_1$ は基本群) を意味する (Spanier(1966), p.398)．したがってコンパクトな時空は実は複数の点が同一視された非コンパクト多様体である．点を同一視せず多様体の被覆を時空の表現とみなすことは物理的に理にかなっているように見える．

我々は閉じた非空間的曲線がなければ**因果条件** (*causality condition*) を満たしていると言おう．命題 6.4.1 に似たものとして次の命題を得る：

命題 6.4.3
因果条件を満たさない点の集合は，$q \in \mathscr{M}$ に対して $J^-(q) \cap J^+(q)$ の形をした集合の交わりを持たない合併である． □

特に，$q \in \mathscr{M}$ において因果条件は破れているが，時間順序条件は満たされているとすると，q を通る閉じたヌル測地的曲線が存在しなければならない．v を $\gamma(R^1$ の開区間から $\mathscr{M}$ への写像とみなす) のアフィンパラメータとし，$\ldots, v_{-1}, v_0, v_1, v_2, \ldots$ を q における v の一連の値とする．q 点における接ベクトル $\partial/\partial v|_{v=v_0}$ と $\partial/\partial v|_{v=v_0}$ が γ に沿って廻り平行移動した接ベクトル $\partial/\partial v|_{v=v_1}$ を比べる．それらは同じ方向を指しているからそれらは比例しなければならない．つまり $\partial/\partial v|_{v=v_1} = a\, \partial/\partial v|_{v=v_0}$ である．因子 a は次のような意味を持つ：γ を n 回ったアフィン距離 $(v_{n+1} - v_n)$ は $a^{-n}(v_1 - v_0)$ に等しい．したがってもし $a > 1$ なら無限回廻ることができても v は $(v_1 - v_0)(1 - a^{-1})^{-1}$ にいつまでも達せず，未来方向においては γ は測地的不完備である[*4]．同様にもし $a < 1$ なら過去向きに不完備であるが，$a = 1$ ならば両方向に完備である．§5.7 で述べた Taub-NUT 空間の 2 次元モデルでは $a > 1$ の例である閉じたヌル測地線が存在した．因子 a は共形不変であるから，この不完備性は共形因子に依存しない．しかしこのような振る舞いはある意味での因果の破れが存在する場合のみ起こり得る．以下に示すように，強い因果条件が保たれるなら適当な計量の共形変換が全てのヌル測地線を完備にするだろう (Clarke(1971))．

因子 a はこの結果からさらなる意味を持つ．

命題 6.4.4
もし γ が未来向きで不完備な閉じたヌル測地線なら γ 上のそれぞれの点を未来方向へ動かし，閉じた時間的曲線を生む γ の変分が存在する．

§2.6 によれば $g(\mathbf{V},\mathbf{V}) = -1$ と規格化した時間的線素場 $(\mathbf{V},-\mathbf{V})$ を $\mathscr{M}$ に見いだすことができる．$\mathscr{M}$ は時間向き付け可能と仮定できるので，$(\mathbf{V},-\mathbf{V})$ の方向を一貫して選ぶことができ，未来向き時間的単位ベクトル場 $\mathbf{V}$ を得ることができる．すると正定符号計量 $\mathbf{g}'$ を

$$g'(\mathbf{X},\mathbf{Y}) = g(\mathbf{X},\mathbf{Y}) + 2g(\mathbf{X},\mathbf{V})g(\mathbf{Y},\mathbf{V})$$

[*4] 訳注：不完備を非完備と呼んでいる文献もあるが，不完備は不連続と類似の概念なので，(完備でない場合の)incomplete の訳を不完備と訳出しておく．

6.4 因果条件

によって定義することができる．t をいくつかの点 $q \in \gamma$ でゼロとなり $g(\mathbf{V}, \partial/\partial t) = -2^{-\frac{1}{2}}$ である γ の (非アフィン) パラメータとする．すると t は計量 $\mathbf{g}'$ における γ に沿った固有の長さを示し，$-\infty < t < \infty$ の範囲を持つ．変分ベクトル $\partial/\partial u$ の変化による γ の変化が $x\mathbf{V}$ に等しいことを考える．ここで x は関数 $x(t)$ である．§4.5 により

$$\frac{1}{2}\frac{\partial}{\partial u}g\left(\frac{\partial}{\partial t}, \frac{\partial}{\partial t}\right) = \frac{\mathrm{d}}{\mathrm{d}t}g\left(\frac{\partial}{\partial u}, \frac{\partial}{\partial t}\right) - g\left(\frac{\partial}{\partial u}, \frac{\mathbf{D}}{\partial t}\frac{\partial}{\partial t}\right)$$
$$= -2^{-\frac{1}{2}}\left(\frac{\mathrm{d}x}{\mathrm{d}t} - xf\right)$$

となり，ここで $f\partial/\partial t = (\mathbf{D}/\partial t)(\partial/\partial t)$．次に v が γ におけるアフィンパラメータであるとすると $\partial/\partial v$ は $\partial/\partial t$ に比例することになる．つまり $\partial/\partial v = h\partial/\partial t$ である．ここで $h^{-1}\mathrm{d}h/\mathrm{d}t = -f$ である．γ を一周すると因子 $a > 1$ によって $\partial/\partial v$ は増加する．つまり

$$\oint f\mathrm{d}t = -\log a \leqslant 0$$

である．したがって，$b = \oint \mathrm{d}t$ として，もし $x(t)$ が

$$\exp\left(\int_0^t f(t')\mathrm{d}t' + b^{-1}t\log a\right)$$

であれば，これは γ の未来への変位を与え，閉じた時間的曲線を与える． □

命題 6.4.5
 (a) すべてのヌルベクトル $\mathbf{K}$ に対して $R_{ab}K^a K^b \geqslant 0$ が成り立ち，
 (b) 一般性条件が成り立つ．つまりすべてのヌル測地線は接ベクトル $\mathbf{K}$ に対して $K_{[a}R_{b]cd[e}K_{f]}K^c K^d$ がゼロでない点を含み，
 (c) $\mathscr{M}$ は時間順序条件を満たす
ならば $\mathscr{M}$ は因果条件を満たす．

不完備な閉じたヌル測地線が存在するなら，前述した結果からそれらは閉じた時間的曲線を与えるように変化させることができる．もしそれらが完備なら，命題 4.4.5 から共役点を含み，そして命題 4.5.12 から再び閉じた時間的曲線を与えるように変化させることができる． □

これは物理的に現実的な解として因果的な条件と時間順序的な条件が等価であることを示す．

閉じた非空間的な曲線を除外するだけでなく，非空間的な曲線でその起点にいくらでも近づいて戻ったり，または非空間的な曲線でその自身の起点に近づく他の非空間的曲線に対していくらでも近づくような曲線を排除することは理にかなっているように見える．事

実 Carter(1971a) は，関与する極限操作の数と順序に応じて，より高次の因果条件の可算無限より多い階層が存在すると指摘している．我々はこれらの因果条件のうち最初の3つを示し，後に究極の因果条件を示す．

$p \in \mathcal{M}$ のすべての近傍が p からのどんな未来向き非空間的曲線とも1回以下しか交わらない p の近傍を含むとき，p で未来 (過去) 識別条件 (*future(past) distinguishing condition*(Kronheimer and Penrose (1967))) が成り立つという．これは $I^+(q) = I^+(p)$ $(I^-(q) = I^-(p))$ ならば $q = p$ であることと等価である．図 37 は因果律と過去識別条件をいたるところで満たすが p において未来識別条件を満たさない例を示している．

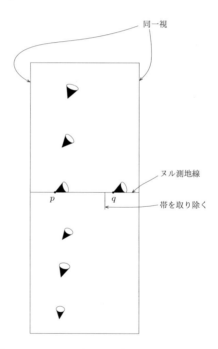

図 37. 因果律と過去識別条件はいたるところで成り立つが p か q で未来識別条件が成り立たない空間 (事実, $I^+(p) = I^+(q)$ である). 円柱上の光円錐はヌル方向が水平になるまでひっくり返り、その後また起き上がる；帯 (strip) が取り除かれると閉じたヌル測地線が破れる．

p のすべての近傍がどんな非空間的曲線とも1回以下しか交わらない p の近傍を含むとき，**強い因果条件** (*strong causality condition*) が成り立つという．図 38 はこの条件が破られる例を示す．

6.4 因果条件　　　　　　　　　　　　　　　　　　　　　　　　　　　　　　　181

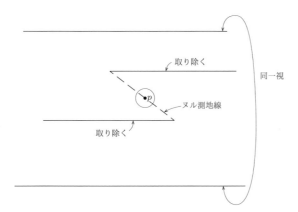

図 38. 時空は因果律を満たし，未来と過去を識別する条件は満たすが，p で強い因果律条件を満たさない．2 つの帯は円筒から取り除かれている．光円錐は $\pm 45°$ にある．

命題 6.4.6
命題 6.4.5 の条件 (a) から (c) が成り立ち，更にそれに加えて

　(d) $\mathscr{M}$ がヌル測地的完備である，

ならば，$\mathscr{M}$ において強い因果条件が成り立つ．

$p \in \mathscr{M}$ において強い因果条件が成り立たないとする．$\mathscr{U}$ を p おける凸正規近傍とし，$V_n \subset \mathscr{U}$ を p のいかなる近傍も十分大きな n に対してすべての V_n を含むような p の近傍の無限列とする．それぞれの V_n に対して，$\mathscr{U}$ を出て V_n に戻る未来向き非空間的曲線 λ_n があることになる．補題 6.2.1 により p を通り λ_n の極限曲線となる延長不可能な非空間的曲線 λ が存在するだろう．λ のいかなる 2 点も時間的な隔たりを持たない．そうでなければ閉じた非空間的曲線を与えるように λ_n を結合することができてしまうためである．したがって λ はヌル測地線でなければならない．しかしながら (a)，(b) そして (d) により λ は共役点，したがって時間的な隔たりを持った点を持つであろう．

系
過去および未来識別条件は強い因果律を意味するから，過去および未来識別条件は $\mathscr{M}$ 上でも成立する．

これら 3 つの高い段階の因果条件には**閉じ込め** (*imprisonment*) 現象が緊密に関係する．
　未来延長不可能な非空間的曲線 γ が未来へ向かって実現できるのは次の 3 つのうちの 1 つである．

　(i) コンパクト集合 $\mathscr{S}$ に入って留まる，

(ii) いかなるコンパクト集合 $\mathscr{S}$ にも留まらないが絶え間なくコンパクト集合 $\mathscr{S}$ に再入する,

(iii) いかなるコンパクト集合 $\mathscr{S}$ にも留まらず, 有限回数を超えてはいかなるそのようなコンパクト集合にも入らない.

第 3 の場合の γ は無限遠あるいは特異点のような時空の縁 (edge) から離れていくと考えることができる. 第 1 の場合と第 2 の場合はそれぞれ, γ が $\mathscr{S}$ への**全体的な**および**部分的な未来閉じ込め**であると呼ぼう. 閉じ込めは因果条件が破られた場合にのみ起こると考えるかもしれないが, 図 39 に示した Carter の例によればそうではない. それにも関わらず次の結果を得る:

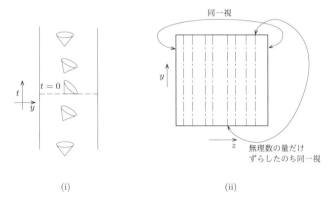

図 39. 閉じ込められた非空間的線を持つが閉じた非空間的曲線を持たない空間. この多様体は座標 (t, y, z) によって記述される $R^1 \times S^1 \times S^1$ である. ただし, (t, y, z) と $(t, y, z+1)$ が同一視され, (t, y, z) と $(y, y+1, z+a)$ が同一視される. ここで a は無理数である. Lorentz 計量は
$$ds^2 = (\cosh t - 1)^2(dt^2 - dy^2) + dtdy - dz^2$$
によって与えられる.
(i) 断面 $\{z = $ 定数 $\}$ はヌル円錐の向きを表している.
(ii) 断面 $t = 0$ はヌル測地線の一部を表している.

命題 6.4.7
もし強い因果条件がコンパクト集合 $\mathscr{S}$ で成り立つなら, 未来延長不可能な非空間的曲線で部分的あるいは全体的に $\mathscr{S}$ 内に閉じ込められるものはない.

$\mathscr{S}$ はコンパクトな閉包として有限個数の凸正規座標近傍 $\mathscr{U}_i$ によって被覆することができ, 非空間的な曲線はいかなる $\mathscr{U}_i$ とも 1 回以下しか交わらない (このような近傍を**局所因果近傍** (*local causality neighbourhoods*) と呼ぼう). これらの近傍の 1 つと交差するいかなる未来延長不可能非空間的曲線もそれを再び出なければならず戻ってはならない. □

6.4 因果条件

命題 6.4.8
もし未来あるいは過去識別条件がコンパクト集合 $\mathscr{S}$ で成り立つなら，$\mathscr{S}$ に全体的に未来閉じ込めされる未来延長不可能非空間的曲線はありえない．(この結果は興味深いが今後は必要としない．)

$\{\mathscr{V}_\alpha\}$, $(\alpha = 1, 2, 3, \dots)$ を $\mathscr{M}$ における開集合の可算基底とする (つまり $\mathscr{M}$ のいかなる開集合も $\mathscr{V}_\alpha$ の合併として表現できる)．

未来あるいは過去識別条件が $\mathscr{S}$ で成り立っているので，いかなる点 $p \in \mathscr{S}$ も凸正規座標近傍 $\mathscr{U}$ を持つことになり p を発する未来向き非空間的曲線は $\mathscr{U}$ と 1 回以下しか交わらない．p を含み，ある上記近傍 $\mathscr{U}$ に含まれる $\mathscr{V}_\alpha$ の α の最小値を与える $f(p)$ を定義する．

$\mathscr{S}$ 内に全体的に未来閉じ込めされる未来延長不可能非空間的曲線 λ が存在するとする．$q \in \lambda$ を $\lambda' = \lambda \cap J^+(q)$ が $\mathscr{S}$ に含まれる点とする．λ の極限点であるすべての $\mathscr{S}$ の点を含む空でない閉集合を $\mathscr{A}_0$ とする．$p_0 \in \mathscr{A}_0$ を $\mathscr{A}_0$ における $f(p)$ が最小値 $f(p_0)$ になる点とする．p_0 を通りすべての点が λ' の極限点である延長不可能の非空間的曲線 γ_0 が存在するだろう．γ_0 のいかなる 2 点も時間的な隔たりを持たない．そうでなければ λ' のある線分が閉じた非空間的曲線を与えるように変形できてしまう．したがって γ_0 は過去向きにも未来向きにも完全に $\mathscr{S}$ に閉じ込められた延長不可能のヌル測地線となる．$\mathscr{A}_1$ を $\gamma_0 \cap J^+(p_0)$ (あるいは，$\mathscr{S}$ で過去識別条件が成り立つ場合の $\gamma_0 \cap J^-(p_0)$) のすべての極限点を含む閉集合とする．そのようなすべての点は λ' の極限点であるので，$\mathscr{A}_1 \subset \mathscr{A}_0$ である．$\mathscr{V}_{f(p_0)}$ は $\gamma_0 \cap J^+(p_0)$ の極限点を含まないので，$\mathscr{A}_1$ は厳密に $\mathscr{A}_0$ より小さい．したがって我々は，それぞれ $\mathscr{A}_\beta$ は空でなく全体的に未来拘束されたヌル測地線 $\gamma_{\beta-1} \cap J^+(p_{\beta-1})$ のすべての極限点の集合である閉集合の無限列 $\mathscr{A}_0 \supset \mathscr{A}_1 \supset \mathscr{A}_2 \supset \cdots \supset \mathscr{A}_\beta \supset \dots$ を得る．$\mathscr{H} = \bigcap_\beta \mathscr{A}_\beta$ とする．$\mathscr{S}$ はコンパクトなので，いかなる有限個の空でない $\mathscr{A}_\beta$ の共通部分も空でない．$r \in \mathscr{H}$ とすると．ある β にて $f(r) = f(p_\beta)$ である．しかし $\mathscr{V}_{f(p_\beta)} \cap \mathscr{A}_{\beta+1}$ は空なので r は $\mathscr{A}_{\beta+1}$ に含まれず，したがって $\mathscr{H}$ に含まれない．これはいかなる未来延長不可能の非空間的曲線も $\mathscr{S}$ に全体的に閉じ込められないことを示す． □

$(\mathscr{M}, \mathbf{g})$ 上の因果関係は **Alexandrov**(アレキサンドロフ)位相と呼ばれる位相を $\mathscr{M}$ に与えた．これは $I^+(p) \cap I^-(q), p, q \in \mathscr{M}$ の形の 1 つ以上の集合の合併である場合のみ集合が開集合と定義された位相である．$I^+(p) \cap I^-(q)$ は多様体の位相として開であるので，逆は必ずしも真でないが，Alexandrov 位相で開であるいかなる集合も多様体の位相で開となる．しかし $\mathscr{M}$ で強い因果条件が成り立つとする．するといかなる点 $r \in \mathscr{M}$ においても局所的因果近傍 $\mathscr{U}$ を求めることができる．それ自体の資格によって時空と見なされる Alexandrov 位相 $(\mathscr{U}, \mathbf{g}|_\mathscr{U})$ は $\mathscr{U}$ の多様体位相と明らかに同じである．したがって $\mathscr{M}$ は局所的因果近傍で被覆することができるので $\mathscr{M}$ の Alexandrov 位相は多様体位相と同じである．これは強い因果条件が成り立っていれば時空の位相構造は因果関係を見ることよって決定できる

ことを意味する.

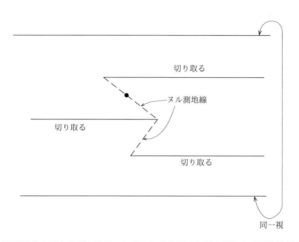

図 40. 強い因果条件を満たすが，計量のわずかな変動が p を通る閉じた時間的線が存在することを可能にする空間．3 つの帯が円筒から取り除かれている．光円錐は $\pm 45°$ にある．

　図 40 に示したように，わずかな計量の変化が閉じた時間的曲線へ導くことができるような，時間順序条件を破る寸前の時空がまだ有り得るので，強い因果条件を課したとしても，すべての病的な因果関係を排除するわけではない．一般相対論が恐らくまだ知られていないなんらかの時空の量子論の古典的極限であり，そのような理論においては不確定性原理がすべての点で計量が厳密な値を持つことを妨げると考えられるため，そのような状況は物理的に現実的とは考え難い．したがって物理的に有効とするために，時空の性質はある安定的な形を持つべきであり，その性質とは言わば時空が「近い」('nearby') という性質である．「近い」に正確な意味を持たせるため全ての時空の集合に位相を定義する必要がある．それは全ての非コンパクトな 4 次元多様体でありそこにおける全ての Lorentz 計量の定義である．ここでは異なる位相の位相空間を 1 つの連結された位相空間につなげる問題は見送る (これは可能である)．そして，単に与えられた多様体上のすべての C^r 級 Lorentz 計量 $(r \geqslant 1)$ の組の上に位相を乗せることのみを考えよう．「近く」の計量として単にその値における近くを要請する (C^0 級位相) か，その k 階微分までも要請する (C^k 級位相) か，どこでも近くとする (開位相) か，コンパクト集合上のみを近くとする (コンパクト開位相) かなどこれを行うことができる色々な方法が存在する．

　この目的のために，C^0 級開位相 (C^0 open topology) を考えよう．これは次のようにして定義される：すべての点 $p \in \mathscr{M}$ での $(0,2)$ 型対称テンソル空間 $T_{S2}^0(p)$ は (自然な構造で) 多様体 $T_{S2}^0(\mathscr{M})$ を形成し，それは $\mathscr{M}$ 上の $(0,2)$ 型対称テンソルのバンドルであ

6.4 因果条件

る. $\mathscr{M}$ 上の Lorentz 計量 $\mathbf{g}$ は各点 $p \in \mathscr{M}$ での $T_{S2}^0(\mathscr{M})$ の要素の割り当てであるので, $x \in T_{S2}^0(p)$ を p へ送る射影 $T_{S2}^0(\mathscr{M}) \to \mathscr{M}$ である π に対して, $\pi \circ \hat{g} = 1$ となるような写像ないしは切断 $\hat{g}: \mathscr{M} \to T_{S2}^0(p)$ とみなすことができる. $\mathscr{U}$ を T_{S2}^0 における開集合とし, $O(\mathscr{U})$ を $\hat{g}(\mathscr{M})$ が $\mathscr{U}$ に含まれるすべての C^0 級 Lorentz 計量 $\mathbf{g}$ の集合とする (図 41).

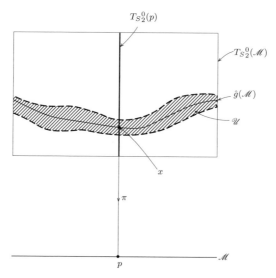

図 41. $\mathscr{M}$ 上の $(0,2)$ 型対称テンソルの空間 T_{S2}^0 上の C^0 級開位相の開集合 $\mathscr{U}$.

すると $\mathscr{M}$ 上の C^r 級 Lorentz 計量の C^0 級開位相における開集合は形式 $O(\mathscr{U})$ の 1 つ以上の集合の合併として定義される.

もし近傍に属するどのような計量においてもいかなる閉じた時間的曲線が存在しないような C^0 級 開位相における開近傍を時空計量 $\mathbf{g}$ が持つなら, $\mathscr{M}$ 上にて**安定的因果条件** (*stable causality condition*) が成り立つという. (C^k 級位相を用いても何ら違いはないが, コンパクト開位相ではいかなる計量のそれぞれの近傍も閉じた時間的曲線を含むので用いることはできない.) 言い換えればこの条件は, 閉じた時間的曲線を導入せずにすべての点で光円錐をわずかに延長できることを意味している.

命題 6.4.9
勾配がいたるところで時間的な $\mathscr{M}$ 上の関数 f が存在するならその場合に限り $\mathscr{M}$ 上のいたるところで安定的因果条件が成り立つ.

注意 関数 f は全ての未来向き非空間的曲線に沿って増加するという意味でのある種の宇宙時間と考えることができる.

証明 いたるところで時間的な勾配を持つ関数 f の存在は安定的因果条件が成り立つことを意味する．なぜならすべての点 $p \in \mathscr{M}$ において $\mathbf{g}$ に十分に近い計量 $\mathbf{h}$ ならばどんな計量でも閉じた時間的曲線はありえないので，計量 $\mathbf{h}$ では p からのヌル光円錐は p においてのみ p を通る $\{f = 定数\}$ の面と交わるからである．逆が真であることを示すために $\mathscr{M}$ の全体積が 1 となるような $\mathscr{M}$ 上の体積計量 μ ($\mathbf{g}$ によって定義された体積計量とは無関係) を導入する．このための方法の 1 つを以下に示す : R^4 で $\overline{\phi_\alpha(\mathscr{U}_\alpha)}$ がコンパクトである $\mathscr{M}$ に対して可算なアトラス $(\mathscr{U}_\alpha, \phi_\alpha)$ を選ぶ．μ_0 を R^4 上の自然なユークリッド計量とし，f_α をアトラス $(\mathscr{U}_\alpha, \phi_\alpha)$ の 1 の分割とする．すると μ は $\sum_\alpha f_\alpha 2^{-\alpha} [\mu_0(\mathscr{U}_\alpha)]^{-1} \phi_\alpha^* \mu_0$ と定義される．もし安定的因果条件が成り立つなら次のような C^r 級 Lorentz 計量の族 $\mathbf{h}(a), a \in [0,3]$ を求めることができる :

(1) $\mathbf{h}(0)$ は時空計量 $\mathbf{g}$ である．
(2) $a \in [0,3]$ のすべての計量 $\mathbf{h}(a)$ で閉じた時間的曲線は存在しない．
(3) $a_1, a_2 \in [0,3]$ で $a_1 < a_2$ ならば計量 $\mathbf{h}(a_1)$ でのすべての非空間的ベクトルは計量 $\mathbf{h}(a_2)$ において時間的である．

$p \in \mathscr{M}$ に対して，計量 $\mathbf{h}$ において $\mathscr{U}$ に関する $\mathscr{S}$ の過去を $I^-(\mathscr{S}, \mathscr{U}, \mathbf{h})$ とする記法を用いて，$\theta(p,a)$ を計量 μ における $I^-(p, \mathscr{M}, \mathbf{h}(a))$ の体積とする．与えられた値 $a \in (0,3)$ で $\theta(p,a)$ は全ての非空間的曲線に沿って増加する有界関数となる．しかしそれは図 42 に示すように連続ではないかも知れず，ちょっした位置の変更によって過去の障害物が見えたり過去の体積を急激に増加させることが可能かもしれない．したがって計量 $\mathbf{h}$ における全ての未来向き非空間的曲線に沿って増加するような連続関数を手に入れるため，$\theta(p,a)$ をぼかす方法が必要である．これは a の範囲で平均化することによって得ることができる．いま，

$$\overline{\theta}(p) = \int_1^2 \theta(p,a) \mathrm{d}a$$

と置こう．$\mathscr{M}$ において $\overline{\theta}(p)$ が連続であることを示す．まず上半連続であることを示す．与えられた ϵ に対して $\mathscr{B}$ を測度 μ において体積が $\frac{1}{2}\epsilon$ の中心 p の球とする．(3) により $a_1 < a_2$ で $a_1, a_2 \in [0,3]$ に対して

$$[I^-(\mathscr{F}(a_1, a_2), \overline{\mathscr{B}}, \mathbf{h}(a_1)) \cap \dot{\mathscr{B}}] \subset [I^-(p, \overline{\mathscr{B}}, \mathbf{h}(a_2)) \cap \dot{\mathscr{B}}].$$

となる $\mathscr{B}$ 内の p の近傍 $\mathscr{F}(a_1, a_2)$ を求めることができる．n を $2\epsilon^{-1}$ より大きい正の整数とする．そして集合 $\mathscr{G}$ を $\mathscr{G} = \bigcap_i \mathscr{F}(1 + \frac{1}{2}in^{-1}, 1 + \frac{1}{2}(i+1)n^{-1})$, $i = 0, 1, \ldots, 2n$ と定義する．$\mathscr{G}$ は p の近傍でありいかなる $a \in [1,2]$ に対しても $\mathscr{F}(a, a + n^{-1})$ に含まれることになる．したがって $I^-(q, \mathscr{M}, \mathbf{h}(a)) - \overline{\mathscr{B}}$ は

6.5 Cauchy発展

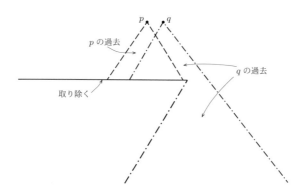

図 42. p から q への小さな変位はその点の過去の体積の大きな変化をもたらす．光円錐は $\pm 45°$ にあり，図のように帯は取り除かれている．

$q \in \mathscr{G}$ かつ $a \in [1, 2]$ に対して $I^-(p, \mathscr{M}, \mathbf{h}(a + n^{-1})) - \overline{\mathscr{B}}$

に含まれる．よって

$$\theta(q, a) \leqslant \theta(p, a + \tfrac{1}{2}) + \tfrac{1}{2}\epsilon$$

であるので $\overline{\theta}(q) \leqslant \overline{\theta}(p) + \epsilon$ であり，これは $\overline{\theta}$ が上半連続であることを示す．下半連続は同様に証明される．微分可能関数を得るため，適当な平滑化関数を用いてそれぞれの点の近傍にわたって $\overline{\theta}$ を平均化することができる．十分小さな近傍により計量 $\mathbf{g}$ でいたるところで時間的勾配を持つ関数 f を得ることができる．平滑化手段の詳細は Seifert(1968) によって示されている． □

もちろんそれらは一意でないにもかかわらず $\{f = 定数\}$ の空間的平面は時空における同時性平面と考えられるかもしれない．もしそれら平面が全てコンパクトなら全て互いに微分同相であるが，コンパクトでないものがあれば微分同相である必要はない．

6.5 Cauchy発展

Newton の理論には距離を隔てたものへの瞬時の作用があり，時空の未来点での事象の予測には現時点での全宇宙の状態を知る必要があり，無限遠点でのポテンシャルをゼロにする境界条件を仮定する必要がある．一方相対性理論では §3.2 の仮定 (a) により時空の異なる点はそれらが非空間的曲線によって結ぶことができる場合のみ因果的関係であり得る．したがって閉集合 $\mathscr{S}$ の適当なデータの知識は $D^+(\mathscr{S})$ 領域の事象を $\mathscr{S}$ の未来と

して定義するだろう．この領域を $\mathscr{S}$ の**未来 Cauchy 発展** (*future Cauchy development*) あるいは**依存領域** (*domain of dependence*) と呼ぶ．そしてその領域は未来の事象を決定し，p を通る全ての過去延長不可能非空間的曲線が $\mathscr{S}$ と交差する全ての点 $p \in \mathscr{M}$ の集合として定義される (注意 $D^+(\mathscr{S}) \supset \mathscr{S}$).

Penrose(1966,1968) は $\mathscr{S}$ の Cauchy 発展を少し異なって，その点を通る全ての過去延長不可能時間的曲線が $\mathscr{S}$ と交差する全ての点 $p \in \mathscr{M}$ の集合として定義している．我々はこの集合を $\tilde{D}^+(\mathscr{S})$ と記述する．次の結果を得る：

命題 6.5.1
$\tilde{D}^+(\mathscr{S}) = \overline{D^+(\mathscr{S})}$ である．

明らかに $\tilde{D}^+(\mathscr{S}) \supset D^+(\mathscr{S})$ である．$q \in \mathscr{M} - \tilde{D}^+(\mathscr{S})$ ならば $\mathscr{S}$ と交差しない q の近傍 $\mathscr{U}$ が存在する．q から出て $\mathscr{S}$ と交わらない過去延長不可能の曲線が存在する．$r \in \lambda \cap I^-(q, \mathscr{U})$ なら $I^+(r, \mathscr{U})$ は $\mathscr{M} - \tilde{D}^+(\mathscr{S})$ 内の q の開近傍である．したがって $\mathscr{M} - \tilde{D}^+(\mathscr{S})$ は開集合であり $\tilde{D}^+(\mathscr{U})$ は閉集合である．$D^+(\mathscr{S})$ と交わらない近傍 $\mathscr{V}$ を持つ点 $p \in \tilde{D}^+(\mathscr{S})$ が存在するとする．点 $x \in I^-(p, \mathscr{V})$ を選ぶ．x を出て $\mathscr{S}$ と交わらない過去延長不可能の非空間的曲線が存在するだろう．y_n を y_{n+1} が y_n の過去でありいかなる点にも収束しない γ 上の点列とする．$\mathscr{W}_n$ を $\mathscr{W}_{n+1}$ が $\mathscr{W}_n$ と交わらない点 y_n に関する凸正規近傍とする．z_n を点列

$$z_{n+1} \in I^+(y_{n+1}, \mathscr{W}_{n+1}) \cap I^-(z_n, \mathscr{M} - \mathscr{S})$$

とする．$\mathscr{S}$ と交わらず全ての点 z_n を通る p から出る延長不可能の時間的曲線が存在する．これは $p \in \tilde{D}^+(\mathscr{S})$ に反する．したがって，$\tilde{D}^+(\mathscr{S})$ は $D^+(\mathscr{S})$ の閉包に含まれるので $\tilde{D}^+(\mathscr{S}) = \overline{D^+(\mathscr{S})}$ である．□

$D^+(\mathscr{S})$ の未来の境界は $\overline{D^+(\mathscr{S})} - I^-(D^+(\mathscr{S}))$ であり $\mathscr{S}$ 上のデータの知識から予言できる領域の限界をマークする．この閉じた非時間順序的集合を $\mathscr{S}$ の**未来 Cauchy 地平** (*future Cauchy horizon*) と呼び $H^+(\mathscr{S})$ と記す．図 43 に示すように，もし $\mathscr{S}$ がヌルであったり 'edge(縁)' を持っていると $H^+(\mathscr{S})$ は $\mathscr{S}$ と交わる．これを正確にするために，q の全ての近傍 $\mathscr{U}$ において $\mathscr{S}$ に交わらない $\mathscr{U}$ 内の時間的曲線によって結ぶことのできる点 $p \in I^-(q, \mathscr{U})$ と $r \in I^+(q, \mathscr{U})$ が存在する全ての点 $q \in \overline{\mathscr{S}}$ の集合として非時間順序集合 $\mathscr{S}$ に対する edge($\mathscr{S}$) を定義する．命題 6.3.1 と同様の議論により空でない非時間順序集合 $\mathscr{S}$ に対して edge($\mathscr{S}$) が空なら $\mathscr{S}$ は 3 次元の埋め込み C^{1-} 級多様体である．

6.5 Cauchy発展

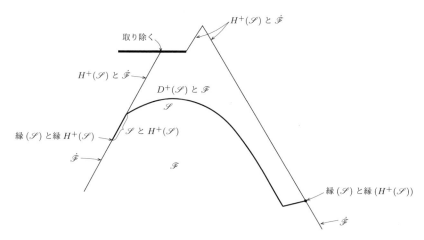

図 43. 部分的にヌルであり部分的に空間的な閉集合 $\mathscr{S}$ の未来 Cauchy 発展 $D^+(\mathscr{S})$ と未来 Cauchy 地平 $H^+(\mathscr{S})$. $H^+(\mathscr{S})$ は必ずしも連結ではないことに注意せよ．ヌル線は $\pm 45°$ にあり，帯は取り除かれている．

命題 6.5.2
閉じた非時間順序集合 $\mathscr{S}$ に対して，
$$\mathrm{edge}(H^+(\mathscr{S})) = \mathrm{edge}(\mathscr{S}) \quad \text{である．}$$

$\mathscr{U}_n$ を点 $q \in \mathrm{edge}(H^+(\mathscr{S}))$ の近傍系列とする．十分に大きな n をとればいかなる q の近傍も全ての $\mathscr{U}_n$ を内包する．それぞれの $\mathscr{U}_n$ には $H^+(\mathscr{S})$ と交わらない時間的曲線 λ_n で繋ぐことができる点 $p_n \in I^-(q, \mathscr{U}_n)$ と $r_n \in I^+(q, \mathscr{U}_n)$ が存在するだろう．これは λ_n が $\overline{D^+(\mathscr{S})}$ と交わらないことを意味する．命題 6.5.1 により $q \in \tilde{D}^+(\mathscr{S})$ なので $I^-(q) \subset I^-(\tilde{D}^+(\mathscr{S})) \subset I^-(\mathscr{S}) \cap \tilde{D}^+(\mathscr{S})$ となる．したがって p_n は $I^-(\mathscr{S})$ 内にある．q から出て過去向きに延長不可能な全ての時間的曲線も $\mathscr{S}$ と交わらなければならない．したがって全ての n に対して q と p_n を結ぶ $\mathscr{U}$ 内の全ての時間的曲線上に $\mathscr{S}$ の点がなければならないので q は $\overline{\mathscr{S}}$ 内になければならない．曲線 λ_n は $\mathscr{S}$ と交わらないので q は $\mathrm{edge}(\mathscr{S})$ 内にある．他の方法での証明も似たようなものになる． □

命題 6.5.3
$\mathscr{S}$ を非時間順序閉集合とする．すると $H^+(\mathscr{S})$ は過去端点を持たないかあるいは $\mathrm{edge}(\mathscr{S})$ に過去端点を持つヌル測地線の線分によって生成される．

集合 $\mathscr{F} \equiv \tilde{D}^+(\mathscr{S}) \cup I^-(\mathscr{S})$ は過去集合である．したがって命題 6.3.1 により $\dot{\mathscr{F}}$ は非時間順序 C^{1-} 級多様体である．$H^+(\mathscr{S})$ は $\dot{\mathscr{F}}$ の閉部分集合である．q を $H^+(\mathscr{S}) - \mathrm{edge}(\mathscr{S})$ の点とする．もし q が $\mathscr{S}$ 内になければ $q \in \tilde{D}^+(\mathscr{S})$ であるから $q \in I^+(\mathscr{S})$ である．$\mathscr{S}$

は非時間順序集合なので $I^-(\mathscr{S})$ に交わらない q の凸正規近傍 $\mathscr{W}$ を求めることができる. そうではなく, もし q が $\mathscr{S}$ 内にあれば, $\mathscr{W}$ を q の凸正規近傍として, $\mathscr{S}$ と交わらない $\mathscr{W}$ 内の時間的曲線によっては $I^-(q,\mathscr{W})$ のいかなる点も $I^+(q,\mathscr{W})$ の点と繋ぐことはできない. 両方の場合において, もし p が $I^+(q)$ のいかなる点であっても p から $\mathscr{M} - \mathscr{F} - \mathscr{W}$ のある点への過去向き時間的曲線があるはずである. なぜならそうでなければ p は $D^+(\mathscr{S})$ 内に存在することになるからである. したがって補題 6.3.2 の条件 (i) が未来集合 $\mathscr{M} - \mathscr{F}$ に適用され $q \in \dot{\mathscr{F}}_N \cup \dot{\mathscr{F}}_+$ となる. □

系

もし edge($\mathscr{S}$) が消滅するなら, $H^+(\mathscr{S})$ は (もし空でなければ) 過去端点を持たないヌル測地線線分によって生成された埋め込み非時間順序的 3 次元 C^{1-} 級多様体である.

edge のない非因果的集合 $\mathscr{S}$ を**準 Cauchy 面** (partial Cauchy surface) と呼ぶ. 準 Cauchy 面は非空間的曲線が 1 度だけ交わる空間的超曲面である. ある非空間的曲線 λ があってそれが点 p_1 と p_2 で交わるような連結な空間的超曲面 $\mathscr{S}$(edge はない) が存在するとする. すると p_1 と p_2 は $\mathscr{S}$ 内の曲線 μ によって繋ぐことができ $\mu \cup \lambda$ は $\mathscr{S}$ を 1 度だけ横切る閉じた曲線になる. この曲線は連続して変形してゼロにすることはできない. 何故ならそのような変形は $\mathscr{S}$ を横切る回数が偶数回の時だけ可能であるから. つまり $\mathscr{M}$ は単連結ではありえない. 単連結な普遍被覆された多様体 $\tilde{\mathscr{M}}$ に移行することによって $\mathscr{M}$ を「開く (unwrap)」ことができる. ここで $\tilde{\mathscr{M}}$ とはその中で $\mathscr{S}$ の像の成分それぞれが (edge のない) 空間的超曲面でありしたがって $\tilde{\mathscr{M}}$ の準 Cauchy 面である多様体である (図 44). しかしながら, 多様体の普遍被覆を行うと, 準 Cauchy 面を得るために必要とされる以上に $\mathscr{M}$ を開く (unwrap) ことがあり, $\mathscr{S}$ がコンパクトであっても準 Cauchy 面が非コンパクトになる可能性がある. 今後の章のために $\mathscr{S}$ の像のそれぞれの連結成分が準 Cauchy 面であるがそれら成分が $\mathscr{S}$ に対して位相同形のままである $\mathscr{M}$ を十分に開いた被覆多様体が欲しい. このような被覆多様体は少なくとも 2 つの異なった方法で得られる. 普遍被覆多様体は $p \in \mathscr{M}$ と以下に定義する λ に対する $(p, [\lambda])$ の形のすべての対の集合として定義できることを思い出そう. ここで $[\lambda]$ はある固定点 $q \in \mathscr{M}$ から p への q と p のホモトピックなモジュロ (modulo) としての $\mathscr{M}$ の曲線の同値類である[*5]. 被覆多様体 $\mathscr{M}_H$ は $p \in \mathscr{M}$ と以下に定義する λ に対する $(p, [\lambda])$ の形のすべての対の集合として定義できる. ここで今度は, $[\lambda]$ は $\mathscr{S}$ から p への $\mathscr{S}$ と p のホモトピックなモジュロ (modulo) としての曲線の同値類である (つまり, $\mathscr{S}$ 上の端点は $\mathscr{S}$ 上で滑ることができる). $\mathscr{M}_H$ は $\mathscr{S}$ の像の連結成分それぞれが $\mathscr{S}$ と位相同型である最大の多様体として特徴付けられる. 被覆多様体 $\mathscr{M}_G$ は $(p, [\lambda])$ の対のすべての集合と定義されるが, ここでの

[*5] 訳注:モジュロ (modulo) とは, 集合 X に同値関係 R が存在するとき, aRb $(a, b \in X)$ が成り立つときに限り $a, b \in [a] = [b]$ で表される同値類 $[a] = [b]$ を指す. したがって, X の関係 R に関する a のモジュロ (modulo) とは $[a]$ のことである. したがって, この場合, a に対応するのは p から q への曲線 λ である.

6.5 Cauchy発展

$[\lambda]$ は $\mathscr{S}$ を未来向きへの横切りを正，過去向きへの横切りを負としてカウントして同数回横切る固定点 q から p の曲線の同値類である．$\mathscr{M}_G$ は $\mathscr{S}$ の像の連結成分のそれぞれが多様体を 2 つに分割する最小の多様体として特徴付けられる．それぞれの場合において被覆多様体の位相および微分構造は $(p, [\lambda])$ を p へ写像する射影が局所的に微分同相であることを要求することによって固定される．

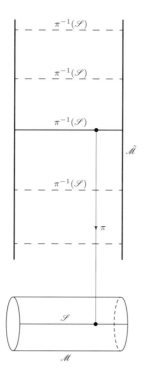

図 44. $\mathscr{S}$ は $\mathscr{M}$ 内の edge(縁) のない連結な空間的超平面である．これは準 Cauchy 面ではない．しかしながら $\mathscr{M}$ の普遍的な被覆多様体 $\tilde{\mathscr{M}}$ における $\mathscr{S}$ の各像 $\pi^{-1}(\mathscr{S})$ は $\tilde{\mathscr{M}}$ の準 Cauchy 面である．

$D(\mathscr{S}) = D^+(\mathscr{S}) \cup D^-(\mathscr{S})$ を定義する．準 Cauchy 面はもし $D(\mathscr{S})$ が $\mathscr{M}$ と等しければ大域的 Cauchy 面 (あるいは単に **Cauchy 面** (*Cauchy surface*)) と言う．Cauchy 面は全ての非空間的曲線がただ 1 回だけ交差する空間的超曲面であると言える．$\{x^4 = $ 定数 $\}$

の面は Minkowski 空間の Cauchy 面の例であるが，双曲面

$$\{(x^4)^2 - (x^3)^2 - (x^2)^2 - (x^1)^2 = \text{定数}\}$$

はただの準 Cauchy 面である．何故なら原点からの過去あるいは未来光円錐はこれらの面に対する Cauchy 地平であるから (§5.1 と図 13 を見る)．Cauchy 面であることは面自体の性質であるだけでなくそれが埋め込まれた空間の全体の性質である．例えば，Minkowski 空間から 1 点を切り出すと結果として時空はいかなる Cauchy 面も許さない．$\mathcal{M}$ に Cauchy 面があるとすると，その面に関するデータを知っていれば過去あるいは未来のどの時点の宇宙の状態をも言い当てることができる．しかし面上のあらゆる点の未来に行かない限りデータを知ることができないが，ほとんどの場合不可能だ．宇宙が Cauchy 面を許すと信じる止むを得ない物理的理由があるように見えない．実際アインシュタインの場の方程式の正確な解は数多く知られていて，第 5 章で説明している反 de Sitter 空間，平面波，Taub-NUT 空間，Reissner-Nordström 解などは含まれていない．Reissner-Nordström 解 (図 25) は特別に興味深い．$r > r_+$ の外部領域 I と近傍領域 $r_- < r < r_+$ では $\mathscr{S}$ は事象の予測に十分であるが $r = r_-$ に Cauchy 地平がある．近接領域 III の点は $D^+(\mathscr{S})$ 内に無い．なぜならそれらの点は過去向きに延長不可能で $r = r_-$ を横切らずしかし点 i^+ (無限点と考えられる) あるいは $r = 0$ の特異点 (時空に存在するとは考えられない．§8.1 参照) に近づく非空間的曲線が存在するからである．$\mathscr{S}$ 上のデータの基底に対する単純な予測を混乱させる特異点からあるいは無限遠からくる外的情報があるかもしれない．したがって空間的曲面全体にわたってデータを知ることの困難さ，そしてもし知ることができたとしても不十分でしかない可能性によって，一般相対論では未来を予測する能力が制限されている．それにもかかわらずこのような限界があってもある条件のもとで特異点が生じることを予測することができる．

6.6 大域的双曲性

Cauchy 発展に密接に関連するのは大域的双曲性の性質である (Leray(1952))．集合 $\mathcal{N}$ は，もし $\mathcal{N}$ 上で強い因果律の仮定が成り立ち，もし 2 点 p, q に対して $J^+(p) \cap J^-(q)$ がコンパクトで $\mathcal{N}$ に含まれるなら，**大域的双曲** (*global hyperbolic*) であると言う．意味するは，時空の縁 (edge)，つまり無限遠や特異点では $J^+(p) \cap J^-(q)$ はいかなる点も含まないと言えるように考えられるということである．大域的双曲性の名前の理由は，$\mathcal{N}$ 上では，$p \in \mathcal{N}$ を源とする δ 関数の波動方程式は $\mathcal{N} - J^+(p, \mathcal{N})$ の外側で消滅する唯一解を持つことにある (第 7 章参照)．

$\mathcal{N}$ 内の全てのコンパクト集合 $\mathcal{H}$ に対して $J^+(\mathcal{H}) \cap \mathcal{N}$ と $J^-(\mathcal{H}) \cap \mathcal{N}$ が $\mathcal{N}$ 内で閉じているなら $\mathcal{N}$ を因果的単純と言ったことを思い出そう．

命題 6.6.1
大域的双曲の開集合 $\mathcal{N}$ は因果的単純である．

6.6 大域的双曲性

p を $\mathcal{N}$ 内の任意の点とする.点 q が存在し

$$q \in (\overline{J^+(p)} - J^+(p)) \cap \mathcal{N}$$

であるとする.$\mathcal{N}$ は開集合なので点 $r \in (I^+(q) \cap \mathcal{N})$ が存在するだろう.しかし,$J^+(p) \cap J^-(r)$ はコンパクトなので閉じており $q \in \overline{J^+(p) \cap J^-(r)}$ は不可能である.したがって $J^+(p) \cap \mathcal{N}$ と $J^-(p) \cap \mathcal{N}$ は $\mathcal{N}$ 内で閉じている.

ここで点 $q \in (\overline{J^+(\mathcal{H})} - J^+(\mathcal{H})) \cap \mathcal{N}$ が存在するとする.q_n を q に収束する $I^+(q) \cap \mathcal{N}$ 内の無限点列で $q_{n+1} \in I^-(q_n)$ となるものとする.それぞれの n に対して $J^-(q_n) \cap \mathcal{H}$ は空でないコンパクト集合となる.したがって,$\bigcap_n \{J^-(q_n) \cap \mathcal{H}\}$ は空でない集合となる.p をこの集合の点とする.すると全ての n に対して q_n は $J^+(p)$ に含まれる.しかし $J^+(p)$ は閉じている.したがって $J^+(p)$ は q を含む. □

系

もし $\mathcal{H}_1$ と $\mathcal{H}_2$ が $\mathcal{N}$ 内のコンパクト集合なら,$J^+(\mathcal{H}_1) \cap J^-(\mathcal{H}_2)$ はコンパクトである.

$$\{\bigcup_i J^+(p_i)\} \supset \mathcal{H}_1$$

を満たす有限個数の点 $p_i \in \mathcal{N}$ を求めることができる.同様に有限個数の点 q_j で $\mathcal{H}_2$ が集合

$$\bigcup_j J^-(q_j)$$

に含まれるものが存在する.すると $J^+(\mathcal{H}_1) \cap J^-(\mathcal{H}_2)$ は

$$\bigcup_{i,j} \{J^+(p_i) \cap J^-(q_j)\}$$

に含まれ閉じている. □

実際は Leray(1952) は大域的双曲性にこの定義でなく,これから提示するものと等価な定義を与えている:$J^+(p) \cap J^-(q)$ 上で強い因果律が成り立つような点 $p, q \in \mathcal{M}$ に対して,p から q へのすべての (連続な) 非空間的曲線 の空間として $C(p,q)$ を定義する.ただし,2 つの曲線 $\gamma(t)$ と $\lambda(t)$ は,一方が他方の再パラメーター化,つまり,連続な単調関数 $f(u)$ が存在して $\gamma(f(u)) = \lambda(u)$ となるとき $C(p,q)$ の同じ点を表すものと見なす.($C(p,q)$ は $J^+(p) \cap J^-(q)$ に強い因果条件が成り立たなくても定義できるが,我々は成り立つ場合にだけ興味を持つことになる).$C(p,q)$ の曲線 γ の近傍が $C(p,q)$ に含まれる曲線で $\mathcal{M}$ 内のその曲線上の点たちが $\mathcal{M}$ における γ の点たちの近傍 $\mathcal{W}$ に含まれるようなすべての曲線から構成されると言うことによって $C(p,q)$ の位相は定義される (図 45).開集合 $\mathcal{N}$ はもし $p, q \in \mathcal{N}$ に対して $C(p,q)$ がコンパクトなら大域的双曲であるという

のが Leray の定義である．これらの定義は以下の結果が示すように等価である．

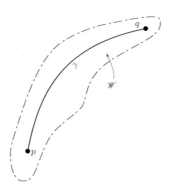

図 45. $\mathscr{M}$ 内の γ の点たちの近傍 $\mathscr{W}$．$C(p, q)$ に含まれる γ の近傍はその点たちが $\mathscr{W}$ に含まれる p から q へのすべての空間的曲線から構成される．

命題 6.6.2 (Seifert(1967), Geroch(1970b))
強い因果条件が

$$\mathscr{N} = J^-(\mathscr{N}) \cap J^+(\mathscr{N}).$$

の開集合 $\mathscr{N}$ で成り立つとする．すると，もし全ての $p, q \in \mathscr{N}$ に関して $C(p, q)$ がコンパクトであれば $\mathscr{N}$ は大域的双曲である．

まず $C(p, q)$ をコンパクトとする．r_n を $J^+(p) \cap J^-(q)$ の点の無限列とし λ_n を対応する r_n を通る p から q への非空間的曲線の列とする．$C(p, q)$ はコンパクトなので $C(p, q)$ の位相において部分列 λ'_n が収束する曲線 λ がある．$\mathscr{U}$ を $\mathscr{M}$ 内の λ の近傍で $\overline{\mathscr{U}}$ はコンパクトであるとする．すると十分大きな n に対して $\mathscr{U}$ は全ての λ'_n を含み，したがって r'_n を含む．よって r'_n の極限点 $r \in \mathscr{U}$ がある．明らかに r は λ の上にある．したがって $J^+(p) \cap J^-(q)$ 内の全ての無限列は $J^+(p) \cap J^-(q)$ 内に極限点を持つ．よって $J^+(p) \cap J^-(q)$ はコンパクトである．

反対に $J^+(p) \cap J^-(q)$ がコンパクトであるとしてみる．λ_n を p から q への非空間的曲線の無限列とする．補題 6.2.1 を開集合 $\mathscr{M} - q$ に適用することにより，$\mathscr{M} - q$ において延長不可能な p からの未来向き非空間的曲線が存在し，全ての $r \in \lambda$ に対して r に収束する部分列 λ'_n がある．曲線 λ は命題 6.4.7 によりコンパクト集合 $J^+(p) \cap J^-(q)$ に全体的に未来閉じ込めされることはないので未来端点 q を持たなければならず，q 以外の集合から去ることはできない．

6.6 大域的双曲性

$\mathscr{U}$ を $\mathscr{M}$ 内の λ の近傍とし, $r_i (1 \leqslant i \leqslant k)$ を $r_1 = p$ で $r_k = q$ の λ 上の点の有限集合とし, それぞれの r_i は $J^+(\mathscr{V}_i) \cap J^-(\mathscr{V}_{i+1})$ が $\mathscr{U}$ に含まれる近傍 $\mathscr{V}_i$ を持つものとする. すると十分大きな n に対して λ'_n は $\mathscr{U}$ に含まれるだろう. したがって $C(p,q)$ 上の位相で λ'_n は λ に収束し $C(p,q)$ はコンパクトである. □

大域的双曲性と Cauchy 発展の関係は次の結果として与えられる.

命題 6.6.3
もし $\mathscr{S}$ が閉じた非時間順序的集合なら, $\mathrm{int}(D(\mathscr{S})) \equiv D(\mathscr{S}) - \dot{D}(\mathscr{S})$ と定義し空集合でなければ, 大域的双曲である.

まず多数の補題を立てる.

補題 6.6.4
もし $p \in D^+(\mathscr{S}) - H^+(\mathscr{S})$ なら p を通る全ての過去延長不可能の非空間的曲線は $I^-(\mathscr{S})$ と交わる.

p が $D^+(\mathscr{S}) - H^+(\mathscr{S})$ にあり, γ を p を通る過去延長不可能の非空間的曲線とする. すると点 $q \in D^+(\mathscr{S}) \cap I^+(p)$ と全ての点 $x \in \lambda$ で $y \in I^-(x)$ となる点 $y \in \gamma$ が存在する q を通る過去延長不可能で非空間的な曲線 λ を求めることができる. λ はある点 x_1 で $\mathscr{S}$ と交わるだろうから点 $y_1 \in \gamma \cap I^-(\mathscr{S})$ が存在するだろう. □

系
もし $p \in \mathrm{int}(D(\mathscr{S}))$ なら p を通る全ての延長不可能な非空間的曲線は $I^-(\mathscr{S})$ と $I^+(\mathscr{S})$ と交わる.

$\mathrm{int}(D(\mathscr{S})) = D(\mathscr{S}) - \{H^+(\mathscr{S}) \cup H^-(\mathscr{S})\}$ である. もし $p \in I^+(\mathscr{S})$ か $I^-(\mathscr{S})$ なら上の結果は直ちに導かれ. もし $p \in D^+(\mathscr{S}) - I^+(\mathscr{S})$ なら $p \in \mathscr{S} \subset D^-(\mathscr{S})$ なので上の結果が再び導かれる. □

補題 6.6.5
強い因果条件は $\mathrm{int}\, D(\mathscr{S})$ 上で成り立つ.

$p \in \mathrm{int}(D(\mathscr{S}))$ を通る閉じた非空間的曲線 λ が存在するとする. 前の結果により点 $q \in \lambda \cap I^-(\mathscr{S})$ と $r \in \lambda \cap I^+(\mathscr{S})$ が存在するだろう. $r \in I^+(q)$ のようだが, それは $I^-(\mathscr{S})$ の内部にあることにもなり $\mathscr{S}$ が非時間順序的であるという事実に反する. したがって因果条件は $\mathrm{int}(D(\mathscr{S}))$ で成り立つ. ここで p で強い因果条件が成り立たないとする. すると補題 6.4.6 により p を通る延長不可能のヌル測地線に収束する未来向き非空間的曲線の無限列 λ_n が存在することになる. 点 $q \in \gamma \cap I^-(\mathscr{S})$ と $r \in \gamma \cap I^+(\mathscr{S})$ が存在することになり, $I^+(\mathscr{S})$ と $I^-(\mathscr{S})$ に交差するある λ_n が存在しすることになり, $\mathscr{S}$ が

非時間順序的であったとすることに反する. □

命題 6.6.3 の証明
$p, q \in \text{int}(D(\mathscr{S}))$ に対して $C(p, q)$ がコンパクトであることを示したい. まず $p, q \in I^-(\mathscr{S})$ の場合を考え $p \in J^-(q)$ とする. λ_n を q から p への非空間的曲線の無限列とする. 補題 6.2.1 により p から出て $\mathscr{M} - q$ で延長不可能な未来向き非空間的極限曲線が存在するだろう. この曲線は q において未来端点を持たなければならない. そうでなければ $\mathscr{S}$ と交差してしまうが, $q \in I^-(\mathscr{S})$ なので不可能である. 次に $p \in J^-(\mathscr{S}), q \in J^+(\mathscr{S}) \cap J^+(p)$ の場合について考える. もし極限曲線 λ が p 点に端点を持つとするとその曲線は求めていた $C(p, q)$ の極限点である. もしそれが q に端点を持たなければ, それは $\mathscr{M} - q$ で延長不可能なので点 $y \in I^+(\mathscr{S})$ を含むだろう. λ_n' を p から y の間の λ 上のすべての点 r に対して r に収束する部分列とする. $\hat{\lambda}$ を λ_n' の点 q からの過去向き極限曲線とする. もし $\hat{\lambda}$ が過去端点 p を持つならそれは $C(p, q)$ における求めていた極限点となる. もし $\hat{\lambda}$ が y を通過するならそれは求めていた $C(p, q)$ における極限点であり p から q への非空間的曲線を提供する λ と結びつけることができる. $\hat{\lambda}$ が p に端点を持たず y を通過しないとする. するとそれはある点 $z \in I^-(\mathscr{S})$ を持つはずである. λ_n'' を曲線 $\hat{\lambda}$ の p と z の間にあるすべての点 r に対して r に収束する λ_n' の部分列とする. $\mathscr{V}$ を y を含まない $\hat{\lambda}$ の開近傍とする. すると十分大きな n に対してすべての $\lambda_n'' \cap J^+(\mathscr{S})$ が $\mathscr{V}$ に含まれるだろう. これは y が λ_n'' の極限点なので不可能である. したがって $C(p, q)$ 内の λ_n の極限点である p から q への非空間的曲線が存在するだろう. $p, q \in I^-(\mathscr{S})$ と $p \in J^-(\mathscr{S}), q \in J^+(\mathscr{S})$ の場合はそれらの双対とともにすべての組み合わせをカバーする. したがってすべての場合に $C(p, q)$ の位相における λ_n の極限点である p から q への非空間的曲線が得られる. □

同様な手続きで以下を証明できる:

命題 6.6.6
もし $q \in \text{int}(D(\mathscr{S}))$ なら $J^+(\mathscr{S}) \cap J^-(q)$ はコンパクトか空集合である. □

単にその内部だけでなく $D(\mathscr{S})$ 全体が大域的双曲であることを示すために幾つかの追加条件を導入する必要がある.

命題 6.6.7
もし $\mathscr{S}$ が $J^+(\mathscr{S}) \cap J^-(\mathscr{S})$ が強い因果を持ち, かつ下記の (1)(2) のいずれかを満たすような閉じた非時間順序的集合なら, $D(\mathscr{S})$ は大域的双曲である.

(1) 非時間順序的 (これは $\mathscr{S}$ が非因果的である場合のみ), あるいは
(2) コンパクト.

もしある点 $q \in D(\mathscr{S})$ で強い因果律を持たないとする. すると補題 6.6.5 と同様の議論によって, 強い因果律を持たない全ての点で q を通る延長不可能なヌル測地線が存在するだ

6.6 大域的双曲性

ろう。しかしそれは $\mathscr{S}$ と交差するので不可能である。したがって $D(\mathscr{S})$ で強い因果律が成り立つ。

もし $p, q \in I^-(\mathscr{S})$ なら命題 6.6.3 の議論が成り立つ。もし $p \in J^-(\mathscr{S}), q \in J^+(\mathscr{S})$ なら命題 6.6.3 のように p からの未来向き曲線 λ と q からの過去向き曲線 $\hat{\lambda}$ を作ることができ λ か $\hat{\lambda}$ の全ての点 r において r に収束する部分列 λ_n'' を選ぶことができる。(1) の場合, λ は一点 x で $\mathscr{S}$ と交わるだろう。十分大きな n に対して x の全ての近傍は λ_n'' の点を含み, $\mathscr{S}$ は非時間順序的なので $\lambda_n'' \cap \mathscr{S}$ として定義される x_n'' を含むだろう。したがって x_n'' は x へ収束する。同様に λ_n'' は $\hat{x} \equiv \hat{\lambda} \cap \mathscr{S}$ に収束する。したがって $\hat{x} = x$ であり $C(p, q)$ に含まれる非空間的な極限曲線を与えるために λ と $\hat{\lambda}$ を結びつけることができる。

(2) の場合, λ は q に未来端点を持たないとする。すると λ は $J^-(\mathscr{S})$ を離れる。なぜなら λ は $\mathscr{S}$ と交わり, 命題 6.4.7 によりコンパクト集合 $J^+(\mathscr{S}) \cap J^-(\mathscr{S})$ を離れなければならないからである。したがって $J^-(\mathscr{S})$ 内にない λ 上の点 x を求めることができる。それぞれの n に対して点 $x_n' \in \mathscr{S} \cap \lambda_n''$ を選ぶ。$\mathscr{S}$ はコンパクトであるから, ある点 $y \in \mathscr{S}$ があり, y に収束する点 x_n''' に対応する部分列 λ_n''' がある。y は λ にないとする。すると十分に大きな n に対して全ての x_n''' は x の全ての近傍 $\mathscr{U}$ の未来の中にある。これは $x \in \overline{J^-(\mathscr{S})}$ を意味する。これは x は $J^+(\mathscr{S})$ の中にありコンパクト集合 $J^+(\mathscr{S}) \cap J^-(\mathscr{S})$ の中にないので不可能である。したがって λ は y を通り抜ける。同様に $\hat{\lambda}$ は y を通り抜ける。それらを繋げて極限曲線が得ることができる。 □

命題 6.6.3 は開集合 $\mathscr{N}$ に対する Cauchy 面の存在が $\mathscr{N}$ が大域的双曲性であることを意味していることを示している。次の結果はその逆も真であることを示す。

命題 6.6.8 ((Geroch (1970b)))

もし開集合 $\mathscr{N}$ が大域的双曲であれば $\mathscr{N}$ は多様体として $R^1 \times \mathscr{S}$ と同相である。ここで $\mathscr{S}$ は 3 次元多様体で, それぞれの $a \in R^1$ に対して, $\{a\} \times \mathscr{S}$ は $\mathscr{N}$ の Cauchy 面である。

命題 6.4.9 で行ったように $\mathscr{N}$ に計量 μ を導入しその計量で $\mathscr{N}$ の全体積が 1 になるようにする。$p \in \mathscr{N}$ に対して $f^+(p)$ を計量 μ での $J^+(p, \mathscr{N})$ の体積とする。明らかに $f^+(p)$ は全ての未来向き非空間的曲線に沿って減少する有界関数である。大域的双曲性が $f^+(p)$ が $\mathscr{N}$ で連続で命題 6.4.9 で行ったような平均化が必要ないことを意味することを示そう。これには $f^+(p)$ がいかなる非空間的曲線 λ でも連続であることを示せば十分である。

点 $r \in \lambda$ として x_n を λ 上の無限点列で r の過去にあるものとする。$\mathscr{F}$ は $\bigcap_n J^+(x_n, \mathscr{N})$ であるとする。$f^+(p)$ は λ 上の r で上半連続ではないとする。点 $q \in \mathscr{F} - J^+(r, \mathscr{N})$ が存在するはずである。すると $r \notin J^-(q, \mathscr{N})$ である。しかし, 命題 6.6.1 により $J^-(q, \mathscr{N})$ は $\mathscr{N}$ で閉じており $x_n \in J^-(q, \mathscr{N})$, 従って $r \in \overline{J^-(q, \mathscr{N})}$ となり不可能である。下半

連続の証明も同様である．

p が $\mathscr{N}$ の中で延長不可能の非空間的曲線 λ に沿って移動するにつれ $f^+(p)$ の値はゼロに向かわなければならない．λ の全ての点の未来にある点 q があるとする．$\mathscr{N}$ で強い因果条件が成り立つという命題 6.4.7 によりいかなる $r \in \lambda$ においても未来向き曲線がコンパクト集合 $J^+(r) \cap J^-(q)$ に入りとどまることは不可能である．

ここで $\mathscr{N}$ において $f(p) = f^-(p)/f^+(p)$ として定義される関数 $f(p)$ を考える．いかなる f 一定の面も非因果集合となり，命題 6.3.1 により $\mathscr{N}$ に埋め込まれる 3 次元 C^{1-} 級多様体となるであろう．その面はいかなる非空間的曲線に沿っても f^- は過去でゼロに向かい f^+ は未来でゼロに向かうので $\mathscr{N}$ に対して Cauchy 面となる．$\mathscr{N}$ 上に時間的ベクトル場 $\mathbf{V}$ を置くことができ $\mathscr{N}$ の点を $\mathbf{V}$ の積分曲線に沿って面 $\mathscr{S}(f=1)$ まで運ぶ連続写像 β を定義することができる．すると $(\log f(p), \beta(p))$ は $R \times \mathscr{S}$ の上への $\mathscr{N}$ の同相写像である． □

したがってもし全時空が大域的双曲ならば，つまり大域的 Cauchy 面があれば，位相は非常につまらないものになるだろう．

6.7 測地線の存在

第 8 章における大域的双曲性の重要さは次の結果による：

命題 6.7.1
p と q が大域的双曲性集合 $\mathscr{N}$ の中にあり $q \in J^+(p)$ であるとする．すると p から q への非空間的測地線でその長さがいかなる他の p から q への非空間的曲線より長いか等しいものがある．

この結果を与える 2 つの証明を示す．まず初めは Avez(1963) と Seifert(1967) によるもので，$C(p,q)$ のコンパクト性に関する議論であり，2 つ目は現実的な測地線の構築に関わる手続きからである ($\mathscr{N}$ が開集合の場合のみ適用できる)．
空間 $C(p,q)$ は p から q への全ての時間的 C^1 級曲線からなる稠密集合 $C'(p,q)$ を含む．これらの曲線 λ の 1 つの長さは

$$L[\lambda] = \int_p^q (-g(\partial/\partial t, \partial/\partial t))^{\frac{1}{2}} dt$$

と定義される (§4.5 参照)．ここで t は λ 上の C^1 級パラメータである．λ の近傍はいくらでも長さの短いジグザクのほぼヌルな曲線を含むので関数 L は $C'(p,q)$ 上で連続でない (図 46)．この連続性の欠如は，それらは $\mathscr{M}$ 上の点として曲線は近いがこれらの接ベクトルは近い必要がないという C^0 級位相を用いていたために生じたのである．我々は $C'(p,q)$ に C^1 級位相を与え L を連続にすることもできるが $C'(p,q)$ がコンパクトでないのでそうしない．全ての非空間的曲線を含む場合にのみコンパクト空間を得る．その代わりに C^0 級位相を用い L の定義を $C(p,q)$ へ拡張する．

6.7 測地線の存在

計量の符号数により，時間的曲線に長さを短くするくねくねを与える．したがって L は下半連続でない．しかしながら：

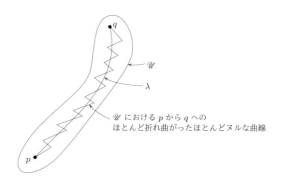

図 46. $\mathscr{U}$ は p から q への時間的曲線 λ の開近傍． p から q への長さがいくらでも短くほとんど折れ曲がったヌル曲線である時間的曲線が $\mathscr{U}$ の中に存在する．

補題 6.7.2
$C'(p, q)$ の C^0 級位相では L は上半連続である．

p から q への C^1 級時間的曲線 $\lambda(t)$ を考える．ここでパラメータ t は p からの弧長となるように選ぶ． λ の十分小さな近傍 $\mathscr{U}$ において関数 f を求めることができる．この関数 f は λ において t に等しく $\{f = 定数\}$ 面が $\partial/\partial t$ (つまり $g^{ab} f_{;b}|_\lambda = (\partial/\partial t)^a$) に直交し空間的となるものである．そのような f を定義する 1 つの方法は λ に対して直交する空間的測地線を構築することである． λ の十分小さな近傍 $\mathscr{U}$ に対してそれらは λ への $\mathscr{U}$ の一意的写像を与え， $\mathscr{U}$ における f の値はそれが写像される λ の点の t の値として定義することができる． $\mathscr{U}$ 内のいかなる曲線 μ も f でパラメータ化することができる． μ に対する接ベクトル $(\partial/\partial f)_\mu$ は

$$\left(\left(\frac{\partial}{\partial f}\right)_\mu\right)^a = g^{ab} f_{;b} + k^a$$

のように表すことができる．ここで $\mathbf{k}$ は $\{f = 定数\}$ 面に横たわる空間的ベクトルである．つまり $k^a f_{;a} = 0$ である．したがって

$$g\left(\left(\frac{\partial}{\partial f}\right)_\mu, \left(\frac{\partial}{\partial f}\right)_\mu\right) = g^{ab} f_{;a} f_{;b} + g_{ab} k^a k^b$$
$$\geqslant g^{ab} f_{;a} f_{;b}$$

が成り立つ．しかしながら λ 上で $g^{ab} f_{;a} f_{;b} = -1$ である．したがっていかなる $\epsilon > 0$ に対しても十分小さな $\mathscr{U}' \subset \mathscr{U}$ があって $\mathscr{U}'$ 上で $g^{ab} f_{;a} f_{;b} > -1 + \epsilon$ である．したがって

$\mathscr{U}'$ のいかなる曲線 μ においても，

$$L[\mu] \leqslant (1+\epsilon)^{\frac{1}{2}} L[\lambda]$$

が成り立つ．我々はここで p から q への連続な非空間的曲線 λ の長さを次のように定義する．$\mathscr{U}$ を $\mathscr{M}$ 内の λ の近傍とし $\mathscr{U}$ 内の p から q への時間的曲線の有界上限の最小値を $l(\mathscr{U})$ とする．すると $\mathscr{M}$ 内の λ の全ての近傍 $\mathscr{U}$ に対する $l(\mathscr{U})$ の下限有界の最大値として $L[\lambda]$ を定義することができる．この長さの定義は全ての近傍内の C^1 級時間的曲線を持つ p から q への全ての曲線で使うことができる．つまり $C'(p,q)$ の閉包の中にある $C(p,q)$ 内の全ての点に使うことができる．§4.5 により乱れたヌル測地線である p から q への非空間的曲線は区分的な C^1 級時間的曲線を与えるように変化させることができ，この曲線の角は p から q への C^1 級時間的曲線を与えるように丸くすることができる．したがって $C(p,q) - \overline{C'(p,q)}$ 内の点は滑らかな (unbroken) ヌル測地線であり (共役点を含まない)，その長さがゼロであると定義する．

この定義は L をコンパクト空間 $\overline{C'(p,q)}$ 上の上半連続関数とする (実際，連続な非空間的曲線は局所的 Lipschitz 条件を満足するので，それはほぼいたるところで微分可能である．したがって長さは依然として

$$\int (-g(\partial/\partial t, \partial/\partial t))^{\frac{1}{2}} dt$$

のように定義することが可能で，これは上の定義と同じである．)．もし $\overline{C'(p,q)}$ が空で $C(p,q)$ が空でないなら，p と q は滑らかなヌル測地線で結ばれ，p から q への滑らかでないヌル測地線の非空間的曲線は存在しない．もし $\overline{C'(p,q)}$ が空でないなら，それは L が最大値となるある点を含むことになる．つまりいかなる他のそのような曲線より長いか等しい p から q への非空間的曲線 γ が存在することになる．命題 4.5.3 により γ は測地的曲線でなければならない．なぜならもしそうでなければ凸正規座標近傍にある点 $x, y \in \gamma$ で，x, y 間の γ 上の部分よりも長い測地線線分によって結ぶことができる点 x, y を求めることができるからである． □

他の構成的な証明のため，まず $p, q \in \mathscr{M}$ に対して $d(p, q)$ を定義する．それは $q \notin J^+(p)$ ならゼロとなり，そうでなければ p から q への未来向きな区分的非空間的曲線の長さの上有界の最小値となる ($d(p,q)$ は無限となるかもしれないことに注意．)．集合 $\mathscr{S}$ と $\mathscr{U}$ に対して $d(\mathscr{S}, \mathscr{U})$ を $d(p, q), p \in \mathscr{S}, q \in \mathscr{U}$ の上有界の最小値として定義する．

$q \in I^+(p)$ で $d(p,q)$ は有限とする．するといかなる $\delta > 0$ に対しても p から q への長さが $s(p,q) - \frac{1}{2}\delta$ の時間的曲線 λ を求めることができ，q の近傍 $\mathscr{U}$ で p からいかなる点 $r \in \mathscr{U}$ へもその長さが $d(p,q) - \delta$ となる時間的曲線を与えるように λ の変形が可能なものを求めることができる．したがって $d(p,q)$ は有限な領域で下半連続である．一般に $d(p,q)$ は上半連続ではないが，

補題 6.7.3

p と q が大域的双曲集合 $\mathscr{N}$ に含まれるなら p と q において $d(p,q)$ は有限で連続である．

6.7 測地線の存在

まず $d(p,q)$ が有限であることを証明しよう．強い因果律がコンパクト集合 $J^+(p)\cap J^-(q)$ で成り立つので，それぞれがある限界 ϵ より長い非空間的曲線を含まない有限な数の局所因果律集合によって被覆することができる．p から q へのいかなる非空間的曲線もそれぞれの近傍に最大 1 回入ることができるので，それは有限の長さでなければならない．

ここで $p,q \in \mathcal{N}$ に対して，点 $r \in \mathcal{N}$ を含む q の全ての近傍で

$$d(p,r) > d(p,q) + \delta$$

が成り立つような $\delta > 0$ があるとする．x_n を $d(p,x_n) > d(p,q) + \delta$ である q に収束する $\mathcal{N}$ の無限列とする．するとそれぞれの x_n から p へ $d(p,q) + \delta$ より長い非空間的曲線 λ_n を求めることができる．補題 6.2.1 により λ_n の極限曲線である q を通る過去向き非空間的曲線 λ が存在する．$\mathcal{U}$ を q の局所因果律近傍とする．すると λ は $I^-(q) \cap \mathcal{U}$ と交わることができない．何故ならもし交わるとすると，λ_n の 1 つが $d(p,q)$ より長い p から q への非空間的曲線を与えるように変形できてしまうからである．したがって $\lambda \cap \mathcal{U}$ は q からのヌル測地線でなければならず $\lambda \cap \mathcal{U}$ のそれぞれの点 x で $d(p,x)$ は δ より大きな不連続を持つ．この議論は，λ はヌル測地線でありそれぞれの点 $x \in \lambda$ で $d(p,x)$ は δ より大きな不連続を持つことを示すために繰り返すことができる．命題 4.5.3 により p の局所因果律近傍で $d(p,x)$ は連続であるため，これは λ が p で端点を持てないことを示す．他方 λ は $\mathcal{M} - p$ で延長不可能であり，もしそれが p で端点を持たなければ命題 6.4.7 によりコンパクト集合 $J^+(p) \cap J^-(q)$ から離れなければならないだろう．これは $d(p,q)$ が $\mathcal{N}$ で上半連続であることを示す． □

$\mathcal{N}$ が開集合であれば距離関数を使って p から q への最長の測地線を作ることができる．$\mathcal{U} \subset \mathcal{N}$ を q を含まない p の局所的因果律近傍とし，$x \in J^+(p) \cap J^-(q)$ を $d(p,r) + d(r,q), r \in \dot{\mathcal{U}}$ が $r = x$ で最大となる点とする．p から x を通る未来向き測地線 γ を作る．p と x の間の γ 上のすべての点 r で $d(p,r) + d(r,q) = d(p,q)$ が成り立つだろう．この関係が成り立つ γ 上の最終点である点 $y \in J^-(q) - q$ があるとする．$\mathcal{V} \subset \mathcal{N}$ を q を含まない y の局所因果律近傍とし，$z \in J^+(y) \cap J^-(q) \cap \dot{\mathcal{V}}$ を $r = z$ で $d(y,r) + d(r,q), r \in \dot{\mathcal{V}}$ がその最大値 $d(y,q)$ に達する点とする．もし z が γ 上になければ

$$d(p,z) > d(p,y) + d(y,z) \quad \text{かつ} \quad d(p,z) + d(z,q) > d(p,q)$$

は不可能である．これは関係

$$d(p,r) + d(r,q) = d(p,q)$$

が全ての $r \in \gamma \cap J^-(q)$ で成り立たなければならないことを示す．$J^+(p) \cap J^-(q)$ はコンパクトなので γ はある点 y で $J^-(q)$ を離れなければならない．$y \neq q$ とする．すると y は q からの過去向きヌル測地線にあるだろう．γ と λ を結ぶことにより $d(p,q)$ よりも長

い曲線を与えるように変化できる p から q への非空間的曲線を与えることになり，これは不可能である．したがって γ は長さ $d(p,q)$ の p から q への測地線曲線である．　　□

系

もし $\mathscr{S}$ が C^2 級の準 Cauchy 面なら，それぞれの点 $q \in D^+(\mathscr{S})$ に対して長さ $d(\mathscr{S},q)$ の $\mathscr{S}$ に直交する未来向き時間的測地線曲線が存在し，それは $\mathscr{S}$ と q の間に $\mathscr{S}$ に対するいかなる共役点も含まない．

命題 6.5.2 により $H^+(\mathscr{S})$ と $H^-(\mathscr{S})$ は $\mathscr{S}$ と交差せず $D(\mathscr{S})$ 内にない．したがって命題 6.6.3 により $D(\mathscr{S}) = \mathrm{int}D(\mathscr{S})$ は大域的双曲である．命題 6.6.6 により，$\mathscr{S} \cap J^-(q)$ はコンパクトであり $d(p,q), p \in \mathscr{S}$ はある点 $r \in \mathscr{S}$ で最大値 $d(\mathscr{S},q)$ に達するだろう．長さ $d(\mathscr{S},q)$ の r から q への測地線曲線 γ が存在し，補題 4.5.5 と命題 4.5.9 によりそれは $\mathscr{S}$ に直交し $\mathscr{S}$ と q の間に $\mathscr{S}$ への共役点を持ってはならない．　　□

6.8　時空の因果的境界

本節では時空に境界を貼り付ける Geroch, Kronheimer and Penrose (1972) の方法の概要を述べる．この構築はただ $(\mathscr{M},\mathbf{g})$ の因果的構造に依存する．これは有限距離の境界点 (特異点) と無限遠の境界を区別しないことを意味する．§8.3 でただ特異点を表す境界を貼り付ける異なった構築法を述べるだろう．残念ながらこの 2 つの構築法にいかなる明白な関係もあるように見えない．

$(\mathscr{M},\mathbf{g})$ が強い因果条件を満足すると仮定する．するといかなる $(\mathscr{M},\mathbf{g})$ 内の点 p もその時間順序的過去 $I^-(p)$ か未来 $I^+(p)$ によって一意に決定される，つまり

$$I^-(p) = I^-(q) \Leftrightarrow I^+(p) = I^+(q) \Leftrightarrow p = q$$

が成り立つ．いかなる点 $p \in \mathscr{M}$ の時間順序的過去 $\mathscr{W} \equiv I^-(p)$ も以下の性質を持つ：

(1) $\mathscr{W}$ は開集合であり，
(2) $\mathscr{W}$ は過去集合，つまり $I^-(\mathscr{W}) \subset \mathscr{W}$ であり，
(3) $\mathscr{W}$ は (1) と (2) の性質を持つ 2 つの真部分集合の合併として表すことはできない．

我々は (1), (2), (3) の性質を持つ集合を**分解不能過去集合** (*indecomposable past set*) と呼び IP と略すことにする (Geroch, Kronheimer そして Penrose が与えた定義では (1) を含めていない．しかし「過去集合」によって彼らが意味するのは時間順序的過去と等しい集合を意味するため，単純にそれを含むのではなくここで与えられた定義と同じである．)．**分解不能未来集合** (*indecomposable future set*) 約して IF も同様に定義できる．

IP は 2 つの類に分割できる．$\mathscr{M}$ の点の過去である PIP(真 IP)(*proper IP*) と $\mathscr{M}$ のいかなる点の過去でもない TIP(終端 IP)(*terminal IP*) の 2 つである．この考えはこれらの TIP や同様に定義された TIF を $(\mathscr{M},\mathbf{g})$ の**因果境界** (**c-境界**, *c-boundary*) の点を表現するとみなすものである．例えば Minkowski 空間では図 47 の (i) の斜線部の領域は $\mathscr{I}^+$

6.8 時空の因果的境界

上の点 p を表しているとみなすことができる．この例では $\mathscr{M}$ 全体はそれ自体 TIP であり TIF でもあることに注意しよう．これらはそれぞれ点 i^+ と i^- の表現と考えられる．事実 Minkowski 空間の共形な境界の全ての点は i^0 を除いて TIP あるいは TIF と表現できる．ある場合，例えば反 de Sitter 空間の共形な境界は時間的であり境界の点は TIP と TIF の両方によって表現されるだろう (図 47(ii))．

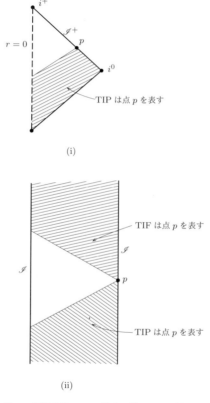

図 47. Minkowski 空間と反 de Sitter 空間の Penrose ダイアグラムは，(i)TIP は Minkowski 空間の $\mathscr{I}^+$ 上の点 p を表し，(ii)TIP と TIF は反 de Sitter 空間の $\mathscr{I}$ 上の点 p を表す．

TIP は未来延長不可能な時間的曲線の過去として特徴付けることもできる．これは未来延長不可能曲線 γ の過去 $I^-(\gamma)$ を因果境界上の γ の未来端点とみなすことができることを意味する．他の曲線 γ' はもし $I^-(\gamma) = I^-(\gamma')$ ならばその場合のみ同じ端点を持つ．

命題 6.8.1 (Geroch, Kronheimer and Penrose)
もし $I^-(\gamma) = \mathscr{W}$ であるような未来延長不可能な時間的曲線 γ があるならその場合だけ集合 $\mathscr{W}$ は TIP である．

まず $I^-(\gamma) = \mathscr{W}$ である曲線 γ があるとする．開過去集合 $\mathscr{U}, \mathscr{V}$ に対して $\mathscr{W} = \mathscr{U} \cup \mathscr{V}$ とする．$\mathscr{U}$ が $\mathscr{V}$ に含まれるか $\mathscr{V}$ が $\mathscr{U}$ に含まれるかのいずれかであることを示したい．反対に $\mathscr{U}$ は $\mathscr{V}$ に含まれずかつ $\mathscr{V}$ は $\mathscr{U}$ に含まれないとする．すると $\mathscr{U} - \mathscr{V}$ の点 q と $\mathscr{V} - \mathscr{U}$ の点 r が存在する．いま $q, r \in I^-(\gamma)$ なので，$q \in I^-(q')$ かつ $r \in I^-(r')$ なる点 $q', r' \in \gamma$ が存在するだろう．しかし $\mathscr{U}$ と $\mathscr{V}$ のどちらも q', r' の最も遠い未来を含み q と r の両方を含むことになるので q と r の元々の定義に反する．

反対に $\mathscr{W}$ は TIP であるとする．すると $\mathscr{W} = I^-(\gamma)$ である時間的曲線 γ が構築されなければならない．ここで $\mathscr{W}$ の任意の点 p に対し，$\mathscr{W} = I^-(\mathscr{W} \cap I^+(p)) \cup I^-(\mathscr{W} - I^+(p))$ である．しかし $\mathscr{W}$ は分解不能なので $\mathscr{W} = I^-(\mathscr{W} \cap I^+(p))$ か $\mathscr{W} = I^-(\mathscr{W} - I^+(p))$ である．点 p は $I^-(\mathscr{W} - I^+(p))$ に含まれないので 2 番目の可能性は消える．結論は次のように言い換えられるだろう．$\mathscr{W}$ のいかなる点が対として与えられても，$\mathscr{W}$ は両方の未来の点を含む．ここで $\mathscr{W}$ の点の可算個の稠密族 p_n を選ぶ．また，$\mathscr{W}$ 内の点 q_0 を p_0 の未来として選ぶ．q_0 と p_1 は $\mathscr{W}$ 内にあるので，両者の未来である $\mathscr{W}$ 内の点 q_1 を選ぶことができる．q_1 と p_2 は $\mathscr{W}$ 内にあるので，両者の未来である $\mathscr{W}$ 内の点 q_2 を選ぶことができ，それが続く．この方法で得られたそれぞれの q_n はそれの継続する過去の中にあるので，全ての点列系を通る $\mathscr{W}$ 内の時間的曲線 γ を求めることができる．ここでそれぞれの点 $p \in \mathscr{W}$ に対して集合 $\mathscr{W} \cap I^+(p)$ は開集合で空でなく p_n は稠密なので少なくとも p_n の1つを含まなければならない．しかしそれぞれの k に対して p_k は q_k の過去にあり，p それ自身は γ の過去にある．これは $\mathscr{W}$ の全ての点が γ の過去にあることを示し，γ が開過去集合 $\mathscr{W}$ に含まれるから $\mathscr{W} = I^-(\gamma)$ でなければならない．

$(\mathscr{M}, \mathbf{g})$ 空間の全ての IP の集合を $\hat{\mathscr{M}}$ と記すことにしよう．すると $\hat{\mathscr{M}}$ は $\mathscr{M}$ 足すことの c-境界の未来を表す．同様に $\check{\mathscr{M}}$ は $(\mathscr{M}, \mathbf{g})$ の全ての IF の集合で $\mathscr{M}$ 足す c-境界の過去を表す．次の方法で I, J そして E の関係を $\hat{\mathscr{M}}$ と $\check{\mathscr{M}}$ の関係に広げることができる．それぞれの $\mathscr{U}, \mathscr{V} \subset \hat{\mathscr{M}}$ に対して，

もし $\mathscr{U} \subset \mathscr{V}$ なら $\qquad\qquad\qquad\qquad\qquad\qquad \mathscr{U} \in J^-(\mathscr{V}, \hat{\mathscr{M}})$
もしある点 $q \in \mathscr{V}$ において $\mathscr{U} \subset I^-(q)$ なら $\qquad \mathscr{U} \in I^-(\mathscr{V}, \hat{\mathscr{M}})$
もし $\mathscr{U} \in J^-(\mathscr{V}, \hat{\mathscr{M}})$ だが $\mathscr{U} \in I^-(\mathscr{V}, \hat{\mathscr{M}})$ でなければ $\qquad \mathscr{U} \in E^-(\mathscr{V}, \hat{\mathscr{M}})$

とする．これらの関係により IP 空間 $\hat{\mathscr{M}}$ は因果空間である (Kronheimer and Penrose (1967))．点 $p \in \mathscr{M}$ を $I^-(p) \in \hat{\mathscr{M}}$ へ写す自然な単射写像 $I^- : \mathscr{M} \to \hat{\mathscr{M}}$ が存在する．この写像は $I^-(p) \in J^-(I^-(q), \hat{\mathscr{M}})$ ならばその場合のみ $p \in J^-(q)$ なので因果関係 J^- の同型写像である．因果律関係は I^- によって保たれるが逆はそうではない，つまり $p \in I^-(q) \Rightarrow I^-(p) \in I^-(I^-(q), \mathscr{M})$ である．$\check{\mathscr{M}}$ にも同様の因果関係を定義することができる．

次の着想は $\hat{\mathscr{M}}$ と $\check{\mathscr{M}}$ を使って $(\mathscr{M},\mathbf{g})$ の c-境界と呼ばれることになる Δ によって $\mathscr{M} \cup \Delta$ の形を持つ空間 $\mathscr{M}^*$ を表すことである．そのためには IP と IF を適切に同一視する方法が必要となる．対応する PIP と同一視されたそれぞれの PIF によって $\hat{\mathscr{M}}$ と $\check{\mathscr{M}}$ を合併した $\mathscr{M}^\sharp$ 空間の形成から始める．言い換えると $\mathscr{M}^\sharp$ は TIP と TIF とともに $\mathscr{M}$ の点に対応する．しかしながら反 de Sitter 空間の例が示すように，ある TIF とある TIP も同一化したい．1 つの方法は $\mathscr{M}^\sharp$ の位相を定義し，$\mathscr{M}^\sharp$ の点を同一視してこれを Hausdorff 空間にすることである．

§6.4 で指摘したように，位相空間 $\mathscr{M}$ の位相に関する基底は $I^+(p) \cap I^-(q)$ の形で提供される．残念ながら，いかなる $\mathscr{M}^\sharp$ の点の時間順序的過去の中にはない $\mathscr{M}^\sharp$ の点があるかもしれないので，$\mathscr{M}^\sharp$ の位相の基底を定義するのに同様の方法は使えない．しかし $I^+(p), I^-(p), \mathscr{M} - \overline{I^+(p)}$ と $\mathscr{M} - \overline{I^-(p)}$ の形の集合を含む準基底 (sub-basis) から $\mathscr{M}$ の位相も得ることができる．このアナロジーにより Geroch と Kromheimer と Penrose は $\mathscr{M}^\sharp$ の位相を定義できる方法を示した．IF である $\mathscr{A} \in \hat{\mathscr{M}}$ に対して集合

$$\mathscr{A}^{int} \equiv \{\mathscr{V} : \mathscr{V} \in \hat{\mathscr{M}} \text{ かつ } \mathscr{V} \cap \mathscr{A} \neq \varnothing\}$$

および $\mathscr{A}^{ext} \equiv \{\mathscr{V} : \mathscr{V} \in \hat{\mathscr{M}} \text{ かつ } \mathscr{V} = I^-(\mathscr{W}) \Rightarrow I^+(\mathscr{W}) \not\subset \mathscr{A}\}$

と定義する．IP である $\mathscr{B} \in \check{\mathscr{M}}$ に対して $\mathscr{B}^{int}$ と $\mathscr{B}^{ext}$ を同様に定義する．すると開集合 $\mathscr{M}^\sharp$ は $\mathscr{A}^{int}, \mathscr{A}^{ext}, \mathscr{B}^{int}, \mathscr{B}^{ext}$ の形の集合の合併と有限個の共通部分によって定義される．集合 $\mathscr{A}^{int}$ と $\mathscr{B}^{int}$ の関係は $\mathscr{M}^\sharp$ における集合 $I^+(p)$ と $I^-(q)$ と類似している．もし特に $\mathscr{A} = I^+(p)$ で $\mathscr{V} = I^-(q)$ なら，$q \in I^+(p)$ の場合のみ $\mathscr{V} \in \mathscr{A}^{int}$ である．しかしこの定義は TIP を $\mathscr{A}^{int}$ に包含させることも可能にする．集合 $\mathscr{A}^{ext}$ と $\mathscr{B}^{ext}$ は $\mathscr{M} - \overline{I^+(p)}$ と $\mathscr{M} - \overline{I^-(q)}$ と類似である．

最後にそれを Hausdorff 空間にするために必要な空間 $\mathscr{M}^\sharp$ の最小の数の点を同一視することにより $\mathscr{M}^*$ を得る．より正確には $\mathscr{M}^*$ は商空間 $\mathscr{M}^\sharp/R_h$ である．ここで R_h は $\mathscr{M}^\sharp/R$ が Hausdorff 空間であるところの全ての同値関係 $R \subset \mathscr{M}^\sharp \times \mathscr{M}^\sharp$ の共通部分である．$\mathscr{M}^*$ 空間は $\mathscr{M}^\sharp$ の部分集合 $\mathscr{M}$ 上の $\mathscr{M}$ の位相と同じ $\mathscr{M}^\sharp$ から導入された位相を持つ．次の章で記載する特殊な場合には Δ の一部では可能であるが，一般的に $\mathscr{M}$ の微分可能構造を Δ に拡張することはできない．

6.9 漸近的に単純な空間

星のような有界な物理系を研究するには空間が漸近的に平坦であるとして調べたい．つまりその系から大きく離れると Minkowski 空間の計量に近づくとし，Schwarzschild, Reissner-Nordström そして Kerr の解は漸近的に平坦な領域を持つ空間の例である．第 5 章で見たように，これらの空間のヌル無限遠の共形構造は Minkowski 空間のそれと同様である．これは Penrose (1964, 1965b, 1968) を漸近的平坦性の一種の定義としてこれを採用するよう導いた．我々は強い因果空間だけを考えよう．Penrose は強い因果律を要求していない．しかしそれは問題を単純にする．我々が考えようとしてい

る類の状況において一般性を失わないことを含意している.

時間及び空間向き付け可能空間 ($\mathscr{M}, \mathbf{g}$) は,条件

(1) $\tilde{\mathscr{M}}$ 上滑らか (例えば少なくとも C^3 級) な関数 Ω が存在して, $\theta(\mathscr{M})$ 上 Ω は正であり, $\Omega^2\tilde{\mathfrak{d}} = \theta_*(\tilde{\mathbf{g}})$ (つまり, $\tilde{\mathbf{g}}$ は $\theta(\mathscr{M})$ 上 $\mathbf{g}$ と共形的である) となる;
(2) $\partial\mathscr{M}$ 上で $\Omega = 0$ かつ $d\Omega \neq 0$ である;
(3) $\mathscr{M}$ 内の全てのヌル測地線は $\partial\mathscr{M}$ 上に 2 つの端点を持つ

を満たすような $\tilde{\mathscr{M}}$ 内の滑らかな境界 $\partial\mathscr{M}$ を持つ多様体として $\mathscr{M}$ の埋め込み $\theta : \mathscr{M} \to \tilde{\mathscr{M}}$ と強い因果空間 ($\tilde{\mathscr{M}}, \tilde{\mathbf{g}}$) が存在するなら,漸近的に単純 (*asymptotically simple*) と言われる. $\mathscr{M} \cup \partial\mathscr{M} \equiv \bar{\mathscr{M}}$ と記することにする.

実際この定義は de Sitter 空間のような宇宙モデルを含むので望まれるものより幾分一般的である.空間への定義を漸近的に平坦な空間に制限するため,もし条件 (1), (2), (3) 及び (4)(下記) を満足するなら空間 ($\mathscr{M}, \mathbf{g}$) を漸近的に真空かつ単純 (*asymptotically empty and simple*) と言おう.

(4). $\bar{\mathscr{M}}$ 内で $\partial\mathscr{M}$ の開近傍上で $R_{ab} = 0$. (この条件は $\partial\mathscr{M}$ 近くでの電磁放射の存在を許すことによって変えられる).

$\mathscr{M}$ 内のヌル測地線上の計量 $\mathbf{g}$ でのいかなるアフィンパラメータも $\partial\mathscr{M}$ の近くで制限なく大きな値に達すると考えるなら,この境界 $\partial\mathscr{M}$ は無限遠にあるとみなすことができる.これは計量 $\mathbf{g}$ におけるアフィンパラメータ v が $dv/d\tilde{v} = \Omega^{-2}$ によって計量 $\tilde{\mathbf{g}}$ のアフィンパラメータ $\tilde{v}$ に関係づけられるからである. $\partial\mathscr{M}$ において $\Omega = 0$ であるから $\int dv$ は発散する.

条件 (2) と (4) から $\partial\mathscr{M}$ がヌル超曲面であることがわかる.これは計量 $\tilde{g}_{ab}$ の Ricci テンソル $\tilde{R}_{ab}$ が g_{ab} の Ricci テンソル R_{ab} と

$$\tilde{R}_a{}^b = \Omega^{-2} R_a{}^b - 2\Omega^{-1}(\Omega)_{|ac}\tilde{g}^{bc} + \{-\Omega^{-1}\Omega_{|cd} + 3\Omega^{-2}\Omega_{|c}\Omega_{|d}\}\tilde{g}^{cd}\delta_a{}^b$$

の関係にあるからである.ここで | は $\tilde{g}_{ab}$ における共変微分を表す.したがって

$$\tilde{R} = \Omega^{-2} R - 6\Omega^{-1}\Omega_{|cd}\tilde{g}^{cd} + 3\Omega^{-2}\Omega_{|c}\Omega_{|d}\tilde{g}^{cd}$$

である.計量 $\tilde{g}_{ab}$ は C^3 級なので, $\Omega = 0$ なる $\partial\mathscr{M}$ で $\tilde{R}$ は C^1 級である.これは $\Omega_{|c}\Omega_{|d}\tilde{g}^{cd} = 0$ を意味する.しかしながら条件 (2) により $\Omega_{|c} \neq 0$ である.したがって $\Omega_{|c}\tilde{g}^{cd}$ はヌルベクトルであり,面 $\partial\mathscr{M}(\Omega = 0)$ はヌル超曲面である.

Minkowski 空間の場合, $\partial\mathscr{M}$ は 2 つのヌル曲面 $\mathscr{I}^+$ と $\mathscr{I}^-$ を含み,それぞれは $R^1 \times S^2$ の位相を持つ (それは点 i^0, i^+ そして i^- を含まないことに注意.なぜなら共形な境界はこれらの点で滑らかな多様体ではないから.).事実 $\partial\mathscr{M}$ がいかなる漸近的に単純で真空の空間に対してもこの構造を持つことを示そう.

$\partial\mathscr{M}$ はヌル曲面であるから, $\mathscr{M}$ は局所的にその過去あるいは未来に向いている.これは $\partial\mathscr{M}$ が 2 つの非連結な要素を含まなければならないことを示している. $\mathscr{M}$ 内で $\mathscr{I}^+$ 上のヌル測地線はその未来端点を持っており, $\mathscr{I}^-$ 上では過去端点を持っている.ある点

6.9 漸近的に単純な空間

$p \in \mathscr{M}$ においてある未来向きヌル測地線はある 1 つの構成部分へ行き，他のものはもう 1 つの構成部分へ行くようなものが存在するので，$\partial \mathscr{M}$ には 3 つ以上の構成部分はない．それぞれの構成部分へ行く p におけるヌル方向の集合は開集合となり，p における未来ヌル方向の集合は連結なのでそれは不可能である．

次に重要な特性を確立する．

補題 6.9.1
漸近的に単純で真空の空間 $(\mathscr{M}, \mathbf{g})$ は因果的単純である．

$\mathscr{W}$ を $\mathscr{M}$ のコンパクト集合とする．全ての $\dot{J}^+(\mathscr{W})$ のヌル測地線生成子が $\mathscr{W}$ に過去端点を持つことを示したい．そこに端点を持たない生成子があるとする．するとそれはいかなる端点も $\mathscr{M}$ に持つことができなく，$\mathscr{I}^-$ と交わるがこれは不可能である． □

命題 6.9.2
漸近的に単純で真空の空間 $(\mathscr{M}, \mathbf{g})$ は大域的双曲である．

証明は命題 6.6.7 と同様である．$\mathscr{M}$ の全体積をその計量で 1 とするような体積素を $\mathscr{M}$ に導入する．$(\mathscr{M}, \mathbf{g})$ は因果的単純なので，$I^+(p), I^-(p)$ の体積を示す関数 $f^+(p), f^-(p)$ は $\mathscr{M}$ で連続である．$\mathscr{M}$ は強い因果律が成り立っているので，$f^+(p)$ は全ての未来向き非空間的曲線に沿って減少する．λ を未来延長不可能な時間的曲線とする．また $\mathscr{F} = \bigcap_{p \in \lambda} I^+(p)$ は空でないとする．すると $\mathscr{F}$ は未来集合となり $\mathscr{M}$ 内の $\mathscr{F}$ の境界のヌル生成子は $\mathscr{M}$ 内に過去端点を持たない．したがってそれらは $\mathscr{I}^-$ に交わり，再び矛盾を導く．これは p が λ の未来へ向かうにつれて $f^+(p)$ がゼロへ向かうことを示す．これは全ての延長不可能な非空間的曲線は面 $\mathscr{H} \equiv \{p : f^+(p) = f^-(p)\}$ と交わることを示し，面 $\mathscr{H}$ は $\mathscr{M}$ の Cauchy 面である． □

補題 6.9.3
$\mathscr{W}$ を漸近的に真空で単純な空間 $(\mathscr{M}, \mathbf{g})$ のコンパクト集合とする．すると $\mathscr{I}^+$ の全てのヌル測地線生成子は 1 回 $\dot{J}^+(\mathscr{W}, \bar{\mathscr{M}})$ と交わる．ここで $\bar{\ }$ は $\bar{\mathscr{M}}$ 内の境界を表す．

λ を $\mathscr{I}^+$ のヌル測地線生成子とするとき $p \in \lambda$ と置く．すると過去集合 ($\mathscr{M}$ 内の) $J^-(p, \bar{\mathscr{M}}) \cap \mathscr{M}$ は $\mathscr{M}$ 内で閉じていなければならない，なぜならその境界の全てのヌル測地線生成子は p で $\mathscr{I}^+$ 上に未来端点を持たなければならないからである．$\bar{\mathscr{M}}$ では強い因果律が成り立つので，$\mathscr{M} - J^-(p, \bar{\mathscr{M}})$ は空でない．ここで λ は $J^+(\mathscr{W}, \bar{\mathscr{M}})$ に含まれるとする．すると過去集合 $\bigcap_{p \in \lambda}(J^-(p, \bar{\mathscr{M}}) \cap \mathscr{M}$ は空ではないだろう．この集合の境界のヌル生成子は $\mathscr{I}^+$ と交わるのでこれは不可能である．一方で λ は $J^+(\mathscr{W}, \bar{\mathscr{M}})$ と交わらないとする．すると $\mathscr{M} - \bigcap_{p \in \lambda}(J^-(p, \bar{\mathscr{M}}) \cap \mathscr{M})$ は空でない．過去集合の境界の生成子 $\bigcap_{p \in \lambda}(J^-(p, \bar{\mathscr{M}}) \cap \mathscr{M})$ は $\mathscr{I}^+$ と交わるので，これは再び矛盾を導く． □

系

$\mathscr{I}^+$ は位相的に $R^1 \times (\dot{J}^+(\mathscr{W}, \bar{\mathscr{M}}) \cap \partial \mathscr{M})$ である．

ここでは $\mathscr{I}^+(\mathscr{I}^-$ も$)$ と $\mathscr{M}$ は Minkowski 空間として同じ位相であることを示そう．

命題 6.9.4 (Geroch (1971))
漸近的に単純で真空な空間 $(\mathscr{M}, \mathbf{g})$ では，$\mathscr{I}^+$ と $\mathscr{I}^-$ は位相はとして $R^1 \times S^2$ であり，$\mathscr{M}$ は R^4 である．

$\mathscr{M}$ の全てのヌル測地線の集合 N を考える．これら全ては Cauchy 面 $\mathscr{H}$ と交わるので，$\mathscr{H}$ との交わりにおける局所座標と方向によって N の局所座標を定義することができる．これは N を S^2 ファイバーによって $\mathscr{H}$ 上へ方向を付与したファイバーバンドルにすることである．しかし全てのヌル測地線は $\mathscr{I}^+$ とも交わる．したがって N は $\mathscr{I}^+$ 上のファイバーバンドルでもある．この場合ファイバーは S^2 から $\mathscr{M}$ に入らない $\mathscr{I}^+$ のヌル測地線生成子に対応する 1 点を引いたものである．言い換えればファイバーは R^2 である．したがって N は位相的に $\mathscr{I}^+ \times R^2$ である．しかしながら $\mathscr{I}^+$ は $R^1 \times (\dot{J}^+(\mathscr{W}, \bar{\mathscr{M}}) \cap \partial \mathscr{M})$ である．これはもし $\mathscr{H} \approx R^3$ かつ $\mathscr{I}^+ \approx R^1 \times S^2$ である場合のみ $N \approx \mathscr{H} \tilde{\times} S^2$ であることと整合する． □

Penrose (1965b) はこの結果が $\mathscr{I}^+$ と $\mathscr{I}^-$ の上で計量 $\mathbf{g}$ の Weyl テンソルが消滅することを意味することを示した．これは計量 $\mathbf{g}$ の Weyl テンソルの様々な要素が「剥がれる」，つまり $\mathscr{I}^+$ か $\mathscr{I}^-$ の近くのヌル測地線のアフィンパラメータの他の力として去る，というふうに解釈できる．さらに Penrose (1963), Newman and Penrose (1968) は $\mathscr{I}^+$ の積分により，$\mathscr{I}^+$ から測られたエネルギー-運動量の保存則を与えた．

ヌル曲面 $\mathscr{I}^+$ と $\mathscr{I}^-$ は前の章で定義された $(\mathscr{M}, \mathbf{g})$ のほとんどの c-境界 Δ を形成する．これを見るために，まず，いかなる点 $p \in \mathscr{I}^+$ も TIP である $I^-(p, \bar{\mathscr{M}}) \cap \mathscr{M}$ を定義することに注意しよう．λ を $\mathscr{M}$ の未来延長不可能曲線とする．もし λ が $p \in \mathscr{I}^+$ で未来端点を持つなら，TIP である $I^-(\lambda)$ は p で定義された TIP と同じである．もし λ が $p \in \mathscr{I}^+$ で未来端点を持たなければ，$\mathscr{M} - I^-(\lambda)$ は空でなければならない．なぜならもしそうでなければ，$\dot{I}^-(\lambda)$ のヌル測地線生成子は $\mathscr{I}^+$ と交わることになるが λ は $\mathscr{I}^+$ と交わらないので不可能である．したがって TIP は $\mathscr{I}^+$ の点ごとに 1 つと，$\mathscr{M}$ 自身である i^+ と記されるもう 1 つの TIP によって構成される．同様に TIF は $\mathscr{I}^-$ の点ごとに 1 つと，再び $\mathscr{M}$ 自身である i^- と記されるもう 1 つの TIP によって構成される

ここでいかなる TIP または TIF の同一視-も必要ないこと，つまり $\mathscr{M}^\sharp$ は Hausdorff であることを確認したい．$\mathscr{I}^+$ や $\mathscr{I}^-$ に一致する 2 つの TIP や TIF が非 Hausdorff 分離されていることは明らかである．もし $p \in \mathscr{I}^+$ なら $p \notin I^+(q, \bar{\mathscr{M}})$ となる $q \in \mathscr{M}$ を求めることができる．すると $(I^+(q, \bar{\mathscr{M}}))^{\text{ext}}$ は TIP である $I^-(p, \bar{\mathscr{M}}) \cap \mathscr{M}$ の $\mathscr{M}^\sharp$ の近傍であり，$(I^+(q, \bar{\mathscr{M}}))^{\text{int}}$ は TIP である i^+ の非連結近傍である．したがって i^+ は $\mathscr{I}^+$ の全ての点から Hausdorff 分離される．同様に $\mathscr{I}^-$ の全ての点から Hausdorff 分離され

6.9 漸近的に単純な空間

る．したがってどんな漸近的に単純で真空な空間 $(\mathcal{M}, \mathbf{g})$ の c-境界も $\mathscr{I}^+, \mathscr{I}^-$ と 2 つの点 i^+, i^- を含む Minkowski 時空のそれと同じである．

漸近的に単純で真空な空間には Minkowski 空間が含まれ，漸近的に平坦な空間は重力崩壊を起こさない星のような有界な物体を内含する．しかし Schwarzschild, Reissner-Nordström あるいは Kerr の解は含まれない．なぜならそれらの空間には $\mathscr{I}^+$ や $\mathscr{I}^-$ の端点を含まないヌル測地線が存在するからである．それにもかかわらずこれらの時空は漸近的に単純で真空な空間のそれに似た漸近的に平坦な領域を持っている．これはもし漸近的に単純な空間 $(\mathcal{M}', \mathbf{g}')$ と $\mathcal{U}' \cap \mathcal{M}'$ が $\mathcal{M}$ の開集合 $\mathcal{U}$ に等長である $\mathcal{M}'$ 内の $\partial \mathcal{M}'$ の近傍 $\mathcal{U}'$ が存在するなら，空間 $(\mathcal{M}, \mathbf{g})$ を **弱く漸近的に単純で真空** (*weakly asymptotically simple and empty*) と定義すべきであることを示唆している．この定義は上で注目した全ての時空をカバーする．Reissner-Nordström と Kerr の解では漸近的に簡単な空間の近傍 $\mathcal{U}'$ に等長な漸近的に平坦な領域 $\mathcal{U}$ の無限列が存在する．したがってヌル無限遠 $\mathscr{I}^+$ と $\mathscr{I}^-$ の無限列が存在する．しかしながら我々はこれらの空間のただ 1 つの漸近的に平坦な領域を考える．すると $(\mathcal{M}, \mathbf{g})$ は $\tilde{\mathcal{M}}$ 内の $\partial \mathcal{M}$ の近傍 $\mathcal{U}$ が $\mathcal{U}'$ と等長であるような空間 $(\tilde{\mathcal{M}}, \tilde{\mathbf{g}})$ への共形な埋め込みであるとみなすことができる．境界 $\partial \mathcal{M}$ はヌル曲面 $\mathscr{I}^+$ と $\mathscr{I}^-$ の単一の対を含む．

§9.2 と §9.3 では弱く漸近的に単純で真空な空間について議論する．

第7章
一般相対論におけるCauchy問題
コーシー

　本章では，一般相対論における Cauchy 問題の概要を提示する．適当なデータを与えた空間的 3 次元曲面 $\mathscr{S}$ に対して唯一の最大 Cauchy 発展 $D^+(\mathscr{S})$ が存在し，$D^+(\mathscr{S})$ の部分集合 $\mathscr{U}$ の計量は $J^-(\mathscr{U}) \cap \mathscr{S}$ の初期データだけに依存することを示す．更に $\mathscr{U}$ が $D^+(\mathscr{S})$ 内でコンパクトな閉包を持つならこの依存性は連続であることも示そう．この議論は本質的に興味深いものであるため本章で扱う．何故ならそれは前の章の結果を使うものであり，また信号は非空間的曲線で結ぶことができる点の間でだけ伝えることができるという，Einstein の場の方程式が確実に満足する §3.2 の仮定 (a) を論証するからである．しかしながら，これは後の 3 つの章では必要とされないので，特異点の方により興味のある読者は飛ばしても良い．

　§7.1 では様々な困難を議論して問題の正確な定式化を与える．§7.2 では多様体全体にわたって成り立つ単一の関係を与えるため，Ricci テンソルとそれぞれの座標近傍の計量の間で成り立つ関係を一般化するための大域的背景計量 $\hat{\mathbf{g}}$ を導入する．我々は背景計量 $\hat{\mathbf{g}}$ に対応する物理的計量 $\mathbf{g}$ の共変微分に 4 つのゲージ条件を課する．これらは Einstein 方程式の解を微分同相にするために自由度を 4 つ取り去り，背景計量 $\hat{\mathbf{g}}$ 内の $\mathbf{g}$ に対する 2 階の簡約化された双曲型の Einstein 方程式を導く．保存方程式により，もしゲージ条件とその 1 階微分が初期に成り立つならゲージ条件は常に成り立つ．

　§7.3 では 3 次元多様体 $\mathscr{S}$ 上の計量 $\mathbf{g}$ に対する初期データの必須部分は $\mathscr{S}$ 上の 2 つの 3 次元テンソル場 h^{ab}，χ^{ab} で表すことができることを示す．3 次元多様体 $\mathscr{S}$ は 4 次元多様体 $\mathscr{M}$ に埋め込まれ，h^{ab} と χ^{ab} がそれぞれ計量 $\mathbf{g}$ における $\mathscr{S}$ の 1-形式と 2-形式になるように計量 $\mathbf{g}$ が $\mathscr{S}$ 上で定義される．これはゲージ条件が $\mathscr{S}$ 上で成り立つような方法で行うことができる．§7.4 では 2 階の双曲型方程式に対する基本的な不等式を確立する．これらはそのような方程式の初期値に対する解の微分の自乗積分に関係する．これらの不等式は 2 階の双曲型方程式の解の存在とその一意性の証明のために使われる．§7.5 では簡約化された真空中の Einstein 方程式の存在と一意性が真空解の小さな摂動に対して証明される．任意の初期データに対する真空解の局所的存在および一意性は，初期の曲面をほぼ平坦な小さな領域に分割し，次いで得られた解を結合することによって証明される．§7.6 では，与えられた初期データに対して唯一の最大真空解が存在し，ある意味ではこの解は初期データに連続的に依存することを示す．最後に §7.7 ではこれらの結果を物質のある解へどのように拡張できるかを示す．

7.1 問題の性質

重力場における Cauchy 問題は他の物理的場での Cauchy 問題とはいくつかの重要な点で異なっている.

(1)Einstein 方程式は非線形である. 実質的にはこの点に関しては他の場とそれほど異なっているわけではない. 例えば電磁場やスカラー場等々は与えられた時空で線形方程式に従っているがそれらの相互作用を考慮すると非線形になる. 重力場が明らかに異なるのは自己相互作用 (*self-interacting*) である. 他の場が存在しなくても非線形である. これは重力場がそれを伝播する時空を定義するからである. 非線形方程式の解を得るため, その解が初期曲面のある近傍に収束するような近似的な線形方程式上での反復法を用いる.

(2) 多様体 $\mathscr{M}$ 上の計量 $\mathbf{g}_1$ と $\mathbf{g}_2$ は $\mathbf{g}_1$ から $\mathbf{g}_2$ の中への微分同相写像 $\phi: \mathscr{M} \to \mathscr{M}$ (つまり $\phi_* \mathbf{g}_1 = \mathbf{g}_2$) が存在し, $\mathbf{g}_2$ が場の方程式を満足する場合のみ $\mathbf{g}_1$ も明らかにそれを満足するなら, 物理的に等価である. したがって場の方程式の解は微分同相である限り一意である. 時空を表現する計量の同値類の確定された要素を得るため, 固定された「背景」計量と背景計量を考慮した物理計量の共変微分上の 4 つの「ゲージ条件」を導入する. これらの条件は 4 つの自由度を除いて微分同相を作り計量成分の一意解を導く. これらは電磁場のゲージ自由度を取り除くために課せられた Lorentz 条件と類似である.

(3) 計量は時空構造を定義するので, 初期曲面の依存する領域が何であるか, したがって解が決定されるべき領域が何であるかを事前に知ることはできない. ある初期データ $\boldsymbol{\omega}$ をその上に持つ 3 次元多様体 $\mathscr{S}$ が単に与えられ, $\mathscr{M}$ に対する Cauchy 面である $\theta(\mathscr{S})$ 上の初期値に対応する Einstein 方程式を満たすような埋め込み $\theta: \mathscr{S} \to \mathscr{M}$ と $\mathscr{M}$ 上の計量 $\mathbf{g}$ およびその 4 次元多様体 $\mathscr{M}$ を求めることが要求される. $(\mathscr{M}, \theta, \mathbf{g})$ あるいは単に $\mathscr{M}$ を $(\mathscr{S}, \boldsymbol{\omega})$ の発展 (*development*) と呼ぼう. もし $\mathscr{M}$ から $\mathscr{M}'$ の中への微分同相写像 α があり, $\mathscr{S}$ の写像を各点固定で残し $\mathbf{g}$ を $\mathbf{g}'$ へ写す (つまり $\mathscr{S}$ 上で $\theta^{-1}\alpha^{-1}\theta' = \mathrm{id}$ そして $\alpha_* \mathbf{g}' = \mathbf{g}$) ならば $(\mathscr{S}, \boldsymbol{\omega})$ の他の発展 $(\mathscr{M}', \theta', \mathbf{g}')$ は $\mathscr{M}$ の拡張 (*extension*) と呼ばれる. $\mathscr{S}$ 上のある拘束方程式 (*constraint equations*) を満たす初期データ $\boldsymbol{\omega}$ が提供できれば, $(\mathscr{S}, \boldsymbol{\omega})$ の発展が存在し, 更に $(\mathscr{S}, \boldsymbol{\omega})$ のいかなる発展の拡張でもあるという意味で最大の発展が存在することを示そう. これらの方法で Cauchy 問題を定式化することによって, 任意の発展は $\mathscr{S}$ の写像を各点固定した任意のそれ自身の微分同相写像の拡張なので, 微分同相写像を作る上では自由度を含むことに留意されたい.

7.2 簡約化された Einstein 方程式

第 2 章にて Ricci テンソルは計量テンソル成分の座標偏微分によって得られた. この章の目的のためには各座標近傍別々でなく多様体 $\mathscr{M}$ 全体に適用される式を得るのが便利である. このために物理計量 $\mathbf{g}$ と同様に背景計量 $\hat{\mathbf{g}}$ を導入する. 2 つの計量を用いる時, 共変および反変の添字の区別を維持するように注意しなければならない (混乱を避けるた

7.2 簡約化されたEinstein方程式

め，通常の添字の上げ下げを禁止する．)．$\mathbf{g}$ と $\hat{\mathbf{g}}$ の共変と反変形式は次のように関係している：

$$g^{ab}g_{bc} = \delta^a{}_c = \hat{g}^{ab}\hat{g}_{bc}. \tag{7.1}$$

計量の反変形式 g^{ab} をより基本的なものとし，共変形式 g_{ab} を式 (7.1) から導かれたものとするのが便利である．背景計量から定義された交代テンソル $\hat{\eta}_{abcd}$ を用いると，この関係を明示的に表すことが可能で

$$g_{ab} = \frac{1}{3!}g^{cd}g^{ef}g^{ij}(\det \mathbf{g})\hat{\eta}_{acei}\hat{\eta}_{bdfj} \tag{7.2}$$

となる．ここで

$$(\det \mathbf{g})^{-1} \equiv \frac{1}{4!}g^{ab}g^{cd}g^{ef}g^{ij}\hat{\eta}_{acei}\hat{\eta}_{bdfj}$$

は計量 $\hat{\mathbf{g}}$ に対する正規直交基底での g^{ab} 成分の行列式である．

$\mathbf{g}$ で定義される接続 $\boldsymbol{\Gamma}$ と $\hat{\mathbf{g}}$ で定義される接続 $\hat{\boldsymbol{\Gamma}}$ の差はテンソルであり，$\hat{\boldsymbol{\Gamma}}$ に対する $\mathbf{g}$ の共変微分で表される (§3.3 参照)：

$$\begin{aligned}\delta\Gamma^a{}_{bc} &\equiv \Gamma^a{}_{bc} - \hat{\Gamma}^a{}_{bc} \\ &= \tfrac{1}{2}g^{ij}{}_{|k}(g_{bi}g_{cj}g^{ak} - g_{bi}\delta^k{}_c\delta^a{}_j - g_{ci}\delta^k{}_b\delta^a{}_j).\end{aligned} \tag{7.3}$$

ここで縦棒 (ストローク (stroke)) は $\hat{\boldsymbol{\Gamma}}$ に対する共変微分を表すものとして使い，記号 δ は $\mathbf{g}$ と $\hat{\mathbf{g}}$ で定義される量の差として使った．すると (2.20) 式から

$$\delta R_{ab} = \delta\Gamma^d{}_{ab|d} - \delta\Gamma^d{}_{ad|b} + \delta\Gamma^d{}_{ab}\delta\Gamma^e{}_{de} - \delta\Gamma^d{}_{ae}\delta\Gamma^e{}_{bd} \tag{7.4}$$

が成り立つ．したがって

$$\begin{aligned}\delta(R^{ab} - \tfrac{1}{2}g^{ab}R) =& g^{ai}g^{bj}\delta R_{ij} + 2\delta g^{i(a}g^{b)j}\hat{R}_{ij} - \delta g^{ai}\delta g^{bj}\hat{R}_{ij} \\ &- \tfrac{1}{2}\delta g^{ab}\hat{R} - \tfrac{1}{2}g^{ab}(\delta g^{ij}\hat{R}_{ij} + g^{ij}\delta R_{ij}) \\ =& \tfrac{1}{2}g^{ij}\delta g^{ab}{}_{|ij} - g^{i(a}\psi^{b)}{}_{|i} + \tfrac{1}{2}g^{ab}(\psi^i{}_{|i} - g_{cd}g^{ij}\delta g^{cd}{}_{|jk}) \\ &+ (\delta g^{cd}{}_{|i} と \delta g^{ef} における項),\end{aligned} \tag{7.5}$$

$$\psi^b \equiv g^{bc}{}_{|c} - \tfrac{1}{2}g^{bc}g_{de}g^{de}{}_{|c} = (\det \mathbf{g})^{-1}((\det \mathbf{g})g^{bc})_{|c} = (\det \mathbf{g})^{-1}\phi^{bc}{}_{|c} \tag{7.6}$$

かつ

$$\phi^{bc} \equiv (\det \mathbf{g})\delta g^{bc}$$

である．

ここでの目論見は次のようになる．我々は適切な背景計量 $\hat{\mathbf{g}}$ を選び Einstein 方程式を次の形に表現する：

$$R^{ab} - \tfrac{1}{2}Rg^{ab} = \delta(R^{ab} - \tfrac{1}{2}Rg^{ab}) + \hat{R}^{ab} - \tfrac{1}{2}\hat{g}^{ab}\hat{R} = 8\pi T^{ab}. \tag{7.7}$$

これはある初期曲面での **g** の値とその 1 階微分によって **g** を決定する 2 階の非線形連立微分方程式であるとみなせる．もちろん系を完全にするにはエネルギー-運動量テンソル T^{ab} を作り上げる物理場を支配する方程式を特定しなければならない．しかしそうしたとしても初期値と 1 階導関数の値から時間発展を一意的に決める方程式の系はない．この理由は前述のように Einstein 方程式の解は微分同相までしか一意でないからである．確かな解を得るために背景計量 $\hat{\mathbf{g}}$ に対応するよう **g** の共変微分に 4 つの**ゲージ条件** (*gauge conditions*) を課することによって微分同相とするよう自由度を下げる．いわゆる '調和 (harmonic)' 条件

$$\psi^b = \phi^{bc}{}_{|c} = 0$$

を使う．これは電気力学における Lorentz ゲージ条件 $A^i{}_{;i} = 0$ と類似である．この条件により**簡約化された Einstein 方程式** (*reduced Einstein equations*)

$$g^{ij}\phi^{ab}{}_{|ij} + (\phi^{cd}{}_{|e} \text{ と } \phi^{ab} \text{における項}) = 16\pi T^{ab} - 2\hat{R}^{ab} + \hat{g}^{ab}\hat{R}. \tag{7.8}$$

を得る．我々は式 (7.8) の左辺を $E^{ab}{}_{cd}(\phi^{cd})$ と記することにする．ここで $E^{ab}{}_{cd}$ は **Einstein 演算子** (*Einstein operator*) である．適当な形のエネルギー-運動量テンソル T^{ab} に対して §7.5 で解の存在と一意性を示す 2 階の双曲型方程式が存在する．調和条件が Einstein 方程式と整合するかまだ確認する必要がある．これは $\phi^{bc}{}_{|c}$ をゼロと仮定して Einstein 方程式から (7.8) を導くということである．(7.8) 式が与える解がこの特性を持つか検証する必要がある．このため，(7.8) を微分し縮約する．これにより次の方程式

$$g^{ij}\psi^b{}_{|ij} + B_c{}^{bi}\psi^c{}_{|i} + C_c{}^b\psi^c = 16\pi T^{ab}{}_{;a}, \tag{7.9}$$

を得る．ここでセミコロンは g に対する微分を表し，テンソル $B_c{}^{bi}$ と $C_c{}^b$ は $\hat{g}^{ab}$, $\hat{R}^a{}_{bcd}$, g^{ab} そして $g^{ab}{}_{|c}$ に依存する．方程式 (7.9) は ψ^b に対する 2 階線形双曲型方程式とみなせるかもしれない．方程式の右辺は消滅するので，初期曲面において ψ^b とその微分がゼロなら ψ^b はいたるところで消滅することを示すために，その方程式に対する一意性定理 (命題 7.4.5) を使うことができる．次の章では適切な微分同相によってこれが施されることを示す．

調和ゲージ条件を課することによって得られた唯一解が同じ初期データによる Einstein 方程式の他の解によって関係付けられていることをまだ示さなければならない．これは §7.4 で背景計量の特別な選択をすることによってなされるだろう．

7.3 初期データ

(7.8) 式は 2 階の双曲型なので解を決めるには初期曲面 $\theta(\mathscr{S})$ 上の g^{ab} と $g^{ab}{}_{|c}u^c$ に値を与えるべきであるように見える．ここで u^c は $\theta(\mathscr{S})$ に接しないあるベクトル場である．しかしこれらの 20 の成分が全てが有効ではないか，あるいは独立ではない．いくつかは

7.3 初期データ

解の微分同相性を変化させることなしに任意の初期値を与えることができ，他のものは適切な整合条件 (consistency conditions) に従う必要がある．

$\theta(\mathscr{S})$ の各点を固定したままにする微分同相写像 $\mu: \mathscr{M} \to \mathscr{M}$ を考える．これは $p \in \theta(\mathscr{S})$ の g^{ab} を p における新しいテンソル $\mu_* g^{ab}$ へ写す写像 μ_* を導く．$n_a \in T^*$ が $\theta(\mathscr{S})$ に直交し (つまり，$\theta(\mathscr{S})$ に接するいかなる $V^a \in T_p$ に対しても $n_a V^a = 0$ であり)，$n_a \hat{g}^{ab} n_b = -1$ となるように規格化されているならば，適切な μ の選択により，$n_a \mu_* g^{ab}$ は $\theta(\mathscr{S})$ に接しない p での任意のベクトルにすることができる．したがって成分 $n_a g^{ab}$ は重要でない．一方で μ は $\theta(\mathscr{S})$ 上の点を固定したままにするので，$\mathscr{S}$ 上に導入された計量 $h_{ab} = \theta^* g^{ab}$ は変化しないままであろう．これは解を決定するために必要な $\theta(\mathscr{S})$ における計量 g の一部でしかない．他の成分 $n_a g^{ab}$ には解の微分同相性を変化させずに任意の値を与えることができる．これを確かめる他の方法は，取り出された 3 次元多様体 $\mathscr{S}$ 上のデータを用いて，ある 4 次元多様体 $\mathscr{M}$ への埋め込みを探す Cauchy 問題の定式化を思い出すことである．ここで $\mathscr{S}$ それ自体の上には 3 次元計量 **h** だけが定義でき，**g** のような 4 次元テンソル場を定義することはできない．**h** は正定値とする．**h** の反変および共変形式の関係は

$$h^{ab} h_{bc} = \delta^a{}_c \tag{7.10}$$

である．ここで $\delta^a{}_c$ は $\mathscr{S}$ 内の 3 次元テンソルである．埋め込み θ は h_{ab} を，性質

$$n_a \theta_* h^{ab} = 0 \tag{7.11}$$

を持つ $\theta(\mathscr{S})$ 上の反変テンソル場 $\theta_* h^{ab}$ に移す．$n_a g^{ab}$ は任意なので，$\theta(\mathscr{S})$ 上の **g** を

$$g^{ab} = \theta_* h^{ab} - u^a u^b \tag{7.12}$$

によって定義できる．ここで u^a は $\theta(\mathscr{S})$ へ接せずいたるところでゼロでない $\theta(\mathscr{S})$ 上のベクトルである．g_{ab} を (7.1) によって定義すると，

$$h_{ab} = \theta^* g_{ab}, \quad n_a g^{ab} = -n_a u^a u^b, \quad g_{ab} u^a u^b = -1 \tag{7.13}$$

が得られる．したがって h_{ab} は **g** によって $\mathscr{S}$ 上に導入された計量で u^a は計量 **g** において $\theta(\mathscr{S})$ に直交する単位ベクトルである．

1 階微分 $g^{ab}{}_{|c} u^c$ の状況も同じである．$n_a g^{ab}{}_{|c} u^c$ は適切な微分同相写像によって任意の値を与えることができる．しかしながらここで $g^{ab}{}_{|c}$ には **g** だけでなく $\mathscr{M}$ 上の背景計量 $\hat{\mathbf{g}}$ にも依存する付加的な困難さがある．$\mathscr{S}$ 上で定義されたテンソル場だけで **g** の 1 階微分の重要な部分の表現を与えるため，次のように進める．$\mathscr{S}$ 上の対称反変テンソル場 χ^{ab} を定める．埋め込みにより χ^{ab} は $\theta(\mathscr{S})$ 上のテンソル場 $\theta_* \chi^{ab}$ の中に写像される．我々はこれが計量 **g** における部分多様体 $\theta(\mathscr{S})$ の第 2 基本形式 (§2.7 参照) と等しいことを要求する．これは

$$\begin{aligned} \theta_* \chi^{ab} &= \theta_* h^{ac} \theta_* h^{bd} (u^e g_{ec})_{;d} \\ &= \theta_* h^{ac} \theta_* h^{bd} ((u^e g_{ec})_{|d} - \delta \Gamma^f{}_{cd} u^e g_{ef}) \end{aligned} \tag{7.14}$$

を与える．式 (7.3) を用いて

$$\theta_*\chi^{ab} = \tfrac{1}{2}\theta_* h^{ab}\theta_* h^{bd}(-g_{ci}g_{dj}g^{ij}{}_{|k}u^k + g_{bi}u^i{}_{|c} + g_{ci}u^i{}_{|b}) \tag{7.15}$$

を得る．これは $\theta_*\chi^{ab}$ により $g^{ab}{}_{|c}u^c$ を得るため逆を取ることができ，

$$\tfrac{1}{2}g^{ab}{}_{|c}u^c = -\theta_*\chi^{ab} + \theta_* h^{ac}\theta_* h^{bd}g_{i(c}u^i{}_{|d)} + u^{(a}W^{b)} \tag{7.16}$$

となる．ここで W^b は $\theta(\mathscr{S})$ 上のあるベクトル場である．それには適切な微分同相写像 μ によって求められるいかなる値も与えることができる．

テンソル場 h^{ab} と χ^{ab} は $\mathscr{S}$ 上で完全に独立に定めることはできない．Einstein 方程式 (7.7) に n_a をかけることにより $\mathscr{S}$ 外での $\mathbf{g}$ の 2 階微分である $g^{ab}{}_{|cd}u^c u^d$ を含まない 4 つの式を得る．したがって g^{ab}, $g^{ab}{}_{|c}u^c$ と $n_a T^{ab}$ の間に 4 つの関係がなければならない．式 (2.36) と (2.35) を使ってこれらは 3 次元多様体 $\mathscr{S}$ の方程式として表すことができる：

$$\chi^{cd}{}_{\|d}h_{ce} - \chi^{cd}{}_{\|e}h_{cd} = 8\pi\theta^*(T_{de}u^d), \tag{7.17}$$

$$\tfrac{1}{2}(R' + (\chi^{dc}h_{dc})^2 - \chi^{ab}\chi^{cd}h_{ac}h_{bd}) = 8\pi\theta^*(T_{de}u^d u^e) \tag{7.18}$$

である．ここで 2 重縦線 $\|$(ダブルストローク (double stroke)) は計量 $\mathbf{h}$ に対する $\mathscr{S}$ 内の共変微分を表し，R' は $\mathbf{h}$ の曲率スカラーである．$\mathscr{S}$ 上のデータ $\boldsymbol{\omega}$ は解を決定し物質場 (例えばスカラー場 ϕ の場合，これは ϕ の値とその法線微分を表す $\mathscr{S}$ 上の 2 つの関数と整合するだろう) の初期データと拘束方程式 (7.17-18) に従う $\mathscr{S}$ 上の 2 つのテンソル場 h^{ab} と χ^{ab} と整合することが求められる．これらの拘束方程式は (h^{ab}, χ^{ab}) の 12 の独立要素へ 4 つの拘束を課する $\mathscr{S}$ 曲面上の楕円方程式である．このような設定によって，これらの 8 つの要素を独立に設定することができ，他の 4 つの要素を求めるための拘束方程式を解くことができることを示せる．例えば Bruhat (1962) 参照．これらの条件を満たす対 $(\mathscr{S}, \boldsymbol{\omega})$ を**初期データ集合** (*initial data set*) と呼ぼう．次に計量 $\mathbf{g}$ の適切な 4 次元多様体 $\mathscr{M}$ に $\mathscr{S}$ を埋め込み，u^a の適切な選択のために (7.12) 式によって $\theta(\mathscr{S})$ 上の g^{ab} を定義する．$u^a = g^{ab}n_b$ としよう．するとそれは計量 $\mathbf{g}$ と計量 $\hat{\mathbf{g}}$ の両方の下で $\theta(\mathscr{S})$ に対して直交する単位ベクトルとなる．$\theta(\mathscr{S})$ 上で ψ^b がゼロになるように式 (7.16) により $g^{ab}{}_{|c}u^c$ の定義における W^a の選択の自由度を利用する．これは

$$\begin{aligned}W^b = {}&-g^{bc}{}_{|d}g_{ce}\theta_* h^{ed} + \tfrac{1}{2}g_{cd}g^{cd}{}_{|e}\theta_* h^{eb}\\&+ u^b(g_{cd}\theta_*\chi^{cd} - g_{ic}u^i{}_{|d}\theta_* h^{cd})\end{aligned} \tag{7.19}$$

を要求する ((7.19) のすべての微分は，含まれる場が $\theta(\mathscr{S})$ 上のみで定義されるという事実によって $\theta(\mathscr{S})$ に接することが要求されることに注意しよう．)．ψ^b の全ての場所で消滅することを確かなものにするために $\theta(\mathscr{S})$ 上で $\psi^b{}_{|c}u^c$ もゼロになることも要求する．しかしながらこれは $\theta(\mathscr{S})$ 上で簡約化された Einstein 方程式 (7.8) を提供する拘束方程式から導かれる．そこでこれから計量 $\hat{\mathbf{g}}$ の多様体 $\mathscr{M}$ 上の 2 階の非線形双曲方程式として (7.8) 式を解いていこう．

7.4　2階の双曲型方程式

(ϕ たちに対する10本のそのような方程式が存在する；これら10本の方程式の解の存在を証明するに当たって，我々はこれらを拘束方程式の組と発展方程式の組に分けることをしないよって拘束方程式が保存されるかという疑問は生じないことに注意しよう．)．

7.4　2階の双曲型方程式

この章では Dionne (1962) によって与えられた2階の双曲型方程式の結果を再現しよう．それらはただ1つの座標近傍でなく多様体全体に適用できるよう一般化される．これらの結果は次章で初期データ集合 $(\mathscr{S}, \boldsymbol{\omega})$ に対する発展の存在と一意性の証明のために使われるだろう．

まずいくつかの定義を導入する．ラテン大文字は多重の反変あるいは共変添字を表すのに用いる．つまり (r,s) 型のテンソルは $K^I{}_J$ と書かれ，多重添字が表現する添字の数を $|I| = r$ と書き表す．$\mathscr{M}$ 上の正定値計量 e_{ab} を導入し，

$$e_{IJ} = \underbrace{e_{ab}e_{cd}\cdots e_{pq}}_{r\text{ 個}}, \quad e^{IJ} = \underbrace{e^{ab}e^{cd}\cdots e^{pq}}_{r\text{ 個}},$$

と定義しよう．ここで $|I| = |J| = r$ である．次に $|K^I{}_J|$ (あるいは簡単に $|\mathbf{K}|$) の大きさを $(K^I{}_J K^L{}_M e_{IL} e^{JM})^{\frac{1}{2}}$ と定義する．ここで繰り返される多重添字はそれらが表現する全ての添字に渡って縮約されることを意味する．$|D^m K^I{}_J|$ (あるいは簡単に $|D^m \mathbf{K}|$) を $|K^I{}_{J|L}|$ と定義する．ここで前と同様に $|L| = m$ で $|$ は $\hat{g}$ に対する共変微分を表す．

$\mathscr{N}$ を $\mathscr{M}$ 内のコンパクトな閉包を持つ埋め込まれた $\mathscr{M}$ の部分多様体とする．すると $\| K^I{}_J, \mathscr{N} \|_m$ は

$$\left\{ \sum_{p=0}^{m} \int_{\mathscr{N}} (|D^p K^I{}_J|)^2 \mathrm{d}\sigma \right\}^{\frac{1}{2}}$$

として定義される．ここで $\mathrm{d}\sigma$ は $\mathbf{e}$ で導かれる $\mathscr{N}$ 上の体積素である．$\| \mathbf{K}, \mathscr{N} \|_{\mathbf{m}}$ も同様の式で定義する．ここで微分は $\mathscr{N}$ に接する方向のみ取られる．

明らかに $\| \mathbf{K}, \mathscr{N} \|_{\mathbf{m}} \geq \| \mathbf{K}, \mathscr{N} \tilde{\|}_{\mathbf{m}}$ である．

すると**Sobolev空間** $W^m(r,s,\mathscr{N})$ (あるいは単に $W^m(\mathscr{N})$) はその値と微分が (超関数の意味で (訳注：弱微分の意味で))$\mathscr{N}$ 上ほとんどいたるところ定義され (つまり，可能性としては測度ゼロの集合上を除いて．本節の残りの部分では，「ほとんどいたるところ」は'この意味で'ほとんどいたるところを意味する)，$\| K^I{}_J, \mathscr{N} \tilde{\|}_m$ が有限であるような (r,s) 型テンソル場 $K^I{}_J$ のベクトル空間として定義される．ノルム $\|, \mathscr{N} \tilde{\|}_m$ により Sobolev 空間は (r,s) 型 C^m 級テンソル場が稠密な部分集合を形成する Banach 空間となる．もし $\mathbf{e}'$ が $\mathscr{M}$ 上の別の連続な正定値計量であるとすると，$\mathscr{N}$ 上

$$C_1 |K^I{}_J| \leqslant |K^I{}_J|' \leqslant C_2 |K^I{}_J|$$

$$C_1 \parallel K^I{}_J, \mathcal{N} \tilde{\parallel}_m \leqslant \parallel K^I{}_J, \mathcal{N} \tilde{\parallel}'_m \leqslant C_2 \parallel K^I{}_J, \mathcal{N} \tilde{\parallel}_m$$

となる正の定数 C_1 と C_2 がある．したがって $\parallel , \mathcal{N} \tilde{\parallel}'_m$ は同値なノルムとなる．同様に他の C^m 級背景計量 $\hat{\mathbf{g}}'$ も同値なノルムを与える．事実それはこれから述べる2つの補題によって理解される．もし $\hat{\mathbf{g}}'' \in W^m(\mathcal{N})$ で $2m$ が $\mathcal{N}$ の次元より大きければ，$\hat{\mathbf{g}}''$ で定義される共変微分によって得られるノルムは再び同値である．

我々はここで Sobolev 空間の3つの基本的結果を引用する．証明は Sobolev (1963) で与えられた結果から導くことができる．それらは $\mathcal{N}$ の形に緩やかな制限を要求する．十分条件は境界 $\partial\mathcal{N}$ のそれぞれの点 p に対して n 次元の半円錐を頂点を p として $\bar{\mathcal{N}}$ 内に埋め込むことが可能であることとなる．ここで n は $\mathcal{N}$ の次元．特にこの条件は境界 $\partial\mathcal{N}$ が滑らかであれば満たすであろう．

補題 7.4.1

$\mathcal{N}$ の次元を n, $2m > n$ としていかなる場 $K^I{}_J \in W^m(\mathcal{N})$ においても $\mathcal{N}$ 上で $|\mathbf{K}| \leqslant P_1 \parallel \mathbf{K}, \mathcal{N} \tilde{\parallel}_\mathbf{m}$ となる正定数 $P_1(\mathcal{N}$ と $\mathbf{e}$, $\hat{\mathbf{g}}$ に依存する) が存在する．

これと $\mathcal{N}$ 上の全ての連続場 $K^I{}_J$ のベクトル空間がノルムを $\sup_{\mathcal{N}}|K|$ として Banach 空間であることから，もし $2m > n$ で $K^I{}_J \in W^m(\mathcal{N})$ なら $K^I{}_J$ は $\mathcal{N}$ 上で連続であることが導かれる．同様にもし $K^I{}_J \in W^{m+p}(\mathcal{N})$ なら $\mathcal{N}$ 上で $K^I{}_J$ は C^p 級である．

補題 7.4.2

$4m \geqslant n$ としていかなる2つの場 $K^I{}_J, L^P{}_Q \in W^m(\mathcal{N})$ においても正定数 $P_2(\mathcal{N}$ と $\mathbf{e}$, $\hat{\mathbf{g}}$ に依存する) が存在し，

$$\parallel K^I{}_J L^P{}_Q, \mathcal{N} \parallel_m \leqslant P_2 \parallel \mathbf{K}, \mathcal{N} \parallel_m \parallel \mathbf{L}, \mathcal{N} \parallel_m$$

となる．

この補題と前の補題からもし $n \leqslant 4$ で $2m > n$ ならいかなる場 $K^I{}_J, L^P{}_Q \in W^m(\mathcal{N})$ に対しても積 $K^I{}_J L^P{}_Q$ も $W^m(\mathcal{N})$ に含まれることが導かれる．

補題 7.4.3

もし $\mathcal{N}'$ が $\mathcal{N}$ に滑らかに埋め込まれた $(n-1)$ 次元の部分多様体なら，いかなる場 $K^I{}_J \in W^{m+1}(\mathcal{N})$ に対しても

$$\parallel \mathbf{K}, \mathcal{N}' \parallel_m \leqslant P_3 \parallel \mathbf{K}, \mathcal{N} \parallel_{m+1}$$

を満たす正定数 P_3 $(\mathcal{N}, \mathcal{N}', \mathbf{e}, \hat{\ }$ に依存する) が存在する．a がどんな非負整数としても $h^{ab} \in W^{4+a}(\mathscr{S})$ かつ $\chi^{ab} \in W^{3+a}(\mathscr{S})$ のとき $(\mathscr{S}, \boldsymbol{\omega})$ の発展が存在し一意であることを証明しよう (もし $\mathscr{S}$ がコンパクトでないなら $h^{ab} \in W^m(\mathscr{S})$ により，いかなる $\mathscr{S}$ の開

7.4 2階の双曲型方程式

集合 $\mathcal{N}$ もコンパクトな閉包によって $h^{ab} \in W^m(\mathcal{N})$ となる．）．これに対する十分条件は $\mathcal{S}$ 上 h^{ab} が C^{4+a} 級で χ^{ab} が C^{3+a} 級になることである．補題 7.4.1 により必要条件は h^{ab} が C^{2+a} 級で χ^{ab} が C^{1+a} 級になることである．g^{ab} に関して得られる解はそれぞれの滑らかな空間的曲面 $\mathcal{H}$ に対して $W^{4+a}(\mathcal{H})$ に属すので，$(2+a)$ 階の微分は有界，つまり g^{ab} は $\mathcal{M}$ 上で $C^{(2+a)-}$ 級である．

これらの微分可能性条件は行儀の良い超曲面上の W^4 級挙動から離れる衝撃波のような場合には緩和される．Choquet-Bruhat (1968),Papapetrou and Hamoui (1967),Israel (1966),and Penrose(1972a) 参照．発展の存在と一意性に関する W^4 級条件は先行する仕事 (Choquet-Bruhat(1968) によって改良されたが，もし計量が連続で一般化された微分 (訳注：弱微分) が局所的な自乗積分 (つまり **g** が C^0 級で W^1 級) なら Einstein 方程式は超関数的な意味で定義されるはずなので求めたいものより幾らか強すぎる．一方 p が 4 未満の W^p 条件は測地線の一意性を保証せず，3 未満の p に対しては存在を保証しない．我々の視点は §3.1 で説明したようにモデル時空は C^∞ 級と取ってもいいのでこれらの微分可能性の条件の違いは重要ではないというものである．

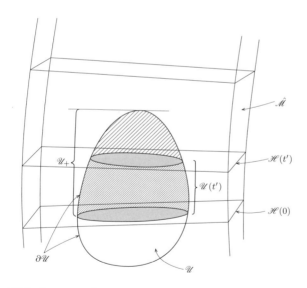

図 48．$\mathcal{U}$ は多様体 $\hat{\mathcal{M}} = \mathcal{H} \times R^1$ におけるコンパクトな閉包を持つ開集合である．$\mathcal{U}_+$ は $t \geqslant 0$ の $\mathcal{U}$ の領域であり，$\mathcal{U}(t')$ は $t=0$ と $t=t'>0$ の間の $\mathcal{U}$ の領域である．

発展の存在と一意性の証明のため，ここで §4.3 の保存定理と同様の方法で 2 階の双曲型方程式におけるいくつかの基本的な不等式 (補題 7.4.4 と 7.4.6) を確立する．

$\mathscr{H}$ を 3 次元多様体として $\mathscr{H} \times R^1$ 形式の多様体 $\hat{\mathscr{M}}$ を考える．$\mathscr{U}$ を境界 $\partial \mathscr{U}$ を持ち $\mathscr{H}(0)$ と交わるコンパクトな閉包を持つ $\hat{\mathscr{M}}$ の開集合としよう．ここで $\mathscr{H}(t)$ は $t \in R^1$ として曲面 $\mathscr{H} \times \{t\}$ を表す．$\mathscr{U}_+$ と $\mathscr{U}(t')$ でそれぞれ $\mathscr{U}$ の $t \geqslant 0$ 部分と $t' \geqslant t \geqslant 0$ 部分を表す（図 48）．$\mathscr{U}_+$ 上で $\hat{\mathbf{g}}$ を C^{2-} 級の背景計量，$\mathbf{e}$ を正定値計量とする．次の形の 2 階の双曲型方程式に従うテンソル場 $K^I{}_J$ を考えよう

$$L(K) \equiv A^{ab} K^I{}_{J|ab} + B^{aPI}{}_{QJ} K^Q{}_{P|a} + C^{PI}{}_{QJ} K^Q{}_P = F^I{}_J, \tag{7.20}$$

ここで $\mathbf{A}$ は $\mathscr{U}_+$ 上の Lorentz 計量（つまり符号数 $+2$ の対称テンソル場）であり，$\mathbf{B}$，$\mathbf{C}$ そして $\mathbf{F}$ はそれらの添字で定義された型のテンソルであり，| は計量 $\hat{\mathbf{g}}$ に対する共変微分を表す．

補題 7.4.4

もし，

(1) $\partial \mathscr{U} \cap \overline{\mathscr{U}}_+$ が $\mathbf{A}$ に関して非時間順序的であり，

(2) $\overline{\mathscr{U}}_+$ 上で $A^{ab} t_{|a} W_b = 0$ を満たす任意の形式 $\mathbf{W}$ に対して

$$A^{ab} t_{|a} t_{|b} \leqslant -Q_1$$

かつ

$$A^{ab} W_a W_b \geqslant Q_1 e^{ab} W_a W_b$$

となるある $Q_1 > 0$ が存在し，

(3) $\overline{\mathscr{U}}_+$ 上で

$$|\mathbf{A}| \leqslant Q_2, \quad |\mathbf{DA}| \leqslant Q_2, \quad |\mathbf{B}| \leqslant Q_2, \quad |\mathbf{C}| \leqslant Q_2$$

となるある Q_2 が存在するならば，

ある正定数 P_4 が存在して（$\mathscr{U}, \mathbf{e}, \hat{\mathbf{g}}, Q_1, Q_2$ に依存する），(7.20) のすべての解 $K^I{}_J$ に対して

$$\|\mathbf{K}, \mathscr{H}(t) \cap \mathscr{U}_+\|_1 \leqslant P_4 \{\|\mathbf{K}, \mathscr{H}(0) \cap \mathscr{U}_+\|_1 + \|\mathbf{F}, \mathscr{U}(t)\|_0\}$$

が成り立つ．

単位体積のスカラー場のエネルギー-運動量テンソル (§3.2) に倣って $K^I{}_J$ 場に対する「エネルギーテンソル」S^{ab} を

$$S^{ab} = \{(A^{ac} A^{bd} - \tfrac{1}{2} A^{ab} A^{cd}) K^I{}_{J|c} K^P{}_{Q|d} - \tfrac{1}{2} A^{ab} K^I{}_J K^P{}_Q\} e^{JQ} e_{IP}. \tag{7.21}$$

と作る．テンソル S^{ab} は計量 $\mathbf{A}$ における支配的エネルギー条件 (§4.3) に従う（つまり，もし $\mathbf{A}$ において W_a が時間的なら，$S^{ab} W_a W_b \geqslant 0$ であり $\mathbf{A}$ において $S^{ab} W_a$ は非空間的である）．さらに条件 (2) と (3) により

$$Q_3(|\mathbf{K}|^2 + |\mathbf{DK}|^2) \leqslant S^{ab} t_{|a} t_{|b} \leqslant Q_4(|\mathbf{K}|^2 + |\mathbf{DK}|^2) \tag{7.22}$$

7.4 2階の双曲型方程式

となる正定数 Q_3 と Q_4 が存在するであろう．ここで $\mathscr{U}_+$ をコンパクトな領域 $\mathscr{F}$ にとり，体積素 $d\hat{v}$ と計量 $\hat{g}$ によって定義される共変微分を用いて S^{ab} に対して補題 4.3.1 を適用し，

$$\int_{\mathscr{H}(t)\cap\bar{\mathscr{U}}_+} S^{ab}t_{|a}d\hat{\sigma}_b \leqslant \int_{\mathscr{H}(0)\cap\bar{\mathscr{U}}_+} S^{ab}t_{|a}d\hat{\sigma}_b$$
$$+ \int_0^t \left\{ \int_{\mathscr{H}(t')\cap\bar{\mathscr{U}}_+} (PS^{ab}t_{|a} + S^{ab}_{\ |a})d\hat{\sigma}_b \right\} dt'. \tag{7.23}$$

とする．ここで P は S^{ab} に独立な正定数である（符号は，面 $\mathscr{H}(t)$ の面積素 $d\hat{\sigma}_b$ が $t_{|b}$ と同じ方向を持つように取られるため，右辺の最初の項によって変えられている．つまり $d\hat{\sigma}_b = t_{|b}d\tilde{\sigma}$ である．ここで $d\tilde{\sigma}$ は $\mathscr{H}(t)$ 上の正定値測度である．）．$\mathbf{e}$ と $\hat{\mathbf{g}}$ が連続なので $\bar{\mathscr{U}}_+$ 上で

$$Q_5 d\sigma \leqslant d\tilde{\sigma} \leqslant Q_6 d\sigma, \tag{7.24}$$

となる正定数 Q_5 と Q_6 が存在するだろう．ここで $d\sigma$ は $\mathbf{e}$ によって導入された $\mathscr{H}(t)$ 上の面積素である．したがって式 (7.22) と (7.23) により

$$\| \mathbf{K}, \mathscr{H}(t)\cap\mathscr{U}_+ \|_1^2 \leqslant Q_7 \Big\{ \| \mathbf{K}, \mathscr{H}(0)\cap\mathscr{U}_+ \|_1^2$$
$$+ \int_0^t \| \mathbf{K}, \mathscr{H}(t')\cap\mathscr{U}_+ \|_1^2 \, dt' + \int_0^t (S^{ab}_{\ |b}t_{|a}d\sigma)dt' \Big\} \tag{7.25}$$

となるある Q_7 が存在する．
(7.20) 式により

$$S^{ab}_{\ |b} = A^{ab}K^I_{\ J|c}F^P_{\ Q}e^{JQ}e_{IP} + (A^{cd}, A^{cd}_{\ |e}, \hat{R}^c_{\ def}, B^{cPI}_{\ \ \ QJ}, C^{PI}_{\ \ QJ}\text{の係数を持つ}$$
$$K^I_{\ J} \text{ と } K^P_{\ Q|c} \text{ の 2 次の項}) \tag{7.26}$$

となる．係数は全て $\mathscr{U}_+$ 上で有界なので

$$S^{ab}_{\ |b}t_{|a} \leqslant Q_8\{|\mathbf{F}|^2 + |\mathbf{K}|^2 + |\mathbf{DK}|^2\} \tag{7.27}$$

となるある Q_8 が存在する．したがって (7.25) と (7.27) により

$$\| \mathbf{K}, \mathscr{H}(t)\cap\mathscr{U}_+ \|_1^2 \leqslant Q_9 \Big\{ \| \mathbf{K}, \mathscr{H}(0)\cap\mathscr{U}_+ \|_1^2$$
$$+ \int_0^t \| \mathbf{K}, \mathscr{H}(t')\cap\mathscr{U}_+ \|_1^2 \, dt' + \| \mathbf{F}, \mathscr{U}(t) \|_0^2 \Big\}$$

となるある Q_9 が存在する．これは

$$dx/dt \leqslant Q_9\{x+y\}, \tag{7.28}$$

という形をしている．ここで

$$x(t) = \int_0^t \| \mathbf{K}, \mathscr{H}(t') \cap \mathscr{U}_+ \|_1^2 \, dt'$$

である．したがって

$$x \leqslant e^{Q_9 t} \int_0^t e^{-Q_9 t'} y(t') dt' \tag{7.29}$$

が成り立つ．y は t の単調増加関数であり t は $\bar{\mathscr{U}}_+$ 上で有界であるから，

$$x \leqslant Q_{10} y$$

となる Q_{10} が存在する．

したがって

$$P_4 = (Q_9 + Q_{10})^{\frac{1}{2}}$$

と置くと，$\| \mathbf{K}, \mathscr{H}(t) \cap \mathscr{U}_+ \|_1 \leqslant P_4 \{ \| \mathbf{K}, \mathscr{H}(0) \cap \mathscr{U}_+ \|_1 + \| \mathbf{F}, \mathscr{U}(t) \|_0 \}$ が成り立つ．
□

この不等式により線形な (つまり $\mathbf{A}$, $\mathbf{B}$, $\mathbf{C}$, $\mathbf{F}$ が $\mathbf{K}$ に依存しない) 2 階の双曲型方程式の解の存在と一意性を証明することができる．$\mathscr{H}(0) \cap \mathscr{U}$ における初期値および初期微分と同じ値を持つとした方程式 $L(\mathbf{K}) = \mathbf{F}$ の解が K^{1_J} と K^{2_J} であるとする．すると上の結果を方程式 $L(\mathbf{K}^1 - \mathbf{K}^2) = 0$ に適用することができて

$$\| \mathbf{K}^1 - \mathbf{K}^2, \mathscr{H}(t) \cap \mathscr{U}_+ \|_1 = 0$$

が得られる．したがって $\bar{\mathscr{U}}_+$ 上で $\mathbf{K}^1 = \mathbf{K}^2$ であるので，次の命題を得る

命題 7.4.5

$\mathbf{A}$ を $\hat{\mathscr{M}}$ 上の C^{1-} 級 Lorentz 計量とし，$\mathbf{B}$, $\mathbf{C}$ および $\mathbf{F}$ を局所的に有界とする．$\mathscr{H} \subset \hat{\mathscr{M}}$ を $\mathbf{A}$ において空間的で非時間順序的な 3 次元曲面とする．すると $\mathscr{V}$ が $D^+(\mathscr{H}, \mathbf{A})$ 内の集合であるとすると，$\mathscr{V}$ 上の線形方程式 (7.20) の解は $\mathscr{H} \cap J^-(\mathscr{V}, \mathbf{A})$ 上のその値と微分の値によって一意に決定される．

命題 6.6.7 により $D^+(\mathscr{H}, \mathbf{A})$ は $\mathscr{H} \times R^1$ の形式である．もし $q \in \mathscr{V}$ なら命題 6.6.6 により $J^-(q) \cap J^+(\mathscr{H})$ はコンパクトであり $\bar{\mathscr{U}}_+$ とみなすことができる．
□

したがって (7.20) の形の線形方程式に従う物理的場は，時空計量 $\mathbf{g}$ のヌル円錐の上または内部と一致する計量 $\mathbf{A}$ におけるヌル円錐によって提供される §3.2 の因果仮定 (a) を満足するであろう．

7.4　2 階の双曲型方程式

方程式 (7.20) の解の存在を証明するためには $\mathbf{K}$ のより高階の微分に対する不等式が必要となる．いまから背景計量 $\hat{\mathbf{g}}$ を非負整数 a に対し少なくとも C^{5+a} 級にとろう．そして $\mathscr{U}$ を，$\mathscr{H}(0) \cap \overline{\mathscr{U}}$ が滑らかな境界を持ち，各 $t \in [0, t_1]$ に対して

$$\lambda\{(\mathscr{H}(0) \cap \overline{\mathscr{U}}), t\} = \mathscr{H}(t) \cap \overline{\mathscr{U}}_+$$

という性質を持つような微分同相写像

$$\lambda : (\mathscr{H}(0) \cap \overline{\mathscr{U}}) \times [0, t_1] \to \overline{\mathscr{U}}_+$$

が存在するようなものとする．これにより面 $\mathscr{H}(t) \cap \mathscr{U}_+$ において補題 7.4.1 から 7.4.3 により P_1, P_2, P_3 に上限 $\tilde{P}_1$, $\tilde{P}_2$, $\tilde{P}_3$ が存在することになる．

補題 7.4.6
もし補題 7.4.4 の条件 (1) と (2) が成り立ち，もし
(4)

$$\|\mathbf{A}, \mathscr{U}_+\|_{4+a} < Q_3, \quad \|\mathbf{B}, \mathscr{U}_+\|_{3+a} < Q_3, \quad \|\mathbf{C}, \mathscr{U}_+\|_{3+a} < Q_3$$

が成り立つある Q_3 があれば (これは補題 4.4.1 により条件 (3) を意味する)，

$$\|\mathbf{K}, \mathscr{H}(t) \cap \mathscr{U}_+\|_{4+a} \leqslant P_{5,a}\{\|\mathbf{K}, \mathscr{H}(0) \cap \mathscr{U}_+\|_{4+a} + \|\mathbf{F}, \mathscr{U}(t)\|_{3+a}\} \tag{7.30}$$

を満足する正定数 $P_{5,a}(\mathscr{U}, \mathbf{e}, \hat{\mathbf{g}}, a, Q_1, Q_2$ に依存する) が存在する．

補題 7.4.4 から $\|\mathbf{K}, \mathscr{H}(t) \cap \mathscr{U}_+\|_1$ の不等式を得る．$\|\mathbf{K}, \mathscr{H}(t) \cap \mathscr{U}_+\|_2$ の不等式を得るため 1 階微分 $K^I_{J|c}$ に対する「エネルギー」テンソル S^{ab} を作り前と同様の手続きを進める．発散 $S^{ab}_{|b}$ はいま，方程式 (7.20) を微分することによって評価することができ，

$$S^{ab}_{|b} = A^{ad} K^I_{J|cd} F^P_{Q|e} e^{ec} e^{JQ} e_{IP} + (A^{cd}, A^{cd}_{|e}, \hat{R}^c_{def}, \hat{R}^c_{def|g}, B^{cPI}_{QJ|d}, \\ C^{PI}_{QJ}, C^{PI}_{QJ|d} \text{を係数に持つ } K^I_J, K^I_{J|c} \text{ と } K^I_{J|cd} \text{ の 2 次の項}). \tag{7.31}$$

となる．例外となる可能性のある $B^{cPI}_{QJ|d}$ と $C^{PI}_{QJ|d}$ を除いて，$a = 0$ の場合はこれらの係数は $\overline{\mathscr{U}}_+$ 上で全て有界である．$\mathscr{H}(t') \cap \mathscr{U}_+$ 面上で積分すると，$B^{cPI}_{QJ|d}$ を含む (7.31) の項は

$$-\int_{\mathscr{H}(t') \cap \mathscr{U}_+} A^{ab} K^I_{J|cb} B^{dPR}_{QS|e} K^S_{R|d} e^{ce} e^{QJ} e_{PI} d\hat{\sigma}_a \tag{7.32}$$

となる．ここで全ての t' に対してある Q_4 が存在し，(7.32) は

$$Q_4 \int_{\mathscr{H}(t') \cap \mathscr{U}_+} |\mathbf{DB}||\mathbf{DK}||\mathbf{D}^2\mathbf{K}| d\sigma$$
$$\leqslant \tfrac{1}{2} Q_4 \int_{\mathscr{H}(t') \cap \mathscr{U}_+} (|\mathbf{D}^2\mathbf{K}|^2 + |\mathbf{DB}|^2 |\mathbf{DK}|^2) d\sigma \tag{7.33}$$

より小さいか等しい．補題 7.4.2 から

$$\int_{\mathscr{H}(t')\cap\mathscr{U}_+} |\mathrm{DB}|^2 |\mathrm{DK}|^2 \mathrm{d}\sigma \leqslant \tilde{P}_2^{\,2} \parallel \mathbf{B}, \mathscr{H}(t')\cap\mathscr{U}_+ \parallel_2^2 \parallel \mathbf{K}, \mathscr{H}(t')\cap\mathscr{U}_+ \parallel_2^2$$

が成り立つ．ここで条件 (4) と補題 7.4.3 により $\parallel \mathbf{B}, \mathscr{H}(t')\cap\mathscr{U}_+ \parallel_2 < \tilde{P}_3 Q_3$ である．$C^{PI}{}_{QJ|d}$ を含む項も同様に有界であることがわかる．したがって補題 4.3.1 によりある Q_5 が存在し

$$\int_{\mathscr{H}(t)\cap\mathscr{U}_+} (|\mathrm{D}^2\mathbf{K}| + |\mathrm{DK}|^2) \mathrm{d}\sigma \leqslant Q_5 \bigg\{ \int_{\mathscr{H}(0)\cap\mathscr{U}_+} (|\mathrm{D}^2\mathbf{K}|^2 + |\mathrm{DK}|^2) \mathrm{d}\sigma$$
$$+ \int_0^t \parallel \mathbf{K}, \mathscr{H}(t')\cap\mathscr{U}_+ \parallel_2^2 \mathrm{d}t' + \int_{\mathscr{U}(t)} |\mathrm{DF}|^2 \mathrm{d}\sigma \bigg\} \quad (7.34)$$

となる．補題 7.4.4 から

$$\int_{\mathscr{H}(t)\cap\mathscr{U}_+} |\mathbf{K}|^2 \mathrm{d}\sigma \leqslant \parallel \mathbf{K}, \mathscr{H}(t)\cap\mathscr{U}_+ \parallel_1^2$$
$$\leqslant 2P_4^{\,2} \{ \parallel \mathbf{K}, \mathscr{H}(0)\cap\mathscr{U} \parallel_1^2 + \parallel \mathbf{F}, \mathscr{U}(t) \parallel_0^2 \} \quad (7.35)$$

となり，これを (7.34) に加えると，

$$\parallel \mathbf{K}, \mathscr{H}(t)\cap\mathscr{U}_+ \parallel_2^2 \leqslant Q_6 \bigg\{ \parallel \mathbf{K}, \mathscr{H}(0)\cap\mathscr{U} \parallel_2^2$$
$$+ \int_0^t \parallel \mathbf{K}, \mathscr{H}(t')\cap\mathscr{U}_+ \parallel_2^2 \mathrm{d}t' + \parallel \mathbf{F}, \mathscr{U}(t) \parallel_1^2 \bigg\} \quad (7.36)$$

を得る．ここで $Q_6 = Q_5 + 2P_4$ である．補題 7.4.4 の中の同様の議論によって，ある定数 Q_7 が存在し，

$$\parallel \mathbf{K}, \mathscr{H}(t)\cap\mathscr{U}_+ \parallel_2 \leqslant Q_7 \{ \parallel \mathbf{K}, \mathscr{H}(0)\cap\mathscr{U} \parallel_2 + \parallel \mathbf{F}, \mathscr{U}(t) \parallel_1 \} \quad (7.37)$$

となる．補題 7.4.1 から $\mathscr{U}_+$ 上で

$$|\mathbf{K}| \leqslant \tilde{P}_1 Q_7 \{ \parallel \mathbf{K}, \mathscr{H}(0)\cap\mathscr{U} \parallel_2 + \parallel \mathbf{F}, \mathscr{U}(t) \parallel_0 \} \quad (7.38)$$

が導かれる．これを用いて，$\parallel \mathbf{K}, \mathscr{H}(t)\cap\mathscr{U}_+ \parallel_3$ おける不等式の確立を同様の方法で進めることができる．ここで「エネルギー」テンソルの発散は次の項の形

$$Q_8 \int_{\mathscr{H}(t')\cap\mathscr{U}_+} (|\mathrm{D}^3\mathbf{K}|^2 + |\mathrm{D}^2\mathbf{B}|^2 |\mathrm{DK}|^2) \mathrm{d}\sigma. \quad (7.39)$$

を与える．補題 7.4.2 により上の第 2 項は

$$Q_8 \tilde{P}_2^{\,2} \parallel \mathbf{B}, \mathscr{H}(t')\cap\mathscr{U}_+ \parallel_3^2 \parallel \mathbf{K}, \mathscr{H}(t')\cap\mathscr{U}_+ \parallel_2^2$$

7.4　2階の双曲型方程式

に制限される．ここで条件 (4) により $\| \mathbf{B}, \mathscr{H}(t) \cap \mathscr{U}_+ \|_3$ は t' の殆どの値において定義され，それは t' に関して自乗可積分となる．したがって $\| \mathbf{K}, \mathscr{H}(t) \cap \mathscr{U}_+ \|_3$ に関する不等式は $\| \mathbf{K}, \mathscr{H}(t) \cap \mathscr{U}_+ \|_2$ と同様の方法で得ることができる．より高い階数の微分に関しても同様である． □

系

u^a をいたるところ $\mathscr{H}(0)$ に接しない $\mathscr{H}(0)$ 上のある C^{3+a} 級ベクトル場とするとき，

$$\| \mathbf{K}, \mathscr{H}(t) \cap \mathscr{U}_+ \|_{4+a} \leqslant P_{6,a}\{\| \mathbf{K}, \mathscr{H}(0) \cap \mathscr{U} \tilde{\|}_{4+a}$$
$$+ \| K^I{}_{J|a} u^a, \mathscr{H}(0) \cap \mathscr{U} \tilde{\|}_{3+a} + \| \mathbf{F}, \mathscr{U}_+ \tilde{\|}_{3+a} \}$$

かつ

$$\| \mathbf{K}, \mathscr{U}_+ \|_{4+a} \leqslant P_{7,a} \{\ \text{同上}\ \}$$

であるような定数 $P_{6,a}$ と $P_{7,a}$ が存在する．

(7.20) により，面 $\mathscr{H}(0)$ の外側における $\mathbf{K}$ の 2 階以上の微分は $\mathbf{F}$ と $\mathscr{H}(0)$ の外側におけるその微分，$K^I{}_{J|a} u^a$ および面 $\mathscr{H}(0)$ における $\mathbf{K}$ の微分に関して表すことができる．補題 7.4.3 により

$$\left.\begin{array}{l} \| \mathbf{A}, \mathscr{H}(0) \cap \mathscr{U} \|_{3+a} < \tilde{P}_3 Q_3 \\ \| \mathbf{B}, \mathscr{H}(0) \cap \mathscr{U} \|_{2+a} < \tilde{P}_3 Q_3 \\ \| \mathbf{C}, \mathscr{H}(0) \cap \mathscr{U} \|_{2+a} < \tilde{P}_3 Q_3 \\ \| \mathbf{F}, \mathscr{H}(0) \cap \mathscr{U} \|_{2+a} < \tilde{P}_3 \| \mathbf{F}, \mathscr{U}_+ \|_{3+a} \end{array}\right\} \qquad (7.40)$$

である．

$$\| \mathbf{K}, \mathscr{H}(0) \cap \mathscr{U} \|_{4+a} \leqslant Q_4\{\| \mathbf{K}, \mathscr{H}(0) \cap \mathscr{U} \tilde{\|}_{4+a}$$
$$+ \| K^I{}_{J|a} u^a, \mathscr{H}(0) \cap \mathscr{U} \tilde{\|}_{3+a} + \| \mathbf{F}, \mathscr{U}_+ \tilde{\|}_{3+a} \}. \qquad (7.41)$$

の関係を満たすある定数 Q_4 が存在する．t は $\mathscr{U}_+$ 上で有界なので，2 つ目の結果は直ちに導かれる． □

これで (7.20) の形の線形方程式の解の存在証明に進むことができる．$\mathbf{A}$, $\mathbf{B}$, $\mathbf{C}$, $\mathbf{F}$, $\mathbf{u}$, $\hat{\mathbf{g}}$ の成分は座標近傍 $\mathscr{V}$ 上の局所座標 x^1, x^2, x^3, $x^4 (x^4 = t)$ の解析関数であり，$\mathscr{H}(0) \cap \mathscr{V}$ 上の座標 x^1, x^2, x^3, t の解析関数となる初期データ $K^I{}_J = {}_0 K^I{}_J$ と $K^I{}_{J|a} u^a = {}_1 K^I{}_J$ を持つとする．すると (7.20) から $\mathscr{H}(0)$ 内の ${}_0 \mathbf{K}$ と ${}_1 \mathbf{K}$ の微分により $\mathscr{H}(0)$ 面外の $\mathbf{K}$ の成分の偏微分 $\partial^2 (K^I{}_J)/\partial t^2$, $\partial^3 (K^I{}_J)/\partial t^2 \partial x^i$, $\partial^3 (K^I{}_J)/\partial t^3$ 等を計算することができる．すると $K^I{}_J$ を座標 p を原点とする x^1, x^2, x^3, t の形式冪級数として表すことができる．Cauchy-Kowaleski 定理 (Courant and Hilbert(1962),p.39) よりこの級数は与えられた初期条件による (7.20) の解を与える座標半径 r のある球 $\mathscr{V}(r)$ に収束する．ここで $\mathscr{M}$ の C^∞ 級アトラスから解析的アトラスを選び，このアトラスから $\mathscr{V}(r)$ の形の

座標近傍で $\mathscr{H}(0) \cap \bar{\mathscr{U}}$ を被覆し，それぞれの座標近傍内で上記の解を構築する．これより，ある $t_2 > 0$ の領域 $\mathscr{U}(t_2)$ で解を得る．次に $\mathscr{H}(t_2)$ を用いて手続きを繰り返す．Cauchy-Kowaleski 定理により，冪級数が収束する連続した区間 t の比率は初期データに独立であり，解は有限のステップで $\mathscr{U}_+$ 全体に拡張できる．これにより係数や源項や初期データが全て解析的ならば (7.20) の線形方程式の解の存在が証明される．我々はここで解析的であることの要求を外そう．

命題 7.4.7
もし条件 (1), (2), (4) が成り立ち，更にもし
(5) $\mathbf{F} \in W^{3+a}(\mathscr{U}_+)$,
(6) $_0\mathbf{K} \in W^{4+a}(\mathscr{H}(0) \cap \bar{\mathscr{U}})$, $_1\mathbf{K} \in W^{3+a}(\mathscr{H}(0) \cap \bar{\mathscr{U}})$,
なら $\mathscr{H}(0)$ 上で $K^I_J = {}_0K^I_J$ と $K^I_{J|a}u^a = {}_1K^I_J$ となる線形方程式 (7.20) の一意な解 $\mathbf{K} \in W^{4+a}(\mathscr{U}_+)$ が存在する．

解析的な場によって，近似した係数と初期データでこの結果を証明し，得られた解析解が与えられた初期条件での与えられた方程式の解である場に収束することを示す．$\mathbf{A}_n (n = 1, 2, 3, \ldots)$ を $W^{4+a}(\mathscr{U}_+)$ 内の $\mathbf{A}$ に強収束する $\bar{\mathscr{U}}_+$ 上の解析的な場の系列とする．(もし $\| \mathbf{A}_n - \mathbf{A} \|_m$ がゼロに収束するなら $\mathbf{A}_n$ は W^m で $\mathbf{A}$ に強収束するという．) $\mathbf{B}_n$, $\mathbf{C}_n$, $\mathbf{F}_n$ を $W^{3+a}(\mathscr{U}_+)$ にてそれぞれ $\mathbf{B}$, $\mathbf{C}$, $\mathbf{F}$ に強収束する $\bar{\mathscr{U}}_+$ 上の解析的な場とし，$_0\mathbf{K}_n$, $_1\mathbf{K}_n$ をそれぞれ $W^{4+a}(\mathscr{H}(0) \cap \bar{\mathscr{U}})$ にて $_0\mathbf{K}$ に $W^{3+a}(\mathscr{H}(0) \cap \bar{\mathscr{U}})$ にて $_1\mathbf{K}$ に強収束する $\mathscr{H}(0) \cap \bar{\mathscr{U}}$ 上の解析的な場とする．n の値それぞれに対して初期値 $K_n{}^I_J = {}_0K^I_J$ と $K_n{}^I_{J|a}u^a = {}_1K^I_J$ での (7.20) の解析的な解 $\mathbf{K}_n$ が存在する．命題 7.4.6 の系から，$\| \mathbf{K}_n, \mathscr{U}_+ \|_{4+a}$ は $n \to \infty$ で有界である．したがって Riesz (1955) の定理により，場 $\mathbf{K} \in W^{4+a}(\mathscr{U}_+)$ が存在し，$0 \leqslant b \leqslant 4+a$ にて $D^b\mathbf{K}_{n'}$ が $D^b\mathbf{K}$ に弱収束する $\mathbf{K}_n$ の部分系列 $\mathbf{K}_{n'}$ が存在する．($\mathscr{N}$ 上の場の系列 $I_n{}^I_J$ はもしそれぞれの C^∞ 級の場 J^J_I に対して

$$\int_{\mathscr{N}} I_n{}^I_J J^J_I \mathrm{d}\sigma \to \int_{\mathscr{N}} I^I_J J^J_I \mathrm{d}\sigma$$

ならば I^I_J への弱収束と言う．)

$\mathbf{A}_n$, $\mathbf{B}_n$, $\mathbf{C}_n$ が $W^3(\mathscr{U}_+)$ において $\mathbf{A}$, $\mathbf{B}$, $\mathbf{C}$ に強収束するので，$\sup |\mathbf{A} - \mathbf{A}_n|$, $\sup |\mathbf{B} - \mathbf{B}_n|$, $\sup |\mathbf{C} - \mathbf{C}_n|$ はゼロに収束する．よって $L_{n'}(\mathbf{K}_{n'})$ は $L(\mathbf{K})$ へ弱収束することになる．しかし $L_{n'}(\mathbf{K}_{n'})$ は $\mathbf{F}$ へ強収束する $\mathbf{F}_{n'}$ に等しい．したがって $L(\mathbf{K}) = \mathbf{F}$ である．$\mathscr{H}(0) \cap \bar{\mathscr{U}}$ 上で $K_{n'}{}^I_J$ と $K_{n'}{}^I_{J|a}u^a$ はそれぞれ K^I_J と $K^I_{J|a}$ に弱収束し，したがってそれらはそれぞれ $_0K^I_J$ と $_1K^I_J$ に等しくなければならない．したがって $\mathbf{K}$ は与えられた初期条件による与えられた方程式の解である．命題 7.4.5 によりそれは一意である．補題 7.4.6 により $\mathbf{K}_n$ はそれぞれ不等式を満足するので，$\mathbf{K}$ もそれを満足する． □

7.5 真空中の Einstein 方程式の発展の存在と一意性

前章の結果を一般相対論の Cauchy 問題へ適用しよう．まず，真空中 ($T^{ab} = 0$) の Einstein 方程式を扱い，物質の効果を §7.7 で議論する．

縮約された Einstein 方程式

$$E^{ab}{}_{cd}(\phi^{cd}) = 8\pi T^{ab} - (\hat{R}^{ab} - \tfrac{1}{2}\hat{R}\hat{g}^{ab}) \tag{7.42}$$

は準線形の 2 階双曲型方程式である．それは係数 $\mathbf{A}$, $\mathbf{B}$, $\mathbf{C}$ が $\mathbf{K}$ と $\mathbf{DK}$ の関数である (7.20) 式の形をしている (実際，この場合 $A^{ab} = g^{ab}$ は ϕ^{ab} の関数であり $\phi^{ab}{}_{|c}$ の関数ではない)．これらの方程式の解の存在証明は次のように進める．ある適当な暫定的場 ϕ'^{ab} を用意し，演算子 E における係数 $\mathbf{A}$, $\mathbf{B}$, $\mathbf{C}$ の値を決定するために用いる．この値を用いて (7.42) を定められた初期データにおける線形方程式として解き，新しい場 ϕ''^{ab} を導く．よって ϕ' から ϕ'' への写像 α を得，適当な条件のもとでこの写像が固定点を持つことを示せる ($\alpha(\phi) = \phi$ となる ϕ が存在する)．この固定点が準線形方程式の求める解となる．

真空中の Einstein 方程式の解となるよう背景計量 $\hat{\mathbf{g}}$ をとり，面 $\mathscr{H}(t) \cap \bar{\mathscr{U}}_+$ と $\partial \mathscr{U} \cap \bar{\mathscr{U}}_+$ が $\hat{\mathbf{g}}$ において空間的となるように選ぶ．すると補題 7.4.1 により，ある正定数 $\tilde{Q}_a$ が存在して，もしある値の $a \geqslant 0$ に対して

$$\|\phi', \mathscr{U}_+\|_{4+a} < \tilde{Q}_a \tag{7.43}$$

ならば，ϕ' によって決定される係数 $\mathbf{A}'$, $\mathbf{B}'$ および $\mathbf{C}'$ は与えられた Q_1 および Q_3 の値に対して補題 7.4.6 の条件 (1),(2) および (4) を満たす．すると (7.41) から

$$\|\phi'', \mathscr{U}_+\|_{4+a} \leqslant P_{7,a}\{\|{}_0\phi, \mathscr{H}(0) \cap \bar{\mathscr{U}}\|_{4+a} + \|{}_1\phi, \mathscr{H}(0) \cap \bar{\mathscr{U}}\|_{3+a}\}$$

を得る．したがって，写像 $\alpha : W^{4+a}(\mathscr{U}_+) \to W^{a+4}(\mathscr{U}_+)$ は $W^{4+a}(\mathscr{U}_+)$ 内の半径 $r (r < \tilde{Q}_a)$ の閉球 $W(r)$ を

$$\|{}_0\phi, \mathscr{H}(0) \cap \bar{\mathscr{U}}\|_{4+a} \leqslant \tfrac{1}{2} r P_{7,a}{}^{-1}$$
$$\text{かつ} \quad \|{}_1\phi, \mathscr{H}(0) \cap \bar{\mathscr{U}}\|_{3+a} \leqslant \tfrac{1}{2} r P_{7,a}{}^{-1} \tag{7.44}$$

で与えられるそれ自身の中へ写す．もし (7.44) が成り立ち r が十分小さければ α は固定点を持つことを示そう．

$W(r)$ 内に ϕ_1' と ϕ_2' があるとする．場 $\phi_1'' = \alpha(\phi_1')$ と $\phi_2'' = \alpha(\phi_2')$ は E_1' を ϕ_1' で決まる係数 $\mathbf{A}'$, $\mathbf{B}'$, $\mathbf{C}'$ による Einstein 演算子として $E_1'(\phi_1'') = 0$, $E_2'(\phi_2'') = 0$ を満足する．すると

$$E_1'(\phi_1'' - \phi_2'') = -(E_1' - E_2')(\phi_2'') \tag{7.45}$$

となる．係数 $\mathbf{A}'$, $\mathbf{B}'$, $\mathbf{C}'$ は $\phi_1{}'$ 上の微分可能性に依存し，$W(r)$ 内の $\phi_1{}'$ に対する $\mathrm{D}\phi_1{}'$ に依存する．$\tilde{\mathscr{U}}_+$ 上で

$$\left.\begin{aligned}|\mathbf{A}'_1 - \mathbf{A}'_2| &\leqslant Q_4|\phi'_1 - \phi'_2|, \\ |\mathbf{B}'_1 - \mathbf{B}'_2| &\leqslant Q_4|\phi'_1 - \phi'_2| + |\mathrm{D}\phi'_1 - \mathrm{D}\phi'_2|, \\ |\mathbf{C}'_1 - \mathbf{C}'_2| &\leqslant Q_4|\phi'_1 - \phi'_2| + |\mathrm{D}\phi'_1 - \mathrm{D}\phi'_2|\end{aligned}\right\} \tag{7.46}$$

を満足する Q_4 が存在する．したがって補題 7.4.1 と 7.4.6 から

$$|(E'_1 - E'_2)(\phi''_2)| \leqslant 3rQ_4\tilde{P}_1 P_{7,a}^{-1} P_{6,a}(|\phi'_1 - \phi'_2| + |\mathrm{D}\phi'_1 - \mathrm{D}\phi'_2|)$$

となる．補題 7.4.4 を (7.45) に用いて

$$\| \phi''_1 - \phi''_2, \mathscr{U}_+ \|_1 \leqslant rQ_5 \| \phi'_1 - \phi'_2, \mathscr{U}_+ \|_1 \tag{7.47}$$

を得る．ここで Q_5 は r に独立なある定数である．したがって十分小さな r に対して写像 α はノルム $\| \; \|_1$ を収縮させ（つまり $\| \alpha(\phi_1) - \alpha(\phi_2) \|_1 \leqslant \| \phi_1 - \phi_2 \|_1$）列 $\alpha^n(\phi'_1)$ は $W^1(\mathscr{U}_+)$ 内である場 ϕ に強収束する．しかし Riesz の定理によれば，$\alpha^n(\phi'_1)$ のある部分列はある場 $\tilde{\phi} \in Wr$ へ弱収束する．よって ϕ は $\tilde{\phi}$ に等しく $W(r)$ 内になければならない．したがって $\alpha(\phi)$ が定義される．ここで

$$\| \alpha(\phi) - \alpha^{n+1}(\phi'_1), \mathscr{U}_+ \|_1 \leqslant rQ_5 \| \phi - \alpha^n(\phi'_1), \mathscr{U}_+ \|_1$$

となり，$n \to \infty$ で右辺はゼロになる．これは $\| \alpha(\phi) - \phi, \mathscr{U}_+ \|_1 = 0$ を意味し $\alpha(\phi) = \phi$ である．写像 α による収縮から固定点は $W(r)$ 内で一意である．よって証明された：

命題 7.5.1
もし $\tilde{\mathbf{g}}$ が真空中の Einstein 方程式の解なら，$\| {}_0\phi, \mathscr{H}(0) \cap \tilde{\mathscr{U}} \|_{4+a}$ と $\| {}_1\phi, \mathscr{H}(0) \cap \tilde{\mathscr{U}} \|_{3+a}$ が十分小さければ縮約された真空中の Einstein 方程式は解 $\phi \in W^{4+a}(\mathscr{U}_+)$ を持つ．$\| \phi, \mathscr{H}(0) \cap \tilde{\mathscr{U}} \|_{4+a}$ は有界になるので ϕ は少なくとも $C^{(2+a)-}$ 級となる．   □

この解は $W^4(\mathscr{U}_+)$ 内になくても局所的に一意である．

命題 7.5.2
$\tilde{\phi}$ を開集合 $\mathscr{V} \subset \mathscr{H}(0) \cap \mathscr{U}$ 上に同じ初期値を持つ縮約された真空 Einstein 方程式の C^{1-} 級解とする．すると $\mathscr{U}_+$ 内の近傍 $\mathscr{V}$ 上で $\tilde{\phi} = \phi$ である．

$\tilde{\phi}$ は連続なので，$\mathbf{A}, \mathbf{B}, \mathbf{C}$ に対して補題 7.4.4 の条件を満足する $\mathscr{U}$ 内の $\mathscr{V}$ の近傍 $\mathscr{U}'$ を求めることができる．前の議論と同じように

$$\tilde{E}(\tilde{\phi} - \phi) = -(\tilde{E} - E)(\phi) \tag{7.48}$$

である．同様に，

$$\| (\tilde{E} - E)(\phi), \mathscr{H}(t) \cap \mathscr{U}'_+ \|_0 \leqslant Q_6 \| \tilde{\phi} - \phi, \mathscr{H}(t) \cap \mathscr{U}'_+ \|_1$$

7.5 真空中のEinstein(アインシュタイン)方程式の発展の存在と一意性

を満たす Q_6 が存在する．補題 7.4.4 を (7.48) に適用し不等式

$$\mathrm{d}x/\mathrm{d}t \leqslant Q_7 x$$

を得る．ここで $\quad x = \int_0^t \parallel \tilde{\phi} - \phi, \mathscr{H}(t') \cap \bar{\mathscr{U}}'_+ \parallel_1 \mathrm{d}t'$

である．したがって $\bar{\mathscr{U}}'_+$ 上で $\tilde{\phi} = \phi$ である． □

命題 7.5.1 は Einstein 方程式の真空解の初期データに十分小さな摂動を与えると $\mathscr{U}_+$ 領域に解を得られることを示している．しかしやりたいのはいかなる初期データ h^{ab} と χ^{ab} に対しても 3 次元多様体 $\mathscr{S}$ 上の拘束方程式を満足する発展の存在を証明することである．これは次のように進める．$\mathscr{M}$ を R^4 とし，$\mathbf{e}$ を Einstein 計量，$\hat{\mathbf{g}}$ を平坦な Minkowski 計量 (これは真空中の Einstein 方程式の解) とする．通常の Minkowski 座標 x^1, x^2, x^3, $x^4(x^4 = t)$ において $\mathscr{U}$ を $\partial \mathscr{U} \cap \bar{\mathscr{U}}_+$ が空間的で $\mathscr{H}(0) \cap \bar{\mathscr{U}}$ が $(x^1)^2+(x^2)^2+(x^3)^2 \leqslant 1$, $x^4 = 0$ の点を含むように取る．ここでのアイデアは十分に見渡せるスケールで見ればいかなる計量も殆ど平坦であるということである．したがって，もし $\mathscr{S}$ の十分小さな領域を $\mathscr{H}(0) \cap \bar{\mathscr{U}}$ の上に写像すれば，命題 7.5.1 を使うことができて $\mathscr{U}_+$ の解を得られる．これを $\mathscr{S}$ の他の部分にも繰り返し，$(\mathscr{S}, \boldsymbol{\omega})$ の発展である計量 $\mathbf{g}$ を持つ多様体 $\mathscr{M}$ を形成するように得られた解を貼りあわせる．

$\mathscr{S}$ の座標近傍 $\mathscr{V}_1$ を座標原点 p での座標成分 h^{ab} が δ^{ab} に等しくなるような座標 y^1, y^2, y^3 を持つものとする．$\mathscr{V}_1(f_1)$ を p における座標半径 f_1 の開球とする．$x^i = f_1^{-1} y^i (i = 1, 2, 3), x^4 = 0$ によって埋め込み $\theta_1: \mathscr{V}_1(f_1) \to \mathscr{U}$ を定義する．通常の基底変換の法則により，座標 $\{x\}$ の成分 $\theta_* h^{ab}$ と $\theta_* \chi^{ab}$ は座標 $\{y\}$ の成分 h^{ab} と χ^{ab} の f_1^{-2} 倍である．$\mathscr{V}_1$ 上に $h'^{ab} = f_1^2 h^{ab}$, $\chi'^{ab} = f_1^3 \chi^{ab}$ となる新しい場 h'^{ab}, χ'^{ab} を定義する．すると $\mathbf{h}$ は $\mathscr{S}$ 上で連続 (実際 C^{2+a} 級) なので f_1 を十分小さく取ると $\mathscr{H}(0) \cap \mathscr{U}$ 上で $g'^{ab} - \hat{g}^{ab}$ と $g'^{ab}_{|c} u^c$ をいくらでも小さくすることができる．ここで g'^{ab} と $g'^{ab}_{|c} u^c$ は §7.3 で扱った方法で h'^{ab} と χ'^{ab} によって定義される．$\mathscr{H}(0)$ 面における g'^{ab} と $g'^{ab}_{|c} u^c$ の導関数も f_1 を小さくするにつれて小さくなる．したがって $\parallel {}_0 \phi', \mathscr{H}(0) \cap \bar{\mathscr{U}} \parallel_{4+a}$ と $\parallel {}_1 \phi', \mathscr{H}(0) \cap \bar{\mathscr{U}} \parallel_{3+a}$ は十分に小さく取れ，命題 7.51 が適用でき，$\mathscr{U}_+$ 上の ϕ' に対する解を得ることができる．すると $g_1^{ab} = f_1^{-2} g'^{ab}$ が初期データが h^{ab} と χ^{ab} で決定された縮約された Einstein 方程式の解となる．同様にして $\mathscr{U}$ の $t \leqslant 0$ の部分である $\mathscr{U}_-$ 上の解も得ることができる．

$\mathscr{S}$ は $\mathscr{V}_1(f_1)$ 形式の座標近傍 $\mathscr{V}_\alpha(f_\alpha)$ で覆うことができ，それらを埋め込み θ_α によって $\mathscr{U}$ 形式の近傍 $\mathscr{U}_\alpha$ に写像し，$\mathscr{U}_\alpha$ 上の解 $g_\alpha{}^{ab}$ を得る．問題は $\mathscr{U}$ の集積で計量 $\mathbf{g}$ の多様体を作り上げるために，重複した中から適切な点を同一視することである．そのために調和ゲージ条件

$$\phi^{bc}{}_{|c} = g^{bc}{}_{|c} - \tfrac{1}{2} g^{bc} g_{de} g^{dc}{}_{|c} = 0 \tag{7.49}$$

を使う．$\delta \Gamma^a_{bc}$ の定義 (7.3) により，これは $g^{de} \delta \Gamma^b{}_{de} = 0$ に等しい．したがっていかなる

関数 z に対しても

$$z_{;ab}g^{ab} = z_{|ab}g^{ab} - \delta\Gamma^c{}_{ab}z_{|c}g^{ab} = z_{|ab}g^{ab} \quad (7.50)$$

となる．もし背景計量が Minkowski 計量で z が Minkowski 座標 x^1, x^2, x^3, x^4 の一つならば (7.50) の右辺は消滅する．ここで多様体 $\mathscr{M}$ は任意の W^{4+a} 級 Lorentz 計量 $\mathbf{g}$ を持つと仮定する．ある近傍 $\mathscr{Y} \subset \mathscr{M}$ にて線形方程式

$$z_{;ab}g^{ab} = 0 \quad (7.51)$$

の 4 つの解 z^1, z^2, z^3, z^4 を求めることができる．それらの勾配は $\mathscr{Y}$ のそれぞれの点で線形独立である．そして $x^a = z^a (a = 1,2,3,4)$ によって微分同相写像 $\mu : \mathscr{Y} \to \hat{\mathscr{M}}$ を定義する．この微分同相写像は $\hat{\mathscr{M}}$ 上の計量 $\mu_* g^{ab}$ が $\hat{\mathscr{M}}$ 上の計量 $\hat{g}$ に対応する調和ゲージ条件を満足するという性質を持つ．したがってもし計量 $\mathbf{g}$ が $\mathscr{M}$ 上の Einstein 方程式の解ならば計量 $\mu_* \mathbf{g}$ は背景計量 $\hat{\mathbf{g}}$ を持つ $\hat{\mathscr{M}}$ 上の縮約された Einstein 方程式の解となるであろう．

2 つの近傍 $\mathscr{U}_\alpha$ と $\mathscr{U}_\beta$ の重複から点を同一視する手続きはしたがって $\mathscr{S}$ 上の座標近傍 $\mathscr{V}_\alpha$ と $\mathscr{V}_\beta$ の重複により決定される $x_\beta{}^\alpha$ と $x_\beta{}^\alpha{}_{|b}u^b$ の初期値を使って座標 $x_\beta{}^1$, $x_\beta{}^2$, $x_\beta{}^3$, $x_\beta{}^4$ に対する $\mathscr{U}_\alpha$ 上の (7.51) を解くことである．事実，$u^a = \partial/\partial x_\alpha{}^a$ を計量 $\hat{\mathbf{g}}$ の $\mathscr{H}(0)$ に直交する $\mathscr{U}_\alpha$ の単位ベクトルとして，$x_\beta{}^i{}_{|a}u^a = 0 (i = 1,2,3)$, $x_\beta{}^4{}_{|a}u^a = 1$ である．したがって，一般に $x_\beta{}^i$ は $x_\alpha{}^i$ に等しくないが，$x_\beta{}^4$ に関しては $x_\beta{}^4 = x_\alpha{}^4$ である．命題 7.4.7 により座標 $x_\beta{}^a$ は $\mathscr{U}_\alpha$ 上の $C^{(2+a)-}$ 級関数である．(命題 7.4.7 において共変微分が取られる背景計量は $C^{(5+a)-}$ 級でなければならない．したがってそれは (7.51) に直接適用することはできない．なぜなら共変微分は W^{4+a} 級でしかない $\mathbf{g}$ に対してなされるからである．しかし C^{5+a} 級の背景計量 $\tilde{\mathbf{g}}$ を導入することができ (7.51) を

$$z_{\|ab}g^{ab} + z_{\|a}B^a = 0$$

の形に表現できる．ここで $\|$ は $\tilde{\mathbf{g}}$ に対する共変微分を示す．よって命題 7.4.7 をこの方程式に適用することができる．)

$x_\beta{}^a$ の勾配は $\mathscr{H}(0) \cap \mathscr{U}_\alpha$ 上で線形独立なので，それらは $\mathscr{U}_\alpha$ 内の $\mathscr{H}(0)$ のある近傍 $\mathscr{U}''_\alpha$ 内でも線形独立である．計量 $\mu_* g_\alpha^{ab}$ は $\mathscr{U}_\beta$ 内の $\mu(\mathscr{U}''_\alpha)$ 上で少なくとも C^{1-} 級となる．その計量は背景計量 $\hat{\mathbf{g}}$ の $\mathscr{U}_\beta$ 上の縮約された真空 Einstein 方程式に従い，$\theta_\beta(\mathscr{V}_\alpha \cap \mathscr{V}_\beta)$ 上と同じ初期値を持つので，$\mathscr{U}_\beta$ 中の $\theta_\beta(\mathscr{V}_\alpha \cap \mathscr{V}_\beta)$ のある近傍 $\mathscr{U}'_\beta$ 上の $\mathbf{g}_\beta$ と一致しなければならない．これは $\mathscr{S}$ の領域 $\mathscr{V}_\alpha \cup \mathscr{V}_\beta$ の発展を得るために $\mathscr{U}''_\alpha$ と $\mathscr{U}'_\beta$ を結合しても良いことを示す．$\mathscr{S}$ の被覆 $\{\mathscr{V}_\alpha\}$ を局所的に限定し，$\mathscr{S}$ の発展を得るために他の近傍族 $\{\mathscr{U}_\alpha\}$ の部分集合を結合する同様のやり方を進めて良い．つまり $\mathscr{M}$ を計量 $\mathbf{g}$ の多様体とし，埋め込み $\theta : \mathscr{S} \to \mathscr{M}$ が，$\mathbf{g}$ が真空 Einstein 方程式を満足し且つ定められた $\theta(\mathscr{S})$ 上の初期データ $\boldsymbol{\omega}$ に整合することであり，これは $\mathscr{M}$ に対する Cauchy 面である．もし $(\mathscr{M}', \mathbf{g}')$ が $(\mathscr{S}, \boldsymbol{\omega})$ の他の発展だとすると，同様の方法で $\mathscr{M}'$ 内の $\theta'(\mathscr{S}')$ のある近傍と $\mathscr{M}$ 内の $\theta(\mathscr{S})$ のある近傍との間の $\mu_* g'^{ab} = g^{ab}$ となる微分同相写像を確立することができる．したがって証明が得られた．

局所的 Cauchy 発展定理

もし $h^{ab} \in W^{4+a}(\mathscr{S})$ と $\chi^{ab} \in W^{3+a}(\mathscr{S})$ が真空中の拘束方程式を満足するなら，いかなる滑らかな空間的面 $\mathscr{H}$ に対しても $\mathbf{g} \in W^{4+a}(\mathscr{M})$ 且つ $\mathbf{g} \in W^{4+a}(\mathscr{H})$ であるような真空 Einstein 方程式に対する発展 $(\mathscr{M}, \mathbf{g})$ が存在する．これらの発展は局所的に一意である．つまり，もし $(\mathscr{M}', \mathbf{g}')$ が $(\mathscr{S}, \boldsymbol{\omega})$ の他の W^{4+a} 級発展なら $(\mathscr{M}, \mathbf{g})$ と $(\mathscr{M}', \mathbf{g}')$ 両方とも $(\mathscr{S}, \boldsymbol{\omega})$ のある共通の発展の拡張である．

この $\mathbf{g} \in W^{4+a}(\mathscr{H})$ は，定数 t の面は任意に選ぶことができるから補題 7.4.6 に従う． □

7.6 極大発展と安定性

初期データが真空拘束方程式を満足するなら発展を求めることができることを示した．つまり初期の面から未来や過去へある距離離れた解を構築できるということである．一般的にはこの発展は $(\mathscr{S}, \boldsymbol{\omega})$ のより大きな発展を与えるより離れた未来や過去へ延長できる．しかしながら $(\mathscr{S}, \boldsymbol{\omega})$ の任意の発展の拡張であるような $(\mathscr{S}, \boldsymbol{\omega})$ の唯一 (微分同相までを同一視して) の発展 $(\mathscr{M}, \mathbf{g})$ が存在することを Choquet-Bruhat and Geroch (1969) と類似の議論によって示そう．

$\mu_* \mathbf{g}_2 = \mathbf{g}_1$ で $\theta_1^{-1} \mu \theta_2$ が $\mathscr{S}$ 上の恒等写像となるような埋め込み $\mu: \mathscr{M}_2 \to \mathscr{M}_1$ が存在すれば $(\mathscr{M}_1, \mathbf{g}_1)$ は $(\mathscr{M}_2, \mathbf{g}_2)$ の拡張であることを思い出そう．点 $q \in \mathscr{S}$ と距離 s が与えられると，それぞれ $\theta_1(q)$ と $\theta_2(q)$ を通って $\theta_1(\mathscr{S})$ と $\theta_2(\mathscr{S})$ に直交して測地線に沿って距離 s 進んだ点 $p_1 \in \mathscr{M}_1$ と $p_2 \in \mathscr{M}_2$ をそれぞれ一意に決定することができる．$\mu(p_2)$ は p_1 に等しくなければならないので，埋め込み μ は一意でなければならない．したがって $(\mathscr{S}, \boldsymbol{\omega})$ の全ての発展を半順序化することができる．もし $(\mathscr{M}_1, \mathbf{g}_1)$ が $(\mathscr{M}_2, \mathbf{g}_2)$ の拡張なら $(\mathscr{M}_2, \mathbf{g}_2) \leqslant (\mathscr{M}_1, \mathbf{g}_1)$ と書く．もし $\{(\mathscr{M}_\alpha, \mathbf{g}_\alpha)\}$ が $(\mathscr{S}, \boldsymbol{\omega})$ の発展の全順序化集合 (集合 $\mathscr{A}$ はもし全ての異なる $\mathscr{A}$ の要素の対 a, b に対して $a \leqslant b$ かつ $b \leqslant a$ なら全順序化集合という) なら，$\mu_{\alpha\beta}: \mathscr{M}_\alpha \to \mathscr{M}_\beta$ が埋め込みである $\mu_{\alpha\beta}(p_\alpha) \in \mathscr{M}_\beta$ によってそれぞれの $p_\alpha \in \mathscr{M}_\alpha$ が同定される $(\mathscr{M}_\alpha, \mathbf{g}_\alpha) \leqslant (\mathscr{M}_\beta, \mathbf{g}_\beta)$ となる全ての $\mathscr{M}_\alpha$ の合併によって多様体 $\mathscr{M}'$ を形成することができる．多様体 $\mathscr{M}'$ は $\mu_\alpha: \mathscr{M}_\alpha \to \mathscr{M}'$ を自然な埋め込みとしてそれぞれの $\mu_\alpha(\mathscr{M}_\alpha)$ 上で $\mu_{\alpha*} \mathbf{g}_\alpha$ と等しい誘導計量 $\mathbf{g}'$ を持つ．明らかに $(\mathscr{M}', \mathbf{g}')$ も $(\mathscr{S}, \boldsymbol{\omega})$ の発展となる．したがってすべての全順序化集合は上限を持ち，Zorn の補題 (例えば Kelly (1965),p.33 参照) によりその拡張がそれ自体しかない $(\mathscr{S}, \boldsymbol{\omega})$ の最大発展 $(\tilde{\mathscr{M}}, \tilde{\mathbf{g}})$ が存在する．

ここで $(\tilde{\mathscr{M}}, \tilde{\mathbf{g}})$ が $(\mathscr{S}, \boldsymbol{\omega})$ の全ての発展の拡張であることを示す．$(\mathscr{M}', \mathbf{g}')$ を $(\mathscr{S}, \boldsymbol{\omega})$ の他の発展とする．局所的 Cauchy 定理より，$(\tilde{\mathscr{M}}, \tilde{\mathbf{g}})$ と $(\mathscr{M}', \mathbf{g}')$ が両方その拡張であるような $(\mathscr{S}, \boldsymbol{\omega})$ の発展が存在する．全てのそのような共通発展の集合は同様に半順序化され，再び Zorn の補題により埋め込み $\tilde{\mu}: \mathscr{M}'' \to \tilde{\mathscr{M}}$ や $\mu': \mathscr{M}'' \to \mathscr{M}'$ 等々により

最大発展 $(\mathcal{M}'', \mathbf{g}'')$ を持つことになる．$\mathcal{M}^+$ を $\tilde{\mathcal{M}}$, $\mathcal{M}'$, $\mathcal{M}''$ の合併とし，それぞれの点 $p'' \in \mathcal{M}''$ は $\tilde{\mu}(p'') \in \tilde{\mathcal{M}}$ と $\mu'(p'') \in \mathcal{M}'$ によって同一視されるとする．もし $\mathcal{M}^+$ が Hausdorff であることを示せれば，対 $(\mathcal{M}^+, \mathbf{g}^+)$ は $(\mathcal{S}, \boldsymbol{\omega})$ の発展となる．それは $(\tilde{\mathcal{M}}, \tilde{\mathbf{g}})$ と $(\mathcal{M}', \mathbf{g}')$ 両方の拡張となる．しかし $(\tilde{\mathcal{M}}, \tilde{\mathbf{g}})$ は $(\tilde{\mathcal{M}}, \tilde{\mathbf{g}})$ それ自体の拡張であり，よって $(\tilde{\mathcal{M}}, \tilde{\mathbf{g}})$ は $(\mathcal{M}^+, \mathbf{g}^+)$ と等しくなければならず $(\mathcal{M}', \mathbf{g}')$ の拡張でなければならない．

$\mathcal{M}^+$ が Hausdorff でないとする．すると $\tilde{\mu}$ の全ての近傍 $\mathcal{U}$ が $\overline{\mu'(\tilde{\mu}^{-1}(\mathcal{U}))}$ が p' を含むという性質を持つ点 $p' \in (\mu'(\mathcal{M}''))^{\cdot} \subset \mathcal{M}'$ と $\tilde{p} \in (\tilde{\mu}(\mathcal{M}''))^{\cdot} \subset \tilde{\mathcal{M}}$ とが存在する．ここで $(\mathcal{M}'', \mathbf{g}'')$ は発展なので，$\tilde{\mathcal{M}}$ 内のその写像 $\tilde{\mu}(\mathcal{M}'')$ のように大域的双曲となる．したがって $\tilde{\mathcal{M}}$ 内の $\tilde{\mu}(\mathcal{M}'')$ の境界は非時間順序的でなければならない．γ を $\tilde{p}$ に未来端点を持つ $\tilde{\mathcal{M}}$ 内の時間的曲線とする．すると p' は $\mathcal{M}'$ 内の曲線 $\mu'\tilde{\mu}^{-1}(\gamma)$ の極限点でなければならない．実際にはそれは未来端点でなければならない．なぜなら $(\mathcal{M}', \mathbf{g}')$ 内では強い因果性が成り立つからである．したがって $\tilde{p}$ が与えられると点 p' は一意である．更に p' の連続ベクトルは $\tilde{p}$ のベクトルに一意に関連づけることができる．したがって $\tilde{\mathcal{M}}$ 内の $\tilde{p}$ の正規座標近傍と $\mathcal{M}'$ 内の p' の正規座標近傍 $\mathcal{U}'$ を求めることができ，写像 $\mu'\tilde{\mu}^{-1}$ のもとで同じ座標値を持つように $\tilde{\mathcal{U}} \cap \tilde{\mu}(\mathcal{M}'')$ の点は $\mathcal{U}' \cap \mu'(\mathcal{M}'')$ の点へ写像される．これは $(\tilde{\mu}(\mathcal{M}''))^{\cdot}$ の全ての非 Hausdorff な点の集合 $\mathcal{F}$ が $(\tilde{\mu}(\mathcal{M}''))^{\cdot}$ の開集合であることを示す．我々は $\mathcal{F}$ が空でないと仮定し矛盾を導く．

もし $\tilde{\lambda}$ が点 $\tilde{p} \in \mathcal{F}$ を通る $\tilde{\mathcal{M}}$ 内の過去向きヌル測地線であるとすると，p における向きを p' における向きと関連づけることができるので，$\mathcal{M}'$ 内の p' を通る過去向きヌル測地線 λ' を一致する方向で構築することができる．$\tilde{\lambda} \cap (\tilde{\mu}(\mathcal{M}''))^{\cdot}$ のそれぞれの点は $\lambda' \cap (\mu'(\mathcal{M}''))^{\cdot}$ の点に一致し，全ての $\tilde{\lambda} \cap (\tilde{\mu}(\mathcal{M}''))^{\cdot}$ の点は $\mathcal{F}$ の中にある．$\tilde{\theta}(\mathcal{S})$ は $\tilde{\mathcal{M}}$ における Cauchy 面なので，$\tilde{\lambda}$ はある点 $\tilde{q}$ で $(\tilde{\mu}(\mathcal{M}''))^{\cdot}$ を離れなければならない．$\tilde{q}$ はその近傍の中にある点 $\tilde{r} \in \mathcal{F}$ が存在し，$(\tilde{\mathcal{H}} - \tilde{r}) \subset \tilde{\mu}(\mathcal{M}'')$ という性質を持つ $\tilde{r}$ を通る空間的面 $\tilde{\mathcal{H}}$ が存在する．対応する点 r' を通り，対応する空間的面 $\mathcal{H}' = (\mu'\tilde{\mu}^{-1}(\tilde{\mathcal{H}} - \tilde{r})) \cup r'$ が $\mathcal{M}'$ の中に存在する．$\tilde{\psi}^{-1}\tilde{\mu}\mu'^{-1}\psi'$ が $\mathcal{H} - \tilde{\psi}^{-1}(\tilde{p})$ 上で恒等写像となる埋め込み $\tilde{\psi}: \mathcal{H} \to \tilde{\mathcal{M}}$ と $\psi': \mathcal{H} \to \mathcal{M}'$ の下で $\tilde{\mathcal{H}}$ と $\mathcal{H}'$ は 3 次元多様体の $\mathcal{H}$ の像とみなされる．$\mathcal{H}$ 上の誘導計量 $\tilde{\psi}_*(\tilde{\mathbf{g}})$ と $\psi'_*(\mathbf{g}')$ は $\tilde{\mathcal{H}} - \tilde{p}$ と $\mathcal{H}' - p'$ が等長なので一致する．局所的 Cauchy 定理によりそれらは $W^{4+a}(\mathcal{H})$ となる．同様に第 2 基本形式も一致し $W^{3+a}(\mathcal{H})$ 内にある．$\tilde{\mathcal{M}}$ の近傍 $\tilde{\mathcal{H}}$ と $\mathcal{M}'$ の近傍 $\mathcal{H}'$ は $\mathcal{H}$ の W^{4+a} 級発展であろう．局所的 Cauchy 定理からそれらは同じ共通の発展 $(\mathcal{M}^*, \mathbf{g}^*)$ の拡張でなければならない．$(\mathcal{M}^*, \mathbf{g}^*)$ を $(\mathcal{M}'', \mathbf{g}'')$ へ結合することにより $(\mathcal{S}, \boldsymbol{\omega})$ のより大きな発展を得るであろう．ここでの $(\tilde{\mathcal{M}}, \tilde{\mathbf{g}})$ と $(\mathcal{M}', \mathbf{g}')$ は拡張となるだろう．$(\mathcal{M}'', \mathbf{g}'')$ はそのような共通の発展の最大のものであるから，それは不可能である．これは $\mathcal{M}^+$ が Hausdorff でなければならないことを示し，$(\tilde{\mathcal{M}}, \tilde{\mathbf{g}})$ は $(\mathcal{M}', \mathbf{g}')$ の拡張でなければならない．したがって証明された． □

7.6 極大発展と安定性

大域的 Cauchy 発展定理

もし $h^{ab} \in W^{4+a}(\mathscr{S})$ と $\chi^{ab} \in W^{3+a}(\mathscr{S})$ が真空拘束方程式を満たすなら，いかなる滑らかな空間的面 $\mathscr{H}$ に対しても $\mathbf{g} \in W^{4+a}(\mathscr{M})$ 且つ $\mathbf{g} \in W^{4+a}(\mathscr{H})$ である真空 Einstein 方程式の最大発展 $(\mathscr{M}, \mathbf{g})$ が存在する．この発展は他のいかなる発展に対してもその拡張となるものである．

我々はこれまでこの発展を W^{4+a} 級発展の中で最大のものとして証明した．もし a がゼロより大きければ，W^{4+a} 級発展の拡張である W^{4+a-1}, W^{4+a-2}, ..., W^4 級発展も存在するだろう．しかしながら Choquet-Bruhat (1971) はこれらが全て W^4 級発展に一致することを指摘した．これは，縮約された Einstein 方程式は微分することができるので，g^{ab} の 1 階微分としてそれらを W^4 級発展上の線形方程式とみなすことができるからである．そしてもし初期データが W^5 級なら，命題 7.4.7 を使って W^4 級発展上で g^{ab} が W^5 級であることを示すことができる．この方法を続けることにより，もし初期データが C^∞ 級なら実際に W^4 級に一致する C^∞ 級発展が存在することを示すことができる．

我々はただ W^4 級かそれ以上の計量に対する最大発展の存在と一意性を証明した．実際，W^3 級初期データに対する発展の存在を証明することができるが，この場合の一意性の証明はできていない．計量が W^4 級のままでなくなるか，$\theta(\mathscr{S})$ が Cauchy 面のままでなくなるような W^4 級最大発展に拡張することが可能である．後者の場合，Cauchy 地平が現れる．この例は 6 章で与えられている．一方ではある種の特異点が現れるかもしれず，その場合は発展を物理的に考慮されるだけの十分な微分可能性を持つ計量に拡張することができない．実際，次の章の定理 4 ではもし $\mathscr{S}$ がコンパクトで $\mathscr{S}$ 上のいたるところで $\chi^{ab} h_{ab}$ が負なら発展を C^{2-} 級計量 (つまり局所的有界曲線) で測地的完備に拡張できないことを示す．

拘束方程式を満足する $\mathscr{S}$ 上のテンソル対 (h^{ab}, χ^{ab}) の空間から多様体 $\mathscr{M}$ 上の計量 $\mathbf{g}$ の同値類空間——これは命題 6.6.8 により $\mathscr{S} \times R^1$ に微分同相である——への写像が存在することを示した．もし 2 つの対 (h^{ab}, χ^{ab}) と (h'^{ab}, χ'^{ab}) が微分同相写像 $\lambda : \mathscr{S} \to \mathscr{S}$ のもとで同値であれば，(つまり $\lambda_* h^{ab} = h'^{ab}$ であり $\lambda_* \chi^{ab} = \chi'^{ab}$ であれば) それらは同値な計量 $\mathbf{g}$ を作る．したがって (h^{ab}, χ^{ab}) 対の同値類から計量 $\mathbf{g}$ の同値類への写像を得る．ここで h^{ab} と χ^{ab} は 12 個の独立な成分を持つ．拘束方程式はこれらの間に 4 つの関係を課し，微分同相写像による同値関係は更に 3 つの任意関数を除外し，5 つの独立な関数を残すと考えられる．これらの関数の 1 つは発展 $(\mathscr{M}, \mathbf{g})$ 内の $\theta(\mathscr{S})$ の位置を特定すると考えられる．したがって真空中の Einstein 方程式の最大発展は 3 つの変数を持つ 4 つの関数で特定される．

(h^{ab}, χ^{ab}) の同値類から $\mathbf{g}$ の同値類への写像がある意味で連続であることを示したい．この同値類上への適切な位相は W^r 級コンパクト開位相 (*compact-open topology*(§6.4 参照)) である．$\hat{\mathbf{g}}$ を $\mathscr{M}$ 上の C^r 級 Lorentz 計量とし $\mathscr{U}$ をコンパクトな閉包を持つ開集合

とする．V を $W^r(\mathcal{U})$ 内の開集合とし，$O(\mathcal{U}, V)$ を V 内の $\mathcal{U}$ に制限された $\mathcal{M}$ 上の全てのLorentz計量の集合とする．$\mathcal{M}$ 上の全ての W^r 級Lorentz計量の空間 $\mathscr{L}_r(\mathcal{M})$ 上の W^r 級コンパクト開位相の開集合は $O(U,V)$ 形式の集合の合併と有限個の共通部分となるよう定義される．$\mathcal{M}$ 上の W^r 級計量の同値類の $\mathscr{L}_r^*(\mathcal{M})$ 空間の位相は計量をその同値類へ割り当てる射影

$$\pi : \mathscr{L}_r(\mathcal{M}) \to \mathscr{L}_r^*(\mathcal{M})$$

によって誘導される（つまり $\mathscr{L}_r^*(\mathcal{M})$ の開集合は Q が $\mathscr{L}_r(\mathcal{M})$ の開集合であるところの $\pi(Q)$ 形式である）．同様に拘束方程式を満足する全ての (h^{ab}, χ^{ab}) 対の空間 $\Omega_r(\mathscr{S})$ 上の W^r 級コンパクト開位相は，V と V' がそれぞれ $W^r(\mathscr{S})$ と $W^{r-1}(\mathscr{S})$ の開集合であるところの $h^{ab} \in V$ と $\chi^{ab} \in V'$ の対から成る $O(\mathcal{U}, V, V')$ 形式の集合によって定義される．$\mathcal{M}$ 上の C^∞ 級計量は $\mathcal{M}$ 上の全てのLorentz 計量の空間 $\mathscr{L}(\mathcal{M})$ の部分空間 $\mathscr{L}_\infty(\mathcal{M})$ を形成する．C^∞ 級計量はいかなる r に対しても W^r 級なので $\mathscr{L}_\infty(\mathcal{M})$ 上に W^r 級位相を持つ．したがって $\mathscr{L}_\infty(\mathcal{M})$ 上の C^∞ 級あるいは W^∞ 級位相は，全ての r に対する $\mathscr{L}_\infty(\mathcal{M})$ 上の W^r 級位相の全ての開集合によって与えられるよう定義することができる．$\mathscr{L}_\infty^*(\mathcal{M})$ と $\Omega_\infty(\mathscr{S})$ 上の C^∞ 級位相も同様に定義される．

(h^{ab}, χ^{ab}) 対の同値類の空間 $\Omega_r^*(\mathscr{S})$ から計量の同値類の空間 $\mathscr{L}_r^*(\mathcal{M})$ への写像 Δ_r が両空間上 W^r 級コンパクト開位相にて連続であることを示したい．言い換えれば $\mathcal{M}$ 上の解 $\mathbf{g} \in W^r(\mathcal{M})$ を与えるような初期データ $h^{ab} \in W^r(\mathscr{S})$ と $\chi^{ab} \in W^{r-1}(\mathscr{S})$ を持つとすることである．するともし $\mathscr{V}$ を $\mathcal{M}$ のコンパクトな閉包を持つ領域とし $\varepsilon > 0$ とすると，$\mathscr{S}$ のコンパクトな閉包を持つある領域 $\mathscr{Y}$ があって $\| \mathbf{h}' - \mathbf{h}, \tilde{\mathscr{Y}} \|_r < \frac{1}{2}\delta$ で $\| \chi' - \chi, \tilde{\mathscr{Y}} \|_{r-1} < \frac{1}{2}\delta$ であるような全ての初期データ (h'^{ab}, χ'^{ab}) に対して $\| \mathbf{g}' - \mathbf{g}, \mathscr{V} \|_r < \varepsilon$ となるある $\delta > 0$ が存在することを示したい．この結果は真実かも知れないが，それを証明できないでいる．証明できるのはもし計量が $C^{(r+1)-}$ ならこの結果が成り立つことである．これは $\mathbf{g}$ を背景計量とし $\mathcal{U}$ を $J^-(\bar{\mathscr{V}}) \cap J^+(\theta(\mathscr{S}))$ のある適切な近傍とすることによって命題7.5.1から直ちに得られる．事実，もし補題7.4.6を検討すれば背景計量上の条件は $C^{(r+1)-}$ から $W^{(r+1)}$ 級へ弱めることができる，しかし W^r 級へ弱めることはできない．なぜなら背景計量の Riemann テンソルの $(r-1)$ 階の微分が現れるからである．（背景計量が W^{r+1} 級であるから，更に C^{r+1} 級背景計量に関しては我々はそれを W^{r+1} 級として扱う．）したがって初期データの同値類から計量の同値類への写像 $\Delta_r : \Omega_r^*(\mathscr{S}) \to \mathscr{L}_r^*(\mathcal{M})$ は全ての W^{r+1} 級計量における W^r 級コンパクト開位相において連続となる．W^{r+1} 級が W^r 級計量内で稠密集合を形成するにも拘らず W^{r+1} 級計量でもない W^r 級計量にて写像が連続でない可能性がある．しかし $\infty + 1 = \infty$ であるから写像 $\Delta_\infty : \Omega_\infty^*(\mathscr{S}) \to \mathscr{L}_\infty^*(\mathcal{M})$ は両空間上の C^∞ 級位相で連続となる．

この結果を次のように表現することができる：

Cauchy 安定性定理

$(\mathcal{M}, g)$ を初期データが $\mathbf{h} \in W^{5+a}(\mathcal{S})$ と $\chi \in W^{4+a}(\mathcal{S})$ の $W^{5+a}(0 \leqslant a \leqslant \infty)$ 級の最大発展とし,$\mathcal{V}$ を $J^+(\theta(\mathcal{S}))$ のコンパクトな閉包を持つ領域とする.Z を $\mathcal{L}_{5+a}(\mathcal{V})$ 内の $\mathbf{g}$ の近傍とし,$\mathcal{U}$ を $J^-(\overline{\mathcal{V}}) \cap \theta(\mathcal{S})$ の $\theta(\mathcal{S})$ 内のコンパクトな閉包を持つ領域とする.すると拘束方程式を満たすすべての初期データ $(\mathbf{h}', \chi') \in Y$ に対して,性質

(1) $\theta^{-1}\mu\theta'$ は $\theta^{-1}(\mathcal{U})$ 上の恒等写像であり,
(2) $\mu_* \mathbf{g}' \in Z$ である,

を満たす微分同相写像 $\mu: \mathcal{M}' \to \mathcal{M}$ が存在するような $\Omega_{5+a}(\mathcal{U})$ における $(\mathbf{h}, \chi)$ のある近傍 Y が存在する.ここで $(\mathcal{M}', \mathbf{g}')$ は $(\mathbf{h}', \chi')$ の最大発展である. □

この定理が何を言っているのか大雑把に言うと,もし $J^-(\overline{\mathcal{V}}) \cap \theta(\mathcal{S})$ 上の Cauchy 面 $\theta(\mathcal{S})$ の初期データの摂動が小さければ,$\mathcal{V}$ 内の古い解に近い新しい解を得るということである.実際 $J^-(\overline{\mathcal{V}}) \cap \theta(\mathcal{S})$ より少し大きい Cauchy 面では初期データの摂動は小さくなければならない.なぜなら新しい解ではヌル光円錐は少し異なり $J^-(\overline{\mathcal{V}}) \cap \theta(\mathcal{S})$ の Cauchy 発展内には無いかも知れないからである.

7.7 物質を含む Einstein 方程式

単純のためこれまでは真空中の Einstein 方程式のみを考えてきた.しかしながら物質場 $\Psi_{(i)}{}^I{}_J$ を支配する方程式が物理的に合理的な条件に従うならば物質が存在するとしても類似の結果が成り立つ.アイデアは与えられた時空計量 $\mathbf{g}'$ の決定された初期条件で物質方程式を解くことである.そして,$\mathbf{g}'$ で決定される係数と $\mathbf{g}'$ と物質場の解で決定される物質項 T'^{ab} を用いて縮約された Einstein 方程式 (7.42) を線形方程式として解く.よって新しい計量 $\mathbf{g}''$ を得て $\mathbf{g}'$ を $\mathbf{g}''$ で置き換え手続きを繰り返す.これが Einstein と物質方程式の結合の解に収束することを示すために物質方程式にある条件を課す必要がある.以下を要求する:

(a) もし $\{_0\Psi_{(i)}\} \in W^{4+a}(\mathcal{H})$ と $\{_1\Psi_{(i)}\} \in W^{3+a}(\mathcal{H})$ が W^{4+a} 級計量 $\mathbf{g}$ の内の非時間順序的空間的面 $\mathcal{H}$ 上の初期データなら,いかなる滑らかな空間的面 $\mathcal{H}'$ に対しても $\{\Psi_{(i)}\} \in W^{4+a}(\mathcal{H}')$ である $D^+(\mathcal{H})$ 内の $\mathcal{H}$ の近傍で物質方程式の一意解が存在し,

$$\mathcal{H} \text{ 上で } \Psi_{(i)} = {_0\Psi_{(i)}}, \quad \Psi_{(i)}{}^I{}_{J|a}u^a = {_1\Psi_{(i)}}{}^I{}_J \text{ である.}$$

(b) もし $\{\Psi_{(i)}\}$ が集合 $\mathcal{U}_+$ 上の W^{5+a} 計量 $\mathbf{g}$ の W^{5+a} 解なら

$$\| \mathbf{g}' - \mathbf{g}, \mathcal{U}_+ \|_{4+a} < \tilde{Q}_1$$

かつ

$$\sum_{(i)} \{ \| {_0\Psi'_{(i)}} - {_0\Psi_{(i)}}, \mathcal{H}(0) \cap \mathcal{U} \tilde{\|}_{4+a} + \| {_1\Psi'_{(i)}} - {_1\Psi_{(i)}}, \mathcal{H}(0) \cap \mathcal{U} \tilde{\|}_{3+a} \} < \tilde{Q}_1$$

となる計量 $\mathbf{g}'$ のいかなる W^{4+a} 級解 $\{\boldsymbol{\Psi}'_{(i)}\}$ に対しても

$$\sum_{(i)} \| \boldsymbol{\Psi}'_{(i)} - \boldsymbol{\Psi}_{(i)}, \mathscr{U}_+ \|_{4+a} \leqslant \tilde{Q}_2 \{ \| \mathbf{g}' - \mathbf{g}, \mathscr{U}_+ \|_{4+a}$$
$$+ \sum_{(i)} \| {}_0\boldsymbol{\Psi}'_{(i)} - {}_0\boldsymbol{\Psi}_{(i)}, \mathscr{H}(0) \cap \tilde{\mathscr{U}} \|_{4+a} + \sum_{(i)} \| {}_1\boldsymbol{\Psi}_{(i)} - {}_1\boldsymbol{\Psi}_{(i)}, \mathscr{H}(0) \cap \tilde{\mathscr{U}} \|_{3+a} \}$$

が成り立つ正の定数 $\tilde{Q}_1$ と $\tilde{Q}_2$ が存在する.

(c) エネルギー-運動量テンソルは

$$\Psi_{(i)}{}^I{}_J,\ \Psi_{(i)}{}^I{}_{J;a} \quad \text{と} \quad g^{ab}$$

の多項式である.

条件 (a) は与えられた時空計量の物質場に対する局所的 Cauchy 定理である．条件 (b) は初期条件の変化と時空計量 $\mathbf{g}$ の変化のもとでの物質場の Cauchy 安定性定理である．もし物質方程式が準線形の 2 階の双曲型方程式なら，これらの条件は縮約された Einstein 方程式のそれと同様の方法で成立し，物質方程式のヌル光円錐が時空計量 $\mathbf{g}$ のヌル光円錐に一致するあるいは内部にあるように与えられる．スカラー場あるいは線形方程式に従う電磁場の場合，これらの条件は命題 7.4.7 に従う．電磁ポテンシャルに結合したスカラー場を扱うこともできる；計量と電磁ポテンシャルを固定し，その計量とポテンシャルにて線形方程式としてスカラー場を解き，スカラー場を物質源とする与えられた計量で電磁場を解く．初期データが十分に小さいと仮定すれば，この手続きを繰り返し $\mathscr{U}_+$ 形式の集合が与えられた計量における結合したスカラー場と電磁場の方程式の解へ収束することを示せる．そして計量と場の再スケール化によって $\mathscr{U}_+$ に対して十分に小さく (計量 $\mathbf{g}$ で測って)，いかなる適切な初期データに対しても解を得ることができることが示せる．同じ手続きは有限な数の結合した準線形な 2 階の双曲型方程式でも使うことができるが，結合は 2 階以上の微分を含んではいけない．

完全流体は 2 階の双曲型ではないが準線形の 1 階の系を形成する．(1 階の双曲型の系に関しては Courant and Hilbert (1962),p.577 参照．) 同様の結果は物質線円錐が計量 $\mathbf{g}$ のヌル光円錐と一致するか内部にあると仮定されるそのような系に対して得られる．物質方程式が 2 階の双曲型方程式かそれらの円錐が時空計量 $\mathbf{g}$ の円錐と一致するか内部である 1 階の双曲型の系であると言う要求は第 3 章の局所的因果仮定のより厳密な形と考えることができる．

条件 (a), (b), (c) により縮約された Einstein 方程式と物質方程式の結合に対する命題 7.5.1 と 7.5.2 を確立することができる．これらにより，局所的および大域的 Cauchy 発展定理と Cauchy 安定性定理が成り立つ．

第 8 章
時空特異点

本章では時空特異点についてのいくつかの基本的な結果を確立するために第 4 章と第 6 章の結果を用いる．これらの結果の天体物理学的および宇宙論的意義は次章で考察する．

§8.1 では時空において特異点を定義することの問題を議論する．特異点が時空から切り取られていることの指標である測地的不完備性の概念の一般化である b-不完備性を採用し，b-不完備性が何らかの形の曲率特異点と関連し得る 2 つの可能な方法を特徴づける．§8.2 では幅広い状況の下での不完備性の存在を証明する 4 つの定理が与えられる．§8.3 では時空の特異点を表す b-境界 (b-boundary) の Schmidt の構成法が与えられる．§8.4 ではこの定理の少なくとも 1 つから予想される特異点が，単に曲率テンソルの不連続性ではありえないことを証明する．また，1 つの不完備な測地線のみが存在するのではなくそれらの 3 つのパラメータの族が存在することも示す．8.5 では不完備な曲線が完全にないしは部分的に時空のコンパクトな領域に閉じ込められるという状況を論ずる．これは b-境界の非 Hausdorff 的挙動に関連することが示される．一般的な時空では，これらの不完備な曲線の 1 つの上を移動する観測者が無限大の湾曲力 (curvature forces) を体験するということを示す．また Taub-NUT 空間において発生するその種の挙動はなんらかの物質が存在する場合には起こりえないことも示す．

8.1 特異点の定義

電気力学の類似によって計量テンソルが定義されないか十分適切に微分可能でない点として時空特異点を定義することは合理的であると考えるかもしれない．しかしながらこのような不都合な点は，そのような点を単に切り取って残った多様体が時空全体を表しているということができ，この定義に従えば非特異的だということができる．確かにそのような特異点を時空の一部と見なすことは，通常の物理学の方程式がそこで成り立たず，いかなる測定も不可能であることより不適切に見える．それゆえ $\mathbf{g}$ を Lorentz 計量で適度に微分可能とし，多様体 $\mathcal{M}$ は $(\mathcal{M}, \mathbf{g})$ が要求する微分可能性を保持したまま拡張できないとすることにより，特異点の道連れでいかなる正則な点もこの多様体から排除できないことを保証した対 $(\mathcal{M}, \mathbf{g})$ として §3.1 で時空を定義した．

時空が特異点を持つかどうかを定義する問題はいま，特異点が切り取られたかどうかを判断する問題の 1 つになった．これは時空がある意味不備であるという事実によって認識されることと期待するだろう．

正定値計量 $\mathbf{g}$ を持つ多様体 $\mathcal{M}$ の場合，距離関数 $\rho(x, y)$ は x から y への曲線の長さの最大下限として定義することができる．距離関数 $\rho(x, y)$ は位相的な意味における

計量である.すなわち,$\mathcal{M}$ の開集合に対する基底は,$\rho(x,y) < r$ であるようなすべての点 $y \in \mathcal{M}$ より構成される集合 $\mathcal{B}(x,r)$ によって提供される.対 $(\mathcal{M}, \mathbf{g})$ は,すべての距離関数 ρ に関する Cauchy 列が $\mathcal{M}$ の点に収束するなら計量的完備 (metrically complete)(m-完備) であると呼ばれる.(Cauchy 列は点 x_n の無限級数であって,任意の $\epsilon > 0$ に対してある数 N があって,n と m が N より大きいなら $\rho(x_n, x_m) < \epsilon$ となるものである.)代わりの定式化として有限の長さのすべての C^1 級曲線が §6.2 の意味で端点を持つなら m-完備である (この曲線は端点で C^1 級である必要はない).これより m-完備性が測地的完備性 (geodesic completeness)(g-完備性) を意味することが分かる.つまり,すべての測地線はそのアフィンパラメータの任意の値に対して延長することができる.実際,g-完備性と m-完備性は正定値計量に対しては等価であることを示すことができる (Kobayashi and Nomizu (1963) 参照).

一方,Lorentz 計量は位相的計量を定義しないので g-完備性のみが残される.3 種類の g-不完備性を区別することができる.時間的な測地線,ヌル的な測地線,そして空間的な測地線である.もし時空の正則な点を切り取ると得られる多様体は 3 つ全部において完備でなくなるので上の意味の 1 つとして完備な時空もまた他の 2 つにおいても完備であることを期待するかもしれない.Geroch (1968b) によって与えられた次の例によって示されるように予想に反してこうなる必要はない (Kundt (1963)).座標 x と t および計量 g_{ab} を持つ 2 次元 Minkowski 空間を考えよう.新しい計量 $\hat{g}_{ab} = \Omega^2 g_{ab}$ を定義し,Ω を次の性質を持つ正の関数としよう:

(1) 垂直線 $x = -1$ と $x = +1$ の間の領域の外側では $\Omega = 1$;
(2) Ω は t 軸について対称,つまり $\Omega(t,x) = \Omega(t,-x)$ である;
(3) t 軸上で $t \to \infty$ のとき $t^2 \Omega \to 0$ である.

(2) により,t 軸は時間的測地線であり,それは (3) により $t \to \infty$ のとき完備でない.しかしながらすべてのヌル的および空間的測地線は $x = -1$ と $x = +1$ の間の領域から離れなければならず再進入しない.したがって (1) により,空間はヌル的および空間的に完備である.実際,これら 3 つの可能な方法のいずれかで不完備で残りの 2 つに関して完備な例を構築することができる.

時間的測地的不完備性は,それが固有時の有限時間の後 (あるいは前) の歴史が存在しない自由に運動する観測者ないしは粒子が存在できるという可能性を提示するという直接的な物理的意義を持つ.これは無限大の曲率よりもはるかに不都合な特徴に見えるので,そのような空間を特異的とみなすことは適切に思える.ヌル測地線上のアフィンパラメータは時間的測地線上の固有時と全く同じ物理的意義は持たないが,ヌル測地線はゼロ静止質量粒子の歴史であり,特異的と考えられるが時間的ではあるがヌル測地的完備でないいくつかの例が存在すること (§5.5 Reissner-Nordström 解など) の両方よりヌル測地的不完備時空も恐らく特異的であると見なすべきである.空間的曲線上を運動するものが存在しないことより,空間的測地的不完備性の意義は明らかでない.そこで**時間的およびヌル測地的完備性は特異点を含まない時空に対する最小限の条件である**という描像を採用す

8.1 特異点の定義

る．したがって，もし時空が時間的あるいはヌル測地的不完備ならばその時空は特異点を持つと言おう．

特異点の存在の指標として時間的および/あるいはヌル的不完備性について話すことの利点はこれを土台として特異点の発生についての数々の定理を確立することができることである．しかしながら，時間的および/またはヌル的不完備時空のクラスは何らかの意味で特異的と考えることが望まれるすべてのものを含むわけではない．例えば Geroch (1968b) は測地的完備であるが有限の加速度と有限の長さを持つ延長不可能な時間的曲線を含む時空を構築した．適切な宇宙船と有限の量の燃料を持った観測者はこの曲線を横切ることができる．有限の時間が経過したのち，彼はもはや時空多様体の点によっては表されない．自由に落下する観測者がその最後を迎える時空に特異点が存在すると主張する場合，宇宙船の観測者にも同じことが起こらなければならない．何が必要かというと，すべての測地的あるいは非測地的である C^1 級曲線に対するアフィンパラメータの概念の何らかの一般化である．するとすべてのそのようなパラメータによって測定された有限の長さの C^1 級曲線が端点を持つこととして完備性の概念を定義できる．ここで使用する予定の考えは Ehresman (1957) によって最初に提案されたようであり，Schmidt (1971) によってエレガントな流儀で再定式化された．

$\lambda(t)$ を $p \in \mathscr{M}$ を通る C^1 級曲線とし，$\{\mathbf{E}_i\}$ $(i = 1,2,3,4)$ を T_p の基底とする．t の各値に対する $T_{\lambda(t)}$ の基底を得るために $\lambda(t)$ に沿って $\{\mathbf{E}_i\}$ を平行移動 (parallelly propagate) することができる．すると接ベクトル $\mathbf{V} = (\partial/\partial t)_{\lambda(t)}$ はこの基底に関して $\mathbf{V} = V^i(t)\mathbf{E}_i$ のように表すことができ，λ 上の**一般化されたアフィンパラメータ** u を

$$u = \int_p (\sum_i V^i V^i)^{\frac{1}{2}} dt$$

によって定義することができる．パラメータ u は点 p と p での基底 $\{\mathbf{E}_i\}$ に依存する．$\{\mathbf{E}_{i'}\}$ が p での別の基底とすると，ある非特異な行列 $A_i{}^{j'}$ が存在して

$$\mathbf{E}_i = \sum_{j'} A_i{}^{j'} \mathbf{E}_{j'}$$

である．$\{\mathbf{E}_{i'}\}$ と $\{\mathbf{E}_i\}$ が $\lambda(t)$ に沿って平行移動 (parallelly transported) されるのでこの関係は定行列 $A_i{}^{j'}$ によって保持される．よって

$$V^{i'}(t) = \sum_j A_j{}^{i'} V^j(t)$$

である．$A_i{}^{j'}$ が非特異的行列であることより，ある定数 $C > 0$ があって

$$C \sum_i V^i V^i \leqslant \sum_{i'} V^{i'} V^{i'} \leqslant C^{-1} \sum_i V^i V^i$$

を満たす．よってパラメータ u における曲線 λ の長さはパラメータ u' においてそれが有限であるときに限り有限である．λ が測地曲線ならば u は λ 上のアフィンパラメータであるがこの定義の美しさは u がどんな C^1 級曲線上でも定義できることである．$(\mathscr{M}, \mathbf{g})$

は一般化されたアフィンパラメータによって測定されたすべての有限の長さの C^1 級曲線に対して端点が存在する場合 **b-完備** (bundle complete の略．§8.3 参照) と呼ぶ．長さがある 1 つのそのようなパラメータにおいて有限の場合，すべてのそのようなパラメータで有限となるので，正規直交基底に基底を制限しても何も失わない．計量 **g** が正定値の場合，正規直交基底によって定義された一般化されたアフィンパラメータは弧長であるので，b-完備性は m-完備性と一致する．しかしながら b-完備性は計量が正定値でない場合でさえ定義することができる．実際それは $\mathscr{M}$ 上に接続が存在することを条件として定義することができる．明らかに b-完備性は g-完備性を意味するが，この例は逆が成り立たないことを示す．

したがって時空が b-完備の場合，**特異点なし**になるようにそれを定義する．この定義は上記の要請に準拠し，時間的およびヌル測地線の完備性が時空が特異点なしとみなされるための最小条件である．この条件は**非空間的 b-完備**，つまり一般的なアフィンパラメータによって測定されたすべての有限の長さの非空間的 C^1 級曲線に対する端点が存在する場合に限り時空が特異点を持たないと主張することによってわずかに弱められると望むかもしれない．しかしながらこの定義は §8.3 で与える b-完備性のバンドル的定式化においてかなり厄介に見える．実際，§8.2 で与える各々の定理は $(\mathscr{M}, \mathbf{g})$ が時間的ないしはヌル的 g-不完備であり，それゆえ上記の両方の定義によって特異点を持つことを意味する．

特異点はその付近で曲率が限りなく大きくなるということを含むと直感的に思うことだろう．しかしながら，我々が時空の定義から特異点を排除したことより，'付近'と'限りなく大きく'の両方を定義する困難が生じる．b-不完備な曲線上の点はそれらが一般化されたアフィンパラメータの値がその上限付近に対応するとき特異点の付近であるということができる．'限りなく大きく' は曲率テンソルの成分の大きさがそれが測定される基底に依存するためより難しい．1 つの可能性は，g_{ab}, η_{abcd} および R_{abcd} によるスカラー多項式を確かめることである．これらのスカラー多項式のいずれかが b-不完備な曲線上で有界でないとき b-不完備な曲線がスカラー多項式曲率特異点 (scalar polynomial curvature singularity 略して **s.p. 曲率特異点**) に対応するという．ただし，Lorentz 計量ではこれらの多項式は完全には Riemann テンソルを特徴づけない．というのも Penrose が指摘したように，平面波解においてスカラー多項式はすべてゼロであるが Riemann テンソルは消滅しないからである．(これはゼロベクトルでないベクトルが大きさゼロを持ちうることと似ている．) よって曲率はたとえスカラー多項式が小さいままであってもある意味では非常に大きくなることがある．あるいは，曲線に沿って平行移動された基底における曲率テンソルの成分を測定することができる．b-不完備な曲線はその曲線上でこれらのうちのいずれかの成分が有界でないとき平行移動した基底に関して曲率特異点に対応するという (**parallelly propagated curvature singularity** 略して **p.p. 曲率特異点**)．明らかに s.p. 曲率特異点は p.p 曲率特異点になる．

読者は任意の物理的に現実的な解において b-不完備曲線は s.p. および p.p. 曲率特異点に対応すると予想するだろう．しかしながらこれが成り立たないように見える解の例が Taub-NUT 空間によって提供された (§5.8)．ここでは不完備測地線は地平のコンパクト

8.2 特異点定理

近傍に完全に閉じ込められる．計量がこのコンパクト近傍上で完全に正則であることより，曲率におけるスカラー多項式は有限のままである．この解の特殊な性質により，閉じ込められた測地線に沿って平行移動された基底における曲率の成分は有界である．閉じ込められた測地線がコンパクト集合に含まれることより，多様体 $\mathscr{M}$ を不完備測地線が連続化できるより大きな 4 次元 Hausdorff パラコンパクト多様体 $\mathscr{M}'$ に拡張することはできない．よって特異点の切り取りによって発生する不完備性の可能性は存在しない．それにもかかわらず不完備な時間的測地線の上を移動するのは，世界線は決して終わらないにもかかわらず，コンパクト集合の中をぐるぐる回り続けても一定の時間を超えることは決してないので不自然である．したがってそのような時空はたとえ p.p. ないしは s.p. 曲率特異点が存在しなくても特異的であると主張することは妥当と思われる．補題 6.4.8 により，そのような完全に閉じ込められた不完備性は強い因果律が破れている場合に限り生じ得る．§8.5 では一般的な時空において，部分的あるいは全体的に閉じ込められた b-不完備曲線が p.p. 曲率特異点に対応することを示す．Taub-NUT 型の完全に閉じ込められた不完備性はなんらかの物質が存在するとき起こりえないことも示す．

8.2 特異点定理

§5.4 ではある妥当な条件の下での空間的に一様な解の中に特異点が存在するということを示した．同様の定理は他の数々の種類の厳密な対称性を持つ場合に対しても得ることができる．そのような結果は，たとえ示唆に富んでいても必ずしも物理的意義を有するとは限らない．というのもそれらはその対称性が厳密であることに依存し，明らかに物理的状況ではないからである．したがって，多くの研究者が特異点は単に対称性の結果であり，一般的な解ではそのようなことは起こらないと主張した．この見解は Lifshitz, Khalatnikov および共同研究者によって支持され，空間的特異点を伴うある解のクラスが，場の方程式の一般解において期待される任意関数が揃っていないことが示された (この研究を説明した Lifshitz and Khalatnikov (1963) 参照)．これは恐らくそのような特異点を発生させる Cauchy データがすべての可能な Cauchy データの集合において測度がゼロであり，したがって現実の宇宙では発生すべきではないことを示している．しかしながら最近になって，Belinskii, Khalatnikov and Lifshitz (1970) は任意関数が揃っていて特異点を含むように見える別の解のクラスを見つけた．このため彼らは特異点が一般解において発生しないという主張を撤回した．彼らの手法は特異点の可能な構造に着目した点は興味深いが，そこで使用された冪級数が収束するかどうかが明らかでない．特異点が不可避であることを意味する一般的な条件も得られない．それにもかかわらず本節の定理によって特異点が意味するものが一般に無限大の曲率を含むという我々の見解を支持するものとして彼らの結果を採用する．

どんな対称性の仮定も含まない特異点についての最初の定理は Penrose (1965c) によって与えられた．それは Schwarzschild 半径の内側で崩壊する恒星における特異点の発生を証明するために考えられた．崩壊が正確に球形の場合，解は明示的に積分することができ

特異点は常に発生する．しかしながら不規則性やわずかな角運動量が存在する場合にこれが当てはまるかどうかは明らかでない．確かに Newton 的理論ではもっとも小さな角運動量でも無限大の密度の発生を妨げることができ，その星の再膨張を引き起こすことができる．しかし Penrose は状況は一般相対論では全く異なることを示した．ひとたび星が Schwarzschild 面 (面 $r = 2m$) の内側を通過するとそれは二度と出てくることできなかった．実際 Schwarzschild 面は厳密に球対称な解に対してのみ定義されるが，Penrose によって使用されたより一般的な基準はそのような解と等価であり，厳密な対称性を持たない解に対しても適用可能である．それが**捕捉閉曲面** (*closed trapped surface*) $\mathcal{T}$ が存在すべきというものである．これは $\mathcal{T}$ に直交するヌル測地線の 2 つの族 (訳注：外向きと内向き) であるような C^2 級の閉じた (つまりコンパクトかつ境界を持たない) 空間的 2 次元面 (通常 S^2 である) が $\mathcal{T}$ にて収束することを意味する (つまり，$_1\hat{\chi}_{ab}g^{ab}$ と $_2\hat{\chi}_{ab}g^{ab}$ は負である．ただし $_1\hat{\chi}_{ab}g^{ab}$ と $_2\hat{\chi}_{ab}g^{ab}$ は $\mathcal{T}$ の 2 つのヌル的第 2 基本形式である．以下の章ではそのような面が生じる状況の下で議論する．)．$\mathcal{T}$ は，'外向き' の光線が引き戻され，実際収束するような強い重力として考えてもよい．光より速く移動できるものはないので，$\mathcal{T}$ 内の物質は徐々に小さくなる面積を持つ継続する 2 つの 2 次元面の間に閉じ込められるので，何かおかしなことが起こっているようにみえる．このようになることは次の Penrose の定理によって厳密に示されている：

定理 1
時空 $(\mathcal{M}, \mathbf{g})$ は以下の場合，ヌル測地的完備にはできない：

(1) すべてのヌルベクトル K^a に対して $R_{ab}K^aK^b \geqslant 0$ が成り立つ (§4.3 参照)；
(2) $\mathcal{M}$ 内にコンパクトでない Cauchy 面 $\mathcal{H}$ が存在する；
(3) $\mathcal{M}$ 内に捕捉閉曲面 $\mathcal{T}$ が存在する．

注意 証明の方法は $\mathcal{M}$ がもしヌル測地的完備であったら $\mathcal{T}$ の未来境界がコンパクトとなることを示すことである．これはすると $\mathcal{H}$ がコンパクトではないこととつじつまが合わないこととして示される．

Cauchy 面の存在は $\mathcal{M}$ が大域的に双曲的であり (命題 6.6.3) したがって因果的に単純である (命題 6.6.1) ことを意味する．これは $J^+(\mathcal{T})$ の境界が $E^+(\mathcal{T})$ であり，それは $\mathcal{T}$ 上で過去の端点を持ち $\mathcal{T}$ に直交するヌル測地線の線分によって生成されることを意味する．$\mathcal{M}$ がヌル測地的完備と仮定しよう．すると，条件 (1) と (3) および命題 4.4.6 よりアフィン距離 $2c^{-1}$ 内の $\mathcal{T}$ に直交するすべての未来向きのヌル測地線に沿って $\mathcal{T}$ に対して共役な点が存在する．ここで c はヌル測地線が $\mathcal{T}$ と交わる点での $_n\hat{\chi}_{ab}g^{ab}$ の値である．命題 4.5.14 より，$\mathcal{T}$ と共役な点を超えるそのようなヌル測地線上の点は $I^+(\mathcal{T})$ に含まれる．よって $\dot{J}^+(\mathcal{T})$ の各生成線分 (generating segment) は $\mathcal{T}$ に対する共役な点かその手前で未来端点を持つ．$\mathcal{T}$ では $\mathcal{T}$ に対して直交する各ヌル測地線上にアフィンパラメータを連続的に割り当てることができる．$\mathcal{T}$ に直交し 2 つの未来向きのヌル測地線の一方に沿ってアフィン距離 $v \in [0, b]$ の点 $p \in \mathcal{T}$ をとることによって定義される連続写像

8.2 特異点定理

$\beta: \mathcal{T} \times [0, b] \times Q \to \mathcal{M}$ を考えよう (Q は離散集合 1,2). $\mathcal{T}$ がコンパクトであることより, $(-_1\hat{\chi}_{ab}g^{ab})$ と $(-_2\hat{\chi}_{ab}g^{ab})$ のある最小値 c_0 が存在する. すると $b_0 = 2c_0^{-1}$ の場合, $\beta(\mathcal{T} \times [0, b_0] \times Q)$ は $\dot{J}^+(\mathcal{T})$ を含む. よって $\dot{J}^+(\mathcal{T})$ はコンパクト集合の閉部分集合としてコンパクトである. これは Cauchy 面 $\mathcal{H}$ がコンパクトの場合に可能となる. というのもそうすると $\dot{J}^+(\mathcal{T})$ は背中合わせとなり, $\mathcal{H}$ に同相なコンパクトな Cauchy 面を形成することができるからである (図 49).

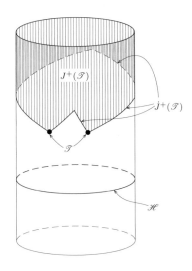

図 49. コンパクトな Cauchy 面 $\mathcal{H}$ を持つ測地的完備空間の 2 次元断面. 2 次元球面 $\mathcal{T}$ は, $\mathcal{T}$ から始まる外向きのヌル測地線が円筒の背後を回って再び出会うその未来 $J^+(\mathcal{T})$ に対するコンパクトな境界 $\dot{J}^+(\mathcal{T})$ を持つ.

しかしながら $\mathcal{H}$ が非コンパクトであると要求すると明らかに問題が発生するようになる. このことを厳密に示すには $\mathcal{M}$ が過去向き C^1 級時間的ベクトル場を許容するという事実 (§2.6 参照) を用いることができる. この場の各積分曲線は (Cauchy 面のように) $\mathcal{H}$ と交わり, 最大でも 1 回だけ $\dot{J}^+(\mathcal{T})$ と交わる. よってそれらは連続な 1 対 1 写像 $\alpha: \dot{J}^+(\mathcal{T}) \to \mathcal{H}$ を定義する. $\dot{J}^+(\mathcal{T})$ がコンパクトの場合, その像 $\alpha(\dot{J}^+(\mathcal{T}))$ もまたコンパクトになり, $\dot{J}^+(\mathcal{T})$ と同相になる. しかしながら $\mathcal{H}$ がコンパクトでないことより, $\alpha(\dot{J}^+(\mathcal{T}))$ は $\mathcal{H}$ 全体を含むことはできないので $\mathcal{H}$ に境界を持たなければならない. これは命題 6.3.1 により, $\dot{J}^+(\mathcal{T})$ とそれゆえ $\alpha(\dot{J}^+(\mathcal{T}))$ が (境界を持たない)3 次元多様体であることより不可能である. これは $\mathcal{M}$ がヌル測地的完備 ($\dot{J}^+(\mathcal{T})$ がコンパクトであることを示すために行った) であるという仮定が正しくないことを示す. □

この定理の条件 (1)(任意のヌルベクトル $\mathbf{K}$ に対して $R_{ab}K^aK^b$ であること) は §4.3 で議論した．これはすべての観測者に対してエネルギー密度が正であるという条件で定数 Λ の値によらず成り立つ．第 9 章では条件 (3)(捕捉閉曲面が存在するということ) が少なくとも時空のある領域では満たされるべきであるということが示される．これは条件 (2)(Cauchy 面であるような非コンパクトな空間的面 $\mathscr{H}$ が存在するということ) に議論の余地を残す．命題 6.4.9 により，安定な因果律を仮定するという条件の下で空間的面の存在が保証される．空間的面 $\mathscr{H}$ がコンパクトでないという制約は，それが $\alpha(J^+(\mathscr{T}))$ が $\mathscr{H}$ 全体でないことを示すところでのみ使用されているのでそれほど厳しい制約ではない．これは $\mathscr{H}$ を非コンパクトにとる代わりに $\mathscr{H}$ から始まる $\dot{J}^+(\mathscr{T})$ と交わらない未来向き延長不可能な曲線が存在すると要請することによっても示される．別の言い方をすれば，この定理は崩壊する星に落下することを回避できる観測者が存在するという条件で $\mathscr{H}$ がコンパクトの場合でさえ成り立つ．これは宇宙全体も崩壊する場合には不可能である．しかしそのような場合，これから示すようにいずれにせよ特異点が存在することが想定される．この定理の本当の弱点は $\mathscr{H}$ が Cauchy 面であるという要請である．これは 2 つの場所で使用される．第 1 に $\mathscr{M}$ が因果単純であることを示すところで，これは $\dot{J}^+(\mathscr{T})$ の生成子が $\mathscr{T}$ 上に過去端点を持つということであり，第 2 に写像 α の下で $\dot{J}^+(\mathscr{T})$ のすべての点が $\mathscr{H}$ の点に写像されることを保証するところである．Cauchy 面条件が必要であるということは Bardeen による例によって示されている．これは $r=0$ での真性特異点がそれらが単に極座標の原点であるように平滑化されている点を除けば Reissner-Nordström 解と同じ大域的構造を持っている．この時空は，任意のヌル的であって時間的でないベクトル $\mathbf{K}$ に対する条件 $R_{ab}K^aK^b \geqslant 0$ に従い，捕捉閉曲面を含む．この定理の条件を満たせない唯一の方法は，それが Cauchy 面を持たないことである．

そのためこの定理からわかることは崩壊する星には特異点か Cauchy 地平のいずれかが生じるということである．これは非常に重要な結果である．どちらの場合でも未来を予測する能力が損なわれるため，これは非常に重要な結果である．しかしながらこれは物理的に現実的な解において特異点が発生するかどうかという疑問に答えるものではない．これを決定するためには Cauchy 面の存在を仮定しない定理が必要である．そのような定理の条件の 1 つがヌルベクトルと同様に全ての**時間的**ベクトルに対して $R_{ab}K^aK^b \geqslant 0$ でなければならないというものである．なぜならこの条件に従わないことが，Bardeen の例が不合理であるとする唯一の方法だからである．以下で述べる定理はこの条件と閉じた時間的曲線が存在しないという時間的順序条件も要請する．一方では捕捉閉曲面の存在はいま，3 つの可能性条件のわずか 1 つであることより，この定理は幅広い状況のクラスに適用できる．これら代替条件の 1 つは，コンパクトな準 Cauchy 面が存在すべきであるというものであり，もう一方のものは過去 (あるいは未来) 光円錐が再び収束を開始する点が存在するべきであるというものである (図 50)．

8.2 特異点定理

図 50. 過去光円錐が再収束を開始する点 p

これらの代案の第 1 の条件のものは空間的に閉じた解によって満たされるが，第 2 のものは捕捉閉曲面に密接にかかわるがいくつかの目的に対してより便利な形をしている．光円錐が自分自身の過去光円錐である場合に対してはこの条件が満たされるかどうかを直接判断することができるからである．最後の章ではマイクロ波背景放射の近年の観測がそうであることを示していることが示される．

正確な陳述は以下のとおりである：

定理 2 (Hawking and Penrose (1970))

時空 $(\mathcal{M}, \mathbf{g})$ は以下の場合，時間的測地的完備でなくヌル測地的完備でない：

(1) すべての非空間的ベクトル $\mathbf{K}$ に対して $R_{ab}K^a K^b \geqslant 0$ である (§4.3 参照)．
(2) 一般性条件 (generic condition) が満たされる (§4.4) つまり，すべての非空間的測地線が $\mathbf{K}$ がこの測地線の接ベクトルであるとき，$K_{[a}R_{b]cd[e}K_{f]}K^c K^d \neq 0$ となる点を含む．
(3) 時間的順序条件が $\mathcal{M}$ 上で成り立つ (つまり，閉じた時間的曲線は存在しない)．
(4) 少なくとも以下の 1 つが成り立つ：
  (i) 縁 (edge) のないコンパクトな非時間順序的集合 (achronal set) が存在する．
  (ii) 捕捉閉曲面が存在する．
  (iii) ある点 p が存在して，p から始まるすべての過去 (あるいは未来) ヌル測地線の発散 $\hat{\theta}$ が負になる (つまり，p から始まるこのヌル測地線は，物質あるいは曲率によって焦点を結び，再収縮を開始する．)．

注意 この定理の代案は以下の 3 つすべてが成立しない：

(a) すべての延長不可能非空間的測地線は共役点の対を持つ；
(b) 時間的順序条件が $\mathscr{M}$ 上成り立つ；
(c) 非時間順序的集合 (achronal set) $\mathscr{S}$ が存在して $E^+(\mathscr{S})$ または $E^-(\mathscr{S})$ がコンパクト (これらはそれぞれ**未来捕捉された**または**過去捕捉された**集合と呼ぶ)．

実際，ここで証明するのはこの形の定理である．すると別の代案は $\mathscr{M}$ が時間的およびヌル測地的完備だとすると (1) と (2) は命題 4.4.2 および 4.4.5 によって (a) を意味し，(3) は (b) と同じであり，(1) と (4) は場合 (i) で $\mathscr{S}$ が縁 (edge) を持たないコンパクトな非時間順序的集合であり，

$$E^+(\mathscr{S}) = E^-(\mathscr{S}) = \mathscr{S}$$

より，(c) を意味する．(ii) と (iii) の場合では $\mathscr{S}$ はそれぞれ捕捉閉曲面と，点 p である．そして命題 4.4.4, 4.4.6, 4.5.12 および 4.5.14 により，$E^+(\mathscr{S})$ と $E^-(\mathscr{S})$ はそれぞれコンパクトであり，閉集合 $\dot{J}^+(\mathscr{S})$ と $\dot{J}^-(\mathscr{S})$ の共通部分であり $\mathscr{S}$ からある有限の長さのヌル測地線全体から構成されるコンパクト集合になっている．

証明はかなり長いので，まず補題と系を確立することによってそれを分割する．命題 6.4.6 のそれと類似の議論によって (a) と (b) は $\mathscr{M}$ 上で強い因果律が成り立つことを意味する． □

補題 8.2.1
$\mathscr{S}$ が閉集合で強い因果条件が $\overline{J}^+(\mathscr{S})$ 上成り立つならば $H^+(\overline{E}^+(\mathscr{S}))$ はコンパクトでないか空集合である (図 51)．

補題 6.3.2 により，すべての点 $q \in \dot{J}(\mathscr{S}) - \mathscr{S}$ を通って $\dot{J}^+(\mathscr{S})$ に含まれる過去向きのヌル測地線分で，$q \in E^+(\mathscr{S})$ の場合に限り過去端点を持つものが存在する．(もはや Cauchy 面の存在を仮定していないことより，$\mathscr{M}$ は因果単純でない可能性があるので，$\dot{J}^+(\mathscr{S}) - E^+(\mathscr{S})$ は空集合でない可能性があることに注意しよう．) したがって $q \in \dot{J}^+(\mathscr{S}) - E^+(\mathscr{S})$ の場合，q を通る過去延長不可能ヌル測地線が存在し，それは $\dot{J}^+(\mathscr{S})$ に含まれるので，$I^-(\dot{J}^+(\mathscr{S}))$ と交わらない．すると補題 6.6.4 より，q は $D^+(\dot{J}^+(\mathscr{S})) - H^+(\dot{J}^+(\mathscr{S}))$ に含まれないことが分かる．それゆえ，

$$D^+(\overline{E}^+(\mathscr{S})) - H^+(\overline{E}^+(\mathscr{S})) = D^+(\dot{J}^+(\mathscr{S})) - H^+(\dot{J}^+(\mathscr{S}))$$

および

$$H^+(\overline{E}^+(\mathscr{S})) \subset H^+(\dot{J}^+(\mathscr{S}))$$

である．

8.2 特異点定理

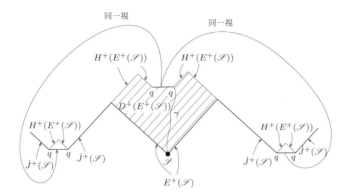

図 51. 未来捕捉集合 $\mathscr{S}$. ヌル線は $\pm 45°$ に存在し, 3 つの直線は同一視され点 q は無限遠にある. 非時間順序的集合 $E^+(\mathscr{S})$, $j^+(\mathscr{S})$ および $H^+(E^+(\mathscr{S}))$ が図示されている. 未来延長不可能時間的曲線 $\gamma \in D^+(E^+(\mathscr{S}))$ が示されている.

さていま, $H^+(\overline{E}^+(\mathscr{S}))$ が空集合でなくかつコンパクトと仮定しよう. すると, 有限個の局所因果律近傍 $\mathscr{U}_i$ によって被覆することができる. p_1 を $J^+(\mathscr{S}) \cap [\mathscr{U}_1 - D^+(\dot{J}^+(\mathscr{S}))]$ の点としよう. すると p_1 から始まる $\dot{J}^+(\mathscr{S})$ または $D^+(\overline{E}^+(\mathscr{S}))$ のどちらとも交わらない過去向き延長不可能な非空間的曲線 λ_1 が存在する. $\mathscr{U}_i$ がコンパクトな閉包を持つことより, λ_1 は $\mathscr{U}_1$ を離れる. q_1 を $\mathscr{U}_1$ に含まれない λ_1 上の点としよう. すると, $q_1 \in J^+(\mathscr{S})$ より, q_1 から $\mathscr{S}$ への非空間的曲線 μ_1 が存在する. この曲線は $D^+(\overline{E}^+(\mathscr{S}))$ と交わりそれゆえ $\mathscr{U}_1$ と異なるある $\mathscr{U}_i$ ($\mathscr{U}_2$ と呼ぼう) と交わる. そののち, p_2 を $\mu_1 \cap [\mathscr{U}_2 - D^+(\dot{J}^+(\mathscr{S}))]$ の点とし, 前のように続けよう.

これから有限個の局所因果律近傍 $\mathscr{U}_i$ しか存在しないことより, 矛盾が導かれ, いかなる非空間的曲線も $\mathscr{U}_i$ と 2 回以上交われないことより以前の $\mathscr{U}_j$ に戻ることができない. よって $H^+(\overline{E}^+(\mathscr{S}))$ はコンパクトでないか空集合でなければならない. □

系

$\mathscr{S}$ が未来捕捉集合の場合, $D^+(E^+(\mathscr{S}))$ に含まれる未来延長不可能時間的曲線 γ が存在する.

$\mathscr{M}$ 上に時間的ベクトル場を置こう. $E^+(\mathscr{S})$ と交わるこの場のすべての積分曲線が $H^+(E^+(\mathscr{S}))$ とも交わる場合, それらは $E^+(\mathscr{S})$ から $H^+(E^+(\mathscr{S}))$ の上への連続な 1 対 1 写像を定義し, それゆえ $H^+(E^+(\mathscr{S}))$ はコンパクトになる. $I^+(\mathscr{S})$ と $H^+(E^+(\mathscr{S}))$ と交わらない曲線との共通部分が期待されている曲線 γ を与える (図 51 は 1 つの可能な状況を示している). □

さて, $E^+(\mathscr{S}) \cap \overline{J^-(\gamma)}$ として定義されるコンパクト集合 $\mathscr{F}$ を考えよう. γ が

int $I^+(E^+(\mathscr{S}))$ ($I^+(E^+(\mathscr{S}))$ の内部) に含まれることより，$E^-(\mathscr{F})$ は $\mathscr{F}$ と $\dot{J}^-(\gamma)$ の一部から構成される．γ が未来延長不可能であることより，$\dot{J}^-(\gamma)$ を生成するヌル測地的線分は未来端点を持つことができない．しかし (a) によってすべての延長不可能非空間的測地線は一対の共役点を持つ．よって命題 4.5.12 により，$\dot{J}^-(\gamma)$ の各生成線分 ν の過去延長不可能延長 ν' は $I^-(\gamma)$ に入る．$\overline{\nu' \cap I^-(\gamma)}$ の最初の点 p かその手前の点で ν に対する過去端点が存在する．$I^-(\gamma)$ が開集合であることより，p の近傍は隣接するヌル測地線上の $I^-(\gamma)$ 内の点を含む．よって $\mathscr{F}$ から始まる点 p のアフィン距離は上半連続であり，$E^-(\mathscr{F})$ は閉集合 $\dot{J}^-(\gamma)$ とある制限されたアフィン長さだけ $\mathscr{F}$ から離れたヌル測地的線分によって生成されたコンパクト集合との共通部分としてコンパクトである．すると補題に従い int $D^-(E^-(\mathscr{F}))$ に含まれた過去延長不可能時間的曲線 λ が存在する (図 52)．a_n を λ 上の点の無限列で以下を満たすものとする：

(I) $a_{n+1} \in I^-(a_n)$,

(II) λ のいかなるコンパクトな線分も有限個より多くの a_n を含まない．

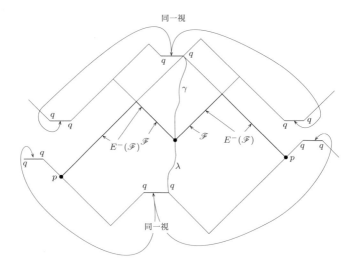

図 52. 図 51 のように，ただし 3 つのさらなる線が同一視される．$\mathscr{F}$ は集合 $E^+(\mathscr{S}) \cap \overline{J}^-(\gamma)$ である．点 p たちは $E^-(\mathscr{F})$ の線分を生成するヌル測地線の過去端点である．曲線 λ は int $D^-(E^-(\mathscr{F}))$ に含まれる過去延長不可能時間的曲線である．

b_n を γ 上の類似の列であるが (I) における I^- の代わりに I^+ をとり $b_1 \in I^+(a_1)$ とする．γ と λ が大域的双曲的集合 int $D(E^-(\mathscr{F}))$ に含まれているので (命題 6.6.3)，各 a_n と対応する b_n の間に最大の長さの非空間的測地線 μ_n が存在する (命題 6.7.1)．各々がコ

8.2 特異点定理

ンパクト集合 $E^+(\mathscr{S})$ と交わる.よって $\mu_n \cap E^+(\mathscr{S})$ の極限点である $q \in E^+(\mathscr{S})$ が存在し,q での μ_n の方向の極限である非空間的方向が存在する.(点 q と q での方向は $\mathscr{M}$ 上の方向のバンドルの点を定義する.そのような極限点は $E^+(\mathscr{S})$ 上のバンドルの一部がコンパクトであるために存在する.)μ'_n を μ_n の部分列で $\mu'_n \cap E^+(\mathscr{S})$ が q に収束し,$E^+(\mathscr{S})$ での μ'_n の方向はその極限の方向に収束するものとしよう.(より正確には $E^+(\mathscr{S})$ 上の方向のバンドルにおける μ'_n によって定義される点は極限点に収束する.)μ を極限方向における q を通る延長不可能測地線としよう.(a) によって μ 上に共役点 x と $y \in I^+(x)$ が存在する.x' と y' を μ 上でそれぞれ x と y の過去と未来としよう.命題 4.5.8 により,ある $\epsilon > 0$ と x' から y' へのある時間的曲線 α が存在して,その長さは x' から y' までの μ の長さに ϵ を足したものである.$\mathscr{U}$ と $\mathscr{V}$ をそれぞれ x' と y' の凸正規座標近傍とし,それらの各々が $\frac{1}{4}\epsilon$ の長さの曲線を含まないものとしよう.x'' と y'' をそれぞれ $\mathscr{U} \cap \alpha$ と $\mathscr{V} \cap \alpha$ としよう.x'_n と y'_n を μ'_n 上の点でそれぞれ x' と y' に収束する点としよう.十分大きな n に対して,x'_n から y_n への長さ μ'_n は $\frac{1}{4}\epsilon$ 足す x' から y' への μ の長さより小さくなる.また十分大きな n に対して,x'_n と y_n はそれぞれ $I^-(x'', \mathscr{U})$ と $I^+(y'', \mathscr{V})$ に含まれる.すると,x'_n から x'', α に沿って y'', y'_n から y'_n まで進むと,x'_n から y'_n への μ'_n より長い非空間的曲線が得られる.しかし,性質 (II) により,十分大きな n に対して a'_n は μ'_n 上の x'_n の過去に含まれ b'_n は μ'_n 上の y'_n の未来に含まれる.したがって μ'_n は x'_n から y'_n への最長の非空間的曲線でなければならない.これは期待された矛盾となる. □

この定理が非常に一般的な条件下での特異点の存在を確立するにもかかわらず,特異点が過去に存在するか未来に存在するかを示さないという欠点を持っている.条件 (4) の (ii) の場合であるコンパクトな空間的曲面が存在するとき,特異点が過去ではなく未来に存在しなければならないと考えられる理由はないが,(i) の場合である捕捉閉曲面が存在するとき,未来に特異点が存在すると想定され,(iii) の場合である過去ヌル円錐が再収束を開始するとき,過去に特異点が存在すると想定される.p から始まるすべての過去向きの時間的並びにヌル測地線が $J^-(p)$ 内のコンパクトな領域に再収束すると主張することによって条件 (iii) が幾分強められた場合,過去に特異点が存在することを示すことができる.

定理 3 (Hawking (1967))

もし,

(1) すべての非空間的ベクトル **K** に対して $R_{ab}K^a K^b \geqslant 0$ であり (§4.3 参照);

(2) $(\mathscr{M}, \mathbf{g})$ 上で強い因果条件が成り立ち;

(3) 点 p で,ある過去向き単位時間的ベクトル **W** と正定数 b が存在して,**V** が p を通る過去向き時間的測地線に対する単位接ベクトルであるならそのような各測地線上でこれらの測地線の膨張 $\theta \equiv V^a{}_{;a}$ は $c \equiv -W^a V_a$ と置くとき p から距離 b/c 以内で $-3c/b$ より小さくなる,

ならば p を通る過去不完備非空間的測地線が存在する.

K^a を p を通る $K^a W_a = -1$ によって規格化された過去向きの非空間的測地線に対する平行移動された接ベクトルとしよう. すると p を通る時間的測地線に対して $K^a = c^{-1} V^a$ であるので, $K^a{}_{;a} = c^{-1} V^a{}_{;a}$ が成り立つ. $K^a{}_{;a}$ が非空間的測地線上で連続であることより, アフィン距離 b 以内で p を通るヌル測地線上で $-3/b$ 未満になる. $\mathbf{Y}_1$, $\mathbf{Y}_2$, $\mathbf{Y}_3$ および $\mathbf{Y}_4$ がこれらのヌル測地線上の擬正規直交テトラッドであり, $\mathbf{Y}_1$ と $\mathbf{Y}_2$ は空間的単位ベクトルであり, $\mathbf{Y}_3$ と $\mathbf{Y}_4$ は $Y_3{}^a Y_{4a} = -1$ と $\mathbf{Y}_4 = \mathbf{K}$ を満たすヌルベクトルであるとき, p を通るヌル測地線の膨張 $\hat{\theta}$ は

$$\hat{\theta} = K_{a;b}(Y_1{}^a Y_1{}^b + Y_2{}^a Y_2{}^b)$$
$$= K^a{}_{;a} + K_{a;b}(Y_3{}^a Y_4{}^b + Y_4{}^a Y_3{}^b)$$

として定義される. 第 2 項は K^a が平行移動されることよりゼロである. 第 3 項は $\frac{1}{2}(K_a K^a)_{;b} Y_3{}^b$ として表すことができる. これは $K_a K^a$ がヌル測地線上でゼロであり, 時間的測地線上で負であることよりゼロより小さい. これは $\hat{\theta}$ が p から始まる各ヌル測地線に沿ってアフィン距離 b 以内で $-3/b$ 未満になる. よって p から始まるすべての過去向きヌル測地線が完備の場合, $E^-(p)$ はコンパクトになる. 任意の $q \in J^-(E^-(p)) - E^-(p)$ は $I^-(p)$ に含まれる. よって $E^-(p)$ が非時間順序的 (achronal) であることより, それは $J^+(E^-(p))$ に含まれることはできない. したがって

$$J^+(E^-(p)) \cap J^-(E^-(p)) = E^-(p)$$

であるのでコンパクトである. すると命題 6.6.7 によって $D^-(E^-(p))$ は大域的に双曲的である. 命題 6.7.1 によって各点 $r \in D^-(E^-(p))$ は r と p の間のいかなる共役点も含まない非空間的測地線によって p と連結できる. よって命題 4.4.1 により, $D^-(E^-(p))$ は, $K^a W_a \leqslant -2b$ となるすべての過去向きの非空間的ベクトル K^a から構成される T_p のコンパクト領域を F とするとき, $\exp_p(F)$ に含まれる. p から始まるすべての過去非空間的測地線が完備の場合, $\exp_p(K^a)$ はすべての $K^a \in F$ に対して定義されるので, $\exp_p(F)$ は連続写像の下でのコンパクト集合の像としてコンパクトになる. しかしながら系を補題 8.2.1 に適用すると, $D^-(E^-(p))$ は過去延長不可能時間的曲線を含む. 命題 6.4.7 により, これはコンパクト集合 $\exp_p(F)$ に完全には閉じ込めることができないので, p から始まるすべての過去向きの非空間的測地線が完備であるという仮定が誤りでなければならない. □

定理 2 および 3 は, それらの条件が数々の物理的状況において満たされることより, 特異点上のもっとも便利な定理である (次章参照). しかしながら何が起こるのかと言えば特異点ではなく, 閉じた時間的曲線が生じ, 因果条件を破ることである. これは定理 1 の後の代案である単なる予言能力の崩壊の発生よりはるかに悪く, 我々の個人的見解では特異点より物理的に疑わしい. そうであってもそのような因果律の破れが特異点の発生を妨げるかどうかは関心のあるところだろう. 次の定理はある一定の状況ではそのようなことが起

8.2 特異点定理

こらないことを示す．これは特異点を深刻に受け止めなければならないことを意味し，自信をもって一般に因果律の崩壊は (特異点発生の) 逃げ道にならないと主張できる．

定理 4 (Hawking (1967))
時空は次のとき時間的測地的完備ではない：

(1) すべての非空間的ベクトル **K** に対して $R_{ab}K^a K^b \geqslant 0$ が成り立つ (§4.3 参照)；
(2) (縁 (edge) を持たない) コンパクトな空間的 3 次元面 $\mathscr{S}$ が存在する；
(3) $\mathscr{S}$ に対する単位法線は $\mathscr{S}$ 上いたるところ収束 (あるいは発散) する．

注意 条件 (2) は宇宙が空間的に閉じていることを主張していると解釈でき，条件 (3) はそれが収縮 (あるいは膨張) していると主張していると解釈できる．§6.5 で説明したように，被覆多様体 $\hat{\mathscr{M}}$ を $\mathscr{S}$ の像の各連結成分が $\mathscr{S}$ に対して微分同相でそれが $\hat{\mathscr{M}}$ の準 Cauchy 面であるようにとることができる．ここでは $\hat{\mathscr{M}}$ を扱い，$\mathscr{S}$ の像の 1 つの連結成分を $\hat{\mathscr{S}}$ で示そう．$\hat{\mathscr{M}}$ における Cauchy 進化の問題を考慮すると，特異点の発生 (必ずしもそれらの性質は必要ないが) は，$\hat{\mathscr{S}}$ 上の十分小さなデータの変化が条件 (3) を破らないことより，$\hat{\mathscr{S}}$ 上の Cauchy データの安定的な特性であることが分かる．これはここで採用した特異点の定義が Lifshitz と Khalatnikov によって用いられたものと異なることを思い出さなければならないものの特異点は測度ゼロの Cauchy データの集合に対してのみ発生するという彼らによる推測の反例となっている．

証明． 条件 (2) と (3) により，$\hat{\mathscr{S}}$ の第 2 基本形式の縮約 $\chi^a{}_a$ は $\mathscr{S}$ 上に負の上限を持つ．よって $\hat{\mathscr{M}}$ (およびそれゆえ $\hat{\mathscr{M}}$ も) が時間的測地的完備なら $\hat{\mathscr{S}}$ からの距離の有限の上限 b 以内に $\hat{\mathscr{S}}$ に対して直交するすべての未来向きの測地線上で $\hat{\mathscr{S}}$ に対して共役な点が存在する (命題 4.4.3)．しかし，すべての点 $q \in D^+(\hat{\mathscr{S}})$ に対する命題 6.7.1 に対して系を適用すると，$\hat{\mathscr{S}}$ と q の間に $\hat{\mathscr{S}}$ に対して共役ないかなる点も含まない $\hat{\mathscr{S}}$ に対して直交する未来向きの測地線が存在する．$\beta : \hat{\mathscr{S}} \times [0, b] \to \hat{\mathscr{M}}$ を微分可能な写像で，点 $p \in \hat{\mathscr{S}}$ を $\hat{\mathscr{S}}$ に対して直交する p を通る未来向きの測地線の上に距離 $s \in [0, b]$ だけとるものとしよう．すると $\beta(\hat{\mathscr{S}} \times [0, b])$ はコンパクトであり $D^+(\hat{\mathscr{S}})$ を含む．よって $\overline{D^+}(\hat{\mathscr{S}})$ およびそれゆえ $H^+(\hat{\mathscr{S}})$ はコンパクトになる．強い因果条件を仮定すると補題 8.2.1 より期待された矛盾が得られる．しかしながら強い因果条件なしでも矛盾を得ることができる．点 $q \in H^+(\hat{\mathscr{S}})$ を考えよう．q から $\hat{\mathscr{S}}$ へのすべての過去向きの非空間的曲線は $H^+(\hat{\mathscr{S}})$ におけるヌル測地線分 (ゼロでもよい) から構成され，するとそれは $D^+(\hat{\mathscr{S}})$ における非空間的曲線なので，$d(\hat{\mathscr{S}}, q)$ は b 以下である．よって d が下半連続であることより，q に収束する点 $r_n \in D^+(\hat{\mathscr{S}})$ の無限列で $d(\hat{\mathscr{S}}, r_n)$ が $d(\hat{\mathscr{S}}, q)$ に収束するものを求めることができる．各 r_n に対して $\hat{\mathscr{S}} \times [0, b]$ の少なくとも 1 つの要素 $\beta^{-1}(r_n)$ が対応する．$\hat{\mathscr{S}} \times [0, b]$ がコンパクトであることより，$\beta^{-1}(r_n)$ の極限点である要素 (p, s) が存在する．連続性により，$s = d(\hat{\mathscr{S}}, q)$ かつ $\beta(p, s) = q$ である．よってすべての点 $q \in H^+(\hat{\mathscr{S}})$ に対して $\hat{\mathscr{S}}$ からの長さ $d(\hat{\mathscr{S}}, q)$ の時間的測地線が存在する．いま，$q_1 \in H^+(\hat{\mathscr{S}})$ を $H^+(\hat{\mathscr{S}})$ の同じ

ヌル測地線生成子上の q の過去に含まれるものとしよう。$\hat{\mathscr{S}}$ から q_1 までの長さ $d(\hat{\mathscr{S}}, q_1)$ の測地線と q_1 と q の間の λ の線分を連結すると，$\hat{\mathscr{S}}$ から q への長さ $d(\hat{\mathscr{S}}, q_1)$ の非空間的曲線が得られ，それはこれらの端点の間のより長い曲線を得るために変分をとることができる (命題 4.5.10)。よって $q \in H^+(\hat{\mathscr{S}})$ に対して $d(\hat{\mathscr{S}}, q)$ は $H^+(\hat{\mathscr{S}})$ のすべての過去向きの生成子に沿って狭義単調減少する。しかし命題 6.5.2 により，そのような生成子は過去端点を持てない。これは $d(\hat{\mathscr{S}}, q)$ が q における下半連続であることよりコンパクト集合 $H^+(\hat{\mathscr{S}})$ 上で最小値をとるので矛盾である。 □

Minkowski 空間 $(\mathscr{M}, \eta)$ において非コンパクト面 $\mathscr{S} : (x^1)^2 + (x^2)^2 + (x^3)^2 - (x^4)^2 = -1$, $x^4 < 0$ がすべての点で $\chi^a{}_a = -3$ を持つ準 Cauchy 面であることより，$\mathscr{S}$ がコンパクトであるという条件 (2) が必要である。

$$x^4 < 0, \qquad (x^1)^2 + (x^2)^2 + (x^3)^2 - (x^4)^2 < 0$$

によって定義される Minkowski 空間の領域をとると，$\mathscr{S}/G$ がコンパクトであるような離散等長群の下で点を同一視することができる (Löbell (1931))。定理 4 によって要求されるように空間 $(\mathscr{M}/G, \eta)$ は時間的測地的不完備である。なぜなら G の下での同一視を $\mathscr{M}$ 全体へ拡張できないからである (§5.8 の条件 (1) と (2) のいずれもが原点で成立しない)。この場合，不完備性特異点は悪い大域的性質から生じ，曲率特異点に付随するものではない。この例は Penrose によって提示された。

条件 (2) と (3) は

(2′) $\hat{\mathscr{S}}$ は $\hat{\mathscr{M}}$ に対する Cauchy 面である；
(3′) $\chi^a{}_a$ は $\mathscr{S}$ 上でゼロから離れる。

によって置き換えられる。なぜならこの場合，Cauchy 地平が存在できないが，$\hat{\mathscr{S}}$ からのすべての未来向きの時間的曲線がある有限の上限より小さい長さを持たなければならないからである。

Geroch (1966) は条件 (2) が成り立つ場合でかつ条件 (1) と (3) が

(1″) すべての非空間的ベクトルに対して $R_{ab}K^aK^b \geqslant 0$ が成り立ち，等号は $R_{ab} = 0$ の場合に限り成り立つ；
(3″) 点 $p \in \hat{\mathscr{S}}$ が存在し，$\hat{\mathscr{S}}$ と交わるいかなる延長不可能な非空間的曲線も $J^+(p)$ と $J^-(p)$ の両方とも交わる；

によって置き換えられた場合，$\hat{\mathscr{S}}$ の Cauchy 発展が平坦であるかあるいは $\hat{\mathscr{M}}$ は時間的測地的不完備であることを示した。

条件 (3″) は p での観測者が $\hat{\mathscr{S}}$ と交わるすべての粒子を目撃し，かつ目撃されることができることを要求する。この証明の方法はすべての p を含む縁 (edge) のない空間的面を考察することである。2 つの点の間の非空間的曲線のすべてから位相空間を形成するのと類似の方法でこれらの面のすべてから位相空間 $S(p)$ を形成することができる。すると条

8.3 特異点の記述

件 (2) と (3″) は $S(p)$ がコンパクトであることを意味する．この面の面積が $S(p)$ 上の上半連続関数であるため，p を通るある面 $\mathscr{S}'$ が存在し，他のどんな面よりも大きいか等しい面積を持つ．非空間的曲線に対して用いられたのと類似の変分法の議論により，$\mathscr{S}'$ 上の，微分可能でないかもしれない p を除くいたるところで $\chi^a{}_a$ は消滅することが示せる．

空間的面 $\mathscr{S}(u)$ の 1 パラメータの族で，$\mathscr{S}(0) = \mathscr{S}'$ となるものを考えよう．変分ベクトル $\mathbf{W} \equiv \partial/\partial u$ は $f\mathbf{n}$ として表すことができる．ここで $\mathbf{n}$ はこの面に対する単位法線ベクトルであり，f はある関数である．Raychaudhuri 方程式を $\mathbf{W}$ の積分曲線束に対して適用して

$$\partial\theta/\partial u = f\{-\tfrac{1}{3}\theta^2 - 2\sigma^2 - R_{ab}n^a n^b + f^{-1}f_{;ab}h^{ab}\}$$

を得ることができる．ここで

$$\theta \equiv \chi^a{}_a, \quad \sigma_{ab} \equiv \chi_{ab} - \tfrac{1}{3}\theta h_{ab}, \quad h_{ab} \equiv g_{ab} + n_a n_b$$

および

$$\sigma^2 = \tfrac{1}{2}\sigma_{ab}\sigma^{ab}$$

である．$R_{ab}n^a n^b \neq 0$ または $\chi_{ab} \neq 0$ となるある点 $q \in \mathscr{S}'$ が存在する場合，$\mathscr{S}'$ 上のいたるところで $\partial\theta/\partial u$ が負であるような f を求めることができる．$R_{ab}n^a n^b$ と χ_{ab} が $\mathscr{S}'$ 上のいたるところでゼロだが $C_{abcd}n^b n^d$ がゼロでない $\mathscr{S}'$ 上のある点 q が存在する場合，$\partial\sigma/\partial u \neq 0$ であり，$\mathscr{S}'$ 上のいたるところで $\partial\theta/\partial u = 0$ かつ $\partial^2\theta/\partial u^2 < 0$ であるような f を求めることができる．どちらの場合でも，面 $\mathscr{S}''$ 上のいたるところで $\chi^a{}_a < 0$ となる面 $\mathscr{S}''$ が得られるので，定理 4 により $\hat{\mathscr{M}}$ は時間的測地的不備である．R_{ab}, χ_{ab} および $C_{abcd}n^b n^d$ が $\mathscr{S}'$ 上のいたるところでゼロの場合，n^a の Ricci 恒等式より $\mathscr{S}'$ 上 $C_{abcd} = 0$ が示される．それゆえ時空は $D(\hat{\mathscr{S}})$ 内で平坦である．条件 (1″),(2) および (3″) が成り立ち，$D(\mathscr{S})$ が平坦であるような例が Minkowski 空間において $\{x^1, x^2, x^3, x^4\}$ と $\{x^1+1, x^2, x^3, x^4\}$, $\{x^1, x^2+1, x^3, x^4\}$, および $\{x^1, x^2, x^3+1, x^4\}$ を同一視したものである．これは測地的完備である．しかしながら以前紹介した例もこれらの条件を満たし，$D(\mathscr{S})$ が測地的不完備かつ平坦であることを示す．

8.3 特異点の記述

以下の定理は解の大きなクラスにおける特異点の発生を証明するが，それらの性質に対するわずかな情報しか提供しない．これをより詳しく調査するために，特異点の大きさ，形状，位置等々が何を意味するのかを定義する必要がある．これは特異点が時空多様体に含まれる場合，かなり簡単である．しかしながら物理的測定によってそのような点での多様体構造を決定することは不可能である．実際，非特異な領域に対しては一致するが特異点では異なる沢山の多様体構造が存在する．例えば，Robertson-Walker 解の $t = 0$ 特異

点における多様体は座標

$$\{t, r\cos\theta, r\sin\theta\cos\phi, r\sin\theta\sin\phi\}$$

あるいは

$$\{t, Sr\cos\theta, Sr\sin\theta\cos\phi, Sr\sin\theta\sin\phi\}$$

によって記述されたものとすることができる．第 1 の場合では特異点は 3 次元面であるが，第 2 の場合では単一点である．

必要とされるのは，ある種の境界 ∂ を $\mathscr{M}$ に取り付けるための処方であり，それは非特異な点での測定，つまり $(\mathscr{M}, \mathbf{g})$ の構造によって一意的に決定される．そののち空間 $\mathscr{M}^+ \equiv \mathscr{M} \cup \partial$ 上に少なくとも位相，場合によっては微分可能な構造と計量を定義することが望ましい．1 つの可能性は §6.8 において記述されている分解不可能な無限集合の方法を使用することである．しかしながら，これが共形な計量のみに依存することより，無限遠と有限の距離にある特異点を区別することができない．この区別をするためには特異点の存在のために採用された基準，すなわち b-不完備性に基づいて $\mathscr{M}^+$ の構築の基礎にするべきであるように思われる．これを行うエレガントな方法は Schmidt によって発展された．これは Hawking (1966b) と Geroch (1968a) によって初期に構築された，不完備測地線の同値類として特異点を定義したものに取って代わるものである．これらの構築は制限された加速度を持つ不完備な時間的曲線のようにすべての b-不完備曲線に対して端点を備えているとは限らない．また同値類の定義にはあいまいな点も存在した．Schmidt の構築はそのような弱点に侵されていない．

Schmidt の手順は正規直交系のバンドル $\pi : O(\mathscr{M}) \to \mathscr{M}$ 上の正定値計量 e を定義することである．ここで，$O(\mathscr{M})$ はベクトルのすべての正規直交 4 次元組 $\{\mathbf{E}_a\}$ の集合で各 $p \in \mathscr{M}$ に対して $\mathbf{E}_a \in T_p$ (a は 1 から 4 を走る) であり，π は点 p での基底を点 p に写像する射影である．$O(\mathscr{M})$ は $\mathscr{M}$ が b-不完備である場合に限り計量 e で m-不完備であることが分かる．$O(\mathscr{M})$ は m-不完備の場合，Cauchy 列によって $O(\mathscr{M})$ の m-完備化された計量空間 (metric space completion) $\overline{O(\mathscr{M})}$ を形成することができる．射影 π は $\overline{O(\mathscr{M})}$ に対して延長でき，$\overline{O(\mathscr{M})}$ の π による商は $\mathscr{M}^+$ として定義され，これは $\mathscr{M}$ と追加点の集合 ∂ の合併である．集合 ∂ は $\mathscr{M}$ 内のすべての b-不完備な曲線に対する端点の集合という意味で $\mathscr{M}$ の特異点から構成される．

この構成法を実行するために，計量 $\mathbf{g}$ によって与えられた $\mathscr{M}$ 上の接続が点 $u \in O(\mathscr{M})$ での 10 次元接空間 T_u の 4 次元**水平部分空間** (horizontal subspace) H_u を定義することを思い出そう (§2.9)．すると T_u は H_u と垂直部分空間 V_u の直和であり，ファイバー $\pi^{-1}(\pi(u))$ に対して接する T_u 内のすべてのベクトルから構成される．いまから T_u に対する基底 $\{\mathbf{G}_A\} = \{\overline{\mathbf{E}}_a, \mathbf{F}_i\}$ を構成する．ここで A は 1 から 10 を走り，a は 1 から 4 を走り，i は 1 から 6 を走るものとする．また $\{\overline{\mathbf{E}}_a\}$ は H_u に対する基底で $\{\mathbf{F}_i\}$ は V_u に対する基底とする．

8.3 特異点の記述

任意のベクトル $\mathbf{X} \in T_{\pi(u)}(\mathscr{M})$ が与えられると，$\pi_* \overline{\mathbf{X}} = \mathbf{X}$ を満たす唯一のベクトル $\overline{\mathbf{X}} \in H_u(O(\mathscr{M}))$ が存在する．よって $O(\mathscr{M})$ 上に各点 $u \in O(\mathscr{M})$ に対する正規直交基底ベクトル $\mathbf{E}_a$ の水平持ち上げ (horizontal lift) である 4 つの一意に定義された水平ベクトル場 $\overline{\mathbf{E}}_a$ が存在する．$O(\mathscr{M})$ における場 $\overline{\mathbf{E}}_a$ の積分曲線はベクトル $\mathbf{E}_a$ の方向の $\mathscr{M}$ 内における測地線に沿った基底 $\{\mathbf{E}_a\}$ の平行移動を表す．

すべての非特異な 4×4 実 Lorentz 行列 A_{ab} の乗法群 $O(3,1)$ は $O(\mathscr{M})$ のファイバーの中で点 $u=\{p, \mathbf{E}_a\} \in O(\mathscr{M})$ を点 $A(u)=\{p, A_{ab}\mathbf{E}_b\} \in O(\mathscr{M})$ に送るように働く．

$O(3,1)$ は 6 次元多様体と見なすことができ，$a_{ab}G_{bc}=-a_{cb}G_{ba}$ であるようなすべての 4×4 行列 a のベクトル空間によって単位行列 I にて $T_I(O(3,1))$ から $O(3,1)$ への接空間を表すものと考えることができる．すると $a \in T_I(O(3,1))$ の場合，$A_t = \exp(ta)$ によって $O(3,1)$ 内の曲線を定義することができる．ここで

$$\exp(b) = \sum_{n=0}^{\infty} \frac{b^n}{n!}$$

である．よって $u \in O(\mathscr{M})$ の場合，$\lambda_{au}(t) = A_t(u)$ によって $\pi^{-1}(\pi(u))$ 内で u を通る曲線を定義することができる．曲線 $\lambda_{au}(t)$ がこのファイバーに含まれることより，その接ベクトル $(\partial/\partial t)_{\lambda_{au}}$ は垂直である．したがって各 $a \in T_I$ に対して，各 $u \in O(\mathscr{M})$ に対して $\mathbf{F}(a)|_u = (\partial/\partial t)_{\lambda_{au}}|_u$ によって 垂直なベクトル場 $\mathbf{F}(a)$ を定義することができる．$\{a_i\}$ $(i=1,2,\ldots,6)$ が T_I に対する基底の場合，$\mathbf{F}_i \equiv \mathbf{F}(a_i)$ は $O(\mathscr{M})$ 上の 6 次元垂直ベクトル場になり，それは各点 $u \in O(\mathscr{M})$ で V_u に対する基底を提供する．

行列 $B \in O(3,1)$ は $u \to B(u)$ によって写像 $O(\mathscr{M}) \to O(\mathscr{M})$ を定義する．誘導写像 $B_*: T_u \to T_{B(u)}$ の下で垂直および水平ベクトル場は次のように変換する：

$$B_*(\overline{\mathbf{E}}_a) = B_{ab}^{-1} \overline{\mathbf{E}}_\mathbf{b},$$
$$B_*(\mathbf{F}_i) = C_i^j \mathbf{F}_j.$$

ここで $C_i^j = B_{ab}a_{ibc}B^{-1}{}_{cd}a^j{}_{da}$ かつ $\{a^j\}$ は T_I に対する基底 $\{a_i\}$ に対して双対な $T^*{}_I$ に対する基底である (よって $a^i{}_{ab}a_{jab}=\delta^i{}_j$, $a^j{}_{ab}a_{jcd}=\frac{1}{4}\delta_{ac}\delta_{bd}$ である)．これらの誘導写像の性質はそれらの実際の形ではなくそれらが $O(\mathscr{M})$ 上一定であるという事実によってのちに重要になる．

いま各点 $u \in O(\mathscr{M})$ にて T_u に対する基底 $\{\mathbf{G}_A\}=\{\overline{\mathbf{E}}_a, \mathbf{F}_i\}$ $(A=1,\ldots,10)$ が存在する．よって $e(\mathbf{X},\mathbf{Y}) = \sum_A X^A Y^A$ によって $O(\mathscr{M})$ 上に正定値計量 e を定義できる．ここで $\mathbf{X}, \mathbf{Y} \in T(u)$ であり，X^A, Y^A はそれぞれ基底 $\{\mathbf{G}_A\}$ における $\mathbf{X}, \mathbf{Y}$ の成分である．

計量 e を用いると u から v への曲線の (e によって測定した) 長さの最大下限として距離関数 $\rho(u,v)$, $u,v \in O(\mathscr{M})$ を定義することができる．すると $O(\mathscr{M})$ が距離関数 ρ に関して m-完備であるかどうかを問うことができる．

命題 8.3.1

$(\mathscr{M}, \mathbf{g})$ が b-完備の場合に限り $(O(\mathscr{M}), e)$ は m-完備である．

$\gamma(t)$ を $\mathscr{M}$ における曲線と仮定する.すると $p \in \gamma$ に対して点 $u \in \pi^{-1}(p)$ が与えられると $\pi(\overline{\gamma}(t)) = \gamma(t)$ となる u を通る水平な曲線 $\overline{\gamma}(t)$ を構成することができる.正定値計量 e の定義によりこの計量で測定した $\overline{\gamma}(t)$ の弧長は点 u によって表された p での基底によって定義された $\gamma(t)$ の一般化されたアフィンパラメータに等しい.したがって $\gamma(t)$ が端点を持たないが一般化されたアフィンパラメータによる測定によって有限の長さを持つならば,$\overline{\gamma}(t)$ もまた端点を持たないが計量 e において有限の長さを持つ.よって $O(\mathscr{M})$ における m-完備性は $\mathscr{M}$ における b-完備性を意味する.

この逆を示すためには $\lambda(t)$ が端点を持たない $O(\mathscr{M})$ における有限の長さの C^1 級曲線の場合,$\pi(\lambda(t))$ が $\mathscr{M}$ における C^1 級曲線であり,

(1) 有限のアフィン長さを持ち;
(2) $\mathscr{M}$ において端点を持たない;

を満たすことを示す必要がある.

(1) を示すために,以下のように進める.$u \in \lambda(t)$ としよう.すると $\pi(\overline{\lambda}(t)) = \pi(\lambda(t))$ であるような u を通る水平な曲線 $\overline{\lambda}(t)$ を構成することができる.t の各々の値に対して $\lambda(t)$ と $\overline{\lambda}(t)$ は同じファイバーに含まれるので $O(3,1)$ 内に唯一の曲線 $B(t)$ が存在して $\lambda(t) = B(t)\overline{\lambda}(t)$ が成り立つ.これは $B^{\cdot} \equiv dB/dt$ と置くとき

$$\left(\frac{\partial}{\partial t}\right)_\lambda = B_* \left(\frac{\partial}{\partial t}\right)_{\overline{\lambda}} + F(B^{\cdot} B^{-1})$$

を意味する.したがって

$$e\left(\left(\frac{\partial}{\partial t}\right)_\lambda, \left(\frac{\partial}{\partial t}\right)_\lambda\right) = \sum_b \left(\left\langle \overline{E}^a, \left(\frac{\partial}{\partial t}\right)_{\overline{\lambda}}\right\rangle B^{-1}{}_{ab}\right)^2 + \sum_i (B^{\cdot}{}_{ab} B^{-1}{}_{bc} a^i{}_{ca})^2$$

が成り立つ.ここで $\{\overline{E}^a\}$ は基底 $\{\overline{E}_a\}$ に対して双対な $H^*{}_u$ の基底であり(つまり $\langle \overline{E}^a, \overline{E}_b \rangle = \delta^a{}_b$),$a^i{}_{ab}$ は基底 a_{iab} に対して双対な $T_I{}^*$ の基底である(つまり $a_{iab} a^j{}_{ab} = \delta_i{}^j$).

行列 B_{ab} は $B_{ab} G_{bc} B_{dc} = G_{bd}$ を満たす.したがって $G^{ab} = G^{-1}{}_{ab}$ として

$$B_{ab} G_{ac} B_{cd} = G_{bd}$$

が成り立つ.t に関して微分すると

$$B^{\cdot}{}_{ab} B^{-1}{}_{bc} G_{cd} = -G_{ac} B^{\cdot}{}_{db} B^{-1}{}_{bc}$$

が得られる.よって $B^{\cdot}{}_{ab} B^{-1}{}_{bc} \in T_I(O(3,1))$ である.$a^i{}_{ab}$ が $T^*{}_I$ に対する基底であることより,ある C が存在して

$$\sum_i (B^{\cdot}{}_{ab} B^{-1}{}_{bc} a^i{}_{ca})^2 \geqslant C(B^{\cdot}{}_{ab} B^{-1}{}_{bc} B^{\cdot}{}_{ad} B^{-1}{}_{dc})$$

が成り立つ.

8.3 特異点の記述

どんな行列 $B \in O(3,1)$ も $B = \overline{\Omega}\Delta\Omega$ の形で表すことができる．ここで (i) $\overline{\Omega}$ と Ω は

$$\left(\begin{array}{c|c}\overline{O} & \\ \hline & 1\end{array}\right) \quad \text{および} \quad \left(\begin{array}{c|c}O & \\ \hline & 1\end{array}\right)$$

という形をした直交行列であり，$\overline{O}$ と O は 3×3 直交行列であり，基底 $\{\mathbf{E}_a\}$ は $\mathbf{E}_4$ が時間的ベクトルであるように番号が振られている．これらの行列は回転を表している．次いで (ii) Δ は行列

$$\begin{pmatrix} \cosh\xi & 0 & 0 & \sinh\xi \\ 0 & 1 & 0 & 0 \\ 0 & 0 & 1 & 0 \\ \sinh\xi & 0 & 0 & \cosh\xi \end{pmatrix}$$

であり，これは 1 方向の速度の変更を表している．この分解によって

$$B\dot{}_{ab}B^{-1}{}_{bc}B\dot{}_{ad}B^{-1}{}_{dc} \geqslant 2(\dot{\xi})^2$$

が成り立つ．任意のベクトル $\mathbf{X} \in T_u$ に対して

$$\sum_b (\langle \overline{\mathbf{E}}^a, \mathbf{X}\rangle \Omega_{ab})^2 = \sum_a (\langle \overline{\mathbf{E}}^a, \mathbf{X}\rangle)^2$$

が成り立つ．よって

$$\sum_b \left(\left\langle \overline{\mathbf{E}}^a, \left(\frac{\partial}{\partial t}\right)_{\overline{\lambda}}\right\rangle B^{-1}{}_{ab}\right)^2 \geqslant \sum_a \left(\left\langle \overline{\mathbf{E}}^a, \left(\frac{\partial}{\partial t}\right)_{\overline{\lambda}}\right\rangle\right)^2 e^{-2|\xi|}$$
$$= e\left(\left(\frac{\partial}{\partial t}\right)_{\overline{\lambda}}, \left(\frac{\partial}{\partial t}\right)_{\overline{\lambda}}\right) e^{-2|\xi|}$$

が成り立つ．したがって

$$e\left(\left(\frac{\partial}{\partial t}\right)_\lambda, \left(\frac{\partial}{\partial t}\right)_\lambda\right) \geqslant e\left(\left(\frac{\partial}{\partial t}\right)_{\overline{\lambda}}, \left(\frac{\partial}{\partial t}\right)_{\overline{\lambda}}\right) e^{-2|\xi|} + 2C(\dot{\xi})^2$$

が成り立つので

$$\left[e\left(\left(\frac{\partial}{\partial t}\right)_\lambda, \left(\frac{\partial}{\partial t}\right)_\lambda\right)\right]^{\frac{1}{2}} \geqslant \frac{1}{2}\left[e\left(\left(\frac{\partial}{\partial t}\right)_{\overline{\lambda}}, \left(\frac{\partial}{\partial t}\right)_{\overline{\lambda}}\right)\right]^{\frac{1}{2}} e^{-|\xi|} + C^{\frac{1}{2}}|\dot{\xi}|$$

が得られる．$\xi_0 \leqslant \infty$ を $\lambda(t)$ 上で $|\xi|$ に対する最小上限としよう．すると，$L(\lambda)$ を計量 e における曲線 λ の長さとすると

$$L(\lambda) \geqslant \tfrac{1}{2} L(\overline{\lambda}) e^{-\xi_0} + C^{\frac{1}{2}}\xi_0$$

が成り立つ．これが有限であることより，ξ_0 と $L(\overline{\lambda})$ は有限でなければならない．よってこの曲線の $\mathscr{M}$ におけるアフィン長さ $\pi(\lambda(t))$ は $L(\overline{\lambda})$ に等しく，それは有限になる．

命題 8.3.1 の証明を完成するためには，$\mathscr{M}$ における曲線 $\pi(\lambda(t))$ が端点を持たないこと，すなわちいかなる $p \in \mathscr{M}$ に対しても $\pi(\lambda(t))$ が p のすべての近傍 $\mathscr{U}$ に進入および留まり続けることはないことを証明する必要がある．p の正規近傍 $\mathscr{U}$ の存在により，これは以下の結果の産物である：

命題 8.3.2 (Schmidt (1972))
$\mathcal{N}$ を $\mathcal{M}$ のコンパクトな部分空間とする. $O(\mathcal{M})$ における $\pi^{-1}(\mathcal{N})$ 内に進入し留まり続ける端点を持たない有限の長さの曲線 $\lambda(t)$ が存在するものと仮定しよう. このとき, $\mathcal{N}$ に含まれる延長不可能なヌル測地線 γ が存在する.

$\overline{\lambda}(t)$ を $\pi(\overline{\lambda}(t)) = \pi(\lambda(t))$ であるようなある点 $u \in \lambda(t)$ を通る水平な曲線としよう. 曲線 $\lambda(t)$ は端点を持たない. 水平な曲線 $\overline{\lambda}(t)$ の端点である点 $v \in O(\mathcal{M})$ が存在するものと仮定しよう. すると $\overline{\lambda}(t)$ が $\mathcal{W}$ 内に進入し留まり続けるようなコンパクトな閉包を持つ v の開近傍 $\mathcal{W}$ が存在する. $\mathcal{W}'$ を集合 $\{x \in O(\mathcal{M}) : |\xi| \leqslant \xi_0$ であるすべての行列 B に対して $Bx \in \mathcal{W}\}$ としよう. $\overline{\mathcal{W}}$ がコンパクトで ξ_0 が有限であることより, $\overline{\mathcal{W}'}$ はコンパクトになる. 曲線 $\lambda(t)$ は $\overline{\mathcal{W}'}$ に進入し留まり続ける. しかしどんなコンパクト集合も正定値計量 e に関して m-完備である. よって $\lambda(t)$ は有限の長さを持つが, $\overline{\mathcal{W}'}$ 内に端点を持つ. これは $\overline{\lambda}(t)$ は端点を持たないことを示す.

$\{x_n\}$ をいかなる極限点も持たない $\overline{\lambda}(t)$ 上の点列としよう. $\mathcal{N}$ がコンパクトであることより, $\pi(x_n)$ の極限点である点 $x \in \mathcal{N}$ が存在する. $\mathcal{U}$ をコンパクトな閉包を持つ x の正規近傍とし, $\sigma: \mathcal{U} \to O(\mathcal{M})$ を $\mathcal{U}$ 上の $O(\mathcal{M})$ の断面, すなわち $\sigma(p)$ $(p \in \mathcal{U})$ が p での正規直交基底であるとしよう. $\lambda(t) \in \pi^{-1}(\mathcal{U})$ に対して $\tilde{\lambda}(t) \equiv \sigma(\pi(\lambda(t)))$ と置こう. すると, 先ほどの命題のように $\overline{\lambda}(t) = A(t)\tilde{\lambda}(t)$ となる行列 $A(t) \in O(3,1)$ の唯一の族が存在し, この行列 A は $A = \overline{\Omega}\Delta\Omega$ の形で表すことができる. $|\xi(t_{n'})|$ が有限の上限 ξ_1 を持つものと仮定しよう. ここで $x_{n'} = \overline{\lambda}(t_{n'})$ は x に収束する x_n の部分列とする. すると点 $x_{n'}$ は集合 $\mathcal{U}' = \{v \in O(\mathcal{M}) : |\xi| < \xi_1$ となるある行列 $A \in O(3,1)$ に対して $A^{-1}v \in \sigma(\mathcal{U})\}$ に含まれる. しかしながら $\overline{\mathcal{U}'}$ はコンパクトであるので $\{x_{n'}\}$ の極限点を含むがこれは選択した $\{x_n\}$ に反する. よって $|\xi(t_{n'})|$ はいかなる有限の上限も持たない. 直交群がコンパクトであることより, $\overline{\Omega}_{n''}$ がある $\overline{\Omega}'$ に収束し, $\Omega_{n''}$ がある Ω' に収束し, $\xi_{n''} \to \infty$ かつある定数 a に対して

$$\xi_{n''+1} - \xi_{n''} > a > 0 \tag{8.1}$$

となる部分列 $\{x_{n''}\}$ を選ぶことができる (ここでは $\overline{\Omega}_{n''} = \overline{\Omega}(t_{n''})$ など).

$\lambda'(t) = (\overline{\Omega}')^{-1}\overline{\lambda}(t)$ かつ $\hat{\lambda}_{n''}(t) \equiv \Delta_{n''}^{-1}(\overline{\Omega}')^{-1}\overline{\lambda}(t)$ と置こう. すると $\hat{\lambda}_{n''}(t_{n''})$ は $\hat{x} \equiv \Omega'\sigma(x)$ に近づく. 曲線 $\overline{\lambda}(t)$ の長さが有限であることより, 曲線 $\lambda'(t)$ もまた有限の長さを持つ. これは

$$\int_{t_{n''}}^{t_{n''+1}} ((X^u)^2 + (X^v)^2 + (X^2)^2 + (X^3)^2)^{\frac{1}{2}} dt$$

もゼロに近づくことを意味する. ここで

$$X^A \equiv \langle \overline{E}^A, (\partial/\partial t)_{\lambda'} \rangle, \qquad A = u, v, 2, 3$$

であり,

$$\overline{E}^{\mathbf{u}} = \frac{1}{\sqrt{2}}(\overline{E}^4 + \overline{E}^1), \qquad \overline{E}^{\mathbf{v}} = \frac{1}{\sqrt{2}}(\overline{E}^4 - \overline{E}^1)$$

8.3 特異点の記述

である. よって各 A に対して

$$\int_{t_{n''}}^{t_{n''+1}} |X^A| dt$$

はゼロに近づく. 水平な曲線 $\hat{\lambda}_{n''}(t)$ の接ベクトルの成分 $Y_{n''}{}^A$ は

$$Y_{n''}{}^u = e^{-\xi_{n''}} X^u, \quad Y_{n''}{}^v = e^{\xi_{n''}} X^v, \quad Y_{n''}{}^2 = X^2, \quad Y_{n''}{}^3 = X^3$$

である. よって

$$\int_{t_{n''}}^{t_{n''+1}} |Y_{n''}^A| dt \qquad (A = u, 2, 3) \tag{8.2}$$

はゼロに近づく.

μ を $\hat{x}$ を通る水平なベクトル場 $\overline{\boldsymbol{E}}^v$ の積分曲線としよう. すると $\pi(\mu)$ は $\mathcal{M}$ におけるヌル測地線になる. $\pi(\mu)$ が過去および未来向きのどちらにも $\mathcal{N}$ から離れるものと仮定しよう. すると $\hat{x}$ のある近傍 $\mathcal{V}$ が存在し, それはコンパクトな閉包を持ち, どちらの方向にも μ が集合 $\overline{\mathcal{V}}$ から離れて行き再び進入しないという性質を持つ. ここで $\mathcal{V}' \equiv \{v \in O(\mathcal{M}) : \text{ある}\Delta\text{が存在して}\Delta v\text{が}\mathcal{V}\text{に含まれる}.\}$ である. $\mathcal{V}$ はそれが $\overline{\mathcal{V}}$ と交わる $\overline{\boldsymbol{E}}^v$ の任意の積分曲線に対してこの性質を持っていることにより十分小さくとれるのでいかなるそのような曲線も両方の方向に $\pi^{-1}(\mathcal{N})$ から離れる. $\mathcal{Y}$ を $\overline{\mathcal{V}}$ と交わる $\overline{\boldsymbol{E}}^v$ の積分曲線上のすべての点から構成される管としよう. すると $\mathcal{Y} \cap \pi^{-1}(\mathcal{N})$ はコンパクトである. 十分大きな n'' に対して $\hat{\lambda}_{n''}(t_{n''})$ は $\mathcal{V}$ に含まれる. (8.2) により, 方向 $\overline{\boldsymbol{E}}^v$ に対して横方向の $\hat{\lambda}_{n''}$ に対する接ベクトルの成分は大きな n'' と $t > t_{n''}$ に対して非常に小さく, 曲線 $\hat{\lambda}_{n''}(t)$ は $\mathcal{Y}$ が $\pi^{-1}(\mathcal{N})$ を離れるその終端を除いて管 $\mathcal{Y} \cap \pi^{-1}(\mathcal{N})$ を離れることはできない. しかしながら $\hat{\lambda}_{n''}(t)$ は $\lambda(t)$ が $\pi^{-1}(\mathcal{N})$ を離れないように $\pi^{-1}(\mathcal{N})$ を離れることはできない. よって $\hat{\lambda}_{n''}(t)$ は $t \geqslant t_{n''}$ に対して $\mathcal{Y} \cap \pi^{-1}(\mathcal{N})$ に含まれる. これは次のように矛盾を導く: $\hat{\lambda}_{n''+1}(t_{n''+1})$ は $\mathcal{V}$ に含まれる. しかしながら (8.1) により, $\mathcal{V}$ は, たとえ

$$\hat{\lambda}_{n''}(t_{n''+1}) = \Delta_{n''+1} \Delta_{n''}{}^{-1} \hat{\lambda}_{n''+1}(t_{n''+1})$$

が $\mathcal{V}'$ に含まれても $\mathcal{V}$ には含まれないくらい十分小さく選ぶことができる. これはヌル測地線が $\mathcal{N}$ から両方の方向に離れるというここでの仮定が誤りだったことを示している. よって $\pi(\mu)$ の極限点であるようなある点 $p \in \mathcal{N}$ が存在する. 補題 6.2.1 により $\mathcal{N}$ に含まれ, $\pi(\mu)$ の極限曲線である p を通る延長不可能なヌル測地線 γ が存在する. □

$O(\mathcal{M})$ が m-不完備の場合, 完備化された計量空間 $\overline{O(\mathcal{M})}$ を形成することができる. これは $O(\mathcal{M})$ に含まれる点の Cauchy 列の同値類の集合として定義される. $x \equiv \{x_n\}$ と $y \equiv \{y_m\}$ が $O(\mathcal{M})$ 内の Cauchy 列の場合, x と y の間の距離 $\overline{\rho}(x,y) \equiv \lim_{n \to \infty} \rho(x_n, y_n)$ によって定義される. ここで ρ は正定値計量 $\mathbf{e}$ によって定義された $O(\mathcal{M})$ 上の距離関数

である．x と y は $\overline{\rho}(x,y) = 0$ のとき同値であるという．$\overline{O(\mathscr{M})}$ は $O(\mathscr{M})$ に同相な部分と境界点の集合 $\overline{\partial}$ とに分解できる (つまり，$\overline{O(\mathscr{M})} = O(\mathscr{M}) \cup \overline{\partial}$)．距離関数 $\overline{\rho}$ は $\overline{O(\mathscr{M})}$ 上に位相を定義する．(8.1) より $\overline{O(\mathscr{M})}$ 上の位相は T_I の基底 $\{a_i\}$ の選択とは独立であることが分かる．

$O(3,1)$ の作用は $\overline{O(\mathscr{M})}$ に拡張することができる．$A \in O(3,1)$ の作用の下で，基底 $\{\mathbf{G}_A\}$ の変換は $O(\mathscr{M})$ における位置とは独立である．よって (A のみに依存する) 正の定数 C_1 および C_2 が存在して $C_1 \rho(u,v) \leqslant \rho(A(u), A(v)) \leqslant C_2 \rho(u,v)$ となる．これは A の作用の下で Cauchy 列は Cauchy 列に写像し Cauchy 列の同値類は Cauchy 列の同値類に写像されることを意味する．したがって $O(3,1)$ の作用は $\overline{O(\mathscr{M})}$ に一意的に拡張する．すると $\mathscr{M}^+$ は $O(3,1)$ の作用によって $\overline{O(\mathscr{M})}$ の商として定義することができる．$O(3,1)$ による $O(\mathscr{M})$ の商が $\mathscr{M}$ であり，$O(3,1)$ が不完備な Cauchy 列を不完備な Cauchy 列に写像することより，$\mathscr{M}^+$ は $\mathscr{M}$ と $\mathscr{M}$ の b-境界と呼ばれる点の集合 ∂ の合併として表すことができる．∂ の点は $\mathscr{M}$ における b-不完備曲線の同値類の端点を表すものと見なすことができる．

$O(3,1)$ の下で $\overline{O(\mathscr{M})}$ の点をその同値類に割り当てる射影 $\overline{\pi}: \overline{O(\mathscr{M})} \to \mathscr{M}^+ = O(\mathscr{M})$ 上の位相から $\mathscr{M}^+$ 上の位相を誘導する．しかしながら $\overline{\pi}$ は距離関数を誘導しない．なぜなら $O(3,1)$ の下で $\overline{\rho}$ が不変でないからである．よって $\overline{O(\mathscr{M})}$ の位相が計量的位相であり，そのため Hausdorff であるにもかかわらず，$\mathscr{M}^+$ のそれは Hausdorff である必要がない．これは点 $p \in \mathscr{M}$ と点 $q \in \partial$ が存在して $\mathscr{M}^+$ の p のすべての近傍が q のすべての近傍と交わるかもしれないということを意味する．これは点 q が $\mathscr{M}$ に完全にあるいは部分的に閉じ込められる不完備な曲線に対応するとき起こる．閉じ込められた不完備性については §8.5 にさらに議論する．

$\mathbf{g}$ が $\mathscr{M}$ 上の正定値計量とすると，$\mathscr{M}^+$ は Cauchy 列によって $(\mathscr{M}, \mathbf{g})$ の完備化と同相になる．Schmidt の構成も空間から閉集合 $\mathscr{A}$ を切り取った場合，$\mathscr{M} - \mathscr{A}$ 内の曲線の端点である $\mathscr{A}\dot{}$ のすべての点に対する b-境界の少なくとも 1 つの点が得られるという望ましい性質を持つ．$\mathscr{A}\dot{}$ の点に対する 2 つ以上の b-境界の点が得られる例としては集合 $\mathscr{A}$ として -1 と $+1$ の間の t 軸をとることによって 2 次元 Minkowski 空間によって提供される．この場合，$-1 < t < 1$ での各点 $(0,t)$ に対する 2 つの b-境界が存在する．$\mathscr{M} - \mathscr{A}$ 内の曲線によって到達できない $\mathscr{A}\dot{}$ の点の例は，集合

$$\mathscr{A} = \left\{ t = \sin \frac{1}{x}, t \neq 0 \right\} \cup \{-1 \leqslant t \leqslant 1, x = 0\}$$

によって与えられる．原点に端点を持つ $\mathscr{M} - \mathscr{A}$ 内の曲線は存在せず，それゆえこの点は $\mathscr{A}\dot{}$ に含まれても $(\mathscr{M} - \mathscr{A})^+$ に含まれない．

たとえ Schmidt の構成法はエレガントな定式化であっても，それを実際に適用するのは非常に難しい．定曲率空間から離れた $\mathscr{M}^+$ を求めるための唯一の解は通常の物質を伴う 2 次元 Robertson-Walker 解である．これらにおいて ∂ は共形的描像から想定されるように空間的 1 次元面になる．この場合，∂ 上に自然な微分構造を定義することができ，

$\mathscr{M}^+$ を境界を持つ多様体にする．しかしながら ∂ 上に多様体構造を定義するいかなる一般的な方法も存在しないようにみえる．確かに一般的な状況では ∂ は非常に不規則で滑らかな構造は与えられない．

8.4 特異点の特徴

　本節と続く節では定理4によって予想される特異点の特徴を議論する．この定理はその他の定理より特異点についてより詳しい情報を得ることができるので詳しく論ずる．ただし他の定理によって予想される特異点についても同様の性質を持つものと期待される．

　第1に計量の微分可能性が崩壊するのがどれだけまずいことなのかという問題が存在する．前節の定理は計量が C^2 級の場合，時空が測地的不完備でなければならないことを示していた．C^2 級条件は共役点と弧長の変分が well-defined (良く定義されている) であるために必要であった．言い換えれば測地線の方程式がそれらの初期位置と方向に微分的に依存するようにするためである．しかしながら測地線の方程式の解が定義されていれば測地的不完備性について述べることができる．それらは計量が C^1 級の場合に存在し，計量が C^{2-} 級 (つまり，接続が局所 Lipschitz) の場合に唯一かつ初期位置と方向に連続的に依存する．実際，系のバンドル $O(\mathscr{M})$ 上の正定値計量 $\mathbf{e}$ がほとんどいたるところで定義され，局所的に有界という条件のみで b-不完備性は議論できる．これは接続の成分 $\Gamma^a{}_{bc}$ がほとんどいたるところ定義され，局所的に有界であること，つまり計量が C^{1-} である場合である．

　ここからこの定理が示しているのは，曲率がいくらでも大きくなることを示しているのではなく，単に不連続であることだけであるように見えるかもしれない．(つまり計量が C^2 級ではなく C^{2-} 級であること)．これが間違っていることを示そう．定理4の条件の下で時空は，この計量が C^{2-} 級であることのみを要求する場合でさえ時間的測地的不完備でなければならない (そしてそれゆえ b-不完備である)．証明の方法は C^2 級計量によって C^{2-} 級計量を近似し，この計量において弧長の変分を実行することである．

　時空が C^{-2} 計量で延長不可能であるように定義され，定理4の条件が満たされるものと仮定しよう．時間的収束条件 $R_{ab}K^a K^b \geq 0$ はいま，一般化された導関数によって定義された Ricci テンソルを用いて 'ほとんどいたるところ' 保持されることが必要である．唯一 C^{2-} 計量において保持されない定理4の証明の一部が弧長の変分が $d(\hat{\mathscr{S}}, p) > -3/\theta_0$ であるような $p \in D^+(\hat{\mathscr{S}})$ が存在しないことを示すために使用されるところである．ここで θ_0 は $\mathscr{S}$ 上での $\chi^a{}_a$ の最大値である．よって $\mathscr{M}$ が時間的測地的完備である場合，そのようなある点 p と $\hat{\mathscr{S}}$ から p への長さ $d(\hat{\mathscr{S}}, p)$ の $\hat{\mathscr{S}}$ に直交する測地線が存在する．$\mathscr{U}$ を $J^-(p) \cap J^+(\hat{\mathscr{S}})$ を含むコンパクトな閉包を持つ開集合，$\mathbf{e}$ と $\hat{\mathbf{g}}$ をそれぞれ C^∞ 級正定値計量および Lorentz 計量としよう．任意の $\epsilon > 0$ に対して $\overline{\mathscr{U}}$ 上で以下を満たす C^∞ 級 Lorentz 計量 $g_\epsilon{}^{ab}$ を求めることができる：

(1) $|g_\epsilon{}^{ab} - g^{ab}| < \epsilon$,

(2) $|g_\epsilon{}^{ab}{}_{|c} - g^{ab}{}_{|c}| < \epsilon$,
(3) $|g_\epsilon{}^{ab}{}_{|cd}| < C$, ここで C は $\mathscr{U}, \mathbf{e}, \hat{\mathbf{g}}$ および $\mathbf{g}$ に依存する定数であり,
(4) $g_{\epsilon ab}K^a K^b \geqslant 0$ であるような任意のベクトル $\mathbf{K}$ に対して $R_{\epsilon ab}K^a K^b > -\epsilon|K^a|^2$ である.

($g_\epsilon{}^{ab}$ は有限個の局所座標近傍 $(\mathscr{V}_\alpha, \phi_\alpha)$ によって $\overline{\mathscr{U}}$ を被覆し, g^{ab} の座標成分を適切な平滑化関数 $\rho_\epsilon(x)$ で積分し, 1 の分割 $\{\psi_\alpha\}$ で和をとることによって構築することができる. つまり,

$$g_\epsilon{}^{ab}(q) = \sum_\alpha \psi_\alpha(q) \int_{\phi_\alpha(\mathscr{V}_\alpha)} g^{ab}(x) \rho_\epsilon(x - \phi_\alpha(q)) \mathrm{d}^4 x$$

である. ここで $\int \rho_\epsilon(x) \mathrm{d}^4 x = 1$ である.)

性質 (1) は, 十分小さな値の ϵ に対して p は $D^+(\hat{\mathscr{S}}, \mathbf{g}_\epsilon)$ に属し, $J^-(p, \mathbf{g}_\epsilon) \cap J^+(\hat{\mathscr{S}}, \mathbf{g}_\epsilon)$ は $\mathscr{U}$ に含まれる. それゆえ計量 $\mathbf{g}_\epsilon$ における長さ $d_\epsilon(\hat{\mathscr{S}}, p)$ の $\hat{\mathscr{S}}$ から p への測地線 γ_ϵ が存在する. また $|d_\epsilon(\hat{\mathscr{S}}, p) - d(\hat{\mathscr{S}}, p)|$ は $\epsilon \to 0$ のときゼロに近づく.

性質 (1),(2) および (3) と常微分方程式の標準的な定理により, $\epsilon \to 0$ に向かうと, 計量 $\mathbf{g}_\epsilon$ における測地線に対する接ベクトルは同じ初期位置および方向を持つ計量 $\mathbf{g}$ における測地線に対する接ベクトルに近づいてゆく. $\overline{\mathscr{U}} \cap \beta(\hat{\mathscr{S}} \times [0, 2d(\hat{\mathscr{S}}, p)])$ 上で $|V^a|$ に対するある上限が存在する. ここで V^a は計量 $\mathbf{g}$ における $\hat{\mathscr{S}}$ に対して直交する測地線に対する単位接ベクトルである. よって任意の $\delta > 0$ に対してどんな $\epsilon < \epsilon_1$ に対しても $R_{\epsilon ab}V_\epsilon^a V_\epsilon^b > -\delta$ となるような $\epsilon_1 > 0$ が存在する. ここで, このエネルギー条件の十分小さな変動が計量 $\mathbf{g}_\epsilon$ において $d_\epsilon(\hat{\mathscr{S}}, p)$ より小さな距離内で共役点の発生を妨げないことを示すことによって矛盾を導くことができる. 計量 $\mathbf{g}_\epsilon$ における測地線の膨張 θ_ϵ は Raychaudhuri 方程式

$$\mathrm{d}\theta_\epsilon / \mathrm{d}s = -\tfrac{1}{3}\theta_\epsilon^2 - 2\sigma_\epsilon^2 - R_{\epsilon ab}V_\epsilon^a V_\epsilon^b$$

に従う. よって $\mathrm{d}(\theta_\epsilon^{-1})/\mathrm{d}s \geqslant \tfrac{1}{3} + R_{\epsilon ab}V^a V^b \theta_\epsilon^{-2}$ が成り立つ. したがって初期値 θ_{ϵ_0} が負であり, $3\delta\theta_0^{-2}$ が 1 より小さい場合, θ_ϵ^{-1} は $\hat{\mathscr{S}}$ から距離 $3/\theta_0(1 - 3\delta\theta_0^{-2})$ 以内でゼロになる. しかし, $\epsilon \to 0$ のとき $\theta_{\epsilon_0} \to \theta_0$ である. これは十分小さな値の ϵ に対して計量 $\mathbf{g}_\epsilon$ において $d_\epsilon(\hat{\mathscr{S}}, p)$ より小さい距離以内で $\hat{\mathscr{S}}$ に対して直交するすべての測地線上に共役点が存在することを示している. したがって計量が C^{2-} 級であることのみ要求した場合でさえ $\mathscr{M}$ は時間的測地的不完備でなければならない.

この結果は時空が不完備な測地線を続けようと延長される場合, 計量が Lorentz 的にならなくなるか, 曲率が局所的に有界でなくなる, つまり曲率特異点が存在しなければならないことを意味する. しかしながら曲率が局所的に有界でない場合であっても, 任意のコンパクトな領域上の曲率テンソルの成分の体積積分が有限であるという条件で計量は依然として Einstein 方程式の超関数解として解釈することができる. これは計量が Lorentz 的かつ連続であり, 自乗可積分な 1 階導関数を持つ場合である. 特にこれは計量が Lorentz 的かつ C^{1-} 級 (つまり, 局所 Lipschitz) であるとき真である. そのような

8.4 特異点の特徴

C^{1-} 級解の例は，重力衝撃波 (この曲率はヌル的 3 次元面上で δ 関数的挙動を持つ．例えば Choquet-Bruhat (1968) および Penrose (1972a) 参照)，細い質量殻 (この曲率は時間的的 3 次元面上で δ 関数的挙動を持つ．例えば Israel (1966) 参照)，および，測地線的流線が 2 次元または 3 次元のコースティクス (caustics) を持つ圧力ゼロの物質を含む解 (Papapetrou and Hamoui (1967), Grischuk (1967) 参照) を含む．計量の曲率に対する非線形な依存性のため，すべての点で収束条件に従うか，少なくとも上記の場合のようにそれをわずかな量より大きく破らない C^2 級計量によって C^{1-} 級超関数解を必ずしも近似することはできない (性質 (4))．しかしながら上記すべての例でそれは可能である．確かにこれはそれらの物理的妥当性である．それらは収束条件に従い小さな領域で曲率が非常に大きいような C^2 級ないしは C^∞ 解の数学的理想化とみなせる．これら C^2 級解に対して §8.2 節の定理を適用することができ，それらにおいて不完備な測地線の存在を証明することができる．これは予想される特異点は単なる重力的インパルスあるいは流線のコースティクスではなく，より深刻な計量の崩壊でなければならないということを示している．(通常の流体力学的衝撃波は密度と圧力の不連続性のみ含むので C^{2-} 級計量とともに存在する．) そのことをはっきりと証明することができなくても，我々は特異点とは，Einstein 方程式の超関数解としてすら計量が拡張できないようなものに違いないと信じている．つまり特異な点で曲率の成分が非有界であるようなそのような点のいかなる近傍上のそれらの体積積分もまた非有界にならねばならない．これは次の節で扱う Taub-NUT 解の例外的な場合を除く特異点のすべての既知の例において成り立つ．この推測が '一般的な' 特異点 (つまり，測度ゼロの初期条件の集合から生じるものを除いて) に対して正しいなら特異点は Einstein 方程式 (そして，おそらく現在知られている他の物理法則も) が崩壊する点とみなすことができる．

別の答えたい質問は，いくつの不完備測地線が存在するかということである．もしたった 1 つしか存在しないなら特異点は無視できると考えたくなるだろう．定理 4 の証明より，Cauchy 地平が存在しない場合，つまり $\mathscr{S}$ が Cauchy 面の場合，$\mathscr{S}$ からのいかなる時間的曲線 (測地線ないしはそれ以外) も $-3/\theta_0$ より長い長さに延長することはできない．ここで θ_0 は $\mathscr{S}$ 上の $\chi^a{}_a$ の最大値である．実際，この結果は $\chi^a{}_a$ が依然として負の上限を持つという条件で $\mathscr{S}$ が非コンパクトであっても成り立つ．しかしながらこれはすべての時間的曲線が特異点に衝突する事態が発生するということを必ずしも示していない．むしろそれは特異点が Cauchy 地平に伴うものであり，そのため未来を予測する我々の能力が崩壊することを示している．この例は図 53 に示した．ここでは計量は点 p で特異的であるのでこの点は時空多様体から取り除かれる．この穴から広がって Cauchy 地平が存在する．この例は証明できる最大限のことが不完備かつ $\mathscr{S}$ の Cauchy 発展以内に留まり続ける測地線の 3 次元族が存在するということであることを示している (この例ではこれらは p を通る測地線である)．$\mathscr{S}$ の Cauchy 発展を離れ，かつ不完備であるが $\mathscr{S}$ 上の条件の知識からそれらの挙動を予測できない他の測地線が存在してもよい．

$D^+(\mathscr{S})$ において 2 つ以上の不完備測地線が存在しなければならないことは明らかである．定理 4 より，$\mathscr{S}$ に直交する測地線 γ で $D^+(\mathscr{S})$ に留まるが不完備であるようなもの

が存在することが分かる．

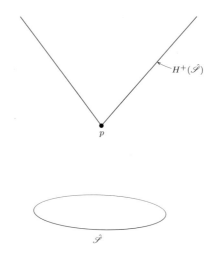

図 53. 点 p はそこで特異点が発生するため時空から取り除かれている．その結果，面 $\hat{\mathscr{S}}$ に対する Cauchy 地平 $H^+(\hat{\mathscr{S}})$ が存在する．

p を γ が $\hat{\mathscr{S}}$ と交わる点としよう．すると $\chi^a{}_a$ が依然として負であるが，γ と直交しないような新しい面 $\hat{\mathscr{S}}'$ を得るために p の近傍内に $\hat{\mathscr{S}}$ の小さな変化を与える．すると定理 4 により，不完備であり，$H^+(\hat{\mathscr{S}}')$ と交わらず，$H(\hat{\mathscr{S}})$ と同じ $\hat{\mathscr{S}}'$ に直交する別の時間的測地線 γ' が存在しなければならない．

実際，少なくとも $D^+(\hat{\mathscr{S}})$ 以内に留まり不完備な時間的測地線の 3 次元の族 (非時間順序的面 (achronal surface) の各点を通る) が存在することを証明することができる．これらの測地線は §6.8 の分解不可能過去集合の意味ですべて同じ境界点に対応する．つまり，それらはすべて同じ過去を持つ．ただしそれらは前節の構成法によって定義されるものとしてはすべてが同じ点に一致する必要はない．証明の概要は次の通りである：定理 4 では長さ $3/\theta_0$ まで延長できない $\hat{\mathscr{S}}$ に直交する未来向きの時間的測地線が存在しなければならないことが示された．実際にはこれ以上のことが言える：$D^+(\hat{\mathscr{S}})$ 以内に留まり，各点で $\hat{\mathscr{S}}$ からの最大長さの曲線であるような測地線 γ が存在しなければならない．つまり，各 $q \in \gamma$ に対して $\hat{\mathscr{S}}$ から q までの γ の長さは $d(\hat{\mathscr{S}}, q)$ に等しい．ここでの考えはいま $r \in J^-(\gamma)$ に対する関数 $d(r, \gamma)$ を検討することである．明らかにこれは $J^+(\hat{\mathscr{S}}) \cap J^-(\gamma)$ 上に制限される．γ が $\hat{\mathscr{S}}$ からの最大の長さの曲線であるという事実より，γ の近傍内で $d(r, \gamma)$ は連続であり，$d(r, \gamma)$ 一定の面は γ と垂直に交わる空間的面である．するとこれらの面と直交する時間的測地線は $J^-(\gamma)$ 以内に留まるので不完備になる．

8.5 閉じ込められた不完備性

§8.1 では特異点の定義として b-不完備性を課した．考え方としては b-不完備曲線は時空から除外された特異点に対応するということである．しかしながら極限点 $p \in \mathcal{M}$ を持つ b-不完備曲線 λ が存在するものと仮定しよう．すなわち，λ は部分的あるいは全体的に p のコンパクトな近傍に閉じ込められているものとする．すると，$\mathcal{M}$ より大きなどんな 4 次元 Hausdorff パラコンパクト多様体 $\mathcal{M}'$ であっても，λ を $\mathcal{M}'$ 内で連続化できるように $\mathcal{M}$ を $\mathcal{M}'$ に埋め込むことはできない．λ が $\mathcal{M}'$ 内で $\mathcal{M}$ の境界と交わるような点を q とすると任意の q の近傍は任意の p の近傍と交わるので $\mathcal{M}'$ が Hausdorff かつ $q \neq p$ であることは不可能である．実際，$\mathcal{M}$ の閉じ込められた不完備性は Schmidt 完備化 (completion)．$\mathcal{M}^+$ の非 Hausdorff 的挙動によって特徴づけることができる．

命題 8.5.1
p を極限点として持ち，$\mathcal{M}^+$ 内の端点として r を持つような $\mathcal{M}$ 内の不完備曲線 λ が存在する場合，点 $p \in \mathcal{M}$ は点 $r \in \partial$ から $\mathcal{M}^+$ 内で Hausdorff 分離されていない．

$p \in \mathcal{M}$ を b-不完備曲線 λ の極限点と仮定しよう．λ の水平持ちあげ (horizontal lift) $\overline{\lambda}$ を正規直交系のバンドル $O(\mathcal{M})$ 内に構築することができる．これはある点

$$x \in \pi^{-1}(r) \subset \overline{\partial} \equiv \overline{O(\mathcal{M})} - O(\mathcal{M})$$

で端点を持つ．$\mathcal{V}$ が $\mathcal{M}^+$ 内の r の近傍とすると，$\pi^{-1}(\mathcal{V})$ は $\overline{O(\mathcal{M})}$ 内で x の開近傍となる．よってそれはある点 y を超えた $\overline{\lambda}$ 上のすべての点を含む．したがって $\pi(y)$ を超えた λ 上のすべての点は $\mathcal{V}$ に含まれそれゆえ p が λ の極限点であることより $\mathcal{V}$ は p の任意の近傍と交わる．□

Taub-NUT 空間 (§5.8) は過去および未来地平 $U(t) = 0$ のコンパクトな近傍に完全に閉じ込められるすべての不完備測地線が存在する例である．計量がこれらのコンパクトな近傍上で完全に正則であるので不完備測地線は s.p.(スカラー多項式 (scalar polynomial)) 曲率特異点に対応しない．未来地平 $U(t) = 0$ に含まれる未来不完備な閉じたヌル測地線 $\lambda(v)$ を考えよう．$p = \lambda(0)$ かつ v_1 を $\lambda(v) = p$ となる v の最初の正の値としよう．すると §6.4 のように λ に対する平行移動された接ベクトルは $a > 1$ に対して

$$(\partial/\partial v)|_{v=v_1} = a(\partial/\partial v)|_{v=0}$$

を満たす．各 n に対して点 $\lambda(v_n) = p$ である．ここで

$$v_n = v_1 \sum_{r=1}^{n} a^{1-r} = v_1 \frac{1 - a^{-n}}{1 - a^{-1}}$$

かつ
$$(\partial/\partial v)|_{v=v_n} = a^n (\partial/\partial v)|_{v=0}$$
である．よって $\lambda(v)$ 上の擬正規直交な平行移動された基底 $\{\mathbf{E}_a\}$ をとるならば $\mathbf{E}_4 = \partial/\partial v$ であり，別のヌル基底ベクトル $\mathbf{E}_3$ は $\mathbf{E}_3|_{v=v_n} = a^{-n}\mathbf{E}_3|_{v=0}$ に従う．毎回閉じたヌル測地線 λ を周回するたびにベクトル $\mathbf{E}_4$ は大きくなり，ベクトル $\mathbf{E}_3$ は小さくなる．ベクトル $\mathbf{E}_1$ とベクトル $\mathbf{E}_2$ は同じ状態を保つ．したがって $\mathbf{E}_4$ を含み $\mathbf{E}_1$ と $\mathbf{E}_2$ を含むかもしれない Riemann テンソルのゼロでない成分が存在する場合，それは λ を回るたびに毎回どんどん大きくなるように見えるので p.p.(平行移動 (parallelly propagreted)) 曲率特異点が存在する．しかしながら Taub-NUT 空間では Riemann テンソルのゼロでない唯一の独立成分 $R(\mathbf{E}_3, \mathbf{E}_4, \mathbf{E}_3, \mathbf{E}_4)$ が存在するようにベクトル $\mathbf{E}_3$ を選ぶことができることが分かる．これは $\mathbf{E}_3$ と $\mathbf{E}_4$ を等価に含むので，毎回回るごとに同じ値を持つ．任意の閉じ込められた曲線に対して同様の議論が恐らく成り立つので我々の定義によって Taub-NUT 空間は特異的であるにもかかわらず p.p. 曲率特異点は存在しないように思える．この種の挙動が物質を含む物理的に現実的な解において生じるかあるいは Taub-NUT 空間が孤立した病理的な例であるのかは気になる点である．次章で論ずるように前の定理は測地的不完備性が必ずしも発生するわけではなく，非常に強い重力場で一般相対論が崩壊することを示していると解釈できるのでこの問題は重要である．そのような場は Taub-NUT のような種類の状況では発生しない．この結論は Taub-NUT 空間における Riemann テンソルの非常に特殊な性質の結果である．一般に Riemann テンソルのいくつかの他の成分は閉じ込められた曲線上でゼロでないものと予想されるのでたとえ s.p. 曲率特異点が存在しないとしても p.p. 曲率特異点は存在するであろう．実際次が証明できる：

命題 8.5.2
$p \in \mathscr{M}$ が b-不完備曲線 λ の極限点であり，p ですべての非空間的ベクトル $\mathbf{K}$ に対して $R_{ab}K^a K^b \neq 0$ ならば λ は p.p. 曲率特異点に対応する．(この条件は $K^a K^c C_{abc[d}K_{e]} = 0$ となるいかなるヌル方向 K^a も存在しないという条件によって置き換えることができる．)

$\mathscr{U}$ をコンパクトな閉包を持つ p の凸正規座標近傍とし，$\{\mathbf{Y}_i\}, \{\mathbf{Y}^i\}$ を $\mathscr{U}$ 上の双正規直交基底 (dual orthonormal basis) としよう．$\{\mathbf{E}_a\}, \{\mathbf{E}^a\}$ を曲線 $\lambda(t)$ 上の平行移動された双正規直交基底とする．$\tilde{t}$ を λ 上のパラメータで $\mathscr{U}$ 内で
$$d\tilde{t}/dt = (\sum_i X^i X^i)^{\frac{1}{2}}$$
を満たすものとする．ここで X^i は基底 $\{\mathbf{Y}_i\}$ における接ベクトル $\partial/\partial t$ の成分である．すると $\tilde{t}$ は基底 $\{\mathbf{Y}_i\}, \{\mathbf{Y}^i\}$ が正規直交である $\mathscr{U}$ 上の正定値計量において弧長を測定する．

任意の非空間的ベクトル K^a に対して p で $R_{ab}K^a K^b \neq 0$ となることより，$R_{ab} = CZ_a Z_b + R'_{ab}$ であるような近傍 $\mathscr{V} \subset \mathscr{U}$ が存在する．ここで $C \neq 0$ は定数で Z_a は単位

8.5 閉じ込められた不完備性

時間的ベクトルであり，R'_{ab} は任意の非空間的ベクトル K^a に対して $CR'_{ab}K^aK^b > 0$ となるものである．$\tilde{t}$ のある値 $\tilde{t}_0$ ののち曲線 λ が $\mathscr{V}$ と交わるものと仮定しよう．λ が端点を持たず，p が λ の極限点であることより $\mathscr{V}$ 内の λ の一部は $\tilde{t}$ によって無限大の長さとして測定される．しかしながら一般化されたアフィンパラメータは

$$\mathrm{d}u/\mathrm{d}\tilde{t} = \{\sum_a (E^a{}_i \tilde{X}^i)^2\}^{\frac{1}{2}}$$

によって与えられる．ここで $\tilde{X}^i$ は接ベクトル $(\partial/\partial \tilde{t})_\lambda$ の成分なので $\sum_i \tilde{X}^i \tilde{X}^i = 1$ であり，$E^a{}_i$ は基底 $\{\mathbf{Y}^i\}$ における基底 $\{\mathbf{E}^a\}$ の成分である．この曲線上で u が有限であることより，縦ベクトルの係数 $E^a{}_i \tilde{X}^i$ はゼロに向かわなければならないので成分 $E^a{}_i$ によって表された Lorentz 変換はいくらでも大きくならなければならない．$\mathbf{Z}$ が時間的な単位ベクトルであることより，基底 $\{\mathbf{E}_a\}$ における $\mathbf{Z}$ の成分はしたがっていくらでも大きくなり，それゆえ基底 $\{\mathbf{E}_a\}$ における Ricci テンソルの，ある成分はいくらでも大きくなる．
□

この結果は一般的な時空における b-不完備な閉じ込められた非空間的曲線を歴史に持つ観測者はいくらでも大きな曲率の力によって有限の時間で引き裂かれることを示している．しかしながら別の観測者はいかなるそのような効果も経験せずに同じ領域を通過できる．これに関連する興味深い例が地平上の点 p の小さな近傍においてのみ 1 とは異なる共形因子 Ω によって計量が変更された Taub-NUT 空間によって提供される．この共形変換は空間の因果構造を変更せず，点 p を通る閉じたヌル的曲線の不完備性に影響を与えない．しかしながら一般に K^a を閉じたヌル測地線に対する接ベクトルとするとき $R_{ab}K^aK^b \neq 0$ である．各々の周期ののち，$R_{ab}K^aK^b$ は因子 a^2 によって増加するので p.p. 曲率特異点が存在する．それでもこの地平のコンパクトな近傍上で計量が完全に正則であるのでこの不完備性に関連した s.p. 曲率特異点は存在しない．

不完備曲線がコンパクトな領域に完全に閉じ込められているこの種の状況を排除したいと読者は望むかもしれない．この種の挙動は時空の加算無限個の異なる領域において発生する可能性がある．よってすべての不完備曲線が 1 つのコンパクト集合に完全に含まれると述べることによってはそれは記述できない．代わりにある意味コンパクトであるような不完備曲線の集合は $\mathscr{M}$ のコンパクトな領域に完全に閉じ込められると述べることによってそれを記述することが望まれる．この概念を正確なものにするために以下のように b-有界性を定義する．

空間 $B(\mathscr{M})$ をすべての対 (λ, u) の集合によって定義することにしよう．ここで u が線形系のバンドル $L(\mathscr{M})$ 内の点，λ が $\pi(u)$ に位置する唯一の端点を持つ $\mathscr{M}$ 内の C^1 級曲線とする．$\mathscr{U}$ を $\mathscr{M}$ 内の開集合，$\mathscr{V}$ を $L(\mathscr{M})$ 内の開集合とする．開集合 $O(\mathscr{U}, \mathscr{V})$ を λ が $\mathscr{U}$ に交わり $u \in \mathscr{V}$ であるような $B(\mathscr{M})$ のすべての要素の集合として定義する．全ての $\mathscr{U}$，$\mathscr{V}$ に対して $O(\mathscr{U}, \mathscr{V})$ の形の集合は $B(\mathscr{M})$ の位相に対する部分基底を形成する．写像 $\exp : T(\mathscr{M}) \to \mathscr{M}$ は点 p でベクトル $\mathbf{X}$ をとり $\mathbf{X}$ によって定義されるアフィンパラメータにおいて測定された単位距離だけ p から $\mathbf{X}$ の方向へ測地線に沿って

進むことによって定義されることを思い出そう．同様に写像 $\text{Exp}: B(\mathscr{M}) \to \mathscr{M}$ は u によって定義される一般化されたアフィンパラメータにおいて測定された単位距離だけ $\pi(u)$ から曲線 λ に沿って進むことによって定義することができる．写像 Exp は連続かつ $\mathscr{M}$ が b-完備の場合すべての $B(\mathscr{M})$ に対して定義される．$(\mathscr{M}, \mathbf{g})$ はすべてのコンパクト集合 $W \subset B(\mathscr{M})$ に対して $\text{Exp}(W)$ が $\mathscr{M}$ 内でコンパクトな閉包を持つとき b-有界と呼ぶことにしよう．Exp は連続なので，$(\mathscr{M}, \mathbf{g})$ は b-完備ならば b-有界である．ただし Taub-NUT 空間は b-有界であるが b-完備でない空間の例である．これは Taub-NUT 空間が完全に真空であることのみにより可能となることを示そう．定理 4 における面 $\mathscr{S}$ 上に任意の物質が存在することはその空間が b-不完備かつ b-非有界の両方であることを意味する．

定理 5

時空は定理 4 の条件 (1)〜(3) と以下の条件が成り立つ場合，b-有界でない．

(4) エネルギー-運動量テンソルは $\mathscr{S}$ 上のどこかでゼロでなく，

(5) エネルギー-運動量テンソルは (次の) 支配的エネルギー条件 (§4.3) の若干強い形のものに従う：K^a が非空間的ベクトルならば $T^{ab}K_a$ はゼロかあるいは非空間的であり，$T_{ab}K^aK^b \geqslant 0$ が成り立ち，等号は $T^{ab}K_b = 0$ の場合に限り成り立つ．

注意 条件 (4) は一般性条件 (generic condition)(定理 2 参照) によって置き換えることができる．

証明． すべての対 $(p, i[\lambda])$ の集合として定義される被覆空間 $\mathscr{M}_G$ を考える．ここで λ は $p, q \in \mathscr{M}$ に対する q から p への曲線であり，$i[\lambda]$ は λ が $\mathscr{S}$ を未来向きに切る回数から過去向きに切る回数を引いたものである．各整数 a に対して

$$\mathscr{S}_a \equiv \{(p, i[\lambda]) : p \in \mathscr{S}, i[\lambda] = a\}$$

は $\mathscr{S}$ に対して微分同相であり，$\mathscr{M}_G$ において準 Cauchy 面である．一般に $\mathscr{M}$ が b-有界であっても $\mathscr{M}_G$ はそうである必要はないが，今考えている状況下では次の結果が成り立つ：

補題 8.5.3

条件 (1)〜(3) が成り立ち，$D^+(\mathscr{S}_0)$ が $\mathscr{M}_G$ 内にコンパクトな閉包を持たないものとする．すると ψ が被覆射影 $\psi: \mathscr{M}_G \to \mathscr{M}$ の場合，$\psi(D^+(\mathscr{S}_0))$ は $\mathscr{M}$ 内にコンパクトな閉包を持たない．

$\mathscr{M}$ が $\mathscr{M}_G$ ないしは $\mathscr{M}_a$ のいずれかに対して微分同相であるとする．ここで $\mathscr{M}_a$ は $\mathscr{S}_a$ と $\mathscr{S}_{a+1}$ の間の $\mathscr{M}_G$ の部分に対して $\mathscr{S}_a$ と $\mathscr{S}_{a+1}$ を同一視したものである．任意の $a \geqslant 0$ に対して $\mathscr{M}_a \cap D^+(\mathscr{S}_0)$ が $\mathscr{M}_G$ 内でコンパクトな閉包を持たないならば $\psi(D^+(\mathscr{S}_0))$ は $\mathscr{M}$ 内でコンパクトな閉包を持たない．しかしながらすべての $a \geqslant 0$ に対して $\mathscr{M}_a \cap D^+(\mathscr{S}_0)$ がコンパクトな閉包を持つならば $\overline{D}^+(\mathscr{S}_0)$ がコンパクトでないことより，すべての $a \geqslant 0$

8.5 閉じ込められた不完備性

に対してそれは空集合ではない.しかし,$p \in \mathscr{S}_a$ に対して $I^-(p) \cap \mathscr{M}_{a-1}$ はある下限 c を持つ.よってすべての $a \geqslant 0$ に対して $\mathscr{M}_a \cap D^+(\mathscr{S}_0)$ の固有体積は c より小さくはできない.しかしこれは条件 (1)~(3) と命題 6.7.1 より,$D^+(\mathscr{S}_0)$ の固有体積が $3/(-\theta_0) \times (\mathscr{S}$ の面積$)$ より小さいことより不可能である.ここで θ_0 は $\mathscr{S}$ 上の $\chi^a{}_a$ の負の上限である.□

この結果を用いると,次が証明できる:

補題 8.5.4
$D^+(\mathscr{S}_0)$ がコンパクトな閉包を持たないならば $\mathscr{M}$ は b-有界でない.

$\mathscr{W}$ をすべての対 (λ, u) から構成される $B(\mathscr{M}_G)$ の部分集合とする.ここで λ は $\mathscr{M}_G$ 内の端点 $r \in \mathscr{S}_0$ を伴う $\mathscr{S}_0$ に対して直交する任意の未来延長不可能な時間的測地曲線であり,$u \in \pi^{-1}(r)$ は r での任意の基底であり,そのベクトルの 1 つは λ に対して接し,長さ $-3/\theta_0$ を持ち,残りのベクトルは $\mathscr{S}_0$ において正規直交基底となるものとする.

$\{\mathscr{P}_\alpha\}$ を $\mathscr{W}$ を被覆する開集合の集まりとする.各 $\mathscr{P}_\alpha$ は $O(\mathscr{U}, \mathscr{V})$ の形の集合の有限個の共通部分の合併である.$\mathscr{P}$ が

$$\mathscr{P}_\alpha = \bigcap_\beta O(\mathscr{U}_{\alpha\beta}, \mathscr{V}_\alpha)$$

の形で表すことができている場合を考えれば十分である.ここで各 α に対して $\mathscr{U}_{\alpha\beta}$ は $\mathscr{M}_G$ 内の有限個の開集合であり,$\mathscr{V}_\alpha$ は $L(\mathscr{M}_G)$ 内の開集合である.$(\mu, v) \in \mathscr{W}$ としよう.すると $(\mu, v) \in \mathscr{P}_\alpha$ なるある α が存在する.これは各 β の値に対する開集合 $\mathscr{U}_{\alpha\beta}$ と $v \in \mathscr{V}_\alpha$ とに測地線 μ が交わることを意味する.測地線がそれらの初期条件上で連続的に依存することより,$\pi(v)$ のある近傍 $\mathscr{Y}_\alpha$ が存在して,$\mathscr{Y}_\alpha$ を通り $\mathscr{S}_0$ に直交するすべての未来延長不可能測地線が β の各値に対して $\mathscr{U}_{\alpha\beta}$ と交わる.$\mathscr{V}'_\alpha$ を $\pi(\mathscr{V}'_\alpha) \subset \mathscr{Y}_\alpha$ なる $\mathscr{V}_\alpha$ に含まれる開集合としよう.すると

$$(\mu, v) \in O(\pi(\mathscr{V}'_\alpha), \mathscr{V}'_\alpha)$$

は $\mathscr{P}_\alpha$ に含まれる.よって集合 $\{O(\pi(\mathscr{V}'_\alpha), \mathscr{V}'_\alpha)\}$ は被覆 $\mathscr{P}_\alpha$ の細分を形成する.

基底ベクトルの 1 つが $\mathscr{S}_0$ に直交し長さ $-3/\theta_0$ であり,残りのベクトルが $\mathscr{S}_0$ の正規直交基底であるような $\mathscr{S}_0$ 上のすべての基底から構成される $L(\mathscr{M}_G)$ の部分集合 $\mathscr{Q}$ を考える.$\mathscr{Q}$ がコンパクトであることより,$\mathscr{Q}$ は有限個の集合 $\mathscr{V}'_\alpha$ によって被覆できる.よって $\mathscr{W}$ は有限個の集合 $O(\pi(\mathscr{V}'_\alpha), \mathscr{V}'_\alpha)$ によって被覆できるのでコンパクトである.

命題 6.7.1 により,$D^+(\mathscr{S}_0)$ の各点は $\mathscr{S}_0$ に直交する未来向き測地線に沿って固有距離 $-3/\theta_0$ 以内に含まれる.これは $\mathrm{Exp}(\mathscr{W})$ が $D^+(\mathscr{S}_0)$ を含むことを意味する.$\psi_*: B(\mathscr{M}_G) \to B(\mathscr{M})$ を $(\lambda, u) \in B(\mathscr{M}_G)$ を $(\psi(\lambda), \psi_* u) \in B(\mathscr{M})$ に移す写像としよう.すると,$\psi_* \mathscr{W}$ は

$$\mathrm{Exp}(\psi_* \mathscr{W}) \supset \psi(D^+(\mathscr{S}_0))$$

であるような $B(\mathscr{M})$ のコンパクトな部分集合である．よって，$\overline{D^+(\mathscr{S}_0)}$ がコンパクトではなければ，$\overline{\psi(D^+(\mathscr{S}_0))}$ はコンパクトではなく，それゆえ $(\mathscr{M},\mathbf{g})$ は b-有界ではない． □

これは $\overline{D^+(\mathscr{S}_0)}$ がコンパクトでないことを証明すれば十分であることを示している．仮に $\overline{D^+(\mathscr{S}_0)}$ がコンパクトであるものとしよう．すると $H^+(\mathscr{S}_0)$ もまたコンパクトである．下で示すようにこれはヌル測地線の生成子の発散が $H^+(\mathscr{S}_0)$ のいたるところでゼロでなければならないことを意味する．これは $H^+(\mathscr{S}_0)$ のどこかで物質密度がゼロでない場合，不可能である．

補題 8.5.5

$H^+(\mathscr{Q})$ が準 Cauchy 面 $\mathscr{Q}$ に対してコンパクトであるなら $H^+(\mathscr{Q})$ のヌル測地線的生成線分は過去方向において測地的完備である．

命題 6.5.2 より生成線分は過去端点を持たないことが分かる．したがってそれらはコンパクト集合 $H^+(\mathscr{Q})$ 内に'ほぼ閉じた'曲線を形成する．もしそれらが実際に閉じた曲線を形成するなら，そしてもしそれらが過去向きに不完備であるならばそれらは閉じた時間的曲線を得るために過去に向かって変化させることができることを示すために命題 6.4.4 を用いることができる．しかしながらこれはそのような曲線が $D^+(\mathscr{Q})$ に含まれることより不可能である．$H^+(\mathscr{Q})$ のヌル測地線の生成子が単に'ほぼ閉じて'いるだけの場合の証明は幾分注意を要するが同様である．

コンパクトな閉包を持つ $H^+(\mathscr{Q})$ の近傍 $\mathscr{U}$ における測地線である未来向き時間的単位ベクトル場 $\mathbf{V}$ を導入する．命題 6.4.4 にあるように正定値計量 $\mathbf{g}'$ を

$$g'(\mathbf{X},\mathbf{Y}) = g(\mathbf{X},\mathbf{Y}) + 2g(\mathbf{X},\mathbf{V})g(\mathbf{Y},\mathbf{V})$$

によって定義し，$H^+(\mathscr{Q})$ のヌル測地線生成線分に沿って計量 $\mathbf{g}'$ において固有値を測定するパラメータを t とし，それはある点 $q \in \gamma$ でゼロとする．すると $g(\mathbf{V},\partial/\partial t) = -2^{-\frac{1}{2}}$ である．γ が過去端点を持たないので，t は下限を持たない．v をアフィンパラメータとするとき f と h を

$$f\frac{\partial}{\partial t} = \frac{\mathrm{D}}{\partial t}\left(\frac{\partial}{\partial t}\right), \qquad \frac{\partial}{\partial v} = h\frac{\partial}{\partial t}$$

によって与えられるものとしよう．γ を過去において測地的不完備であるものと仮定すると，アフィンパラメータ

$$v = \int_0^t h^{-1}\mathrm{d}t'$$

は $t \to -\infty$ のとき下限 v_0 を持つ．いま γ の変分 α で変分ベクトル $\partial/\partial u$ が $-x\mathbf{V}$ に等しいものを考える．すると，

$$\frac{\partial}{\partial u}g\left(\frac{\partial}{\partial t},\frac{\partial}{\partial t}\right)\bigg|_{u=0} = 2^{-\frac{1}{2}}\left(\frac{\mathrm{d}x}{\mathrm{d}t} + xh^{-1}\frac{\mathrm{d}h}{\mathrm{d}t}\right) \tag{8.3}$$

8.5 閉じ込められた不完備性

が成り立つ．$t \to -\infty$ のとき $h \to \infty$ より，すべての $t \leqslant 0$ に対して (8.3) が負であるような有界関数 $x(t)$ を求めることができる．しかしながらこれは (8.3) が負のままである u の範囲が $t \to -\infty$ のときゼロに向かう可能性があるので，いたるところ時間的な曲線をこの変分が与えることを保証するのに十分ではない．これを扱うためにこの変分の下で 2 階導関数を考えよう：

$$\frac{\partial^2}{\partial u^2} g\left(\frac{\partial}{\partial t}, \frac{\partial}{\partial t}\right)$$
$$= \frac{\partial}{\partial u}\left(g\left(\frac{\partial}{\partial t}, \frac{\mathrm{D}}{\partial t}\frac{\partial}{\partial u}\right)\right)$$
$$= g\left(\frac{\mathrm{D}}{\partial t}\frac{\partial}{\partial u}, \frac{\mathrm{D}}{\partial t}\frac{\partial}{\partial u}\right) + g\left(\frac{\partial}{\partial t}, \frac{\mathrm{D}}{\partial t}\frac{\mathrm{D}}{\partial u}\frac{\partial}{\partial u}\right) + g\left(\frac{\partial}{\partial t}, R\left(\frac{\partial}{\partial u}, \frac{\partial}{\partial t}\right)\frac{\partial}{\partial u}\right).$$

$\partial x/\partial u$ をゼロに選び，$\mathbf{V}$ が $H^+(\mathcal{Q})$ の近傍 $\mathcal{U}$ における測地線であるという事実を用いると，これは $0 \leqslant u \leqslant \epsilon$ に対して

$$-\left(\frac{\mathrm{d}x}{\mathrm{d}t}\right)^2 + x^2\left[g\left(\frac{\mathrm{D}\mathbf{V}}{\partial t}, \frac{\mathrm{D}\mathbf{V}}{\partial t}\right) + g\left(\frac{\partial}{\partial t}, R\left(\mathbf{V}, \frac{\partial}{\partial t}\right)\mathbf{V}\right)\right]$$

に単純化される．計量 $\mathbf{g}'$ に関して正規直交な任意の基底において，Riemann テンソルの成分と ($\mathbf{g}$ に関する)$\mathbf{V}$ の共変微分は $\mathcal{U}$ 上有界である．よってある $C > 0$ が存在して

$$\frac{\partial^2}{\partial u^2} g\left(\frac{\partial}{\partial t}, \frac{\partial}{\partial t}\right) \leqslant C^2 x^2 g'\left(\frac{\partial}{\partial t}, \frac{\partial}{\partial t}\right)$$

が成り立つ．いま

$$\frac{\partial}{\partial u}\left(g\left(\mathbf{V}, \frac{\partial}{\partial t}\right)\right) = -\frac{\mathrm{d}x}{\mathrm{d}t}$$

であるので，

$$g\left(\mathbf{V}, \frac{\partial}{\partial t}\right) = -2^{-\frac{1}{2}} - u\frac{\mathrm{d}x}{\mathrm{d}t}$$

が成り立つ．したがって $0 \leqslant u \leqslant \epsilon$ に対して

$$g'\left(\frac{\partial}{\partial t}, \frac{\partial}{\partial t}\right) = g\left(\frac{\partial}{\partial t}, \frac{\partial}{\partial t}\right) + 1 - (2\sqrt{2})u\frac{\mathrm{d}x}{\mathrm{d}t} + 2u^2\left(\frac{\mathrm{d}x}{\mathrm{d}t}\right)^2$$
$$\leqslant g\left(\frac{\partial}{\partial t}, \frac{\partial}{\partial t}\right) + d$$

が成り立つ．ここで $d = (2\sqrt{2})\epsilon C_1 + 2\epsilon^2 C_1^2 + 1$ であり，C_1 は $|\mathrm{d}x/\mathrm{d}t|$ の上限である．よって

$$\frac{\partial^2 y}{\partial u^2} \leqslant C^2 x^2 (y + d)$$

および
$$\left.\frac{\partial y}{\partial u}\right|_{u=0} = 2^{-\frac{1}{2}} h^{-1} \frac{\mathrm{d}}{\mathrm{d}t}(hx), \qquad y|_{u=0} = 0$$

が成り立つ．ここで $y = g(\partial/\partial t, \partial/\partial t)$ である．したがって $a = 2^{-\frac{1}{2}} C^{-1} \mathrm{d}(\log hx)/\mathrm{d}t$ と置くとき，

$$y \leqslant d(\cosh Cxu - 1) + a \sinh Cxu$$
$$\leqslant \sinh Cxu (d \tanh \frac{1}{2} Cxu + a)$$

が成り立つ．

いま
$$K = 2 \int_{-\infty}^{0} h^{-1} \mathrm{d}t'$$

と置くとき
$$x = h^{-1} \left[-\int_{t}^{0} h^{-1} \mathrm{d}t' + K \right]^{-1}$$

ととると $a = -2^{-\frac{1}{2}} C^{-1} hx$ である．$f = -h^{-1}(\mathrm{d}h/\mathrm{d}t)$ がコンパクト集合 $H^+(\mathcal{Q})$ 上で有界であり，

$$\int_{t}^{0} h^{-1} \mathrm{d}t' = -v$$

が $t \to -\infty$ で収束すると仮定されることより，$-\infty < t \leqslant 0$ のとき x と $|\mathrm{d}x/\mathrm{d}t|$ に対する上限と h に対する正の下限 C_2 が存在する．すると $0 < u < \min(\epsilon, 2C^{-2}d^{-1}C_2)$ に対して $-\infty < t \leqslant 0$ のとき y は負である．

別の言い方をすれば，変分 α は $\mathrm{int}\, D^+(\mathcal{Q})$ に含まれる過去延長不可能な時間的曲線を与え，それはコンパクト集合 $\overline{\mathcal{U}}$ に完全に閉じ込められる．しかしこれは補題 6.6.5 より強い因果条件が $\mathrm{int}\, D^+(\mathcal{Q})$ 上成り立つことより不可能である．よって γ は過去向きに測地的完備でなければならない． □

$H^+(\mathcal{S}_0)$ のヌル測地線的生成子に対する接ベクトル $\partial/\partial t$ の膨張 $\hat{\theta}$ を考える．生成子 γ 上のある点 q で $\theta > 0$ であると仮定し，$\mathcal{T}$ を $H^+(\mathcal{S}_0)$ における q の近傍に含まれる q を通る空間的 2 次元面とする．$H^+(\mathcal{S}_0)$ の生成子は $\mathcal{T}$ に対して直交し過去に収束する．すると，条件 (1) と上記の補題によって γ に沿って $\mathcal{T}$ に対して共役な点 $r \in \gamma$ が存在する (命題 4.4.6)．r を超えた γ 上の点は時間的曲線によって $\mathcal{T}$ と連結できる (命題 4.5.14)．しかしこれは $H^+(\mathcal{S}_0)$ が非時間順序的集合 (achronal set) であることより不可能である．したがって $H^+(\mathcal{S}_0)$ 上で $\hat{\theta} \leqslant 0$ である．

8.5 閉じ込められた不完備性

いま,点 $q \in H^+(\mathscr{S}_0)$ を q を通るヌル測地線的生成子に沿って過去に対して (計量 $\mathbf{g}'$ において測定された) 距離 z をとることによって定義される微分可能写像 $\beta_z : H^+(\mathscr{S}_0) \to H^+(\mathscr{S}_0)$ の族を考える.$\mathrm{d}A$ を $H^+(\mathscr{S}_0)$ の微小要素の計量 $\mathbf{g}'$ において測定した面積としよう.写像 β_z の下で

$$\frac{\mathrm{d}}{\mathrm{d}z}\mathrm{d}A = -\hat{\theta}\mathrm{d}A$$

である.よって

$$\frac{\mathrm{d}}{\mathrm{d}z}\int_{\beta_z(H^+(\mathscr{S}_0))}\mathrm{d}A = -\int_{\beta_z(H^+(\mathscr{S}_0))}\hat{\theta}\mathrm{d}A \tag{8.4}$$

が成り立つ.しかし β_z は $H^+(\mathscr{S}_0)$ を $H^+(\mathscr{S}_0)$ の中に写像する (そして生成線分が未来端点を持たない場合,上に写像する).よって (8.4) はゼロ以下でなければならない.以前の結果と一緒にするとこれは $H^+(\mathscr{S}_0)$ 上で $\hat{\theta} = 0$ であることを意味する.伝播方程式 (4.35) によるとこれは $H^+(\mathscr{S}_0)$ 上のいたるところで $R_{ab}K^aK^b = 0$ となる場合に限り可能である.ここで $\mathbf{K}$ はヌル測地線生成子に対する接ベクトルである.しかしながら §4.3 の保存定理により,条件 (5) は $T_{ab}K^aK^b$ が $H^+(\mathscr{S})$ 上のどこかでゼロでなく,(Λ を伴うかあるいは伴わない)Einstein 方程式によって $T_{ab}K^aK^b$ は $R_{ab}K^aK^b$ に等しくなることを意味する.(厳密にいえば,保存定理の形は §4.3 におけるものとわずかに異なるものを要求する.$H^+(\mathscr{S}_0)$ と交わる適切な空間的面が存在しないことより,そのうちの1つが $H^+(\mathscr{S}_0)$ である面の族を代わりに使用し,他のものは空間的とする.これらの面は点 $p \in \overline{D^+(\mathscr{S}_0)}$ での関数 t の値を $J^+(p) \cap D^+(\mathscr{S}_0)$ の固有体積に負号を付けたものとしてとることによって定義することができる.$t_{;a}$ が $H^+(\mathscr{S}_0)$ 上ヌル的になることより,$\overline{D^+(\mathscr{S}_0)}$ 上で

$$T^{ab}t_{;ab} \leqslant CT^{ab}t_{;a}t_{;b}$$

となるような定数 $C > 0$ が存在することはもはや必ずしも真ではない.しかしながら V^a が $\overline{D^+(\mathscr{S}_0)}$ 上で時間的ベクトル場である場合,

$$T^{ab}t_{;ab} \leqslant CT^{ab}(t_{;a}t_{;b} + t_{;a}V_b)$$

かつ

$$T^{ab}V_{a;b} \leqslant CT^{ab}(t_{;a}t_{;b} + t_{;a}V_b)$$

となるような定数 C が存在する.すると §4.3 のように $T^{ab}t_{;ab}$ の代わりに $T^{ab}(t_{;ab}+V_{a;b})$ を用いて,$T^{ab}(t_{;a}t_{;b} + t_{;a}V_b)$ が $\mathscr{S}_0$ 上ゼロでない場合 $T^{ab}(t_{;a}t_{;b} + t_{;a}V_b)$ は $H^+(\mathscr{S}_0)$ 上ゼロにはなり得ないことを証明できる.するとこの結果は (5) から分かる.) □

第 9 章
重力崩壊とブラックホール

本章では，太陽の $1\frac{1}{2}$ 倍の質量を持つ星が核燃料を使い切った後には崩壊することを示す．もし初期条件の非対称性が大き過ぎず，定理 2 の条件が成り立つなら特異点が存在しなければならない．しかしこの特異点は外部観測者の視野からは多分隠されている．外部の観測者はかつて星だった場所にただブラックホールを見るだけである．そのようなブラックホールの多くの性質を導き出し，それらがおそらく Kerr 解に落ち着くことを示す．

§9.1 では星の崩壊を議論し，十分大きな球状の星の最終段階でその周りに捕捉閉曲面 (closed trapped surface) がどのように形成されると考えられるかを示す．§9.2 ではそのような崩壊する天体の周りに形成されるであろう事象の地平に関して議論する．§9.3 では地平の外部解が落ち着く最終的な定常状態を議論する．これは Kerr 解の族の 1 つになるように見える．このような場合を仮定すると，その解によって外へ取り出せるエネルギー量にはある限界が存在することが示せる．

ブラックホールについてさらに知りたければ Gordon and Breach から出版される予定の B. S. deWitt 編集の 1972 年 Les Houches 夏の学校の予稿集を見ること[*1]．

9.1 星の崩壊

星のような静的な球対称天体の外側では，Einstein 方程式の解は星の中心から表面に対応するある値 r_0 より大きな r における Schwarzschild 解の漸近的に平坦な領域の一部に近い．$r < r_0$ においてこの解は星の密度分布や圧力の詳細に依存する解へ繋がる．実際のところ，星は静的ではないとしても球対称のままであるとすれば星の外部解はなお星の表面で打ち切られる Schwarzschild 解の一部である．(これは Birkhoff の定理であり，証明は付録 B に載せた．) もし星が静的であるなら，r_0 は $2m$(Schwarzschild 半径) より大きくなければならない．

これは静的な星の表面は時間的な Killing ベクトルの軌道に一致しなければならないからであり，Schwarzschild 解においては $r > 2m$ のところにおいてのみ時間的 Killing ベクトルが存在することになる．もし r_0 が $2m$ より小さければ，星の表面は拡大するか縮小するかであろう．Schwarzschild 半径の大きさをイメージするには地球の Schwarzschild 半径が 1cm，太陽が 3.0 km となることに注目することである．

Schwarzschild 半径に対する地球と太陽の半径の比はそれぞれ 7×10^{-10} と 2×10^{-6} となる．したがって通常の星はそれらの Schwarzschild 半径からはほど遠いものである．

[*1] 訳注：以下のように出版されている．B. S. Dewitt and C. Dewitt-Morette (eds.) "Black Holes (Les Houches Lectures : 1972 Lectures)", (Gordon & Breach Science Pub, 1973)

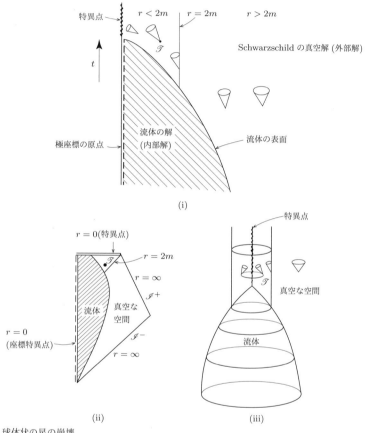

図 54. 球体状の星の崩壊.
(i) 崩壊する球対称な流体でできた球体の Finkelstein ダイアグラム ((r,t) 平面). 各点は 2 次元球面を表す.
(ii) 崩壊する流体でできた球体の Penrose ダイアグラム.
(iii) 1 つの空間次元のみを省略した崩壊のダイアグラム.

典型的な星は核燃料を燃やし熱と放射圧力で重力に逆らってそれ自身を維持し長い ($\sim 10^9$ 年) 準静的状態を維持する. しかし燃料を使い切ると, 星は冷え, 圧力は減少し収縮する. ここでもし収縮が星の半径が Schwarzschild 半径以下になる前に停止しないとする (以下に見るようにこれは星がある質量より大きい場合である). 星の外側の解は Schwarzschild 解であるから星の周りに捕捉閉曲面 $\mathscr{S}$ が存在することになり (図 54), そして定理 2 により, 因果律が破られず適当なエネルギー条件が成り立つなら特異点が現

9.1 星の崩壊

れる.勿論この場合,外部解は Schwarzschild 解であるから特異点がなければならないのは明らかである (図 54).しかし重要な点は,星が正確に球対称でないにも関わらず球対称からの逸脱が大きくなければ捕捉閉曲面が現れることである.これは §7.5 で示された Cauchy 発展の安定性によるものである.解は準 Cauchy 面 $\mathscr{H}$ (図 55) からの発展とみなすことができる.ここでもし初期データをコンパクト領域 $J^-(\mathscr{T}) \cap \mathscr{H}$ で十分小さな量だけ変化させたとすると,$\mathscr{H}$ の新しい発展はコンパクト領域 $J^+(\mathscr{H}) \cap J^-(\mathscr{T})$ の変化させる前の発展に十分近いままであり,摂動された解の中に星の周りの捕捉閉曲面が維持される.したがって定理 2 によって捕捉閉曲面を導き更に特異点へ導く初期条件の非ゼロ測度集合が存在することを示せる.

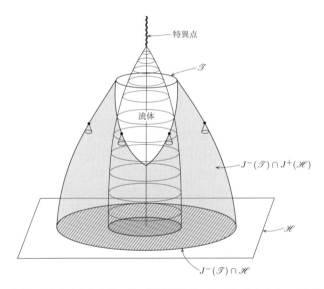

図 55. 図 54(iii) に示したような球状の星の崩壊は準 Cauchy 面 $\mathscr{H}$ を表す.これはコンパクトな領域 $J^-(\mathscr{T}) \cap J^+(\mathscr{H})$ に含まれる捕捉閉曲面の発生を引き起こす $\mathscr{H}$ のコンパクトな領域 $J^-(\mathscr{T}) \cap \mathscr{H}$ 上の初期データである.

球対称性からずれる 2 つの主な原因は回転と磁場を持つことによるものかもしれない.Kerr 解を考察することによって捕捉面の発生を妨げないのはどの程度の大きさの回転かの知見を得るかもしれない.この解は質量 m,角運動量 $L = am$ の天体に対する外部解の表現として考えることができる.もし a が m より小さければ捕捉閉曲面が生じ,しかし a が m より大きければ生じない.したがってもし星の角運動量がその質量の自乗より大きければ,捕捉閉曲面が発展する前に星の収縮を停止することが期待される.他の観点で言うと,もし $L = m^2$ で崩壊しているあいだ角運動量が保存されるなら,星が

Schwarzschild 半径になった時に星の表面の速度がほぼ光速になると言うことである．多くの星々はそれらの質量の自乗よりも大きな角運動量を持っている (太陽は $L \sim m^2$)．しかしながら崩壊の過程で磁場によるブレーキや重力放射による角運動量の減少を期待することは理にかなっている．つまり状況としては，ほとんどの星々は角運動量で捕捉閉曲面の発生そして特異点の発生を防げない．

球形に近い崩壊において星内に凍結されていた磁場 **B** は物質密度 ρ の $\frac{2}{3}$ 乗で増加する．したがって磁気圧力は $\rho^{\frac{4}{3}}$ に比例する．この増加率は遅すぎて磁気圧力が星を支えるのに初期において重大でなければ崩壊に対する十分な効果を持つような強さには決してならない．

何故ある質量以上の燃え尽きた星が重力に対して自身を支えることができないかを見るため，温度ゼロにおける物質の状態方程式を定量的に議論する (Carter による出版されていない仕事をもとにする[*2])．

高温物質には原子の熱運動と放射の存在によって作られる圧力が存在する．しかし核物質より小さい密度の低温物質では量子力学の排他律によって生じる相当な圧力があるだけである．これを評価するために質量 m のフェルミオンの数密度 n を考える．排他律によりそれぞれのフェルミオンは n^{-1} の体積を占める．したがって不確定性原理により運動量の空間成分は $\hbar n^{\frac{1}{3}}$ のオーダーとなる．もしフェルミオンが非相対論的，つまり $\hbar n^{\frac{1}{3}}$ が m より小さければ，フェルミオンの速度は $\hbar n^{\frac{1}{3}}/m$ のオーダーであり，フェルミオンが相対論的なら (つまり $\hbar n^{\frac{1}{3}}$ が m より大きければ)，その速度は実質的に 1(光速) になる．圧力は (運動量) × (速度) × (数密度) のオーダーとなり，それはもし $\hbar n^{\frac{1}{3}} < m$ なら $\sim \hbar^2 n^{\frac{5}{3}} m^{-1}$, $\hbar n^{\frac{1}{3}} > m$ なら $\sim \hbar n^{\frac{4}{3}}$ である．物質がもし非相対論的なら，これらの原理が縮退圧力に及ぼす影響は電子によるものである．何故なら電子の m^{-1} はバリオンのそれより大きいからである．しかし高圧で粒子が相対論的になると，圧力は粒子の質量が生み出すものでなく単純にその数密度に依存する．

小さく冷たい天体では，自己重力は無視することができ縮退圧はある種の格子に配列した最も近接した粒子間の静電引力と均衡するだろう．(正電荷と負電荷が同じ数だけあり電子とバリオンがほぼ同数であると仮定する．) これらの力は $e^2 n^{\frac{4}{3}}$ のオーダーの負の圧力を生む．したがって小さく冷たい天体の質量密度は

$$e^6 m_e^{\ 3} m_n \hbar^{-6} \ (\sim \ 1 \text{ gm cm}^{-3}) \tag{9.1}$$

のオーダーとなる．ここで m_e は電子の静止質量，m_n は核子の静止質量．

大きな天体の自己重力は重要であり，縮退圧に逆らって物質を圧縮するだろう．正確な解を得るには Einstein 方程式の詳細な積分が必要となる．しかし重要な定性的特徴は単純なニュートン力学のオーダーでの議論からより簡単に見立てることができる．質量 M 半径 r_0 の星では典型的単位体積当たりの重力は $(M/r_0^2) n m_n$ のオーダーである．ここで

[*2] 訳注：B. Carter, Nature 238 (1972) 71.

9.1 星の崩壊

$nm_n \simeq M/r_0{}^3$ は質量密度である．重力は P/r_0 のオーダーの圧力勾配と釣り合う．ここで P は星の中の平均圧力である．したがって

$$P = M^2/r_0{}^4 \simeq M^{\frac{2}{3}} n^{\frac{4}{3}} m_n^{\frac{4}{3}}$$

である．もし密度が十分低く圧力のほとんどが非相対論的電子の縮退によるものであるなら，

$$P = \hbar^2 n^{\frac{5}{3}} m_e^{-1} = M^{\frac{2}{3}} n^{\frac{4}{3}} m_n^{\frac{4}{3}}$$

$$n = M^2 m_n^4 m_e^3 \hbar^{-6}$$

である．これは (9.1) の値より大きく $m_e^3 \hbar^{-3}$ より小さな n を生む天体の正しい公式である．つまり $e^3 m_n^{-2} < M < \hbar^{\frac{3}{2}} m_n^{-2}$ である．このような星は白色矮星として知られている．

密度が高く電子が相対論的なら，つまり $n > m_e^3 \hbar^{-3}$ なら，圧力は相対論的な公式から与えられる．それは $P = \hbar n^{\frac{4}{3}} = M^{\frac{2}{3}} n^{\frac{4}{3}} m_n^{\frac{4}{3}}$ である．ここで方程式から n を消し去ると星の質量

$$M_L = \hbar^{\frac{3}{2}} m_n^{-2} \simeq 1.5 M_\odot,$$

を得られ，$m_e^3 m_n \hbar^{-3}$ より大きな密度を得ることができる*3．つまり $\hbar^{\frac{3}{2}} m_n^{-1} m_e^{-1}$ より小さいいかなる半径も得ることができる．M_L より大きな質量の星は電子の縮退圧で支えられることができない．

事実，電子が相対論的になると陽子によって中性子を生むベータ崩壊の逆反応を導き易くなる：

$$e^- + p \to \nu_e + n.$$

これは電子を剥ぎ取り縮退圧を減少させ電子を更に相対論的にする原因となる．これは不安定な状態であり，この過程はほとんど全ての電子と陽子が中性子になるまで続く．この段階では，中性子の縮退圧によって星は支えられ平衡状態が再び可能となる．このような天体は中性子星と呼ばれる．もし中性子が非相対論的ならば

$$n = M^2 m_n^7 \hbar^{-6}$$

である．もし中性子が相対論的なら，質量はまた M_L を得て半径は $\hbar^{\frac{3}{2}} m_n^{-2}$ に等しいかそれ以下となる．しかし $M_L/\hbar^{\frac{3}{2}} m_n^{-2} = 1$ でありそのような星は一般相対論限界 $M_L/R \approx 2$ に近い．

---

*3 訳注：この $1.5 M_\odot$ を Chandrasekhar(チャンドラセカール) 質量という．

結論としては M_L より質量が大きい冷たい星は電子や中性子の縮退圧で支えられることができない．これを厳密に示すため，星を支えるニュートン方程式を考える：

$$dp/dr = -\rho M(r) r^{-2}. \tag{9.2}$$

$$\text{ここで } M(r) = 4\pi \int_0^r \rho r^2 dr$$

は半径 r 以内の質量である．(9.2) の両辺に r^4 を掛けて 0 から r_0 まで積分する．$r = r_0$ では $p = 0$ なので

$$4 \int_0^{r_0} pr^3 dr = (M(r_0))^2 / 8\pi$$

を得る．一方，dp/dr は決して正にはならないので，

$$\frac{d}{dr} \left(\int_0^r pr'^3 dr' \right)^{\frac{3}{4}} = \frac{3}{4} \left(\int_0^r pr'^3 dr' \right)^{-\frac{1}{4}} pr^3$$

$$= \frac{3}{4} \left(\frac{1}{4} pr^4 - \frac{1}{4} \int_0^r \frac{dp}{dr'} r'^4 dr' \right)^{-\frac{1}{4}} pr^3 < \frac{3\sqrt{2}}{4} p^{\frac{3}{4}} r^2 \text{である．}$$

p は $\hbar n^{\frac{4}{3}}$ より大きくならないので，

$$\int_0^{r_0} pr^3 dr < \hbar \left(\int_0^{r_0} nr^2 dr \right)^{\frac{4}{3}} = \hbar (M(r_0))^{\frac{4}{3}} (4\pi m_n)^{-\frac{4}{3}} \text{である．}$$

したがって $M(r_0)$ は $(8\hbar)^{\frac{3}{2}} (4\pi)^{-\frac{1}{2}} m_n^{-2}$ より小さくなければならない，つまり

$$M(r_0) < 8\hbar^{\frac{3}{2}} m_n^{-2}.$$

これらの結果を図 56 にまとめる．このダイアグラムでは天体の全質量に対して核子の平均密度 n をプロットした．実線は冷たい天体のおおよその平衡配置を示す．熱い天体には縮退圧に熱と放射の圧力が加わり実線の上の平衡状態にあるだろう．右側の太い破線は M/r_0 (これは $M^{\frac{2}{3}} n^{\frac{1}{3}} m_p^{\frac{1}{3}}$) が 2 となる線である．この線の右側は非平衡な状態を含み，星がその Schwarzschild 半径の内側に存在する領域に対応する．この線から左に離れるとニュートン理論と一般相対論の差は無視できる．この線の近くでは一般相対論の影響を考慮する必要がある．完全流体からなる球対称の静的天体では，Einstein の場の方程式は次の形に縮約することができ (付録 B 参照)

$$\frac{dp}{dr} = -\frac{(\mu + p)(\hat{M}(r) + 4\pi r^3 p)}{r(r - 2\hat{M}(r))}, \tag{9.3}$$

ここでは半径座標は 2 次元面 $\{r = \text{一定}, t = \text{一定}\}$ の面積が $4\pi r^2$ となるように取る．$\hat{M}(r)$ は

$$\int_0^r 4\pi r^2 \mu dr$$

9.1 星の崩壊

と定義され，ここで $\mu = \rho(1+\epsilon)$ は全エネルギー密度，ρ は nm_n，ϵ はフェルミオンの運動量による相対論的な質量の増加である．

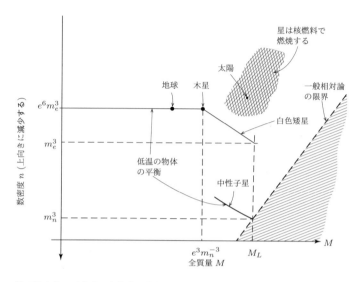

図 56. 核子数密度 n は静止した物体の全質量に対してプロットされている．太線は低温の物体の平衡を表す．適切な温度での高温の物体はこの線より上で平衡になることができる．一般相対論は斜線部のいかなる物体も静的であることを禁じている．

$\hat{M}(r_0)$ は $r > r_0$ における Schwarzschild 外部解における Schwarzschild 質量 $\hat{M}$ に等しい．有界な星 (bound star) においてはこれは保存質量

$$\tilde{M} = \int_0^{r_0} \frac{4\pi\rho r^2 \mathrm{d}r}{(1-2M/r)^{\frac{1}{2}}} = Nm_n$$

より小さい．なぜなら，差 $(\tilde{M} - \hat{M})$ は，最初は静止している分散した物質から星が形成された後無限遠に放射されるエネルギー量を表しているからである．ここで N は星の全核子数である．実際この差は数パーセントより多くなることはなく $2\hat{M}$ を超えることはできない．何故なら Bondi(1964) により $(1-2\hat{M}/r)^{\frac{1}{2}}$ は μ と p が正で μ が外へ向かって減少するなら $\frac{1}{2}$ より小さくなることはないことが示されているからである．したがって $\hat{M} < \tilde{M} < 3\hat{M}$ である．

(9.3) と (9.2) を比較し，ρ を μ に M を $\hat{M}$ に置き換えると $\epsilon \geqslant 0$ で $p \geqslant 0$ なら (9.3) の右辺の他の項は負であることがわかる．したがって Newton 理論では質量 $M > M_L$ の冷たい星はそれ自体を支えられず，一般相対性理論でも Schwarzschild 質量 $\hat{M} > M_L$ の冷たい星は支えられない．これは $3M_L/m_n$ より多くの核子を持つ冷たい星は自身を支え

ることができないことを意味する．実際，(9.3) の余分な項は核子数の限界が M_L/m_n より小さいことを意味している．

中性子星に関する我々の議論では核力の効果を無視している[*4]．これは図 56 においてそのような星の平衡を示す線の位置をやや変化させる．詳しくは，Harrison, Thorne, Wakano and Wheeler(1965), Thorne(1966), Cameron(1970) そして Tsuruta(1971) 参照．しかしながら彼らは M_L/m_n より少し多くの核子を含む星はゼロ度での平衡を持たないという重要な点に注目していない．これは質量 M_L の星が相対論的になる段階が一般相対論限界 $M/R \approx 2$ にほとんど一致するからである．したがって核子が M_L/m_n より幾分多い星はその Schwarzschild 半径内に入るまでは核の密度に達しない．

星の生涯は何らかのプロセスで相当量の物質を失うことができない限り図 56 の垂直線を辿る．星はガス雲の外部を濃縮する．収縮に連れてガスの圧縮により温度が上昇する．もし質量がおおよそ $10^{-2}M_L$ より小さければ核反応が開始する十分な高温まで上昇することはなく，星は最終的にその熱を放射し重力が非相対論的な電子の縮退圧と均衡を保つところに落ち着く．もし質量がおおよそ $10^{-2}M_L$ より大きければ，温度は核反応が開始する十分な温度に上昇し水素をヘリウムに変換する．この反応により生産されるエネルギーと放射によるエネルギーロスが均衡し，星は長い期間 ($\sim 10^{10}(M_L/M)^2$ 年) 準安定平衡状態を過ごす．中心核の水素を消費し尽くした時，中心核が収縮し温度が上昇する．ここで更なる核反応が起き，中心核のヘリウムはさらに重い元素へ変換される．しかしこの変換で使えるエネルギーは大したことがなく中心核はその状態を長く保つことはできない．もし質量が M_L より小さければ非相対論的電子の縮退圧で支えられる白色矮星の状態，あるいは可能なら中性子の縮退圧で支えられる中性子星に落ち着くことができる．しかしもし質量が M_L より少しでも大きければ低温平衡状態は無い．したがって星はその Schwarzschild 半径内へ行くか，その質量を M_L 以下へ減少させるに十分な物質の放出を行うしかない．

物質の放出は超新星や惑星状星雲で観察されたが理論的にはまだ十分に理解されていない．$20M_L$ から始めた計算が示唆したものは，それらの質量の大部分を放出することが可能で M_L 以下の質量の白色矮星や中性子星を残すというものである (Weymann(1963), Colgate and White(1966), Arnett(1966), Le Blanc and Wilson(1970) そして Zel'dovich と Novikov(1971) 参照)．しかしながら $20M_L$ より重たい星がその物質の 95% 以上を失うことできるというのは実のところ信頼性はなく，その星の内部の何割かは Schwarzschild 半径内に崩壊すると期待される．(実際現在の計算は $M > 5M_L$ の星は相対論的崩壊を阻止するだけの質量を放出できないことを示している．)

更に大きな質量，約 $10^8 M_L$ の天体を考えよう．もしこの天体がその Schwarzschild 半径まで崩壊したら，密度は 10^{-4}gm cm^{-3} しかない (空気の密度より小さい)．物質が初期に十分冷たいとすると，温度は天体を支えたり核反応に点火するのに十分な程上昇しない

[*4] 訳注：高密度での物質の状態が明らかでないので質量の上限は明確ではないが，$2M_\odot$ 程度と考えられている．

9.2 ブラックホール

であろう．つまり質量を失い状態方程式に不確定がある可能性はない．この例はまた，物体が Schwarzschild 半径を通過するときの条件が決して極端である必要はないことを示している．

まとめると，確実にあるであろう質量 $> M_L$ のほとんどの天体は最終的にその Schwarzschild 半径内に崩壊し捕捉閉曲面を作るだろう．我々の銀河には 10^9 以上の M_L より重い星が存在する[*5]．したがって定理 2 が予言する特異点の存在が実現する多くの状況が存在する．次節で星の崩壊の観測可能な結末について議論する．

9.2 ブラックホール

天体の崩壊はそこから大きく離れた場所にとどまる観測者 O にとってどのように見えるだろうか？ 崩壊が厳密に球対称であればこれに答えることができ，天体外の解は Schwarzschild 解になるだろう．この場合，星の表面に居る観測者 O' はある時間に $r = 2m$ 内へ通過し自分の時計を見て 1 時だと言う．彼はその時特別なことは感じない．

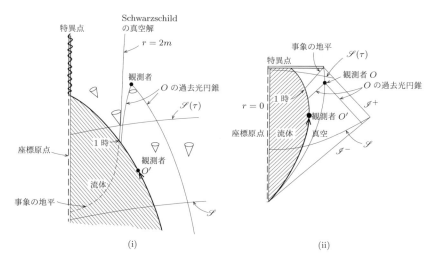

図 57. 崩壊する流体でできた球体の内部に落下することのない観測者 O は特定の時間 (例えば 1 時) を超えては崩壊する流体からなる球体の表面上の観測者 O' の歴史を決して目撃することはない．
(i)Finkelstein ダイアグラム；(ii)Penrose ダイアグラム

しかし彼が $r = 2m$ を通過した後 $r = 2m$ の外側に止まっている観測者 O から彼は見

[*5] 訳注：銀河ブラックホールとよばれる大質量のブラックホールの存在が，近年の観測から示唆されている．形成のシナリオは明らかになっていない．

えなくなる (図 57). しかし観測者 O はいくら待っても，O' の時計が 1 時を過ぎる時の O' を見ることは決してないだろう．その代わりに O' の時計が明らかに遅くなり 1 時に漸近的に近づくのを見るだろう．これは O' からの光がどんどんと赤方偏移しその結果光の強度がどんどんと減っていくことを意味する．したがって星の表面は O の視界からは実際は決して消えないにも関わらず，光はすぐに弱くなり過ぎて実際的は見えなくなる．つまり O は最初に星の中央が円盤状に暗くなるのが見え，暗い部分が周縁部に向かって広がっていくのが見える (Ames and Thorne (1968))．この光強度の減少の時間スケールは光が $2m$ の距離を旅する時間のオーダーである．

全ての現実的な観測行為に対しても不可視の物体が残される．しかしながらそれはまだ崩壊する以前と同一の Schwarzschild 質量を持ち同一の重力場を生み出している．重力の影響からその存在を検出することができる．例えば近くの物体の軌道への影響やその近くを通る光の偏向である．またガスが落ち込んで衝撃波を生み X 線やラジオ波発生の元となることができる．

最も顕著な球対称崩壊の特徴は $r < 2m$ の領域に特異点を生じることであり，いかなる光もそこから無限に逃れることはできない．したがって $r = 2m$ の外側に残っていれば定理 2 が予言する特異点を決して見ることはない．特異点で起きる物理法則の破綻も時空の漸近的に平坦な領域の未来に関する予測能力に影響を与えることはできない．

もし崩壊が正確に球対称でない場合はどうなのかを問うことができる．前の節で小さな球対称からのずれは捕捉閉曲面の発生を妨げないことを見るために Cauchy 安定性定理を用いた．しかし Cauchy 安定性定理はその現在の形では，初期データの十分小さな摂動はコンパクト領域において解に小さな摂動しか引き起こさない言えるだけである．このことからいかなる長い時間においても解の摂動が小さいと主張することはできない．

一般的には特異点の発生は Cauchy 地平を導き (Reissner-Nordström と Kerr 解のように) 未来の予測能力の破綻を導くことが予想される．しかしながら外部から特異点が見えなくても漸近的に平坦な領域の予測は依然可能である．

これを正確に議論するため，$(\mathcal{M}, \mathbf{g})$ は 弱く漸近的に単純な真空 (§6.9) であるという意味で漸近的に平坦な領域を持っていると仮定する．すると境界 $\overline{\mathcal{M}} = \mathcal{M} \cup \partial \mathcal{M}$ を持つ多様体として $(\mathcal{M}, \mathbf{g})$ が埋め込まれた空間 $(\tilde{\mathcal{M}}, \tilde{\mathbf{g}})$ が存在する．ここで $\tilde{\mathcal{M}}$ 内の $\mathcal{M}$ の境界 $\partial \mathcal{M}$ はそれぞれ未来と過去のヌル無限遠を表す 2 つのヌル曲面 $\mathscr{I}^+$ と $\mathscr{I}^-$ を含む．$\mathscr{S}$ を $\mathcal{M}$ 内の準 Cauchy 面とする．もしも共形多様体 $\tilde{\mathcal{M}}$ 内の $D^+(\mathscr{S})$ の閉包に $\mathscr{I}^+$ が含まれるなら空間 $(\mathcal{M}, \mathbf{g})$ を $\mathscr{S}$ から (未来) 漸近的に予言可能 (asymptotically predictable from $\mathscr{S}$) と言う．ある面 $\mathscr{S}$ から未来漸近的に予言可能な空間の例は Minkowski 空間，$m \geqslant 0$ における Schwarzschild 解，$m \geqslant 0$, $|a| \leqslant m$ における Kerr 解そして $m \geqslant 0$, $|e| \leqslant m$ における Reissner-Nordström 解を含む．$|a| > m$ における Kerr 解と $|e| > m$ における Reissner-Nordström 解は未来漸近的に予言可能ではない．なぜならいかなる準 Cauchy 面 $\mathscr{S}$ に対しても $\mathscr{S}$ と交差せず特異点に近づく $\mathscr{I}^+$ からの過去延長可能な非空間的曲線が存在するからである．未来漸近的な予言可能性を $\mathscr{S}$ の未来に「裸の」，つまり $\mathscr{I}^+$ から見える，特異点が存在しない条件とみなすことができる．

9.2 ブラックホール

球状の崩壊では未来漸近的に予言可能な空間を得る．疑問は非球状の崩壊の場合でもそうであるかだ．我々はこれに完全に答えることはできない．Doroshkevich, Zel'dovich and Novikov (1966) と Price (1971) の摂動計算は球対称からの小さな摂動は裸の特異点を生じないことを示しているようである．更に Gibbons and Penrose (1972) が試みたが，ある状況では未来漸近的に予言可能空間の発展は不整合であると言う矛盾が得られて失敗した．彼らの失敗はもちろん漸近的な予言可能性が成り立つことを証明しないが，それをより尤もらしいものにした．もしそれが成り立たないなら，特異点から新しい情報が出てくるかもしれないので，崩壊する星を含む空間のどの領域の発展についても明確なことは言えない．したがって未来漸近的な予言可能性は少なくとも十分に小さい球対称からのずれでは成り立つとの仮定のもとで話を進める．

捕捉閉曲面上の粒子は $\mathscr{I}^+$ へ逃れることはできないと期待される．しかしもし勝手な特異点が許されるなら粒子に逃げ道を与えるのに適当な通路や身分証明書をいつでも作ることが可能になる．次に述べる結果は未来漸近的に予言可能な空間ではこれが不可能であることを示す．

命題 9.2.1
もし

(a) $(\mathscr{M}, \mathbf{g})$ が準 Cauchy 面 $\mathscr{S}$ から未来漸近的に予言可能であり，
(b) 全てのヌルベクトル K^a に対して $R_{ab} K^a K^b \geqslant 0$ である．

ならば，$D^+(\mathscr{S})$ 内の捕捉閉曲面 $\mathscr{T}$ は $J^-(\mathscr{I}^+, \overline{\mathscr{M}})$ と交わることができない．つまり $\mathscr{I}^+$ から見えない．

$\mathscr{T} \cap J^-(\mathscr{I}^+, \overline{\mathscr{M}})$ は空でないとする．すると $J^+(\mathscr{T}, \overline{\mathscr{M}})$ 内に点 $p \in \mathscr{I}^+$ が存在する．$\mathscr{U}$ を漸近的単純で真空な空間 $(\mathscr{M}', \mathbf{g}')$ の共形多様体 $\tilde{\mathscr{M}}'$ 内の $\partial \mathscr{M}'$ の近傍 $\mathscr{U}'$ に等長な $\mathscr{M}$ の近傍とする．$\mathscr{S}'$ を $\mathscr{M}'$ 内の Cauchy 面とする．これは $\mathscr{U}' \cap \mathscr{M}'$ 上の $\mathscr{S}$ と一致する．すると $\mathscr{S}' - \mathscr{U}'$ は $\mathscr{M}'$ 内でコンパクトであり補題 6.9.3 により $\mathscr{I}^+$ の全ての生成子は $J^+(\mathscr{S}' - \mathscr{U}', \overline{\mathscr{M}}')$ を離れる．これは，もし $\mathscr{W}$ が $\mathscr{S}$ のコンパクト集合であれば全ての $\mathscr{I}^+$ の生成子は $J^+(\mathscr{W}, \overline{\mathscr{M}})$ を去ることを示す．これにより，$\mathscr{I}^+$ の全ての生成子は $J^+(J^-(\mathscr{T}) \cap \mathscr{S}, \overline{\mathscr{M}})$ に含まれるので，$J^+(\mathscr{T}, \overline{\mathscr{M}})$ を離れることになる．したがって $\dot{J}^+(\mathscr{T}, \overline{\mathscr{M}})$ のヌル測地線生成子 μ は $\mathscr{I}^+$ と交わる．生成子 μ は $\mathscr{T}$ に過去端点を持たなければならない．何故なら，そうでなければ $I^-(\mathscr{S})$ と交差してしまうからである．μ は $\mathscr{I}^+$ に達するから無限のアフィン長を持つはずである．しかしながら条件 (b) から全ての $\mathscr{T}$ に直交するヌル測地線は有限なアフィン長以内に $\mathscr{T}$ に共役な点を含む．したがって $\mathscr{I}^+$ に至るまでずっと $\dot{J}^+(\mathscr{T}, \overline{\mathscr{M}})$ に留まることはできない．これは $\mathscr{T}$ が $J^-(\mathscr{I}^+, \overline{\mathscr{M}})$ と交差することができないことを示す． □

上記の内容は未来漸近的に予言可能空間の $D^+(\mathscr{S})$ 内の捕捉閉曲面は $\mathscr{M} - J^-(\mathscr{I}^+, \overline{\mathscr{M}})$ 内に含まれなければならないことを導く．したがって非自明な (未来) **事象の地平**

$\dot{J}^-(\mathscr{I}^+, \overline{\mathscr{M}})$ が存在しなければならない．これは，そこから粒子や光子が未来方向へ無限に逃走することが可能な領域の境界である．§6.3 により事象の地平は過去端点も持てるが未来端点は持つことができないヌル測地線的線分から生成された非時間順序的 (achronal) 境界である．

補題 9.2.2
もし命題 9.2.1 の条件 (a)(b) を満足し空でない事象の地平 $\dot{J}^-(\mathscr{I}^+, \overline{\mathscr{M}})$ が存在するなら，$\dot{J}^-(\mathscr{I}^+, \overline{\mathscr{M}})$ のヌル測地線生成子の延長 $\hat{\theta}$ は

$$\dot{J}^-(\mathscr{I}^+, \overline{\mathscr{M}}) \cap D^+(\mathscr{S})$$

内で非負である．

$\mathscr{U} \cap \dot{J}^-(\mathscr{I}^+, \overline{\mathscr{M}})$ 内で $\hat{\theta} < 0$ の開集合 $\mathscr{U}$ が存在するとする．$\mathscr{T}$ を $\mathscr{U} \cap \dot{J}^-(\mathscr{I}^+, \overline{\mathscr{M}})$ 内の空間的な 2 次元面とする．すると $\hat{\theta} = \chi_2{}^a{}_a < 0$ である．$\mathscr{V}$ を $\mathscr{U}$ の開部分集合で $\mathscr{T}$ と交差し $\mathscr{U}$ に含まれるコンパクトな閉包を持つものとする．$\mathscr{V}$ 内で $\mathscr{T}$ を少し変化させ，$\chi_2{}^a{}_a$ は依然負であるが $\mathscr{U}$ 内にて $\mathscr{T}$ が $J^-(\mathscr{I}^+, \overline{\mathscr{M}})$ と交わるようにすることができる．以前に証明したようにこれは以下の矛盾を導く．$J^-(\mathscr{I}^+, \overline{\mathscr{M}})$ 内の $\dot{J}^+(\mathscr{T}, \overline{\mathscr{M}})$ のいかなる生成子も $\mathscr{V}$ 内の $\mathscr{T}$ に過去端点を持ち，そこでは $\mathscr{T}$ に直交する．しかし $\mathscr{V}$ 内で $\chi_2{}^a{}_a < 0$ なので，$\mathscr{V}$ 内で $\mathscr{T}$ に直交する全ての出 (outgoing) ヌル測地線は有限なアフィン距離以内に $\mathscr{T}$ に共役な点を持ち $\mathscr{I}^+$ に至るまでずっと $\dot{J}^+(\mathscr{T}, \overline{\mathscr{M}})$ に留まることはできない． □

未来漸近的に予言可能空間では $J^+(\mathscr{S}) \cap J^-(\mathscr{I}^+, \overline{\mathscr{M}})$ は $D^+(\mathscr{S})$ に含まれる．もし $D^+(\mathscr{S})$ 内にない $J^+(\mathscr{S})$ 内の事象の地平上に点 p が存在するなら，最小の摂動で p を $J^-(\mathscr{I}^+, \overline{\mathscr{M}})$ 内へ，つまり無限遠から見える状態へ導くことができるはずである．これは空間がもはや漸近的に予言可能でないことを意味する．したがって未来漸近的な予言可能性を少し拡張し，もし $\mathscr{I}^+$ が $\overline{\mathscr{M}}$ 内の $D^+(\mathscr{S})$ の閉包に含まれ $J^+(\mathscr{S}) \cap \overline{J^-(\mathscr{I}^+, \overline{\mathscr{M}})}$ が $D^+(\mathscr{S})$ に含まれるなら，時空は準 Cauchy 面 $\mathscr{S}$ から**強未来漸近的に予言可能** (*strongly future asymptotically predictable*) であると言うことは理にかなっているようにみえる．言い換えれば，$\mathscr{S}$ から事象の地平線の近傍を予測することもできると言うことである．

命題 9.2.3
もし $(\mathscr{M}, \mathbf{g})$ が準 Cauchy 面 $\mathscr{S}$ から強未来漸近的予言可能であれば，各 $\tau \in (0, \infty)$ に対して $\mathscr{S}(\tau) \equiv (\{\tau\} \times \mathscr{S})$ が以下を満たす準 Cauchy 面となるような同相写像

$$\alpha : (0, \infty) \times \mathscr{S} \to D^+(\mathscr{S}) - \mathscr{S}$$

が存在する：

(a) $\tau_2 > \tau_1$ に対して $\mathscr{S}(\tau_2) \subset I^+(\mathscr{S}(\tau_1))$ であり，

9.2 ブラックホール

(b) 各 τ に対して共形多様体 $\tilde{\mathcal{M}}$ における $\mathscr{S}(\tau)$ の縁 (edge) は, $\tau_2 > \tau_1$ ならば $\mathcal{Q}(\tau_2)$ が狭義に $\mathcal{Q}(\tau_1)$ の未来となるような $\mathscr{I}^+$ における空間的 2 次元球面 $\mathcal{Q}(\tau)$ であり,

(c) 各 τ に対して $\mathscr{S}(\tau) \cup \{\mathscr{I}^+ \cap J^-(\mathcal{Q}(\tau), \overline{\mathcal{M}})\}$ は $D(\mathscr{S})$ に対する $\overline{\mathcal{M}}$ における Cauchy 面である.

言い換えれば $\mathscr{S}(\tau)$ は $D^+(\mathscr{S}) - \mathscr{S}$ を被覆し $\mathscr{I}^+$ に交わる $\mathscr{S}$ に同相な空間的面の族である (図 58 参照). それらは漸近的な予言可能領域の一定時間の曲面とみなすことができる. それらを $\mathscr{I}^+$ に直交するように選ぶと無限遠においてそれらの上で測定された質量は重力あるいはその他の放射が起きた時に減少するだろう.

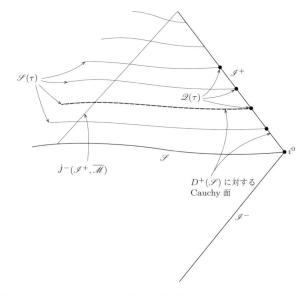

図 58. 準 Cauchy 面 $\mathscr{S}$ から強く未来漸近的に予測可能な空間 $(\mathcal{M}, \mathbf{g})$. $D^+(\mathscr{S}) - \mathscr{S}$ を被覆し, 2 次元球面の族 $\mathcal{Q}(\tau)$ において $\mathscr{I}^+$ と交わる空間的面の族 $\mathscr{S}(\tau)$ を表している.

$\mathscr{S}(\tau)$ の構築は幾分命題 6.4.9 に似ている. $\mathscr{I}^+$ を被覆する空間的 2 次元球面の連続族 $\mathcal{Q}(\tau)(\infty > \tau > 0)$ を $\tau_2 > \tau_1$ に対して $\mathcal{Q}(\tau_2)$ が狭義に $\mathcal{Q}(\tau_1)$ の未来になるように選ぶ. $\mathcal{M}$ 上の体積測度をそれによって測られた $\mathcal{M}$ の全体積が有限になるように設定する. まず最初の証明は:

補題 9.2.4

$k(\tau)$ を集合 $I^-(\mathcal{Q}(\tau), \overline{\mathcal{M}}) \cap D^+(\mathscr{S})$ の体積とすると, それは τ の連続関数である.

$\mathcal{V}$ を

$$I^-(\mathcal{Q}(\tau), \overline{\mathcal{M}}) \cap D^+(\mathcal{S})$$

に含まれるコンパクトな閉包を持つ任意の開集合とする．すると $\mathcal{V}$ のあらゆる点から $\mathcal{Q}(\tau)$ への時間的曲線が存在し，ある $\delta > 0$ に対して $\mathcal{Q}(\tau - \delta)$ へ達する時間的曲線を与えるように変形することができる．与えられた任意の $\epsilon > 0$ に対して体積が $> k(\tau) - \epsilon$ となる $\mathcal{V}$ を求めることができる．したがって $k(\tau - \delta) > k(\tau) - \epsilon$ となる $\delta > 0$ が存在する．一方，$I^-(\mathcal{Q}(\tau), \overline{\mathcal{M}}) \cap D^+(\mathcal{S})$ とは交差しないがいかなる $\tau' > \tau$ に対しても $I^-(\mathcal{Q}(\tau'), \overline{\mathcal{M}}) \cap D^+(\mathcal{S})$ に含まれる開集合 $\mathcal{W}$ が存在するとする．するともし $p \in \mathcal{W}$ なら，それぞれの $\mathcal{Q}(\tau')$ から p への過去向き非空間的曲線 $\lambda_{\tau'}$ が存在するだろう．いかなる $\tau_1 > \tau$ に対しても $\mathcal{Q}(\tau)$ と $\mathcal{Q}(\tau_1)$ の間の $\mathscr{I}^+$ の領域はコンパクトなので，$\{\lambda_{\tau'}\}$ の極限曲線である $\mathcal{Q}(\tau)$ からの過去向き非空間的曲線 λ が存在する．$\{\lambda_{\tau'}\}$ は $I^-(\mathcal{Q}(\tau), \overline{\mathcal{M}})$ と交差しないので，λ もしない．したがってヌル測地線が存在し $\dot{I}^-(\mathcal{Q}(\tau), \overline{\mathcal{M}})$ の中にある．それは $\mathcal{M}$ に入り p に過去端点を持つか $\mathcal{S}$ と交差するかである．前者は $\mathcal{W}$ が $I^-(\mathcal{Q}(\tau), \overline{\mathcal{M}})$ と交差することを意味するので不可能であり，後者は $p \in I^+(\mathcal{S})$ なので不可能である．これは全ての $\tau' > \tau$ に対して $I^-(\mathcal{Q}(\tau'), \overline{\mathcal{M}})$ の中にはあるが $I^-(\mathcal{Q}(\tau), \overline{\mathcal{M}}) \cap D^+(\mathcal{S})$ の中にはない開集合が存在しないことを示している．したがって与えられた ϵ に対して，

$$k(\tau + \delta) < k(\tau) + \epsilon$$

となる δ が存在する．したがって $k(\tau)$ は連続である． $\square$

命題 9.2.3 の証明
関数 $f(p)$ と $h(p, \tau)$ を $p \in D^+(\mathcal{S})$ でありそれぞれ $I^+(p)$ と $I^-(p) - \overline{I^-(\mathcal{Q}(\tau), \overline{\mathcal{M}})}$ の体積であると定義する．命題 6.4.9 で述べたように関数 $f(p)$ は大域的双曲的な領域 $D^+(\mathcal{S}) - \mathcal{S}$ で連続であり全ての未来延長不可非空間的曲線でゼロに向かう．$\overline{I^-(\mathcal{Q}(\tau), \overline{\mathcal{M}})} \cap \mathcal{M}$ は過去集合であるから，

$$D^+(\mathcal{S}) - \overline{I^-(\mathcal{Q}(\tau), \overline{\mathcal{M}})} - \mathcal{S}$$

は大域的双曲的である．全ての τ で $h(p, \tau)$ は $D^+(\mathcal{S}) - \mathcal{S}$ 上で連続である．これは与えられたいかなる $\epsilon > 0$ に対しても，p の近傍 $\mathcal{U}$ でいかなる $q \in \mathcal{U}$ に対しても $|h(q, \tau) - h(p, \tau)| < \frac{1}{2}\epsilon$ であるものを求めることができることを示している．補題 9.2.4 によれば $|\tau' - \tau| < \delta$ に対して $|k(\tau') - k(\tau)| < \frac{1}{2}\epsilon$ となる $\delta > 0$ を求めることができる．すると $|h(q, \tau') - h(p, \tau)| < \epsilon$ であり，これは $h(p, \tau)$ が $(D^+(\mathcal{S}) - \mathcal{S}) \times (0, \infty)$ 上で連続であることを示している．すると曲面 $\mathcal{S}(\tau)$ は $h(p, \tau) = \tau f(p)$ となる点 $p \in D^+(\mathcal{S}) - \mathcal{S}$ の集合として定義できる．明らかにこれらは $D^+(\mathcal{S}) - \mathcal{S}$ を被覆し (a)-(c) を満足する空間的曲面である．

9.2 ブラックホール

同相写像 α を定義するには，それぞれの面 $\mathscr{S}(\tau)$ と交わる $D^+(\mathscr{S}) - \mathscr{S}$ 上の時間的ベクトル場が必要である．そのようなベクトル場は次のようにして構築する．$\mathscr{V}$ を共形多様体 $\widetilde{\mathscr{M}}$ 内の $\mathscr{I}^+$ の近傍とし，$\mathbf{X}_1$ を $\mathscr{I}^+$ 上で $\mathscr{I}^+$ の生成子に接する $\mathscr{V}$ 上の非空間的ベクトル場とし，そして $x_1 \geqslant 0$ を $\mathscr{V}$ の外部で消え $\mathscr{I}^+$ 上でゼロでない C^2 級の関数とする．$\mathbf{X}_2$ を $\mathscr{M}$ 上の非空間的ベクトル場とし，そして $x_2 \geqslant 0$ を $\mathscr{M}$ でゼロでなく $\mathscr{I}^+$ 上でゼロの C^2 級の関数とする．するとベクトル場 $\mathbf{X} = x_1\mathbf{X}_1 + x_2\mathbf{X}_2$ は要求された性質を持つ．同相写像 $\alpha : D^+(\mathscr{S}) - \mathscr{S} \to (0,\infty) \times \mathscr{S}$ は点 $p \in D^+(\mathscr{S}) - \mathscr{S}$ を $p \in \mathscr{S}(\tau)$ となる (τ, p) へ写像し，p を通る $\mathbf{X}$ の積分曲線は q で $\mathscr{S}$ と交わる． □

もし未来漸近的に予言可能空間の領域 $D^+(\mathscr{S})$ に事象の地平 $\dot{J}^-(\mathscr{I}^+, \overline{\mathscr{M}})$ があるとすると，十分大きな τ に対して面 $\mathscr{S}(\tau)$ がそれと交わることが命題 9.2.3 の性質 (b) から導かれる．我々は面 $\mathscr{S}(\tau)$ 上のブラックホールを集合 $\mathscr{B}(\tau) \equiv \mathscr{S}(\tau) - J^-(\mathscr{I}^+, \overline{\mathscr{M}})$ の連結成分として定義する．言い換えると，それは粒子や光子がそこから $\mathscr{I}^+$ へ逃れることのできない $\mathscr{S}(\tau)$ の領域である．

τ が増加するにつれてブラックホールは互いに合併することができ，更なる天体の崩壊の結果として新たなブラックホールが形成される．しかしながら，次の結果はブラックホールが決して分岐できないことを示している．

命題 9.2.5

$\mathscr{B}_1(\tau_1)$ を $\mathscr{S}(\tau_1)$ 上のブラックホールとし，$\mathscr{B}_2(\tau_2)$ と $\mathscr{B}_3(\tau_2)$ をその後の面 $\mathscr{S}(\tau_2)$ のブラックホールとする．もし $\mathscr{B}_2(\tau_2)$ と $\mathscr{B}_3(\tau_2)$ が両方とも $J^+(\mathscr{B}_1(\tau_1))$ と交わるなら $\mathscr{B}_2(\tau_2) = \mathscr{B}_3(\tau_2)$ である．

命題 9.2.3 の (c) より，$\mathscr{B}_1(\tau_1)$ からの全ての未来向き延長不可能時間的曲線は $\mathscr{S}(\tau_2)$ と交わる．したがって

$$J^+(\mathscr{B}_1(\tau_1)) \cap \mathscr{S}(\tau_2)$$

は連結であり，$\mathscr{B}(\tau_2)$ の連結成分を含む． □

物理的な展開として元々関心があるのは初期は特異点のない状態から重力崩壊の結果として形成されたブラックホールである．この考えを正確に表すため，もし $J^-(\mathscr{S})$ がある漸近的単純かつ真空な時空 $(\mathscr{M}', \mathbf{g}')$ の領域 $J^-(\mathscr{S}')$ に等長なら準 Cauchy 面 $\mathscr{S}$ は**漸近的に単純な過去** (*asymptotically simple past*) を持つということにする．ここで $\mathscr{S}'$ は $(\mathscr{M}', \mathbf{g}')$ の Cauchy 面である．命題 6.9.4 から面 $\mathscr{S}'$ は R^3 の位相をもつので $\mathscr{S}$ もこの位相をもつ．したがって命題 9.2.3 は，もし $(\mathscr{M}, \mathbf{g})$ が漸近的に単純な過去の面 $\mathscr{S}$ から強未来漸近的に予言可能であれば，それぞれの面 $\mathscr{S}(\tau)$ は R^3 の位相をもち $\mathscr{I}^+$ 上の 2 次元球境界 $\mathscr{Q}(\tau)$ と $\mathscr{S}(\tau)$ の合併は単位立方体 I^3 と同相である．

漸近的に単純な過去を持つ空間に主に関心があるが，次節でこの性質を持つのではないが，大抵の場合はそうである空間かもしれない未来漸近的に予言可能な空間を考慮する

ことは役に立つだろう．例の1つは本節の初めで考察した球対称の崩壊である．一度星の表面が事象の地平の内側へ通過すると外部領域の計量は Schwarzschild 解の計量になり，星の運命の影響を受けない．漸近的な振る舞いを研究するとき，星を忘れ単に真空の Schwarzschild 解を図 24 に示されるような面 $\mathscr{S}$ からの強未来漸近的に予言可能空間として考えることが便利である．この面は漸近的に単純な過去を持たず，その位相は R^3 でなく $S^2 \times R^1$ である．しかしながら $\mathscr{S}$ の領域 I の事象の地平の外側の部分は図 57 における面 $\mathscr{S}(\tau)$ の事象の地平の外側の領域と同じ位相を持っている．我々は面 $\mathscr{S}$ から強未来漸近的に予言可能な空間でそれは $\mathscr{S}$ の事象の地平の外部が漸近的に単純な過去を持つ空間内のある面 $\mathscr{S}(\tau)$ と同じ位相をもつ空間を考えたい．もちろんより複雑なケースでは，いくつかの天体の崩壊に対応する $\mathscr{B}(\tau)$ のいくつかの成分があるかもしれない．それゆえ我々は1つの面 $\mathscr{S}$ からの強未来漸近的に予言可能な空間 (訳注：複数の) で次の性質を持つものを考える：

(α) $\mathscr{S} \cap \overline{J^-}(\mathscr{I}^+, \overline{\mathscr{M}})$ は R^3 − (コンパクトな閉包を持つ開集合) に同相．
(原注：この開集合は連結でないかもしれない．) 次の性質を要求するのも役立つ．
(β) $\mathscr{S}$ は単純連結．

命題 9.2.6

$(\mathscr{M}, \mathbf{g})$ を (α), (β) を満足する準 Cauchy 面からの強未来漸近的に予言可能な空間とする．すると：
(1) 面 $\mathscr{S}(\tau)$ も (α), (β) を満足する．
(2) それぞれの τ に対してブラックホール $\mathscr{B}_1(\tau)$ の $\mathscr{S}(\tau)$ 内の境界 $\partial \mathscr{B}_1(\tau)$ はコンパクトで連結である．

面 $\mathscr{S}(\tau)$ は $\mathscr{S}$ に同相であるから，それらは (β) を満足する．単射写像

$$\gamma : \mathscr{S}(\tau) \cap \overline{J^-}(\mathscr{I}^+, \overline{\mathscr{M}}) \to \mathscr{S} \cap \overline{J^-}(\mathscr{I}^+, \overline{\mathscr{M}})$$

を $\mathscr{S}(\tau)$ のそれぞれの点をベクトル場 $\mathbf{X}$ の積分曲線へ写像する命題 9.2.3 によって定義することができる．$(\mathscr{M}, \mathbf{g})$ は弱漸近的に単純なので，$\mathscr{S}(\tau) \cap \overline{J^-}(\mathscr{I}^+, \overline{\mathscr{M}})$ 内の $\mathscr{I}^+$ の近くに 2 次元球 $\mathscr{P}$ を求めることができる．$\mathscr{S}(\tau)$ の $\mathscr{P}$ の外部部分は $\mathscr{S}$ の 2 次元球 $\gamma(\mathscr{P})$ の外部領域の中へ写像される．これは $\mathscr{S} \cap \overline{J^-}(\mathscr{I}^+, \overline{\mathscr{M}})$ の $\gamma(\mathscr{S}(\tau) \cap \overline{J^-}(\mathscr{I}^+, \overline{\mathscr{M}}))$ 内にない領域はコンパクトな閉包を持たなければならないことを示す．したがって $\gamma(\mathscr{S}(\tau) \cap \overline{J^-}(\mathscr{I}^+, \overline{\mathscr{M}}))$ は R^3 − (コンパクトな閉包を持つ開集合) に同相である．$\mathscr{S}(\tau)$ は，$\mathscr{V}$ を R^3 のコンパクトな閉包を持つ開集合として $R^3 - \mathscr{V}$ に同相であるから，$\partial \mathscr{B}(\tau)$ は $\partial \mathscr{V}$ に同相であるのでコンパクトである．

$\partial \mathscr{B}_1(\tau)$ が非連結な 2 つの成分 $\partial \mathscr{B}_1^1(\tau)$ と $\partial \mathscr{B}_1^2(\tau)$ から成り立っているとする．$\mathscr{S}(\tau) - \mathscr{B}(\tau)$ 内で $\mathscr{Q}(\tau)$ からそれぞれ $\partial \mathscr{B}_1^1(\tau)$, $\partial \mathscr{B}_1^2(\tau)$ への曲線 λ_1 と λ_2 を求めることができる．int$\mathscr{B}_1(\tau)$ 内で $\partial \mathscr{B}_1^1(\tau)$ から $\partial \mathscr{B}_1^2(\tau)$ への曲線 μ も求めることができる．これらを繋いで $\partial \mathscr{B}_1^1$ と一度だけ交わる $\mathscr{S}(\tau)$ 内の閉じた曲線を得る．これを $\mathscr{S}(\tau)$ 内

9.2 ブラックホール

でゼロ (訳注:一点に) に変形することはできず,$\mathscr{S}(\tau)$ が単連結である事実に矛盾する. □

我々は実際に落ち込むことができるブラックホールにだけ興味がある. つまりその内で境界 $\partial \mathscr{B}(\tau)$ が $J^+(\mathscr{I}^-,\overline{\mathscr{M}})$ に含まれるものについてである. そこで性質 $(\alpha),(\beta)$ に次の要求を加える

(γ) 十分に大きな τ において,$\mathscr{S}(\tau) \cap \overline{J^-(\mathscr{I}^+,\overline{\mathscr{M}})}$ は $\overline{J^+(\mathscr{I}^-,\overline{\mathscr{M}})}$ に含まれる.

$(\mathscr{M},\mathbf{g})$ は, もしそれが準 Cauchy 面 $\mathscr{S}$ からの強未来漸近的に予言可能であり性質 $(\alpha),(\beta),(\gamma)$ を満たすなら, **正則予言可能空間** (*regular predictable space*) と呼ぶことにする. 本節の初めで未来漸近的に予言可能と言及した空間は実は正則予言可能空間でもある. 命題 9.2.6 は準 Cauchy 面 $\mathscr{S}$ からの正則予言可能発展を扱うときはブラックホール $\mathscr{B}_i(\tau)$ とそれらの $\mathscr{S}(\tau)$ 内の境界 $\partial\mathscr{B}_i(\tau)$ の間には 1 対 1 対応があることを示している. したがってそのような状況では, ブラックホールに $\mathscr{S}(\tau) \cap \dot{J}^-(\mathscr{I}^+,\overline{\mathscr{M}})$ の連結成分としてと等価な定義を与えることができる.

次に述べる結果は次節で重要になるブラックホールの境界の性質を与える.

命題 9.2.7

$(\mathscr{M},\mathbf{g})$ を準 Cauchy 面 $\mathscr{S}$ から発展する正則予言可能空間とする. そこでは全てのヌルベクトル K^a に対して $R_{ab}K^aK^b \geqslant 0$ である. $\mathscr{B}_1(\tau)$ を面 $\mathscr{S}(\tau)$ のブラックホールとし,$\{\mathscr{B}_i(\tau')\}(i=1$ から N) を $J^+(\mathscr{B}_i(\tau')) \cap \mathscr{B}_1(\tau) \neq \emptyset$ である初期の面 $\mathscr{S}(\tau')$ 上のブラックホール (複数) とする. $\partial\mathscr{B}_1(\tau)$ の面積 $A_1(\tau)$ は $\partial\mathscr{B}_i(\tau')$ の面積 $A_i(\tau')$ の合計よりも大きいか等しい;等号は $N=1$ の場合のみ成り立つ.

言い換えると, ブラックホールの境界の面積は時間とともに減少することはなく, そしてもし 2 つ以上のブラックホールが融合して 1 つになるとすると, その境界の面積は元のブラックホール (複数) の境界の面積より大きくなる.

$\mathscr{I}^+$ の過去の境界は事象の地平なので, そのヌル測地線生成子 (generators)(複数) はそれらが $\mathscr{I}^+$ と交差する場合のみ未来端点 (複数) を持っている. しかしこれは不可能である. なぜなら $\mathscr{I}^+$ のヌル測地線生成子は未来端点を持たないからである. したがって事象の地平のヌル生成子は未来端点を持たない. 補題 9.2.2 により, それらの延長 $\hat{\theta}$ は非負である. したがって生成子の 2 次元切断面の面積は τ に連れて減少することはできない. 命題 9.2.3 の性質 (c) と命題 9.2.5 から, いかなる $\partial\mathscr{B}_i(\tau')$ 内の $\mathscr{S}(\tau')$ と交わる $\dot{J}^-(\mathscr{I}^+,\overline{\mathscr{M}})$ の全てのヌル測地線生成子も $\partial\mathscr{B}_1(\tau)$ 内の $\mathscr{S}(\tau)$ と交差しなければならない. したがって $\partial\mathscr{B}_1(\tau)$ の面積は $\{\mathscr{B}_i(\tau')\}$ の面積の合計より等しいか大きい. $N>1$ なら, $\partial\mathscr{B}_1(\tau)$ はそれぞれの $\partial\mathscr{B}_i(\tau')$ と交わる $\dot{J}^-(\mathscr{I}^+,\overline{\mathscr{M}})$ の生成子と対応する N 個の非連結閉部分集合を含む. $\partial\mathscr{B}_1(\tau)$ は連結なので, それはいかなる $\partial\mathscr{B}_i(\tau')$ とも交差しないが $\mathscr{S}(\tau)$ と $\mathscr{S}(\tau')$ の間に過去端点をもつ生成子の開集合を含まなければならない. □

事象の地平 $\dot{J}^-(\mathscr{I}^+,\overline{\mathscr{M}})$ によってブラックホールを定義することは役に立つ. 何故なら

これはたくさんの良い性質を持つヌル超曲面であるから．しかしこの定義は解の未来全体の振る舞いに依存する．与えられた準 Cauchy 面 $\mathscr{S}(\tau)$ に対して，面の全体の未来の発展に対する Cauchy 問題を解かずに事象の地平が何処にあるのか求めることはできない．したがって面 $\mathscr{S}(\tau)$ 上の時空の性質だけに依存する異なる種類の地平を定義することは役に立つ．

命題 9.2.1 から，準 Cauchy 面 $\mathscr{S}$ から正則予言可能空間発展内の $\mathscr{S}(\tau)$ 上のいかなる捕捉閉曲面も $\mathscr{B}(\tau)$ 内になければならないことが解っている．この結果は 2 次元面に直交する出 (outgoing) ヌル測地線は収束するという事実だけに依存している．入 (ingoing) ヌル測地線が収束するか否かは問題ではない．したがって $D^+(\mathscr{S})$ 内の向き付け可能コンパクト 2 次元面を，もしそれに直交する出 (outgoing) ヌル測地線の延長 $\hat{\theta}$ が正でないなら，**外捕捉面** (*outer trapped surface*) と呼ぶことにする．($\hat{\theta} = 0$ の場合も収束に含める．) ヌル測地線の出 (outgoing) 族を定義するため準 Cauchy 面 $\mathscr{S}(\tau)$ に性質 (β) を用いる．$\mathbf{X}$ を命題 9.2.3 の時間的ベクトル場とする．すると $D^+(\mathscr{S})$ 内のいかなるコンパクト向き付け可能空間的 2 次元面 $\mathscr{P}$ も $\mathbf{X}$ の積分曲線によって，いかなる τ の値が与えられても，$\mathscr{S}(\tau)$ 内のコンパクト向き付け可能 2 次元面 $\mathscr{P}'$ に写像することが可能である．λ を $\mathscr{S}(\tau) \cup \mathscr{Q}(\tau)$ 内の $\mathscr{Q}(\tau)$ から $\mathscr{P}'$ への曲線で $\mathscr{P}'$ とその端点だけで交わるものとする．すると $\mathscr{S}(\tau)$ 内の $\mathscr{P}'$ の出方向を λ が $\mathscr{P}'$ へ近づく方向として定義することができる．$\mathscr{S}(\tau)$ は単連結なのでこの方向は一意である．$\mathscr{P}$ に直交するヌル測地線における出族は $\mathbf{X}$ によって $\mathscr{P}'$ へ向かう $\mathscr{S}(\tau)$ 内の曲線の上へ写像される族である．

面 $\mathscr{S}(\tau)$ 上の解を知ることにより，$\mathscr{S}(\tau)$ の中にある全ての外捕捉面 $\mathscr{P}$ を求めることができる．面 $\mathscr{S}(\tau)$ 内の**捕捉領域** (*trapped region*) $\mathscr{T}(\tau)$ を $\mathscr{S}(\tau)$ 内で q を通る外捕捉面 $\mathscr{P}$ が存在する全ての点 $q \in \mathscr{S}(\tau)$ の集合として定義しよう．次の結果が示すように，捕捉領域 $\mathscr{T}(\tau)$ の存在はブラックホール $\mathscr{B}(\tau)$ の存在を意味し，事実それぞれの値 τ に対して $\mathscr{T}(\tau)$ が $\mathscr{B}(\tau)$ の中に存在する．

命題 9.2.8

$(\mathscr{M}, \mathbf{g})$ を準 Cauchy 面 $\mathscr{S}$ から発展する正則予言可能空間で，そこではいかなるヌルベクトル K^a に対しても $R_{ab}K^aK^b \geqslant 0$ であるものとする．すると $D^+(\mathscr{S})$ 内の外捕捉面 $\mathscr{P}$ は $J^-(\mathscr{I}^+, \overline{\mathscr{M}})$ と交差しない．

証明は命題 9.2.1 と同様である．$\mathscr{P}$ が $J^-(\mathscr{I}^+, \overline{\mathscr{M}})$ と交差するとする．すると $\dot{J}^+(\mathscr{P}, \overline{\mathscr{M}})$ は $\mathscr{I}^+$ と交差することになる．$\mathscr{I}^+ \cap \dot{J}^+(\mathscr{P}, \overline{\mathscr{M}})$ のそれぞれの点に対して $\mathscr{P}$ に過去端点を持ち $\mathscr{P}$ に共役な点を含まない $\dot{J}^+(\mathscr{P}, \overline{\mathscr{M}})$ の過去向きヌル測地線生成子が存在することになる．(4.35) によりこれらの生成子の延長 $\hat{\theta}$ は $\mathscr{P}$ で非正 (訳注：ゼロ以下) であり，$R_{ab}K^aK^b \geqslant 0$ なので非正となる．したがって生成子 (複数) の 2 次元切断面の面積は $\mathscr{P}$ の面積よりも常に小さいか等しくなる．無限遠において $\mathscr{I}^+ \cap \dot{J}^+(\mathscr{P}, \overline{\mathscr{M}})$ の面積は無限であり，これは矛盾を生じる． □

捕捉領域 $\mathscr{T}(\tau)$ の連結成分 $\mathscr{T}_1(\tau)$ の外部境界 $\partial \mathscr{T}_1(\tau)$ を**見かけの地平** (*apparent horizon*)

9.2 ブラックホール

と呼ぶことにする．前述の結果から，見かけの地平 $\partial \mathcal{T}(\tau)$ の存在はその外側の事象の地平線の構成要素 $\partial \mathcal{B}_1(\tau)$ の存在，またはそれと一致することを意味している．しかしながらその逆は必ずしも真でない：事象の地平の内部に外捕捉面は無いかもしれない．

言い換えると，事象の地平の 1 つの構成要素 $\partial \mathcal{B}_1(\tau)$ の中に 1 つ以上の $\mathcal{T}(\tau)$ の連結構成要素があるかもしれない．これらの可能性は図 59 に描いた．似たような状況は 2 つのブラックホールが融合したり衝突した場合を考えると生じてくる．初期の面 $\mathcal{S}(\tau_1)$ 上にそれぞれブラックホール $\mathcal{B}_1(\tau_1)$ と $\mathcal{B}_2(\tau_1)$ を持つ 2 つの離れた捕捉領域 $\mathcal{T}_1(\tau_1)$ と $\mathcal{T}_2(\tau_1)$ があるとする．それらが互いに近づくことにより，事象の地平の 2 つの構成要素 $\partial \mathcal{B}_1(\tau)$ と $\partial \mathcal{B}_2(\tau)$ が合体してそののちの面 $\mathcal{S}(\tau_2)$ 上で単一のブラックホール $\mathcal{B}(\tau_2)$ になるであろう．しかし見かけの地平 $\partial \mathcal{T}_1(\tau)$ と $\partial \mathcal{T}_2(\tau)$ はすぐに結合しないだろう．代わりに起こることは第 3 の捕捉領域 $\mathcal{T}_3(\tau)$ がそれらの両方を囲むように発達することである (図 60)．その後 $\mathcal{T}_1$, $\mathcal{T}_2$, $\mathcal{T}_3$ は互いに融合するだろう．

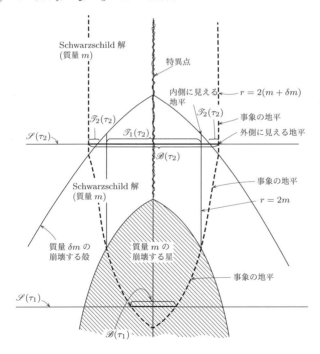

図 59．質量 m の星の球状の崩壊とそれに続く質量 δm の物質の殻の崩壊．外部解は星の崩壊ののち質量 m の Schwarzschild 解になり，殻の崩壊ののち質量 $m + \delta m$ の Schwarzschild 解になる．時刻 τ_1 では事象の地平が存在するが，見かけの事象の地平は存在しない．時刻 τ_2 では事象の地平以内に 2 つの見かけの地平が存在する．

見かけの地平の主な性質の証明の概略を示す．まず第1に：

命題 9.2.9
それぞれの $\partial \mathscr{T}(\tau)$ の構成要素は出直交ヌル測地線が $\partial(\tau)$ 上でゼロに収束する $\hat{\theta}$ を持つ2次元面である．(このような面を**融合外捕捉面** (*marginally outer trapped surface*) と呼ぶことにする．)

もし点 $p \in \partial \mathscr{T}(\tau)$ の $\partial \mathscr{T}(\tau)$ 内の近傍で $\hat{\theta}$ が正であるとすると，$\mathscr{S}(\tau)$ 内のいかなる外捕捉面も $\mathscr{U}$ と交差するような p の近傍 $\mathscr{U}$ が存在し，それは $\partial \mathscr{T}(\tau)$ とも交差するだろう．したがって $\partial \mathscr{T}(\tau)$ 上で $\hat{\theta} \leqslant 0$ である．

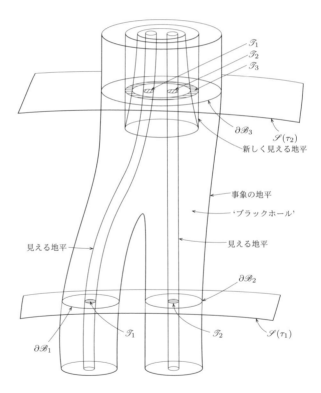

図60. 2つのブラックホールの衝突と統合．時刻 τ_1 では事象の地平 $\partial \mathscr{B}_1, \partial \mathscr{B}_2$ の内側にそれぞれ見かけの地平 $\partial \mathscr{T}_1, \partial \mathscr{T}_2$ が存在する．時刻 τ_2 までにこれらの事象の地平は単一の事象の地平を形成するために統合される．いまや3番目の見かけの地平が以前の両方の見かけの地平を包むように形成された．

もし $\hat{\theta}$ が点 $p \in \partial \mathscr{T}(\tau)$ の $\partial \mathscr{T}(\tau)$ 内の近傍で負ならば，$\partial \mathscr{T}(\tau)$ の外側に外捕捉面を得るために $\mathscr{S}(\tau)$ 内で $\partial \mathscr{T}(\tau)$ を外方へ変形することができる． □

面 $\mathscr{S}(\tau)$ 上の見かけの地平 $\partial \mathscr{T}(\tau)$ に直交するヌル測地線はしたがってゼロ収束で始まる．しかしそれらが一般相対論条件 (§4.4) を満足する何らかの物質や Weyl テンソルに出会うと，収束し始め，時間的後の面 $\mathscr{S}(\tau')$ との交差は見かけの地平 $\partial \mathscr{T}(\tau')$ の内部となるだろう．言い換えると，見かけの地平は少なくとも光と同じ速さで外側へ動く；そして何らかの物質や放射がそれを通って落下したら光より速く追い越す．上に挙げた例が示すように，見かけの地平は非連続的に飛躍することができる．これが常に連続的に動く事象の地平よりも取り扱いを難しくしている．次節では解が定常的ならば事象の地平と見かけの地平が一致することを示す．したがってもし解が長い時間にわたって定常状態に近ければそれらは互いに非常に近いことが期待される．特にそのような環境ではそれらの面積はほとんど等しいことが期待される．初期のほぼ定常状態からある非定常状態期間を経て最終のほぼ定常状態へと移行する解がある場合，命題 9.2.7 を使用して初期地平と最終地平の面積を関連付けることができる．

9.3　ブラックホールの最終的な状態

この最後の節では星の崩壊から長く経過した未来が予測できると仮定する．これは外部の観測者から特異点を隠す事象の地平の内側へ星が落ち込むことを意味していることを示す．事象の地平を通過した物質とエネルギーは外部世界から永遠に失われる．したがって重力波という形によって無限遠に放射することのできるエネルギーの量には限界があることが期待される．この最大限のエネルギーが放射された後は地平の外側の解は定常状態に近づくことが期待される．したがって本節では定常状態のブラックホール解を正確に調べる．外部領域は崩壊した物体の外部の最終状態解に非常に近いものとして表現されることが期待される．

より正確には，次の条件を満足する空間 $(\mathscr{M}, \mathbf{g})$ を考える

(1) $(\mathscr{M}, \mathbf{g})$ は準 Cauchy 面 $\mathscr{S}$ から発展する正則予言可能な空間である．
(2) 等長変換群 $\theta_t : \mathscr{M} \to \mathscr{M}$ が存在し，その Killing ベクトル $\mathbf{K}$ は $\mathscr{I}^+$ と $\mathscr{I}^-$ の近くで時間的である．
(3) $(\mathscr{M}, \mathbf{g})$ は行儀の良い双曲型方程式に従う真空あるいは電磁場やスカラー場のような場を含むものであり，未来向き時間的ベクトル $\mathbf{N}, \mathbf{L}$ に対して支配的エネルギー条件：$T_{ab} N^a L^b \geqslant 0$ を満足する．

このような条件を満足する空間を定常正則予言可能空間 (*stationary regular predictable space*) と呼ぶことにする．大きな τ の値に対して崩壊する星を含む正則予言可能空間の領域 $J^-(\mathscr{I}^+, \overline{\mathscr{M}}) \cap J^+(\mathscr{S}(\tau))$ は定常正則予言可能空間の同様な領域をほとんど等長である．

条件 (3) を正しく解釈するとゼロでない静止質量を持つ物体は最終的に地平を越えて落ち込むと期待される．電磁場のような長距離場だけが残される．条件 (2) と (3) は Killing ベクトル場 **K** が時間的な無限遠点の近くの領域で $(\mathcal{M}, \mathbf{g})$ が解析的であることを意味する (Müller zum Hagen(1970))．この外部領域へ解析的に連続するところまで解を広げる．ここで検討している定常解は漸近的に単純な過去を持たないだろう．なぜならそれらは系の最終状態のみを表し初期の動的段階を表すものではないからである．しかしながら我々はこれらの解の過去の性質ではなく未来の性質に興味がある．実際それらが時間的に可逆であることを証明する結果とはなるが，それらが時間的に可逆であるべきアプリオリな理由はないので同じことかもしれない．

定常正則予言可能空間では地平で 2 区分された領域は時間に独立となる．これは次の基本的な結果を与える:

命題 9.3.1

$(\mathcal{M}, \mathbf{g})$ を定常的な正則予言可能時空とする．すると未来の事象の地平 $\dot{J}^-(\mathscr{I}^+, \overline{\mathcal{M}})$ の生成子は $J^+(\mathscr{I}^-, \overline{\mathcal{M}})$ の中に過去端点を持たない．$Y_1{}^a$ をこれらの生成子への未来向き接ベクトルとする．すると $J^+(\mathscr{I}^-, \overline{\mathcal{M}})$ の中で，$Y_1{}^a$ は剪断 $\hat{\sigma}$ と膨張 $\hat{\theta}$ がゼロで

$$R_{ab} Y_1{}^a Y_1{}^b = 0 = Y_{1[e} C_{a]bc[d} Y_{1f]} Y_1{}^b Y_1{}^c$$

を満たす．

議論が中断しないようにこの証明やその他の結果を本節の終わりまで延期する．この命題は定常時空において見かけの地平と事象の地平が一致することを示している．

ここで Kerr 解の族 (§5.6) は多分ただの真空定常正則予言可能時空であることを示す結果を提示する．Isreal and Carter の定理の証明をここでは与えず，文献を参照する．他の結果は節の終わりで証明する．これらの結果により，崩壊した電荷を持たない物体の外側の解は Kerr 解に落ち着くことが期待される．もし崩壊した天体が正味の電荷を持っていたとすると解は電荷を持った Kerr 解に近づくことが期待される．

命題 9.3.2

定常正則予言可能空間内の地平 $\partial \mathscr{B}(\tau)$ の $J^+(\mathscr{I}^-, \overline{\mathcal{M}})$ 内のそれぞれの連結成分は 2 次元球面に同相である．

お互いに一定の距離離れたところにあるいくつかのブラックホールを表す $\partial \mathscr{B}(\tau)$ の連結成分が存在することは可能である．このような状況はブラックホールがそれらの質量 m に等しい電荷 e をもち回転していない極限的な場合に生じることができる (Hartle and Hawking(1972a))．それはブラックホール間の重力による引力と釣り合う十分に強い斥力を得ることができた場合だけのように思える．したがって $\partial \mathscr{B}(\tau)$ がただ一つの連結成分だけを持つ解について考える．

9.3 ブラックホールの最終的な状態

命題 9.3.3

$(\mathcal{M}, \mathbf{g})$ を定常正則予言可能空間とする.すると Killing ベクトル K^a は単連結な $J^+(\mathscr{I}^-, \overline{\mathcal{M}}) \cap \overline{J^-(\mathscr{I}^+, \overline{\mathcal{M}})}$ 内で非ゼロである.τ_0 を $\mathscr{S}(\tau_0) \cap \overline{J^-(\mathscr{I}^+, \overline{\mathcal{M}})}$ が $J^+(\mathscr{I}^-, \overline{\mathcal{M}})$ に含まれるようなものとする.もし $\partial \mathscr{B}(\tau_0)$ がただ 1 つの連結成分しか持たないなら,$J^+(\mathscr{I}^-, \overline{\mathcal{M}}) \cap \overline{J^-(\mathscr{I}^+, \overline{\mathcal{M}})} \cap \mathcal{M}$ は $[0,1) \times S^2 \times R^1$ に同相である.

この議論はいま Killing ベクトル K^a がいたるところ回転ゼロ,つまりいたるところ $K_{a;b} K_c \eta^{abcd}$ であるかどうかに依存して 2 つの可能な道筋のうちの片方をとる.もし回転がゼロであれば,解は**静的正則予言可能時空** (*static regular predictable space-time*) という.大雑把な言い方をすると,ブラックホールがある意味で回転していなければ解は静的であると期待される.

命題 9.3.4

静的正則予言可能時空では,外部領域 $J^+(\mathscr{I}^-, \overline{\mathcal{M}}) \cap J^-(\mathscr{I}^+, \overline{\mathcal{M}})$ で Killing ベクトル $\mathbf{K}$ は時間的で非ゼロで

$$\dot{J}^-(\mathscr{I}^+, \overline{\mathcal{M}}) \cap J^+(\mathscr{I}^-, \overline{\mathcal{M}})$$

上で $\dot{J}^-(\mathscr{I}^+, \overline{\mathcal{M}})$ のヌル生成子に沿った方向を向いている.

$\mathbf{K}$ の回転が消滅するので,それは超平面に対して直交している.つまり K_a が $\xi_{;a}$ に比例するような関数 ξ が存在する.すると外部領域の計量を $g_{ab} = f^{-1} K_a K_b + h_{ab}$ の形に分解できる.ここで $f \equiv K^a K_a$ であり,h_{ab} は面 $\{\xi = \text{定数}\}$ における誘導計量であり,K^a の積分曲線の間隔を表す.それ故,外部領域には面 ξ 上の点を同じ $\mathbf{K}$ の積分曲線上の面 $-\xi$ 上の点へ繋ぐ等長写像が存在する.この等長写像は時間の向きを反転するので,そのような等長写像を持つ空間を**時間対称的** (*time symmetric*) と呼ぶことにする.したがって,もし外部領域の解析的延長が未来の事象の地平 $\dot{J}^-(\mathscr{I}^+, \overline{\mathcal{M}})$ を持つなら,過去の事象の地平 $\dot{J}^+(\mathscr{I}^-, \overline{\mathcal{M}})$ も含む.これらの事象の地平は交差したりしなかったりする.Schwarzschild 解と $e^2 < m^2$ の場合の Reissner-Nordström 解は交差するが,$e^2 = m^2$ の場合の Reissner-Nordström 解は交差しない例である.後者の場合地平上で f の勾配はゼロであるが,前者はゼロでない.この重要な性質は未来地平 $\dot{J}^-(\mathscr{I}^+, \overline{\mathcal{M}}) \cap J^+(\mathscr{I}^-, \overline{\mathcal{M}})$ では $K_{a;b} K^b = \frac{1}{2} f_{;a} = \beta K_a$ であるという事実から生まれる.ここではヌル測地線生成子 $\dot{J}^-(\mathscr{I}^+, \overline{\mathcal{M}})$ に沿って $\beta \geqslant 0$ は一定である.v をそのような生成子に沿った未来向きアフィンパラメータとする.すると α を $d\alpha/dv = \beta$ に従う生成子に沿った関数として $\mathbf{K} = \alpha \partial/\partial v$ となる.もし $\beta \neq 0$ かつ生成子が過去方向で測地的完備なら,α と Killing ベクトル $\mathbf{K}$ はどこかの点でゼロになる.この点は $J^+(\mathscr{I}^-, \overline{\mathcal{M}})$ の中にあるはずはなく,未来の事象の地平 $\dot{J}^-(\mathscr{I}^+, \overline{\mathcal{M}})$ と過去の事象の地平 $\dot{J}^+(\mathscr{I}^-, \overline{\mathcal{M}})$ の交点にある (Boyer(1969)).もし $\beta = 0$ なら,$\mathbf{K}$ は常にゼロでなく地平が分岐する点は存在しない.

Israel (1967) は以下の条件が成り立てば,静的正則予言可能時空は Schwarzschild 解であることを示した:

(a) $T_{ab} = 0$；
(b) Killing ベクトルの絶対値 $f \equiv K^a K_a$ は $J^+(\mathscr{I}^-, \overline{\mathscr{M}}) \cap J^-(\mathscr{I}^+, \overline{\mathscr{M}})$ 内のいたるところでゼロでない勾配を持つ；
(c) 過去の事象の地平 $\dot{J}^+(\mathscr{I}^-, \overline{\mathscr{M}})$ はコンパクト 2 次元面 $\mathscr{F}$ で未来の事象の地平 $\dot{J}^-(\mathscr{I}^+, \overline{\mathscr{M}})$ と交差する．

((c) と命題 9.3.2 から $\mathscr{F}$ は連結で 2 次元球面の位相を持つことが導かれる．Isreal はこのような正確な形の条件を与えなかったがこれらは等価である．) Isreal (1968) は更に真空空間条件 (a) が電磁場のエネルギー-運動量テンソルに置き換えられたら解は Reissner-Nordström 解でなければならないことを示した．Müller zum Hagen, Robinson and Seifert(1973) は真空の場合に条件 (b) を外した．

これらの結果からもし事象の地平の外側の終状態の解が静的なら，外部領域の計量は Schwarzschild 解の計量となることが期待される．

ここで外部領域の最終状態の解が定常的だが静的でない場合を考えよう．これは崩壊した物体の初期状態が回転していた場合と考えられる．

命題 9.3.5
静的でない真空定常正則予言可能空間においては，外部領域 $J^+(\mathscr{I}^-, \overline{\mathscr{M}}) \cap J^-(\mathscr{I}^+, \overline{\mathscr{M}})$ で Killing ベクトルは空間的である．

K^a が空間的である $\overline{J^+(\mathscr{I}^-, \overline{\mathscr{M}})} \cap \overline{J^-(\mathscr{I}^+, \overline{\mathscr{M}})}$ の領域を**エルゴ球** (*ergosphere*) と呼ぶ．命題 9.3.4 から解が静的ならばエルゴ球が存在しないことが導かれる．エルゴ球に関して重要なことはその中では Killing ベクトル K^a の積分曲線上を粒子が動くことが不可能なことである．つまり無限遠から見て静止していることである．エルゴ球は地平の外側なのでそのような粒子はまだ無限遠に逃れることができる．エルゴ球を持つ定常的非静的正則予言可能空間の例は $a^2 \leqslant m^2$ の Kerr 解である (§5.6)．

Penrose (1969) および Penrose and Floyd(1971) は無限遠からエルゴ球へ粒子を投げ入れることによって，エルゴ球を持つブラックホールからある程度のエネルギーを取り出せることを示した[*6]．粒子が測地線上を運動することより，その軌跡に沿って $E_0 \equiv -p_0{}^a K_a > 0$ は定数である ($p_0{}^a$ を測地ベクトル，K^a を Killing ベクトルとするとき

$$(p_0{}^a K_a)_{;b} p_0{}^b = (p_0{}^a{}_{;b} p_0{}^b) K_a + p_0{}^a K_{a;b} p_0{}^b = 0$$

[*6] 訳注：放射についても Penrose 過程が成り立つ．すなわち，入射した放射よりも多いエネルギーの放射を受け取ることができる．これを超放射 (superradiance) という．
参考文献：
Misner, C. W., 'Interpretation of Gravitational-Wave Observations', Phys. Rev. Lett. **28**, 994-7 (1972).
Press, W. H. and Teukolsky, S. A., 'Floating Orbits, Superradiant Scattering and the Black-hole Bomb', Nature 238, 211-2 (1972).

9.3 ブラックホールの最終的な状態

を満たす．）．ここで $p_0{}^a = mv_0{}^a$ は粒子の運動量ベクトル，m は静止質量，$\mathbf{v}_0$ は粒子の世界線の単位接ベクトルである．そののち，粒子は運動量 $p_1{}^a$ と $p_2{}^a$ の2つの粒子に分かれると仮定する．ここで $p_0{}^a = p_1{}^a + p_2{}^a$．$K^a$ は空間的なので，$p_1{}^a$ を $E_1 \equiv -p_1{}^a K_a < 0$ となる未来行き時間的ベクトルとして選ぶことが可能である．すると $E_2 \equiv -p_2{}^a K_a$ は E_0 よりも大きくなる．これは2番目の粒子は無限遠へ逃れることができ，それは投げ込まれた元の粒子よりも大きなエネルギーを持つことを意味する．したがってブラックホールからある程度のエネルギーが取り出された．

負のエネルギーを持った粒子は無限遠へ逃れることはできず，K_a が空間的な領域に留まっていなければならない．エルゴ球が事象の地平 $\dot{J}^-(\mathscr{I}^+, \overline{\mathscr{M}})$ と交わることは無いと仮定する．すると粒子は外部領域に留まらなければならない．このプロセスを繰り返すことにより，元の解の状態から連続してエネルギーを取り出すことができる．これを行うことによって次第に変化する解が期待される．しかしこれらの負エネルギーの粒子のための領域がどこかに存在しなければならないので，エルゴ球はゼロになれない．したがって無限のエネルギーを取り出すことができるのか (これは起こりそうにも無い)，あるいはエルゴ球が最終的に地平と交差しなければならないのか，どちらかであることが明らかになる．後者の場合，解は自発的に軸対象か静的になり Penrose 過程からそれ以上エネルギーが取り出せなくなることを示そう．無限のエネルギーを取り出せる可能性と自発的な変化はブラックホールの元の状態が不安定であることを示しているように見える．したがっていかなる実際のブラックホールの状態もエルゴ球は地平と交差すると仮定するのが合理的なようである．

Hajicek (1973) はエルゴ球の外部境界である定常的極限面は少なくとも2つの K^a の積分ヌル測地線を含むことを示した．もしこれらの曲線上で f の勾配がゼロでなく，かつ過去において測地的完備ならば，それらは K^a がゼロの点を含むことになる．しかしながらそのような点は外部領域には存在しない (命題 9.3.3 参照)．したがってこの場合はエルゴ球は地平と交差しなければならない．しかしながら K^a の積分曲線は未来では完備であると仮定することは合理的であるにも関わらず，過去において完備であると仮定するのは合理的でない．なぜなら，前にも述べたように，物理的に重要でない解の過去の領域に何かを仮定しなければならないからである．静的な場合は解が時間対称的であることを示せるが，定常的非静的解が時間対象的でなければならないアプリオリな理由は無い．このためエルゴ球が地平と交差するという仮定を正当化するために，Hajicek の結果ではなく上記のエネルギー取り出しの議論に頼ることにする．

エルゴ球の主要部分が地平に触れるのを次のように説明することができる．$\mathcal{Q}_1$ を1つの連結成分

$$\dot{J}^-(\mathscr{I}^+, \overline{\mathscr{M}}) \cap J^+(\mathscr{I}^-, \overline{\mathscr{M}})$$

とし，$\mathcal{G}_1$ を $\mathcal{Q}_1$ のその生成子による商とする．命題 9.3.1 と 9.3.2 によりこれは2次元球面と同相である．命題 9.3.1 により2つの隣り合った生成子の空間距離は生成子に沿って一定であり，$\mathcal{G}_1$ 上の誘導計量 $\mathbf{h}$ によって表すことができる．等長変換 θ_t は生成子を生成

子へ動かし，$(\mathscr{G}_1, \mathbf{h})$ の等長変換群として作用する．もしエルゴ球が地平と交差するなら地平のどこかで K^a は空間的となり θ_t の作用は非自明である．したがってそれはある軸の周りでの球 $\mathscr{G}_1$ の回転と一致しなければならず，$\mathscr{G}_1$ 内の群の軌道は極に一致する 2 つの点と円の族になる．地平の生成子の 1 つに沿って動く粒子は無限遠で定常な K^a によって定義される座標系に相対して動くように現れる．したがって地平は無限遠に対して回転していると言うことができる．

次の結果は回転するブラックホールは軸対称でなければならないことを示す．

命題 9.3.6

$(\mathscr{M}, \mathbf{g})$ を定常非静的正則予言可能空間とし，そこではエルゴ球は $J^-(\mathscr{I}^+, \overline{\mathscr{M}}) \cap J^+(\mathscr{I}^-, \overline{\mathscr{M}})$ と交差するとする．すると θ_t と交換する $(\mathscr{M}, \mathbf{g})$ の 1 パラメータ周回的等長変換群 $\tilde{\theta}_\phi (0 \leq \phi \leq 2\pi)$ が存在しその軌道は $\mathscr{I}^+$ と $\mathscr{I}^-$ の近くで空間的である．

命題 9.3.6 を証明する方法は計量 $\mathbf{g}$ の解析性を使って地平の近傍に等長変換 $\tilde{\theta}_\phi$ が存在することを示すことである．そしてこの等長変換を解析接続によって拡張する．この方法は地平から離れた，例えばブラックホールの周りに物質の輪や棒でできた枠があるような孤立領域内で計量が解析的でないところでも使える．これは明らかなパラドックスを導く．棒でできた四角い定常的な枠で囲われた回転する星を考える．星は崩壊して回転するブラックホールを形成すると考える．もしブラックホールが定常的な状態に近づくと，命題 9.3.6 から棒の解析的でない部分を除いて計量 $\mathbf{g}$ が軸対称であることが導かれる．パラドックスの解決策はブラックホールはそれが自転する間は定常状態でないという点にあるようである．棒の重力効果がブラックホールを少し歪ませた時何が起きるか．枠への反作用はそれが回転を始め角運動量を放出する原因となる．最終的にブラックホールと枠の両方の回転は減衰し，解は静的な状態に近づく．静的ブラックホールは，もしその外側が真空でないなら，つまり Isreal の定理の条件 (a) が満たされないなら，軸対称である必要はない．

これまでの議論が示すのは実際のブラックホールは，宇宙がそれに対して正確に軸対称でないように，それが回転している間は決して定常的ではないと言うことである．しかしながら大抵の環境ではブラックホールの回転が減少する速度は極めて遅い (Press (1072), Hartle and Hawking(1972b))．したがってブラックホールから離れた場所の物質によって生じる非対称性を無視し，回転するブラックホールは定常状態と見做すことは良い近似である．そこでいまから回転する軸対称のブラックホールの性質を考えよう．

Carter (1969) によって一般化された Papapetrou (1966) の次の結果は，時間移動 θ_t に対応する Killing ベクトル K^a と角回転 $\tilde{\theta}_\phi$ に対応する Killing ベクトル $\tilde{K}^a$ が両方とも 2 次元面の族に直交することを示している．

命題 9.3.7

$(\mathscr{M}, \mathbf{g})$ を Killing ベクトル $\boldsymbol{\xi}_1$ と $\boldsymbol{\xi}_2$ を持つ 2-パラメータ可換等長変換群が許される時空とする．$\mathscr{V}$ を $\mathscr{M}$ の連結開集合，$w_{ab} \equiv \xi_{1[a}\xi_{2b]}$ とする．もし

9.3 ブラックホールの最終的な状態

(a) $\mathscr{V}$ 上で $w_{ab}R^b{}_c\eta^{cdef}w_{ef} = 0$ であり,
(b) $\mathscr{V}$ のある点で $w_{ab} = 0$ である.

ならば $\mathscr{V}$ 上で $w_{[ab;c}w_{d]e} = 0$ である.

条件 (b) は軸対称の軸,つまり $\tilde{K}^a = 0$ となる点の集合上の定常軸対称時空で満たされる.条件 (a) は真空でエネルギー-運動量テンソルが湧き出しのない電磁場であるとき満たされる (Carter (1969)).Frobenius（フロベニウス）の定理 (Schouten (1954)) により $w_{[ab;c}w_{d]e}$ が消失するのは,$w_{ab} \neq 0$ なら,w_{ab} に直交する,つまりいかなる $\boldsymbol{\xi}_1$ と $\boldsymbol{\xi}_2$ の線形結合にも直交する 2 次元面の族が局所的に存在する条件のときである.定常的軸対称時空の場合,これは $\mathbf{K} = \partial/\partial t$, $\tilde{\mathbf{K}} = \partial/\partial \phi$ と $m = 1, 2$ に対して $K^a x^m_{;a} = 0 = \tilde{K}^a x^m_{;a}$ である座標 (t, ϕ, x^1, x^2) が局所的に導入できることを意味する.すると計量は等長変換 $(t, \phi, x^1, x^2) \to (-t, -\phi, x^1, x^2)$ を局所的に許し,これは時間を反転させる.つまりそれは時間対称的である.したがってもし真空の定常正則予言可能時空の無限遠近くの計量の解析的延長が未来の事象の地平を含むなら,それは過去の事象の地平も含む.

命題 9.3.4 のアナロジーとして次の命題が得られる

命題 9.3.8 (Carter (1971b) 参照)
$(\mathscr{M}, \mathbf{g})$ を $w_{[ab;c}w_{d]e} = 0$ となる定常軸対称正則予言可能時空とする.ここで $w_{ab} \equiv K_{[a}\tilde{K}_{b]}$ である.すると軸 $\tilde{K} = 0$ から外れた外部領域 $J^+(\mathscr{I}^-, \overline{\mathscr{M}}) \cap J^-(\mathscr{I}^+, \overline{\mathscr{M}})$ の全ての点で $h \equiv w_{ab}w^{ab}$ は負である.地平 $\dot{J}^-(\mathscr{I}^+, \overline{\mathscr{M}}) \cap J^+(\mathscr{I}^-, \overline{\mathscr{M}})$ と $\dot{J}^+(\mathscr{I}^-, \overline{\mathscr{M}}) \cap J^-(\mathscr{I}^+, \overline{\mathscr{M}})$ で h はゼロだが軸を除いて $w_{ab} \neq 0$ である.

これは外部領域の軸を外れたそれぞれの点に時間的である Killing ベクトル K^a と $\tilde{K}^a$ の線形結合が存在することを示している.エルゴ球の外側では,K^a それ自身は時間的であるが,定常性限界面と地平の間では時間的な Killing ベクトルを得るために $\tilde{K}^a$ の実数倍を足さなければならない.地平上には時間的である線形結合は存在しないが,ヌルな線形結合は存在し地平のヌル生成子に沿った方向を示している.$\tilde{K} = 0$ の軸を外れたところでは $h \equiv w_{ab}w^{ab} = 0$ の点の集合として地平を局所的に特徴付けることができる.

ここで Kerr 解がおそらくただの真空定常ブラックホールであることを示した Carter の定理 (1971b) を見てみよう.彼は定常正則予言可能空間として:

(a) $T_{ab} = 0$ であり,
(b) 軸対称であり,
(c) 過去の事象の地平 $\dot{J}^+(\mathscr{I}^-, \overline{\mathscr{M}})$ はコンパクト連結 2 次元面 $\mathscr{F}_1$ で未来の事象の地平 $\dot{J}^-(\mathscr{I}^+, \overline{\mathscr{M}})$ と交わる.

を満たすものを考察した (命題 9.3.2 によりこれは 2 次元球面となる.).彼はそのような解は非連結な族に落ち込み,それぞれは 2 つのパラメータのみに依存することを示した.2 つのパラメータとしては質量 m と無限遠から測った角運動量 L を取ることができる.そのような族の 1 つは $m \geqslant 0$, $a^2 \leqslant m^2$ における Kerr 解として知られている.

ここで $a = L/m$ である．($a^2 > m^2$ の Kerr 解は裸の特異点を含み正則予言可能空間では無い．) いかなる他の非連結族もあるようには見えない．したがって非荷電の崩壊した天体の外部解は $a^2 \leqslant m^2$ の Kerr 解に落ち着くと予想された．この予想は Regge and Wheeler (1957), Doroshkevich, Zel'dovich and Novikov (1966), Vishveshwara (1970), および Price (1972) による球状崩壊からの線形摂動の解析によって支持された．

この Carter-Isreal 予想を正当であると仮定すると，事象の地平内の 2 次元面 $\partial \mathscr{B}(\tau)$ の面積は同じ質量と角運動量を持つ Kerr 解の事象の地平 $r = r_+$ の 2 次元面の面積，$\mathscr{I}^+$ 上の $\mathscr{Q}(\tau)$ で計測される値に近づくことが期待される．m を Kerr 解の質量，ma を角運動量として，この面積は $8\pi m(m + (m^2 - a^2)^{\frac{1}{2}})$ である．(もし崩壊する天体が正味の電荷 e を持っているとしたら，解は帯電した Kerr 解に落ち着くことが期待される．そのような解の事象の地平における 2 次元面の面積は

$$4\pi(2m^2 - e^2 + 2m(m^2 - a^2 - e^2)^{\frac{1}{2}})$$

である．この式を用いて我々の結果を帯電したブラックホールへ一般化することができる．) 質量 m_1 と角運動量 $m_1 a_1$ を持つ Kerr 解へ落ち着く面積 $\mathscr{S}(\tau_1)$ によって崩壊の状況を考察する．ここでブラックホールが粒子や放射と有限の時間相互作用すると仮定する．解は最終的にパラメータ a_2, m_2 を持つ面 $\mathscr{S}(\tau_2)$ による異なる解に落ち着く．§9.2 の議論により $\partial \mathscr{B}(\tau_2)$ の面積は $\partial \mathscr{B}(\tau_1)$ の面積より大きいか等しくなければならない．事実それは確かに大きくなければならない．何故ならいかなる物質も放射も地平を横切らない場合のみ $\hat{\theta}$ がゼロのはずであるからである．これは

$$m_2(m_2 + (m_2^2 - a_2^2)^{\frac{1}{2}}) > m_1(m_1 + (m_1^2 - a_1^2)^{\frac{1}{2}}) \tag{9.4}$$

を意味する．もし $a_1 \neq 0$ なら不等式 (9.4) から m_2 は m_1 より小さいことになる．漸近的に平坦な時空では全エネルギーと運動量の保存則があるから (Penrose (1963))，ブラックホールからある程度のエネルギーが取り出されたことを意味する．これを行う 1 つの方法はブラックホールの周りに棒からなる四角い枠を形成し枠の上でブラックホールを回転させることにより生まれるトルクを使うことである．あるいは，エルゴ球に粒子を投げ込む Penrose 過程を使うこともできる．粒子は 2 つに分かれて，そのうちの 1 つは元の粒子のエネルギーより大きなエネルギーで無限遠へ逃れる．もう一方の粒子は事象の地平を通って落ち込み解の角運動量を減少させる．これをブラックホールから回転エネルギーを取り出す方法とすることができる．Christodoulou (1970) は不等式 (9.4) の極限集合まで任意に近づける結果を得ることができた．事実 $a_2 = 0$ の時エネルギーの取り出しは最大となる．そして利用できるエネルギー $(m_1 - m_2)$ は

$$m_1 \left\{ 1 - \frac{1}{\sqrt{2}} \left(1 + \left(1 - \frac{a_1^2}{m_1^2} \right)^{\frac{1}{2}} \right)^{\frac{1}{2}} \right\}$$

より小さい．

9.3 ブラックホールの最終的な状態

ここで遠く離れた2つの星が崩壊してブラックホールを生み出す状況を考える．すると $\partial \mathcal{B}(\tau')$ が2つの離れた2次元球 $\partial \mathcal{B}_1(\tau')$ と $\partial \mathcal{B}_2(\tau')$ を含むようなある τ' が存在する．これらは遠く離れているので，それらの相互作用を無視することができ，それぞれパラメータ m_1, a_1 と m_2, a_2 を持つ Kerr 解に近い解をそれぞれ持つと仮定することができる．したがって $\partial \mathcal{B}_1(\tau')$ と $\partial \mathcal{B}_2(\tau')$ の面積はそれぞれおおよそ $8\pi m_1(m_1 + (m_1{}^2 - a_1{}^2)^{\frac{1}{2}})$ と $8\pi m_2(m_2 + (m_2{}^2 - a_2{}^2)^{\frac{1}{2}})$ である．これらのブラックホールはお互いに対して落ちていき衝突し合体すると仮定する．そのような衝突ではある程度の量の重力放射が放出されるだろう．この系は最終的にパラメータ m_3, a_3 を持つ単一の Kerr 解に合わさり面 $\mathscr{S}(\tau'')$ に落ち着くだろう．以前の同様の議論により $\partial \mathcal{B}(\tau'')$ の面積は $\partial \mathcal{B}(\tau')$ の全面積，$\partial \mathcal{B}_1(\tau')$ と $\partial \mathcal{B}_2(\tau')$ の面積の和より大きくなければならない．したがって

$$m_3(m_3 + (m_3{}^2 - a_3{}^2)^{\frac{1}{2}}) > m_1(m_1 + (m_1{}^2 - a_1{}^2)^{\frac{1}{2}}) + m_2(m_2 + (m_2{}^2 - a_2{}^2)^{\frac{1}{2}})$$

が成り立つ．漸近的に平坦な空間の保存法則により，重力放射により無限遠へ運ばれるエネルギーは

$$m_1 + m_2 - m_3$$

となる．これは上記の不等式により制限される．重力放射に対する質量保存の効率

$$\epsilon \equiv (m_1 + m_2 - m_3)(m_1 + m_2)^{-1}$$

は常に $\frac{1}{2}$ より小さい．もし $a_1 = a_2 = 0$ なら $\epsilon < 1 - 1/\sqrt{2}$ となる．これらは上限であることを強調しておくべきである．ただ限界が存在するだけで，実際の効率ははるかに低いかもしれないがそれをかなりの割合で達成できる可能性があることを示している．一対のブラックホールの合体で重力放射へ変換できる質量の割合は制限されていることを示していた．しかしながらもしも初期に多数のブラックホールがあったとしたら，これらは複数の対で結合し結果的にホールが結合することを続ける．寸法的に考えると効率は各段階で同じであると予想される．したがって最終的には元の質量の非常に大きな割合が重力放射に変換される[*7]．（この議論は C. W. Misner と M. J. Rees によって示唆された．）それぞれの段階で重量放射の放出エネルギーはより大きくなる．これが Weber の重力放射の最近の観測を説明できるかもしれない．

ここで本節で提示した命題に証明を与える．便宜上，命題の記述を繰り返す．

命題 9.3.1
$(\mathscr{M}, \mathbf{g})$ を定常的な正則予言可能時空とする．すると未来の事象の地平 $\dot{J}^-(\mathscr{I}^+, \overline{\mathscr{M}})$ の生成子は $J^+(\mathscr{I}^-, \overline{\mathscr{M}})$ の中に過去端点を持たない．$Y_1{}^a$ をこれらの生成子への未来向き接ベクトルとする：すると $J^+(\mathscr{I}^-, \overline{\mathscr{M}})$ の中で，$Y_1{}^a$ は剪断 $\hat{\sigma}$ と膨張 $\hat{\theta}$ がゼロで

$$R_{ab}Y_1{}^a Y_1{}^b = 0 = Y_{1[e}C_{a]bc[d}Y_{1f]}Y_1{}^b Y_1{}^c$$

[*7] 訳注：一対のブラックホールの衝突でも，質量の数パーセントが重力波として放出されることが，GW150914 をはじめとした観測から推測されている．

を満たす.

$\mathscr{C}$ を $\mathscr{I}^-$ 上の 2 次元球面とする. θ_t の作用の下で $\mathscr{I}^-$ の生成子を上下に動く $\mathscr{C}$ によって得られる 2 次元球面 $\mathscr{C}(t)$ の族によって $\mathscr{I}^-$ を被覆することが可能になる, つまり $\mathscr{C}(t) = \theta_t(\mathscr{C})$ である. ここで関数 x を点 $p \in J^+(\mathscr{I}^-, \overline{\mathscr{M}})$ で $p \in J^+(\mathscr{C}(t), \overline{\mathscr{M}})$ となる t の最大値として定義する. $\mathscr{U}$ を漸近的で単純な時空の近傍に対応する等長な $\mathscr{I}^+$ と $\mathscr{I}^-$ の近傍とする. すると x は連続であり $\mathscr{S} \cap \mathscr{U}$ 上にある下限値 x' を持つ. これにより, x は x' より大きい $\overline{J^-(\mathscr{I}^+, \overline{\mathscr{M}})}$ の領域で連続になる. 点 p を $p \in J^+(\mathscr{I}^-, \overline{\mathscr{M}}) \cap J^-(\mathscr{I}^+, \overline{\mathscr{M}})$ とする. すると等長変換 θ_t の下で p は $x > x'$ である $\overline{J^-(\mathscr{I}^+, \overline{\mathscr{M}})}$ の領域へ移動させられる. しかし

$$x|_{\theta_t(p)} = x|_p + t$$

である. したがって x は p で連続となる.

$\tau_0 > 0$ を $\mathscr{S}(\tau_0) \cap \overline{J^-(\mathscr{I}^+, \overline{\mathscr{M}})}$ が $J^+(\mathscr{I}^-, \overline{\mathscr{M}})$ に含まれるようにとる. λ を $\mathscr{S}(\tau_0)$ と交差する $\dot{J}^-(\mathscr{I}^+, \overline{\mathscr{M}})$ の生成子とする. λ 上に x のある有限な上限値 x_0 があるとする. 空間が弱漸近的に単純なので, $\mathscr{S}(\tau_0)$ 上で $\mathscr{Q}(\tau_0)$ に近づくにつれて $x \to \infty$ となる. したがって

$$\mathscr{S}(\tau_0) \cap \overline{J^-(\mathscr{I}^+, \overline{\mathscr{M}})}$$

の上に x のある下限値 x_1 が存在する. 群 θ_t の作用の下, λ は他の生成子 $\theta_t(\lambda)$ へ移動させられる. $\dot{J}^-(\mathscr{I}^+, \overline{\mathscr{M}})$ の生成子は未来端点を持たないので, $\theta_t(\lambda)$ の過去延長は $\mathscr{S}(\tau_0) \cap \overline{J^-(\mathscr{I}^+, \overline{\mathscr{M}})}$ と交差したままである. もし $t < x_1 - x_0$ なら $\theta_t(\lambda)$ 上の上限 x は x_1 より小さいはずなので, これは矛盾を導く.

x_2 を $\mathscr{S}(\tau_0) \cap \dot{J}^-(\mathscr{I}^+, \overline{\mathscr{M}})$ 上の x の上限値とする. すると $\mathscr{S}(\tau_0)$ と交わる全ての $\dot{J}^-(\mathscr{I}^+, \overline{\mathscr{M}})$ の生成子 λ は $t \geqslant x_2$ において $\mathscr{F}(t) \equiv \dot{J}^+(\mathscr{C}(t), \overline{\mathscr{M}}) \cap \dot{J}^-(\mathscr{I}^+, \overline{\mathscr{M}})$ と交差する. $t \geqslant t' - x_1$ において $\mathscr{F}(t')$ と交わる $\dot{J}^-(\mathscr{I}^+, \overline{\mathscr{M}})$ の全ての生成子は $\theta_t(\mathscr{S}(\tau_0))$ と交差する. しかし $\theta_t(\mathscr{S}(\tau_0)) \cap \dot{J}^-(\mathscr{I}^+, \overline{\mathscr{M}}) = \theta_t(\mathscr{S}(\tau_0) \cap \dot{J}^-(\mathscr{I}^+, \overline{\mathscr{M}}))$ はコンパクトである. したがって $\mathscr{F}(t)$ はコンパクトである.

ここで t が増加するにつれて $\mathscr{F}(t)$ の面積がどう変化するか考える. $\hat{\theta} \geqslant 0$ なので面積は減少することができない. もし $\hat{\theta}$ が開集合上で > 0 なら, 面積は増加する. またもし地平の生成子が $\mathscr{F}(t)$ 上で過去端点を持つなら面積は増加する. しかしながら $\mathscr{F}(t)$ が等長変換 θ_t の下で動くので面積は同じでなければならない. したがって $\hat{\theta} = 0$ であり, $x \geqslant x_2$ である $\dot{J}^-(\mathscr{I}^+, \overline{\mathscr{M}})$ の領域上には過去端点は無い. しかしながら $\dot{J}^-(\mathscr{I}^+, \overline{\mathscr{M}}) \cap J^+(\mathscr{I}^-, \overline{\mathscr{M}})$ のそれぞれの点は等長変換 θ_t によって $x > x_2$ の領域へ写すことが可能なので, この結果は $\dot{J}^-(\mathscr{I}^+, \overline{\mathscr{M}}) \cap J^+(\mathscr{I}^-, \overline{\mathscr{M}})$ の全体に適用する. 伝搬方程式 (4.35) と (4.36) により $\hat{\sigma}_{mn} = 0$, $R_{ab}Y_1{}^a Y_1{}^b = 0$, $Y_{1[e}C_{a]bc[d}Y_{1f]}Y_1{}^b Y_1{}^c = 0$ であることがわかる. ここで $Y_1{}^a$ は地平のヌル測地線生成子への未来向き接ベクトルである. □

9.3 ブラックホールの最終的な状態

命題 9.3.2
定常正則予言可能空間内の地平 $\partial \mathscr{B}(\tau)$ の $J^+(\mathscr{I}^-, \overline{\mathscr{M}})$ 内のそれぞれの連結成分は 2 次元球面に同相である.

もし $\partial \mathscr{B}(\tau)$ を $J^-(\mathscr{I}^+, \overline{\mathscr{M}})$ の中へ向かって外側へ少し変形したら $\partial \mathscr{B}(\tau)$ に直交する出ヌル測地線の延長がどう振る舞うかを考える. $Y_2{}^a$ を $\partial \mathscr{B}(\tau)$ に直交する他の未来向きヌル測地線とし, $Y_1{}^a Y_{2a} = -1$ と正規化する. これは $\mathbf{Y}_1 \to \mathbf{Y}_1' = e^y \mathbf{Y}_1$, $\mathbf{Y}_2 \to \mathbf{Y}_2' = e^{-y} \mathbf{Y}_2$ の自由度を残す. 空間的 2 次元面 $\partial \mathscr{B}(\tau)$ への誘導計量は $\hat{h}_{ab} = g_{ab} + Y_{1a} Y_{2b} + Y_{2a} Y_{1b}$ である. 曲面の族 $\mathscr{F}(\tau, w)$ を $\partial \mathscr{B}(\tau)$ のそれぞれの点の接ベクトル $Y_2{}^a$ を持つヌル測地線沿ったパラメータ距離 w の動きによって定義する. もしそれらが

$$\hat{h}_{ab} Y_1{}^b{}_{;c} Y_2{}^c = -\hat{h}_a{}^b Y_{2c;b} Y_1{}^c \quad \text{かつ} \quad Y_1{}^a Y_{2a} = -1$$

に沿って伝搬するならベクトル $Y_1{}^a$ は $\mathscr{F}(\tau, w)$ に直交する. すると

$$(Y_1{}^a{}_{;b} \hat{h}_a{}^c \hat{h}^b{}_d)_{;g} Y_2{}^g \hat{h}_c{}^s \hat{h}^d{}_t = \hat{h}^{sa} p_{a;b} \hat{h}^b{}_t + p^s p_t \\ - \hat{h}^s{}_a Y_1{}^a{}_{;g} \hat{h}^{ge} Y_{2e;b} \hat{h}^b{}_t + R^a{}_{ceb} Y_2{}^e Y_1{}^c \hat{h}_a{}^s \hat{h}^b{}_t \quad (9.5)$$

である. ここで $p^a \equiv -\hat{h}^{ba} Y_{2c;b} Y_1{}^c$. $\hat{h}_s{}^t$ を縮約して,

$$\frac{d\hat{\theta}}{dw} = (Y_1{}^a{}_{;b} \hat{h}^b{}_a)_{;c} Y_2{}^c \\ = p_{b;d} \hat{h}^{bd} - R_{ac} Y_1{}^a Y_2{}^c + R_{adcb} Y_1{}^d Y_2{}^c Y_2{}^a Y_1{}^b + p_a p^a \\ - Y_1{}^a{}_{;c} \hat{h}^c{}_d Y_2{}^d{}_{;b} \hat{h}^b{}_a$$

を得る. 地平上では地平の発散や剪断変形はゼロなので $Y_1{}^a{}_{;c} \hat{h}^{cd} \hat{h}^b{}_a$ はゼロである. 再スケール化変換 $\mathbf{Y}_1' = e^y \mathbf{Y}_1$ と $\mathbf{Y}_2' = e^{-y} \mathbf{Y}_2$ の下でベクトル p^a は $p'^a = p^a + \hat{h}^{ab} y_{;b}$ に変化し, $d\hat{\theta}/dw|_{w=0}$ は

$$\left.\frac{d\hat{\theta}'}{dw'}\right|_{w=0} = p_{b;d} \hat{h}^{bd} + y_{;bd} \hat{h}^{bd} - R_{ac} Y_1{}^a Y_2{}^c \\ + R_{adcb} Y_1{}^d Y_2{}^c Y_2{}^a Y_1{}^b + p'^a p'_a \quad (9.6)$$

に変化する. $y_{;bd} \hat{h}^{bd}$ 項は 2 次元面 $\partial \mathscr{B}(\tau)$ 内の y のラプラシアンである. Hodge(1952) の定理から, (9.6) 式の右辺の最初の 4 項の和が $\partial \mathscr{B}(\tau)$ 上で一定になる y を選ぶことができる. この定数の符号は

$$(-R_{ab} Y_1{}^a Y_2{}^c + R_{adcb} Y_1{}^d Y_2{}^c Y_2{}^a Y_1{}^b)$$

の $\partial \mathscr{B}(\tau)$ 上の積分から決定される ($p_{b;d} \hat{h}^{bd}$ は発散であり積分はゼロ). この積分は計量 $\hat{h}$ の 2 次元面のスカラー曲率 $\hat{R}$ における Gauss-Codacci 方程式から求めることができる. $\partial \mathscr{B}(\tau)$ 上で $\hat{\theta} = \hat{\sigma} = 0$ なので

$$\hat{R} = R_{ijkl} \hat{h}^{ik} \hat{h}^{jl} = R - 2 R_{ijkl} Y_1{}^i Y_2{}^j Y_1{}^k Y_2{}^l + 4 R_{ij} Y_1{}^i Y_2{}^j$$

が成り立つ．Gauss-Bonnet（ガウスボネ）の定理 (Kobayashi and Nomizu (1969)) より，

$$\int_{\partial\mathscr{B}(\tau)} \hat{R}\,\mathrm{d}\hat{S} = 2\pi\chi$$

が成り立つ．ここで $\mathrm{d}\hat{S}$ は $\partial\mathscr{B}(\tau)$ の面積素で χ は $\partial\mathscr{B}(\tau)$ の Euler 数である．したがって

$$\int_{\partial\mathscr{B}(\tau)} (-R_{ab}Y_1{}^aY_2{}^b + R_{adcb}Y_1{}^dY_2{}^cY_2{}^aY_1{}^b)\,\mathrm{d}\hat{S}$$
$$= -\pi\chi + \int_{\partial\mathscr{B}(\tau)} (\tfrac{1}{2}R + R_{ab}Y_1{}^aY_2{}^b)\,\mathrm{d}\hat{S} \tag{9.7}$$

である．Einstein 方程式から，

$$\tfrac{1}{2}R + R_{ab}Y_1{}^aY_2{}^b = 8\pi T_{ab}Y_1{}^aY_2{}^b$$

が得られ，これは支配的エネルギー条件からゼロ以上である．Euler 数は球面に対しては $+2$ であり，トーラスはゼロ，その他のコンパクトな向き付け可能 2 次元面は負である（$\partial\mathscr{B}(\tau)$ は境界なので向き付け可能である）．したがって (9.7) の右辺は $\partial\mathscr{B}(\tau)$ が球面の場合のみ負になることができる．

(9.7) の右辺が正であると仮定する．すると $\partial\mathscr{B}(\tau)$ 上のいたるところで $\mathrm{d}\hat{\theta}'/\mathrm{d}w'|_{w=0}$ が正になるように y を選ぶことができるはずである．小さな負の値の w' に対して，その面に直交する出 (outgoing) ヌル測地線 (複数) が収束するような $J^-(\mathscr{I}^+,\overline{\mathscr{M}})$ 内の 2 次元面を得る．これは命題 9.2.8 に矛盾する．そこで χ をゼロ，$\partial\mathscr{B}(\tau)$ 上で $T_{ab}Y_1{}^aY_2{}^b$ をゼロと仮定する．すると $\partial\mathscr{B}(\tau)$ 上で (9.6) 式の右辺の最初の 4 項の和がゼロになるように y を選ぶことができる．すると $\partial\mathscr{B}(\tau)$ 上で

$$p'^a_{;b}\hat{h}^b{}_a + R_{abcd}Y_1{}^aY_2{}^bY_1{}^cY_2{}^d = 0$$

となる．もし $\partial\mathscr{B}(\tau)$ の何処かで $R_{abcd}Y_1{}^aY_2{}^bY_1{}^cY_2{}^d$ がゼロでなければ，何処かで (9.6) 式の $p'^a p'_a$ 項がゼロでなく，いたるところで $\mathrm{d}\hat{\theta}'/\mathrm{d}w'|_{w=0}$ が正になるよう y を少し変化させることができる．これもまた矛盾を導く．

ここで $R_{abcd}Y_1{}^aY_2{}^bY_1{}^cY_2{}^d$ と p'^a が $\partial\mathscr{B}(\tau)$ 上のいたるところでゼロであると仮定する．再スケール化パラメータ y をそれぞれの段階で

$$p'^a_{;b}\hat{h}^b{}_a + R_{abcd}Y_1{}^aY_2{}^bY_1{}^cY_2{}^d$$
$$-\tfrac{1}{2}R - 2R_{ab}Y_1{}^aY_2{}^b = p'^a_{;b}\hat{h}^b{}_a - \tfrac{1}{2}\hat{R} = 0$$

となるように選び，$Y_2{}^a$ に沿って 2 次元面 $\partial\mathscr{B}(\tau)$ を後ろへ動かすことができる．もし $T_{ab}Y_1{}^aY_2{}^b$ か p'^a が $w' < 0$ でゼロでなければ，$\hat{\theta} < 0$ である $J^-(\mathscr{I}^+,\overline{\mathscr{M}})$ 内の 2 次元面を得るように y を調整することができる．これは命題 9.2.8 と矛盾することになる．一方もし $T_{ab}Y_1{}^aY_2{}^b$ と p'^a が $w' < 0$ にていたるところゼロなら，$\hat{\theta} = 0$ である $J^-(\mathscr{I}^+,\overline{\mathscr{M}})$ 内で 2 次元面を得ることができ，また命題 9.2.8 に矛盾する．

矛盾から逃れるのは $\chi = 2$，つまり $\partial\mathscr{B}(\tau)$ が 2 次元球面の場合のみである． □

9.3 ブラックホールの最終的な状態

命題 9.3.3

$(\mathscr{M}, \mathbf{g})$ を定常正則予言可能空間とする．すると Killing ベクトル K^a は単連結な $J^+(\mathscr{I}^-, \overline{\mathscr{M}}) \cap \overline{J^-(\mathscr{I}^+, \overline{\mathscr{M}})}$ 内で非ゼロである．τ_0 を $\mathscr{S}(\tau_0) \cap \overline{J^-(\mathscr{I}^+, \overline{\mathscr{M}})}$ が $J^+(\mathscr{I}^-, \overline{\mathscr{M}})$ に含まれるようなものとする．もし $\partial\mathscr{B}(\tau_0)$ がただ 1 つの連結成分しか持たないなら，$J^+(\mathscr{I}^-, \overline{\mathscr{M}}) \cap \overline{J^-(\mathscr{I}^+, \overline{\mathscr{M}})} \cap \mathscr{M}$ は $[0, 1) \times S^2 \times R^1$ に同相である．

命題 9.3.1 で定義された関数 x は $J^+(\mathscr{I}^-, \overline{\mathscr{M}}) \cap \overline{J^-(\mathscr{I}^+, \overline{\mathscr{M}})}$ 上で連続であり，$x|_{\theta_t(p)} = x|_p + t$ という性質を持つ．これは $\mathbf{K}$ が $J^+(\mathscr{I}^-, \overline{\mathscr{M}}) \cap \overline{J^-(\mathscr{I}^+, \overline{\mathscr{M}})}$ でゼロになれないことを意味する．$\mathbf{K}$ の積分曲線は 2 つの面

$$\dot{J}^+(\mathscr{C}(t), \overline{\mathscr{M}}) \cap \overline{J^-}(\mathscr{I}^+, \overline{\mathscr{M}}) \cap \mathscr{M} \ (-\infty < t < \infty)$$

の間の同相写像を作る．

領域 $\dot{J}^+(\mathscr{I}^-, \overline{\mathscr{M}}) \cap \overline{J^-(\mathscr{I}^+, \overline{\mathscr{M}})} \cap \mathscr{M}$ はこれらの 2 次元曲面によって被覆され，いかなる t' に対しても $R^1 \times \dot{J}^+(\mathscr{C}(t'), \overline{\mathscr{M}}) \cap \overline{J^-(\mathscr{I}^+, \overline{\mathscr{M}})} \cap \mathscr{M}$ に同相である．$\dot{J}^+(\mathscr{C}(t), \overline{\mathscr{M}})$ が漸近的単純空間の類似の近傍と等長な $\mathscr{I}^+$ の近傍 $\mathscr{U}$ の $\mathscr{S}(\tau_0)$ と交差するよう十分大きな t を取る．$\mathbf{K}$ の積分曲線は

$$\dot{J}^+(\mathscr{C}(t), \overline{\mathscr{M}}) \cap \overline{J^-(\mathscr{I}^+, \overline{\mathscr{M}})} \cap \mathscr{M} \ \text{と} \ \mathscr{S}(\tau_0) \cap \overline{J^-(\mathscr{I}^+, \overline{\mathscr{M}})}$$

の間の同相写像を確立する．性質 (α) と命題 9.3.2 から，これは単連結である．更にもし $\partial\mathscr{B}(\tau)$ がただ 2 つの連結成分を持つなら，

$$\mathscr{S}(\tau_0) \cap \overline{J^-(\mathscr{I}^+, \overline{\mathscr{M}})}$$

は $[0, 1) \times S^2$ の位相を持つ．したがって $J^+(\mathscr{I}^-, \overline{\mathscr{M}}) \cap \overline{J^-(\mathscr{I}^+, \overline{\mathscr{M}})} \cap \mathscr{M}$ は $[0, 1) \times S^2 \times R^1$ の位相を持つ． □

命題 9.3.4

静的正則予言可能時空では，外部領域 $J^+(\mathscr{I}^-, \overline{\mathscr{M}}) \cap J^-(\mathscr{I}^+, \overline{\mathscr{M}})$ で Killing ベクトル $\mathbf{K}$ は時間的で非ゼロで

$$\dot{J}^-(\mathscr{I}^+, \overline{\mathscr{M}}) \cap J^+(\mathscr{I}^-, \overline{\mathscr{M}})$$

上で $\dot{J}^-(\mathscr{I}^+, \overline{\mathscr{M}})$ のヌル生成子に沿った方向を向いている．事象の地平 $\dot{J}^-(\mathscr{I}^+, \overline{\mathscr{M}})$ は等長変換 θ_t によってそれ自身に写像される．したがって $\dot{J}^-(\mathscr{I}^+, \overline{\mathscr{M}}) \cap J^+(\mathscr{I}^-, \overline{\mathscr{M}})$ において，$\mathbf{K}$ はヌルか空間的である．τ_0 を $\mathscr{S}(\tau_0) \cap \overline{J^-(\mathscr{I}^+, \overline{\mathscr{M}})}$ が $J^+(\mathscr{I}^-, \overline{\mathscr{M}})$ に含まれるように取る．すると $f \equiv K^a K_a$ は

$$J^+(\mathscr{S}(\tau_0)) \cap \overline{J^-(\mathscr{I}^+, \overline{\mathscr{M}})}$$

内のある閉集合 $\mathscr{N}$ 上でゼロでなければならない．K^a が Killing ベクトルで $\operatorname{curl} \mathbf{K} = 0$ という事実から，

$$fK_{a;b} = K_{[a}f_{;b]} \tag{9.8}$$

が導かれる．命題 9.3.3 から単純連結集合 $J^+(\mathscr{I}^-,\overline{\mathscr{M}}) \cap \overline{J^-(\mathscr{I}^+,\overline{\mathscr{M}})}$ 上で K^a はゼロでない．Frobenius の定理から，curl $\mathbf{K}=0$ の条件により α をある正の関数として $K_a = -\alpha \xi_{;a}$ となるこの領域上の関数 ξ が存在することが導かれる．

p を $\mathscr{N}$ の点とし $\lambda(v)$ を p を通る ξ 一定の面内の曲線とする．すると (9.8) より

$$\tfrac{1}{2} K^a \frac{\mathrm{d}}{\mathrm{d}v} \log f = \frac{\mathrm{D}}{\partial v} K^a$$

となる．もし $\lambda(v)$ が $\mathscr{N}$ を去ると，この方程式の左辺は有界でなくなる．しかしながら右辺は連続である．したがって $\lambda(v)$ は $\mathscr{N}$ の中に居なければならず，$\mathscr{N}$ は面 $\xi = \xi|_p$ を含まなけれならない．しかしながら f は p の開近傍上ではゼロではあり得ない．なぜならそうするといたるところでゼロになってしまうからである．したがって p を通る連結成分は3次元面 $\xi = \xi|_p$ である．$p \in J^+(\mathscr{I}^-,\overline{\mathscr{M}}) \cap J^-(\mathscr{I}^+,\overline{\mathscr{M}})$ と仮定する．すると p を通って $\mathscr{I}^-$ から $\mathscr{I}^+$ への未来向き時間的曲線 $\gamma(u)$ が存在することになる．$\xi = \xi|_p$ 上で K^a は未来向きである．したがって $\xi = \xi|_p$ のとき $(\partial/\partial u)_\gamma \xi > 0$ である．K^a は無限遠近くで時間的なので $\xi = \xi|_p$ は $\mathscr{I}^+$ あるいは $\mathscr{I}^-$ と交差することができないのでこれは矛盾を導く．したがって $\mathscr{I}^+$ あるいは $\mathscr{I}^-$ の近くでは ξ は $\xi|_p$ より大きいか小さいかである． $\square$

命題 9.3.5
静的でない真空定常正則予言可能空間においては，外部領域

$$J^+(\mathscr{I}^-,\overline{\mathscr{M}}) \cap J^-(\mathscr{I}^+,\overline{\mathscr{M}})$$

で Killing ベクトルは空間的である．

命題 9.3.1 で導入された関数 x は $J^+(\mathscr{I}^-,\overline{\mathscr{M}}) \cap \overline{J^-(\mathscr{I}^+,\overline{\mathscr{M}})}$ で連続であり，それぞれの K^a の積分曲線に沿って $\partial x/\partial t = 1$ である．$J^+(\mathscr{I}^-,\overline{\mathscr{M}}) \cap \overline{J^-(\mathscr{I}^+,\overline{\mathscr{M}})}$ 内の面 $x=0$ を K^a にいたるところで正接しない滑らかな面 $\mathscr{H}$ で近似することができる．$J^+(\mathscr{I}^-,\overline{\mathscr{M}}) \cap \overline{J^-(\mathscr{I}^+,\overline{\mathscr{M}})}$ 上の滑らかな関数 $\bar{x}$ を $\bar{x}_{;a} K^a = 1$ そして $\mathscr{H}$ 上では $\bar{x} = 0$ として定義する．Killing ベクトルの勾配を

$$f K_{a;b} = \eta_{abcd} K^c \omega^d + K_{[a} f_{;b]}$$

として表すことができる．ここで $f \equiv K^a K_a$ は Killing ベクトルの大きさであり ω^a は

$$\omega^a \equiv \tfrac{1}{2} \eta^{abcd} K_b K_{c,d}$$

である．$\mathbf{K}$ の2階微分は

$$2 K_{a;[bc]} = R_{dabc} K^d$$

を満足する．しかしながら $K_{a;bc} = K_{[a;b]c}$ である．したがって

$$K_{a;bc} = R_{dcba} K^d$$

9.3 ブラックホールの最終的な状態

が成り立つ．これは

$$K^{a;b}{}_b = -R^a{}_d K^d \tag{9.9}$$

を意味する．ベクトル $q_a \equiv f^{-1}K_a - \overline{x}_{;a}$ は K^a に直交する．(9.9) に q_a を掛け，命題 9.3.1 の x_2 を使って $\overline{x} = x_2 + 1$ そして $x = x_2 + 2$ で定義された面 $\mathcal{N}_1$ と $\mathcal{N}_2$ で挟まれた $J^-(\mathscr{I}^+, \overline{\mathcal{M}})$ の領域 $\mathscr{L}$ で積分すると

$$\begin{aligned}\int_{\mathscr{L}} R_{ab} K^a q^b \mathrm{d}v &= -\int_{\mathscr{L}} (K^{a;b} q_a)_{;b} \mathrm{d}v + \int_{\mathscr{L}} K_{a;b} q^{a;b} \mathrm{d}v \\ &= -\int_{\partial \mathscr{L}} K^{a;b} q_a \mathrm{d}\sigma_b - 2\int_{\mathscr{L}} f^{-2} \omega^a \omega_a \mathrm{d}v \end{aligned} \tag{9.10}$$

を得る．$\mathscr{L}$ の境界 $\partial \mathscr{L}$ は面 $\partial \mathscr{L}_1 \equiv \mathcal{N}_1 \cap \overline{J^-(\mathscr{I}^+, \overline{\mathcal{M}})}$, $\partial \mathscr{L}_2 \equiv \mathcal{N}_2 \cap \overline{J^-(\mathscr{I}^+, \overline{\mathcal{M}})}$, $\mathcal{N}_1$ と $\mathcal{N}_2$ の間の $\dot{J}^-(\mathscr{I}^+, \overline{\mathcal{M}})$ の一部 $\partial \mathscr{L}_4$, および $\mathcal{N}_1$ と $\mathcal{N}_2$ の間の $\mathscr{I}^-$ の一部 $\partial \mathscr{L}_4$ から構成される．$\partial \mathscr{L}_1$ 上の面積分は $\partial \mathscr{L}_2$ 上のそれを負の値にしたものになる．何故ならこれらの面は等長変換 θ_1 によって互いに移るものであるから．

$\mathscr{I}^-$ の付近では，r をある適切な動径座標とするとき，$f = -1 + (2m/r) + O(r^{-2})$ かつ $\omega^a \omega_a = O(r^{-6})$ である．したがって $\mathscr{I}^-$ における $\partial \mathscr{L}_4$ 上の面積分は消滅する．ここで K^a は $\mathscr{L}$ のいたるところで時間的であり地平ではヌルになると仮定する．すると **K** に直交している ω^a は $\mathscr{L}$ 内のいたるところで空間的となる．したがってもし $\boldsymbol{\omega}$ がゼロでなければ，つまり解が静的でなければ (9.10) 式の右辺の最後の項は負となる．これはもし空間が真空でもし $\partial \mathscr{L}_3$ 上の積分がゼロなら矛盾を導く．

この積分を評価するため，極限操作を適用する必要がある．z を $\mathcal{N}_1$ 上の関数で地平上ではゼロであるが $\mathcal{N}_1$ 内の z の勾配は地平上でゼロでないものとする．関数 z は $\overline{\mathscr{L}}$ 上で条件 $z_{;a} K^a = 0$ で定義することができる．z の勾配は

$$z_{;a} = \overline{x}_{;a} z^{;b}(K_a + f R_a)$$

と表すことができ，ここで R^a は面 $\{\overline{x} = \text{一定}\}$ の接ベクトル場であり，$R^a K_a = -1$ と正規化されている．ここで $\mathcal{N}_1$ と $\mathcal{N}_2$ の間の面 $\{z = \text{一定}\}$ 上で $\int K^{a;b} q_a \mathrm{d}\sigma_b$ の積分を行う．すると $\mathrm{d}\sigma$ をある連続測度として $\mathrm{d}\sigma_b = \mathrm{d}\sigma z_{;b}$. したがって

$$\int K^{a;b} q_a \mathrm{d}\sigma_b = \int (\tfrac{1}{2}\overline{x}_{;a}(f)^{;a} - \overline{x}_{;a} K^a_{;b} R^b f + \tfrac{1}{2} f_{;b} R^b) \overline{x}_{;b} z^{;b} \mathrm{d}\sigma$$

となる．地平は $f = 0$ の面であり K^a は地平のヌル生成子に沿った方向を向いているので，$f_{;a}$ は地平上で K^a に比例する．したがって

$$\int_{\partial \mathscr{L}_3} K^{a;b} q_a \mathrm{d}\sigma_b = 0.$$

これはもし空間が真空なら $\overline{\mathscr{L}}$ 内の何処かで K^a が空間的でなければならないことを示す矛盾を与える． □

命題 9.3.6

$(\mathscr{M}, \mathbf{g})$ を定常非静的正則予言可能時空とし，そこではエルゴ球は $\dot{J}^-(\mathscr{I}^+, \overline{\mathscr{M}}) \cap J^+(\mathscr{I}^-, \overline{\mathscr{M}})$ と交差するとする．すると θ_t と交換する $(\mathscr{M}, \mathbf{g})$ の 1 パラメータ周回的等長変換群 $\tilde{\theta}_\phi(0 \leqslant \phi \leqslant 2\pi)$ が存在しその軌道は空間的であり $\mathscr{I}^+$ と $\mathscr{I}^-$ の近くにある．

$\mathscr{Q}_1$ を $\dot{J}^-(\mathscr{I}^+, \overline{\mathscr{M}}) \cap J^+(\mathscr{I}^-, \overline{\mathscr{M}})$ の連結成分の 1 つとし，$\mathscr{G}_1$ を $\mathscr{Q}_1$ のそれ自身の生成子による商とする．すると地平 $\mathscr{Q}_1$ 内の等長変換 θ_t の軌道は同じ生成子と繰り返し交差する螺旋となる．$t_1 > 0$ を θ_1 が $\mathscr{G}_1$ の 1 周となる値とする．するともし $p \in \mathscr{Q}_1$ なら $\theta_{t_1}(p)$ は $\mathscr{Q}_1$ の同じ生成子上にある．いま，

$$x|_{\theta_{t_1}(p)} = x|_p + t_1$$

なのでそれは p の未来にある．

するといま未来向きヌルベクトル $\mathbf{Y}_1$ をこの生成子に沿った向きで

(i) $\epsilon_{;a} Y_1{}^a = 0$ に対して $Y_{1a;b} Y_1{}^b = 2\epsilon Y_{1a}$ であり，
(ii) v が $\mathbf{Y}_1 = \partial/\partial v$ であるような生成子に沿ったパラメータならば

$$v|_{\theta_{t_1}(p)} = v|_p + t_1$$

が成り立つ．

ようにスケール化されるように選ぶことができる．この方法で定義されたベクトル場 $\mathbf{Y}_1$ は等長変換 θ_t の下で不変である．つまり $L_\mathbf{K} \mathbf{Y}_1 = 0$ である．ここで $\mathscr{Q}_1$ 内の空間的ベクトル場 $\mathbf{Y}_3$ を $\mathbf{Y}_3 \equiv \mathbf{K} - \mathbf{Y}_1$ により定義することができる．すると $L_\mathbf{K} \mathbf{Y}_3 = 0$ かつ $L_{\mathbf{Y}_1} \mathbf{Y}_3 = 0$ である ($\mathbf{Y}_3$ は単位ベクトルではなく，事実 $\mathscr{G}_1$ の極上の点たちに対応する生成子 γ_1 および γ_2 の上で消滅することに注意)．$\mathscr{Q}_1$ 内の $\mathbf{Y}_1$ の積分曲線は γ_1 と γ_2 の上で縮退した円となる．

μ を $\mathbf{Y}_1$ と $\mathbf{Y}_3$ に直交する γ_1 から γ_2 への $\mathscr{Q}_1$ 内の曲線で，μ と交差する $\mathbf{Y}_3$ の軌道が $\mathscr{Q}_1$ 内で滑らかな空間的 2 次元曲面 $\mathscr{P}$ を形成するものとする．$\mathscr{P}(v)$ を $\mathscr{Q}_1$ の生成子を上昇するパラメータ距離 v だけ $\mathscr{P}$ のそれぞれの点を移動させることによって得られる $\mathscr{Q}_1$ 内の空間的 2 次元曲面の族とする．$\mathscr{P}(v)$ は $\theta_v(\mathscr{P})$ とも等しい．$\mathbf{Y}_2$ を $\mathscr{P}(v)$ に直交する他のヌルベクトルとし，$Y_1{}^a Y_{2a} = -1$ と正規化する (図 61 参照)．すると $L_\mathbf{K} \mathbf{Y}_2 = 0$ である．

$\mathbf{Y}_4$ を μ に正接する μ 上の空間的ベクトルとする．すると $\mathbf{K}$ と $\mathbf{Y}_1$ に沿って $\mathbf{Y}_4$ を引きずることによって $\mathscr{Q}_1$ 上に $\mathbf{Y}_4$ を定義することができる (これらは $L_\mathbf{K} \mathbf{Y}_1 = 0$ なので同値である．)．$\mathbf{Y}_4$ は $L_\mathbf{K}(Y_4{}^a g_{ab} Y_1{}^b) = 0$ および

$$(Y_4{}^a Y_{1a})_{;b} Y_1{}^b = Y_1{}^a{}_{;b} Y_4{}^b Y_{1a} + Y_1{}^a{}_{;b} Y_{4a} Y_1{}^b$$

なので $\mathscr{Q}_1$ 上 $\mathbf{Y}_1$ に対して直交するようになる．$\mathbf{Y}_1$ はヌルなので最初の項はゼロで 2 番目の項は $2\epsilon Y_{1a} Y_4{}^a$ に等しい．したがって $Y_{1a} Y_4{}^a$ は最初はゼロでゼロのままである．

9.3 ブラックホールの最終的な状態

$\mathbf{Y}_4$ は $\mathcal{Q}_1$ 上で $\mathbf{Y}_2$ に直交する. 何故ならそれは面 $\mathscr{P}(v)$ 内にあり $\mathbf{Y}_2$ は面に垂直であるからである. $L_\mathbf{K}(Y_3{}^a g_{ab} Y_4{}^b) = 0$ なのでそれは $\mathcal{Q}_1$ 上で $\mathbf{Y}_3$ にも直交する. そして $Y_{1a;b}\hat{h}^{ac}\hat{h}^{bd} = 0$ なので

$$(Y_3{}^a Y_{4a})_{;b} Y_1{}^b = Y_{1\ ;b}^{\ a} Y_3{}^b Y_{4a} + Y_{1\ ;b}^{\ a} Y_4{}^b Y_{3a} = 0$$

が成り立つ.

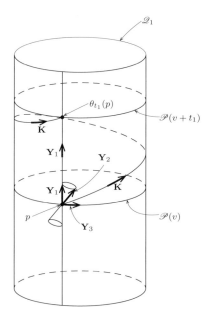

図 61. 等長変換 θ_{t_1} は点 p と面 $\mathscr{P}(v)$ を地平 $\mathcal{Q}_1$ 内の点 $\theta_{t_1}(p)$ と面 $\mathscr{P}(v+t_1)$ に移す. $\mathbf{Y}_1$ は $\mathcal{Q}_1$ のヌル測地線生成線に接し, $\mathbf{Y}_2$ は $\mathscr{P}(v)$ に直交するヌルベクトルであり, $\mathbf{Y}_3$ は $\mathscr{P}(v)$ に含まれる. $\mathbf{K}$ は等長変換群 θ_t を生成する $\mathcal{Q}_1$ 上の Killing ベクトル場である.

$\mathcal{Q}_1$ の近傍には, 与えられた点 r を通り面 $\mathscr{P}(v)$ に直交する一意なヌル測地線 λ が存在する. すると点 r に対して座標 (v, w, θ, ϕ) を定義できる. w は μ に沿って ($\mathbf{Y}_2$ で測られた) アフィン距離であり, (v, θ, ϕ) は $\mu \cap \mathcal{Q}_1$ で値を持ち, $Y_3{}^a \theta_{,a} = 0$, $Y_4{}^a \phi_{,a} = 0$ となる (言い換えると, $\mathbf{Y}_3 = (2\pi/t_1)\partial/\partial\phi$ と $\mathbf{Y}_4 = \partial/\partial\theta$ を $\mathcal{Q}_1$ 上で選んだ) $\mathcal{Q}_1$ の生成子に対する極座標である. 接ベクトル $\mathbf{Y}_2$ を持つヌル測地線に沿って平行に伝搬する基底 $\{\mathbf{Y}_1, \mathbf{Y}_2, \mathbf{Y}_3, \mathbf{Y}_4\}$ を用いる. すると $\mathbf{Y}_2 = \partial/\partial w$ となる. ベクトル $\hat{\mathbf{K}}$ を $\partial/\partial v$ と定義す

る．これは $\mathbf{Y}_2$ による $\hat{K}$ の Lie 微分がゼロであることを意味する．ベクトル Z^a を

$$Z^a = \frac{1}{\sqrt{2}} \left\{ \frac{Y_3{}^a}{(Y_3{}^b Y_{3b})^{\frac{1}{2}}} + i \frac{Y_4{}^a}{(Y_4{}^b Y_{4b})^{\frac{1}{2}}} \right\}$$

と定義する．すると

$$Z^a Z_a = 0, \qquad Z^a \overline{Z}_a = 1, \qquad \overline{Z}^a \overline{Z}_a = 0$$

が成り立つ．ここで ¯ は複素共役を表す．

$\mathscr{Q}_1$ 上のテンソル場の族 $\{\mathbf{g}_n\}$ を定義できる．ここで

$$\mathbf{g}_0 = \mathbf{g} \quad \text{かつ} \quad \mathbf{g}_n = \underbrace{L_{\mathbf{Y}_2}(L_{\mathbf{Y}_2}(\ldots (L_{\mathbf{Y}_2}\mathbf{g})\ldots))}_{n \text{ 項}}.$$

である．上記で与えられる座標で $g_{n\,ab} = \partial^n(g_{ab})/\partial w^n$ である．解は解析的なので，それは $\mathscr{Q}_1$ 上の $\mathbf{g}_n$ 族で完全に決定される．$\mathscr{Q}_1$ 上で全ての $\mathbf{g}_n$ の $\hat{K}$ による Lie 微分は消滅することを示そう．すると $\tilde{K} = \hat{K} - K$ による $\mathbf{g}_n$ の Lie 微分も消滅する．これは解が $\hat{K}$ で生成される 1-パラメータ群 $\tilde{\theta}_\phi$ を許すことを示している．簡単のために真空空間の場合を考えるが，挙動の良い双曲型方程式に従う電磁場やスカラー場のような物質場の存在下でも同様の議論が成り立つ．

この座標の選択から $L_{\hat{K}}\mathbf{g}$ は座標成分 g_{ab} の v に対する偏微分である．これらは $\mathscr{Q}_1$ 上で全て一定なので，$L_{\hat{K}}\mathbf{g}|_{\mathscr{Q}_1} = 0$ である．以下で $L_{\hat{K}}\mathbf{g}_1|_{\mathscr{Q}_1} = 0$ であることを示してから帰納法を用いる．まず，

$$L_{\hat{K}}\mathbf{g}_n|_{\mathscr{Q}_1} = 0, \quad n \geqslant 1$$

と仮定する．基底の構成から上の仮定は全ての基底ベクトル $\mathbf{Y}_1$, $\mathbf{Y}_2$, $\mathbf{Z}$, $\overline{\mathbf{Z}}$ の n 階共変微分の $L_{\hat{K}}$ はゼロであることを導く．したがって

$$g_{n+1\,ab} = g_{n\,ab;c}Y_2{}^c + g_{n\,cb}Y_2{}^c{}_{;a} + g_{n\,ac}Y_2{}^c{}_{;b}$$

となる．右辺の 2 番目，3 番目の項の $\hat{K}$ による Lie 微分はゼロである．1 番目の項は $\mathbf{Y}_2$ の $(n+1)$ 階およびそれより低い階の共変微分を含んでいる．より低い階の項の $\hat{K}$ による Lie 微分はゼロである．$(n+1)$ 階の共変微分を含む項は

$$\begin{aligned}
(Y_{2a;bef\ldots ghc} &+ Y_{2b;aef\ldots ghc})Y_2{}^e Y_2{}^f \ldots Y_2{}^h Y_2{}^c \\
&= (Y_{2a;be}Y_2{}^c + Y_{2b;ae}Y_2{}^e)_{;f\ldots ghc}Y_2{}^f \ldots Y_2{}^c + \text{より低い階の項} \\
&= ((Y_{2a;e}Y_2{}^e)_{;b} + R_{pabe}Y_2{}^p Y_2{}^e + (Y_{2b;e}Y_2{}^e)_{;a} + R_{pbae}Y_2{}^p Y_2{}^e)_{;f\ldots gh} \\
&\quad \times Y_2{}^f \ldots Y_2{}^c + \text{より低い階の項}
\end{aligned}$$

となる．もし Riemann テンソルの $\hat{K}$ に関する Lie 微分とその $(n-1)$ 階までの共変微分が消滅するなら，この式の $\hat{K}$ に関する Lie 微分はゼロになる．すると $L_{\hat{K}}\mathbf{g}_{n+1}|_{\mathscr{Q}_1}$ はゼロになる．

9.3 ブラックホールの最終的な状態

$\mathbf{g}_1$ と Riemann テンソルの共変微分に対する $\hat{\mathbf{K}}$ による Lie 微分がゼロになることを示すために，Newman and Penrose (1962) によって導入されたある記法を使うと便利である．これは単一複素ヌルベクトル $\mathbf{Z}$ を与えるように組み合わされた 2 つの空間的ベクトル $\mathbf{Y}_3$ と $\mathbf{Y}_4$ を持つ擬正規直交基底を使用し，接続と曲率テンソルの各成分に別々の記号を与え，すべての Bianchi 恒等式と曲率テンソルの定義式を合計せずに明示的に書き出すことを含む．これらの関係は対として組み合わされて複素方程式の数を半分にする．結合成分の記号は：

$$\kappa = Y_{1a;\,b} Z^a Y_1^{\,b}, \qquad \pi = -Y_{2a;\,b} \overline{Z}^a Y_1^{\,b},$$
$$\rho = Y_{1a;\,b} Z^a \overline{Z}^b, \qquad \lambda = -Y_{2a;\,b} \overline{Z}^a \overline{Z}^b,$$
$$\sigma = Y_{1a;\,b} Z^a Z^b, \qquad \mu = -Y_{2a;\,b} \overline{Z}^a Z^b,$$
$$\tau = Y_{1a;\,b} Z^a Y_2^{\,b}, \qquad \nu = -Y_{2a;\,b} \overline{Z}^a Y_2^{\,b},$$
$$\epsilon = \tfrac{1}{2}(Y_{1a;\,b} Y_2^{\,a} Y_1^{\,b} - Z_{a;\,b} Z^a Y_1^{\,b}), \quad \alpha = \tfrac{1}{2}(Y_{1a;\,b} Y_2^{\,a} \overline{Z}^b - Z_{a;\,b} \overline{Z}^a \overline{Z}^b),$$
$$\beta = \tfrac{1}{2}(Y_{1a;\,b} Y_2^{\,a} Z^b - Z_{a;\,b} \overline{Z}^a Z^b), \quad \gamma = \tfrac{1}{2}(Y_{1a;\,b} Y_2^{\,a} Y_2^{\,b} - Z_{a;\,b} \overline{Z}^a Y_2^{\,b}),$$

である．Weyl テンソルの記号は：

$$\Psi_0 = -C_{abcd} Y_1^{\,a} Z^b Y_1^{\,c} Z^d,$$
$$\Psi_1 = -C_{abcd} Y_1^{\,a} Y_2^{\,b} Y_1^{\,c} Z^d,$$
$$\Psi_2 = -\tfrac{1}{2} C_{abcd}(Y_1^{\,a} Y_2^{\,b} Y_1^{\,c} Y_2^{\,d} - Y_1^{\,a} Y_2^{\,b} Z^c \overline{Z}^d),$$
$$\Psi_3 = C_{abcd} Y_1^{\,a} Y_2^{\,c} \overline{Z}^d,$$
$$\Psi_4 = -C_{abcd} Y_2^{\,a} \overline{Z}^b Y_2^{\,c} \overline{Z}^d.$$

である．真空空間を考えるので Ricci テンソルはゼロである（つまり Newman-Penrose 形式では $\Phi_{AB} = 0 = \Lambda$ である）．基底は $\mathbf{Y}_2$ に沿って平行に伝搬するので，$\nu = \gamma = \tau = 0$ である．$\mathbf{Y}_2$ は座標 v の勾配なので，$\pi = \overline{\beta} + \alpha$ および $\mu = \overline{\mu}$ が成り立つ．更に $\mathcal{Q}_1$ 上では，$\kappa = \rho = \sigma = 0$，$\epsilon = \overline{\epsilon}$，$Y_1(\epsilon) = 0$ および $\Psi_0 = 0$ が成り立つ．

必要となる方程式は：

$$Y_1(\alpha) - \overline{Z}(\epsilon) = (\rho + \overline{\epsilon} - 2\epsilon)\alpha + \beta\overline{\sigma} - \overline{\beta}\epsilon - \kappa\lambda + (\epsilon + \rho)\pi, \tag{9.11a}$$
$$Y_1(\beta) - Z(\epsilon) = (\alpha + \pi)\sigma + (\overline{\rho} - \overline{\epsilon})\beta - \mu\kappa - (\overline{\alpha} - \overline{\pi})\epsilon + \Psi_1, \tag{9.11b}$$
$$Y_1(\lambda) - \overline{Z}(\pi) = \rho\lambda + \overline{\sigma}\mu + \pi^2 + (\alpha - \overline{\beta})\pi - (3\epsilon - \overline{\epsilon})\lambda, \tag{9.11c}$$
$$Y_1(\mu) - Z(\pi) = \overline{\rho}\mu + \sigma\lambda + \pi\overline{\pi} - (\epsilon + \overline{\epsilon})\mu - \pi(\overline{\alpha} - \beta) + \Psi_2, \tag{9.11d}$$
$$Z(\rho) - \overline{Z}(\sigma) = \rho(\overline{\alpha} + \beta) - \sigma(3\alpha - \overline{\beta}) - \Psi_1 \tag{9.11e}$$

(これらは Newman-Penrose 方程式 (4.2) から得られる) であり，そして：

$$Y_1(\Psi_1) - \overline{Z}(\Psi_0) = -3\kappa\Psi_2 + (2\epsilon + 4\rho)\Psi_1 - (-\pi + 4\alpha)\Psi_0, \tag{9.12a}$$

$$Y_1(\Psi_2) - \overline{Z}(\Psi_1) = -2\kappa\Psi_3 + 3\rho\Psi_2 - (-2\pi + 2\alpha)\Psi_1 - \lambda\Psi_0, \tag{9.12b}$$

$$Y_1(\Psi_3) - \overline{Z}(\Psi_2) = -\kappa\Psi_4 - (2\epsilon - 2\rho)\Psi_3 + 3\pi\Psi_2 - 2\lambda\Psi_1, \tag{9.12c}$$

$$Y_1(\Psi_4) - \overline{Z}(\Psi_3) = -(4\epsilon - \rho)\Psi_4 + (4\pi + 2\alpha)\Psi_3 - 3\lambda\Psi_2, \tag{9.12d}$$

$$Y_2(\Psi_0) - Z(\Psi_1) = -\mu\Psi_0 - 2\beta\Psi_1 + 3\sigma\Psi_2 \tag{9.12e}$$

(これらは Newman-Penrose 方程式 (4.5) から得られる) である．

(9.11e) から $\mathcal{Q}_1$ 上で $\Psi_1 = 0$ である．すると (9.12b) から，$\mathcal{Q}_1$ 上で $Y_1(\Psi_2) = \hat{K}(\Psi_2) = 0$ である．(9.11b) の複素共役に (9.11a) を加えて，

$$Y_1(\pi) = Y_1(\alpha + \overline{\beta}) = \overline{Z}(\epsilon) + Z(\overline{\epsilon}) + 2\pi\rho + 2\overline{\pi\sigma} - \pi(\epsilon - \overline{\epsilon}) - \kappa\lambda - \overline{\kappa\mu} + \overline{\Psi}_1$$

を得る．$\mathcal{Q}_1$ 上ではこれは $Y_1(\pi) = \overline{Z}(\epsilon) + Z(\overline{\epsilon})$ となる．
したがって $\mathcal{Q}_1$ 上で $Y_1(Y_1(\pi)) = Y_1(\overline{Z}(\epsilon) + Z(\overline{\epsilon}))$ である．しかし $\mathcal{Q}_1$ 上で $L_{\mathbf{Y}_1}\overline{\mathbf{Z}} = 0$ かつ $Y_1(\epsilon) = 0$ である．したがって $\mathcal{Q}_1$ 上で $Y_1(Y_1(\pi)) = 0$ である．これは $\mathcal{Q}_1$ 上で $\pi = A + Bv$ を意味する．ここで A と B は $\mathcal{Q}_1$ の生成子に沿った定数である．しかしながら $\pi|_p = \pi|_{\theta_{t_1}(p)}$ なので π は $\mathcal{Q}_1$ の生成子に沿って定数である．(9.11a) から (9.11b) の複素共役を引くと，$(\alpha - \overline{\beta})$ が生成子に沿って定数であることが分かる．

ここで μ と λ が $\mathcal{Q}_1$ の生成子に沿って定数であることを示すために (9.11c) と (9.11d) に同様の議論を適用する．π と μ と λ が $\mathbf{Y}_2$ の共変微分を決定するので，$\mathcal{Q}_1$ 上で $L_{\hat{K}}Y_2{}^a{}_{;b} = 0$ となり，したがって $\mathcal{Q}_1$ 上で $L_{\hat{K}}\mathbf{g}_1 = 0$ となる．

(9.12c) と (9.12d) に対しても同様の議論を適用することができ $\mathcal{Q}_1$ 上で $Y_1(\Psi_3) = Y_1(\Psi_4) = 0$ が示せる．したがって $\mathcal{Q}_1$ 上で $L_{\hat{K}}R_{abcd} = 0$ であり基底ベクトルの 2 階微分に対する $\hat{K}$ による Lie 微分はゼロである．特にいかなる連結成分の上でも作用する $\mathbf{Y}_1\mathbf{Y}_2$ もゼロを与える．

(9.12e) から $\mathcal{Q}_1$ 上で $\hat{K}(Y_2(\Psi_0)) = Y_1Y_2(\Psi_0) = 0$ である．ここで (9.12a) に $\mathbf{Y}_1\mathbf{Y}_2$ を作用させる．交換子 $\mathbf{Y}_1\mathbf{Y}_2 - \mathbf{Y}_2\mathbf{Y}_1$ は基底ベクトルの 1 階微分だけを含む．したがって

$$\mathcal{Q}_1 \text{ 上で } L_{\hat{K}}(\mathbf{Y}_1\mathbf{Y}_2 - \mathbf{Y}_2\mathbf{Y}_1) = 0$$

となる．これにより上記と同様の議論から

$$\mathcal{Q}_1 \text{ 上で } \hat{K}(Y_2(\Psi_1)) = Y_1(Y_2(\Psi_1)) = 0$$

となる．(9.10b) と (9.10c) と (9.10d) に同様の議論を繰り返して $\mathcal{Q}_1$ 上で $\hat{K}(Y_2(\Psi_2)) = \hat{K}(Y_2(\Psi_3)) = \hat{K}(Y_2(\Psi_4)) = 0$ である．これは Riemann テンソルの 1 階の共変微分の $\hat{\mathbf{K}}$ に関する Lie 微分が消滅することを示している．この過程を繰り返して $\hat{K}(Y_2(Y_2(\Psi_0))) = 0$ が示せる．他も同様に続く． □

9.3 ブラックホールの最終的な状態

命題 9.3.7

$(\mathcal{M}, \mathbf{g})$ を Killing ベクトル $\boldsymbol{\xi}_1$ と $\boldsymbol{\xi}_2$ を持つ 2-パラメータ可換等長変換群が許される時空とする。$\mathcal{V}$ を $\mathcal{M}$ の連結開集合とし、$w_{ab} \equiv \xi_{1[a}\xi_{2b]}$ とする。もし

(a) $\mathcal{V}$ 上で $w_{ab}R^b{}_c\eta^{cdef}w_{ef} = 0$、

(b) $\mathcal{V}$ のある点で $w_{ab} = 0$

ならば $\mathcal{V}$ 上で $w_{[ab;c}w_{d]e} = 0$ である。

$_{(1)}\chi = \xi_{1a;b}w_{cd}\eta^{abcd}$, $_{(2)}\chi = \xi_{2;a\ b}w_{cd}\eta^{abcd}$ とする。すると

$$\eta^{abcd}{}_{(1)}\chi = -4!\xi_1^{[a;b}\xi_1^c\xi_2^{d]}$$
$$= 3!\xi_1{}^d\xi_2{}^{[a}\xi_1{}^{b;c]} - 3!\xi_2{}^d\xi_1{}^{[a}\xi_1{}^{b;c]} - 2\times 3!\xi_1{}^{[a}\xi_2{}^b\xi_1{}^{c];d}$$

である。したがって

$$(3!)^{-1}\eta^{abcd}{}_{(1)}\chi_{;d} = \xi_1{}^d{}_{;d}\xi_2{}^{[a}\xi_1{}^{b;c]} + \xi_1{}^d\xi_2{}^{[a}{}_{;d}\xi_1{}^{b;c]}$$
$$+ \xi_1{}^d\xi_2{}^{[a}\xi_1{}^{b;c]}{}_{;d} - \xi_2{}^d{}_{;d}\xi_1{}^{[a}\xi_1{}^{b;c]} - \xi_2{}^d\xi_1{}^{[a}{}_{;d}\xi_1{}^{b;c]}$$
$$- \xi_2{}^d\xi_1{}^{[a}\xi_1{}^{b;c]}{}_{;d} - 2\xi_1{}^{[a}{}_{;d}\xi_2{}^b\xi_1{}^{c];d}$$
$$- 2\xi_1{}^{[a}\xi_2{}^b{}_{;d}\xi_1{}^{c];d} - 2\xi_1{}^{[a}\xi_2{}^b\xi_1{}^{c];d}{}_{;d} \qquad (9.13)$$

となる。$\boldsymbol{\xi}_1$ と $\boldsymbol{\xi}_2$ は Killing ベクトルなので 1 番目と 4 番目の項は消滅する。$\boldsymbol{\xi}_1$ と $\boldsymbol{\xi}_2$ は可換なので 2 番目と 5 番目の項は相殺される。$\boldsymbol{\xi}_1$ は Killing ベクトルなので、$L_{\boldsymbol{\xi}_2}\xi_{1a;b} = 0$ である。これは 3 番目の項が消滅することを意味する。同様に $\boldsymbol{\xi}_2$ は Killing ベクトルで $\boldsymbol{\xi}_1$ と可換なので $L_{\boldsymbol{\xi}_2}\xi_{1a;b} = 0$ である。これは 6 番目と 8 番目の項が相殺されることを意味する。$\xi_{1;b}^a\xi_1^{c;d}$ は対称なので 7 番目の項は消滅する。いかなる Killing ベクトルでも満足する関係 $\xi_{a;bc} = R_{dcba}\xi^d$ から $\xi^{a;d}{}_{;d} = -R^a{}_b\xi^b$ が成り立つ。したがって (9.13) 式は

$$\eta^{abcd}{}_{(1)}\chi_{;d} = 2.3!\xi_1{}^{[a}\xi_2{}^b R^{c]}{}_d\xi_1{}^d$$

となる。条件 (a) から、この方程式の右辺は $\mathcal{V}$ 上で消滅する。したがって $\mathcal{V}$ 上で $_{(1)}\chi$ は定数である。実際それは $\mathcal{V}$ 上でゼロになる。何故なら w_{ab} が消滅するならそれは消えなければならないからである。しかしながら $_{(1)}\chi$ と $_{(2)}\chi$ が消滅することは

$$w_{[ab;c}w_{d]e} = 0$$

の必要十分条件である。 □

命題 9.3.8

$(\mathcal{M}, \mathbf{g})$ を $w_{[ab;c}w_{d]e} = 0$ となる定常軸対称正則予言可能時空とする。ここで $w_{ab} \equiv K_{[a}\tilde{K}_{b]}$ である。すると軸 $\tilde{K} = 0$ から外れた外部領域 $J^+(\mathscr{I}^-, \overline{\mathcal{M}}) \cap J^-(\mathscr{I}^+, \overline{\mathcal{M}})$ の全ての点で $h \equiv w_{ab}w^{ab}$ は負である。地平 $\dot{J}^-(\mathscr{I}^+, \overline{\mathcal{M}}) \cap J^+(\mathscr{I}^-, \overline{\mathcal{M}})$ と $\dot{J}^+(\mathscr{I}^-, \overline{\mathcal{M}}) \cap J^-(\mathscr{I}^+, \overline{\mathcal{M}})$ で h はゼロだが軸を除いて $w_{ab} \neq 0$ である。

命題 9.3.3 から，K^a は $J^+(\mathscr{I}^-,\overline{\mathscr{M}}) \cap \overline{J^-}(\mathscr{I}^+,\overline{\mathscr{M}})$ でゼロでない．λ を S^1 である $J^+(\mathscr{I}^-,\overline{\mathscr{M}}) \cap J^-(\mathscr{I}^+,\overline{\mathscr{M}})$ 内のベクトル場 $\tilde{\mathbf{K}}$ のゼロでない積分曲線とする．等長変換 θ_t の下で λ は $D^+(\mathscr{S})$ へ移すことができる．$D^+(\mathscr{S})$ 内には閉じた非空間的曲線は存在しないので，λ は空間的曲線でなければならず，したがって $\tilde{K}^a$ はそれがゼロである軸を除いて

$$J^+(\mathscr{I}^-,\overline{\mathscr{M}}) \cap \overline{J^-}(\mathscr{I}^+,\overline{\mathscr{M}})$$

内で空間的でなければならない．$\tilde{K}^a$ と K^a が両方ともゼロでなく同じ方向を向いている点 p があると仮定する．$\tilde{K}^a$ と K^a は可換なので p を通る $\tilde{K}^a$ の積分曲線は K^a のそれらと一致する．しかしながら前者は閉じているが，後者は閉じてない．したがって w_{ab} は軸を除いて $J^+(\mathscr{I}^-,\overline{\mathscr{M}}) \cap \overline{J^-}(\mathscr{I}^+,\overline{\mathscr{M}})$ 内でゼロでない．

軸は 2 次元面となる．$\mathscr{Y}$ を集合 $J^+(\mathscr{I}^-,\overline{\mathscr{M}}) \cap \overline{J^-}(\mathscr{I}^+,\overline{\mathscr{M}}) - (軸)$ とし，$\mathscr{L}$ を $\mathscr{Y}$ の θ_t による商とする．K^a の積分曲線は $\mathscr{Y}$ 内で閉じていて空間的なので，商 $\mathscr{L}$ は Hausdorff 多様体である．$\mathscr{L}$ 上には Lorentz 計量 $\tilde{h}_{ab} = g_{ab} - (\tilde{K}^c\tilde{K}_c)^{-1}\tilde{K}_a\tilde{K}_b$ が存在する．Killing ベクトル K^a を $\tilde{h}_{ab}$ によって射影して $\mathscr{L}$ 内に計量 $\tilde{h}_{ab}$ に対する Killing ベクトル場であるゼロでないベクトル場 $\tilde{h}_{ab}K^b$ を得ることができる．$\mathscr{M}$ 内の条件 $w_{[ab;c}w_{d]e} = 0$ は，$\mathscr{L}$ 内で $(K^b\tilde{h}_{b[c]|d}\tilde{h}_{e]f}K^f = 0$ を意味する．ここで $|$ は $\tilde{h}$ による共変微分を表す．これは $K^b\tilde{h}_{ab} = -\alpha\xi_{|a}$ である $\mathscr{L}$ 上の関数 ξ が存在すべき条件である．命題 9.3.4 に対しても同様の議論が成り立つ．もし $\mathscr{L}$ の点 p で $K_aK_b\tilde{h}^{ab} = 0$ なら，面 $\xi = \xi|_p$ は計量 $\tilde{h}$ に対する $\mathscr{L}$ 内のヌル曲面である．$\mathscr{L}$ 上の関数 ξ は $\mathscr{Y}$ 上の関数 ξ から誘導され，性質 $\xi_{;a}K^a = 0$ を持つ．したがって $\xi = \xi|_p$ は計量 $\mathbf{g}$ に対する $\mathscr{M}$ のヌル曲面となる．

p が $\dot{J}^-(\mathscr{I}^+,\overline{\mathscr{M}})$ 上にない $\tilde{K}^a$ の積分曲線 λ に一致すると仮定する．$q \in \mathscr{M}$ を λ の点とする．すると $\mathscr{I}^-$ から q を通って $\mathscr{I}^+$ へ向かう未来向き時間的曲線 $\gamma(v)$ が存在する．もしこの曲線が軸と交差するならそれを避けるように少し変形させることができる．すると命題 9.3.4 と同様の矛盾となる． □

第 10 章
宇宙の初期特異点

　宇宙の膨張は時間の流れる向きが逆になっている点を除けば多くの点で星の崩壊と似ている．本章では定理 2 と 3 の条件が満たされていると考えられることを示し，宇宙の現在の膨張の段階の始めに特異点が存在したことを示し，時空の特異点の意味するところを議論する．

　§10.1 では宇宙のマイクロ波背景放射が散乱によって局所的に熱平衡化されているかあるいは Copernicus 仮説が成り立つ，つまり我々が宇宙において特殊な位置を占めてない場合過去向きの捕捉閉曲面が存在することを示す．§10.2 では特異点の性質とそこで生じる物理的理論の崩壊の起こりうる性質を論ずる．

10.1　宇宙の膨張

　§9.1 では多くの星が最終的に崩壊し捕捉閉曲面を生成することを示す．より大きなスケールに進むと，宇宙の膨張は崩壊の時間反転として見ることができる．よって宇宙がある意味十分対称的であり，捕捉閉曲面の発生をもたらすために十分な量の物質を含むならば宇宙論的なスケール上の時間の逆方向において定理 2 の条件が満たされるものと予想できる．これが確かに事実であると考えられることを示す 2 つの議論を提供する．どちらの議論もマイクロ波背景放射の観測に基づいているが，課される仮定はかなり異なる．

　20cm から 1mm の無線周波数の観測はスペクトル (図 62(i) に示した) が 2.7°K の黒体に非常に近い背景放射 (例えば Field (1969) 参照) が存在することを示している[*1]．この背景放射は 0.2% 以内の誤差で等方的であるように見える (図 62(ii)．例えば Sciama (1971) およびさらなる議論のために与えられた参考文献参照)．高いレベルの等方性はそれらが我々の銀河の中からくるのではなく (我々は銀河の平面内で対称的な位置にはいない)，銀河系外由来のものでなければならないことを示している．

[*1] 訳注：人工衛星 COBE による観測で，1990 年代には黒体放射 (Planck 分布に従う放射) であることが非常に高い精度で確かめられている．

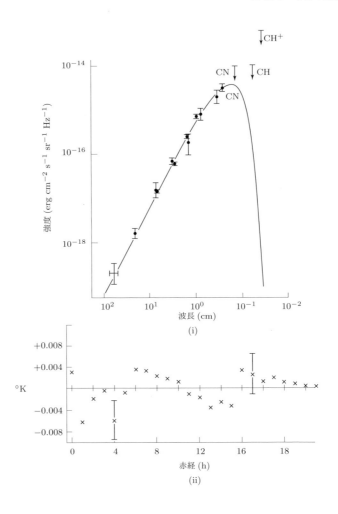

図 62.
(i) マイクロ波背景放射のスペクトル．プロットされた点は '超過した' 背景放射の観測値を示す．実線は温度 2.7°K に対応する Planck スペクトルである．
(ii) マイクロ波背景放射の等方性．天 (球上) の赤道に沿った温度分布を示す．これらの点を得るために 3 年以上のデータが平均化されている．D. W. Sciama, *Modern Cosmology*, Cambridge University Press, 1971 より．

　　これらの周波数では別の証拠から 10^{27} cm のオーダーの距離であることが知られているいくつかの離散した源を確認することができるので，宇宙がこれらの波長でこの距離に対

10.1 宇宙の膨張

して透明であることが分かる．したがって 10^{27}cm より大きな距離にある源によって生成される放射は少なくともその距離から我々に向かって自由に伝播しているはずである．

放射の起源の考えられる説明は次の通りである：

(1) この放射は宇宙の熱い初期段階から残された黒体放射である．
(2) この放射は非常に多数の未解明の非常に離れた離散した源の重ね合わせの結果である．
(3) この放射は別の形態の放射 (恐らく赤外線) を熱平衡化する銀河間粒子からやってくる．

これらの説明のうち，(1) が最も妥当と思われる．この周波数範囲における観測された放射のかなりの割合を生成するための適切な種類のスペクトルを伴う十分な量の源が存在しないように思われるので (2) はありそうもないように思われる．さらにこの放射の小さなスケールでの等方性は離散的な源の数が非常に大きく (銀河の個数のオーダー)，ほとんどの銀河がスペクトルのこの領域においてさほど放射をしないように見えることを示唆する．必要とされる星間の粒子の密度が実際に非常に大きいことより (3) もまたありそうもないようである．(1) がもっとも可能性が高そうであるが，それを仮定すると宇宙が熱い初期段階を持つことが前提となるため我々はそれを根拠にしない．

最初の議論は，我々が時空内で特別な位置を占めてないという Copernicus 原理を含む．これはマイクロ波背景放射が近くの銀河に対して相対的に小さな速度を持つどんな観測者に対しても等しく等方的であるように見えることを意味することとして解釈される．言い換えれば膨張する時間的測地線束 (銀河がお互いに後退することより膨張し，それらが重力のみの下で単位接ベクトル V^a とともに運動することより測地線である) が存在し，それに対してマイクロ波放射がほとんど等方的に見えるような銀河の平均的な運動を表している．Copernicus 原理より大部分のマイクロ波背景放射は非常に長い距離 ($\sim 3 \times 10^{27}$cm) から我々に向かって自由に伝播してきたことも分かる．これは我々から見て厚さ dr と半径 r を持つ球殻で生成される背景放射が，量は r^2 に比例し，距離による強度の減少は r^2 に反比例することより，この球殻から生じる背景に対する寄与が近似的に r と独立であるからである．源の赤方偏移が明らかになるまで，源の時間発展が起こるまで，あるいは曲率の効果が顕著になるまで当てはまる．しかしながらこれらの効果は Hubble 半径，$\sim 10^{28}$ のオーダーの距離でのみ起こる．よって放射の大部分は距離 $\gtrsim 10^{27}$cm から我々に向かって自由に伝わってくる．それがそのような長距離を 等方的に伝わって来るという事実から宇宙の計量の大きなスケール上では Robertson-Walker 計量の 1 つに近くなると結論付けることができる (§5.3)．これは Ehlers, Geren and Sachs (1968) の結果より得られ，それは今から説明する．

マイクロ波放射は光子の位相空間 (phase space) として見なすことができる $T(\mathscr{M})$ におけるヌルベクトル上に定義された分布関数 (distribution function)$f(u, \mathbf{p})$ $(u \in \mathscr{M}, \mathbf{p} \in T_u)$ によって記述することができる．分布関数 $f(u \in \mathscr{M}, \mathbf{p} \in T_u)$ が 4 元速度 V^a で運動する観測者に対して正確に等方的である場合，それは $E \equiv -V^a p_a$ に対して $f(u, E)$ とい

う形をとる．放射が自由に伝わることより，f は $T(\mathcal{M})$ においてLiouville方程式に従わなければならない．これは f が水平ベクトル場 $\mathbf{X}$ の積分曲線，つまり $u(v)$ が $\mathcal{M}$ におけるヌル測地線であり，$\mathbf{p} = \partial/\partial v$ とするとき，任意の曲線 $(u(v),\mathbf{p}(v))$ に沿って一定である．

$f(u,E)$ が非負であり，$E \to \infty$ でゼロに近づかねばならない (そうでないとすると放射のエネルギー密度が無限大になる) ことより，$\partial f/\partial E$ が非負であるような E の開区間が存在しなければならない．この区間で E は f の関数 $E = g(u,f)$ として表せる．すると Liouvill の方程式は各ヌル測地線上で

$$dE/dv = g_{;a}p^a \qquad (10.1)$$

を意味する．ここで g は f を固定した下で $\mathcal{M}$ 上の関数としてみなされる．また，

$$dE/dv = -d(V^a p_a)/dv = -V_{a;b}p^a p^b \qquad (10.2)$$

が成り立つ．p^a は V^a に沿った部分と V^a に直交した部分に分解できる．それは $W^a W_a = 1$ かつ $W^a V_a = 0$ なる W^a と V^s によって $p^a = E(V^a + W^a)$ という形で書ける．すると (10.1) と (10.2) より，

$$dg/dt + \tfrac{1}{3}\theta g + (g\dot{V}_a + g_{;a})W^a + g\sigma_{ab}W^a W^b = 0$$

が V^a に直交するすべての単位ベクトル W^a に対して成り立つ．ここで dg/dt は $\mathbf{V}$ の積分曲線に沿った g の変化率である．球面調和項を分離すると

$$\sigma_{ab} = 0, \qquad (10.3\text{a})$$
$$\dot{V}_a + (\log g)_{;a} = \alpha V_a, \qquad (10.3\text{b})$$
$$\tfrac{1}{3}\theta = -d(\log g)/dt, \qquad (10.3\text{c})$$

が得られる．$\dot{V}_a$ はゼロと仮定したので，(10.3b) は V_a が面 $\{g = \text{定数}\}$ に対して直交し，これは渦度 ω_{ab} がゼロであることを意味する．$\dot{V}^a = 0$ より $V_{[a,b]} = 0$ である．よって V_a は関数 t の勾配である．つまり $V_a = -t_{,a}$ である．

この放射のエネルギー-運動量テンソルは

$$T_{ab} = \tfrac{4}{3}\mu_r V_a V_b + \tfrac{1}{3}\mu_r g_{ab}$$

の形を持っている．ここで $\mu_r = \int fE^3 dE$ である．V^a の積分曲線に対する銀河の運動が相対的に小さいことより，エネルギー-運動量テンソルに対するそれらの寄与は密度 μ_G,4元速度 V_a および無視できる圧力を持つ滑らかな流体によって近似することができる．するといま時空の幾何学は Robertson-Walker モデルのものと同じになる．これを確かめるため

$$(V^a{}_{;b})_{;a} = \tfrac{1}{3}(\theta(\delta^a{}_b + V^a V_b))_{;a}$$
$$= (V^a{}_{;a})_{;b} + R^{ca}{}_{ba}V_c = \theta_{;b} + R_{ba}V^a$$

10.1 宇宙の膨張

に注意しよう．この方程式に $h^b{}_c = g^b{}_c + V^b V_c$ を掛けると

$$h^{bc} R_{ca} V^a = -\tfrac{2}{3} h^{bc} \theta_{;c}$$

が求まる．この左辺は場の方程式によって消滅する．よって θ は一定の t のこの面上で一定である (これはまた一定の g の面でもある)．$S^{\cdot}/S = \tfrac{1}{3}\theta$ によって θ から関数 $S(t)$ を定義することができる．すると Raychaudhuri 方程式 (4.26) は

$$3S^{\cdot\cdot}/S + 4\pi\mu - \Lambda = 0$$

という形をとり，これは $\mu = \mu_G + 2\mu_R$ もまた面 $\{t = $ 一定$\}$ 上の定数であることを意味する．μ_R の定義により，項 μ_G と μ_R はこれらの面上で分離した定数であることが分かる．

(4.27) のトレースゼロ部分は $C_{abcd} V^b V^d = 0$ であることを示す．Gauss-Codacci 方程式 (§2.7) はいま 3 次元空間 $\{t = $ 定数$\}$ の Ricci テンソルに対して公式

$$\begin{aligned}R^3{}_{ab} &= h_a{}^c h_b{}^d R_{cd} + R_{acbd} V^c V^d + \theta\theta_{ab} + \theta_{ac}\theta^c{}_b \\ &= 2h_{ab}(-\tfrac{1}{3}\theta^2 + 8\pi\mu + \Lambda)\end{aligned}$$

を与える．しかしながら 3 次元多様体に対しては Riemann テンソルは Ricci テンソルによって

$$R^3{}_{abcd} = \eta_{ab}{}^e (-R^3{}_{ef} + \tfrac{1}{2} R^3 h_{ef}) \eta^f{}_{cd}$$

として完全に決定される．これは各 3 次元空間 $\{t = $ 定数$\}$ が定曲率 $K(t) = \tfrac{1}{3}(8\pi\mu + \Lambda - \tfrac{1}{3}\theta^2)$ の 3 次元空間であることを示している．Raychaudhuri 方程式を積分すると，

$$K(t) = \tfrac{1}{3}(8\pi\mu + \Lambda - 3S^{\cdot 2}/S^2) = k/S^2 \tag{10.4}$$

が示される．ここで k は定数である．S を規格化することによって $k = +1, 0$ または -1 に置くことができる．4 次元時空多様体はこれらの 3 次元空間と t 線の直交積である．よって計量は

$$ds^2 = -dt^2 + S^2(t) d\gamma^2$$

として共動座標で書くことができる．ここで $d\gamma^2$ は定曲率 k の 3 次元空間の計量である．ただし，これは単なる Robertson-Walker 空間の計量である (§5.3 参照).

いまから正のエネルギー密度を持つ物質を含み，$\Lambda = 0$ を持つ任意の Robertson-Walker 空間に対して，任意の面 $\{t = $ 定数$\}$ に含まれる捕捉閉曲面が存在することを示そう．これを確かめるために，$d\gamma^2$ を

$$d\gamma^2 = d\chi^2 + f^2(\chi)(d\theta^2 + \sin^2\theta d\phi^2)$$

の形で表す．ここで $k = +1, 0$, または -1 の場合，それぞれ $f(\chi) = \sin \chi, \chi$ または $\sinh \chi$ である．面 $t = t_0$ に含まれる半径 χ_0 の 2 次元球面 $\mathscr{T}$ を考えよう．$\mathscr{T}$ に直交する過去向きのヌル測地線の 2 つの族は半径

$$\chi = \chi_0 \pm \int_{t_0}^{t} \mathrm{d}t/S(t) \tag{10.5}$$

の 2 つの 2 次元球面に含まれる面 $\{t = 定数\}$ と交わる．半径 χ の 2 次元球面の面積は $4\pi S^2(t)f^2(\chi)$ である．よってヌル測地線の両方の族が $t = t_0$ で (10.5) によって両方の値の χ に対して

$$\frac{\mathrm{d}}{\mathrm{d}t}(S^2(t)f^2(\chi)) > 0$$

が成り立つならば過去において収束する．これは

$$\frac{S^{\cdot}(t_0)}{S(t_0)} > \pm \frac{f'(\chi_0)}{S(t_0)f(\chi_0)}$$

の場合当てはまる．しかし (10.4) より，これは

$$(\tfrac{8}{3}\pi\mu(t_0)S^2(t_0) - k)^{\frac{1}{2}} > \pm f'(\chi_0)/f(\chi_0)$$

の場合に成り立つ．これは $S(t_0)\chi_0$ が $k = 0$ または -1 に対しては $\sqrt{(3/8\pi\mu_0)}$ より大きくとられる場合と $k = +1$ の場合 $\min(\sqrt{(3/8\pi\mu_0)}, \tfrac{1}{2}\pi)$ より大きい場合当てはまる．

時刻 t_0 において，座標半径 χ_0 の球面が $\tfrac{4}{3}\pi\mu_0 S^3(t_0)\chi_0{}^3$ のオーダーの質量を含むので，$S(t_0)\chi_0$ が $\tfrac{8}{3}\pi\mu_0 S(t_0)^3\chi_0{}^3$ 未満，つまり $S(t_0)\chi_0$ が $\sqrt{(3/8\pi\mu_0)}$ のオーダーより大きい場合，その Schwarzschild 半径以内になることがこの結果を可視化する直観的な方法である．この $\sqrt{(3/8\pi\mu_0)}$ は物質密度 μ_0 の **Schwarzschild 長さ**と呼ばれる．

これまでマイクロ波放射は正確に 等方的であるものと仮定してきた．これはもちろん事実ではない[*2]．そしてこれは宇宙が正確には Robertson-Walker 空間ではないことに対応する．しかしながら宇宙の大域的構造は，少なくとも放射が放出されたときあるいは最後に散乱されたときまで時間をさかのぼると Robertson-Walker モデルのそれに近くなければならない．(実際，正確な等方性からのマイクロ波放射の偏差を使って Robertson-Walker 宇宙からどれだけずれているかを見積もることができる．) 十分大きな球面に対して局所的な不規則性の存在は球面内の物質の量に顕著な影響を与えないはずなので現時点での我々の周りの捕捉閉曲面の存在に影響を与えないはずである．

上記の議論はマイクロ波放射のスペクトルには依存しない議論であるが，Copernicus 原理の仮定を含んでいる．いまから述べる議論は Copernicus 原理を含まないがスペクトルの形状にある程度依存する．スペクトルのほぼ黒体の性質と放射の小さなスケールでの等方性の高さは繰り返される散乱によって少なくとも部分的には熱せられていることを示

[*2] 訳注：人工衛星 COBE により，10^{-5} 程度の温度揺らぎが存在することが発見された．

10.1 宇宙の膨張

していると仮定する．言い換えれば不透明度をその方向に高くするためには我々からの各過去向きヌル測地線上に十分な物質が存在しなければならない．いまからこの物質が過去光円錐が再収束するために十分であることを示す．

点 p が現時点の我々を表すものと考え，W^a を我々の4元速度に対して平行な過去向きの単位ベクトルとしよう．

p を通る過去向きのヌル測地線上のアフィンパラメータ v は $K^a W_a = -1$ によって規格化されるとしよう．ここで $\mathbf{K} = \partial/\partial v$ はこのヌル測地線に対する接ベクトルとする．これらのヌル測地線の膨張 $\hat{\theta}$ は $\hat{\omega} = 0$ のときの (4.35) に従う．よって $R_{ab} K^a K^b \geqslant 0$ とすると $\hat{\theta}$ は $2/v$ 未満になる．$v = v_1 > v_0$ に対して

$$\int_{v_0}^{v_1} R_{ab} K^a K^b \mathrm{d}v - 2/v_0 > \hat{\theta}$$

であるので

$$\int_{v_0}^{v_1} R_{ab} K^a K^b \mathrm{d}v > 2/v_0$$

となるある v_0 が存在する場合 $\hat{\theta}$ は負になる．$\Lambda = 0$ のときの場の方程式を用いるとこれは

$$\frac{1}{2} v_0 \int_{v_0}^{v_1} 8\pi T_{ab} K^a K^b \mathrm{d}v > 1 \tag{10.6}$$

になる．

センチメートル波長では合理的密度での物質に対する不透明度と密度の最大比はイオン化された水素における Thomson 散乱によって与えられるものである．よって距離 v に対する光学的深さは

$$\int_0^v \kappa \rho (K^a V_a) \mathrm{d}v$$

より小さい．ここで κ は単位質量当たりの Thomson 散乱不透明度であり，ρ は物質の密度であり，このガスの V_a は局所速度である．物質の赤方偏移 z は $z = K^a V_a - 1$ によって与えられる．顕著な青方偏移を伴って目撃される物質は存在しないので，$K^a V_a$ が我々の過去光円錐上で常に 1 より大きく光学的な深さが 1 になると仮定する．銀河がこれらの波長で 0.3 の赤方偏移を伴って観測されることより，ほとんどの散乱はこれより大きな赤方偏移で発生しなければならない．(実際，クエーサーが本当に宇宙論的なら，散乱は 2 より大きい赤方偏移で発生しなければならない．) 100Km/sec/Mpc ($\sim 10^{10}$ 年$^{-1}$) の Hubble 定数では 0.3 の赤方偏移は約 3×10^{27}cm の距離に対応する．この値を v_0 に採ると，散乱を引き起こす物質の積分の寄与 (9.9) は

$$3.7 \times 10^{28} \int_{v_0}^{v_1} \rho (K_a V^a)^2 \mathrm{d}v$$

であるが v_0 と v_1 の間の物質の光学的深さは

$$6.6 \times 10^{27} \int_{v_0}^{v_1} \rho(K^a V_a) \mathrm{d}v$$

より小さい．$K^a V_a \geqslant 1$ より，不等式 (10.6) は 0.2 より小さい光学的深さで満たされることが確かめられる．宇宙の光学的深さが 1 より小さい場合，空のごく一部のみを被覆する非常に大きな数の離散した源が存在し，それらの各々が 3°K の黒体とほぼ同じスペクトルだがはるかに高い強度を持った場合でない限りほとんど黒体のスペクトルも小さなスケールでの高度の等方性のいずれも期待できない．これはかなりありそうもないように思われる．よって定理 2 の条件 (4)(iii) は満たされると考えられるので他の条件が成り立つという前提で宇宙のどこかに特異点が存在しなければならない．

その一般性のために，定理 2 からは特異点が我々の過去に存在するかあるいは我々の過去の未来に存在するのかが分からない．特異点が我々の過去に存在したはずだということが明らかに思えてもそれが未来に存在するという例を構築することができる．$k = +1$ の場合の Robertson-Walker 宇宙を考えよう．これはある時刻 $t = t_0$ で特異点に崩壊し，$t \to -\infty$ のとき Einstein の静的宇宙に漸近的に近づく．これはエネルギー仮定を満たし過去光円錐が再収束を開始する点を含む (なぜならそれらは背中合わせで出会うため)．しかしながら特異点は未来にある．もちろんこれはかなり不合理な例であるが用心しなければならないことを示している．したがって Copernicus 原理が成り立つという条件で宇宙が過去に特異点を含んでいたことを意味する定理 3 に基づく議論を与えることにする．定理 3 は定理 2 と似ているが点からのすべてのヌル測地線の代わりにすべての過去向きの時間的測地線が再収束することを要求する．この条件は上記の例では満たされないが任意の点からの未来向きの測地線では満たされている．

ヌル測地線に対して上で与えられているのと同様な議論によって点 p からの過去向きの時間的測地線の収束 $\theta(s)$ は

$$\frac{3}{s_0} - \int_{s_0}^{s} R_{ab} V^a V^b \mathrm{d}s$$

より小さい．ここで s は測地線に沿った固有距離であり，$\mathbf{V} = \partial/\partial s$ および $s > s_0$ である．$\mathbf{W}$ を p での過去向きの時間的単位ベクトルとし $c \equiv -V^a W_a|_p$ と置く (そのため $c \geqslant 1$ である)．

すると θ は任意の測地線に沿って

$$\int_{R_0/c}^{R_1/c} R_{ab} V^a V^b \mathrm{d}s > c(3/R_0 + \epsilon) \tag{10.7}$$

であるようなある $R_0, R_1 > R_0 > 0$ が存在する場合，その測地線に沿って距離 R_1/c 以内で $-c$ より小さくなる．すると定理 3 の条件 (3) は $b = \max(R_1, (3\epsilon)^{-1})$ と置くことで満たされる．

10.1 宇宙の膨張

(10.7) をより (10.6) に似た形にするために時間的測地線に沿ったアフィンパラメータ $v = s/c$ を導入しよう．すると (10.7) は

$$\tfrac{1}{3}R_0 \int_{R_0}^{R_1} R_{ab}K^a K^b \mathrm{d}v > 1 + \tfrac{1}{3}R_0\epsilon \tag{10.8}$$

となる．ここで $\mathbf{K} = \partial/\partial v$ かつ $K^a W_a|_p = -1$ である．この条件はそれが時間的測地線を参照することより (10.6) の場合のように観測によっては直接検証することはできない．したがって宇宙が少なくともマイクロ波背景放射が最後に散乱された時刻まで戻れば Robertson-Walker 宇宙モデルに近いということを示すために本節の最初の部分で与えられた議論に訴える必要がある．

Robertson-Walker モデルにおいて $\mathbf{W}$ をベクトル $-\partial/\partial t$ と置こう．p を通る過去向きの時間的測地線に沿って

$$\begin{aligned}\frac{\mathrm{d}}{\mathrm{d}v}(W_a K^a) &= W_{a;b} K^a K^b \\ &= -\frac{1}{S}\frac{\mathrm{d}S}{\mathrm{d}t}\{(W^a K_a)^2 - 1/c^2\}\end{aligned}$$

が成り立つ．したがって $\mathrm{d}S/\mathrm{d}t > 0$ と仮定すると $W_a K^a \leqslant -1$ となる．しかしながら

$$W^a K_a = \mathrm{d}t/\mathrm{d}v$$

である．よって $t_2 < t_3 < t_p$ であって

$$\frac{t_p - t_3}{3} \int_{t_2}^{t_3} R_{ab}K^a K^b (-W_c K^c)^{-1} \mathrm{d}t > 1 \tag{10.9}$$

となるような時刻 t_2, t_3 が存在すると仮定するとすべての測地線に対してある $\epsilon > 0$ に対して (10.8) は満たされる．$\Lambda = 0$ の場合の場の方程式より，

$$R_{ab}K^a K^b = 8\pi\{(\mu+p)(W_a K^a)^2 - \tfrac{1}{2}(\mu-p)c^{-2}\}$$

である．したがって $p \geqslant 0$ と仮定すると

$$R_{ab}K^a K^b \geqslant 4\pi\mu(W_a K^a)^2$$

である．よって (10.9) は

$$\frac{t_p - t_3}{3} \int_{t_2}^{t_3} 4\pi\mu \mathrm{d}t > 1 \tag{10.10}$$

の場合に満たされる．

マイクロ波放射が $2.7°\mathrm{K}$ の黒体のスペクトルを持つと仮定すると，そのエネルギー密度は現在約 $10^{-34}\mathrm{gm\ cm^{-3}}$ となる．この放射が原子宇宙のものである場合，そのエネルギー密度は S^{-4} に比例する．t がゼロに向かうにつれて $S^{-1} = O(t^{\frac{1}{2}})$ となることよ

り，t_3 を $\frac{1}{2}t_p$ にとり，t_2 を十分に小さくとることによって (10.10) は満たすことができる．どのくらい t_2 を小さくとらなければならないかは S の詳しい挙動に依存し，それは今度は宇宙の物質密度に依存する．これはある意味不確定であるが，10^{-31}gm cm^{-3} と 5×10^{-29}gm cm^{-30} の間に存在するように見える．前者の場合，t_2 は $S(t_p)/S(t_2) \geqslant 30$ を満たさねばならず，後者の場合，$S(t_p)/S(t_2) \geqslant 300$ を満たさねばならない．マイクロ波放射が全宇宙にあまねく満ちているように見えることよりいかなる過去向きの時間的測地線もそこを通過しなければならない．よって Robertson-Walker モデルに基づく推定は放射がさかのぼって t_2 より最近放出されず，Robertson-Walker モデルがさかのぼってその時期まで良い近似となっているという前提で (10.10) に対するその寄与に対する良い近似でなければならない．本節の冒頭での議論から放射が時刻 t_2 から我々に向かって自由に伝播しているという条件で後者が該当しなければならない．しかしながら 5×10^{-29}gm cm^{-3} の高さの密度を持った電離した銀河間ガスが存在するかも知れず，その場合放射は $S(t_p)/S(t) \sim 5$ となる時刻 t で最後に散乱した可能性がある．時刻 t までさかのぼった光学的深さは

$$\int_t^{t_p} \kappa\mu_{\text{gas}}\mathrm{d}t \tag{10.11}$$

である．ここで κ は μ が gm cm^{-3}，t が cm で測定された場合最大 0.5 である．我々は少なくとも 3×10^{27}cm までの距離の物体を観測するので，さかのぼって $t=t_p-10^{17}$秒までは顕著な不透明性は存在できない．t_3 をこの値にとると星間ガスの密度は (10.11) を最大 0.5 の光学的深さに対応する t_2 の値を満たすようになる．

よっていま以下の状況にある．Copernicus 原理を仮定し，マイクロ波放射が $S(t_p)/S(t_2) \approx 300$ を満たす時刻 t_2 より以前か，宇宙の光学的深さが 1 となる時刻が t_2 より小さければその時刻に放出されたと仮定した．前者の場合，定理 3 の条件 (2) は放射密度によって満たされ，後者は星間ガス密度によって満たされる．よって通常のエネルギー条件と因果律条件が成り立つ場合，我々の過去に特異点が存在しなければならないと結論づけることができる (つまり，我々の過去向きの不完備な非空間的測地線が存在すべきである)．

我々の過去光円錐と交わる空間的面と，その面上のいくつかの点を取るものと仮定する．それらの各々の過去において特異点が存在すると言うことができるか？ これらの点からのすべての過去向きの時間的測地線が収束するように宇宙が過去において十分一様かつ等方的である場合これは当てはまる．時間的測地線の収束と捕捉閉曲面との間の密接な関連の観点から宇宙が Schwarzschild 長さ $(3/8\pi\mu)^{\frac{1}{2}}$ のスケールのその時期，一様かつ等方的である場合これが当てはまると期待できる．

マイクロ波背景放射の強度が 1.4×10^{-3} 平方度のビーム幅に対して 4% 以内の誤差で等方的であることを発見した Penzias Schraml and Wilson (1969) の測定から，我々の過去における宇宙の一様性の直接的な証拠が得られた．マイクロ波放射が我々の過去における面が光学的深さを 1 にすることに対応するので，マイクロ波放射が放射されなかっ

10.1 宇宙の膨張

たものと仮定すると，T を観測点上の実効温度，z を赤方偏移とすると観測された強度は $T^4/(1+z)^4$ に比例する．観測された強度の種類は 4 つの形で生じることができる：

(1) 黒体放射に対する我々自身の相対運動によって生じるDoppler偏移 (Sciama (1967), Stewart and Sciama (1967))；
(2) 我々とこの面の間の物質分布における非一様性によって生じる重力赤方偏移の変動 (Sachs and Wolfe (1967), Rees and Sciama (1968))；
(3) この面での物質の局所速度攪乱によって生じる Doppler 偏移；および
(4) この面の実効温度の変動によるもの．

(実際，(1),(2) および (3) の間の偏差は基準系に依存し，ヒューリスティック[*3] な値のみ持つ．) このように観測は $3'$ の弧の角度サイズでの温度における不規則性が 1% 未満の相対振幅を持ち，同じスケール上で光速の 1% より大きな物質の速度の局所揺らぎは存在しないことを示している．弧の角度直径 $3'$ を持つ面上の領域は，現在約 107 光年の直径を持つ領域に対応するであろう．光学的深さ 1 の面が約 1000 の赤方偏移にあるなら（これが最も可能性が高い），その時刻の Schwarzschild 長さは現在の直径が 3×10^8 光年の領域に対応する．よって光学的深さ 1 の面上のすべての点はその過去に特異点を持つべきであるように思われる．

初期の宇宙の一様性の程度に関するより間接的な証拠はいくつかの物体のヘリウム含有量の観測値が Peebles (1965), および Wagoner, Fowler and Hoyle (1968) によるヘリウム生成の計算と一致するという事実からやってくる．彼らは宇宙は少なくとも約 $10^9°$K の温度の時期までさかのぼると一様かつ等方的であると仮定した．一方，異方性モデルの計算はこれらのモデルが非常に異なる量のヘリウムが生成されることを示した．よって宇宙にかなり一様なヘリウム密度が存在すること（これについてはいくつかの疑いが存在する）とし，このヘリウムが宇宙の初期段階に生成されたものとすると，宇宙は事実上等方的であり，それゆえ温度が $10^9°$K の頃一様であったと結論付けることができる[*4]．したがって現時点では各点の過去に特異点が生じることが予想される．

Misner (1968) は温度が $2 \times 10^{10}°$K に達すると電子と中性子の衝突から大きな粘性が生じることを示した．この粘性はその長さが 100 光年の現在の値に対応する非一様性を減衰させ，異方性を比較的小さな値に減少させるであろう．よってこれを宇宙の現在の等方性の説明として受け入れるなら（そしてそれは非常に魅力的なものである），温度が約 $10^{10}°$K の頃あらゆる点の過去に特異点が存在しなければならないということを結論付け

[*3] 訳注：ヒューリスティック (heuristic) とは，必ず正しい答えを導けるわけではないが，ある程度のレベルで正解に近い解を得ることができる方法である．ヒューリスティックスでは，答えの精度が保証されない代わりに，回答に至るまでの時間が少ないという特徴がある．

[*4] 訳注：放射が一様だとすると，遠く離れた点同士が熱平衡になるための物理過程が存在したことになる．ところが，距離を考えると因果関係が存在しえない．この問題は地平線問題といわれた宇宙論の問題であったが，インフレーション理論により近接した領域が指数関数的に遠ざかることで，一様な宇宙背景放射が存在することを説明でき，解決できると考えられている．

るであろう．

10.2 特異点の性質と意義

　読者は特異点を伴う厳密解の研究によって生じそうな特異点の性質について何か学びたいと望むかもしれない．しかしながら特異点の発生が初期条件の小さな摂動によっては妨げられないことは示したが，発生する特異点の性質が同様に安定であることは明らかでない．§7.5 で Cauchy 問題が初期条件の小さな摂動の下で安定であることを示したがこの安定性は Cauchy 発展のコンパクトな領域のみに適用され閉じ込められた不完備性に対応する特異点でない限り特異点を含む領域はコンパクトでない．実際，特異点の性質が安定でない例を与えることができる．一様球対称なダスト雲が特異点に崩壊している状況を考えよう．このダストの内部の計量は Robertson-Walker 宇宙の一部と類似であるが外部は Schwarzschild 計量であるダストの内部と外部の両方で特異点は空間的になる (図 63(i))．仮にいま，このダストに小さな電荷密度を加えたものとしよう．このダストの外部の計量はいま，$c^2 < m^2$ に対する Reissner-Nordström 解の一部になる (図 63(ii))．十分小さな電荷密度が無限大の密度の発生を妨げないのでこのダストの内部には特異点が存在するようになる．ダストの内部の特異点の性質は恐らく電荷分布に依存する．しかしながら重要な点は，いったんこのダストの面が $r = r_+$ の内部の点 p を通過するとダストの内部で何が起ころうと時間的特異点の一部 sq に影響を及ぼし得ないことである．定理 2 によって確かにダストの外部に時間的特異点が存在しなければならないように，いま電荷密度が物質密度より大きくなるように増加させるとダストの外部に時間的特異点が存在しても雲が内部でいかなる特異点を発生させることなく $r = r_+$ と $r = r_-$ の 2 つの地平を通過し，別の宇宙へ再膨張することができる (J. M. Bardeen, 未発表)(図 63(iii) 参照)．

　この例は物質が特異点に衝突することを回避でき，'ワームホール'を通過して別の領域の時空か，あるいは同じ時空領域の別の部分に入ることができる時間的特異点が存在できることを示す例として非常に重要である．もちろん崩壊する星にはそのような電荷密度を想定することはできないであろうが，Kerr 解が非常に Reissner-Nordström 解に似ていることより，角運動量が類似のワームホールを生成することができることが予想できるだろう．したがって読者は宇宙の現在の膨張の段階に先立ち，収縮段階が (この宇宙に) 存在し，局所的な非一様性が大きく成長し孤立した特異点が発生するが，ほとんどの物質が特異点を回避し，それから現在の観測された宇宙をもたらすために再膨張したと推測するかもしれない．

10.2 特異点の性質と意義

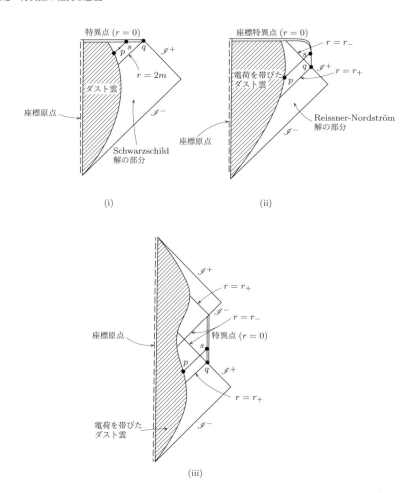

図 63.
(i) 球状ダスト雲の崩壊.
(ii) 電荷がダストにおいて特異点の発生を妨げるには小さすぎる場合の電荷を帯びたダスト雲の崩壊.
(iii) 電荷がダスト雲における特異点の発生を妨げるのに十分な大きさを持つ場合の電荷を帯びたダスト雲の崩壊. ダストの外部には特異点が生じ, それが弾んで第 2 の漸近的に平坦な空間に再膨張する.

密度の高かった初期にあらゆる点の過去に特異点が生じなければならないという事実は

特異点の分離に制限を課す．これらの特異点に衝突する (つまり不完備な) 測地線の集合は測度ゼロの集合であるだろう．すると読者は特異点は物理的に重要ではないと主張するかもしれない．しかしながら，これは正しくはない．なぜならそのような特異点の存在は Cauchy 地平を生成するので未来を予言する能力の崩壊を招くからである．実際，これは各サイクルで特異点が負のエントロピーを注入することができるため振動世界モデルにおけるエントロピー問題を克服する道を提供する．

これまでは時空のモデルとして Lorentz 多様体をとることの数学的帰結を検討し，($\Lambda = 0$ の場合の)Einstein 方程式が成り立つことを要請した．この理論によると宇宙の崩壊に関連した我々の過去の特異点と，星の崩壊に関連した未来の特異点が存在するはずであることを示してきた．Λ が負の場合，上記の帰結は影響を受けない．Λ が正の場合，宇宙の膨張の変化率の観測 (Sandage, (1961, 1968)) は Λ が 3×10^{-55}cm^{-2} より大きくはなれないことを示している．これは 3×10^{-27}gm cm^{-3} の負エネルギー密度に相当する．そのような Λ の値は宇宙全体の膨張に有効であるかもしれないが，崩壊する星における正の物質密度によって完全に制圧される．よって Λ 項は特異点の問題に直面することを回避するために有効であるとは考えられない．

一般相対論は宇宙の正しい記述を提供しないであろう．これまで平坦空間からの逸脱が非常に小さい (10^{12}cm のオーダーの曲率半径) 状況においてのみ検証されてきた．よって曲率半径が 10^6cm 未満になる崩壊する星のような状況に適用することは途方もない推定である．一方，特異点の定理は完全な Einstein 方程式に依存するわけではなく，任意の非空間的ベクトル K^a に対して $R_{ab}K^a K^b$ が非負という性質のみに依存する．よってそれらは (Brans-Dicke 理論のような) 重力が常に引力である一般相対論の任意の修正に対しても適用できる．

物理的理論による特異点の予言は，その理論が崩壊したこと，つまりその理論がもはや観測の正しい説明を提供しないことを示していると解釈することは良い原理に思える．問題は「いつ一般相対論が崩壊するか？」である．量子重力的効果が重要になるといずれにせよ崩壊すると予想するかもしれない．次元的議論からこれは曲率半径が 10^{-33}cm のオーダーになるまで発生しないはずであるように思える．これは 10^{94}gm cm^{-3} の密度に相当する．しかしながら Lorentz 多様体がこのオーダーの長さのスケールの時空に対する適切なモデルであるかどうか疑問に思うかもしれない．これまでの実験では 10^{-15}cm より大きな長さに対しては多様体構造を想定すると観測に一致する予測を提供する (Foley et al. (1967)) が，長さ 10^{-15}cm から 10^{-33}cm の間に対しては多様体構造のモデルは崩壊する可能性がある．10^{-15}cm の半径は 10^{58}gm cm^{-3} に相当し，それはすべての実用的な目的のためには特異点とみなすことができる．よって Schmidt の手順 (§8.3) によって曲率半径が例えば 10^{-15}cm 未満の領域の周りに面を構築する必要があるであろう．この面の我々の側では時空の多様体描像が適切であろうが，反対側ではまだ知られていない量子論的記述が必要であろう．この面を横断する物質は宇宙に出入りするものと考えることができ，入射することと出射することが釣り合う理由はないだろう．

いずれにせよ，特異点定理は一般相対性理論が重力場が極端に大きくなることを予言す

10.2 特異点の性質と意義

ることを示している．これが過去に起こったことは宇宙が非常に高温過密な初期段階を持つことを示唆するマイクロ波背景放射の存在とその黒体放射的特徴によって支持されている．

特異点の存在に関する定理はいくらか洗練することができるが，われわれの見解ではそれはすでに十分である．しかしながらそれらからはほんのわずかしか特異点の性質について分からない．読者はどのような種類の特異点が一般相対論の一般的な状況において生じる可能性があるか知りたいかもしれない．これに迫る可能性のある方法が，Lifshitz と Khalatnikov の冪級数展開の手法を改良し，その妥当性を明らかにすることである．また，一般相対論で研究された特異点と物理学の別の分野で研究された特異点の間にはある関連性も存在するかもしれない（例えば Thom の基本的なカタストロフィーの理論 (1969) を参照）．あるいはコンピューター上で力ずく Einstein 方程式を数値積分を進めることを試みてもよいが，これは恐らく新しい世代のコンピューターを待たねばならないであろう[*5]．また，非特異的な漸近的に平坦な状況からの崩壊によって生じる特異点が裸であるか，つまり無限遠方から観測できるか，事象の地平の背後に隠れているかどうかも知りたいかもしれない．

もう一つの主要な問題が強い場に適用可能な時空の量子論を定式化することである．そのような理論は多様体を基礎とするものか，トポロジーの変化を可能にするものかもしれない．この流れをくむいくつかの先験的な試みが de Witt (1967), Misner (1969, 1971), Penrose (Penrose and MacCallum (1972) 参照), Wheeler (1968), などによってなされた．しかしながら時空の量子論の解釈およびその特異点との関係は依然として非常にあいまいである．

本書の主題に関する推論と議論は新しいものではない．Laplace は本質的にブラックホールの存在を予言していた[*6]：「他の星は突然現れ，それから数か月もっとも素晴らしい輝きで輝いたのちに消えた．これらの星のすべてがそれらが現れている間は位置を変えない．したがってかなり大きい不透明な物体として広大な空間に存在し，そしておそらく星と同じくらいの数存在する．」(M. Le Marquis de Laplace:'The system of the world'. Translated by Rev. H. Harte. Dublin, 1830, Vol. 2. p. 335.) [*7] これまで見てきたように，この状況に対する我々の現在の理解は非常に似ている．

何もないところからの宇宙の創造は早い時期からあいまいに議論されてきた．例えば Kant（カント）の最初の純粋な理由の二律背反とそれについての論評 (Smrt (1964), pp. 117-23 and 145-59; North (1965), pp. 389-406) 参照[*8]．本書で得られた結果は宇宙が有限時間

[*5] 訳注：ご存知のように 2019 年現在，これはすでに可能である．
[*6] 訳注：その前に，1784 年にイギリスのミッチェルにより，光を粒子と考えて「太陽の 500 倍の質量の星からは，ニュートンの万有引力により光が出てこられないだろう」という予言がなされている．J. Michell, Phil. Trans. R. Soc. London **74** 35-57 (1784).
[*7] 訳注：(M. ル・マルキ・ド・ラプラス：『世界のシステム』．H. ハーテ牧師による翻訳，ダブリン，1830 年，2 巻，335 頁．）
[*8] 訳注：カントは二律背反の例として
(1) 世界は時間的にも初めがあり空間的にも限られたものである．と，

の過去に始まったという考えを支持する．しかしながら創造の実際の点である特異点は現在知られている物理法則の範囲外である．

---

(2) 世界は時間的にも空間的にも無限である．

の2つの矛盾する命題を挙げた．しかし本書をここまで読んできた読者は原著者らが(一般相対論を仮定するなら)どういった立場を支持しているか理解されたことだろう．

付録 A
Peter Simon Laplace の論文の翻訳[†]

天体の引力が，光さえ漏れ出てこれないほど，大きくなりうることの証明．[‡]

(1) v を速度とし，t を時間，s を空間座標とし，この時間について，一様な運動なら，良く知られているように，$v = s/t$ である．

(2) もし，運動が一様でなかったら，任意の瞬間の v の値を得るためには，動いた空間の大きさを分割し，それを ds とし，この空間を動くのに要した時間間隔を dt として，これらをそれぞれ代入しなければならない．すなわち，$v = ds/dt$ である．なぜなら，無限に短い時間間隔の間の速度は一定であり，運動は一様であると見なせるからである．

(3) 連続的に働き続ける力は，速度を変化させようとするだろう．この速度の変化，すなわち dv は，結果として，力を測定する最も自然な物差しとなる．しかし，どんな力であっても，2倍の時間働けば，2倍の効果を生むだろうから，力を求めるには，速度の変化 dv を時間 dt で，割らなければならない．これにより，力 **P** の一般的な表式を得る[*]．すなわち，

$$P = \frac{dv}{dt} = \frac{d.\frac{ds}{dt}}{dt}$$

である．今，dt が定数だとすると，

$$d.\frac{ds}{dt} = \frac{d.ds}{dt} = \frac{dds}{dt};$$

である．したがって，

$$P = \frac{dds}{dt^2}$$

が成り立つ．

[†] 原著者注: *Allgemeine geographische Ephemeriden herausgegeben von F. von Zach.* IV Bd, I St., I Abhandl., Weimar 1799. 我々は，D.W.Dewhirst に，この参考文献を提供してくれたことを，感謝している．この付録の最後の注意にも，目を通して欲しい．

[‡] 原著者注: この定理は，Laplace によって，*Exposition du Système du Monde*, の Part II の 305 ページで，証明なしに述べられたものである．ここには，*A.G.E.* の 1798 年 5 月号 603 ページ v. Z. にある証明を持ってきてある．この定理の主張は，地球と同じ密度で，直径が太陽の 250 倍以上の光を放つ天体は，その引力によってその放つ光を我々観測者に届かないようにすることができ，結果として宇宙の最も大きな天体は，我々に見えないままになっている，というものである．

[*] 訳注: ラプラスより 1 世紀前ニュートンが唱えた万有引力の法則に基づき光も引力の影響を受けその速さが変化するとして議論している．慣性力は加速度掛ける慣性質量であるが，引力を受けた物体の運動はその質量によらないため，その質量を単位とした慣性力及び引力の値で運動を求めていると言える．

(4) ある天体の引力を M とし，物体，例えば光の粒子が距離 r にあるとすれば，天体がこの光の粒子に及ぼす力 M の作用は $-M/rr$ である．マイナス符号がつくのは M の作用が光の運動に対して反対方向としたからである．

(5) (3) に従えばこの力は $\mathrm{d}\mathrm{d}r/\mathrm{d}t^2$ に等しい．したがって

$$-\frac{M}{rr} = \frac{\mathrm{d}\mathrm{d}r}{\mathrm{d}t^2} = -Mr^{-2}.$$

$\mathrm{d}r$ をかけて，

$$\frac{\mathrm{d}r\mathrm{d}\mathrm{d}r}{\mathrm{d}t^2} = -M\mathrm{d}r r^{-2};$$

積分して，

$$\frac{1}{2}\frac{\mathrm{d}r^2}{\mathrm{d}t^2} = C + Mr^{-1}.$$

ここで C は定数であり、変形して

$$\left(\frac{\mathrm{d}r}{\mathrm{d}t}\right)^2 = 2C + 2Mr^{-1}.$$

(2) により $\mathrm{d}r/\mathrm{d}t$ は速度 v であるから，

$$v^2 = 2C + 2Mr^{-1}$$

と置き換えられ，ここで速度 v は距離 r にある光の粒子の速度である．

(6) 定数 C を求めるために引力を及ぼす天体の半径を R とし，距離 R つまり天体の表面における光の速度を a とする．すると (5) より $a^2 = 2C + 2M/R$，つまり $2C = a^2 - 2M/R$ となる．これを前の式に代入して

$$v^2 = a^2 - \frac{2M}{R} + \frac{2M}{r}.$$

(7) R' を次に検討する第 2 の引力を示す天体の半径とし，その引力を i 倍の M, 距離 r における光の速度を v' とすると，式 (6) により

$$v'^2 = a^2 - \frac{2iM}{R'} + \frac{2iM}{r}.$$

(8) もし距離 r を無限に大きいとすると，前の式の最後の項は消えて

$$v'^2 = a^2 - \frac{2iM}{R'}.$$

が得られる．星々が非常に遠くの距離にあるとするとこの仮定は正しい．

(9) もし天体の引力が非常に大きければ光はそこから逃れることはできない．これは光の速度 v' がゼロに等しくなるとして解析することができる．式 (8) の v' をこの値に置くと質量 iM における場合が導かれる．したがって

$$0 = a^2 - \frac{2iM}{R'} \text{ または } a^2 = \frac{2iM}{R'}$$

が成り立つ．

(10) a の値を決めるために初め引力 M とした天体が太陽であるとすると a は太陽表面における太陽光の速度となる．しかしながら太陽の引力は光の速度に比べてあまりに小さく，光の速度は全く変化しないとすることができる．太陽からの光が地球に届くまでの間に地球が公転軌道を移動する角度が年周光行差 $20''\frac{1}{4}$ として観測される．V を地球の公転軌道上の平均速度とすると $a : V = 1$ ラジアン (秒で表す)：$20''\frac{1}{4} = 1 : \text{tang}.20''\frac{1}{4}*$

(11) *Expos. du Syst. du Monde* の Part II の 305 ページでは $R' = 250R$ と仮定した．質量は引力天体の体積かける密度であり，体積は半径の 3 乗，したがって質量は半径の 3 乗かける密度である．太陽の密度 = 1 とした時，第 2 の天体は ρ であるとする．

$$M : iM = 1R^3 : \rho R'^3 = 1R^3 : \rho 250^3 R^3$$
$$1 : i = 1 : \rho(250)^3$$
$$i = (250)^3 \rho$$

(12) 式 $a^2 = 2iM/R'$ に上の i, R' を代入すると

$$a^2 = \frac{2(250)^3 \rho M}{250 R} = 2(250)^2 \rho \frac{M}{R}$$
$$\rho = \frac{a^2 R}{2(250)^2 M}$$

(13) ρ を得るため M を決める必要がある．位置 D における太陽の力は M/D^2．D は地球の平均距離，V は地球の平均速度，するとこの力は V^2/D(訳注：向心力) に等しい．(Lande *Astronomy*, III §3539)．したがって $M/D^2 = V^2/D$ あるいは

---

* 訳注：年周光行差は地球の公転運動速度により星の見える赤緯，赤経が 1 年で変化して見える現象である．当時光はエーテルの中を進み，それに対する地球の運動が光の来る方向をずらして観測させていると解釈された．雨が真上から降っている時に走っていると，雨が斜め前から降って見える現象のアナロジーで解説される．地球の公転速度/光の速度 = tan(年周光行差) となる．

$M = V^2 D$. 式 (12) にこれを代入し ρ を求めると

$$\rho = \frac{a^2 R}{2(250)^2 V^2 D} = \frac{8}{(1000)^2}\left(\frac{a}{V}\right)^2\left(\frac{R}{D}\right), \quad (10) \text{ 式により}$$

$$\frac{a}{V} = \frac{\text{光の速度}}{\text{地球の公転速度}} = \frac{1}{\text{tang}.20''\frac{1}{4}}$$

$$\frac{R}{D} = \frac{\text{太陽の半径}}{\text{地球の太陽からの距離}} = \tan(\text{太陽の平均視半径})$$

したがって

$$\rho = 8\frac{\text{tang}.16'2''}{(1000\,\text{tang}.20''\frac{1}{4})^2}$$

ρ は約 4 になり、ほぼ地球の密度である．

D. W. Dewhirst の追記：*Allgemeine geographishe Ephemeriden* は F. X. von Zach によって創刊され 1798 年から 1816 年間に 51 巻出版された．原著注 $\binom{\dagger}{\ddagger}$ は von Zach によってオリジナル論文に加えられたものの翻訳であるが現代の読者にはあまり役立たない．Laplace の *Exposition du Systeme du Monde* は 1796 年から 1835 年の間に 10 ほどの異なる版が印刷され，四つ折り版 1 巻のものや八つ折り版 2 巻のものがある．後の編集では削除されているが初期の編集では第 5 巻第 6 章の最後の数ページ前に「証明なしに述べられた」と記載されている．この von Zach が参照している *A. G. E.* 1798 年 5 月号 603 ページ ((von Zach) の von Zach の記した部分は間違いと思われる．彼は Lapace の *Exposition du Systeme du Monde* の初版に対する長い論文評が載ってる *A. G. E.*1798 年 Vol. I の 89 ページを参照して欲したかったのだと思われる．

付録 B
球対称解とBirkhoff(バーコフ)の定理

　Einstein 方程式を球対称な時空に対して考察したい．時空が球対称であることの基本的な特徴を，世界線 $\mathscr{L}$ において $\mathscr{L}$ に対する時空が球対称であるものが存在することであるとみなすかもしれない．すると $\mathscr{L}$ 上のいかなる点 p においても点 p に中心をもち，p を通り $\mathscr{L}$ に直交する全ての測地線に沿った距離 d で定義される 空間的(スペースライク)2次元球面 $\mathscr{S}_d$ 上の点は同値である．p において $\mathscr{L}$ を変化させずに直交群 $SO(3)$ を用いて方向の交換を行っても定義により時空は変化せず，対応する $\mathscr{S}_d$ の点は自身に写像される．時空は等長変換群として $SO(3)$ 対称性を持ち，変換による軌道は球面 $\mathscr{S}_d$ を描く．(面 $\mathscr{S}_d$ がただの点 p' となるような特別な d の値があるとすれば p' は対称性のもう一つの中心となる．ここで関係するのは最大でも2つの点 (p 及び p' 自身) である．)

　しかしながら，球対称とみなしたい時空の中には $\mathscr{L}$ のような世界線が存在しないものもあるかもしれない．例えば Schwarzschild や Reissner-Nordström 解において $r = 0$ 点は対称の中心であるが特異点である．従って $\mathscr{S}_d$ のような2次元面を等長変換する $SO(3)$ 群を持つことを球対称時空間の特徴的性質とみなそう．したがって軌道の集まりが空間的な2次元面となる等長変換群としての $SO(3)$ 群を持つならその時空間は **球対称** であると言おう．これらの軌道は一定な正曲率を持つ2次元面である必要がある．

　いかなる軌道 $\mathscr{S}(q)$ においてものそれぞれの点 q に対して q を不変とする等長的な1次元部分群 I_q が存在する (中心軸 $\mathscr{L}$ を持ち，測地線 pq を不変とする p に対する回転群である)．q において $\mathscr{S}(q)$ に直交するすべての測地線の集合 $\mathscr{C}(q)$ は I_q に対して左不変2次元面を局所的に形成する ($\mathscr{S}(q)$ を q に対して方向交換する I_q は $\mathscr{S}(q)$ に垂直な方向に対して不変方向を残すから)．$\mathscr{C}(q)$ のいかなる他の点 r においても，I_q は $\mathscr{C}(q)$ に直交する方向を再度交換する，$\mathscr{C}(q)$ を不変に; I_q は r を通して軌道群 $\mathscr{S}(r)$ に作用する必要があるから，この軌道は $\mathscr{C}(q)$ に直交する．従って軌道群 $\mathscr{S}$ は面 $\mathscr{C}$ に直交する (Schmidt(1967))．さらにこれらの面は軌道群間を局所的に1対1に写像し $\mathscr{S}(r)$ の点 q の写像 $f(q)$ は $\mathscr{C}(q)$ と $\mathscr{S}(r)$ の交差である．この写像は I_q の下で不変であるので q における $\mathscr{S}(q)$ の等倍なベクトルは $f(q)$ における $\mathscr{S}(q)$ の等倍なベクトルへ写像される; そして $\mathscr{S}(q)$ のすべての点は同値なので，いかなる $\mathscr{S}(q)$ の点から $\mathscr{S}(r)$ のその像へのベクトルの写像も同じ倍率因子がかかる．従って直交面 $\mathscr{C}$ はの軌跡 $\mathscr{S}$ の上に互いに写像する．

　座標として $\{t, r, \theta, \phi\}$ を採用すると，軌道の集まりは $\{t, r = 定数\}$ の面となり，直交する面 $\mathscr{C}$ は $\{\theta, \phi = 定数\}$ の面となる．計量は $ds^2 = d\tau^2(t,r) + Y^2(t,r)d\Omega^2(\theta, \phi)$ となり，ここで $d\tau^2$ は不定2次元面であり，$d\Omega^2$ は正の定曲率面である．もしもさらに t, r の関数を選ぶとすると曲線 $\{t = 定数\}$，$\{r = 定数\}$ は2次元面 $\mathscr{C}$ に直交し (Bergmann,

Cahen and Komar(1965) 参照) 計量は次のよう書くことができる

$$ds^2 = \frac{-dt^2}{F^2(t,r)} + X^2(t,r)dr^2 + Y^2(t,r)(d\theta^2 + \sin^2\theta d\phi^2). \tag{A 1}$$

(これらの面においては r や t 依存性を任意に選ぶ自由度がまだ存在することに注意する.)

観測者に t-line に沿ってエネルギー密度 μ, 等方的圧力 p, エネルギー流 q, 非反等方的圧力を測定させる. すると計量 (A 1) による場の方程式は

$$-8\pi q = \frac{2X}{F}\left(\frac{Y^{\cdot\prime}}{Y} - \frac{X^{\cdot}Y^{\prime}}{XY} + \frac{Y^{\cdot}F^{\prime}}{YF}\right), \tag{A 2}$$

$$8\pi\mu = \frac{1}{Y^2} + \frac{2}{X}\left(-\frac{Y^{\prime}}{XY}\right)^{\prime} - 3\left(\frac{Y^{\prime}}{XY}\right)^2 + 2F^2\frac{X^{\cdot}Y^{\cdot}}{XY} + F^2\left(\frac{Y^{\cdot}}{Y}\right)^2, \tag{A 3}$$

$$-8\pi p = \frac{1}{Y^2} + 2F\left(F\frac{Y^{\cdot}}{Y}\right)^{\cdot} + 3\left(\frac{Y^{\cdot}}{Y}\right)^2 F^2 + \frac{2}{X^2}\frac{Y^{\prime}F^{\prime}}{YF} - \left(\frac{Y^{\prime}}{XY}\right)^2 \tag{A 4}$$

$$4\pi(\mu+3p) = \frac{1}{X}\left(-\frac{F^{\prime}}{FX}\right)^{\prime} - F\left(F\frac{X^{\cdot}}{X}\right)^{\cdot} - 2F\left(F\frac{Y^{\cdot}}{Y}\right)^{\cdot} - F^2\left(\frac{X^{\cdot}}{X}\right)^2$$
$$- 2F^2\left(\frac{Y^{\cdot}}{Y}\right)^2 + \frac{1}{X^2}\left(\frac{F^{\prime}}{F}\right)^2 - \frac{2}{X^2}\frac{Y^{\prime}F^{\prime}}{YF}, \tag{A 5}$$

となる. ここで は $'$ は $\partial/\partial r$, $\cdot$ は $\partial/\partial t$ である.

まず真空の場の方程式 $R_{ab} = 0$ を考える; これは (A 2)-(A 5) において $\mu = p = q = 0$ とおくことである. 局所解は $\{Y = 定数\}$ 面の性質に依存する; これらの面は時間的, 空間的, あるいはヌル, あるいは (もし Y が一定なら) 定まっていない. ある開集合 U に於いて $Y^{;a}Y_{;a} = 0$ である例外的な場合 (これは Y が一定の場合を含む)

$$\frac{Y^{\prime}}{X} = FY^{\cdot} \tag{A 6}$$

が $\mathscr{U}$ において成り立つ. しかし (A 6) が成り立つ時 (A 2) で決定される $Y^{\cdot\prime}$ は (A 3) と整合する. しかし (A 6) が成り立つとすると (A 2) で決まる $Y^{\cdot\prime}$ の値は (A 3) と整合しない. したがって $Y^{;a}Y_{;a} < 0$ あるいは $Y^{;a}Y_{;a} > 0$ である点 p に関して p のある開集合近傍系で同様の不等式が成り立つはずであると考えることができる.

まず $Y^{;a}Y_{;a} < 0$ の場合について考える. すると $\{Y = 定数\}$ 面は $\mathscr{U}$ に於いて時間的であり, Y を r 軸と選ぶことができる. (すると r は 2 次元面 $\{r, t = 定数\}$ の面積を $4\pi r^2$ とする 面積座標 である.) したがって $Y^{\cdot} = 0$, $Y^{\prime} = 0$ そして (A 2) から $X^{\cdot} = 0$ である. さらに (A 4) は $(F^{\prime}/F)^{\cdot} = 0$ を示し, 新しい時間軸として $F = F(r)$ となるような $t(t^{\prime})$ を選ぶことができる. そして $F = F(r)$, $X = X(r)$, $Y = r$ を得る; 解は**必然的に静的**である. 方程式 (A 3) は $d(r/X^2)/dr = 1$ であり, 解は $X^2 = (1-2m/r)^{-1}$ の形となる. ここで $2m$ は積分定数. 方程式 (A 4) は適当な積分定数を取ることにより積分で

き, $F^2 = X^2$ を与えて, (A 5) も恒等的に満足される. これらの F, X を用いると計量 (A 1) は

$$ds^2 = -\left(1 - \frac{2m}{r}\right)dt^2 + \frac{dr^2}{\left(1 - \frac{2m}{r}\right)} + r^2(d\theta^2 + \sin^2\theta\,d\phi^2); \tag{A 7}$$

となり, これは $r > 2m$ の Schwarzschild 計量である.

次に $Y^{;a}Y_{;a} > 0$ を仮定する. すると $\{Y = 定数\}$ 面は $\mathscr{U}$ にて 空間的(スペースライク)になり, Y を t 軸に選ぶことができる. すると $Y^{\cdot} = 1, Y' = 0$ である式 (A 2) は $F' = 0$ を示す. r 軸を選ぶことができ $X = X(t)$; すると $F = F(t), X = X(t), Y = t$ そして解は空間的に一様となる. (A 4) と (A 5) は積分でき解は

$$ds^2 = -\frac{dt^2}{\left(\frac{2m}{t} - 1\right)} + \left(\frac{2m}{t} - 1\right)dr^2 + t^2(d\theta^2 + \sin^2\theta\,d\phi^2). \tag{A 8}$$

これは Schwarzschild 半径内の Schwarzschild 解の一部である. $t \to r'$, $r \to t'$ の変換によりこの計量は $r' < 2m$ に置ける (A 7) になる. 最後に開集合 $\mathscr{V}$ の一部で 空間的, 他の一部で時間的(タイムライク)な $\{Y = 定数\}$ 面ではそれぞれの領域では解 (A 8) と (A 7) を得て, そしてそれらは 5.5 章で述べたような $Y^{;a}Y_{;a} = 0$ な面を通して互いにつながり, $\mathscr{V}$ 内の最大 Schwarzschild 解の一部を得る. したがって **Birkhoff の定理**は証明された: 開集合 $\mathscr{V}$ 内の球対称な Einstein の真空方程式の C^2 級解は $\mathscr{V}$ 内の最大に拡張された Schwarzschild 解の一部と局所的に同値である. (これは空間が C^0 級や区分 C^1 級であっても正しい; Bergmann, Cahen and Komar(1965).)

ここで球対称な静的完全流体解を考える. 計量が (A 1) となる座標 $\{t, r, \theta, \phi\}$ を得ることにより流束は t-line(つまり $q = 0$) に沿って動き $F = F(r), X = X(r), Y = Y(r)$. 場の方程式 (A 3),(A 4) はもし $Y' = 0$ なら $\mu + p = 0$ であるが. これは物理的流体としては不合理なので除外し, $Y' \neq 0$ と仮定する. これにより Y を r 軸として選ぶことができる. 計量は次の形となる

$$ds^2 = -\frac{dt^2}{F^2(r)} + X^2(r)dr^2 + r^2(d\theta^2 + \sin^2\theta\,d\phi^2). \tag{A 9}$$

ビアンキ恒等式 $T^{ab}{}_{;b} = 0$ から

$$p' - (\mu + p)F'/F = 0; \tag{A 10}$$

もし (A 3),(A 4) と (A 10) が成り立てば, (A 5) は恒等的に満足する. 式 (A 3) は直接積分できて

$$X^2 = \left(1 - \frac{2\hat{M}}{r}\right)^{-1}, \tag{A 11}$$

ここで

$$\hat{M}(r) \equiv 4\pi \int_0^r \mu r^2 \mathrm{d}r,$$

そして境界条件 $X(0) = 1$ を用いた (つまり流体球は正規中心を持つ)(A 10), (A 11) により式 (A 4) は

$$\frac{\mathrm{d}p}{\mathrm{d}r} = -\frac{(\mu + p)(\hat{M} + 4\pi p r^3)}{r(r - 2\hat{M})} \tag{A 12}$$

となり，もし状態方程式がわかれば p は r の関数となる．最後に (A 10) は

$$F(r) = C \, \exp \int_{p(0)}^{p(r)} \frac{\mathrm{d}p}{\mu + p}, \tag{A 13}$$

ここで C は定数．式 (A 11)-(A 13) は球流体内の計量を決める．すなわち r が r_0 まで面の流体を表す．

参考文献

Ames,W.L., and Thorne,K.S. (1968), 'The optical appearance of a star that is collapsing through its gravitational radius', *Astrophys. J.* **151**, 659-70.

Arnett,W.D. (1966), 'Gravitational collapse and weak interactions', *Can. J. Phys.* **44**, 2553-94.

Auslander,L., and Markus,L. (1958), 'Flat Lorentz manifolds', Memoir 30, *Amer. Math. Soc.*

Avez,A. (1963), 'Essais de géométrie Riemannienne hyperbolique globale. Applications à la Relativité Générale', *Ann. Inst. Fourier (Grenoble)* **132**, 105-90.

Belinskii,V.A., Khalatnikov,I.M., and Lifshitz,E.M. (1970), 'Oscillatory approach to a singular point in relativistic cosmology', *Adv. in Phys.* **19**, 523-73.

Bergmann,P.G., Cahen,M., and Komar,A.B. (1965), 'Spherically symmetric gravitational fields', *J. Math. Phys.* **6**, 1-5.

Bianchi,L. (1918), *Lezioni sulla teoria dei gruppi continui finiti transformazioni* (Spoerri, Pisa).

Bludman,S.A., and Ruderman,M.A. (1968), 'Possibility of the speed of sound exceeding the speed of light in ultradense matter', *Phys. Rev.* **170**, 1176-84.

Bludman,S.A., and Ruderman,M.A. (1970), 'Noncausality and instability in ultradense matter', *Phys. Rev.* D**1**, 3243-6.

Bondi,H. (1960), *Cosmology* (Cambridge University Press, London).

Bondi,H. (1964), 'Massive spheres in General Relativity', *Proc. Roy. Soc. Lond.* A**282**, 303-17.

Bondi,H. and Gold,T. (1948), 'The steady-state theory of the expanding universe', *Mon. Not. Roy. Ast. Soc.* **108**, 252-70.

Bondi,H. Pirani,F.A.E., and Robinson,I. (1959), 'Gravitational waves in General Relativity, III. Exact plane waves', *Proc. Roy. Soc. Lond.* A**251**, 519-33.

Boyer,R.H. (1969), 'Geodesic Killing orbits and bifurcate Killing horizons', *Proc. Roy. Soc. Lond.* A**311**, 245-52.

Boyer,R.H. and Lindquist,R.W. (1967), 'Maximal analytic extension of the Kerr metric', *J. Math. Phys.* **8**, 265-81.

Boyer,R.H. and Price,T.G. (1965), 'An interpretation of the Kerr metric in General Relativity', *Proc. Camb. Phil. Soc* **61**, 531-4.

Bruhat,Y. (1962), 'The Cauchy problem', in *Gravitation : an introduction to current research*, ed. L. Witten (Wiley, New York), 130-68.

Burkill,J.C. (1956), *The Theory of Ordinary Differential Equations* (Oliver and Boyd, Edinburgh).

Calabi,E., and Marcus,L. (1962), 'Relativistic space forms', *Ann. Math* **75**, 63-76.

Cameron,A.G.W. (1970), 'Neutron stars', in *Ann. Rev. Astronomy and Astrophysics*, eds. L.Goldberg, D.Layzer,J.G.Phillips (Ann. Rev. Inc., Palo Alto, California) 179-208.

Carter,B. (1966), 'The complete analytic extension of the Reissner Nordatröm metric in the special case $e^2 = m^2$', *Phys. Lett.* **21**, 423-4.

Carter,B. (1967), 'Stationary axisymmetric systems in General Relativity', *Ph.D.Thesis* (Cambridge University).

Carter,B. (1968a), 'Global structure of the Kerr family of gravitational fields', *Phys. Rev.* **174**, 1559-71.

Carter,B. (1968b), 'Hamilton-Jacobi and Shrödinger separable solutions of Einsteinś equations', *Comm. Math. Phys.* **10**, 280-310.

Carter,B. (1969), 'Killing horizons and orthogonally transitive groups in space-time', *J. Math. Phys.* **10**, 70-81.

Carter,B. (1970), 'The commutation property of a stationary axisymmetric system', *Comm. Math. Phys.* **17**, 233-8.

Carter,B. (1971a), 'Causal structure in space-time', *J. General Relativity and Gravitation* **1**, 349-91.

Carter,B. (1971b), 'Axisymmetric black hole has only two degrees of freedom', *Phys. Rev. Lett.* **26**, 331-2.

Choquet-Bruhat,Y. (1968), 'Espace-temps Einsteiniens gèneraux, chocs gravitationnels', *Ann. Inst. Henri Poincaré* **8**, 327-38.

Choquet-Bruhat,Y. (1971), 'Equations aux derivées partielles-solutions C^∞ d'equations hyperboliques non-lineaires', *C. R. Acad. Sci.* (Paris).

Choquet-Bruhat,Y. and Geroch,R.P. (1969), 'Global aspects of the Cauchy problem in General Relativity', *Comm. Math. Phys.* **14**, 329-35.

Christodoulou,D. (1970), 'Reversible and irreversible transformation in black hole physics', *Phys. Rev. Lett.* **25**, 1596-7.

Clarke,C.J.S. (1971), 'On the geodesic completeness of causal space-times', *Proc. Camb. Phil. Soc.* **69**, 319-24.

Colgate,S.A. (1968), 'Mass ejection from supernovae', *Astrophys. J.* **153**, 335-9.
Colgate,S.A. and White,R.H. (1966), 'The hydrodynamic behaviour of supernovae explosions', *Astrophys. J.* **143**, 626-81.
Courant,R., and Hilbert,D. (1962), *Methods of Mathematical Physics. Volume II : Partial Differential Equations* (Interscience, New York).
Demianski,M., and Newman,E. (1966), 'A combined Kerr-NUT solution of the Einstein field equations', *Bull. Acad. Pol. Sci.(Math. Ast. Phys.)* **14**, 653-7.
De Witt,B.S. (1967), 'Quantum theory of gravity : I. The canonical theory', *Phys. Rev.* **160**, 1113-48; 'II. The manifestly covariant theory', *Phys. Rev.* **162**, 1195-1239; 'III. Applications of the covariant theory', *Phys. Rev.* **162**, 1239-56.
Dicke,R.H. (1964), *The theoretical significance of Experimental Relativity* (Blackie, New York).
Dionne,P.A. (1962), 'Sur les problèmes de Cauchy hyperboliques bien posés', *Journ. d'Analyses Mathematique* **10**, 1-90.
Dirac,P.A.M. (1938), 'A new basis for cosmology', *Proc. Roy. Soc. Lond.* A**165**, 199-208.
Dixon,W.G. (1970), 'Dynamics of extended bodies in General Relativity : I. Momentum and angular momentum', *Proc. Roy. Soc. Lond.* A**314**, 499-527; 'II. Moments of the charge-current vector', *Proc. Roy. Soc. Lond.* A**319**, 509-47.
Doroshkevich,A.G., Zel'dovich,Ya.B., and Novikov,I.D. (1966), 'Gravitational collapse of non-symmetric and rotating masses', *Sov. Phys. J.E.T.P.* **22**, 122-30.
Ehlers,J., Geren,P., and Sachs,R.K. (1968), 'Isotropic solutions of the Einstein-Liouville equations', *J. Math. Phys.* **8**, 1344-9.
Ehlers,J., and Kundt,W. (1962), 'Exact solutions of the gravitational field equations', in *Gravitation : an Introduction to Current Research*, ed. L.Witten (Wiley, New York), 49-101.
Ehresmann,C. (1957), 'Les connexions infinitesimales dans un espace fibre differentiable', in *Colloque de Topologie (Espaces Fibres) Bruxelles 1950* (Masson, Paris), 29-50.
Ellis,G.F.R., and Sciama,D.W. (1972), 'Global and non-global problems in cosmology', in *Studies in Relativity* (Synge Festschrift), ed. L.O'Raiffeartaigh (Oxford University Press, London).
Field,G.B. (1969), 'Cosmic background radiation and its interaction with cosmic matter', *Rivista del Nuovo Cimento* **1**, 87-109.

Foley,K.J, Jones,R.S., Lindebaum,S.J., Love, W.A., Ozaki,S., Platner,E.D., Quarles,C.A., and Willen,E.H. (1967), 'Experimental test of the pion-nucleon forward dispersion relations at high energies', *Phys. Rev. Lett.* **19**, 193-8, and 622.

Geroch,R.P. (1966), 'Singularities in closed universes', *Phys. Rev. Lett.* **17**, 445-7.

Geroch,R.P. (1967a), 'Singularities in the space-time of General Relativity', *Ph.D. Thesis* (Department of Physics, Princeton University).

Geroch,R.P. (1967b), 'Topology in General Relativity', *J. Math. Phys.* **8**, 782-6.

Geroch,R.P. (1968a), 'Local Characterization of singularities in General Relativity', *J. Math. Phys.* **9**, 450-65.

Geroch,R.P. (1968b), 'What is a singularity in General Relativity?', *Ann. Phys.* (New York) **48**, 526-40.

Geroch,R.P. (1968c), 'Spinor structure of space-times in General Relativity. I', *J. Math. Phys.* **9**, 1739-44.

Geroch,R.P. (1970a), 'Spinor structure of space-times in General Relativity. II', *J. Math. Phys.* **11**, 343-8.

Geroch,R.P. (1970b), 'The domain of dependence', *J. Math. Phys.* **11**, 437-9.

Geroch,R.P. (1970c), 'Singularities', in *Relativity*, ed. S.Fickler,M. Carmeli and L. Witten (Plenum Press, New York), 259-91.

Geroch,R.P. (1971), 'Space-time structure from a global view point', in *General Relativity and Cosmology*, Proceedings of International School in Physics 'Enrico Fermi', Course XLVII, ed. R.K. Sachs (Academic Press, New York), 71-103.

Geroch,R.P. Kronheimer,E.H., and Penrose,R. (1972), 'Ideal points in space-time', *Proc. Roy. Soc. Lond.* A**327**, 545-67.

Gibbons,G., and Penrose,R. (1972), to be published.

Gödel,K. (1949), 'An example of a new type of cosmological solution of Einstein's field equations of gravitation', *Rev. Mod. Phys.* **21**, 447-50.

Gold,T. (1967), ed., *The Nature of Time* (Cornell University Press, Ithaca).

Graves,J.C., and Brill,D.R. (1960), 'Oscillatory character of Reissner-Nordström metric for an ideal charged wormhole', *Phys. Rev.* **120**, 1507-13.

Grischuk,L.P. (1967), 'Some remarks on the singularities of the cosmological solutions of the gravitational equations', *Sov. Phys.J.E.T.P.* **24**, 320-4.

Hajicek,P. (1971), 'Causality in non-Hausdorff space-times', *Comm. Math. Phys.* **21**, 75-84.

Hajicek,P. (1973), 'General theory of vacuum ergospheres', *Phys. Rev.* D**7**, 2311-16.

Harrison,B.K., Thorne,K.S., Wakano,M., and Wheeler,J.A. (1965), *Gravitation Theory and Gravitational Collapse* (Chicago University Press, Chicago).

Hartle,J.B., and Hawking,S.W. (1972a), 'Solutions of the Einstein-Maxwell equations with many black holes', *Commun. Math Phys.* **26**, 87-101.

Hartle,J.B., and Hawking,S.W. (1972b), 'Energy and angular momentum flow into a black hole', *Commun. Math Phys.* **27**, 283-90.

Hawking,S.W. (1966a), 'Perturbations of an expanding universe', *Astrophys. J.* **145**, 544-54.

Hawking,S.W. (1966b), 'Singularities and the geometry of space-time', *Adams Prize Essay* (unpublished).

Hawking,S.W. (1967), 'The occurrence of singularities in cosmology. III. Causality and singularities', *Proc. Roy. Soc. Lond.* A**300**, 187-201.

Hawking,S.W. and Ellis,G.F.R. (1965), 'Singularities in homogeneous world models', *Phys. Lett.* **17**, 246-7.

Hawking,S.W. and Penrose,R. (1970), 'The singularities of gravitational collapse and cosmology', *Proc. Roy. Soc. Lond.* A**314**, 529-48.

Heckmann,O., and Schücking,E. (1962), 'Relativistic cosmology', in *Gravitation : an Introduction to Current Research*, ed. L.Witten (Wiley, New York), 438-69.

Hocking,J.G., and Young,G.S. (1961), *Topology* (Addison-Wesley, London).

Hodge,W.V.D. (1952), *The Theory and Application of Harmonic Integrals* (Cambridge University Press, London).

Hogarth,J.E. (1962), 'Cosmological considerations on the absorber theory of radiation', *Proc. Roy. Soc. Lond.* A**267**, 365-83.

Hoyle,F. (1948), 'A new model for the expanding universe', *Mon. Not. Roy. Ast. Soc.* **108**, 372-82.

Hoyle,F. and Narlikar,J.V. (1963), 'Time-symmetric electrodynamics and the arrow of time in cosmology', *Proc. Roy. Soc. Lond.* A**277**, 1-23.

Hoyle,F. and Narlikar,J.V. (1964), 'A new theory of gravitation', *Proc. Roy. Soc. Lond.* A**282**, 191-207.

Israel,W. (1966), 'Singular hypersurface and thin shells in General Relativity', *Nuovo Cimento*, **44**B, 1-14; erratum, *Nuovo Cimento*, **49**B, 463 (1967).

Israel,W. (1967), 'Event horizons in static vacuum space-times', *Phys. Rev.* **164**, 1776-9.

Israel,W. (1968), 'Event horizons in static electrovac space-times', *Comm. Math. Phys.* **8**, 245-60.

Jordan,P. (1955), *Schwerkraft und Weltall* (Friedrich Vieweg, Braunschweig).

Kantowski,R., and Sachs,R.K. (1967), 'Some spatially homogeneous anisotropic relativistic cosmological models', *J. Math. Phys.* **7**, 443-6.

Kelley,J.L. (1965), *General Topology* (van Nostrand, Princeton).

Khan,K.A., and Penrose,R. (1971), 'Scattering of two impulsive gravitational plane waves', *Nature* **229**, 185-6.

Kinnersley,W., and Walker,M. (1970), 'Uniformly accelerating charged mass in General Relativity', *Phys. Rev.* **D2**, 1359-70.

Kobayashi,S., and Nomizu,K. (1963), *Foundations of Differential Geometry : Volume I* (Interscience, New York).

Kobayashi,S., and Nomizu,K. (1969), *Foundations of Differential Geometry : Volume II* (Interscience, New York).

Kreuzer,L.B. (1968), 'Experimental measurement of the equivalence of active and passive gravitational mass', *Phys. Rev.* **169**, 1007-12.

Kronheimer,E.H., and Penrose,R. (1967), 'On the structure of causal spaces', *Proc. Camb. Phil. Soc.* **63**, 481-501.

Kruskal.M.D. (1960), 'Maximal extension of Schwarzschild metric', *Phys. Rev.* **119**, 1743-5.

Kundt, W. (1956), 'Trägheitsbahnen in einem von Gödel angegebenen kosmologischen Modell', *Zs. f. Phys* **145**, 611-20.

Kundt, W. (1963), 'Note on the completeness of space-times', *Zs. f. Phys* **172**, 488-9.

Le Blanc,J.M., and Wilson,J.R. (1970), 'A numerical example of the collapse of a rotating magnetized star', *Astrophys. J.* **161**, 541-52.

Leray,J. (1952), 'Hyperbolic differential equations', duplicated notes (Princeton Institute for Advanced Studies).

Lichnerowicz,A. (1955), *Theories Relativistes de la Gravitation et de l'Electromagnétisme* (Masson, Paris).

Lifschitz,E.M. and Khalatnikov,I.M. (1963), 'Investigations in relativistic cosmology', *Adv. in Phys. (Phil. Mag. Suppl.)* **12**, 185-249.

Löbell,F. (1931), 'Beispele geschlossener drei-dimensionaler Clifford-Kleinsche Räume negativer Krümmung', *Ber. Verhandl. Sächs. Akad. Wiss. Leipzig, Math. Phys. Kl.* **83**, 167-74.

Milnor,J. (1963), *Morse Theory*, Annals of Mathematics Studies No.51 (Princeton University Press, Princeton).

Misner,C.W. (1963), 'The flatter regions of Newman, Unti and Tamburino's generalized Schwarzschild space', *J. Math. Phys.* **4**, 924-37.

Misner,C.W. (1967), 'Taub-NUT space as a counterexample to almost anything', in *Relativity Theory and Astrophysics I : Relativity and Cosmology*, ed. J.Ehlers, Lectures in Applied Mathematics, Volume 8 (American Mathematical Society), 160-9.

Misner,C.W. (1968), 'The isotropy of the universe', *Astrophys. J.* **151**, 431-57.

Misner,C.W. (1969), 'Quantum cosmology. I', *Phys. Rev.* **186**, 1319-27.
Misner,C.W. (1972), 'Minisuperspace', in *Magic without Magic*, ed. J.R.Klauder (Freeman, San Francisco).
Misner,C.W. and Taub,A.H. (1969), 'A singularity-free empty universe', *Sov. Phys. J.E.T.P* **28**, 122-33.
Müller zum Hagen,H. (1970), 'On the analyticity of stationary vacuum solutions of Einstein's equations', *Proc. Camb. Phil. Soc.* **68**, 199-201.
Müller zum Hagen,H. Robinson,D.C. and Seifert,H.J. (1973), 'Black holes in static vacuum space-times', *Gen. Rel. and Grav.* **4**, 53.
Munkres,J.R. (1954), *Elementary Differential Topology*, Annals of Mathematics Studies No.54 (Princeton University Press, Princeton).
Newman,E.T. and Penrose,R. (1962), 'An approach to gravitational radiation by a method of spin coefficients', *J. Math. Phys.* **3**, 566-78.
Newman,E.T. and Penrose,R. (1968), 'New conservation laws for zero-rest mass fields in asymptotically flat space-time', *Proc. Roy. Soc. Lond.* A**305**, 175-204.
Newman,E.T. Tamburino,L., and Unti,T.J. (1963), 'Empty space generalization of the Schwarzschild metric', *Journ. Math. Phys.* **4**, 915-23.
Newman,E.T. and Unti,T.W.J. (1962), 'Behaviour of asymptotically flat empty spaces', *J. Math. Phys.* **3**, 891-901.
North,J.D. (1965), *The Measure of the Universe* (Oxford University Press, London).
Ozsváth,I., and Schücking,E. (1962), 'An anti-Mach metric', in *Recent Developments in General Relativity* (Pergamon Press - PWN), 339-50.
Papapetrou,A. (1966), 'Champs gravitationnels stationnares à symmétrie axiale', *Ann. Inst. Henri Poincaré*, A IV, 83-105.
Papapetrou,A. and Hamoui,A. (1967), 'Surfaces caustiques dégénérées dans la solution de Tolman. La Singularité physique en Relativité Générale', *Ann. Inst. Henri Poincaré*, VI, 343-64.
Peebles,P.J.E. (1966), 'Primordial helium abundance and the primordial fireball. II', *Astrophys. J.* **146**, 542-52.
Penrose,R. (1963), 'Asymptotic properties of fields and space-times', *Phys. Rev. Lett.* **10**, 66-8.
Penrose,R. (1964), 'Conformal treatment of infinity', in *Relativity, Groups and Topology*, ed. C.M.de Witt and B.de Witt, Les Houches Summer School, 1963 (Gordon and Breach, New York).
Penrose,R. (1965a), 'A remarkable property of plane waves in General Relativity', *Rev. Mod. Phys.* **37**, 215-20.
Penrose,R. (1965b), 'Zero rest-mass fields including gravitation : asymptotic behaviour', *Proc. Roy. Soc. Lond.* A**284**, 159-203.

Penrose,R. (1965c), 'Gravitational collapse and space-time singularities', *Phys. Rev. Lett.* **14**, 57-9.

Penrose,R. (1966), 'General Relativity energy flux and elementary optics', in *Perspectives in Geometry and Relativity* (Hlavaty Festschrift), ed. B.Hoffmann (Indiana University Press, Bloomington), 259-74.

Penrose,R. (1968), 'Structure of space-time', in *Battelle Rencontres*, ed. C.M. de Witt and J.A. Wheeler (Benjamin, New York), 121-235.

Penrose,R. (1969), 'Gravitational collapse : the role of General Relativity', *Rivista del Nuovo Cimento* **1**, 252-76.

Penrose,R. (1972a), 'The geometry of impulsive gravitational waves', in *Studies in Relativity* (Synge Festschrift), ed. L.O'Raiffeartaigh (Oxford University Press, London).

Penrose,R. (1972b), 'Techniques of differential topology in relativity' (Lectures at Pittsburgh, 1970), A.M.S. Colloquium Publications.

Penrose,R., and MacCallum,M.A.H. (1972), 'A twistor approach to space-time quantization', *Physics Reports* (*Phys. Lett.* Section C), **6**, 241-316.

Penrose,R., and Floyd,R.M. (1971), 'Extraction of rotational energy from a black hole', *Nature* **229**, 177-9.

Penzias,A.A., Schraml,J., and Wilson,R.W. (1969), 'Observational constraints on a discrete source model to explain the microwave background', *Astrophys. J.* **157**, L49-L51.

Pirani,F.A.E. (1955), 'On the energy-momentum tensor and the creation of matter in relativistic cosmology', *Proc. Roy. Soc.* A**228**, 455-62.

Press,W.H. (1972), 'Time evolution of a rotating black hole immersed in a static scalar field', *Astrophys. Journ.* **175**, 245-52.

Price,R.H. (1972), 'Nonspherical perturbations of relativistic gravitational collapse. I : Scalar and gravitational perturbations. II : Integer spin, zero rest-mass fields', *Phys. Rev.* **5**, 2419-54.

Rees,M.J., and Sciama,D.W. (1968), 'Large-scale density inhomogeneities in the universe', *Nature* **217**, 511-16.

Regge,T., and Wheeler,J.A. (1957), 'Stability of a Schwarzschild singularity', *Phys. Rev.* **108**, 1063-9.

Riesz,F., and Sz-Nagy,B. (1955), *Functional Analysis* (Blackie and Sons, London).

Robertson,H.P. (1933), 'Relativistic cosmology', *Rev. Mod. Phys.* **5**, 62-90.

Rosenfield,L (1940), 'Sur le tenseur d'impulsion-energie', *Mem. Roy. Acad. Belg. Cl. Sci.* **18**, No.6.

Ruse,H.S. (1937), 'On the geometry of Dirac's equations and their expression in tensor form', *Proc. Roy. Soc. Edin.* **57**, 97-127.

Sachs,R.K. and Wolfe,A.M. (1967), 'Perturbations of a cosmological model and angular variations of the microwave background', *Astrophys. J.* **147**, 73-90.

Sandage,A. (1961), 'The ability of the 200-inch telescope to discriminate between selected world models', *Astrophys. J.* **133**, 355-92.

Sandage,A. (1968), 'Observational cosmology', *Observatory* **88**, 91-106.

Schmidt,B.G. (1967), 'Isometry groups with surface-orthogonal trajectories', *Zs. f. Naturfor.* **22**a, 1351-5.

Schmidt,B.G. (1971), 'A new definition of singular points in General Relativity', *J. Gen. Rel. and Gravitation* **1**, 269-80.

Schmidt,B.G. (1972), 'Local completeness of the b-boundary', *Commun. Math. Phys.* **29**, 49-54.

Schmidt,H (1966), 'Model of an oscillating cosmos which rejuvenates during contraction', *J. Math. Phys.* **7**, 494-509.

Schouten,J.A. (1954), *Ricci Calculus* (Springer, Berlin).

Schrödinger,E. (1956), *Expanding Universes* (Cambridge University Press, London).

Sciama,D.W. (1953), 'On the origin of inertia', *Mon. Not. Roy. Ast. Soc.* **113**, 34-42.

Sciama,D.W. (1967), 'Peculiar velocity of the sun and the cosmic microwave background', *Phys. Rev. Lett.* **18**, 1065-7.

Sciama,D.W. (1971), 'Astrophysical cosmology', in *General Relativity and Cosmology*, ed. R.K. Sachs, Proceedings of the International School of Physics 'Enrico Fermi', Course XLVII (Academic Press, New York), 183-236.

Seifert,H.J. (1967), 'Global connectivity by timelike geodesics', *Zs. f. Naturfor.* **22**a, 1356-60.

Seifert,H.J. (1968), 'Kausal Lorentzräume', *Doctoral Thesis* (Hamburg University).

Smart,J.J.C. (1964), *Problems of Space and Time*, Problems of Philosophy Series, ed. P. Edwards (Collier-Macmillan, London; Macmillan, New York).

Sobolev,S.L. (1963), *Applications of Functional Analysis to Physics*, Vol.7, Translations of Mathematical Monographs (Am. Math. Soc., Providence).

Spanier,E.H. (1966), *Algebraic Topology* (McGraw Hill, New York).

Spivak,M. (1965), *Calculus on Manifolds* (Benjamin, New York).

Steenrod,N.E. (1951), *The Topology of Fibre Bundles* (Princeton University Press, Princeton).

Stewart,J.M.S., and Sciama,D.W. (1967), 'Peculiar velocity of the sun and its relation to the cosmic microwave background', *Nature* **216**, 748-53.

Streater,R.F., and Wightman,A.S. (1964), *P.C.T., Spin, Statistics, and All That* (Benjamin, New York).

Thom,R. (1969), *Stabilité Structurelle et Morphogenése* (Benjamin, New York).

Thorne,K.S. (1966), 'The General Relativistic theory of stellar structure and dynamics', in *High Energy Astrophysics*, ed. L. Gratton, Proceedings of the International School in Physics 'Enrico Fermi', Course XXXV (Academic Press, New York), 166-280..

Tsuruta,S. (1971), 'The effects of nuclear forces on the maximum mass of neutron stars', in *The Crab Nebula*, ed R.D. Davies and F.G. Smith (Reidel, Dordrecht).

Vishveshwara,C.V. (1968), 'Generalization of the "Schwarzschild Surface" to arbitrary static and stationary Metrics', *J. Math. Phys.* **9**, 1319-22.

Vishveshwara,C.V. (1970), 'Stability of the Schwarzschild metric', *Phys. Rev.* **D1**, 2870-9.

Wagoner,R.V., Fowler,W.A., and Hoyle,F. (1968), 'On the synthesis of elements at very high temperatures', *Astrophys. J.* **148**, 3-49.

Walker,A.G. (1944), 'Completely symmetric spaces', *J. Lond. Math. Soc.* **19**, 219-26.

Weymann,R.A. (1963), 'Mass loss from stars', in *Ann. Rev. Ast. and Astrophys.* Vol.1 (Ann. Rev. Inc., Palo Alto), 97-141.

Wheeler,J.A. (1968), 'Superspace and the nature of quantum geometrodynamics', in *Batelle Rencontres*, ed. C.M. de Witt and J.A. Wheeler (Benjamin, New York), 242-307.

Whitney,H. (1936), 'Differentiable manifolds', *Annals of Maths.* **37**, 645.

Yano,K. and Bochner,S. (1953), 'Curvature and Betti numbers', *Annals of Maths. Studies* No.32 (Princeton University Press, Princeton).

Zel'dovich, Ya.B., and Novikov,I.D. (1971), *'Relativistic Astrophysics. Volume I : Stars and Relativity*, ed. K.S.Thorne and W.D. Arnett (University of Chicago Press, Chicago).

記法

数字は，定義が与えられているページを参照している．

$\equiv$ 定義 $\Rightarrow$ 含意
$\exists$ 存在する Σ 総和記号
$\Box$ 証明終了

集合

$\cup$ $A \cup B$, A と B の和集合

$\cap$ $A \cap B$, A と B の共通集合

$\subset$ $A \subset B$, $B \supset A$, A は B に含まれる

$-$ $A - B$, A から B を引く

$\in$ $x \in A$, x は A の元である

$\varnothing$ 空集合

写像

$\phi: \mathscr{U} \to \mathscr{V}$, ϕ は $p \in \mathscr{U}$ を $\phi(p) \in \mathscr{V}$ に写像する

$\phi(\mathscr{U})$ ϕ による $\mathscr{U}$ の像

ϕ^{-1} ϕ の逆写像

$f \circ g$ g の後に f が続く合成写像

ϕ_*, ϕ^* 写像 ϕ に誘導されたテンソルの写像 21–24

トポロジー

$\bar{A}$ A の閉包

$\dot{A}$ A の境界 171

$\mathrm{int}\,A$ A の内部 195

微分可能性

$C^0, C^r, C^{r-}, C^\infty$ 微分可能条件 10

多様体

$\mathscr{M}$ n 次元多様体 9

$(\mathscr{U}_\alpha, \phi_\alpha)$　局所座標 x^a を決定する局所チャート　10

$\partial\mathscr{M}$　$\mathscr{M}$ の境界　11

$\mathbb{R}^n$　n 次元ユークリッド空間　9

$\frac{1}{2}\mathbb{R}^n$　$\mathbb{R}^n$ の下半分 $x^1 \leqslant 0$　9

S^n　n 次元球面　12

$\times$　直積　14

テンソル

$(\partial/\partial t)_\lambda, \mathbf{X}$　ベクトル　14

$\boldsymbol{\omega}, \mathrm{d}f$　1-形式　15, 16

$\langle \boldsymbol{\omega}, \mathbf{X} \rangle$　ベクトルと 1-形式のスカラー積　15

$\{\mathbf{E}_a\}, \{\mathbf{E}^a\}$　ベクトルと 1-形式の双対基底　16

$T^{a_1 \ldots a_r}{}_{b_1 \ldots b_s}$　(r,s) 型テンソル $\mathbf{T}$ の成分　17–19

$\otimes$　テンソル積　17

$\wedge$　歪積　20

$(\ )$　対称化 (e.g. $T_{(ab)}$)　19

$[\ ]$　歪対称化 (e.g. $T_{[ab]}$)　19

$\delta^a{}_b$　Kronecker のデルタ ($a=b$ の場合 $+1$ となり，$a \neq b$ の場合 0 となる)

T_p, T^*_p　p における接空間と p における双対空間　15, 16

$T^r_s(p)$　p における (r,s) 型テンソル空間　17

$T^r_s(\mathscr{M})$　$\mathscr{M}$ 上の (r,s) 型テンソルバンドル　50

$T(\mathscr{M})$　$\mathscr{M}$ に対する接バンドル　50

$L(\mathscr{M})$　$\mathscr{M}$ における線形系のバンドル　50

微分と接続

$\partial/\partial x^i$　座標 x^i に関する偏微分

$(\partial/\partial t)_\lambda$　曲線 $\lambda(t)$ に沿った微分　14

d　外微分　16, 24

$L_\mathbf{X}\mathbf{Y}, [\mathbf{X}, \mathbf{Y}]$　$\mathbf{X}$ に関する $\mathbf{Y}$ の Lie 微分　27

$\nabla, \nabla_\mathbf{X}, T_{ab;c}$　共変微分　29–32

$D/\partial t$　曲線に沿った共変微分　32

$\Gamma^i{}_{jk}$　接続成分　30

exp　指数写像　33

リーマン空間

$(\mathscr{M}, \mathbf{g})$　計量 $\mathbf{g}$ と Christoffel 接続を持った多様体 $\mathscr{M}$

η　体積要素　47

R_{abcd}　Riemann テンソル　35

R_{ab}　Ricci テンソル　35

R　曲率スカラー　40

C_{abcd}　Weyl テンソル　40

$O(p, q)$　計量 G_{ab} を不変にする直交群　51

G_{ab}　対角計量 $\mathrm{diag}(\underbrace{+1, +1, \ldots, +1}_{p\text{ 項}}, \underbrace{-1, \ldots, -1}_{q\text{ 項}})$

$O(\mathscr{M})$　正規直交系のバンドル　51

時空

時空は，標準形 $\mathrm{diag}(+1, +1, +1, -1)$ の計量を持つ 4 次元リーマン空間 $(\mathscr{M}, \mathbf{g})$ である局所座標は (x^1, x^2, x^3, x^4) となるように選択される

T_{ab}　物質のエネルギー運動量テンソル　60

$\Psi_{(i)}{}^{a\ldots b}{}_{c\ldots d}$　物質場　58

L　ラグランジアン　62

Einstein の場の方程式は

$$R_{ab} - \tfrac{1}{2} R g_{ab} + \Lambda g_{ab} = 8\pi T_{ab}$$

の形をとる．Λ は宇宙定数である

$(\mathscr{S}, \boldsymbol{\omega})$　初期データ集合　216

時間的曲線

$\perp$　直投影　76

$D_F/\partial s$　Fermi 微分　77–78

θ　膨張　79

$\omega^a, \omega_{ab}, \omega$　渦度　79–81

σ_{ab}, σ　剪断　79–81

null 曲線

$\hat{\theta}$　膨張　84

$\hat{\omega}_{ab}, \hat{\omega}$　渦度　84

$\hat{\sigma}_{ab}, \hat{\sigma}$　剪断　84

因果構造

I^+, I^-　時間順序的未来，過去　171

J^+, J^-　因果未来，過去　171

E^+, E^-　未来，過去因果境界　171

D^+, D^-　未来，過去 Cauchy 発展　188

H^+, H^-　未来，過去 Cauchy 地平　188

時空の境界

$\mathscr{M}^* = \mathscr{M} \cup \Delta$　Δ は c-境界である　205

$\mathscr{I}^+, \mathscr{I}^-, i^+, i^-$　漸近的に空かつ単純な空間の c-境界　118, 208

$\bar{\mathscr{M}} = \mathscr{M} \cup \partial\mathscr{M}$　$\mathscr{M}$ は弱く漸近的に単純であり，$\mathscr{M}$ の境界 $\partial\mathscr{M}$ は $\mathscr{I}^+$ および $\mathscr{I}^-$ から成る　206

$\mathscr{M}^+ = \mathscr{M} \cup \partial$　∂ は b-境界である　260

訳者あとがき

　2019年4月10日，巨大ブラックホールと見られる天体の光学的撮影に成功したとの発表が，Event Horizon Telescope Collaboration によってなされた．撮影されたブラックホールはおとめ座銀河団の楕円銀河 M87 の中心に位置し，観測には波長 1.3mm の電波領域が使用された．これまでも 2015年9月14日に LIGO によってブラックホールの合体に伴う重力波の初観測 (発表は 2016年2月11日) はなされており，観測的にもブラックホールの存在は確実視されていたなかでの今回の発表となった．

　ブラックホールについては観測されるよりずっと以前にかなり詳しいことが理論的に予言されており，その研究に大きな足跡を残したのが本書の著者の一人である Stephen William Hawking 博士である．2018年3月14日に亡くなった Hawking 博士はブラックホールの力学法則と呼ばれる熱力学の法則と類似の法則の発見に深くかかわった．特に第2法則である面積定理は本書で証明されている通り (第9章 命題 9.2.7)，Hawking によって示されたものである．しかし，本書においてもっとも重要なのが宇宙の特異点に関する定理 (第8章 定理2) である．

　この定理によれば，我々の宇宙が現在観測されているようなものになるためには，一般相対論に限らずその修正理論である Brans-Dicke 理論などの古典論的重力理論でも，必ず時空特異点が存在しなければならず，重力の量子化の必要性が強く示唆されるものと考えられる．これはある意味，Newton 力学が量子力学の古典的極限であるということよりもかなり悪い情報である．というのも，Newton 力学は理論としてその枠内で完結しているが，一般相対論など既存の重力の古典理論がすべてその理論の枠内で完結していないことを強く示唆するからである．このためこの特異点定理は Hawking の言ったように「雑多で不安定な素粒子をいくつか発見するよりはるかに重要な結果である」と考えられる．

　当時現実の宇宙を表すと考えられる代表的な宇宙モデルとしては，Friedmann-Lemaître-Robertson-Walker 解 (FLRW 解) に基づき George Gamow が提唱したビッグバン宇宙モデルと，恒星内での元素の合成などの理論の業績で定評のある，高名な天文学者 Fred Hoyle(ビッグバンの命名もした) と弟子の Narlikar による定常宇宙モデルの2つが存在した．後者は量子力学的に未知の機構によって物質が一定の割合で生成されるというもので，ビッグバンモデルより難解ではあるものの観測的に検証可能 (反証可能とほぼ同じ意味である) な理論であった．1960年代末，Hubble-Lemaître の法則により宇宙が膨張していること，宇宙マイクロ波背景放射により，初期宇宙が高温・高密度の状態であったことはほとんどの天文学者にとって疑いがないこととして認知されていた．Hoyle and Narlikar による定常宇宙論は膨張を続ける宇宙が常に一定の割合で物質を生成するというもので，Hubble-Lemaître の法則とは相性が良いが宇宙マイクロ波背景放射を説明することがほぼ不可能な理論であった．当時，多くの科学者が定常宇宙論は支持しないものの，現実の宇宙は FLRW 解などの高い対称性を持つ Einstein 方程式の厳密解を

除けば一般に特異点は発生しないものと考えており，FLRW 解に現れる宇宙の始まりの特異点の発生の問題は現実の宇宙では回避できるものと考えていた．そこへ現れたのが Hawking と Penrose による宇宙特異点定理である．強いエネルギー条件などのいくつかの妥当な仮定を前提に置くだけで Einstein 方程式を実際に解かなくても宇宙に (除去不能な) 特異点が発生してしまうことをきわめて幾何学的な手法で彼らは示した．この定理により，我々の住む宇宙が一般相対論を仮定するなら特異点から始まったとするしかなく，初期宇宙は重力の量子化など何らかの処方が必要であることが明らかとなった．

以上の議論を初めて書籍として記述したのが，記念碑的な作品，本書『The large scale structure of space-time』である．原書の刊行は 1970 年代初頭であるが，現在でもこの分野の最も権威のある教科書である．

ただし，ビッグバン宇宙モデルの危機となった数々の問題を解決するインフレーション理論については触れられていない．また，Hawking の理論として有名な，ブラックホールの蒸発理論も本書の原書の刊行後に発表されている．以上のような原書の刊行以降に発表された重要な話題については読者自ら他の文献にあたって頂きたい．

さて本書の共著者の一人である George F. R. Ellis 博士にも触れておこう．George Francis Rayner Ellis 博士は 1939 年 8 月 11 日，南アフリカ最大の都市ヨハネスブルグで生まれた．氏は，ケープタウン大学物理学科を優秀な成績で卒業したのち，ケンブリッジ大学で応用数学と理論物理学の博士号を取得した．アパルトヘイトへの反対を表明するなどもあり，1999 年Nelson Mandela（ネルソン マンデラ）大統領より Order of the Star of South Africa を受賞している．宇宙論の世界的権威であり，一般相対論と重力に関する国際学会 (International Society on General Relativity and Gravitation) の会長を 1989 年から 1992 年まで務めた．また異方性宇宙 (Bianchi（ビアンキ）モデル) などの研究とともに宇宙論の哲学的側面についての業績もある．K. S. Virbhadra とともに裸の特異点の重力レンズ効果についての論文を発表するなどもしている．Hawking とは同じ Sciama の門下生であり，ボート部の出身である．

本訳書を作成するにあたっては多くの方々の助けを借りた．松田太郎氏は本書の翻訳の当初から訳稿に目を通して頂き，主に第 2 章における注意すべき点についてご指摘頂いた．暗黒通信団から『ホーキングの博士論文を読むために』と『ブラックホールの理論と観測入門』の 2 冊の本を出版されている茗荷さくら氏からは本書を作成するにあたって参考にした様々な文献を紹介して頂いた．東海大と北大で一般相対論の研究をされておられる今野滋氏には短い期間ながら訳稿についていくつかのアドバイスを頂いた．御三方に深く御礼申し上げたい．最後に訳者らはこの歴史的書の翻訳に携わる機会を下さったケンブリッジ大学出版とプレアデス出版に感謝したい．

訳者

2019 年 6 月

索引

B
b-完備性 (b-completeness) 240, 254, 256
b-境界 (b-boundary) 260, 265
b-有界 (b-bounded) 268

C
c-境界................................202–205
C 場 (C-field)
　　Hoyle および Narlikar の C 場 86, 121

G
g-完備性................................. 238

M
m-完備性 (m-completeness)............238, 255

P
p.p 曲率特異点 240
PIPs, PIFs................................202

R
(r,s) 型テンソル........................... 17
　　(r,s) 型テンソルのバンドル 50
　　(r,s) 型テンソル場 20

S
s.p. 曲率特異点 240, 265

T
TIFs, TIPs 203

あ
Einstein-de Sitter 宇宙 132
Einstein の静的宇宙 133
Einstein の場の方程式......72, 74, 91, 209–236
　　解の存在と一意性 231, 233
　　簡約化された方程式 214
　　厳密解 (exact solution) 111–168
　　拘束方程式 (constraint equations).......216
　　初期データ 214–217
アトラス (atlas)..................... 10, 11, 13
アフィンパラメータ 32, 82
　　一般化..........................239, 256, 267
Alexandrov 位相 183
安定性
　　Einstein 方程式の安定性 234, 236, 277
　　特異点の安定性 251, 328
安定因果 (stable causality)................185

Israel の定理 297
依存領域 (domain of dependence) .... 188, →
　　Cauchy 発展
一般化されたアフィンパラメータ 239, 256, 267
一般性条件 (generic condition) . 96, 179, 181, 245
一般相対論 54–74, 330, 331
　　一般相対論の崩壊...................330–331
　　仮定 (a):局所因果律 58
　　仮定 (b):局所エネルギー運動量保存則 60
　　仮定 (c):場の方程式 74
因果条件
　　安定的因果条件 (stable causality condition)
　　185
　　因果条件 (causality condition).......... 178
　　局所因果律 (local causality) 58
　　時間順序条件 (chronology condition) 177
　　強い因果条件 (strong causality condition)180
　　未来 (過去) 識別条件 (future(past)
　　　distinguishing condition)..........180
因果的境界
　　時空の因果的境界 .....202–209, → 共形的構造
因果未来 (過去)(causal future(past))$J^+(J^-)$ 171
　　因果構造 (causal structure) 5, 168–209
　　因果的単純 (causally simple) .. 176, 192, 207
　　局所因果近傍 (local causality
　　　neighbourhood) 182
因果律の破れ............................5, 155
　　因果律の破れと特異点定理 251
渦度 (vorticity)
　　時間的曲線の渦度 79–80, 320
　　ヌル測地線の渦度 84
　　Jacobi 場の渦度 92
宇宙 3, 317–328, 330, 331
　　空間的に一様な宇宙モデル (spatially
　　　homogeneous universe models)
　　　異方的 (anisotropic) 135–141
　　　等方的 (isotropic)......128–135, 319–322,
　　　325–326
宇宙定数 (cosmological constant) ... 71, 91, 119,
　　131, 132, 159, 330
宇宙の始まり 3, 7, 326–328, 331
　　空間的に一様なモデルにおける宇宙の始まり
　　　137–141
　　Robertson-Walker モデルにおける宇宙の始ま
　　　り..............................131–135
宇宙の物質密度 131, 326
宇宙モデル
　　空間的に一様 (spatially homogeneous)
　　　135–141

等方的 (isotropic) 128–135
埋め込み (imbedding) 22, 43
エネルギー運動量テンソル . 60, 63–69, 84–92 , 236
エネルギー条件 (energy conditions)
　　時間的収束条件 (timelike convergence
　　　　condition) 91
　　支配的エネルギー条件 (dominant energy
　　　　condition) 87
　　強いエネルギー条件 (strong energy
　　　　condition) 91
　　ヌル収束条件 (null convergence condition) 91
　　弱いエネルギー条件 (weak energy condition)
　　　　84
エルゴ球 (ergosphere) 298–301
延長不可能曲線 (inextendible-curve) ... 172, 203,
　　258
Euler-Lagrange 方程式 63

か

Kerr 解 152–159, 209, 277, 284, 298, 302
Carter の定理 301
解の一意性
　　2 階線形方程式の解の一意性 222, 226
　　Einstein 方程式の解の一意性
　　　　局所的 228, 236
　　　　大域的 233, 236
解の存在
　　真空中の Einstein 方程式 231, 233
　　2 階線形方程式 226
　　物質を含む Einstein 方程式 236
外微分 (exterior derivative) 34
外微分 (exterior differentiation) 24
外捕捉面 (outer trapped surface) 292
Gauss の定理 48–49
Gauss の方程式 46, 305, 321
拡張 (extension)
　　時空の拡張 138, 161
　　　　拡張不可能 (inextendible) 57
　　多様体の拡張 57
　　局所拡張不可能 (locally inextendible) ... 57
　　発展の拡張 (extension of development) . 212,
　　　　231
拡張不可能多様体 (inextendible manifold) 57
加速度ベクトル（acceleration vector）68, 69, 76,
　　80, 102
　　世界線の相対加速度 75–77
仮定 (postulates)
　　相対性理論に対する仮定
　　　　エネルギー運動量の保存則 (conservation of
　　　　　　energy and momentum) 60
　　　　局所因果律 (local causality) 58
　　　　計量テンソル 69, 74
　　　　時空モデル 55
間隔 (separation)
　　時間的曲線の間隔 76, 92, 94
　　ヌル曲線の間隔 82–84, 97
関数 (function) 13
関数の微分 16

完全流体 (perfect fluid) . 66–69, 75, 80, 130, 136,
　　159, 280, 339
完備性の条件 (completeness conditions)
　　拡張不可能性 (inextendibility) 57
　　計量的完備性 (metrically completeness) . 238
　　測地的完備性 (geodesic completeness) ... 238
　　b-完備性 (b-completeness) 240
擬正規直交基底 (pseudo-orthonormal) 82–83, 97,
　　109, 250, 266, 313
基底
　　擬正規直交基底 82
　　基底の変換 18, 20
　　座標基底 (coordinate basis) 21
　　直交基底 37, 51
　　ベクトル・1-形式・テンソルの基底 15–50
基本形式 (fundamental forms)
　　超曲面の基本形式
　　　　第 1 基本形式 (first fundamental form) . 43,
　　　　　　94
　　　　第 2 基本形式 (second fundamental form)
　　　　　　45, 46, 94, 97, 105, 215, 242, 251
球対称解 129, 141–151, 275, 336–340
境界
　　時空の境界
　　　　b-境界 253–261
　　　　c-境界 202–205
　　多様体の境界 11
　　未来集合の境界 175
共形的曲率テンソル (conformal curvature tensor)
　　40, 81, → Weyl テンソル
共形的計量 (conformal metrics) . 41, 59, 61, 169,
　　206
共形的に平坦な理論 73–74
共変微分 29–35, 39, 57
強未来漸近的に予言可能 (strongly future
　　asymptotically) 286, 290, 291
共役点 (conjugate points) 4, 246
　　時間的測地線上の共役点 106, 107, 202
　　ヌル測地線上の共役点 111
局所因果律近傍 (local causality neighbourhoods)
　　182
局所因果律の仮定 58
局所エネルギー運動量保存則 60
局所拡張不可能多様体 (locally inextendible
　　manifold) 57
局所座標近傍 (local coordinate neighbourhood)
　　11
局所的 Cauchy 発展定理 230
曲線 (curve) 14
　　時間的曲線 (timelike curve) .. 75–82, 97, 170,
　　　　172, 198–202
　　測地的曲線 (geodesic curve) . 32, 61, 97–111,
　　　　198–202
　　ヌル曲線 (null curve) 82–84
　　非空間的曲線 (non-spacelike curve) 100, 107,
　　　　172, 173, 193, 198
曲線束 (congruence of curves) 67
曲線の空間の位相 (topology of space of curves)
　　193, 199

曲線の長さ 36
　一般化 239, 258
　非空間的曲線の長さ 100, 198, 200
　最長曲線 5, 100, 115, 198
曲率テンソル (curvature tensor) 34, 35, 40
　恒等式 35, 42
　超曲面の曲率テンソル 46
　物理的意義 75–111
距離関数 (distance function) 200
Killing ベクトル場 42, 60, 155, 157, 275, 295,
　　　　297, 298, 300, 308
　　Killing　2-ベクトル (Killing bivector) . . 158
空間的 2 次元面 (spacelike two-surface) . . . 96, 242
空間的 3 次元面 (spacelike three-surface) 94, 160,
　　　　191
空間的一様 (spatially homogeneous) 129,
　　　　135–141, 339
空間的超曲面 (spacelike surface) 44
空間的ベクトル 37, 56
空間向き付け空間 (space-orientable) 170
Christoffel 関係式 40
形式
　1-形式 15
　q-形式 20
計量テンソル (metric tensor) 36–43, 59
　共変微分 (covariant derivative) 39
　計量の空間 (space of metric) 234
　正定値 (positive definite) . . 37, 44, 121, 237,
　　　　240, 256, 259, 260
　超曲面上の計量テンソル 215
　Lorentz 計量 37, 38, 43, 55, 177, 220
ゲージ条件 (gauge conditions) 214, 229
Gödel 宇宙 159–161
光円錐 (light cone) .... → ヌル円錐
光学的深さ (optical depth) 323, 326, 327
光速 59, 90
拘束方程式 (constraint equations) 216
Cauchy 地平 188–192, 244, 263, 330
　Cauchy 地平の例 152, 188, 192, 263
Cauchy データ 140
Cauchy 発展 . 5, 90, 114, 140, 187–192, 195–196
　安定性 234, 236, 277, 284
　局所的存在 230, 236
　大域的存在 232, 236
Cauchy 面 191, 197, 242, 244, 252, 263
　Cauchy 面の欠如 128, 152, 168, 192
　Cauchy 面の例 115, 120, 135, 145
　準 Cauchy 面 ... 190, 202, 277, 284–292, 295
Cauchy 問題 58, 209–236
Cauchy 列 238, 259
コースティクス (caustics) .... 115, 161, → 共役点
　　　　(conjugate points)
黒体放射
　宇宙における黒体放射 317–319, 325, 331
Codacci の方程式 46, 216
Copernicus 原理 129, 141, 319, 324, 326
固有不連続群 (properly discontinuous) 163
コンパクトな時空 (compact space-time) . .39, 177

さ
座標 (coordinates) 11
　座標特異点 (coordinate singularities) . . . 114,
　　　　126, 128, 142
　正規座標 (normal coordinates) 33, 40
時間座標 161
時間順序条件 (chronology condition) . . . 177, 179,
　　　　245
　時間順序違反集合 (chronology violating set)
　　　　177
時間順序的未来 (過去)(chronological
　　　　future(past))I^+ (I^-) 171, 202
時間対称性 297, 299
　ブラックホール 301
時間的曲線 (timelike curve) . . 67, 75–82, 97, 170,
　　　　172, 204
時間的収束条件 (timelike convergence condition)
　　　　91, 261
時間的測地線 (timelike geodesics) . 61, 92–94, 98,
　　　　106–107, 128, 152, 161, 202, 238, 264
時間的超曲面 (timelike hypersurface) 43
時間的特異点 (timelike singularity) 152, 328–329
時間的ベクトル (timelike vector) 37, 56
時間向き付け可能 (time orientable) 126, 170
時空多様体 3, 13, 55
　位相 (topology) 183
　拡張不可能 (inextendible) 57
　空間および時間向き付け可能 169–170
　計量 55, 58, 212
　時空多様体の接続 40, 57, 61
　時空多様体の崩壊 330
　非コンパクト 177
　微分可能性 55, 56, 261–263
時空の対称性 43
　一様 (homogeneity) 159
　球対称 336
　空間的に一様 129, 135
　時間対称性 297
　軸対称 300
　静的空間 69
軸対称で定常な時空 (axisymmetric stationary
　　　　space-times) 152–161
　ブラックホール 300, 301
事象の地平 (event horizon) 124, 135, 156
　漸近的に平坦な空間における事象の地平 285
指数写像 (exp, exponential map) 33, 98, 114
　一般化された指数写像 268
支配的エネルギー条件 (dominant energy
　　　　condition) 87, 88, 90, 220, 268, 295
収束
　場の収束 (convergence of fields) 226
重力放射 (gravitational radiation) 287, 303
縮約された Bianchi の恒等式 42
Schwarzschild 解 . . 141–147, 209, 284, 290, 297
　局所一意性 (local uniqueness) 339
　大域一意性 (global uniqueness) 297
　星の外側 275, 281, 290, 328
Schwarzschild 半径 275, 276, 282–283, 322
　Schwarzschild 質量 281, 284

Schwarzschild 長さ 322, 326
準 Cauchy 面 (partial Cauchy surface) 190, 202, 244, 252, 270, 277
焦点 .... → 共役点 (conjugate points)
初期データ (initial data) 216, 235
水平部分空間 (horizontal subspace) 52–54
スカラー多項式曲率特異点 (scalar polynomial curvature) 240, 265
スカラー場 65, 66, 91, → Brans-Dicke スカラー場
Stokes の定理 26
スピノル (spinors) 51, 58, 170
正規近傍 (normal neighborhood) 33, 257, → 凸正規近傍 (convex normal neighborhood)
正規座標 (normal coordinates) 33, 40, 61
正規直交基底 (orthonormal basis) 37, 51, 53, 266
擬正規直交基底 (pseudo-orthonormal) 82–83, 313
正則予言可能空間 (regular predictable space) 291, 295
静的宇宙 (static universe) 133
静的時空 69, 297
球対称 141–151, 337
積バンドル (product bundle) 49
積分
  形式の積分 (integration of forms) 25, 48
  積分曲線 (integral curve)
    ベクトル場の積分曲線 26
赤方偏移 (redshift) . 124, 133, 137, 152, 284, 323, 327
接空間 15, 50
  双対空間 (dual space) 16
接続 (connection) 29, 30, 33, 39, 40, 57, 61
  $\mathcal{M}$ 上の接続とバンドル 52–54, 254
  超曲面上の接続 45
接続の成分 30
切断 (cross-section)
  バンドルの切断 (cross-section of a bundle) 51
接バンドル 50, 268, 319
漸近的平坦性 (asymptotic flatness) 205–209
  強未来漸近的に予言可能 (strongly future asymptotically predictable) ... 286, 289, 290
  正則予言可能な空間 (regular predictable space) 291, 292
  静的正則予言可能な時空 (static regular predictable space-time) 297
  定常正則予言可能な空間 (時空)(stationary regular predictable space(-time)) .. 295, 296, 297, 298–301, 303–316
  漸近的に単純な過去 (asymptotically simple past) 289
  漸近的に単純な空間 (asymptotically simple spaces) 205, 206
  漸近的真空かつ単純な空間 (asymptotically empty and simple spaces) 206
  弱く漸近的に単純で空な空間 (weakly asymptotically simple and empty spaces)

漸近的に予言可能な空間 (asymptotically predictable spaces) 284, 285
弱く漸近的に単純で真空な空間 (weakly asymptotically simple and empty spaces) 209, 284
全体的に閉じ込められた曲線 (totally imprisoned curves) 182, 264–273
剪断テンソル (shear tensor) .. 79, 81, 84, 92, 303, 320
双曲型方程式 (hyperbolic equation)
  2 階の双曲型方程式 (second order hyperbolic equation) 217–226
測地線 ... 32, 53, 61, 202, 261–262, → ヌル測地線 (null geodesics), → 時間的測地線 (timelike geodesics)
  極値としての測地線 102, 103
  測地線の交差 .... → 共役点
測地的完備 (geodesically complete) 33, 238, → g-完備性 (g-completeness)
  測地的完備の例 114, 121, 161
測地的不完備 (geodesically incomplete) ..... 238, 263–264, → 特異点 (singularities)
  測地的不完備の例 154, 165, 178
Sobolev 空間 217

た

大域的双曲性 (global hyperbolicity) 192–198, 200, 207
対称テンソル, 歪対称テンソル 19–20
体積 48
第 2 基本形式 (second fundamental form) . 45, 46
  2 次元面 (2-surface) 97, 242
  3 次元面 (3-surface) 94
第 2 変分 (second variation) .. 103, 105, 109, 271
Taub-NUT 空間 161–168, 192, 240, 320
多様体 (manifold) 10, 13
  時空モデルとしての多様体 55, 56, 331
多様体の位相 11–13
  Alexandrov 位相 183
多様体の写像 (map of manifold) 21, 22
  誘導されたテンソル写像 (induced tensor maps) 21–24
単射 (injective map) 22
地平 (horizon)
  事象の地平 (event horizon) 124, 285, 289, 291
  見かけの地平 (apparent horizon) ... 292–295, 296
  粒子地平 (particle horizon) 124
チャート (chart) 10
潮汐力 (tidal force) 77
調和ゲージ条件 (harmonic gauge condition) . 214, 229
直積 (Cartesian product) 14
直交群 $O(p,q)$ (orthogonal group) 51
直交ベクトル (orthogonal vectors) 36
強い因果条件 (strong causality condition) ... 180, 181, 182, 194, 195, 202, 206, 241, 246, 249
強いエネルギー条件 (strong energy condition) . 91

定常軸対称解 (stationary axisymmetric solution) 152–161
定常状態の宇宙 (steady-state universe) . . 86, 120
定常性限界面 (stationary limit surface) . 156–158, 299, 301
定常正則予言可能時空 (stationary regular predictable space-times) 295–316
定理
　一様な宇宙論における特異点 139
　局所的 Cauchy 発展定理 (The local Cauchy development theorem) 230
　Cauchy 安定性定理 234
　大域的 Cauchy 発展定理 (The global Cauchy development theorem) 232
　特異点定理
　　定理 1 242
　　定理 2 245
　　定理 3 249
　　定理 4 251
　　定理 5 268
　保存則 (The conservation theorem) 89
電荷を帯びたスカラー場 (charged scalar field) . 66
電磁場 (electromagnetic field) 65
テンソル
　(r, s) 型テンソル 17
　(r, s) 型テンソルのバンドル 50
　(r, s) 型テンソル場 20
テンソル積 17
テンソルの縮約 19
テンソルの成分 18
　p-形式の成分 20
等長写像 (isometry) . . 42, 55, 136, 155, 159, 295, 297, 300, 304
等方性 (isotropy)
　観測の等方性 129, 318, 326
　宇宙と観測の等方性 319, 322
特異点 (singularity) 2, 237–241
　p.p. 特異点 240
　s.p. 特異点 240, 265
　宇宙の特異点 324, 326–328
　特異点定理 . . 6, 139, 242, 245, 249, 251, 252, 261, 264, 268
　特異点の記述 253–261
　特異点の特徴 261–264, 328–329, 330
　星の崩壊における特異点 283, 284
特異点を含まない時空 (singularity-free space-times) 238, 240
特殊相対論 58, 60, 69, 114
de Sitter 時空 119–126
凸状
　凸正規近傍 (convex normal neighborhood) 33, 58, 98, 100, 172
　局所因果近傍 (local causality neighbourhood) 182

な

内部,int
　集合の内部 195
Newton 重力理論 69–71, 74, 76, 187

Newman-Penrose 形式 313
ヌルベクトル (null vector) 37, 56
　円錐 (cone) 37, 41, 59, 172, 184
　　再収束 (reconverging) 244, 323
　収束条件 (convergence condition) . . . 91, 242, 244, 292
　測地線 (geodesics) . 82–84, 98, 100, 111, 128, 162, 172, 176, 189, 190, 238, 285, 291, 320
　　再収束 (reconverging) 245, 249, 322
　超曲面 (hypersurface) 43
　閉じたヌル測地線 (closed null geodesics) 178, 266
ねじれテンソル (torsion tensor) 34, 40
Nordström 理論 74

は

Birkhoff の定理 339
Hausdorff 空間 12, 55, 205, 260
　非 Hausdorff 空間 13, 164, 167
裸の特異点 (naked singularities) 284
発展 (development) 212, 230, 233, 235
　発展の存在 229–231
Hubble 定数 131, 323
Hubble 半径 319
場の収束
　場の強収束 226
　場の弱収束 226
場の方程式
　計量テンソルに関する方程式 69–74
　物質場に関する方程式 62
　Weyl テンソルに関する方程式 81
場の方程式の真空解 114, 142, 152, 161, 168, 226–235
葉巻状の特異点 (cigar singularity) 137
はめ込み (immersion) 22
パラコンパクト多様体 (paracompact manifold) 13, 33, 38, 55
半空間的集合 (semispacelike set) 174, → 非時間順序的集合 (achronal set)
パンケーキ状の特異点 138
反対称性 19–20
反 de Sitter 空間 126–128, 176, 192, 203
バンドル 49, 164
　正規直交系のバンドル . . . 51, 53, 254–260, 265
　　正規直交系のバンドル上の計量 255
　接バンドル 50, 53
　線形系のバンドル 50, 52, 164, 267–270
　テンソルのバンドル 50, 53, 184
バンドルにおける垂直部分空間 (vertical subspaces in bundles) 52, 254
バンドルの切断 (cross-section of a bundle) 51
Bianchi の恒等式 35, 42, 81
非空間的曲線 (non-spacelike curve) . 58, 107, 172, 193
　測地線 (geodesic) 100, 198
非時間順序的集合 (acausal set) 196
非時間順序的境界 (achronal boundary) . 174, 175
非時間順序的境界（achronal boundary) 286

362　　索引

非時間順序的集合 (acausal set)
　　準 Cauchy 面................190
非時間順序的集合 (achronal set)...174, 175, 188, 189, 195, 196, 245
非時間順序的集合（achronal set）..........246
被覆空間 (covering space)170, 190–191, 251, 269
微分可能条件 (differentiability condition). 10, 11
　　時空の微分可能条件.............56–57
　　初期データの微分可能条件..............233
　　微分可能条件と特異点.............261–263
微分同相写像 (diffeomorphism)...23, 55, 72, 212
標準形式 (canonical form)................47
ファイバーバンドル................→ バンドル
Fermi 微分.........................77–78
物質場のエネルギー運動量テンソル.....60, 63–69, 84–92, 236
物質方程式 (matter equations)....57–62, 84–92, 113, 235
不等式 (inequalities)
　　エネルギー-運動量テンソルに関する不等式 84–92
ブラックホール.......................283–295
　　回転するブラックホール................300
　　ブラックホールの最終的な状態.......295–316
ブラックホールからのエネルギー取り出し. 298–299
ブラックホールからの重力放射........287, 303
ブラックホールの面積に関する法則.. 291, 302, 303
Brans-Dicke スカラー場......58, 62, 69, 74, 330
エネルギー不等式....................86, 91
Friedmann 時空........................129
Friedmann 方程式........................132
分解不能過去集合 (IP)(indecomposable past set) 202
分解不能未来集合 (IF)(indecomposable future set)..............................202
分岐
　　事象の地平の分岐....................297
　　ブラックホールの分岐..................289
平行移動 (parallel transport)........32, 39, 255
　　p.p. 特異点.....................240, 266
　　非積分性 (non-integrability)...............34
平行化可能多様体 (parallelizable manifold)...51, 170
平面波解 (plane-wave solution)...168, 176, 192, 240
ベクトル.....14, 15, 37, 56, → Killing ベクトル
　　場..............20, 24, 50, 51, 53, 255, 273
　　変分ベクトル (variation vector)179, 253, 270
偏差方程式 (deviation equation)
　　時間的曲線............................76
　　ヌル曲線............................83
変分
　　Lagrangian における場の変分.............62
　　時間的曲線の変分.............101–106, 270
　　非空間的曲線の変分............107–111, 178
変分ベクトル......................101–111
Penrose ダイアグラム....................119
Penrose 崩壊定理.......................241
膨張 (expansion)

宇宙の膨張................131, 251, 317–328
星...............................275–283
　　白色矮星, 中性子星.................279, 282
　　星の生涯......................276, 282–283
　　星の崩壊......................3, 7, 275–295, 328
捕捉集合 (trapped set)....................246
捕捉閉曲面 (closed trapped surface). 2, 147, 242, 245
　　外捕捉面 (outer trapped surface)........292
　　融合外捕捉面 (marginally outer trapped surface).........................294
　　漸近的に平坦な空間における捕捉閉曲面....285
　　崩壊する星の外側の捕捉閉曲面..........276
　　捕捉閉曲面の例.................147, 152
捕捉面...→ 捕捉閉曲面 (closed trapped surface)
捕捉領域 (trapped region)................292
保存 (conservation)
　　渦度の保存........................79–80
　　エネルギーと運動量の保存.........60, 64, 70
　　物質の保存, 保存定理.............89, 273

ま

マイクロ波背景放射 (microwave background radiation)...............133, 319, 322
等方性 (isotropy).........................326
Maxwell 方程式................66, 81, 147, 168
見かけの地平................292, 293–295, 296
密度 (density)
　　宇宙の物質密度...................131, 326
未来
　　因果未来 (causal future)J^+............171
　　時間順序的未来 (chronological future)I^+ 171
　　未来 Cauchy 発展 D^+......................188
　　未来 Cauchy 地平 H^+..................188
未来識別条件 (future distinguishing condition) 183
未来事象の地平 (future event horizon)..124, 285
未来集合 (future set)..................174, 175
未来漸近的に予言可能 (future asymptotically predictable).......................284
未来因果境界 (future horismos)E^+..........171
未来捕捉集合 (future trapped set)......246, 247
未来向き非空間的曲線 (future-directed and non-spacelike)....................172
　　未来延長不可能 (future-inextendible)...172, 181
Minkowski 時空....113–119, 192, 202, 206, 252, 253, 284
向き (orientation)
　　境界の向き (orientation of boundary)....26
　　超曲面の向き (orientation of hypersurface)43
向き付け可能多様体 (orientable manifold)....12
　　空間向き付け可能 (space-orientable).....170
　　時間向き付け可能 (time-orientable)......170
無限遠 (infinity). → 無限遠の共形構造 (conformal structure of infinity)

や

Jacobi 場............................92, 95

Jacobi 方程式 76, 92
融合外捕捉面 (marginally outer trapped surface) 294
弱いエネルギー条件 (weak energy condition) . 84, 90
弱く漸近的に単純で真空な空間 (weakly asymptotically simple and empty spaces) 209, 284

ら

Reissner-Nordström 解 . 141, 147–152, 176, 192, 209, 284, 328–329
Lagrangian 62–65
 Einstein 方程式に関する Lagrangian 72
 物質場に関する Lagrangian 65–69
Laplace 2, 331, 332–336
ランク
 写像のランク (rank of map) 22
Lie 微分 27–29, 42, 76, 83
Riemann テンソル 34, 35, 40, 81, 266, 321
Ricci テンソル 35, 40, 81, 84, 91, 321
Lipschitz 条件 10
粒子地平 (particle horizon) 124, 135, 137
流体 (fluid) .... 67, → 完全流体 (perfect fluid)
Raychaudhuri 方程式 81, 131, 253, 262, 321
連続条件
 時空の連続条件 55, 261
 写像に関する連続条件 10
Lorentz 群 51, 61, 163
Lorentz 計量 37, 38, 43, 55, 177, 233
Lorentz 計量の集合の位相 184, 234
Lorentz 変換 257
Robertson-Walker 空間 .. 128–135, 253, 319–326

わ

Weyl テンソル 40, 42, 81, 84, 96, 208, 313
和の規約 (summation convention) 14

●訳者略歴

富岡 竜太（とみおか りゅうた）

1974年　神奈川県生まれ．
1998年　東京理科大学理学部応用数学科卒業．
2000年　筑波大学大学院数学研究科博士前期課程中途退学．

鵜沼 豊（うぬま ゆたか）

1954年　秋田県生まれ．
1978年　東京大学大学院 工学系研究科工業化学専門課程（物性研究所 極限レーザー部門）進学．
1984年　工学博士取得．
1984年　シャープ株式会社入社 研究開発部門勤務．
2015年　特許庁 特許審査調査員．

Custodio De La Cruz Yancarlos Josue
（クストディオ・D・ヤンカルロス・J）

1992年　ペルー共和国リマ生まれ．
2015年　慶應義塾大学環境情報学部環境情報学科卒業．

時空の大域的構造

2019年8月1日　第1版第1刷発行
2021年8月1日　第1版第2刷発行

著　者　スティーヴン・W・ホーキング
　　　　ジョージ・F・R・エリス
訳　者　富岡　竜太／鵜沼　豊／
　　　　クストディオ・D・ヤンカルロス・J
発行者　麻畑　仁
発行所　㈲プレアデス出版
　　　　〒399-8301 長野県安曇野市穂高有明7345-187
　　　　TEL 0263-31-5023　FAX 0263-31-5024
　　　　http://www.pleiades-publishing.co.jp
装　丁　松岡　徹
印刷所　亜細亜印刷株式会社
製本所　株式会社渋谷文泉閣

落丁・乱丁本はお取り替えいたします．定価はカバーに表示してあります．
ISBN978-4-903814-94-0　C3042　　Printed in Japan